高等

工科普通化学

杨建文 主 编
宋树芹 王拴紧 副主编

化学工业出版社
·北 京·

内 容 简 介

《工科普通化学》是在参考多部普通化学教材，以及多部新能源、新材料、环境科学工程与生命科学相关专著前沿科学研究和应用成果的基础上编写而成。编写中重视化学基本理论与知识，注意与工程实践的联系，关注社会、生活热点，注重素质教育。全书共分 10 章，第 1 章为气体与分散系，涵盖理想气体、实际气体、气体扩散与凝聚、蒸气压、稀溶液依数性、胶体等基础概念和原理；第 2 章涉及科学基本规则素养培训，简要介绍化学测量中采样、样本处理、酸碱滴定、配位滴定、分光光度法测定等基本测量方法原理和要点，同时重点讲述化学测量工作中的数据规则；第 3～6 章为化学基础理论中的热力学、动力学、化学平衡反应和电化学基础等有关内容，将能源化学、环境化学、光化学、催化技术、化学电源、金属防腐、电解工业的有关工程应用技术恰当结合介绍；第 7 章为物质结构理论综合梳理介绍，包括原子结构、化学键、杂化轨道、分子间作用、离子极化和配位结构等理论讲述；第 8 章为元素化学知识综合介绍，包括典型元素单质的物理化学性质和以氧化还原、酸碱性质为线索的元素周期律介绍；第 9 章为无机固体材料简介，包括晶体结构基础、离子晶体、原子晶体、分子晶体、金属晶体与合金、能带与半导体理论、纳米材料等理论与实践应用等；第 10 章为高分子化合物与高分子材料，主要介绍高分子学科基础理论与基本结构与理论，适当扩展介绍高分子材料应用。本教材各章之后附有思考题、判断题、选择题、填空题、计算题、简答题等题型练习，利于巩固各知识点，也与考研对接。

《工科普通化学》适合高等学校非化学、化工专业的工科类专业教学使用。

图书在版编目（CIP）数据

工科普通化学/杨建文主编.—北京：化学工业出版社，2020.8（2024.11重印）
高等学校规划教材
ISBN 978-7-122-36986-4

Ⅰ.①工… Ⅱ.①杨… Ⅲ.①普通化学-高等学校-教材 Ⅳ.①O6

中国版本图书馆 CIP 数据核字（2020）第 084529 号

责任编辑：陶艳玲　　装帧设计：史利平
责任校对：王鹏飞

出版发行：化学工业出版社（北京市东城区青年湖南街 13 号　邮政编码 100011）
印　　装：北京天宇星印刷厂
787mm×1092mm　1/16　印张 24¾　字数 613 千字　2024 年 11 月北京第 1 版第 4 次印刷

购书咨询：010-64518888　　售后服务：010-64518899
网　　址：http://www.cip.com.cn
凡购买本书，如有缺损质量问题，本社销售中心负责调换。

定　　价：69.00 元　

前言

进入21世纪以来，为适应现代科学技术对宽口径、厚基础人才的需求，国内外高等教育进行了较大的改革，现代大学向专业门类、学科方向更加齐全的方向发展。随着这些先进教育理念的引入，要求专业基础教学的口径逐渐拓宽。为了顺应高校学科发展和教学改革的需要，编写一本适用于不同专业的工科普通化学课程的教材很有必要。

普通化学是一门关于物质及其变化规律的基础课程，是非化学和非化工类专业的重要基础课程，其教学目标是使学生通过对化学反应基本规律和物质结构的学习，了解当代化学学科的基本理论和框架，并能运用化学理论、观点和方法处理专业学习中所遇到的有关化学问题。

作为学生进入大学后的一门化学基础课程，普通化学的教学改革一直是各高校教学改革的重点。普通化学教材应充分体现注重基础、淡化细分专业的现代基础课教学理念，让学生接触更多的前沿知识，增强他们的动手能力，使他们在学习普通化学时能够有足够的选择空间。化学是很多学科重要的基础课程，除化学专业外，理、工、医、农中的许多专业，如生物、材料学，都将化学作为基础课。而且现代化学发展迅猛，可谓日新月异、内容繁多，如何在一定课时内将融合了当代化学最新进展的化学知识授予学生，并使学生基本掌握，首先遇到的就是教材是否适用的问题。

教学改革的基本宗旨是重视学生各种能力的培养，不仅要帮助学生积累更多的知识，学会更多解决问题的办法，而且要帮助学生增长智慧，让他们在未来的工作中更聪明地解决问题。因此，本教材在编写中力求做到以下几个方面。

1. 方便自学

为了使学生能主动学习，首要的是提高学生的学习兴趣。本教材深入浅出，较为系统全面地介绍了基础化学所涉及的基本原理与许多具体工程应用，力图使学习成为由兴趣驱动的过程。本教材除了在内容上精心安排外，还注意摆脱传统教科书的叙述方式，力求使语言更加生动、讨论更有启发性。

2. 启发思维

本教材尽可能结合相关专业的实际问题、日常生活实践和编者在科研工作中接触到的问题进行阐述，体现基础知识解决实际问题的作用，科学的理论可从实际问题的解决中提炼出来，从而培养学生在学习中发现和提出问题的能力。我们力求启发学生跳出书本，敞开思想，大胆质疑，敢于提出自己的看法，认识科学发展的过程。对于学生来说，不了解结构化学、热力学和动力学的发展过程，就很难正确而深刻地理解有关概念和理论；如果把它们当成绝对的真理，就会失去进一步钻研的心态和动力。在化学发展史上，就有些曾经被认为正确的理论，到后来却又证明是不正确或者不全面的。回顾过去，认识现在，才能放眼未来。

本教材由杨建文主编，宋树芹、王拴紧副主编，梁苑蓝、谢刚、白钰、陈军伟、王一舟等参与了本教材部分辅助性工作。

中山大学王成新教授、陈永明教授和高海洋教授对本书的编写给予了热情的关心和指导，在此表示衷心的感谢。在本书编写过程中，我们参阅了一些本校及兄弟院校已出版的教材和专著，借鉴了许多有益内容，在此对相关作者深表谢意。

限于编者水平，书中难免存在错误和不足之处，祈望专家、读者批评指正，使本书能不断得到补充和完善。

编者

2020 年 2 月

目录

绪　论

（1）什么是化学？

化学与数学、物理都是现代自然科学与工程技术的核心基础性课程，也是培养理工科大学生科学素养与工程技术技能的必要课程。本质上，化学是研究物质性质与变化规律的一门科学。作为一门现代科学，化学的很多理论的建立与物理学有着密切联系。可以说，物理主要是在原子层面及原子结构以下的层面研究物质的性质与变化规律；而化学则是在涉及原子性质与变化规律的同时，主要在分子层面研究物质的组成、结构、性质与变化规律，同时关注物质变化过程中的能量变化问题。其核心问题就是原子之间是以怎样的方式结合在一起形成分子，即化学键形成问题，分子之间以怎样的方式和原理断开旧的化学键，形成新的化学键。它研究的物质对象包括原子、分子、大分子、超分子和物质凝聚态（如宏观聚集的晶体、非晶体、流体等，以及介观聚集态的纳米、溶胶、凝胶、气溶胶）等多个层次，**但核心一定是定位在分子结构、性质以及分子变化层面**。自 19 世纪以来，元素与基本化学物质的发现和研究已趋于完善，当今化学的首要任务已转换为新物质、新材料的研究设计与合成。因而，化学也是关于物质研究与物质创造的一门科学和技术。

（2）化学的学科分支与学科交叉

随着社会快速发展与科技进步，人类社会对能源、信息、生物医药与健康、环境、交通等方面的需求日益增强，而这些领域的科技突破越来越难以依靠某个单一学科的研究实现，需要多学科之间相互交叉渗透、相互协作，方有可能形成实质性的进展突破。化学是一门关于物质研究和材料创新的学科，它在众多的学科交叉中具有中心地位。化学和物理学、生命科学与工程、数学、材料科学与工程、能源科学与工程、环境科学与工程、信息科学与技术、海洋科学、天文学、地质学、冶金科学与技术等多门学科跨专业相互渗透交叉，已形成很多新兴交叉研究领域，包括计算化学、生物化学、热化学、电化学、光化学、药物化学、量子化学、核化学、放射化学、天文化学、大气化学、环境化学、绿色化学、信息化学、地球化学、海洋化学、地质化学、冶金化学、材料化学、能源化学等。这些化学相关交叉领域的研究取得了许多突破性成果，既推动了原有各学科的快速发展，又极大地推动了社会进步。例如关于核酸化学的研究成果使今天的生物学从细胞水平深入到分子水平，建立了分子生物学。对太空星体的化学组成与结构分析，得出了太空星体元素分布规律，发现了星际空间存在简单化合物，为天体演化和现代宇宙学认识提供了实验数据，也丰富了自然辩证法的有关内容。

化学作为一门一级学科，已分支形成无机化学、有机化学、分析化学、物理化学、高分子化学等二级学科。

① 无机化学　无机化学是除碳氢化合物及其衍生物外，对所有元素及其化合物的性质和它们的反应进行实验研究和理论解释的科学，是化学学科中发展最早的一个分支学科。通常无机化合物与有机化合物相对，指多数不含碳、氢元素的化合物，但碳氧化物、碳硫化物、氰化物、硫氰酸盐、碳酸及碳酸盐、碳硼烷、羰基金属等都属于无机化学研究的范畴。但这二者界限并不严格，之间有较大的重叠，有机金属化学即是一例。无机化学在内容上主要包括化学平衡、溶液理论、物质结构基础、元素化学等，扩展可包含热力学、动力学理论基础。

② 有机化学　有机化学又称为碳化合物的化学，是研究有机化合物的组成、结构、性质、制备方法与应用的科学，是化学中极重要的一个分支。内容主要包括有机化合物的结构与反应理论，以及烃、醇、酚、醛、酮、羧酸、酯、胺、酰胺等各类有机化合物的性质与反应规律特性。有机化学也是当今新材料和新物质研究的主要活力学科。虽然有机化合物主要由碳、氢、氧、氮等少数元素组成，但因结构上的多样性，事实上，有机化合物在所有化合物中占据多数，每年新合成的化合物中约70%属于有机化合物。

③ 分析化学　分析化学是关于研究物质的组成（元素、离子、官能团或化合物）、含量、结构（化学结构、晶体结构、空间分布）和形态（价态、配位态、结晶态）等化学信息的分析方法及理论的一门科学，是化学的一个重要分支。按照分析任务性质，可分为定性分析、定量分析和结构分析。定性分析主要是鉴定物质中含有哪些组分，即物质由什么组分组成；定量分析主要是测定各种组分的相对含量，这也是分析化学中传统且较为重要的一项工作；结构分析主要确定样本的分子结构、晶态或非晶态结构信息等。按照所采用的手段，分析化学又可分为化学分析与仪器分析。随着学科交叉日益深入而广泛，分析化学也进入了崭新阶段，它已不限于测定物质的组成和含量，而是对物质的状态和结构在微区、薄层、表面、空间的动静态分布及演变做出分析，包括无损伤检测、在线检测、实时检测、快速响应检测、高通量检测、微观形态分析检测、微量痕量分析、人工智能检测等。

④ 物理化学　物理化学是在物理和化学两大学科之上发展起来的基础性化学分支学科，它以丰富的化学现象和物质体系为对象，大量采纳物理学的理论成就与实验技术，从物理的角度，借助数学工具，探索、归纳和研究化学中最一般化的基本规律和理论，包括化学反应过程规律和化学物质的性质规律等。它是化学分支中理论体系最为完善、实践指导意义最为普遍的二级学科。物理化学的水平在相当大程度上反映了化学发展的深度。在研究内容上主要包括热力学、动力学和物质结构三大模块，也扩展包含胶体化学、表面化学、电化学等。

关于化学核心分支学科的认识，有人做过形象的比喻。如果把化学比作巨人，那么无机化学是巨人坚实的双足，有机化学是巨人灵巧的双手，分析化学是巨人明亮的眼睛，物理化学则是巨人智慧的头脑。可见，物理化学在化学学科中的重要地位。

⑤ 高分子化学　高分子化学是研究分子量很大（一般数万以上）的有机化合物的结构、理化性质、合成、化学反应、物理、加工成型、应用等方面的一门新兴的综合性学科。高分子化学真正成为一门学科大约初成于20世纪三四十年代，是一门比较年轻的学科，但它的发展非常迅速。目前它的内容已超出化学范围，因此，现在常用高分子科学这一名词来更合逻辑地称呼这门学科。研究对象主要包括塑料、橡胶、纤维，以及其他功能高分子材料等。高分子材料与金属、无机非金属材料共同构成现代三大支柱性材料。

(3) 化学发展简史

史学研究显示，化学的英文词 Chemistry 可能是由古埃及字 Chemi 演化而来的。从现存资料看，最早是在埃及第四世纪的记载里出现过 Chemi 一词，不过这个名字的意义很晦涩，有埃及艺术、宗教的迷惑，隐藏、秘密或黑暗等意义。其所以有这些意义，大概因为埃及在西方是记载化学诞生的地方，也是古代化学极为发达的地方，尤其是在实用化学方面。例如，埃及在第十一王朝就已有一种雕刻表示一些工人在制造玻璃，可见至少在公元前 2500 年以前，埃及已知道玻璃的制造方法了。再从埃及出土的木乃伊看，可知在公元前一二千年时已精于使用防腐剂和布帛染色等技术。

我国著名化学家傅鹰先生有句名言："化学给人以知识，化学史给人以智慧。"通过学习化学史，我们能更好地了解到化学学科发展的进程，领略到大师先哲们睿智的思想。虽然化学作为一门现代科学，从形成至今不过二三百年历史，但人类与化学实践活动相关的历史却已有数千年。在某种程度上，化学史也是人类文明史的重要组成部分，即人类努力认知周边物质，并使用它、改变它，使之为人类所用的历史。

化学的历史渊源非常古老，可以说从人类学会使用火，就开始了最早的化学实践活动。我们的祖先钻木取火，利用火烘烤食物、寒夜取暖、驱赶猛兽，充分利用燃烧时的发光发热现象，当时这只是一种经验的积累。化学知识的形成、化学的发展经历了漫长而曲折的道路。它伴随着人类社会的进步而发展，是社会发展的必然结果。而它的发展，又促进生产力的发展，推动历史的前进。化学的发展，主要经历以下几个时期。

① 化学的萌芽时期　从远古到公元前 1500 年，人类学会在熊熊烈火中由黏土制出陶器、由矿石烧出金属，学会从谷物酿造出酒、给丝麻等织物染上颜色，这些都是在实践经验的直接启发下经过长期摸索而来的最早的化学工艺，但还没有形成化学知识，只是化学的萌芽时期。

② 炼丹和医药化学时期　约从公元前 1500 年到公元 1650 年，化学被炼丹术、炼金术所控制。为求得长生不老的仙丹或象征富贵的黄金，炼丹家和炼金术士们开始了最早的化学实验，而后记载、总结炼丹术的书籍也相继出现。虽然炼丹家、炼金术士们都以失败而告终，但他们在炼制长生不老药的过程中，在探索"点石成金"的方法中实现了物质间用人工方法进行的相互转变，积累了许多物质发生化学变化的条件和现象，为化学的发展积累了丰富的实践经验。当时出现的"化学"(Alchemy) 一词，其含义便是"炼金术"。但随着炼丹术、炼金术的衰落，人们更多地看到它荒唐的一面，化学方法转而在医药和冶金方面得到正当发挥，中、外药物学和冶金学的发展为化学成为一门科学准备了丰富的素材。

③ 燃素化学时期　这个时期从 1650 年到 1775 年，是近代化学的孕育时期。随着冶金工业和实验室经验的积累，人们总结感性知识，进行化学变化的理论研究，使化学成为自然科学的一个分支。这一阶段开始的标志是英国化学家波义耳为化学元素指明科学的概念。继而，化学又借燃素说从炼金术中解放出来。燃素说认为可燃物能够燃烧是因为它含有燃素，燃烧过程是可燃物中燃素放出的过程。尽管这个理论是错误的，但它把大量的化学事实统一在一个概念之下，解释了许多化学现象。在燃素说流行的一百多年间，化学家为解释各种现象，做了大量的实验，发现多种气体的存在，积累了更多关于物质转化的新知识。特别是燃素说，认为化学反应是一种物质转移到另一种物质的过程，化学反应中物质守恒，这些观点奠定了近代化学思维的基础。这一时期，不仅从科学实践上，还从思想上为近代化学的发展

做了准备，这一时期成为近代化学的孕育时期。

④ 定量化学时期　这个时期从1775年到1900年，是近代化学发展的时期。1775年前后，拉瓦锡用定量化学实验阐述了燃烧的氧化学说，开创了定量化学时期，使化学沿着正确的轨道发展。19世纪初，英国化学家道尔顿提出近代原子论，接着意大利科学家阿伏伽德罗提出分子学说。自从用原子-分子论来研究化学，化学才真正被确立为一门科学。这一时期，建立了不少化学基本定律。俄国化学家门捷列夫发现元素周期律，并编制出元素周期表；德国化学家李比希和维勒发展了有机结构理论等。这些都使化学成为一门系统的科学，也为现代化学的发展奠定了基础。

⑤ 科学相互渗透时期　这个时期基本上从20世纪初开始，是现代化学时期。20世纪初，物理学的长足发展、各种物理测试手段的涌现，促进了溶液理论、物质结构、催化剂等领域的研究，尤其是量子理论的发展，使化学和物理学有了更多共同的语言，解决了化学上许多悬而未决的问题，物理化学、结构化学等理论逐步完善。同时，化学又向生物学和地质学等学科渗透，使过去很难解决的蛋白质、酶等结构问题得到深入的研究，生物化学等得到快速发展。

自从化学成为一门独立的学科后，化学家们已创造出许多自然界不存在的新物质。到了21世纪初，人类发现和合成的物质已超过3000万种，使人类得以享用更先进的科学成果，极大地丰富了人类的物质生活。近年来，绿色化学的提出，使更多的化学生产工艺和产品向着环境友好的方向发展，化学必将使世界变得更加绚丽多彩。

(4) 化学的社会价值和意义

① 化学在保证人类的生存并不断提高人类的生活质量方面起着重要作用。如：利用化学生产化肥和农药，以增加粮食产量；利用化学合成药物，以抑制细菌和病毒，保障人体健康；利用化学开发新能源、新材料，以改善人类的生存条件；利用化学综合应用自然资源和保护环境以使人类生活得更加美好。

② 化学是一门应用广泛的学科，它是创造自然、改造自然的强大力量的重要支柱。如能源问题、健康问题、环境问题、粮食问题、资源与可持续发展问题等。

③ 化学是一门实用的学科，它与数学、物理等学科共同成为自然科学迅猛发展的基础。化学的核心知识已经应用于自然科学的各个区域。目前，化学家们运用化学的观点来观察和思考社会问题，用化学的知识来分析和解决社会问题。

④ 化学与其他学科的交叉渗透，产生了很多边缘学科，如生物化学、地球化学、宇宙化学、海洋化学、大气化学等，使得生物、电子、航天、激光、地质、海洋等科学技术迅猛发展。

当今社会离不开化学，人类离不开化学。化学与人类的衣、食、住、行以及能源、资源、军事、环境保护、医药卫生等方面都有密切的联系。时值当下，科技创新成为世界主流，科技创新中很大一部分必须依赖材料创新，材料创新的关键又在于化学研究，化学是人类赖以进步的基础。

(5) 工科普通化学课程特征

高校专业设置体系中理科专业比较侧重于专业原理、理论的学习和探究，即更专注于“是什么”和“为什么”的问题，对于基本理论的来龙去脉和理论本身细节的理解与研究一般会倾入主要精力，这也是一种科学思维体系的培养建立过程。工科专业培养更侧重于基本专业理论的运用，即在理解掌握已有专业理论基础上，学会如何运用理论，转化为可操作的技术，去解决实际工程专业问题。因而，这两大类专业的培养模式和专业课程设置有很大不同，后者将尽可能地将一些基础性专业课程浓缩简化，部分略去基本原理的产生源头和推理过程，主要关注科学原理本身的理解和运用，为后续工程技术类专业课程提供足够的理论与技术基础。“普通化学”正是这样一门简化化学科学理论体系、注重主要原理的理解和运用的基础性课程。所谓“普通”，即内容上的宽泛覆盖性与通识性、科学理论体系的简约性、受众面的广泛性，同时又尽可能兼顾化学科学基础理论的系统性与逻辑性，这也是“普通化学”课程相对于其他专门化学课程的主要特点。

当前高校教育培养体系中，有相当多的非化学类工科专业需要化学课程作为后续各专业课程学习的基础，而这些工科专业培养方案中，大多没有安排化学各二级学科的课程，诸如分析化学、高分子化学等课程一般不再开设，而这些课程专业知识对于多数工科专业学生养成科学规范意识、打牢知识结构基础又十分必要。因而，对非化学类工科专业学生，大多会开设一门基础性兼综合性的“普通化学”课程，力图将无机化学、分析化学、物理化学、高分子化学的基本知识与规范糅合在一起，以一门课程的教学尽可能为这些工科专业打下相对宽广、坚实的化学基础。这门综合的化学基础课程即为“工科普通化学”。

本教材《工科普通化学》服务于非化学类工科专业学生培养，在知识模块上兼容了无机化学、分析化学、物理化学、高分子化学的基本理论体系，其中后两个课程模块是当前多数《普通化学》教材所忽略的。分析化学知识模块主要介绍分析测试工作中的一些基本原则、常用数据处理方法和主要测试手段，这对于后续不开设“分析化学”课程的工科学生培养十分必要。高分子化学知识模块主要向工科学生提供有关高分子材料基本结构特征、分类、性能特点、应用常识等方面的基本知识，这对于机械类、材料类（非高分子方向）、生物类、农林类、地矿类、石油类等工科专业学生打好基础十分必要。

本教材《工科普通化学》内容章节上主要包括气体与分散系、化学热力学、化学动力学初步、化学平衡反应、化学测量与数据处理、电化学基础、物质结构基础、元素无机化学、无机固体材料、高分子材料等。本教材适用于机械工程、材料科学与工程、地质地矿勘探、采矿工程、环境工程、大气探测、生物技术、农业工程、电子工程、土木工程、光电工程、信息技术与工程、能源技术与工程、工业工程、冶金、轻工、食品工程、营养保健、水产养殖与加工、安全技术与工程、林业、园林、部分临床医学、卫生护理、医药类以及工程物理等专业。

（6）如何学好化学？

学好化学，前提是对化学产生兴趣，可是只有学习中发现了化学之美和有趣之处，才会喜欢化学，这看起来像个悖论。从上面的介绍，我们可以看到，新的化合物是无穷多的，化合物的变化和它们之间的转化也无法穷尽，我们无法知晓所有。但是，就像我们学习语言，我们不需要知道所有词汇，只需要学习和掌握其表达和思考的语法和方式。我们学习任何一门学科时，所需要的也是学习和掌握其最核心的概念、定义和原理，尤其是对于化学基本概念的准确理解，包括对每一个重要化学概念定义的外延和内涵把握，对概念定义中核心关键词之间逻辑关系的理解，这是训练科学思维头脑最基本而重要的途径。

对于化学的学习，我们不仅需要了解一些基本的反应，A 变为 B，$A+C \xlongequal{} B$，还需要去问：为什么会发生这样的变化，变化的驱动力是什么？变化的快慢由哪些因素决定和影响？中间会经历什么样的状态？从结构的观点看，变化前后或变化过程中，分子内和分子间发生了怎样的作用？几何结构和电子结构发生了怎样的变化？这种变化对于化学反应和化合物的性质会发生什么样的影响？如何从分子水平，甚至单分子水平去观察和研究分子的反应、变化和性质？如何理性设计并制造出具有我们期望性质的新的化合物，如新的药物？蛋白质、DNA 和 RNA 等生物大分子的某些部位经过细微的化学修饰，会对其生物功能和相关的生命过程产生什么样的影响？等等。

在高度信息化的今天，我们获取化学知识的渠道是多种多样的，课堂和教科书仅仅是一个来源。但是，如果希望在短时间内高效地学习和掌握化学的核心内容，那么专心倾注课堂，并积极主动地参与，常常会有事半功倍之效。课堂讲授和教科书阐述的，并不全是正确的，因此，需要改变思维方式，需要更多质疑的精神、批判的精神，需要更多的思考和提问。问题的提出，最好能够通过独立的思考，但是问题的解决，则需要提倡与老师和同学的互动、讨论和切磋，需要去查阅相关的书籍和文献，看看老师和这本书上讲的概念和原理在其他书上或者在原始的经典文献上是如何表述和阐述的，有何异同；如果能够通过设计一些实验加以验证，印象就会更加深刻。有比较才有鉴别，我们对于问题的认识，也常常是通过比较分析而不断加深的。学习的另一个重要途径是联想和类比，学习一个以前未接触过的新概念和原理，常常需要和已知的某个事物或知识建立联系，才能成为自己脑海中知识网络的一个部分。而要创造和产生新的知识，常常可以通过类比触类旁通。简言之，听课与阅读、质疑与思考、提问与讨论、探究与实践、比较和联想，这些都对我们学习化学和其他学科有所裨益。

第 1 章
气体与分散系

1.1 气体

在化学学科发展过程中，气体的研究占有重要地位。理想气体方程式和各种气体定律在生产和科研上都有广泛应用，如气体计量、气体物质的分离和提纯、气体扩散、气体在液体中溶解、气体吸附与固相催化化学反应等。气体分子运动论是科学家建立的气体微观模型，是早年人类认识微观世界的成功尝试。气体分子运动论的压力[1]方程式、温度的统计解释，还有气体分子速率和能量分布都是很重要的概念。掌握这些基本概念，对学习和应用化学原理，及解释某些化学方程式有很大的帮助。

1.1.1 理想气体理论

（1）理想气体方程

气体平均密度非常低，也就是说，气体所占体积可以较大，但该空间内的气体分子数较少，分子间距离大，且气体分子自身体积相对于气体所占整个空间十分小。1L 气体中，气体分子所占体积不到 0.5mL，因而气体分子本身所占体积与它所占容器容积相比可以忽略不计。通常在相对较低压力下，如气体分子结构简单，则相对于它所在空间的巨大体积，我们可以近似忽略气体分子自身体积，而将气体分子近似看作没有尺寸的质点，即有质量、没体积的理想模型。

另一方面，气体分子在空间发生频繁的碰撞，包括分子之间的碰撞，及分子与器壁的碰撞。如果气体温度相对较高，则分子动能较大，碰撞时伴随的非弹性损耗就可相对忽略。即认为在相对较高温度下，可以近似认为多数气体分子的碰撞属于弹性碰撞，碰撞前后分子能量相同，没有能量损失。

在气体研究过程中，科学家们提出了理想气体这一概念，即近似满足以下两点的气体都属于理想气体。

① 气体分子本身体积可忽略，将气体分子模型化为有质量、没体积的质点。

② 气体分子的所有碰撞都是没有能量损失的弹性碰撞。

---

[1] 基础化学中的气体压力实际指其压强，约定俗成。

理想气体的状态方程：

$$pV=nRT \tag{1-1}$$

式中，p 为气体压力；V 为气体的体积；n 为气体物质的量，mol；R 为摩尔气体常数；T 为气体所处的热力学温度❷，K（开尔文）。

理想气体状态方程式(1-1) 中，各物理量的单位必须保持一致。压力 p 一般取单位 kPa 或 Pa，少数领域也会使用大气压（atm）作为单位；体积 V 的单位常用 m^3 或 dm^3［单位升（L）在数值上与 dm^3 一致，虽然常用，但非国际单位制］。常数 R 的单位取决于 p 和 V 的单位。

p—kPa，V—dm^3，$R=8.314kPa\cdot dm^3\cdot mol^{-1}\cdot K^{-1}$；

p—Pa，V—m^3，$R=8.314Pa\cdot m^3\cdot mol^{-1}\cdot K^{-1}$；或者，$R=8.314J\cdot mol^{-1}\cdot K^{-1}$（因为 $1Pa=1N\cdot m^{-2}$）；

p—atm，V—m^3，$R=0.082atm\cdot dm^3\cdot mol^{-1}\cdot K^{-1}$。

上述理想气体状态方程反映了气态体系中压力 p、体积 V 和温度 T 三个关键物理参数之间的协同关系。同一个气体体系如从状态 1 变化到状态 2，此两状态也应符合理想气体状态方程的变化形式：

$$\frac{p_1V_1}{T_1}=nR=\frac{p_2V_2}{T_2} \tag{1-2}$$

严格来说，理想气体状态方程只适用于理想气体，然而完全理想的气体是不存在的。当气体压力不很高、温度不很低的情况下，例如在常温常压下，许多实际气体（特别是不易液化的 He、H_2、O_2、N_2 等气体）的性质近似于理想气体，用理想气体状态方程进行运算不会产生大的偏差。此外，只需粗略估算时，用此方程也很方便。

理想气体状态方程有多种实际应用，可以用来计算描述气体状态的物理量（计算 p、V、T 和 n 中的任意物理量），也可以在已知条件下求气体的密度和摩尔质量等。

【例 1-1】 在实验室中，由金属钠与氢气在较高温度（>300℃）下制取氢化钠（NaH）时，反应前必须将装置用无水无氧的氮气置换。氮气由氮气钢瓶提供，其容积为 $50.0dm^3$，温度为 25℃，压力为 15.2MPa。①计算钢瓶中氮气的物质的量 $n(N_2)$ 和质量 $m(N_2)$；②若将实验装置用氮气置换了五次后，钢瓶压力下降至 13.8MPa。计算在 25℃、0.100MPa 下，平均每次耗用氮气的体积。

解：① 已知：$V=50.0dm^3$，$T=(273+25)K=298K$，$p_1=15.2MPa=15.2\times10^3kPa$

根据式(1-1)，$n_1(N_2)=\dfrac{p_1V}{RT}=\dfrac{15.2\times10^3kPa\times50.0\,dm^3}{8.314kPa\cdot dm^3\cdot mol^{-1}\cdot K^{-1}\times298K}=307mol$

因为 $n=\dfrac{m}{M}$，$M(N_2)=28.0g\cdot mol^{-1}$

所以 $m(N_2)=n_1(N_2)M(N_2)=307mol\times28.0g\cdot mol^{-1}=8.60\times10^3g=8.60kg$

② 已知：$p_2=13.8MPa$，$V=50.0dm^3$，$T=298K$，设消耗了的氮的物质的量为 $\Delta n(N_2)$

$$\Delta n(N_2)=\frac{(p_1-p_2)V}{RT}=\frac{(15.2-13.8)\times10^3kPa\times50.0dm^3}{8.314kPa\cdot dm^3\cdot mol^{-1}\cdot K^{-1}\times298K}=28.3mol$$

在 298K、0.100MPa 下，每次置换耗用氮气的体积 $V(N_2)$ 为：

---

❷ 热力学温度 T 与摄氏温度 t 之间关系：$T=t+273.15$。

$$V(N_2)=\frac{1}{5}\times\frac{28.3\text{mol}\times 8.314\text{kPa}\cdot\text{dm}^3\cdot\text{mol}^{-1}\cdot\text{K}^{-1}\times 298\text{K}}{100\text{kPa}}=140\text{dm}^3$$

测定气体的或易挥发液体蒸气的密度，是常用的了解物质性质的方法。气体密度 ρ 也就是单位体积质量，$\rho=\frac{m}{V}=\frac{pM}{RT}$。当气体的摩尔质量已知时，可以计算出在任意状态下气体的密度。

【例 1-2】 氩气（Ar）可由液态空气蒸馏而得到。若氩的质量为 0.7990g，温度为 298.15K 时，其压力为 111.46kPa，体积为 0.4448dm^3。计算氩的摩尔质量 $M(\text{Ar})$，以及标准状况下氩的密度 $\rho(\text{Ar})$。

解： 设 M 为气体的摩尔质量，m 为气体的质量，则

$$n=\frac{m}{M}$$

代入理想气体状态方程得：$pV=\frac{m}{M}RT$

则

$$M=\frac{mRT}{pV}=\frac{0.7990\text{g}\times 8.314\text{kPa}\cdot\text{dm}^3\cdot\text{mol}^{-1}\cdot\text{K}^{-1}\times 298.15\text{K}}{111.46\text{kPa}\times 0.4448\text{dm}^3}=39.95\text{g}\cdot\text{mol}^{-1}$$

规定标准状况下，$T=273.15\text{K}$，$p=101.325\text{kPa}$

$$\rho(\text{Ar})=\frac{101.325\text{kPa}\times 39.95\text{g}\cdot\text{mol}^{-1}}{8.314\text{kPa}\cdot\text{dm}^3\cdot\text{mol}^{-1}\cdot\text{K}^{-1}\times 273.15\text{K}}=1.782\text{g}\cdot\text{dm}^{-3}$$

根据理想气体状态方程，可以从摩尔质量求得一定条件下的气体密度，也可以由测定的气体密度来计算摩尔质量，进而求得相对分子质量或相对原子质量。这是测定气体摩尔质量常用的经典方法，质谱仪是现代测定物质摩尔质量的较准确方法。

（2）道尔顿分压定律

当两种或两种以上的气体在同一容器中混合时，相互间不发生化学反应，分子本身的体积和它们相互间的作用力都可以略而不计，这就是理想气体混合物。其中每一种气体都称为该混合气体的组分气体。

混合气体中某组分气体对器壁所施加的压力叫做该组分气体的分压。对于理想气体来说，某组分气体的分压等于在相同温度下该组分气体单独占有与混合气体相同体积时所产生的压力。

1807 年，英国科学家道尔顿（J. Dalton）通过实验观察，提出了混合气体的总压等于混合气体中各组分气体的分压之和。这一经验定律即道尔顿分压定律，其数学方程为：

$$p_{总}=p_1+p_2+p_3+\cdots=\sum p_i \tag{1-3}$$

式中，$p_{总}$ 为混合气体的总压；p_1、p_2、p_3…为各组分气体的分压。

该定律直观理解见图 1-1。H_2 与 He 的混合体系占有 5.0L 体积，如将 He 与 H_2 取出，各自归入同体积容器，则混合气体总压等于 H_2 分压与 He 分压之和。

以 n_i 表示第 i 组分气体的物质的量（mol），其分压为 p_i；混合气体总的物质的量为 $n_{总}$。当温度为 T，混合气体总体积为 V，各组分气体占有和混合气体相同的体积，即各组分气体的体积也是 V。则有：

混合气体总的物质的量为 $n_{总}=n_1+n_2+n_3+\cdots=\sum n_i$

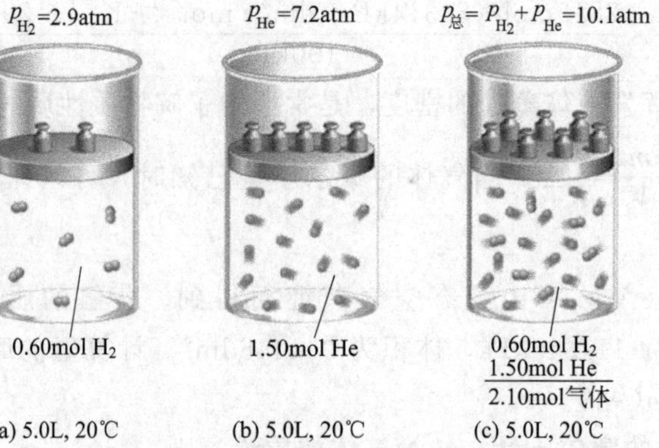

图 1-1 氢气与氦气混合体系分压-总压关系示意图

(1atm＝101.325kPa)

基于理想气体特征，混合气体与组分气体都适用理想气体状态方程。因而

$$p_{总}=\frac{n_{总}RT}{V} \qquad p_i=\frac{n_iRT}{V}$$

以上两式相比，可得：

$$\frac{p_i}{p_{总}}=\frac{n_i}{n_{总}}$$

令 $\frac{n_i}{n_{总}}=x_i$

则
$$p_i=p_{总}\frac{n_i}{n_{总}}=p_{总}\frac{n_i}{n_1+n_2+n_3+\cdots}=p_{总}\,x_i \tag{1-4}$$

该式中，x_i 为组分 i 的物质的量分数，亦称**摩尔分数**。各组分的摩尔分数之和应等于 1。即

$$x_1+x_2+x_3+\cdots=1。$$

式(1-4) 说明，混合气体中某一组分的分压等于其摩尔分数与混合气体总压的乘积。

分压定律有很多实际应用。在实验室中进行有关气体的实验时，常会涉及气体混合物中各组分的分压问题。例如，用排水集气法收集气体时，所收集的气体是含有水蒸气的混合物，要计算有关气体的压力或物质的量必须考虑水蒸气的存在，即 $p_{气体}=p_{总压}-p_{水蒸气}$。

【例 1-3】 在潜水员自身携带的水下呼吸器中充有氧气和氦气混合气（氮气在血液中溶解度较大，易导致潜水员患上气栓病，所以以氦气代替氮气）。对一特定的潜水操作来说，将 25℃、0.10MPa 的 46dm^3 O_2 和 25℃、0.10MPa 的 12dm^3 He 充入体积为 5.0dm^3 的储罐中。计算 25℃下在该罐中两种气体的分压和混合气体的总压。

解： 混合前后温度保持不变，氦气和氧气的物质的量不变

混合前，$p_1(O_2)=p_1(He)=0.10$MPa，$V_1(O_2)=46$dm^3，$V_1(He)=12$dm^3

混合后，气体总体积 $V=5.0$dm^3，$V_2(O_2)=V_2(He)=5.0$dm^3；氧气分压 $p_2(O_2)$，氦气分压 $p_2(He)$。

依据理想气体方程：$\frac{p_1V_1}{T_1}=\frac{p_2V_2}{T_2}$

因是等温过程，则 $p_1V_1=p_2V_2$

$$p_2(O_2)=\frac{p_1(O_2)V_1(O_2)}{V_2(O_2)}=\frac{0.10\text{MPa}\times 46\text{dm}^3}{5.0\text{dm}^3}=9.2\times10^2\text{kPa}$$

$$p_2(\mathrm{He})=\frac{p_1(\mathrm{He})V_1(\mathrm{He})}{V_2(\mathrm{He})}=\frac{0.10\mathrm{MPa}\times 12\mathrm{dm}^3}{5.0\mathrm{dm}^3}=2.4\times 10^2\mathrm{kPa}$$

$$p_{总}=p_2(\mathrm{O_2})+p_2(\mathrm{He})=9.2\times 10^2\mathrm{kPa}+2.4\times 10^2\mathrm{kPa}=1.16\mathrm{MPa}$$

(3) 分体积定律

在混合气体的有关计算中，常涉及体积分数问题。这就有必要讨论分体积定律。这一定律是19世纪Amage首先提出来的。混合气体中组分 i 的分体积 V_i 是该组分单独存在并具有与混合气体相同温度和压力时占有的体积。实验结果表明：混合气体体积等于各组分的分体积之和。这一规律叫做分体积定律。即

$$V_{总}=V_1+V_2+V_3+\cdots=\sum V_i \tag{1-5}$$

因 $p_{总}V_{总}=n_{总}RT$； $p_iV_i=n_iRT$

分体积定律前提是在保持温度不变时，将组分气体提取出来，并压缩至和原混合气体总压相同。

因而 $p_{总}=p_i$

则组分 i 在混合体系中的体积分数 $\varphi_i=\dfrac{V_i}{V_{总}}=\dfrac{n_i}{n_{总}}=x_i$ (1-6)

由体积分数与总体积，可算出混合气体中某组分气体的分体积。

1.1.2 实际气体理论

理想气体状态方程是一种理想模型，仅在足够低的压力和较高的温度下才适合于真实气体。对某些真实气体（如He、H_2、O_2、N_2 等）来说，在常温常压下能较好地符合理想气体状态方程，而对另一些气体［如 CO_2、H_2O（g）等］将产生1%～2%的偏差，甚至更大（见图1-2），压力增大，偏差也增大。

实际气体与理想气体差异的原因主要是由于忽略气体分子的自身体积和分子间的相互作用力（非弹性碰撞和吸引力等），因此必须对这两项进行校正。荷兰物理学家范德华（van der Waals）于1873年提出的范德华修正方程较为广泛采用，其表达式如下：

$$\left(p+a\frac{n^2}{V^2}\right)(V-nb)=nRT \tag{1-7}$$

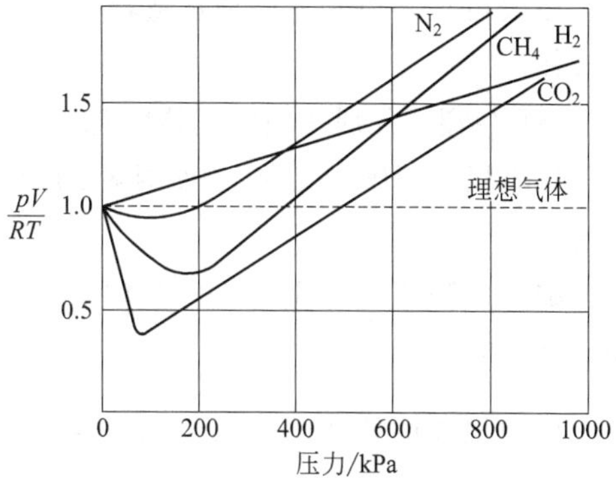

图1-2 几种气体的 pV/RT-p 关系曲线图（200K）

式(1-7)考虑了真实气体的分子体积及分子间的相互作用力，对理想气体状态方程进行了两项修正。

第一项修正是考虑体积因素。由于气体分子是有体积的（其他分子不能进入的空间），故扣除这一空间才是分子运动的自由空间，即理想气体的体积。设1mol气体的分子体积为 b，则

$$V_{理想}=V_{实际}-nb \tag{1-8}$$

第二项修正是对压力项进行修正，要考虑分子间力对压力的影响。当某一分子运动至器壁附近（发生碰撞），由于分子间的吸引作用而减弱了对器壁的碰撞作用，使实测压力比按

理想气体推测出的压力要小，故应在实测压力的基础上加上由于分子间力而减小的压力才等于理想气体的压力。由于气体分子对器壁的碰撞是弹性的，碰撞产生的压力与气体的浓度 n/V 成正比；同样，分子间的吸引作用导致压力的减小也与 n/V 成正比。所以压力校正项为 $a(n/V)^2$。即

$$p_{理想}=p_{实际}+a(n/V)^2 \tag{1-9}$$

式中，a 为比例常量，单位为 $Pa\cdot m^6\cdot mol^{-2}$。

某些实际气体的范德华常量 a、b 的数值见表 1-1。

表 1-1　某些实际气体的范德华常量

气体	$a/10^{-1}Pa\cdot m^6\cdot mol^{-2}$	$b/10^{-4}m^3\cdot mol^{-1}$
He	0.03457	0.2370
H_2	0.2476	0.2661
Ar	1.363	0.3219
O_2	1.378	0.3183
N_2	1.408	0.3913
CH_4	2.283	0.4278
CO_2	3.640	0.4267
HCl	3.716	0.4081
NH_3	4.225	0.3707
NO_2	5.354	0.4424
H_2O	5.536	0.3049
C_2H_6	5.562	0.6380
SO_2	6.803	0.5636
CH_3CH_2OH	12.18	0.8407

由表可见，对于范德华常量较小的气体，其行为偏离理想气体不太严重，可近似看作理想气体。

【例 1-4】 分别按理想气体状态方程和范德华方程计算 1.50mol SO_2（g）在 30℃ 占有 20.0L 体积时的压力，并比较两者的相对误差。如果体积减小为 2.00L，其相对误差又如何？

解： 已知 $T=303K$，$V=20.0L$，$n=1.50mol$，$a=0.6803Pa\cdot m^6\cdot mol^{-2}$，$b=0.5636\times 10^{-4}m^3\cdot mol^{-1}$

按理想气体处理，$p_{理想}=\dfrac{nRT}{V}=\dfrac{1.5mol\times 8.314J\cdot K^{-1}\cdot mol^{-1}\times 303K}{20.0L}=189kPa$

按实际气体处理，$p_{实际}=\dfrac{nRT}{V-nb}-\dfrac{an^2}{V^2}$

$$=\frac{1.50mol\times 8.314J\cdot K^{-1}\cdot mol^{-1}\times 303K}{20.0L-0.05636L\cdot mol^{-1}\times 1.50mol}-\frac{(1.5mol)^2\times 0.6803\times 10^3kPa\cdot L^2\ moL^{-2}}{(20.0L)^2}=186kPa$$

相对误差：　$\dfrac{p_{理想}-p_{实际}}{p_{实际}}\times 100\%=\dfrac{189-186}{186}\times 100\%=1.61\%$

改变条件，　$V=2.00L$　$p'_{理想}=1.89\times 10^3kPa$　$p'_{实际}=1.59\times 10^3kPa$

$$\frac{p'_{理想}-p'_{实际}}{p'_{实际}}=\frac{(1.89-1.59)\times 10^3}{1.59\times 10^3}\times 100\%=18.9\%$$

1.1.3 气体的溶解

气体溶解是指气体分子与溶剂分子之间以纯粹物理的分子间作用力相作用，或同时发生气体分子与溶剂分子间的氢键作用、化学作用，气体分子从而相对稳定地分散于溶剂中的行为。气体溶解度是指该气体在压强为一个标准大气压、一定温度下，溶解在1体积水里达到饱和状态时的气体的体积。如在0℃、1个标准大气压时，1体积水能溶解0.049体积氧气，此时氧气的溶解度为0.049。由于气体溶解时体积变化很大，故其溶解度随压强增大而显著增大。

气体的溶解度大小，首先决定于气体的性质，同时也随着气体的压强和溶剂温度的不同而变化。例如，在20℃时，气体的压强为1.013×10^5Pa，1L水可以溶解气体的体积是：NH_3为702L，H_2为0.01819L，O_2为0.03102L。NH_3易溶于水，是因为NH_3是极性分子，水也是极性分子，而且NH_3分子跟水分子还能形成氢键，发生显著的水合作用，且伴随有水合分子的化学结合与电离化学行为。所以，诸如NH_3、CO_2等易与溶剂水发生氢键和/或化学作用的气体，其溶解度通常较大。而H_2、N_2是非极性分子，化学性质也相对惰性，不与水分子形成氢键和化学作用，仅依赖较弱的气体分子与水分子间的范德华力作用，所以在水里的溶解度很小。各种常见气体在标准大气压下在纯水中的溶解度如表1-2所示。

表1-2 各种常见气体标准大气压下在纯水中溶解度（20℃）

气体	溶解度/(mL/L)	溶解度/(mg/L)	气体	溶解度/(mL/L)	溶解度/(mg/L)
N_2	15.5	18.9	H_2S	2.58×10^3	3.85×10^3
H_2	18.2	1.60	SO_2	39.4×10^3	1.13×10^3
O_2	31.0	43.0	NH_3	7.02×10^3	5.31×10^3
CO_2	878	1690	C_2H_2	1.03×10^3	1.17×10^3
空气	18.7	25.8	C_2H_4	1.22×10^3	1.49×10^3
Cl_2	230	7290	C_2H_6	47.2	62.0
O_3	368	1375	CH_4	33.1	2.2

对于本身具有酸碱性的气体，其在水中溶解度又与水的pH有关，如酸性的CO_2等气体在碱性溶液中溶解度将增大，此行为涉及气体分子与水分子间的作用力、水合作用及电离，溶解气体包括水分子溶剂化部分、水合部分（如H_2CO_3）以及电离部分（如HCO_3^-、CO_3^{2-}）；碱性NH_3等气体亦有相似的溶解行为。此内容关乎酸碱电离平衡，将在后续章节介绍。

气体在溶剂中的溶解是可逆过程，一定条件下溶解达到溶解平衡，压力和温度改变，溶解平衡发生移动。当压强一定时，气体的溶解度随着温度的升高而减少。因为当温度升高时，气体分子运动速率加快，溶解的气体分子容易“挣脱”溶剂水分子的溶剂化束缚，自水面逸出，溶解度降低。

水中溶解氧在工程技术方面具有重要意义。例如中压锅炉给水要求水中溶解氧含量须低于15μg/L，以减缓锅炉金属材料的腐蚀，保障锅炉寿命与安全。高压锅炉给水对溶解氧的要求更为严格。

1.1.4 气体的液化与超临界流体

在所有物质的分子之间都存在吸引力，而吸引力的大小与物质的存在状态有关。对于同种物质，处于气态时的吸引力小于处于液态时的吸引力，处于液态时的吸引力又小于处于固态时的吸引力。另外，分子的热运动有使分子间距离增加、吸引力减小的倾向。因此，气体的液化需要将其降温或降温并加压，使分子的动能降低、分子间的距离缩小，从而增加分子间的吸引力。不同的物质分子间的作用力不同，因此不同气体液化时所需的条件有所不同。如水汽在 101kPa 下，低于 100℃就可以液化；氯气在室温时必须加压才能液化；而 N_2、H_2、O_2 等气体在室温下加多大压力都不能液化，必须将温度降低到某一温度以下。每种气体都有一个特定温度，叫做**临界温度**（critical temperature），记为 T_c。气体的液化必须控制在临界温度以下，在临界温度以上，无论加多大压力都不可能使气体液化。尽管加压可以使分子间距离缩小、吸引力增大，然而分子剧烈的热运动会影响分子间吸引力的增加。当通过加压增加分子间吸引力不能克服分子热运动的扩散膨胀时，只靠加压的办法气体不能液化，只有同时降温（减少热运动）和加压（增加吸引力）才能使气体液化。在临界温度，使气体液化所需的最低压力叫临界压力（critical pressure），记为 p_c。在 T_c 和 p_c 条件下，1mol 气体所占的体积叫临界体积（critical volume），记为 V_c。表 1-3 列出了几种物质的临界数据和沸点。

表 1-3 几种物质的临界数据和沸点

物质		T_b/K	T_c/K	p_c/100kPa	V_c/cm^3·mol^{-1}
永久气体	He	4.22	5.19	2.27	57
	H_2	20.28	32.97	12.93	65
	N_2	77.36	126.21	33.9	90
	O_2	90.20	154.59	50.83	73
	CH_4	111.67	190.56	45.99	98.60
可凝聚气体	CO_2	194.65	304.13	73.75	94
	C_3H_8	231.1	369.83	42.48	200
	Cl_2	239.11	416.9	79.91	123
	NH_3	239.82	405.5	113.5	72
	n-C_4H_{10}	272.7	425.12	37.96	255
常态液体	n-C_5H_{12}	309.21	469.7	33.70	311
	n-C_6H_{14}	341.88	507.6	30.25	368
	C_6H_6	353.24	562.05	48.95	256
	n-C_7H_{16}	371.6	540.2	27.4	428
	H_2O	373.2	647.14	220.6	56

表 1-3 中数据表明，气体的沸点越低，其临界温度越低，则越难液化。凡沸点和临界温度都低于室温的气体，如 N_2、H_2、O_2 等气体。在室温下加压是不可能液化的，这种气体被称为永久气体。凡沸点低于室温而临界温度高于室温的气体，如 Cl_2、C_3H_8、CO_2 等气体，在室温下加压可以液化，再减压时又可气化，这种气体被称为可凝聚气体。凡沸点和临界温度都高于室温的物质，如 C_6H_6、H_2O 等，在常温常压下为液体。

气体在一定温度和压力下一般可以液化，而连续改变温度和压力，气体可能转化为液态、固态等形态，将物质形态随温度和压力改变而变化的结果绘制成平面图，即为物质**相图**。初级相图（phase diagram）可表示相平衡系统的组成与一些参数（如温度、压力）之间的关系。它在物理化学、矿物学和材料科学中具有很重要的地位。二氧化碳的相图如图 1-3 所示。

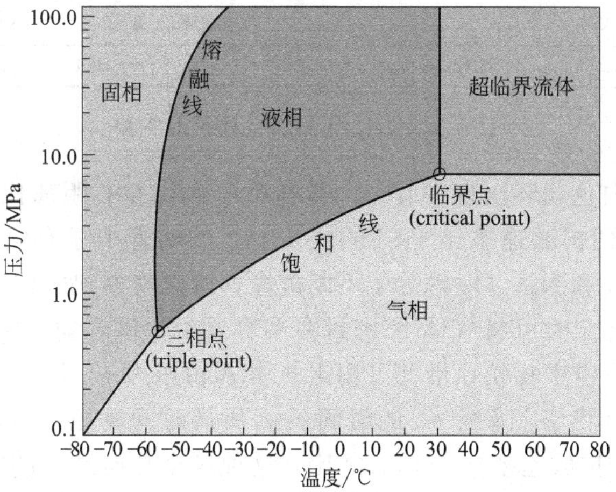

图 1-3　二氧化碳相图

该相图表明，二氧化碳在怎样的温度、压力区间呈现固态、液态、气态。一般来说，低压、高温有利于呈现气态形式。高压、低温有利于呈现固态形式。图中两相之间的分界线为相态转变平衡曲线，表示气-液平衡（液化、气化）、固-液平衡（熔融、凝固），甚至气-固平衡（升华、凝华）对应的温度、压力条件。图中在液态与气态包夹的区域内出现了一个所谓“超临界流体”相区。

气体在临界温度和临界压力以上时，既能像气体那样自由扩散充满容器，又能像液体那样起到很好的溶剂作用，其溶解能力随温度、压力而变化。这种物质状态叫做**超临界流体**(super critical fluid，简称 SCF)。在超临界状态下，CO_2 具有选择性溶解能力。超临界二氧化碳 SCF-CO_2 已形成一项应用广泛的特种萃取技术，在咖啡有效成分萃取、烟草除尼古丁、食品除异味等方面已有很多实际应用。对低分子、低极性、亲脂性、低沸点的成分，如挥发油、烃、酯、内酯、醚、环氧化合物等表现出优异的溶解性，如天然植物与果实精油成分。对具有极性基团（—OH，—COOH 等）的化合物，极性基团愈多，就愈难萃取，故多元醇、多元酸及多羟基的芳香物质均难溶于超临界二氧化碳。对于分子量高的化合物，分子量越高，越难萃取。而对于分子量较大和极性基团较多的中草药的有效成分的萃取，就需向有效成分和超临界二氧化碳组成的二元体系中加入第三组分，来改变原来有效成分的溶解度，在超临界液体萃取的研究中，通常将具有改变溶质溶解度的第三组分称为夹带剂（也有许多文献称夹带剂为亚临界组分）。一般而言，具有很好溶解性能的溶剂，也往往是很好的夹带剂，如甲醇、乙醇、丙酮、乙酸乙酯等。

1.1.5　气体的扩散

气体的扩散行为在某些气相法材料制备加工中有着重要影响，如半导体外延生长与掺杂、石英光纤掺杂加工等。气体分子间距离大，作用力小，并不停地做无规则运动，尽量扩散到所能达到的空间，那么气体分子扩散速率有无规律？

取一支玻璃管，在其左端放浸有浓氨水的棉花团，右端放浸有浓盐酸的棉花团（图 1-4）。NH_3 分子向右扩散，HCl 分子向左扩散，它们相遇时生成 NH_4Cl 白色固体而出现白色雾环。

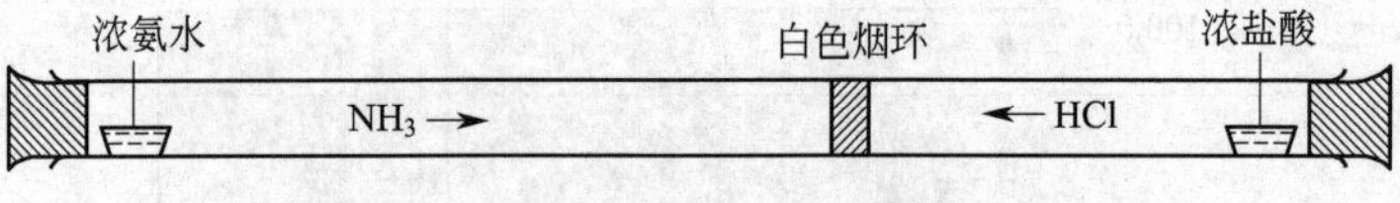

图 1-4 NH_3 与 HCl 气体扩散实验

可以观察到这个白色烟环出现在管中间靠盐酸一侧，左右距离比约为 3∶2。这个实验现象告诉我们，NH_3 的扩散速率比 HCl 的快。上述玻璃管中还有空气干扰，NH_3 分子和 HCl 分子运动时必然要和 N_2、O_2 等分子不断碰撞，所以观察到的扩散速率只是分子运动速率的相对比较。定量测定时可将气体 A 密封在某容器中，该容器一端与气压计相连，另一端有活塞经毛细管与真空室相接，借此可测定气体 A 由压力 p_1 降至 p_2 所需的时间 t_A。在相同条件下测定 B 气体由 p_1 降至 p_2 的时间 t_B。所需时间越短，表示气体扩散速率越快，t_A 与 t_B 之比可以代表扩散速率 r_A 与 r_B 之比。这种经小孔向真空的扩散叫隙流，r_A 和 r_B 也叫隙流速率，即

$$\frac{t_A}{t_B}=\frac{r_B}{r_A} \tag{1-10}$$

1828 年，格拉罕姆（Graham）由实验发现：等温等压条件下，气体的隙流速率（r，$mol\cdot s^{-1}$）和它的密度（ρ）的平方根成反比，而气体的密度又与摩尔质量（M）成正比，即

$$pV=\frac{m}{M}RT, \quad M=\rho\frac{RT}{p}$$

所以两种气体的扩散时间与隙流速率之比可表达为：

$$\frac{t_A}{t_B}=\frac{r_B}{r_A}=\sqrt{\frac{\rho_A}{\rho_B}}=\sqrt{\frac{M_A}{M_B}} \tag{1-11}$$

式(1-11) 称为格拉罕姆（Graham）气体扩散定律。例如，将 NH_3 和 HCl 的摩尔质量代入式(1-11)，得：

$$\frac{r_{NH_3}}{r_{HCl}}=\sqrt{\frac{M_{HCl}}{M_{NH_3}}}=\sqrt{\frac{36.5g\cdot mol^{-1}}{17g\cdot mol^{-1}}}\approx 1.5$$

由实验测定已知摩尔质量化合物的 r_A，再测定未知物的 r_B，即可用式(1-11) 求未知物的摩尔质量 M_B。这个简单的定律曾解决过核化学中的复杂问题。核燃料铀在自然界有两种重要同位素 ^{235}U 和 ^{238}U（还有很少量 ^{234}U）。^{235}U 核受热中子轰击可以裂变而释放很大的能量，但它在自然界的同位素丰度只有 0.72%，而 ^{238}U 的丰度虽高达 99.28%，却不能由热中子引起裂变反应。因此必须将 ^{235}U 和 ^{238}U 进行同位素分离，使 ^{235}U 富集之后才能制作核燃料。同一种元素的两种同位素的化学性质极其相似，一般化学方法难于将它们分离。20 世纪 40 年代，富集 ^{235}U 的成功方法就是利用了铀的挥发性化合物 $^{235}UF_4$ 和 $^{238}UF_6$ 扩散速率的差别。世界上第一个大规模铀分离工厂在美国田纳西州橡树岭，六氟化铀气体通过一种多孔隔板经几千级扩散分离，而使 $^{235}UF_6$ 富集。

1.1.6 气相分子能量分布规律

由于气体分子在容器内不断地做高速的不规则运动以及分子与分子间频繁的相互碰撞，所以每个分子的运动速率随时在改变。某一个分子在某一瞬间的速率是随机的，但分子总体

的速率分布却遵循一定的统计规律，即在某特定速率范围内的分子数占总分子数中的份额是可以统计估算的。物理学家麦克斯韦（Maxwell）和波尔兹曼（Boltzmann）用数学的方法从理论上推导了气体分子速率分布与能量分布的规律。

图1-5为氧分子在25℃和1000℃的两条速率分布曲线。横坐标代表分子运动速率r，纵轴是$\frac{1}{N}\times\frac{\Delta N}{\Delta r}$，其中$\frac{\Delta N}{N}$表示速率在$r$至$r+\Delta r$区间的分子数（$\Delta N$）占总分子数$N$的份额。则$\frac{1}{N}\times\frac{\Delta N}{\Delta r}$表示速率$r$至$r+\Delta r$区间的分子份额。

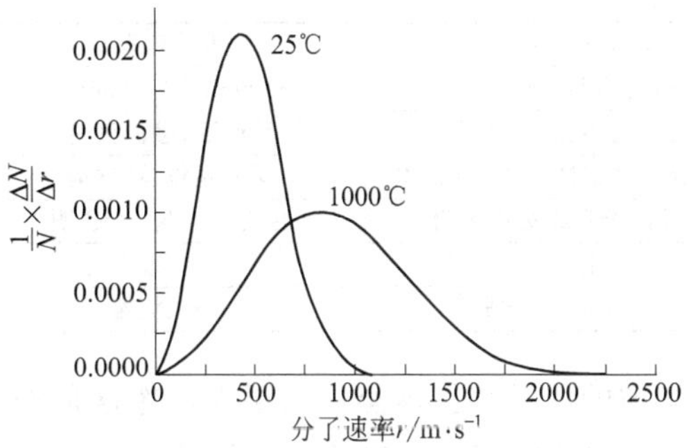

图1-5　在不同温度下氧分子运动速率分布曲线

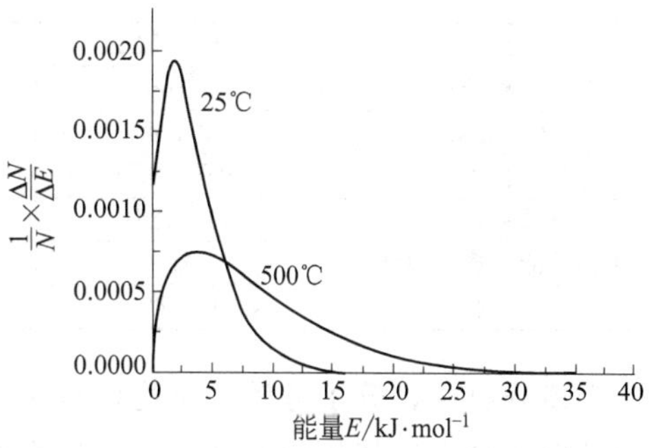

图1-6　分子能量分布曲线

图1-5显示，氧分子在25℃时的速率分布曲线最高点对应速率约400m·s^{-1}，意味速率在400m·s^{-1}左右的分子最多，这个速率称为最可几速率。而速率小于100m·s^{-1}或大于1200m·s^{-1}的分子所占份额都很小。温度较高时，速率高的分子所占份额较大，而且温度高时速率分布曲线较为宽阔而平坦，也即分子的速率分布较为宽广。而温度低时，分子速率分布则比较集中。然而不论在高温或低温，速率分布都显示两头少、中间多的不对称峰形分布规律，这也是玻尔兹曼分布特征。

气体分子运动的动能与速率有关（$E=mr^2/2$），所以气体分子的能量分布也可用类似的曲线表示（如图1-6所示），能量分布曲线也呈现两头小、中间大的不对称峰形分布规律，和速率分布曲线的不同在于开始时就很陡。

1.2 分散系分类

在化学、材料、环境工程、生物医学工程等诸多学科领域，我们面对的研究对象很少是单一纯物质体系，更多是多组分化学物质的混合、杂化等组合体系，界定并分清楚这些多元化学组合体系，有助于我们更深入、准确地认识研究这些物质体系。

多元化学组分体系的存在形式十分丰富，其共存形式其实就是一种物质在另一种物质中的分散状态。把一种或几种物质分散在另一种物质中就构成分散体系。其中，被分散的物质称为分散质或分散相（dispersed phase），另一种物质称为分散介质（dispersing medium）。例如将蔗糖分散在水中，蔗糖就是分散质，水就是分散介质。

依据分散质在分散系中的分散尺寸大小，一般将分散系分成：①分子分散系；②胶体分散系；③粗分散系三类。

其中，分子分散系是指分散质的分散尺度达到1nm以下，即所谓真溶液状态，常见的盐水、葡萄糖溶液等都属于真溶液体系，其被分散物质达到分子级分散水平。被分散物质的分散尺度达到1～100nm（也有说1～1000nm）分散尺度的分散体系，称为胶体分散系。该分散系一般是由很多离子、原子或分子聚集而成的团状颗粒，具有丰富的层级结构与电荷性。被分散物质在分散介质中的分散尺度达到100nm（也有说1000nm）以上时，则称为粗分散系，包括乳浊液（细小液滴分散在另一种物质的连续液相中）、悬浊液（细小固体颗粒分散在另一物质的连续液相中）等。这三类分散系的分类原则与各自特点列于表1-4进行对比。

表1-4 分散系的分类原则与各自特点

分散系	分子分散系	胶体分散系	粗分散系
分散质离子尺寸	＜1nm	1～100nm(也有说1～1000nm)	＞100nm(或1000nm)
实际形式	真溶液	液溶胶、气溶胶、固溶胶	乳浊液、悬浊液等
分散质粒子组成	分子、粒子	大分子、分子聚集体、粒子聚集体	固体颗粒、液珠等
分散系外观	均一透明	目视均匀,透明或基本透明	目视不均匀,不透明
分散质能否透过滤纸	能	能	不能
实例	NaCl、蔗糖溶液	$Fe(OH)_3$胶体、淀粉胶体	乳液、泥浆

上述分类中，分子分散系是物理与化学性质均匀的体系。扩展至一般层面，像这种物理与化学性质分布连续均匀的体系称为**均相体系**（也称**单相体系**），包括任何气体，分子、离子的真溶液，任何达到分子、离子级分散水平的固体（包括单组分晶体和固溶体等）。体系中任何一处的物理与化学性质都相同，且具有热力学稳定性，随时间不会出现分离。而像粗分散系这种，分散质由较多离子或分子聚集而成较大颗粒（粒径大于100nm或1000nm），体系中各处的物理与化学性质分布不连续、不均匀，称为**多相体系**（也称**杂相体系**），典型例子包括油水乳液体系、固体颗粒悬浮体系等，具有显著的热力学不稳定性，容易发生分离、沉降等行为。

1.3 溶液理论

1.3.1 溶解与溶剂化

溶液中尽管粒子或分子是以近乎独立的形式分散在溶剂中，达到均匀分散，分散开来的离子或分子之间几乎没有相互作用，但却存在单个离子或分子被溶剂分子吸引包裹的普遍形态，即溶剂化（solvation）。溶剂可以大致分类为极性溶剂与非极性溶剂。溶解的一般规律是“相似相溶”，即极性溶质易溶于极性溶剂，而非极性溶质易溶于非极性溶剂。

极性溶剂分子因存在极性化学键或分子电荷分布不对称，溶剂分子上存在带正电性和带负电性的局部结构，例如水分子的氢原子端带正电性，而氧原子端带负电性，可以将这种电荷分离的溶剂分子看作电偶极子。在将离子性晶体（如氯化钠）或其他含有极性化学结构的固体（如蔗糖）溶质置于水溶剂中时，溶剂水分子首先以其正电性的氢原子靠近固体表面带负电性的结构，以静电作用方式吸引固体表面的Cl^-或分子脱离晶格束缚，进入溶剂本体。同样，水分子的负电性氧端也能靠近固体溶质表面带正电荷的中心，以静电吸引方式“拉扯”固体表面Na^+或分子离开固体晶格，进入溶剂本体。此固体表面溶剂化并初步溶解的过程如图1-7(a)所示。最初溶剂化进入溶剂本体的水合Na^+与水合Cl^-（此处水合也是溶剂化的代名词）不一定水合完全，即部分水合的正电荷 Na^+ 与部分水合的 Cl^- 之间还存在一定静电吸引作用［如图 1-7(b) 所示］。待离子水合完全后，则正、负离子之间达到完全电离，完全水合的正、负离子之间再无固定的静电吸引作用［如图 1-7(c) 所示］。事实上，对于浓度较高的氯化钠溶液，图示 1-7(b) 的半结合状态将会较为明显，即氯化钠表观上似乎没有 100%的电离，只是接近 100%电离。很多强电解质固体的溶解过程不同程度存在这种电离不完全情况，尤其是正负离子价态较高的离子晶体更为明显。

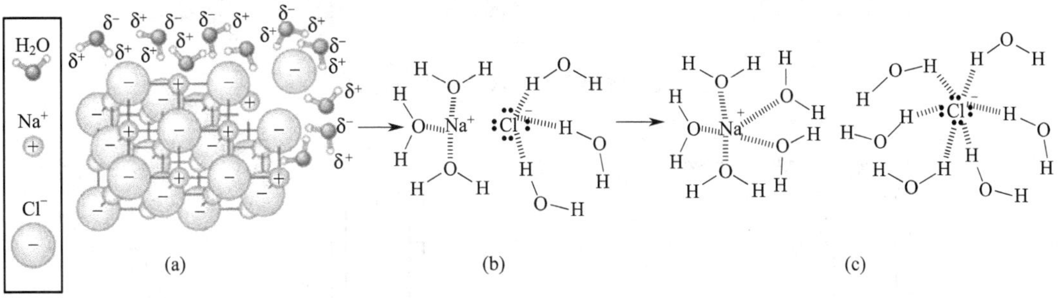

图 1-7 氯化钠晶体溶解过程与溶剂化示意

诸如蔗糖这类非离子型固体，其溶解过程伴随水分子正电性氢端对蔗糖晶体表面氧原子的溶剂化，以及水分子负电性氧端对蔗糖晶体表面氢原子的溶剂化，也是通过静电吸引作用，将表面蔗糖分子“拉扯”离开晶格束缚，进入溶剂本体。对于非极性固体在非极性溶剂中的溶解，主要依赖溶剂分子与固体表面分子的分子间作用力（范德华力）产生溶剂化，实现溶解。例如单质碘在 CCl_4 溶剂中的溶解。

关于溶液的浓度表达，常用体积摩尔浓度，单位 $mol \cdot dm^{-3}$ ($mol \cdot L^{-1}$)。而在有些场合，其他的浓度表示方式还有质量摩尔浓度 m，即每 kg 溶剂中溶解的溶质物质的量，单位 $mol \cdot kg^{-1}$。

1.3.2 稀溶液的依数性

(1) 蒸气压与饱和蒸气压

液体表面分子与内部分子时刻发生着交换，处于表面的分子因受力不均匀，朝向空气一侧缺少同种分子的吸引力作用，因而表现出相对较高的能量，这些分子的能量有的高，有的低，呈现一定的分布。其中能量偏高的分子有机会挣脱内部液体分子的束缚，挥发离开液相，进入到液体上方的空间中，形成蒸气相。这些蒸气相在空气中产生一定分压，这就是液体的蒸气压 (vapor pressure)。如液体上方开口，液体分子不断挥发至气相，并被带走，液体分子持续挥发，所有液体分子挥发跑掉，则液体最终自动“干涸”。但如果液体处于密闭容器内，初期气化速率高于凝聚速率，但分子挥发离开液相的速率和气相中分子凝聚回到液相中的速率最终相等，液体上方蒸气压达到饱和，即气化和凝聚过程达到平衡（如图 1-8 所示），此时的蒸气压称为饱和蒸气压 (saturation vapor pressure，简称 svp)。

饱和蒸气压大小与液体的量无关，一滴液体和一杯液体的饱和蒸气压一样。饱和蒸气压也与液体上方空间大小无关，与空间中是否有其他气体无关。不管怎样，液体最终都会建立自己的气液平衡，达到饱和。液体饱和蒸气压的测定可用如图 1-9 的建议实验装置实现。

图中汞柱高度已和外接大气压相等，汞柱上方留有真空空间。向汞柱内注入少量待测液

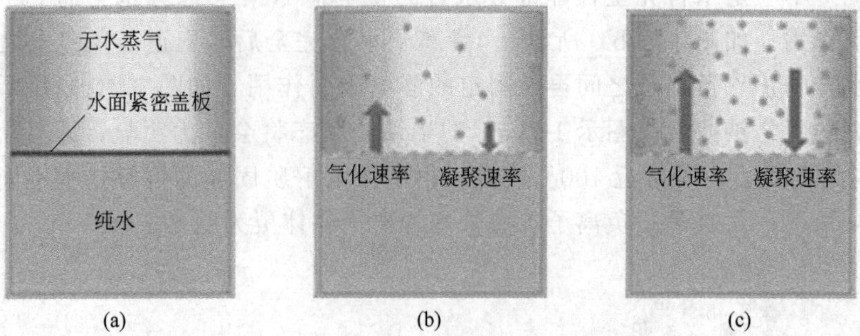

图 1-8 密闭容器内水的气化与饱和

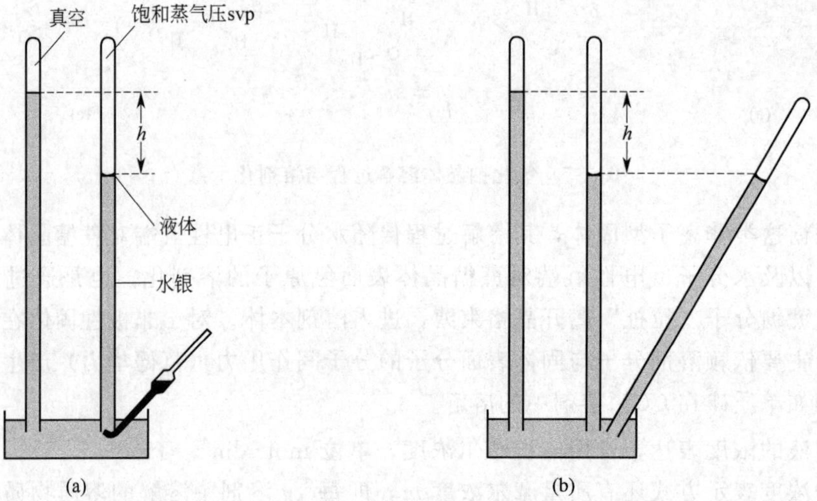

图 1-9 汞柱测定液体饱和蒸气压

（h＝液体在室温下的 SVP）

体，液体自动上浮至汞表面，并挥发形成饱和蒸气，该饱和蒸气产生的压力将汞柱液面下压，和之前的汞柱液面形成高度差，该高度差 h 对应的汞柱高度即为液体饱和蒸气压 SVP。对于饱和蒸气压太小的液体，汞柱变化高度差太小，不足以准确测定其饱和蒸气压。

液体饱和蒸气压和温度有密切关系，升高温度，液面分子能量增加，更容易气化离开液相，产生更大的饱和蒸气压。几种常见纯物质饱和蒸气压随温度变化的关系曲线如图 1-10 所示。

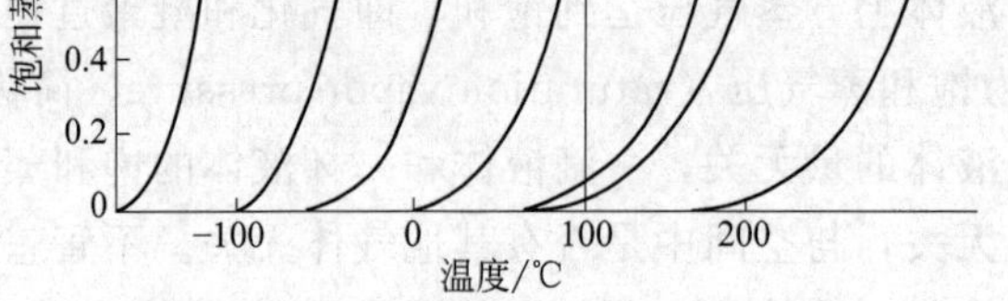

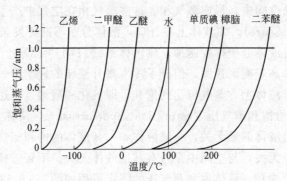

图 1-10 几种常见纯物质饱和蒸气压随温度变化的关系曲线

如图 1-10 显示，纯物质蒸气压随温度上升而增加，无论其常温下是固态、液态还是气态，都具有此规律。气体冷却到足够低的温度时，变为液态，遵循液体的饱和蒸气压变温规律。纯固体物质的表面也同样存在能量较高的分子，也有脱离固体晶格束缚、进入气相的趋势。逃脱成功的这部分分子组成气相，最终与固相形成平衡，达到饱和蒸气压状态。即，密闭空间内，固体表面分子离开固相进入气相的速率最终与气相分子回到固相表面的分子速率相等，建立固-气平衡。固相饱和蒸气压较大时，可观察到明显的升华现象。关于升华现象得以发生的详细原理还可参考物质三相图。

液体蒸气压随温度上升而增加，但液体中绝大多数分子的能量不足以“挣脱”彼此束缚，继续保持液体状态。当温度升至足够高，蒸气压增加至与外界大气压相等时，液体中较多数量分子获得足够能量，得以“挣脱”彼此间束缚（分子动能高于分子间吸引能量），并克服外压阻力，形成急剧的气态逸出，表现为鼓泡，即肉眼可见的沸腾现象。也就是说液体蒸气压随温度升高而增加至与外界大气压（标准为 1atm）相等时，液体进入沸腾状态，此时对应的温度就是该液体的正常沸点（纯水正常沸点 100℃）。可以想见，外界大气压变化时，液体的沸点也随之改变。低气压的高原地带，液体的沸点会显著降低。如珠峰大本营海拔 5200m 高度上，气压只有 414mmHg，此时纯水的沸点降为 82℃。

（2）稀溶液蒸气压下降

若往溶剂（如水）中加入任何一种难挥发的溶质，使它溶解而形成溶液时，由实验可以测出溶剂的蒸气压下降。即在同一温度下，溶有难挥发溶质 B 的溶液中，溶液的蒸气压总是低于纯溶剂 A 的蒸气压。在这里，所谓溶液的蒸气压实际是指溶液中溶剂的蒸气压（因为溶质是难挥发的，其蒸气压可忽略不计）。纯溶剂和溶液的饱和蒸气压曲线比较如图 1-11 所示。同一温度下，纯溶剂蒸气压力与溶液蒸气压力之差叫做溶液的蒸气压下降。

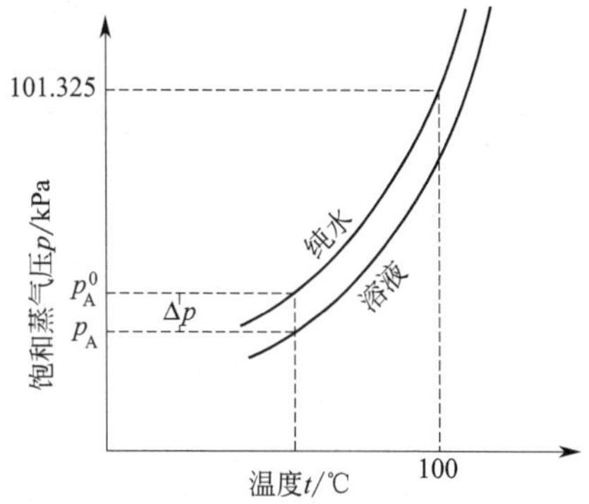

图 1-11　纯溶剂和溶液的饱和蒸气压曲线

溶液的蒸气压比纯溶剂的要低，其原因可以理解如下：溶质分子处于溶剂化状态，一个溶质分子（或离子）可以吸引若干个溶剂水分子，这种束缚作用导致部分溶剂水分子运动活性降低，整体上会拉低溶剂水分子能量，包括部分能量较高的、迁移至溶液表面本应挥发离去的水分子。所以，溶质分子的溶剂化作用使溶剂水分子挥发逸出速率略有降低，即蒸气压下降。关于溶液蒸气压低于纯溶剂的解释还有以前常见的溶质分子（离子）占位理论，但这个理论缺乏足够的说服力[3]。

在一定温度时，难挥发的非电解质稀溶液中溶剂的蒸气压下降（Δp）与溶质的摩尔分数成正比。其数学表达式为式(1-12)。这也是拉乌尔定律（Raoult's law）的变形表达式。

---

❸ A. A. Zavitsas, Quest to demystify water: Ideal solution behaviors are obtained by adhering to the equilibrium mass action law, *Journal of Physical Chemistry B* 2019, 123 (4): 869-883; Z.-H. Yang, Comments on “The Quest to Demystify Water. Ideal Solution Behaviors are Obtained by Adhering to the Equilibrium Mass Action Law”, *Journal of Physical Chemistry B* 2019, 123 (10): 2459-2460; W. R. Bousfield, Osmotic pressure in relation to the constitution of water and the hydration of the solute, *Trans. Faraday Soc.* 1917, 13: 141-155.

$$p_A^0 - p_A = \Delta p = \frac{n_B}{n_A + n_B} p_A^0 = x_B p_A^0 \tag{1-12}$$

式中，p_A^0 表示纯溶剂的蒸气压；p_A 表示溶液蒸气压；n_B 表示溶质 B 的物质的量；n_A 表示溶剂 A 的物质的量；$n_B/(n_A+n_B)=x_B$ 表示溶质 B 的摩尔分数。

该方程主要来源于实验研究总结，具有一定经验性。它表明：难挥发非电解质的稀溶液中，溶液饱和蒸气压（实际是溶液中溶剂的饱和蒸气压，溶质蒸气压忽略不计）相对于纯溶剂的饱和蒸气压的降低值 Δp 仅仅依赖于浓度，而与该溶质是什么无关。这就是蒸气压下降的依数性（colligative properties）描述，该依数性特征的前提是要求溶质为难挥发非电解质的稀溶液（三个关键词）。如果使用了挥发性溶质（如乙醇），可挥发溶质也会产生显著蒸气压，对溶液整体蒸气压形成贡献，将破坏上述依数性规律。如果使用了电解质溶质，因电离的非彻底性，溶液表观浓度与电离后产生的实际微粒子浓度难以准确换算，因而，电解质溶液浓度与其蒸气压降低程度之间的线性关系也会打破。如果不满足稀溶液这点，浓度较高时，Δp 与摩尔分数 x_B（浓度的变形表达）之间也将偏离线性数学关系，丧失依数性特征。一般情形是，Δp 随浓度增加而增大，但会逐渐趋于平缓。

（3）稀溶液沸点升高与凝固点下降

在水与水蒸气的相平衡中，温度升高，水的蒸气压增大。在严寒的冬季里，晾洗的衣服上结的冰可以逐渐消失；而用作防蛀的樟脑丸在常温下就易逐渐挥发（升华）。这些现象都说明固体表面的分子也能蒸发。如果把固体放在密封的容器内，固体（固相）和它的蒸气（气相）之间也能达到平衡，此时固体具有一定的蒸气压。固体的蒸气压也随温度的升高而增大。表 1-5 中也列出了不同温度时冰及水的蒸气压。

表 1-5　不同温度时冰和水的蒸汽压

冰的温度/℃	冰的蒸汽压/Pa	水的温度/℃	水的蒸汽压/Pa
0	611.15	0	611.15
−5	401.76	10	1228.2
−10	259.9	20	2339.3
−18	124.92	40	7384.9
−20	103.26	50	12352
−30	38.01	60	19946
−40	12.84	70	31201
−50	3.936	80	47414
−60	1.08	90	70182
−70	0.261	95	84608
−80	0.055	100	101330

注：出处 https：//www. vaxasoftware. com/doc _ eduen/qui/pvh2o. pdf。

当某一液体的蒸气压等于外界压力时（101.325kPa），液体就会沸腾，此时的温度称为该液体的沸点，以 T_{bp}（下标 bp 是 boiling point 的缩写）表示。而某物质的凝固点（即熔点）是该物质的液相蒸气压和固相蒸气压相等时的温度，以 T_{fp}（下标 fp 是 freezing point 的缩写）表示。

一切可形成晶体的纯物质，在给定条件下，都有一定的凝固点和沸点。但溶液的情况并非如此，一般由于溶质的加入会使溶剂的凝固点下降、溶液的沸点上升。而且溶液越浓，凝固点和沸点改变越大。

溶液的沸点上升和凝固点下降的原因简析如下。

溶液的沸点上升和凝固点下降是由于溶液中溶剂的蒸气压下降所引起的。现通过水溶液的例子来说明这个问题。

以蒸气压为纵坐标，温度为横坐标，画出水和冰的蒸气压曲线，如图 1-12 所示。水在正常沸点（100℃，即 373.15K）时，其蒸气压恰好等于外界压力（101.325kPa）。如果水中溶解了难挥发性的溶质，其蒸气压就要下降。因此，溶液中溶剂的蒸气压曲线就低于纯水的蒸气压曲线，在 373.15K 时溶液的蒸气压就低于 101.325kPa。要使溶液的蒸气压与外界压力相等，以达到其沸点，就必须把溶液温度升到 373.15K 之上。从图 1-12 可见，溶液的沸点比纯水沸点升高了 ΔT_{bp}（沸点上升度数）。

从图 1-12 还可以看到，在 273.16K 时，冰的蒸气压曲线和水的蒸气压曲线相交于一点，即此时冰的蒸气压力和水的蒸气压相等，均为 611Pa。由于溶质的加入使所形成溶液的溶剂蒸气压下降。这里必须注意到，溶质是溶于水中而不溶于冰中，因此只影响水（液相）的蒸气压，对冰（固相）的蒸气压则没有影响。这样，273.16K 时，溶液的蒸气压必定低于冰的蒸气压，冰与溶液不能共存，冰要转化为水，所以溶液在 273.16K 时不能结冰。如果此时溶液中放入冰，冰就会融化，而融化是吸热过程，因此系统的温度就会降低。在 273.16K 以下某一温度时，冰的蒸气压曲线与溶液的蒸气压曲线可以相交于一点，此温度就是溶液的凝固点，它比纯水的凝固点要低 ΔT_{fp}（凝固点下降度数）。

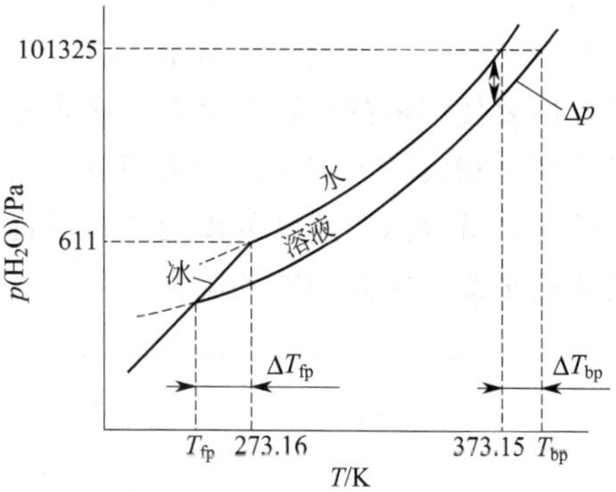

图 1-12　水的沸点升高与凝固点下降示意

溶液的蒸气压下降程度与溶液浓度有关，而溶液的蒸气压下降又是溶液沸点上升和凝固点下降的根本原因。因此，溶液的沸点上升和凝固点下降也必然与溶液的浓度有关。

难挥发的非电解质稀溶液的沸点上升和凝固点下降与溶液的质量摩尔浓度 m 成正比，可用下列数学式表示：

$$\Delta T_{bp}=k_{bp}m \tag{1-13a}$$

$$\Delta T_{fp}=k_{fp}m \tag{1-13b}$$

式中，k_{bp} 与 k_{fp} 分别称作溶剂的摩尔沸点上升常数和溶剂的摩尔凝固点下降常数（SI 单位为 $K \cdot kg \cdot mol^{-1}$）。表 1-6 中列出了几种溶剂的沸点、凝固点、$k_{bp}$ 和 k_{fp} 的数值。

表 1-6　几种溶剂的沸点、凝固点、k_{fp} 和 k_{bp}

溶剂	$k_{fp}/K \cdot kg \cdot mol^{-1}$	凝固点/℃	$k_{bp}/K \cdot kg \cdot mol^{-1}$	沸点/℃
苯	5.12	5	2.53	80
四氯化碳	29.8	−23	5.03	77
氯仿	4.68	−64	3.62	61
环己烷	20.0	6	2.75	81
1,2-二溴乙烷	12.5	9	6.608	131
1,4-二氧六环	4.63	12	3.270	101
萘	6.94	80	5.80	218
硝基苯	6.852	6	5.24	211
苯酚	7.40	41	3.60	182
1,1,2,2-四溴乙烷	21.7	0		244
甲苯		−95	3.29	111
水	1.853	0	0.515	100

注：引自 Lange's Handbook，pps. 11-4，11-10～11-14。

在生产和科学实验中，溶液的凝固点下降这一性质得到了广泛应用。例如，汽车散热器（水箱）的用水中，在寒冷的季节，通常加入乙二醇使溶液的凝固点下降以防止结冰。

（4）溶液渗透压

渗透必须通过一种膜来进行，这种膜上的微孔只允许溶剂分子通过，而不允许溶质分子通过，因此叫做半透膜。若被半透膜隔开的两边溶液的浓度不等（即单位体积内溶质的分子数不等），则可发生渗透现象。如按图 1-13 的装置，用半透膜把溶液和纯溶剂隔开，这时溶剂分子在单位时间内进入溶液内的数目，要比溶液内的溶剂分子在同一时间内进入纯溶剂的数目多。结果使得溶液的体积逐渐增大，垂直的细玻璃管中的液面逐渐上升。从宏观看，渗透是溶剂通过半透膜进入溶液的单方向扩散过程。若要使膜内溶液与膜外纯溶剂的液面相平，即要使溶液的液面不上升，必须在溶液液面上增加一定压力。此时单位时间内，溶剂分子从两个相反的方向通过半透膜的数目彼此相等，即达到渗透平衡。这时，溶液液面上所增加的压力就是这个溶液的渗透压。因此渗透压是为维持被半透膜所隔开的溶液与纯溶剂之间的渗透平衡而需要的额外压力。

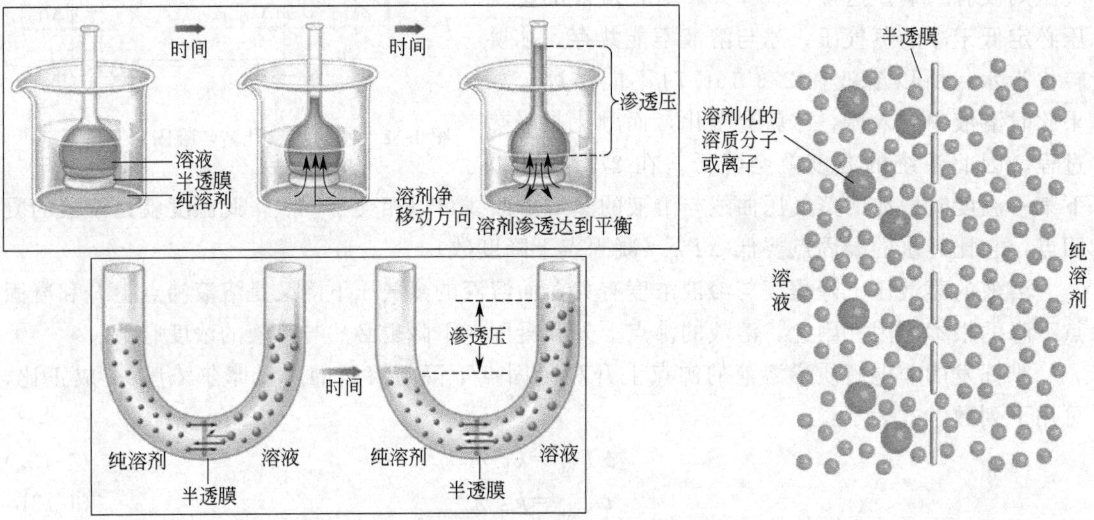

图 1-13　显示溶液渗透压现象的装置

图 1-14 中描绘了一种测定渗透压装置的示意图。在一只坚固（在逐渐加压时不会扩张或破裂）的容器里，溶液与纯水间有半透膜隔开，溶剂（纯水）倾向通过半透膜流入溶液。加压力于溶液上方的活塞上，使观察不到溶剂的转移（即溶液和纯水两液面相平）。这时所必须施加的压力就是该溶液的渗透压，可以从与溶液相连接的压力计读出。

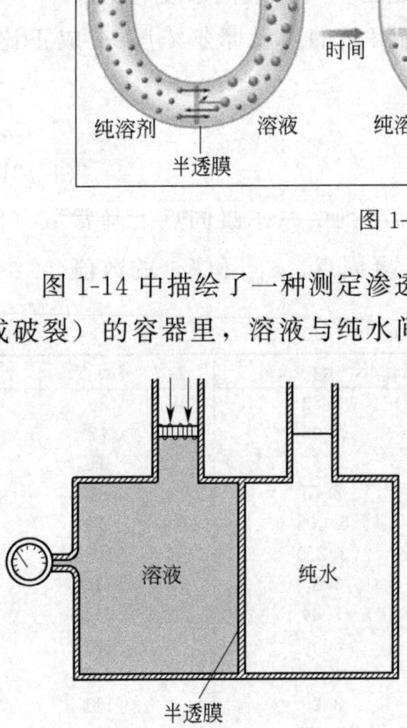

图 1-14　溶液渗透压测定装置

如果外加在溶液上的压力超过了渗透压，则反而会使溶液中的溶剂向纯溶剂方向流动，使纯溶剂的体积增加，这个过程叫做反渗透。反渗透的原理广泛应用于海水淡化、工业废水或污水处理和溶液的浓缩等方面。

难挥发的非电解质稀溶液的渗透压与溶液的浓度及热力学温度成正比。若以 Π 表示渗透压，c 表示浓度，

T 表示热力学温度，n 表示溶质的物质的量，V 表示溶液的体积，则

$$\Pi = cRT = nRT/V$$

或
$$\Pi V = nRT \tag{1-14}$$

这一方程的形式与理想气体方程完全相似，R 的数值也完全一样，但气体的压力和溶液的渗透压产生的原因不同。气体由于它的分子运动碰撞容器壁而产生压力，但溶液的渗透压是溶剂分子渗透的结果。溶液渗透压的深层次理论解释涉及化学势概念。

渗透压既可以出现在溶液和纯溶剂之间，也可以出现在两个溶液之间，只要它们相对于纯溶剂的渗透压不同，则二者之间也可出现渗透压。渗透压在生物学中具有重要意义。有机体的细胞膜大多具有半透膜的性质，渗透压是引起水在生物体中运动的重要推动力。渗透压的数值相当可观，以 298.15K 时 $0.100\text{mol}\cdot\text{dm}^{-3}$ 溶液的渗透压为例，可按式(1-14) 计算如下：

由于 $R=8.314\text{Pa}\cdot\text{m}^3\cdot\text{mol}^{-1}\cdot\text{K}^{-1}$，浓度的单位应转换为 SI 单位 $\text{mol}\cdot\text{m}^{-3}$，即 $c=0.100\text{mol}\cdot\text{dm}^{-3}=0.100\times10^3\text{mol}\cdot\text{m}^{-3}$，所以

$\Pi=cRT=0.100\times10^3\text{mol}\cdot\text{m}^{-3}\times8.314\text{Pa}\cdot\text{m}^3\cdot\text{mol}^{-1}\cdot\text{K}^{-1}\times298.15\text{K}=248000\text{Pa}=248\text{kPa}$

一般植物细胞汁的渗透压约可达 2000kPa，所以水分可以从植物的根部运送到数十米高的顶端。化学家则常利用渗透压法测定高聚物的摩尔质量。人体血液平均的渗透压约为 780kPa。由于人体有保持渗透压在正常范围的要求，因此，对人体注射或静脉输液时，应使用与人体内的渗透压基本相等的溶液，在生物学和医学上这种溶液称为**等渗溶液**，例如临床常用的是质量分数 5.0%（$0.28\text{mol}\cdot\text{dm}^{-3}$）葡萄糖溶液或含 0.9% NaCl 的生理盐水，否则由于渗透作用，可产生严重后果。如果把血红细胞放入渗透压较大的溶液中（即**高渗溶液**，与正常血液相比），血红细胞中的水就会通过细胞膜渗透出来，甚至能引起血红细胞收缩并从悬浮状态中沉降下来；如果把这种细胞放入渗透压较小的**低渗溶液**中，溶液中的水就会通过血红细胞的膜流入细胞中，而使细胞膨胀，甚至能使细胞膜破裂。

凡符合以上 4 种依数性定律的溶液叫做理想溶液，其各组分混合成溶液时，没有热效应和体积的变化。稀溶液近乎理想状态；结构相似的物质也能形成理想溶液，如甲醇和乙醇、苯和甲苯等。

稀溶液依数性可以用于测量某些难挥发非电解质溶质的分子量，特别是渗透压法，因渗透压数值较大，实验中容易准确测量，故而常用来测定一些生物大分子的分子量。

1.3.3 电解质溶液的通性

电解质溶液或者浓度较大的非电解质溶液也与非电解质稀溶液一样具有溶液蒸气压下降、沸点上升、凝固点下降和渗透压等性质。在日常生活中可见到如海水不易结冰，其凝固点低于 273.15K，而沸点则可高于 373.15K。又如，工业上或实验室中常采用某些易潮解的固态物质，如氯化钙、五氧化二磷等作为干燥剂，就是因为这些物质能使其表面所形成的溶液的蒸气压力显著下降，当它低于空气中水蒸气的分压时，空气中水蒸气可不断凝聚而进入溶液，即这些物质能不断地吸收水蒸气。若在密闭容器内，则可进行到空气中水蒸气的分压等于这些干燥剂物质（饱和）溶液的蒸气压为止。

再如，利用溶液凝固点下降这一性质，盐和冰的混合物可以作为冷冻剂。冰的表面上有少量水，当盐与冰混合时，盐溶解在这些水里成为溶液。此时，由于所生成的溶液中水的蒸

气压力低于冰的蒸气压力，冰就融化。冰融化时要吸收熔化热，使周围物质的温度降低。例如，采用氯化钠和冰的混合物，温度可以降低到−22℃；用氯化钙和冰的混合物，温度可以降低到−55℃。在金属表面处理中，利用溶液沸点上升的原理，使工件在高于100℃的水溶液中进行处理。再如，使用含 NaOH 和 $NaNO_2$ 的水溶液能将工件加热到140℃以上。

在金属热处理工艺中，若将钢铁工件在空气中加热到高温时会发生氧化和脱碳现象。因此，加热常在盐浴中进行。盐浴往往用几种盐的混合物（熔融盐），使熔点下降并可调节所需温度范围。例如，$BaCl_2$ 的熔点为963℃，NaCl 的熔点为801℃，而含77.5% $BaCl_2$ 和22.5% NaCl 的混合盐的熔点则下降到630℃左右。

稀溶液定律所表达的这些依数性与溶液浓度的定量关系不适用于浓溶液或电解质溶液。这是因为在浓溶液中，溶质的微粒较多，溶质微粒之间的相互影响以及溶质微粒与溶剂分子之间的相互影响大大加强。这些复杂的因素使稀溶液定律的定量关系产生了偏差。而在电解质溶液中，这种偏差的产生则是由于电解质的解离。例如，一些电解质水溶液的凝固点下降数值比同浓度（m）非电解质溶液的凝固点下降数值要大。这一偏差可用电解质溶液与同浓度的非电解质溶液的凝固点下降的比值 i 来表达，如表1-7所示。

表1-7 几种电解质质量摩尔浓度为0.100mol·kg^{-1} 时在水溶液中的 i 值

电解质	观察到的 $\Delta T'_{fp}$/K	按式(1-13b)计算的 ΔT_{fp}/K	$i=\Delta T'_{fp}/\Delta T_{fp}$
NaCl	0.348	0.186	1.87
HCl	0.355	0.186	1.91
K_2SO_4	0.458	0.186	2.46
CH_2COOH	0.188	0.186	1.01

对于这些电解质溶质的稀溶液，蒸气压下降、沸点上升和渗透压的数值也都比同浓度的非电解质稀溶液的相应数值要大，而且存在着与凝固点下降类似的情况。

可以看出，强电解质如 NaCl、HCl（AB型）的 i 接近于2，K_2SO_4（A_2B型）的 i 在2～3间；弱电解质如 CH_3COOH 的 i 略大于1。因此，对同浓度的溶液来说，其沸点高低或渗透压大小的顺序为：

A_2B 或 AB_2 型强电解质溶液＞AB型强电解质溶液＞弱电解质溶液＞非电解质溶液

而蒸气压或凝固点的顺序则相反。

强电解质在水溶液中的情况如下所述。

弱电解质在水溶液中小部分解离。而强电解质在水溶液中可认为是完全解离成离子的，但由于水合离子相互作用的结果，每一水合离子周围在一段时间内总有一些带异号电荷的水合离子包围着，这种周围带异号电荷的离子形成了所谓的“离子氛”。在溶液中的离子不断运动，使离子氛随时拆散，又随时形成。由于离子氛的存在，离子受到牵制，不能完全独立行动。这就是强电解质溶液的 i 值不等于正整数以及实验测得的解离度小于100%的原因。这种由实验测得的解离度，并不代表强电解质在溶液中的实际解离百分率，所以叫做表观解离度。溶液越浓或离子电荷数越大，强电解质的表观解离度越小。

电解质溶液中因正、负离子间静电吸引而限制了溶质离子活动，为定量描述这种限制效应，引入了**活度**（activity，也称逸度）的概念。所谓活度就是将溶液中离子的浓度乘上一个校正因子——活度因子。设溶液浓度为 c，活度因子为 γ，则活度 a 为：

$$a=\gamma c$$

用活度代替浓度后所进行的一些计算，较符合实验结果，所以活度又称之为有效浓度。

活度因子 $\gamma \leqslant 1$，直接反映了溶液中离子活动的自由程度。一般说来，活度因子越大，表示离子活动的自由程度越大。溶液越稀，活度因子越接近于 1；当溶液无限稀释时，活度因子等于 1，离子活动的自由程度为 100%时（表示离子间距离远，相互没有影响），活度等于离子的浓度。在一般准确度要求不太高的化学计算中，强电解质在稀溶液中的离子浓度往往以 100%解离计。例如 0.1mol·dm^{-3} HCl 溶液，水合 H^+ 浓度可近似以 0.1mol·dm^{-3} 计，多数情况可采用此种近似计算。

1.4 胶体化学理论

1.4.1　胶体分类与结构

胶体常常也称为溶胶，按分散相和分散介质的聚集状态可分为以下三大类（如图 1-15 所示）。

① 液溶胶（sol），分散介质为液体。分散相为气体时形成气液溶胶，如肥皂泡、灭火泡沫等；分散相为液体时形成液液溶胶，如牛奶、石油等；分散相为固体时形成固液溶胶，如泥浆、油漆等。

② 固溶胶（solid sol），分散介质为固体。当气体分散在固体中形成气固溶胶，如泡沫玻璃、泡沫塑料等；当液体分散在固体中形成液固溶胶，如珍珠；当固体分散在固体中形成固固溶胶，如有色玻璃、某些合金等。

③ 气溶胶（aerosol），分散介质为气体。当液体分散在气体中形成液气溶胶，如云雾；当固体分散在气体中形成固气溶胶，如烟尘等。气体与气体可无限混溶，不可能有气气溶胶。

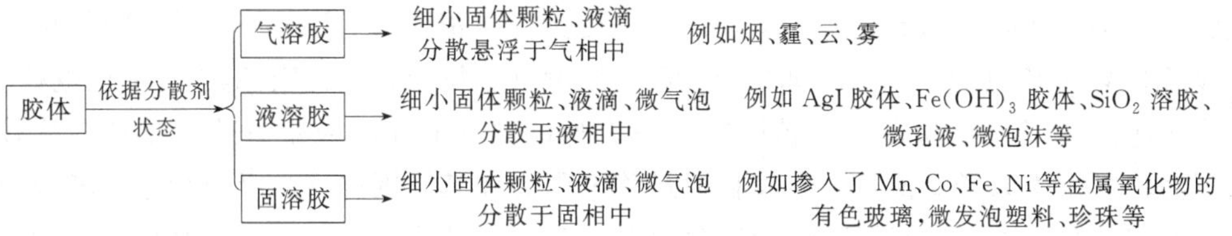

图 1-15　胶体分类

固液溶胶是常见的一类重要材料，常简称为溶胶。制备溶胶的方法不外乎是将大颗粒分散（分散法），或将小颗粒凝聚（凝聚法）。常用的分散法有胶体磨研磨、超声波撕碎、分散剂胶溶等方法。胶体磨的磨盘由特种硬合金制成，能高速运转进行研磨，使大颗粒碎到胶粒尺寸。超声波具有很强的撕碎力，能获得几十至几百纳米大小的胶粒。胶溶法是向沉淀物中加入分散剂，使沉淀颗粒分散为胶粒，如往新制得的 $Fe(OH)_3$ 沉淀中，加入适量的 $FeCl_3$ 溶液作为分散剂，充分搅拌，可制得稳定的 $Fe(OH)_3$ 溶胶。**凝聚法**是将溶液中的分子或离子凝聚成胶体粒子的方法。许多能生成不溶物的化学反应，在适当的温度、浓度和 pH 条件下可生成溶胶。例如，把 $FeCl_3$ 溶液滴入沸水中，Fe^{3+} 水解生成 $Fe(OH)_3$ 溶胶。饱和亚砷酸（H_3AsO_3）溶液和 0.1mol·dm^{-3} 硫化钠（Na_2S）溶液等体积混合，即可生成淡黄色 As_2S_3 溶胶。溶胶中，分散粒子的表面积很大，因表面有剩余分子间作用力，粒子相碰撞有自动聚集趋势，所以溶胶不稳定（热力学不稳定性）。但也由于胶体粒子具有很大的表面积，容易吸附离子而带电荷；胶体粒子间的电排斥，保持了溶胶的相对稳定性（动力学稳定性）。

溶胶的分散粒子具有胶束结构，如由 $FeCl_3$ 水解而制得的 $Fe(OH)_3$ 溶胶的胶团结构，如图1-16 所示。

$$\underbrace{\underbrace{\{\underbrace{[Fe(OH)_3]_m}_{\text{胶核}} \cdot \overbrace{nFeO^+ \cdot (n-x)Cl^-}^{\text{吸附层}}\}^{x+}}_{\text{胶粒}} \cdot \overbrace{xCl^-}^{\text{扩散层}}}_{\text{胶团}}$$

图 1-16 $Fe(OH)_3$ 溶胶的胶团结构

胶团的核心是 m 个 $Fe(OH)_3$ 粒子，$m \approx 10^3$。胶核外依次吸附着水中的 FeO^+，以及带相反电荷的 Cl^-，形成一个随胶核运动的吸附层。胶核和吸附层称为胶粒，胶粒带正电称正电胶体。胶粒外带有相反电荷的 Cl^- 形成扩散层，胶粒与扩散层形成胶团（micelle），也称胶束。胶束呈电中性。As_2S_3 溶胶的胶粒带负电，称负电胶体。$AgNO_3$ 溶液和 KI 溶液在适当条件下可制成 AgI 溶胶，KI 过量时形成负电胶体，$AgNO_3$ 过量时形成正电胶体。现以 AgI 溶胶为例，说明溶胶的形成过程和结构特点。

① 胶核的形成　若将 $AgNO_3$ 稀溶液与 KI 稀溶液混合，发生的化学反应如下：

$$AgNO_3 + KI = AgI + K^+ + NO_3^-$$

多个 AgI 分子聚集成 $(AgI)_m$ 固体粒子，其中 m 约为 10^3 个，直径在 1～100nm 范围，形成胶核。

② 胶核的选择性吸附　体系中存在多种离子，如 Ag^+、I^-、K^+、NO_3^- 等离子时，胶核选择性地吸附与胶粒化学组成相同的离子，Ag^+ 或 I^-，即由胶核与紧密吸附的同种离子构成胶粒结构。在制备 AgI 溶胶时，如果 KI 过量，溶液 I^- 浓度较大，那么胶粒优先吸附 I^-，从而胶粒带负电荷；反之，如果 $AgNO_3$ 过量，胶粒则会优先吸 Ag^+ 而带正电荷。

③ 相反电荷离子的吸附　胶核因吸附一定量的离子而使胶粒带电荷，胶粒结构较为稳定，不会轻易发生离子交换，带电胶粒通过静电引力在其周围进一步吸附少量带相反电荷的离子。如 KI 过量时，胶核吸附 I^- 而带负电荷，就会继续吸附 K^+，中和掉胶粒中的部分负电荷，但一般不会全部中和，继续保持胶粒负电性；当 $AgNO_3$ 过量，胶核吸附 Ag^+ 而带正电荷时，就会继续吸附 NO_3^-，中和掉胶粒中的一部分正电荷，一般不会全部中和，保持胶粒继续正电性。AgI 胶核吸附同种负离子（多，I^-）及正离子（少，K^+），或 AgI 胶核吸附同种正离子（多，Ag^+）及负离子（少，NO_3^-），组成结构相对稳定的带电胶粒。

于是我们看到，一个胶粒的结构包含三个部分：胶核、胶核表面吸附的带电离子以及少量相反电荷离子。胶核表面吸附的所有离子称为胶粒的吸附层，胶核和吸附层构成胶粒。带电的胶粒在溶液中会有相反电荷离子包围，以保持溶液的电中性。这个包围胶粒的、带相反电荷的氛围，称为胶粒的扩散层。胶粒和扩散层形成一个电中性的胶团，胶粒和扩散层之间的表面称滑动面。图 1-17 表示了两种 AgI 溶胶的胶团结构。

1.4.2 液溶胶的性质

(1) 动力学性质——布朗运动

布朗（Bown）用显微镜观察到悬浮在液面上的花粉颗粒不断地做无规则运动，后来用

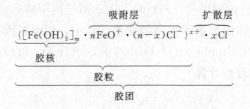

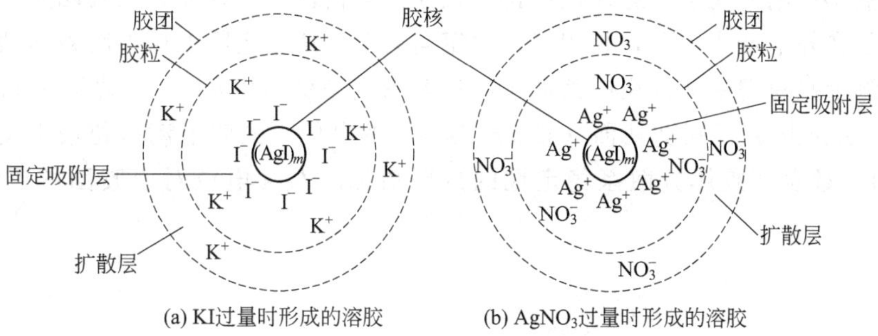

图 1-17　两种 AgI 溶胶的胶团结构

超显微镜观察到溶胶中的胶粒的运动也与此类似，故称为布朗运动。布朗运动是由于不断热运动的液体介质分子对胶粒撞击的结果。对很小但又比液体介质分子大得多的胶粒来说，由于不断地受到不同方向、不同速度的液体分子的撞击，受到的力是不均匀的，所以它们时刻以不同的方向、不同的速度做不规则运动。胶粒越小，布朗运动就越剧烈。布朗运动是胶体分散系的特征之一。

（2）光学性质——丁铎尔（Tyndall）效应

将一束光线照射在一个溶胶系统上，在与入射光垂直的方向上可以观察到一条混浊发亮的光柱（图 1-18），这个现象称为丁铎尔效应。丁铎尔效应是溶胶特有的现象，可以用于区别溶胶和真溶液。根据光学理论，当光线照射在分散质粒子上时，如果颗粒直径远远大于入射光的波长，则发生光的反射；如果颗粒直径略小于入射光的波长则发生光的散射而产生丁铎尔现象。可见光的波长范围在 400～700nm，胶体颗粒直径范围在 1～100nm，所以可见光通过溶胶时产生明显的散射作用，出现丁铎尔效应。如果分散质颗粒太小（小于 1nm），对光的散射极弱（极弱的瑞利散射，Rayleigh scattering），则发生光的透射现象。据此，可以用丁铎尔效应来区别溶胶和真溶液。超显微镜就是利用光散射原理设计制造的，用于研究胶粒的运动。

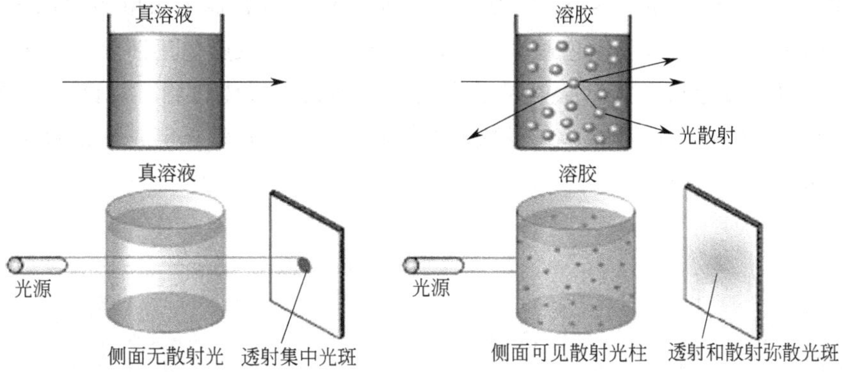

图 1-18　丁铎尔效应

（3）电学性质——ζ(Zeta) 电位与电泳

溶胶的胶粒带有电荷，并与扩散层反电荷不同程度中和，扩散层的反电荷离子在胶体粒子运动、碰撞过程发生频繁交换，因此，胶团的扩散层也是一种滑动层。滑动层靠近胶粒面一侧相对固定，反电荷离子交换不易，靠外一侧较易滑动，离子交换容易，但始终保持胶粒携带部分扩散层反电荷离子，总体仍保持一定原有电荷性质。因而，在胶团发生布朗运动的同时，尤其是在外电场作用下，胶团将发生定向运动。依据定额电压下胶粒运动速率和相关参数，可以测定胶粒携带部分反电荷离子时所具有的电势（电位），也就是 Zeta 电位。Zeta 电位（Zeta potential）是指剪切面（shear plane）的电位，又叫电动电位或电动电势（ζ 电位或 ζ 电势），是表征胶体分散系稳定性的重要指标。Zeta 电位对应胶团的层级结构如图 1-19 所示。

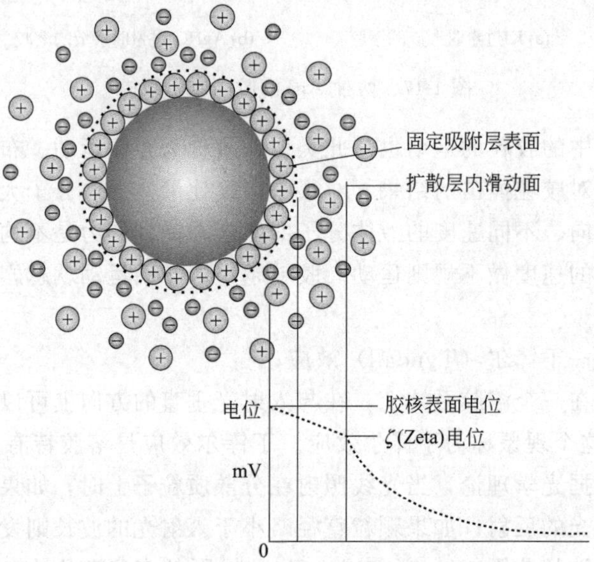

图 1-19　Zeta 电位与胶团层级结构对应关系

Zeta 电位实际为胶团滑动面相对于溶胶液相本体的电势高低，有可能为正，也可能为负。其绝对值越大，两个同种溶胶粒子碰撞时发生融合的机会就越小，溶胶越稳定。

在外加电场的作用下，胶体粒子相对于静止介质做定向移动的现象称为电泳。例如，在一个 U 形管中装入金黄色的 As_2S_3 溶胶，在 U 形管的两端各插入银电极（图 1-20），通电后可以观察到正极附近的溶胶颜色逐渐变深，负极附近的溶胶颜色逐渐变浅。As_2S_3 胶粒在电场中由负极向正极运动，显然它是带负电的。大多数金属硫化物、硅酸、土壤、淀粉及金、银等胶粒带负电，称负溶胶。大多数金属氢氧化物的胶粒带正电，称正溶胶。溶胶粒子带电的主要原因有以下两点。

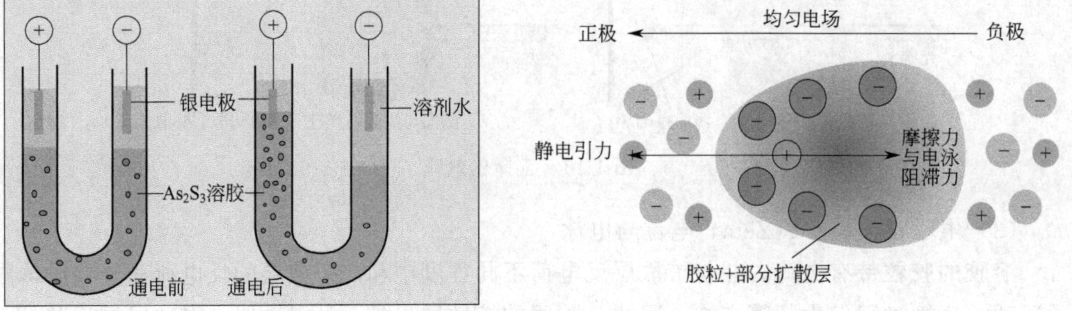

图 1-20　溶胶电泳示意

① 吸附作用　溶胶系统具有较高的表面能，而这些小颗粒为了减小其表面能，就要根据相似相吸的原则对系统中的物质进行吸附。例如，硫化砷溶胶的制备通常是将 H_2S 气体通入饱和亚砷酸 H_3AsO_3 溶液中，经过一段时间以后，生成淡黄色 As_2S_3 溶胶。由于 H_2S 在溶液中电离，电泳管内产生大量的 HS^-，所以 As_2S_3 吸附 HS^-，则该溶胶带负电。

② 电离作用　有部分溶胶粒子带电是由于其自身表面电离所造成的。例如，硅胶粒子带电是因为偏硅酸 H_2SiO_3 电离形成 $HSiO_3^-$ 或 SiO_3^{2-}，该负离子附着在胶核表面而带负电。其反应式为：

$$H_2SiO_3 = HSiO_3^- + H^+ = SiO_3^{2-} + 2H^+$$

溶胶粒子带电原因十分复杂，常规溶胶已多有研究报道，有一定的规律可循；新型溶胶体系需要通过实验研究来证实。

胶体电泳仪演变为一项实用技术，在研究分离生物大分子方面发挥巨大作用。合成多肽、改性降解蛋白分子、DNA、RNA 等生物大分子材料一般属于带有负电荷的胶体材料，常用凝胶电泳技术进行分离，在电场作用下，混合的生物大分子样本沿电场方向，经由凝胶导电层逐渐定向迁移，荷质比高（高电荷数，低分子量）的组分定向迁移速率较快；荷质比低的组分定向迁移缓慢，最终达到组分分离目的。

1.4.3　溶胶的稳定性与聚沉

（1）稳定性

溶胶是多相、高分散系统，具有很大的表面能，有自发聚集成较大颗粒以降低表面能的趋势，因而是热力学不稳定系统。但事实上溶胶往往能存在很长时间。溶胶之所以有相对的稳定性，主要原因如下。

① 布朗运动　溶胶因分散度大，粒径小，布朗运动剧烈，故能克服重力引起的沉降作用。

② 胶粒带电　由于胶粒带有相同电荷，当两胶粒相互接近时，静电斥力的作用使它们又相互分开。胶粒带电是多数溶胶能稳定存在的主要原因。

③ 溶剂化作用　溶胶胶团结构中的吸附层和扩散层的离子都是溶剂化的，在此溶剂化层的保护下，胶粒很难因碰撞而聚沉。

（2）聚沉

溶胶的稳定性是相对的，只要破坏了溶胶的稳定性因素，胶粒就会相互聚集成大颗粒而沉降，此过程称为溶胶的聚沉。促使溶胶聚沉的主要因素如下。

① 加热　加热可使胶粒的运动加剧，从而破坏胶粒的溶剂化膜，同时加热可使胶核对电位离子的吸附力下降，减少了胶粒所带的电荷数，降低其稳定性，使胶粒间碰撞聚结的可能性大大增强。

② 增大溶胶浓度　增大溶胶浓度，单位体积中胶粒的数目增多，因而胶粒的碰撞机会就会增加，溶胶容易发生聚沉。

③ 将两种带相反电荷的溶胶按适当比例混合　将电性相反的两种溶胶混合后，由于胶粒相互吸引而发生的聚沉现象称为相互聚沉作用，简称互聚。实验表明，只有当两种胶粒所带电荷的代数值为零时才能发生聚沉。因此，溶胶的互聚作用取决于两种溶胶的用量。

实际生活中常用明矾［$KAl(SO_4)_2 \cdot 12H_2O$］来净化水。天然水中的悬浮粒子（硅酸等）一般带负电荷，加入明矾后，生成带正电荷的 $Al(OH)_3$ 溶胶，两者发生聚沉，同时水中的杂质由于 $Al(OH)_3$ 的吸附作用而一起下沉，达到净化水的目的。

④ 加入电解质　对溶胶聚沉影响最大的还是在溶胶中加入电解质。当溶胶内电解质浓度较低时，胶粒周围的反离子扩散层较厚，因而胶粒之间的间距较大。这时两个胶粒相互接近时，带有相同电荷的扩散层就会产生斥力，防止胶粒碰撞而聚结沉淀。如果在溶液中加入大量的电解质，由于离子总浓度增加，大量的离子进入扩散层内，迫使扩散层中的反离子向胶粒靠近，扩散层就会变薄，因而胶粒变小。同时由于离子浓度的增加，相对减小了胶粒所带电荷，使胶粒之间的静电斥力减弱，胶粒之间的碰撞变得更容易，聚沉的机会就大大增加。

电解质对溶胶的聚沉作用主要取决于那些与胶粒所带电荷相反的离子。一般来说，离子电荷越高，对溶胶的聚沉作用就越大。对带有相同电荷的离子来说，它们的聚沉差别虽不大，但也存在差异，随着离子半径的减小，电荷密度增加，其水化半径也相应增加，因而离子的聚沉能力就会减弱。例如，碱金属离子在相同阴离子条件下，对带负电溶胶的聚沉能力大小为 $Rb^+ > K^+ > Na^+ > Li^+$；而碱土金属离子的聚沉能力大小为 $Ba^{2+} > Sr^{2+} > Ca^{2+} > Mg^{2+}$。这种带有相同电荷的离子对溶胶的聚沉能力的大小顺序称为**感胶离子序**。

电解质的聚沉能力通常用聚沉值的大小来表示。所谓聚沉值是指一定时间内，使定量的溶胶完全聚沉所需要的电解质的最低浓度。不难看出，电解质的聚沉值越大，则其聚沉能力越小；而电解质聚沉值越小，则其聚沉能力越大。例如，NaCl、$MgCl_2$、$AlCl_3$ 三种电解质对 As_2S_3 负溶胶的聚沉值分别为 $51mmol \cdot dm^{-3}$、$0.72mmol \cdot dm^{-3}$ 和 $0.093mmol \cdot dm^{-3}$，说明对于 As_2S_3 负溶胶而言，三价 Al^{3+} 的聚沉能力最强，一价 Na^+ 的聚沉能力最弱。

1.5 乳化分散体系

1.5.1　表面张力

界面是指两相交界面附近数个分子尺寸深度的区域，它兼有两相物质的某些性质。常见的界面包括气-液界面、气-固界面、液-固界面、液-液界面、固-固界面，两种气体无论怎样都可形成均相体系，不存在气-气界面。如果两相之中有一相是气相，则该界面称为表面，因而液相表面和固相表面是材料研究中经常面对的体系。对于液相体系，体相内部分子受四周相邻分子的作用力（如吸引力）是对称的，各个方向作用力彼此抵消。但液体表面的分子受到体相内部分子的拉力（气相分子对液相表面分子作用力太弱），表面分子总有被拉入液相内部的趋势（如图 1-21 所示），表面分子所受到的这种拉力有使液体表面存在收缩变小的趋势，这就是表面张力。表面张力使液体可以表现出润湿铺展或收缩成团、毛细现象、表面吸附以及过饱和性质等，表面张力是材料学习研究中十分重要的一个基础概念。

表面张力的力学定义是作用于液体表面上任何部分单位长度直线上的收缩力，力的方向是与该直线垂直并与液面相切，单位为 $mN \cdot m^{-1}$（或 $dyn \cdot cm^{-1}$）。表面张力也可表达为表面能，表面能是单位表面积液体上的物质相对于液体内部物质能量的增量，故这是一过剩量(超量)，单位 $mJ \cdot m^{-2}$。

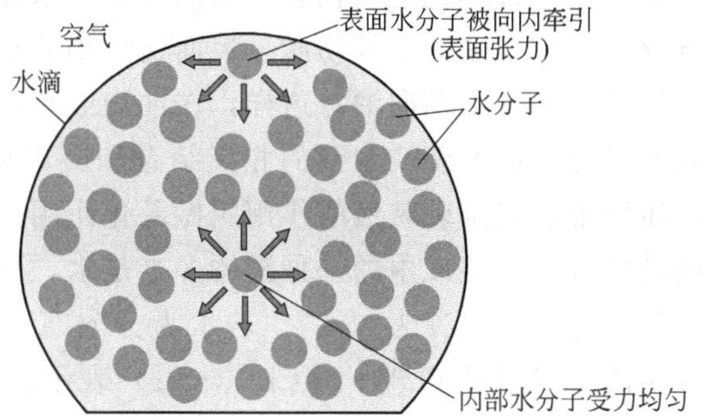

图 1-21 水滴表面分子与体相内部分子受力情况及表面张力示意

液体不同则表面张力不同，密度小的、容易蒸发的液体其表面张力一般较小，已熔化的金属表面张力则很大。液体表面张力随温度的升高而减小。表面张力的大小还与相邻物质的化学性质有关。表面张力还与杂质有关，加入杂质可促使液体表面张力增大或减小。

1.5.2 表面活性剂

如前所述，液体表面有自动收缩的趋势而产生了表面张力，凡能显著降低表面张力的物质叫做表面活性剂。

各种表面活性剂的分子结构具有共同的特点，即分子中同时存在着亲水基团和亲油基团（又称疏水基），故称为双亲分子，如图 1-22 所示。其中具有较强极性、易溶于水的亲水基如羟基、羧基、磺酸基、氨基；还有极性很弱、难溶于水而溶于油的亲油基如烷基。烷基或脂肪烃分子中所包含的碳原子一般为 8～12 个，特殊的可达 20 个，碳链过长将降低整个分子的亲水性而失去表面活性剂的功效。

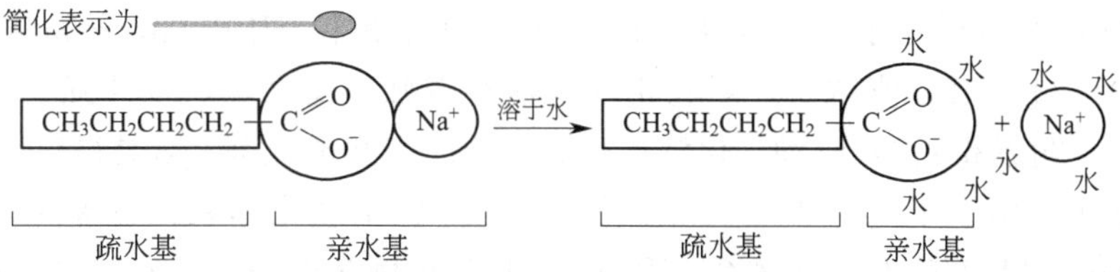

图 1-22 表面活性剂双亲分子特征结构及溶解水化作用示意

根据表面活性剂分子所包含的亲水基的不同，一般分为阳离子型表面活性剂、阴离子型表面活性剂、非离子型表面活性剂和两性表面活性剂四大类。分子中亲水基为正离子的叫做阳离子型表面活性剂，一般以有机季铵盐居多；亲水基为负离子的叫做阴离子型表面活性剂，一般以有机羧酸盐、磺酸盐居多；在水中不产生离子的叫做非离子型表面活性剂，其亲水基一般为羟基或醚键。两性表面活性剂一般认为是阳离子型活性剂与阴离子型活性剂组合成的活性剂。从广义上说，还可包括阳离子型活性剂与非离子型活性剂组合成的活性剂以及阴离子型活性剂与非离子型活性剂组合成的活性剂。

1.5.3 乳化原理与胶束

两种互不相溶的液体，若其中一种以极细的液滴均匀地分散于另一种液体中，便形成乳状液。例如，在水中加入一些油，通过搅拌使油成为细小的油珠，均匀地分散于水中，于是油和水形成了乳状液。但这种系统很不稳定，稍置片刻便可使油水分层。要获得稳定的乳状液，必须加入乳化剂。乳化剂大都是表面活性物质。表面活性物质组成中对水有亲和力的强极性基团朝向水，而弱极性的亲油基则朝向油。这样，在油滴或水滴周围就形成了一层有一定机械强度的保护膜，阻碍了分散的油滴或水滴的相互结合和凝聚而使乳状液变得较稳定。这种由于加入表面活性物质而形成稳定乳状液的作用叫做乳化作用。

生产实际中常遇到的乳状液，其组成中的一种液体多半是水，另一种液体是不溶于水的有机化合物，如煤油、苯等，习惯上统称为“油”。若水为分散剂而油为分散质，即油分散在水中，称为水包油型乳状液，以符号 O/W（oil in water）表示。例如，牛奶就是奶油分散在水中形成的 O/W 型乳状液。若水分散在油中则称为油包水型乳状液，以符号 W/O（water in oil）表示。例如，新开采出来的含水原油就是细小水珠分散在石油中形成的 W/O 型乳状液。以上两种情况如图 1-23 所示。

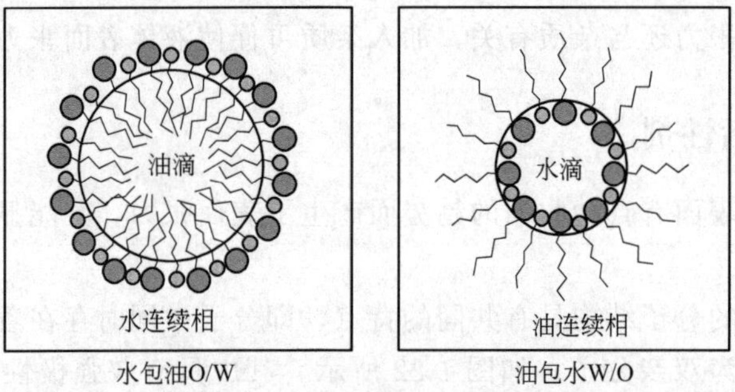

图 1-23　表面活性剂稳定乳液的两种乳化形式

油性液态物质与水混合到底倾向形成 O/W 还是 W/O 乳化体系，取决于多方面因素，包括乳化剂的亲水程度、水油比例以及乳化剂的结构类型等。表面活性剂工业上将乳化剂按亲水-亲油性不同，人为规定了一个尺度，即亲水-亲油平衡值 HLB（hydrophile lipophile balance），取值 0～20，HLB 值越小，则乳化剂亲油性越强；反之，亲水性强。一般，使用低 HLB 值乳化剂，容易得到 W/O 型乳化体系；使用高 HLB 值乳化剂，容易得到 O/W 型乳化体系。当水的体积比例小于 26％时，一般只能得到 W/O 型乳化体系；当水的体积比例大于 74％，一般只能得到 O/W 型乳化体系。而当水的体积比例介于 26％～74％之间时，视乳化剂的 HLB 值决定形成 O/W 还是 W/O 乳化体系。一般 Na、K 等一价活泼金属的脂肪酸盐水溶性良好，易得 O/W 型乳化体系；Ca、Mg 等高价金属的脂肪酸盐水溶性不佳，易得 W/O 型乳化体系。除以上各种可溶性有机结构的乳化剂，还有一类不溶性超细固体颗粒乳化剂，细度达到微米乃至亚微米级的亲水或亲油固体粉末因溶剂润湿而产生特定的表面张力，可聚集在油水分散界面，起到分散稳定液珠作用，这类乳液称作皮克林乳液（Pickering emulsion），在研究和工业领域有着广泛应用。一般规律是，亲水性较强的 $Mg(OH)_2$、$Al(OH)_3$、二氧化硅（又称白炭黑，最好是气相二氧化硅）、硅藻土、白陶土、蒙脱土等超细颗粒可被水润湿，优先附聚在水中分散的油滴表面，并靠水相一侧，稳定油滴分散，较容易形成 O/W 乳化体系。而如硬脂酸镁、硬脂酸铝、石墨、炭黑、脂肪基改性白炭黑等亲油性超细颗粒较易被油性物质润湿，优先附聚在油中分散的水滴表面，并靠油相一侧，稳定水滴分散，较易形成 W/O 乳化体系。

区分一个乳化体系是 O/W 还是 W/O 乳化体系，方法很多：①电导法，电导率较高的是 O/W 型，因水作为连续相可产生较高电导性；②染料法，将油溶性染料加入乳化体系中，能够形成均匀染色效果的为 W/O 型乳化体系；③兑水法，持续加水混合，不会出现分层的为 O/W 型，会出现分层的为 W/O 型；④滤纸法，乳液如能在滤纸上快速润湿扩展，则为 O/W 型，反之为 W/O 型。

表面活性剂分子溶于纯水，在最初很低浓度时，表现为与真溶液类似的行为，表面活性剂分子主要以单分子形式均匀分散于水中，此时的表面活性剂分子呈单体形态分布。一旦浓度达到一定临界范围（如 0.01～0.02mol·dm^{-3}），表面活性剂分子开始自动聚集，其疏水端相互靠近，聚结形成胶体特征的各种形态胶束（如图 1-24 所示），依据分子结构和浓度、温度等条件，这些胶束可以是简单球形、孤立棒状胶束、棒状胶束六边形堆积、层状胶束等。以球形胶束为例，表面活性分子疏水端向内聚集，经亲水端朝外与水分子亲和水化，球形胶束内部呈疏水性，可向体系加入油性物质，油性分子将扩散进入胶束内部，形成表面活性剂包裹稳定的油滴，即发生乳化。反之则形成油包水乳化体系。

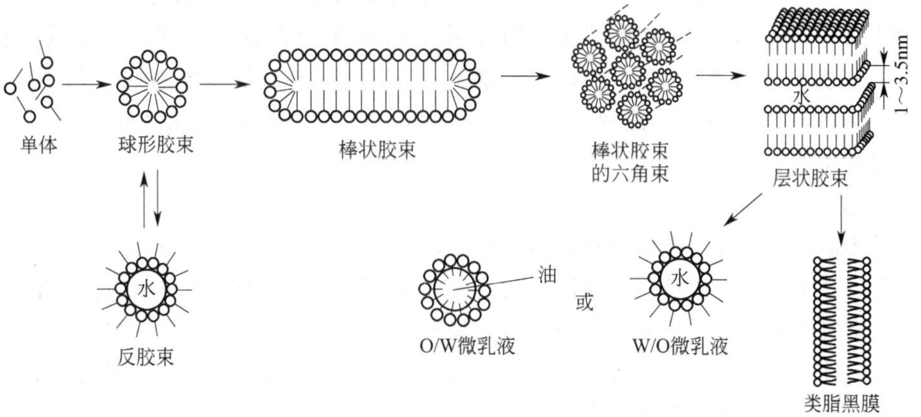

图 1-24 表面活性剂胶束形态

1.5.4 乳化应用

表面活性剂的应用甚广，如不胜枚举的日用洗涤剂，各种纤维和金属表面清洗剂的主要成分就是表面活性剂。表面活性剂对表面的处理改性作用还广泛应用于纺织、制药、化妆品、食品、造船、土建、采矿等，甚至在生物医学领域也有着重要应用。

（1）洗涤作用

洗涤剂是一种使用面很广的表面活性剂，肥皂是最普通的一种，肥皂是包含 17 个碳原子亲油基的硬脂酸钠盐。此外，商品中合成洗涤剂的主要成分也不外乎上述提及的四种类型的表面活性剂，如十二烷基苯磺酸钠、十二烷基磺酸钠等属阴离子表面活性剂，其分子结构分别为 $R—C_6H_4—SO_3Na$ 和 $R—SO_3Na$（R 为 12 个碳原子的烷基，其他的也有 13 个或 14 个碳原子的烷基）。当这类洗涤剂用来洗涤衣服或织物上的油污时，由于亲油基与油脂类分子之间有较强的相互作用力而进入油污中。另一端的亲水基与水分子之间存在较强的作用力而溶于水，这样通过洗涤剂分子使水分子包围了油污，降低了油污与织物之间的表面（界面）张力，再经搓洗、振动便可除去织物上的油污。

两性表面活性剂在碱性溶液中呈阴离子活性，在酸性溶液中呈阳离子活性，在中性溶液中表现为两性活性。因此，这类表面活性剂在任何 pH 范围均适用，而且泡沫多，去污力强，应用于洗发香波等日用化工品中。用非离子表面活性剂制得的净洗剂，对油污有很好的清洗力。

(2) 乳状液

乳状液的应用很广，例如，机械工业中高速切削时所用的冷却液，往往采用O/W型乳状液，它具有散热较快、不沾工具并能洗去切屑的特点。内燃机中所用的汽油和柴油若制成含水质量分数约10%的W/O型乳状液，则可以节省燃料。农业上用的杀虫剂一般都配制成O/W型乳状液，便于喷雾，可使少量农药均匀地分散在大面积的农作物上。同时由于表面活性剂对虫体的润湿和渗透作用也提高了杀虫效果。人体对油脂的消化作用就是因为胆汁(胆酸盐)可以使油形成O/W型乳状液而加速消化。乳状液还广泛用于医药、食品、化妆品以及合成树脂等工业。

在工业生产中也会遇到一些有害的乳状液。例如，以W/O型乳状液形式存在的含水原油会促使石油设备腐蚀，而且不利于石油的蒸馏，因此必须设法破坏这种乳状液。为破坏有害的乳状液，可加入破乳剂。所谓破乳剂也是一种表面活性物质，乳化能力相对较差，能强烈地吸附于油-水界面上，以取代原来在乳状液中形成保护膜的乳化剂，而生成一种新膜。这种新膜的强度低，易被破坏。例如，异戊醇、辛醇、乙醚等是能强烈地吸附于油-水界面的破乳剂，因其碳链太短，不能形成牢固的保护膜。此外，还可用升高温度、加入电解质以及用高速离心等方法来破乳。

(3) 起泡与消泡

泡沫是不溶性气体分散于液体或固体中所形成的分散系统。例如肥皂泡沫、啤酒泡沫等是气体分散在液体中。而泡沫塑料、泡沫玻璃等是气体分散在固体中。用机械搅拌液态水，这时进入水中的空气被水膜包围形成了气泡，但这些气泡不稳定，当停止搅拌时很快就会消失。若对溶有表面活性剂的水溶液进行搅拌使其产生气泡，这时由于表面活性剂分子的亲油基与空气所含分子之间的作用力而伸向气泡内部，亲水基则伸向水膜，从而形成了坚固的液膜，使泡沫能保持较长时间稳定地存在。这种能稳定泡沫作用的表面活性剂叫做起泡剂。常见的起泡剂如肥皂、十二烷基苯磺酸钠等，它们都具有良好的起泡性能。

起泡剂常用于制造灭火器，由于大量的泡沫覆盖燃烧物的表面，使其与空气中的氧气隔绝，这样便可达到灭火的效果。起泡剂也用于泡沫浮选法以提高矿石的品位。这主要是将矿石粉碎成粉末，加水搅拌并吹入空气和加入起泡剂及捕集剂(使矿物成憎水性)等，使其产生气泡。这时，由于矿物表面的疏水性，黏附在气泡上而浮起，这样便可收集，舍去沉在底下不需要的较粗大矿石碎块。起泡剂也可用来分离固体物质乃至分离溶液中的溶质等。此外，啤酒、汽水、洗发和护发用品等都需用起泡剂产生大量的泡沫。

在另外一些情况下，必须消除泡沫，例如，洗涤、蒸馏、萃取等过程中，大量的泡沫会带来不利。必须适当抑制发泡，往往加入一些短碳链(如 $C_5 \sim C_8$)的醇或醚，它们能将泡沫中的起泡剂分子替代出来；又由于碳链短，不能在气泡外围形成牢固的保护膜，从而降低气泡的强度而消除泡沫。

复习思考题

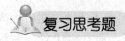

1. 阐述理想气体的概念。说明真实气体在哪些条件下更接近于理想气体以及真实气体

的行为偏离理想气体的原因。

2. 总结理想气体状态方程有哪些应用，举例说明之。

3. 气体常数 R 的取值和单位可变，请归纳何种情况下作何种取值？用何种单位？

4. 在一个密闭容器中同时含有 1mol H_2 与 2mol O_2，哪种气体的分压较大？

5. 试说明范德华方程中 a、b 的物理意义？在低压高温下，如何将范德华方程简化为理想气体状态方程？

6. 同温条件下，1mol H_2 与 1mol CO_2 气体各占据 1dm^3 的密闭容器，请问哪种气体产生的实际压力较大？为什么？

7. 如何定义混合气体中某组分 B 的分压？何为分压定律？总结计算混合气体中组分 B 分压 p_B 的多种方法。

8. 如何定义混合气体中某组分 B 的分体积？何为分体积定律？某组分 B 的体积分数与其摩尔分数是何种关系？

9. 什么是临界压力？什么是临界温度？为何有些气体单纯降温或单纯增压不能凝聚？

10. 什么是超临界流体？

11. 气体的扩散速率与哪些因素有关？

12. 什么是分散系？包括哪些基本分类？各有何特点？

13. 什么是相？多相与均相体系如何区分？

14. 最常用的浓度表示方法有哪几种？含义如何？

15. 为何液体蒸气压上升到与外界大气压相等时就会发生沸腾？高海拔地区，高压锅内水的沸点如何变化？

16. 如何理解固体也有蒸气压？

17. 什么是拉乌尔定律？

18. 0.1$mol \cdot kg^{-1}$ 的糖水、盐水以及酒精的沸点是否相同？说明理由。

19. 甲醇、乙二醇都是挥发性液体，加入水中也能使其凝固点降低，为什么？如果满足稀溶液条件，此时溶液是否还服从依数性特征？

20. 对稀溶液依数性进行计算的公式是否适用于电解质稀溶液和易挥发溶质的稀溶液？为什么？

21. 把一块冰放在温度为 273.15K 的水中，另一块冰放在 273.15K 的盐水中，有什么现象？

22. 冬天，撒一些盐，为什么会使覆盖在马路上的积雪较快地融化？此时路温是上升还是降低？

23. 难挥发溶质的溶液，在不断沸腾过程中，它的沸点是否恒定？在不断冷却过程中，它的凝固点是否恒定？为什么？

24. 溶液的依数性只对稀溶液成立，那么高浓度时呢？

25. 什么是渗透压？产生渗透压的原因和条件是什么？为何盐碱地上难以生长植物？

26. 什么是等渗、低渗、高渗溶液？人口渴时喝下较多海水会产生什么结果？施加过量肥料，为什么会使农作物枯萎？

27. ΔT_f、渗透压 Π 等值决定于溶液浓度，而与溶质性质无关。那么，为什么能用这些方法测定溶质的特征性质“摩尔质量”？

28. 胶体分类有哪些？胶体的基本特征是什么？

29. 胶体是否属于热力学稳定体系？为什么？

30. 溶胶稳定的因素有哪些？促使溶胶聚沉的办法有哪些？用电解质聚沉溶胶时有何规律？为什么在江河入海处，流水所携带的大量泥沙会在海口形成三角洲？

31. 液体表面张力产生的原因是什么？表面张力导致液体发生怎样的变化？

32. 表面活性剂的基本结构特征是什么？什么是皮克林乳化剂？

33. 乳液包括哪几种基本类型？其乳化分散结构如何？

34. 解释下列现象

(1) 明矾能净水。

(2) 用井水洗衣服时，肥皂的去污能力比较差。

(3) 江河入海口常常形成三角洲。

习题

一、判断题（对的在括号内填"√"号，错的填"×"号）

1. 与理想气体相比，真实气体分子间的相互作用力偏小。 ( )

2. 总压 100kPa 的某气含 A 与 B 两种气体，A 的摩尔分数为 0.20，则 B 的分压为 80kPa。 ( )

3. 理想气体状态方程仅在足够低的压力和较高的温度下才适合于真实气体。 ( )

4. 理想气体的假想情况之一是认定气体分子本身的体积很小。 ( )

5. 理想气体混合物中，某组分的体积分数等于其摩尔分数。 ( )

6. 分子扩散只发生在气体中。 ( )

7. O_2、CO、CO_2 在纯水中的溶解度无显著性差异，都是物理性溶解。 ( )

8. 任何气体，只要温度足够低，都会凝聚成液体。 ( )

9. 溶液和混合气体都是分子分散系。 ( )

10. 溶剂化是固体在溶剂中溶解的主要动力。 ( )

11. 溶质的溶解过程是一种纯物理过程。 ( )

12. 蔗糖易溶于水，单质碘易溶于四氯化碳，这体现了溶解的相似相溶原理。 ( )

13. 二氧化碳气体大量泄漏时，出于安全考虑，人员应当迅速往低洼地转移。 ( )

14. 肥猪肉、馒头、稀饭、土壤、木材都是多相体系。 ( )

15. 水-乙醇混合体系的蒸气压由水的蒸气压与乙醇的蒸气压组成。 ( )

16. 纯液体的饱和蒸气压与外界大气压有关，外界气压越大，纯液体的饱和蒸气压越小。 ( )

17. 液体的上方如果存在流动空气，则该液体的蒸气压始终无法达到其饱和蒸气压。 ( )

18. 升华与凝华涉及气固平衡，一般高压高温条件更有利于发生升华与凝华。 ( )

19. 醋酸钠、葡萄糖的稀溶液都具有依数性特征。 ( )

20. 冰雪路面撒盐可加速冰雪融化，其原理是盐溶解过程放出热量，促使冰雪融化。 ( )

21. 汽车防冻冷却液中主要成分是水，用于降低冰点的添加剂可以使用盐。 ( )

22. 溶液渗透压是相对于纯溶剂才出现的一种现象。 ( )

23. 表面活性剂就是可将油乳化分散在水中的一种两亲性有机分子。 ( )

24. 水溶胶中，胶体得以稳定的要素是胶粒双电层结构使胶粒带上电荷，当胶粒靠近时发生排斥而抑制胶粒团聚沉降。 ( )

25. 过量KI与$AgNO_3$溶液形成的胶体在电泳时胶粒向正极迁移。 ( )

二、选择题（单选）

26. 如图所示是一定质量的理想气体的三种升温过程，那么以下四种解释中，正确的是( )。

A. $a \to b$ 过程气体体积增加； B. $b \to d$ 过程气体体积不变；

C. $c \to d$ 过程气体体积增加； D. $a \to d$ 过程气体体积减小

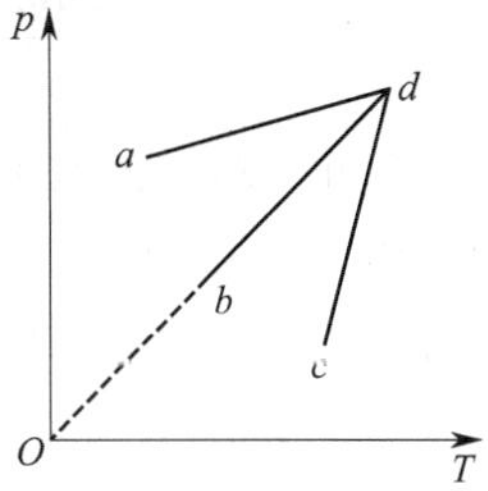

27. 已知气体的相对分子质量越小，扩散速度越快。如图所示为气体扩散速度实验，两种气体扩散相遇时形成白色烟环。下列关于甲、乙的判断正确的是（ ）。

A. 甲是浓氨水，乙是浓硫酸； B. 甲是浓盐酸，乙是浓氨水；

C. 甲是浓氨水，乙是浓盐酸； D. 甲是浓硝酸，乙是浓氨水

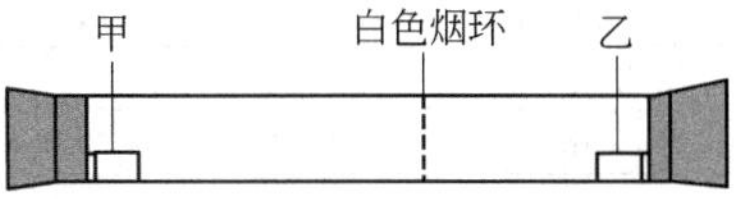

28. 0.1mol·dm^{-3} KCl水溶液在100℃时的蒸气压为（ ）。

A. 101.3kPa； B. 10.1kPa； C. 略低于101.3kPa； D. 略高于101.3kPa

29. 溶胶发生电泳时，向某一方向定向移动的是（ ）。

A. 胶核； B. 吸附层； C. 胶团； D. 胶粒

30. 超临界二氧化碳技术已经广泛用于特种萃取领域，植物果实中的哪类物质不适合SCF-CO_2萃取技术？（ ）。

A. 芳香精油； B. 甘油三酯； C. 多糖； D. 咖啡因

31. SCF-CO_2萃取技术的优势很多，下列不属于其优点的是（ ）。

A. 不燃性，无火灾隐患； B. 用后挥发，几乎无残留；

C. 常压操作，安全性高； D. 无毒

32. 欲使水与苯形成水/油型乳油液，选用的乳化剂应是（ ）。

A. 钠皂； B. 钾皂； C. 钙皂； D. SiO_2粉末

33. 甲醛（CH_2O）溶液和葡萄糖（$C_6H_{12}O_6$）溶液在指定温度下渗透压相等，同体积的甲醛和葡萄糖两种溶液中，所含甲醛和葡萄糖质量之比是（ ）。

A. 6∶1； B. 1∶6； C. 1∶1； D. 无法确定

34. 下列物质各 10g，分别溶于 1000g 苯中，配成四种溶液，它们的凝固点最低的是（　）。

A. CH_3Cl；　B. CH_2Cl_2；　C. $CHCl_3$；　D. 都一样

35. 下列各种物质的溶液浓度均为 $0.01mol\cdot dm^{-3}$，按它们的渗透压递减的顺序排列正确的是（　）。

A. HAc—NaCl—$C_6H_{12}O_6$—$CaCl_2$；　B. $C_6H_{12}O_6$—HAc—NaCl—$CaCl_2$；

C. $CaCl_2$—NaCl—HAc—$C_6H_{12}O_6$；　D. $CaCl_2$—HAc—$C_6H_{12}O_6$—NaCl

36. 将下列水溶液凝固点最高的是（　）；最低的是（　）。

A. $1mol\cdot kg^{-1}$ NaCl；　B. $1mol\cdot kg^{-1}$ $C_6H_{12}O_6$；

C. $1mol\cdot kg^{-1}$ H_2SO_4；　D. $0.1mol\cdot kg^{-1}$ CH_3COOH；

E. $0.1mol\cdot kg^{-1}$ NaCl；　F. $0.1mol\cdot kg^{-1}$ $C_6H_{12}O_6$；

G. $0.1mol\cdot kg^{-1}$ $CaCl_2$

37. 稀溶液的依数性特征理论上都可用于测定溶质的分子量，但出于实验精度和易操作性考虑，下列（　）更多被采用测量溶质分子量。

A. 蒸气压下降；　B. 沸点升高；　C. 冰点下降；　D. 渗透压

三、计算题

38. 有多个用氦气填充的气象探测气球，在使用过程中，气球中氦的物质的量保持不变，它们的初始状态和最终状态的实验数据如下表所示。试通过计算确定表中空位所对应的物理量，以及由（2）的始态求得 M(He) 和（3）的始态条件下的 ρ(He)。

编号	n 或 m	终态			始态		
		p_1	V_1	t_1 或 T_1	p_2	V_2	t_2 或 T_2
(1)	n=(　)mol	110.0kPa	5.00×10^3L	47.00℃	110.0kPa		17.00℃
(2)	637g	1.02atm	$3.50m^3$	0.00℃		$5.10m^3$	0.00℃
(3)	—	0.98atm	$10.0m^3$	303.0K	0.60atm	$13.6m^3$	

39. 有两种气体（1）和（2），其摩尔质量分别为 M_1 和 M_2（$M_1>M_2$）。在相同温度、相同压力和相同体积下，试比较：

（1）两者的物质的量 n_1 和 n_2；（2）质量 m_1 和 m_2；

（3）两种气体的密度 ρ_1 和 ρ_2；（4）分子的扩散速率 r_1 与 r_2。

40. 某气体化合物是氮的氧化物，其中含氮的质量分数 w(N)=30.5%；某一容器中充有该氮氧化物 4.107g，其体积为 $0.500dm^3$，压力为 202.65kPa，温度为 0℃。试求：

（1）在标准状况下，该气体的密度；（2）该氧化物的相对分子质量 M 和化学式。

41. 在 0.237g 某碳氢化合物中，其 w(C)=80.0%，w(H)=20.0%。22℃，756.8mmHg 下，体积为 191.7mL。确定该化合物的化学式。

42. 在容积为 $50.0dm^3$ 的容器中，充有 140.0g 的 CO 和 20.0g 的 H_2，温度为 300K。试计算：（1）CO 与 H_2 的分压；（2）混合气体的总压。

43. 在激光放电池中的气体是由 2.0mol CO_2、1.0mol N_2 和 16.0mol He 组成的混合物，总压为 0.30MPa。计算各组分分压。

44. 在实验室中用排水集气法收集制取的氢气。在 23℃、100.5kPa 压力下，收集了 370.0mL 的气体（23℃时，水的饱和蒸气压 2.800kPa）。试求：（1）23℃时该气体中氢气的分压；(2) 氢气的物质的量；(3) 若在收集氢气之前，集气瓶中已充有氮气 20.0mL，其温度也是 23℃，压力为 100.5kPa；收集氢气之后，气体的总体积为 390.0mL。计算此时收集的氢气分压，与 (2) 相比，氢气的物质的量是否发生变化？

45. 氰化氢（HCN）气体是用甲烷和氨作原料制造的。反应如下：

$$2CH_4(g)+2NH_3(g)+3O_2(g)\xrightarrow{Pt,1100℃}2HCN(g)+6H_2O(g)$$

如果反应物和产物的体积是在相同温度和相同压力下测定的。计算：(1) 与 $3.0dm^3$ CH_4 反应需要氨的体积；(2) 与 $3.0dm^3$ CH_4 反应需要氧气的体积；(3) 当 $3.0dm^3$ CH_4 完全反应后，生成的 HCN (g) 和 H_2O (g) 的体积。

46. 为了行车安全，可在汽车上装备气袋，以便必要时保护司机和乘客。这种气袋是用氮气充填的，所用氮气是由叠氮化钠（NaN_3，s）与三氧化二铁在火花的引发下反应生成的（其他产物还有氧化钠和铁）。

(1) 写出该反应方程式并配平之；

(2) 在 25℃、748mmHg 下，要产生 $75.0dm^3$ 的 N_2 需要叠氮化钠的质量是多少？

47. 在容积为 $40.0dm^3$ 氧气钢瓶中充有 8.00kg 的氧，温度为 25℃。

(1) 按理想气体状态方程计算钢瓶中氧的压力；

(2) 再根据范德华方程计算氧的压力；

(3) 确定两者的相对误差。

48. 实验测得磷的气态单质在 310℃、101kPa 时的密度是 $2.64g\cdot dm^{-3}$。计算磷的分子式。

49. 在容积为 $1.00dm^3$ 的烧瓶中装有 2.69g PCl_5，250℃时 PCl_5 完全气化并部分分解：

$$PCl_5(g)\!=\!=\!=PCl_3(g)+Cl_2(g)$$

测其总压力为 101kPa。计算各气体的分压。

50. 某金属元素 M 与元素 X 的化合物为 MX_2，此化合物在高温下按下式完全分解：

$$2MX_2(s)\!=\!=\!=2MX(s)+X_2(g)$$

已知 1.120g MX_2 分解可得到 0.720g MX 及 $150cm^3$ 的 X_2（427℃，96.9kPa）。计算 M 和 X 的相对原子质量。

51. 有两种溶液，一种是 1.5g 尿素[$(NH_2)_2CO$] 溶解在 200g 水中，另一种是 42.8g 未知物溶解在 1000g 水中。这两种水溶液都在同一温度下结冰，计算该未知物的摩尔质量。

52. 计算 5.0%的蔗糖（$C_{12}H_{24}O_{11}$）水溶液与 5.0%的葡萄糖（$C_6H_{12}O_6$）水溶液的沸点。

53. 医学上用的葡萄糖（$C_6H_{12}O_6$）注射液是血液的等渗溶液，测得其凝固点下降为 0.543℃。

(1) 计算葡萄糖溶液的质量分数。

(2) 如果血液的温度为 37℃，血液的渗透压是多少？

54. 海水中含有下列离子，它们的质量摩尔浓度如下：$b(Cl^-)=0.57mol\cdot kg^{-1}$，$b(SO_4^{2-})=0.029mol\cdot kg^{-1}$，$b(HCO_3^-)=0.002mol\cdot kg^{-1}$，$b(Na^+)=0.49mol\cdot kg^{-1}$，$b(Mg^{2+})=0.055mol\cdot kg^{-1}$，$b(K^+)=0.011mol\cdot kg^{-1}$ 和 $b(Ca^{2+})=0.011mol\cdot kg^{-1}$。估算海水的凝固点和沸点，以及在 25℃时用反渗透法提取纯水所需的最低压力。

四、简答题

55. 查表，确定下列气体：H_2、N_2、CH_4、C_2H_6 和 C_3H_8 中，其范德华常量 b 最大的是哪一种气体？

56. 比较 H_2、CO_2、N_2 和 CH_4 的范德华常量 a，预测分子间力最大的是哪一种气体。

57. CO_2 分别在纯水和氨水中溶解，哪个溶解度大些？为什么？

58. 参考临界点数值，判断 O_2、H_2、Cl_2、NH_3 在高压钢瓶里（温度约为 20℃，压力可达 10MPa）的存在状态。氧气钢瓶在使用过程中压力逐渐降低，而氯气钢瓶在使用过程中压力几乎不变，为什么？

59. 为什么氯化钙和五氧化二磷可作为干燥剂，而食盐和冰的混合物可以作为冷冻剂？

60. 对具有相同质量摩尔浓度的非电解质溶液、AB 型及 A_2B 型强电解质溶液来说，凝固点高低的顺序应如何进行判断？

61. 溶液活度的含义是什么？它与浓度有什么联系和区别？

62. 胶体粒子为什么会带电？$Fe(OH)_3$ 溶胶的胶粒带有何种电荷？比较浓度均为 $1mol \cdot dm^{-3}$ 的下列溶液：NaCl、Na_2SO_4 和 Na_3PO_4 对 $Fe(OH)_3$ 溶胶聚沉能力的大小次序。

63. 将 $0.01dm^3$ 浓度为 $0.01mol \cdot dm^{-3}$ 的 KCl 溶液和 $0.1dm^3$ 浓度为 $0.05mol \cdot dm^{-3}$ 的 $AgNO_3$ 溶液混合以制备 AgCl 溶胶，则该溶胶在电场中向何极移动？写出胶团结构式。

第2章 化学测量与数据处理

本章是对传统分析化学、仪器分析课程的综合提炼，主要将这些课程中与分析测试密切关联、具有最广泛指导意义的基本概念、分析原则、数据采集和处理原则、集中代表性的分析基础方法进行提取整合，以期在最短时间内学会与化学测量相关的基本知识。

化学测量（与**分析化学**概念近似）按手段类型不同，主要包括**化学分析**与**仪器分析**，其主要任务是鉴定物质的化学组成（元素、离子、官能团或化合物）、测定物质的有关组分的含量、确定物质的结构（化学结构、晶体结构、空间分布）和存在形态（价态、配位态、结晶态）及其与物质性质之间的关系等，主要包括结构分析、形态分析、能态分析。化学分析主要是基于化学反应进行定量或定性的化学物质测量；仪器分析主要是基于被测量物质的特定理化参数进行的物质定量或结构测量。本章立足于工科普通化学需要，将分析化学、仪器分析中的测试原则、基本的测试技术方法和简要原理整合为“化学测量”，追求原则与实用的技术特征，而将分析方法、数据处理方法背后的庞大理论体系尽可能简化。

化学测量无处不在，在资源勘探，如油田、煤矿、钢铁基地选定中的矿石分析；工业生产中的原料、中间体、成品分析；农业生产中的土壤、肥料、粮食、农药分析；原子能材料、半导体材料、超纯物质中微量杂质的分析等，都要应用化学测量，化学测量是工业生产的“眼睛”。化学测量也为生物医学研究、临床生化检验、环境监测提供了最有效的保障。有关生产过程的控制和管理、生产技术的改进与革新，都常常要依靠分析结果。在与化学相关的诸多学科研究中，化学测量为发现和确立很多理论体系提供了直接数据支持。在全球测量活动中，化学测量已经占60%以上。化学测量涉及物质的微观结构、组成和性质，测量过程复杂，影响因素众多，测量方法、测量设备、校准标准、样品处理与试剂、操作者、环境等都可能对测量产生影响。不同医院检验结果不一致，导致检验报告不通用，就是最常见的表现之一。因此，保证测量结果的准确性、重现性、可比性成为化学测量的巨大挑战。

2.1 化学测量方法分类

化学测量按任务属性，可分为定性分析（qualitative analysis）、定量分析（quantitative analysis）及结构分析（structure analysis）。定性分析主要是通过化学或物理的方法探查测量样本的化学组成，包括样本中存在哪些物质或哪些元素，而对化学物质或每一种元素的具体含量不作要求，是化学测量初级阶段。定量分析则追求样本中各组分、各元素的具体含量，可以用不同的方法进行，一般将分析方法分为化学分析法（chemical analysis）和物理化学分析法（physico-chemical analysis）两大类。

2.1.1 化学分析法

化学分析法是以物质的化学反应为基础的分析方法，如称量分析法和滴定分析法。

（1）称量分析法（gravimetric analysis）

通过称量反应产物（沉淀）的质量以确定被测组分在试样中含量的方法。例如，测定试样中氯的含量时，先称取一定量试样，再将其转化为溶液，加入 $AgNO_3$ 沉淀剂，使生成 AgCl 沉淀，经过滤、洗涤、烘干、称量，最后通过化学计量关系求得试样中氯的含量。该法准确度高，适用于质量百分含量为 1%以上的常量分析。缺点是操作费时，手续麻烦。

（2）滴定分析法（titrimetric analysis）

将被测试样转化成溶液后，将一种已知准确浓度的试剂溶液，用滴定管滴加到被测溶液中，利用适当的化学反应（酸碱中和、配位、沉淀和氧化还原等反应），通过指示剂颜色突变测出化学计量点时所消耗已知浓度试剂溶液的体积，然后通过化学计量关系求得被测组分的含量。该法准确度高，适用于常量分析，较称量法简便、快速，因此应用非常广泛。

2.1.2 仪器分析法

仪器分析法（instrumental analysis）又称物理及物理化学分析法。

该法是借助专门仪器设备，通过测量试样的某些物理性质或物理化学性质而获知试样化学组成和含量的分析方法，最常用的有以下几种。

① 光学分析法（optical analysis） 利用物质的光学性质来测定物质组分的含量，如吸光光度法（包括比色法，可见、紫外和红外吸光光度法等）、发射光谱法（包括原子发射光谱法、火焰分光光度法等）、原子吸收分光光度法和荧光分析法等。

② 电化学分析法（electrochemical analysis） 利用物质的电学和电化学性质来测定物质组分的含量，如电势分析法、伏安法和极谱法、电导分析法、电流滴定法、库仑分析法等。

③ 色谱分析法（chromatographic analysis） 这是一种分离和分析多组分混合物的物理化学分析法，主要有气相色谱法、液相色谱法。随着科学技术的发展，许多新的仪器分析方法也得到发展，如质谱法、电子探针法、离子探针微区分析法、中子活化分析法、核磁共振波谱法、电感耦合高频等离子体光谱法、流动注射分析法等。

仪器分析法具有操作简单、快速、灵敏度高、准确度较高等优点，适用于微量（0.01%～1%）和痕量（<0.01%）组分的测定。

以上各种分析方法各有特点，也各有一定的局限性，通常要根据被测物质的性质、组成、含量、相对分析结果准确度的要求等，以选择最适当的分析方法进行测定。此外，绝大多数仪器分析测定的结果必须与已知标准作比较，所用标准往往需用化学分析法进行测定。因此，两类方法是互为补充的。根据试样用量的多少，分析方法可分为常量分析、半微量分析、微量分析与超微量分析。各种分析方法所需试样量列于表 2-1。

表 2-1 各种分析方法的取样量

方法	试样质量	试液体积
常量分析	>0.1g	$>10cm^3$

续表

方法	试样质量	试液体积
半微量分析	1～0.01g	1～10cm^3
微量分析	10～0.1mg	0.01～1cm^3
超微量分析	<0.1mg	<0.01cm^3

在无机定性分析中，多采用半微量分析方法；在化学定量分析中，一般采用常量分析方法。进行微量分析及超微量分析时，多需采用仪器分析方法，也有按其分析要求采用常规分析、快速分析、仲裁分析等。

2.2 滴定分析概论

2.2.1 滴定分析法的特点和分类

（1）什么是滴定分析法

化学测定的方法很多，滴定分析是众多手段中最成熟、最系统、最普及，也是最具学习训练代表性的化学测量方法，通过滴定分析介绍和学习，基本可以建立起化学测量所需知识理念与技能架构。滴定（titration）分析法是将一种已知其准确浓度的试剂溶液（称为标准溶液）滴加到被测物质的溶液中，直到化学反应完全时为止，然后根据所用试剂溶液的浓度和体积可以求得被测组分的含量，这种方法称为滴定分析法（或称容量分析法）。当滴入的滴定剂的物质的量与被滴定物的物质的量正好符合滴定反应式中的化学计量关系时，称反应到达化学计量点或理论终点，化学计量点的到达一般通过加入的指示剂的颜色变化来指示，但指示剂指示出的变色点不一定恰好符合化学计量点，因此在滴定分析中，根据指示剂颜色突变而停止滴定的那一点称为滴定终点。滴定终点与化学计量点之间的差别称为滴定误差或终点误差，最后通过消耗的滴定剂的体积和有关数据计算出分析结果。

（2）滴定分析法分类

根据标准溶液和待测组分间的反应类型的不同，滴定分析法可分为四类。

① 酸碱滴定法（acid-base titration）　是以质子传递反应为基础的一种滴定分析方法。

反应实质：$H_3O^+ + OH^- = 2H_2O$

② 配位滴定法（complexometric titration）　是以配位反应为基础的一种滴定分析方法，产物为配合物或配合子。例如：

$Mg^{2+} + Y = MgY^{2-}$（Y 表示螯合剂 EDTA，乙二胺四乙酸，配位滴定最为常用的试剂）

$$Ag^+ + 2CN^- = [Ag(CN)_2]^-$$

③ 氧化还原滴定法（redox titration）　是以氧化还原反应为基础的一种滴定分析方法。例如：

$$Cr_2O_7^{2-} + 6Fe^{2+} + 14H^+ = 2Cr^{3+} + 6Fe^{3+} + 7H_2O$$

$$I_2 + 2S_2O_3^{2-} = 2I^- + S_4O_6^{2-}$$

④ 沉淀滴定法（precipitation titration）　是以沉淀反应为基础的一种滴定分析方法。例如：

$$Ag^+ + Cl^- = AgCl\downarrow（白色）$$

（3）对滴定反应的要求

① 反应要按一定的化学方程式进行，即有确定的化学计量关系。

② 反应必须定量进行，反应接近完全（>99.9%）。

③ 反应速率要快，有时可通过加热或加入催化剂方法来加快反应速率。

④ 必须有适当的方法确定滴定终点，简便可靠的方法、合适的指示剂。

能够同时满足上述要求①、②的反应并不多，所以绝大多数反应不适合用作滴定分析。

（4）滴定方式

按滴定方式不同，可分为直接滴定法、返滴定法、置换滴定法、间接滴定法。

2.2.2 基准物质和标准溶液

标准溶液（standard solution）：已知准确浓度的溶液，且浓度相对稳定，短时间内不会变化。可以由基准物质准确称量配制而成，也可以由其他已知浓度溶液标定获得浓度。

基准物质（primary standard）：能直接配制成标准溶液（具有已知准确浓度）的物质。

（1）基准物质须具备的条件

① 组成恒定　实际组成与化学式符合。例如，石灰虽然其化学式表达为 $Ca(OH)_2$，但其中包含有部分水合氢氧化钙或氧化钙；一般氢氧化铜试剂，其化学式写为 $Cu(OH)_2$，但吸收二氧化碳，含有部分碱式碳酸铜 $Cu_2(OH)_2CO_3$。这些都不满足组成恒定要求。

② 纯度高　一般纯度应至少在 99.5%以上，更高要求在 99.9%以上，依据分析任务要求精度而定。

③ 性质稳定　保存或称量过程中不分解、不吸湿、不风化、不易被氧化等。例如，即使分析纯的 KOH 也不能作为基准物质，它暴露在空气中快速吸潮，不便准确称量计量。

④ 具有较大的摩尔质量　称取量大，称量误差小。

⑤ 使用条件下易溶于水（或稀酸、稀碱）。

最常用基准物质的干燥条件和应用见表 2-2。

表 2-2　常用基准物质的干燥条件和应用

基准物质	化学式	干燥条件	标定对象
无水碳酸钠	Na_2CO_3	270～300℃	酸
硼砂	$Na_2B_4O_7\cdot 10H_2O$	有 NaCl、蔗糖饱和溶液的干燥器	酸
邻苯二甲酸氢钾	$KHC_8H_4O_4$	110～120℃	碱、高氯酸
重铬酸钾	$K_2Cr_2O_7$	140～150℃	还原剂
三氧化二砷	As_2O_3	室温、干燥器	氧化剂
草酸钠	$Na_2C_2O_4$	105～110℃	高锰酸钾
氧化锌	ZnO	900～1000℃	EDTA
锌	Zn	室温、干燥器	EDTA
氯化钠	NaCl	500～600℃	硝酸银

（2）标准溶液的配制

① 直接配制　准确称量一定量的**基准物质**，溶解于适量溶剂后定量转入容量瓶中，定容，根据称取基准物质的质量和容量瓶的体积，计算出该标准溶液的准确浓度。

② 间接配制　先配制成近似浓度，然后再用基准物或标准溶液通过滴定的方法确定已配溶液的准确浓度，这一过程称为标定。标定一般要求至少进行 3～4 次平行测定，相对偏差在 0.1%～0.2%之间。

（3）准溶液浓度的表示方法

① 物质的量浓度 c_B（$mol\cdot dm^{-3}$，$mol\cdot L^{-1}$，$mol\cdot kg^{-1}$）。

② 物质的质量浓度 ρ_B（$g \cdot L^{-1}$，$mg \cdot mL^{-1}$）。

2.2.3　滴定分析法的计算

设 A 为标准溶液，B 为待测组分，滴定反应为：

$$aA + bB = cC + dD$$

当 A 与 B 按化学计量关系完全反应时，则：

$$\frac{n_A}{n_B} = \frac{a}{b}$$

（1）求标准溶液浓度 c_A（以基准物质间接标定）

若已知滴定终点时标准溶液的消耗体积 V_A 和基准物质质量 w_B、摩尔质量 M_B，则

$$c_A = \frac{a}{b} \times \frac{w_B}{M_B} \times \frac{1}{V_A}$$

（2）求待测溶液浓度 c_B（以标准溶液滴定）

若已知待测溶液滴定终点时消耗体积 V_B 和标准溶液浓度 c_A、体积 V_A，则

$$c_B = \frac{b}{a} \times \frac{V_A c_A}{V_B}$$

（3）求试样中待测组分的质量分数 w_B

$$w_B = \frac{m_B}{m_{s(试样)}} = \frac{\frac{b}{a} c_A V_A M_B}{m_s} \times 100\%$$

2.3　定量分析的过程及分析结果的表示

化学测量工作具体开展时，一般包括如下几个主要步骤：样本采集；样本预处理；样本测定；测量结果计算与数据处理。

2.3.1　样本采集

根据分析对象是气体、液体或固体，采用不同的取样方法，在取样过程中，最重要的是要使分析试样具有代表性，否则进行分析工作是毫无意义的，甚至可能导致得出错误的结论。

以检验为目的的样本采集，应遵循基本的原则，包括首要的代表性，以及其他的科学性、经济性等。如何保障采样的代表性？从方法来讲，随机抽样是保障采样代表性的初级原则。所谓随机采样，也就是要结合考虑被采样本的时空分布特征以及环境对样本的影响。存在分层差异的测量对象，需要逐层采集样本；存在区域分布差异的测量对象，需要分区域多点采集样本；工业污水的排放具有时间周期性，需要分时段采集样本。这些原则都是为保障采样的代表性与科学性。

采集后的样本根据样本性质，一般需进行必要的隔离密封保管，避免被污染，影响测量结果和最终的判断。对于一些易发生变化的样本，还需注意保存期限，尽快完成测量，或者对样本采取必要的稳定化措施。

固体样本如含有湿存水，一般需在不破坏分析对象化学结构的前提下通过加热、真空加热等方式去除湿存水。

(1) 固体试样的预处理

一般测定只需少量（零点几至几克）样品，而欲分析的对象可能是大批物料（如一批化工原料或产品、一堆矿石、煤炭、土壤等）。分析之前，首先应从大量的物料中合理地抽取出一部分（几公斤到几十公斤）试样，称为原始固体试样。

① 破碎　用机械或人工方法将原始试样进行不同程度的破碎，并且过筛。筛孔的大小应根据需要而定。未通过筛孔的大颗粒应再行破碎，直至试样全部过筛为止。不能把粗颗粒弃去，否则会影响试样的代表性。

② 缩分　将已破碎过筛后的原始试样再进一步破碎、过筛并逐步缩小其量的过程叫做缩分。最常用的缩分方法是“四分法”。四分法是将已破碎过筛的原始试样，经充分混合均匀后，堆成圆锥体形，将顶部压平，通过中心分成四等份。任取对角的两份弃去，其余的两份收集在一起，并混合均匀。此时试样已缩减了一半。如图 2-1 所示。根据需要将经一次缩分后的试样，再破碎至更细，再次缩分。如此反复直至留下所需量为止，便得分析试样。

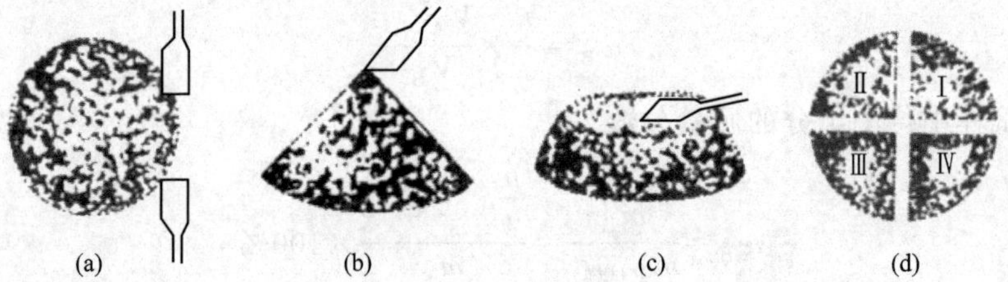

图 2-1　取样四分法示意图

(2) 液体试样的采取

如果物料是装在一个大容器内的，只要在容器的不同深度取样，并混合均匀，即可作为分析试样。若物料是分装在多个小容器中的，则应从各容器中取相同量的样品，混合均匀后作为分析试样。在采集水管或有泵水井中的水样时，取样前需将水龙头或水泵打开放水 10～15min，然后收集水样于干净瓶中。采取池、江、河中水样时，应在不同深度取多份水样，混合均匀后作为分析试样。

(3) 气体试样的采取

采取气体试样也要根据具体情况，选用适宜的采样方法。如大气样品通常选择距地面 150～180cm 高度处采样，以使样品与人呼吸的空气相一致。对于烟道气或工业废气，可将气体样品采入干净的空瓶中，或大型注射器内，也可用适当的吸收剂吸收浓缩后供分析用。

以上是有关采样和试样制备的基本知识。在实际工作中应根据国家有关标准或行业标准进行采样和制样。

2.3.2　样本预处理

采集的原始样本转化为可测定样品的过程称为样本预处理，包括样本的分解（溶解）和干扰消除。

(1) 样本的分解（溶解）

除少数分析方法（如发射光谱、差热分析、红外光谱等方法）外，一般的分析方法，特别是化学分析法都是在溶液中进行的（湿法分析）。因此，在分析之前，应将固体试样中的被测组分定量地转入溶液，这一过程称作试样的分解。

常用的试样分解方法如下。

① 溶解法　选用适当的试剂（也称溶剂）使被测组分变成可溶性物质。对金属和无机矿物样本，多采用酸溶液进行溶解，包括盐酸、硫酸、硝酸、磷酸、高氯酸、氢氟酸等；对于固体有机样本多可采用有机溶剂；水溶性样本可用纯水进行溶解。

② 熔融法　熔融法是将固体试样与固体熔剂按一定比例混合，放在适当材料制成的坩埚内高温熔融，在熔融状态下试样中被测组分与熔剂发生复分解反应，使被测组分转化为易溶于水或酸的形式。冷却后的融块用水或酸浸取，使被测组分定量转入溶液。熔融法一般用来分解难溶试样。常用的熔剂包括酸性和碱性两种。酸性熔剂焦硫酸钾 $K_2S_2O_7$（吸潮易转变为 $KHSO_4$）在 300℃以上时，可将样品中难溶的碱性或中性氧化物（如 TiO_2、Al_2O_3、Cr_2O_3、SiO_2、WO_3、Fe_3O_4、ZrO_2 等）转化为可溶性硫酸盐。碱性熔剂 Na_2CO_3、K_2CO_3、Na_2O_2、NaOH 等可分解硅酸盐、硫酸盐、天然氧化物、磷酸盐等。

③ 烧结法（或称半熔融法）　烧结法是将试样与固体熔剂混合物在低于熔点的温度下，经一定时间反应使试样完全分解的方法。此法温度较低，坩埚材料损耗小。例如固体溶剂 Na_2CO_3-ZnO、Na_2CO_3-MgO 可用于煤炭或矿石中全硫量的测定，其中 Na_2CO_3 起熔剂作用，ZnO 或 MgO 因熔点高使整个烧结物不融，起着疏松通气的作用。在碱性条件下，空气中的氧可将样本中的硫化物氧化为 SO_4^{2-}，继而用水浸取。固体溶剂 $CaCO_3$-NH_4Cl 可用于测定硅酸盐中的 K^+、Na^+。在烧结时，NH_4Cl 和 $CaCO_3$ 形成 $CaCl_2$，过量的 $CaCO_3$ 分解为 CaO。$CaCl_2$ 和 CaO 使试样中的 K^+ 和 Na^+ 转化为可溶性氧化物，烧结物用水浸取。

在实际工作中，选择试样的分解方法一般是：当试样的种类或组成已知时，可根据其性质选择合适的分解方法；如果对试样全无所知，则可依次试验稀 HCl、浓 HCl 及其他溶解法。若都不能全部溶解时，再依次试验半熔融法和熔融法。

（2）消除干扰与样本测定

在实际工作中，试样组成比较复杂，在测定其中某一组分时，共存的其他组分常常发生干扰，因此在测定前必须消除干扰。消除干扰的方法主要有以下两种。

① 掩蔽法　采用化学处理消除干扰的方法，在待测试液中，加上一种试剂，这种试剂与干扰组分发生化学反应，或者生成络合物，或者生成沉淀，或者发生氧化还原反应，从而消除干扰，这种方法称为掩蔽法，所加的试剂叫掩蔽剂。常用的掩蔽法有：络合掩蔽法、沉淀掩蔽法和氧化还原掩蔽法。采用掩蔽法来消除干扰是一种简单有效的方法。

② 分离法　无合适的掩蔽方法时，需要采取分离法。常用的分离法有：沉淀分离、萃取分离、离子交换分离、色谱分离等。

2.3.3　测量结果计算与数据处理

根据试样质量，测量数据和分析过程中有关反应的计量关系，计算试样中有关组分的含量用数理统计方法对分析结果进行评价，判断结果的可靠程度。

2.4　定量分析的误差和分析结果的数据处理

定量分析的目的是通过一系列的分析步骤来获得被测组分的准确含量。但在实际测定过程中，由于各种不可控制的偶然因素和其他因素的影响，即使采用最可靠的分析方法，使用最精密的仪器，由技术熟练的分析人员操作，也不可能得到绝对准确的结果。也就是说，测定结果的准确性受到各种实验条件的影响。就同一个人而言，即使在完全相同条件下，对同一个样品进行多次重复（平行）测定，所得各次测定结果之间也不会完全相同，测定结果存在“波动性”。所以，在测定过程中误差是客观存在的。我们研究误差的目的就是要了解误差的统计规律性，从而减小误差对分析结果的影响，科学的处理和评价所测得的数据，正确地表征分析结果。

2.4.1 误差与偏差

误差（Error）是指分析结果与其真实值之间的数值差。

(1) 误差分类

产生误差的原因很多，按其性质一般可分为两类

① 系统误差（systematic error），也称可定误差（determinate error）。

系统误差是由测定过程中某些经常性的、固定的原因所造成的比较恒定的误差。它常使测定结果偏高或偏低，在同一测定条件下重复测定中，误差的大小及正负可重复显示并可以测量。它主要影响分析结果的准确度，对精密度影响不大，而且可通过适当的校正来减小或消除它，以达到提高分析结果的准确度。它产生的原因有下列几种。

a. 方法误差　由于分析方法本身不够完善所造成，即使操作再仔细也无法克服。例如，重量分析中沉淀的溶解损失、共沉淀现象以及滴定分析中指示剂选择不恰当等而产生的误差，都系统地影响测定结果，使之偏高或偏低。

b. 仪器误差　仪器本身不够准确如天平臂长不等，砝码、滴定管、吸量管、容量瓶等未经校正，都会引起误差。

c. 试剂误差　它来源于试剂不纯和蒸馏水不纯，含有被测组分或有干扰的杂质等。

d. 操作误差　指在正常情况下，操作人员的主观原因所造成的误差。包括个人的习惯和偏向所引起的误差，如滴定速度偏快，读数偏高或偏低，终点颜色辨别偏深或偏浅，平行实验时，主观希望前后测定结果吻合等所引起的误差。如果是由于分析人员工作粗心马虎所引入的误差，只能称为工作的过失，不能算是操作误差。如已发现为错误的结果，不得作为分析结果报出或参与计算。

② 偶然误差（accidental error）或称随机误差（random error）。

它是由一些偶然因素所引起的误差，往往大小不等、正负不定。分析人员在正常的操作中多次分析同一试样，测得的结果并不一致，有时相差甚大，这些都属于偶然误差。例如，测定时外界条件（温度、湿度、气压等）的微小变化而引起的误差。这类误差在操作中无法完全避免，也难找到确定的原因，它不仅影响测定结果的准确度，而且明显地影响分析结果的精密度，这类误差不可能用校正的方法减小或消除，只有通过增加测定次数，采用数理统计方法对测定结果做出正确的表达。

(2) 误差的表示方法——准确度、精密度、误差和偏差

准确度（accuracy）表示测定结果与真实值接近的程度，它可用误差来衡量。误差是指测定结果与真实值之间的差值。误差越小，表示测定结果与真实值越接近，准确度越高；反之，误差越大，准确度越低。当测定结果大于真实值时，误差为正，表示测定结果偏高；反

之，误差为负，表示测定结果偏低。误差可分为**绝对误差**和**相对误差**。

绝对误差＝测定值－真实值

例如，称取某试样的质量为 1.8364g，其真实质量为 1.8363g，测定结果的绝对误差为：1.8364g－1.8363g＝＋0.0001g。如果另取某试样的质量为 0.1836g，真实质量为 0.1835g，测定结果的绝对误差为：0.1836g－0.1835g＝＋0.0001g。上述两试样的质量相差 10 倍，它们测定结果的绝对误差相同，但误差在测定结果中所占的比例未能反映出来。相对误差是表示绝对误差在真实值中所占的百分率。

$$\text{相对误差}=[(\text{测定值}-\text{真实值})/\text{真实值}]\times 100\% \tag{2-1}$$

在上例中，它们的相对误差分别为：

$$\frac{+0.0001}{1.8363}\times 100\%=+0.005\%$$

$$\frac{+0.0001}{0.1835}\times 100\%=+0.05\%$$

由此可知，两试样由于称量的质量不同，它们测定结果的绝对误差虽然相同，而在真实值中所占的百分率即相对误差不相同。称量质量较大时，相对误差则较小，显然，测定的准确度就比较高。但在实际工作中，真实值不可能绝对准确地知道，人们往往是在同一条件下对试样进行多次平行的测定后，取其平均值。如果多次测定的数值都比较接近，说明分析结果的**精密度高**。精密度（precision）是指测定的重复性的好坏程度，它用**偏差**（deviation，d）来表示。偏差是指个别测定值与多次分析结果的算术平均值之间的差值。偏差大，表示精密度低；反之，偏差小，则精密度高。偏差也有绝对偏差和相对偏差：

$$\text{绝对偏差}(d)=\text{个别测定值}(x)-\text{算术平均值}(\bar{x}) \tag{2-2}$$

$$\text{相对偏差}=[\text{绝对偏差}(d)/\text{算术平均值}(\bar{x})]\times 100\% \tag{2-3}$$

在实际分析工作（如分析化学实验）中，对于分析结果的精密度经常用**算术平均偏差**（average deviation）和**算术相对平均偏差**（relative average deviation）来表示。

$$\text{算术平均偏差}(\bar{d})=\sum_{i=1}^{n}|d_i|/n \tag{2-4}$$

$$\text{算术相对平均偏差}=\left(\frac{\bar{d}}{\bar{x}}\right)\times 100\% \tag{2-5}$$

【例 2-1】 测定某 HCl 与 NaOH 溶液的体积比，4 次测定结果如下所列，求算术平均偏差和相对平均偏差。

$V(HCl)/V(NaOH)$：　1.001　1.000　1.005　1.003　平均 1.002

解： $d_i=x_i-\bar{x}$　－0.001　－0.002　＋0.003　＋0.001

$$\textbf{平均偏差}\ \bar{d}=\frac{|-0.001|+|-0.002|+|+0.003|+|+0.001|}{4}=0.002$$

$$\textbf{相对平均偏差}=\left(\frac{\bar{d}}{\bar{x}}\right)\times 100\%=\frac{0.002}{1.002}\times 100\%=0.2\%$$

用数理统计方法处理数据时，常用**标准偏差**（standard deviation，s，又称均方根偏差）来衡量测定结果的精密度。单次测定的标准偏差可按下式计算：

$$标准偏差(s)=\sqrt{\frac{d_1^2+d_2^2+d_3^2+\cdots+d_n^2}{n-1}}=\sqrt{\frac{\sum_{i=1}^{n}d_i^2}{n-1}} \tag{2-6}$$

式(2-6)中 $n-1$ 称作自由度，用 f 表示。有时也用相对标准偏差（relative standard deviation，RSD）来衡量精密度的大小。

$$RSD=\frac{s}{\bar{x}}\times 100\% \tag{2-7}$$

利用标准偏差衡量精密度，可以反映出较大偏差的存在和测定次数的影响。而用平均偏差衡量时则反映不出这种差异。例如，有 3 组测定消毒剂 H_2O_2 含量时所消耗 $KMnO_4$ 标准溶液的体积（cm^3）如下。

第 1 组：25.98，26.02，26.02，25.98，25.98，25.98

$\bar{x}_1=26.00$，$\bar{d}_1=0.02$，$s_1=0.021$

第 2 组：25.98，26.02，25.98，26.02

$\bar{x}_2=26.00$，$\bar{d}_2=0.02$，$s_2=0.023$

第 3 组：26.02，26.01，25.96，26.01

$\bar{x}_3=26.00$，$\bar{d}_3=0.02$，$s_3=0.027$

这 3 组数据的平均值与平均偏差都相同，反映不出精密度的好坏，但从标准偏差可看出第 1 组数据精密度最好，第 2 组次之，第 3 组最差。

准确度与精密度的关系：从前面的讨论中已知用误差衡量准确度，偏差衡量精密度。但实际上真实值是不知道的，它常常是通过多次反复的测量，得出一个平均值来代表真实值以计算误差的大小。通常在测量中精密度高的不一定准确度高，而准确度高必须以精密度高为前提。例如，甲、乙、丙、丁 4 个人同时测定纯 $(NH_4)_2SO_4$ 中氮的质量分数，理论值为 0.2120，而 4 个人的测定结果如图 2-2 所示。

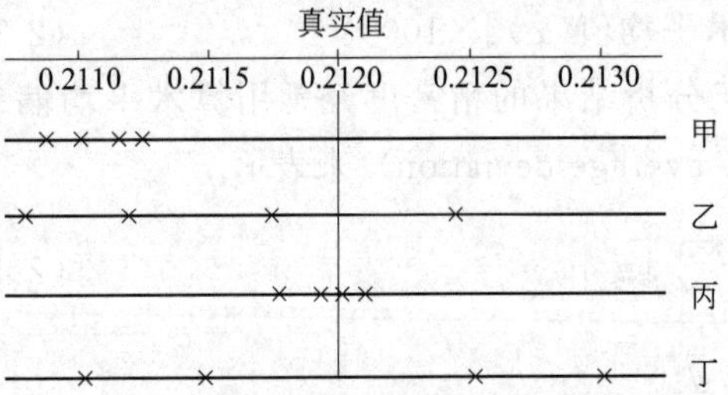

图 2-2 定量分析结果的准确度和精密度的关系示意

图中甲的分析结果精密度高，但平均值与真实值相差很大，准确度很差；乙的分析结果精密度和准确度都很差；丙的分析结果精密度和准确度都很高；丁的分析结果精密度很差，但平均值恰与真实值相符，仅是偶然的巧合。所以，精密度是保证准确度的先决条件，精密度差，说明分析结果不可靠，也就失去衡量准确度的前提。

2.4.2 提高分析结果准确度的方法

要想得到准确的分析结果，必须设法减免在分析过程中带来的各种误差。下面介绍减小分析误差的几种主要方法。

(1) 选择恰当的分析方法

首先需了解不同方法的灵敏度和准确度。重量分析法和滴定分析法的灵敏度虽然都不高，但对常量组分的测定，能获得比较准确的分析结果，相对误差一般不超过千分之几。但用它对微量或痕量组分进行测定，却常常测不出来。而仪器分析法灵敏度高，绝对误差小，可用于微量或痕量组分的测定，虽然其相对误差较大，但可以符合要求；而该方法对常量组分的测定，却常常无法测准。因此，仪器分析法主要用于微量或痕量组分的分析，而化学分析法主要用于常量组分的分析。

（2）减小测量误差

为了保证分析结果的准确度，必须尽量减小各步的测量误差。在称量步骤中要设法减小称量误差。一般分析天平的称量误差为 0.0001g，用减重法称量两次的最大误差是 ±0.0002g。为了使称量的相对误差小于 0.1%，取样量就得大于 0.2g。在含有滴定步骤的方法中，要设法减小滴定管读数误差，一般滴定管的读数误差是 ±0.01cm^3，由于需两次读数，因此可能产生的最大误差是 ±0.02cm^3。为了使滴定的相对误差小于 0.1%，消耗滴定剂的体积就必须大于 20cm^3。

（3）增加平行测定次数

根据偶然误差的分布规律，增加平行测定次数，可以减少偶然误差对分析结果的影响。

（4）消除系统误差

消除测量中系统误差的方法如下。

a. 校准仪器　对砝码、移液管、滴定管及分析仪器等进行校准，可以减免系统误差。

b. 对照试验　用含量已知的标准试样或纯物质，以同一方法对其进行定量分析，由分析结果与已知含量的差值，求出分析结果的系统误差，用此误差对实际样品的定量结果进行校正，便可减小系统误差。

c. 做加样回收实验　在没有标准试样又不宜用纯物质进行对照实验时，可以向样品中加入一定量的被测纯物质，用同一方法进行定量分析。由分析结果中被测组分含量的增加值与加入量之差，即可估算出分析结果的系统误差，便可对测定结果进行校正。

d. 做空白实验　在不加样品的情况下，用测定样品相同的方法、步骤对空白样品进行定量分析，把所得结果作为空白值，从样品的分析结果中扣除。这样可以消除由于试剂不纯或溶剂干扰等所造成的系统误差。做空白实验是紫外可见分光光度法定量分析中最常用的步骤之一。

2.4.3　可疑数据的取舍

在测量中有时会出现过高、过低的测量值，这种数据称为可疑数据或离群值。下面介绍如何判断某个数据是离群值及如何取舍。

例如，测得四个数据：22.30、20.25、20.30 和 20.32，显然第一个测量值可疑。我们怀疑该数据可能是在测量中发生了什么差错而造成，希望在计算中舍弃它。但舍弃一个测量值要有根据，不能采取“合我意者取之，不合我意者弃之”的不科学态度。

在准备舍弃某测量值之前，首先检查该数据是否记错，实验过程中是否有不正常现象发生等。如果找到了原因，就有了舍弃这个数据的根据。否则，就要用统计检验的方法，确定该可疑值与其他数据是否来源于同一总体，以决定取舍。由于一般实验测量次数比较少（如 3～5 次），不能对总体标准偏差正确估计，因此多用 ***Q* 检验法**，现将 *Q* 检验法介绍如下。

① 先将数据按大小顺序排列，计算最大值与最小值之差（极差），作为分母。

② 计算离群值与最邻近数值的差值，作为分子，其值之商即为 *Q* 值。

$$Q=\frac{x_{可疑}-x_{紧邻}}{x_{最大}-x_{最小}} \tag{2-8}$$

表 2-3 列出了 90%、95%、99%置信水平时的 Q 值。如果 Q（计算值）>Q（表值），离群值应该舍弃；反之，则应保留。

表 2-3 在不同置信水平下舍弃离群值的 Q 值表

测量次数 n	3	4	5	6	7	8	9	10	+∞
Q(90%)	0.94	0.76	0.64	0.56	0.51	0.47	0.44	0.41	0.00
Q(95%)	0.98	0.85	0.73	0.64	0.59	0.54	0.51	0.48	0.00
Q(99%)	0.99	0.93	0.82	0.74	0.68	0.63	0.60	0.57	0.00

【例 2-2】 标定一个标准溶液，测得 4 个数据：0.1014mol·dm^{-3}、0.1012mol·dm^{-3}、0.1019mol·dm^{-3} 和 0.1016mol·dm^{-3}，试用 Q 检验法确定数据 0.1019 是否应舍弃。

解： $Q=\frac{0.1019-0.1016}{0.1019-0.1012}=0.43$

查表：$n=4$ 时，Q%=0.76。因为 $Q<Q_{90\%}$，所以数据 0.1019 不能舍弃。

置信水平的选择必须恰当。太低，会使舍弃的标准过宽，即该舍弃的值被保留；太高，则使舍弃标准过严，即该保留的值被舍弃。当测定次数太少时，应用 Q 检验法易将错误结果保留下来。因此，测定次数太少时，不要盲目使用 Q 检验法，最好增加测定次数，可减少离群值在平均值中的影响。

2.4.4 有效数字及运算规则

在分析测试中，数据的记录、处理应遵循一定规则。

(1) 有效数字

有效数字（significant figure）是指在分析工作中实际上能测量到的数字。记录测量数据的位数（有效数据的位数），必须与所使用的方法及仪器的准确程度相适应，换言之，有效数字能反映测量准确到什么程度。

保留有效数字位数的原则是：在记录测量数据时，只允许保留一位可疑数，即数据的末位数欠准，其误差是末位数的±1 个单位。

例如，用 50cm^3 量筒量取 25cm^3 溶液，由于该量筒只能准确到 1cm^3，因此只能记为两位有效数字 25cm^3，换言之，两位有效数字 25cm^3，说明末位的 5 有可能存在±1cm^3 的误差，记录必须与实际相符。若用 25cm^3 移液管量取 25cm^3 溶液，则应记成 25.00cm^3，因为移液管可准确到 0.01cm^3。

从 0 到 9 这十个数字中，只有 0 既可以是有效数字，也可以是做定位用的无效数字。例如，在数据 0.06050g 中，6 后面的两个 0 都是有效数字，而 6 前面的两个 0 则是用于定位的无效数字，它的存在表明有效数字的首位 6 是百分之六克。末位 0 说明质量可准确到十万分之一克。因此，该数据有四位有效数字。很小的数，用 0 定位不方便，可用 10 的幂次表示。

例如，0.06050g 也可写成 6.050×10^{-2}g，仍然是四位有效数字。很大的数字也可采用这种表示方法，例如，2500dm^3，若为三位有效数字，则可写成 2.50×10^3dm^3。

变换单位时，有效数字的位数必须保持不变。例如，10.00cm^3 应写成 0.01000dm^3；

10.5dm^3 应写成 $1.05\times10^4 cm^3$。首位为 8 或 9 的数字，有效数字可多计一位。例如 86g，可认为是三位有效数字。pH 及 p*K* 等对数值，其有效数字仅取决于小数部分数值的位数。因为，其整数部分的数字只代表原值的幂次。例如，pH＝8.02 的有效数字是两位。

常量分析一般要求四位有效数字，以表明分析结果的准确度是 1%。用计算器时，在计算过程中可能保留了过多的位数，但最后计算结果必须恢复与准确度相适应的有效数字位数。

(2) 运算法则

在计算分析结果时，每个测量值的误差都会传递到分析结果中去，必须根据误差传递规律，按照有效数字的运算法则合理取舍，才能不影响分析结果准确度的正确表达。在做数学运算时，加减法与乘除法的误差传递方式不同，分述如下。

1) 加减法

加减法的和或差的误差是各个数值绝对误差的传递结果。所以，计算结果的绝对误差必须与各数据中绝对误差最大的那个数据相当，即几个数据相加或相减的和或差的有效数字的保留，应以小数点后位数最少（绝对误差最大）的数据为依据。例如，有以下三式：

$$0.5362+0.001+0.25=0.79 \tag{1}$$

$$9.0053+1.9724+0.0003=10.9780 \tag{2}$$

$$4.2598-4.2595=0.0003 \tag{3}$$

在式(1) 中，三个数据的绝对误差不同，计算的有效数字的位数由绝对误差最大的第三个数据决定，即两位。式(2) 和式(3) 各数据的绝对误差都一样，则和或差的有效数字的位数，由加减结果决定，无须修约。因此，式(2) 和式(3) 的计算结果分别为六位与一位有效数字。通常为了便于计算，可先按绝对误差最大的数据修约其他各数据，而后计算，如式(1)，可先把三个数据修约成 0.54、0.00 及 0.25 再相加。

2) 乘除法

乘除法的积或商的误差是各个数据相对误差的传递结果。即几个数据相乘除时，积或商有效数字应保留的位数，应以参加运算的数据中相对误差最大的那个数据为依据。例如，0.12×9.6782，可先修约成 0.12×9.7，正确结果应是 1.2。

3) 其他运算

测量值和常数进行乘、除运算时，以测量值的有效数字位数为标准。

测量值自身进行平方、开方、对数运算时，结果的有效数字位数与测量值相同。

(3) 数字修约规则

在数据的处理过程中，各测量值的有效数字的位数可能不同，在运算时按一定的规则舍入多余的尾数，不但可以节省计算时间，而且可以避免误差累积。按运算法则确定有效数字的位数后，舍入多余的尾数，称为数字修约。其基本原则如下。

① 四舍六入五成双（或五留双）。该规则规定：测量值中被修约数等于或小于 4 时，舍弃；等于或大于 6 时，进位；等于 5 时，若进位后测量值的末位数变为偶数，则进位，若进位后成奇数，则舍弃，若 5 后还有数，说明被修约数大于 5，宜进位。

例如，将测量值 4.135、4.125、4.105、4.1251 及 4.1349 修约为三位有效数字，4.135 修约为 4.14，4.125 修约为 4.12，4.105 修约为 4.10（0 视为偶数）；4.1251 修约为 4.13；4.1349 修约为 4.13。

② 只允许对原测量值一次修约至所需位数，不能分次修约。

例如，4.1349修约为三位数，不能先修约成4.135，再修约为4.14，只能修约成4.13。

③ 先多保留一位有效数字。在对大量数据运算时，为防止误差迅速累积，对参加运算的所有数据可先多保留一位有效数字（称为安全数，用小一号字表示），运算后，再将结果修约成与最大误差数据相当的位数。

例如，计算5.3527、2.3、0.055及3.35的和。按加减法的运算法则，计算结果只应保留一位小数。但在计算过程中可以多保留一位，于是上述数据计算，可写成5.35＋2.3＋0.06＋3.35＝11.06。计算结果应修约成11.1。

④ 修约标准偏差。修约标准偏差时，修约的结果应使准确度变得更差些。例如，某计算结果的标准偏差为0.213，取二位有效数字，宜修约成0.22，取一位为0.3。在作统计检验时，标准偏差可多保留1～2位数参加运算，计算结果的统计量可多保留一位数字与临界值比较，以避免造成第一类错误（以真为假）或第二类错误（以假为真）。

表示标准偏差和相对标准偏差时，在大多数情况下，取一位有效数字即可，最多取两位。

2.4.5 正确记录实验数据和表示分析结果

（1）正确记录实验数据

记录测量数据时，应根据所用仪器的精度记录所有准确数字和一位（最后一位）估计值。例如：

a. 用万分之一分析天平称量某物质的质量应记录为 $x.xxxx$g（四位小数）。用托盘天平称量时应记录为 $x.x$g。

b. 50mL滴定管溶液体积应记录为 $x.xx$mL（最后一位数是估计值，不准确），25mL移液管体积应记录为25.00mL，50mL容量瓶体积应记录为50.00mL。

c. pH计测得pH应记录为 $x.xx$ 或 $x.xxx$（依据pH计的精度而定）。

d. 分光光度计测得吸光度的精度为±0.001单位。

e. 电位计测得电位的精度应为±0.1mV。

（2）分析结果有效数字的规定

a. 分析结果有效数字位数的一般要求：当含量＞10%时，保留4位有效数字；当含量在1%～10%之间时，保留3位有效数字；当含量＜1%时，保留2位有效数字。测量时，各物理量的有效数字位数应与上述要求相匹配。

b. 进行有关化学平衡的计算时，一般保留2位或3位有效数字。

c. 进行各种误差的计算时，要求保留2位有效数字。

d. 常量分析时，标准溶液的浓度保留4位有效数字，如0.1000 $mol\cdot dm^{-3}$ 或1.000 $mol\cdot dm^{-3}$。

e. 公式中的常数当成准确的，不考虑其有效数字位数。

2.5 酸碱滴定分析简介

酸碱滴定法是以酸碱反应为基础，利用酸或碱标准溶液进行滴定的分析方法。酸与碱之间反应的速率都相当快，而且可提供指示化学计量点的酸碱指示剂也很多。一般酸（碱）以及能与碱（酸）直接或间接反应的物质，几乎都可用酸碱滴定法进行测定。因为能与酸、碱发生质子传递的物质很多，所以，该法是应用相当广泛的、主要的滴定分析法之一。

2.5.1　酸碱指示剂

（1）酸碱指示剂（indicator）的解离平衡

酸碱指示剂一般为有机弱酸或有机弱碱，溶液酸碱度变化会使指示剂结构改变而引起颜色的变化，从而指示滴定终点。

a. 酚酞类　以酚酞为例，酚酞是一种有机弱酸。它在碱性溶液中呈醌式结构，为红色，称“碱”色；在酸性溶液中呈内酯式结构，无色，称“酸”色。

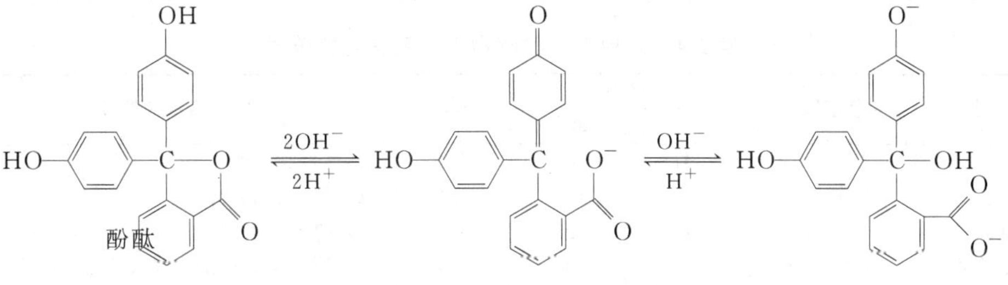

无色(内酯式,“酸”色)　　红色(醌式,“碱”色)　　无色(羧酸盐式)

显然，这种解离是可逆过程。当溶液酸度增大时，酚酞为“酸”色结构，无色；当 pH 升高到一定数值时，酚酞为“碱”色结构，红色；而在强碱溶液中又呈现无色。

百里酚酞（又名麝香草酚酞）、α-萘酚酞等也属于此类指示剂。

b. 偶氮类化合物　以甲基橙为例，甲基橙同时含有酸性基团—SO_3H 和碱性基团—$N(CH_3)_2$，所以它是两性物质。它在水溶液中以黄色（“碱”色）偶氮式阴离子存在，在 H^+ 作用下转变为红色（“酸”色）醌式阳离子：

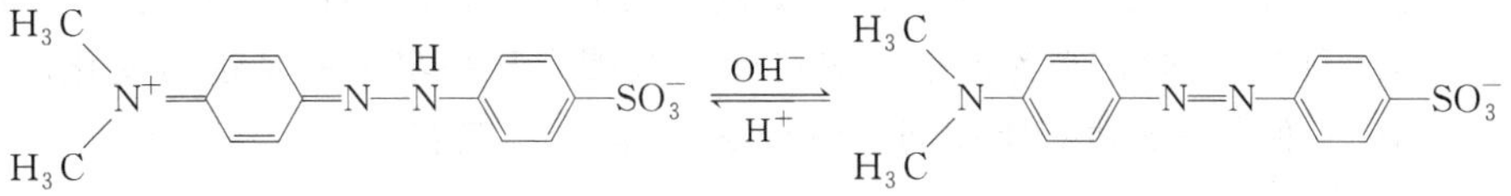

红色(“酸”色)　　甲基橙　　黄色(“碱”色)

从上面的平衡关系可知，在酸性溶液中因为有大量的氢离子存在，所以平衡向左移动，指示剂是“酸”色结构，即酚酞变为无色分子，故溶液为无色；而甲基橙变为红色离子，溶液呈现红色。若在碱性溶液中，平衡则向右移动，即酚酞几乎全是以红色离子（“碱”色）存在而呈现红色（在强碱性溶液中又呈无色）；而甲基橙以黄色离子（“碱”色）形式存在而呈现黄色。现以 HIn 来表示弱酸，则弱酸的解离平衡为：

$$HIn \rightleftharpoons H^+ + In^-$$

达平衡时

$$\frac{c(H^+)c(In^-)}{c(HIn)} = K_{HIn} \tag{2-9}$$

K_{HIn} 称为指示剂常数，它的意义是：

$$\frac{c(In^-)}{c(HIn)} = \frac{[碱色]}{[酸色]} = \frac{K_{HIn}}{c(H^+)} \tag{2-10}$$

显然，指示剂颜色的转变依赖于In^-和HIn的浓度比。根据上面可知，In^-和HIn的浓度之比取决于：①指示剂常数K_{HIn}，其数值与指示剂解离的强弱有关，在一定条件下，对特定的指示剂而言，是一个固定的值；②溶液的酸度$c(H^+)$。因此，指定指示剂的颜色完全由溶液中$c(H^+)$决定。

(2) 指示剂的变色范围

由上所知，当溶液的酸度随滴定逐渐改变时，溶液中$c(In^-)$与$c(HIn)$之比值将随之改变，因而指示剂的颜色也逐渐改变。若以pH表示溶液的酸度，则指示剂发生颜色变化时对应的pH范围称为指示剂的变色范围。当溶液中的pH与pK_{HIn}相等时，$c(In^-)=c(HIn)$，称为指示剂的理论变色点，而在$pH=pK_{HIn}\pm1$的区间内看到的是指示剂颜色的过渡色，故被称为指示剂的变色范围。几种常用酸碱指示剂及其变色范围见表2-4。

表 2-4　几种常用酸碱指示剂及其变色范围

指示剂	变色范围 pH	颜色		pK_{HIn}	指示剂浓度
		酸色	碱色		
甲基橙	3.1～4.4	红	黄	3.4	0.05%的水溶液
溴酚蓝	3.0～4.6	黄	蓝紫	4.1	0.1%的20%乙醇溶液
甲基红	4.4～6.2	红	黄	5.0	0.1%的60%乙醇溶液
溴百里酚蓝	6.0～7.6	黄	蓝	7.3	0.1%的20%乙醇溶液或其钠盐的水溶液
酚酞	8.0～9.8	无	红	9.1	0.1%的90%乙醇溶液

根据理论计算，指示剂的变色范围约为2个pH单位，但实际上如表2-4所示，各种指示剂的变色范围并不局限在这个数值上。这主要是因为人眼对各种颜色的敏感度不同，且两种不同颜色之间还会有调和。例如，黄色在红色中不像红色在黄色中明显，因此甲基橙的变色范围在pH小的一边要减小一些，所以甲基橙的变色范围从理论上的pH2.4～4.4改变为3.1～4.4。同理，红色在无色中非常明显，因此酚酞的变色范围在pH大的一边会减小，而在pH小的一边反而有所增大，所以酚酞的实际变色范围从理论的8.1～10.1变为8.0～9.8。

综上所述，可得如下结论：①指示剂的变色范围不是恰好在pH为7的地方，而是随各指示剂的K_{HIn}不同而不同；②各种指示剂在变色范围内显现出来的是逐渐变化的过渡色；③各种指示剂的变色范围幅度各不相同，通常在$pK_{HIn}\pm1$左右。

2.5.2 滴定曲线及指示剂的选择

在酸碱溶液的滴定过程中，加入碱或酸溶液都会引起溶液pH的变化，特别是在化学计量点附近，一滴酸或碱溶液的滴入，所引起的pH变化是很大的。根据这个变化，可选择适合的指示剂。在滴定过程中，溶液pH随标准溶液用量的增加而改变，所绘制的曲线称为滴定曲线。

(1) 强碱滴定强酸（强酸滴定强碱类似）

基本反应：$OH^- + H_3O^+ \longrightarrow 2H_2O$

现以$0.1000mol\cdot L^{-1}$ NaOH溶液滴定20.00mL $0.1000mol\cdot L^{-1}$ HCl溶液为例。

滴定过程中的pH分以下四个阶段计算。

① 滴定开始前［加入$V(NaOH)=0.00mL$］，溶液中pH由原始HCl溶液的浓度计算而得。已知$c(HCl)=0.1000mol\cdot L^{-1}$，所以$c(H^+)=0.1000mol\cdot L^{-1}$，$pH=1.00$。

② 滴定开始至化学计量点（即酸碱等当量点）前：由于NaOH的加入，部分HCl已被

中和，此时溶液中 pH 应根据剩余 HCl 的量计算，具体计算方程如下：

$$c(H^{+})=\frac{c(HCl)V(HCl)-c(NaOH)V(NaOH)}{V(HCl)+V(NaOH)}$$

$$=\frac{0.1000mol\cdot L^{-1}\times 20.00mL-0.1000mol\cdot L^{-1}\times V(NaOH)}{20.00mL+V(NaOH)} \quad (2\text{-}11)$$

式中，$0<V(NaOH)<20.00mL$。由式(2-11) 可算出滴定至终点前被滴溶液的 pH。

③ 化学计量点（滴定终点）时：加入 $V(NaOH)=20.00mL$，所加 NaOH 与溶液中 HCl 完全中和。

$$c(H^{+})=c(OH^{-})=1.00\times 10^{-7}mol\cdot L^{-1},\ pH=7.00。$$

④ 化学计量点后：溶液中 pH 由过量 NaOH 的量计算。

$$c(OH^{-})=\frac{c(NaOH)V(NaOH)-c(HCl)V(HCl)}{V(NaOH)+V(HCl)}$$

$$=\frac{0.1000mol\cdot L^{-1}\times V(NaOH)-0.1000mol\cdot L^{-1}\times 20.00mL}{V(NaOH)+20.00mL} \quad (2\text{-}12)$$

式中，$V(NaOH)>20.00mL$。由式(2-12) 可算出滴定终点之后（继续滴入 NaOH 溶液）被滴溶液的 pOH 值，继而算出溶液 pH 值。

用上述方法可计算出滴定过程中，被滴溶液在各个节点的 pH 值，计算结果列于表 2-5。以被滴溶液的 pH 为纵坐标，以所加 NaOH 溶液的体积（mL）为横坐标，可绘制出滴定曲线，见图 2-3。

表 2-5　以 $0.1000mol\cdot L^{-1}$ NaOH 溶液滴定 20.00mL $0.1000mol\cdot L^{-1}$ HCl 过程中被滴溶液的 pH 值

加入 NaOH 溶液 V/mL	滴定进度 T	相当的剩余 HCl 溶液体积 V/mL	过量 NaOH 溶液体积 V/mL	被滴溶液的 $c(H^{+})/mol\cdot L^{-1}$	被滴溶液的 pH 值	
0.00	0.00	20.00	—	1.00×10^{-1}	1.00	
10.00	0.500	10.00		3.33×10^{-2}	1.48	
18.00	0.900	2.00		5.26×10^{-3}	2.28	
19.80	0.990	0.02		5.02×10^{-4}	3.30	
19.98	0.999	0.00		5.00×10^{-5}	4.30	突跃范围
20.00	1.000			1.00×10^{-7}	7.00	
20.02	1.001		0.02	2.00×10^{-10}	9.70	
20.20	1.010		0.20	2.00×10^{-11}	10.70	
22.00	1.100		2.00	2.10×10^{-12}	11.70	
40.00	2.000		20.00	5.00×10^{-13}	12.50	

由表 2-5 与图 2-3 可见，在滴定开始时，溶液中尚有大量 HCl，因此，NaOH 的加入只引起溶液 pH 缓慢地增大，NaOH 的体积从 0.00mL 增至 19.80mL，pH 随 NaOH 加入的曲线平缓上升，溶液的 pH 只增大了 2.3 个单位；随着滴定的进行，溶液中 HC1 含量减少，pH 的升高逐渐加快，再加入 0.18mL（共 19.98mL）NaOH 溶液，pH 就增大了 2 个单位；再滴入 0.02mL（共 20.00mL）NaOH 溶液，pH 跃至 7.00。此时，若再滴入 0.02mL NaOH 溶液，pH 值突增至 9.70。此后，若再滴入 NaOH 溶液，pH-V(NaOH) 曲线又趋于平坦。

由此可知，在化学计量点前后，加入 NaOH 的体积仅 0.04mL，溶液的 pH 从 4.30 增加到 9.70，跃迁了 5.4 个单位，形成了曲线中“突跃”部分。我们将化学计量点前后±0.1%范围内 pH 的急剧变化称为滴定突跃，指示剂的选择以此为依据。显然，最理想的指示剂应该恰好

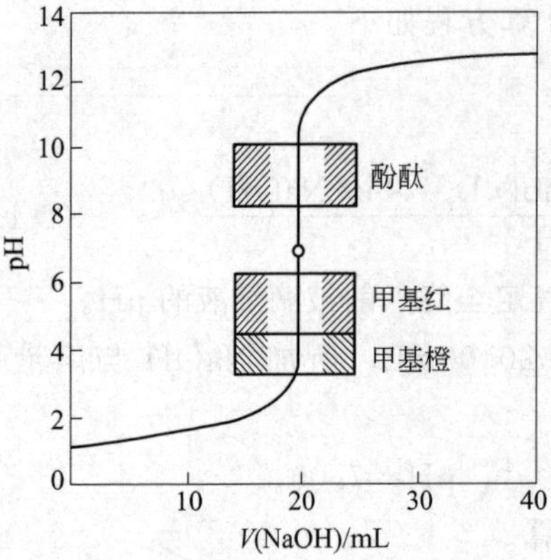

图 2-3　0.1000mol·L^{-1} NaOH 溶液滴定 20.00mL 0.1000mol·L^{-1} HCl 溶液 pH 变化曲线（滴定曲线）

在滴定反应的化学计量点变色。但实际上，凡是在突跃范围 pH 为 4.30～9.70 内变色的指示剂均可选用，因此，甲基橙、甲基红、酚酞等都可以用作这一类型滴定的指示剂。

选择指示剂的原则：凡是变色范围全部或一部分在滴定突跃范围内的指示剂，都可认为是合适的。这时所产生的终点误差在允许范围之内。

必须指出，滴定突跃范围的宽窄与溶液浓度有关。溶液越浓，突跃范围越宽；溶液越稀突跃范围越窄，见图 2-4。当溶液浓度增大至 10 倍，为 1.000mol·L^{-1} 时，pH 突跃范围扩展为 3.30～10.70（图中曲线 3），扩大了 2 个 pH 单位；当溶液浓度降低至原浓度 1/10，为 0.01000mol·L^{-1} 时，pH 突跃范围缩小至 5.30～8.70（图中曲线 1），减小了 2 个 pH 单位，此时甲基橙已不再适用。

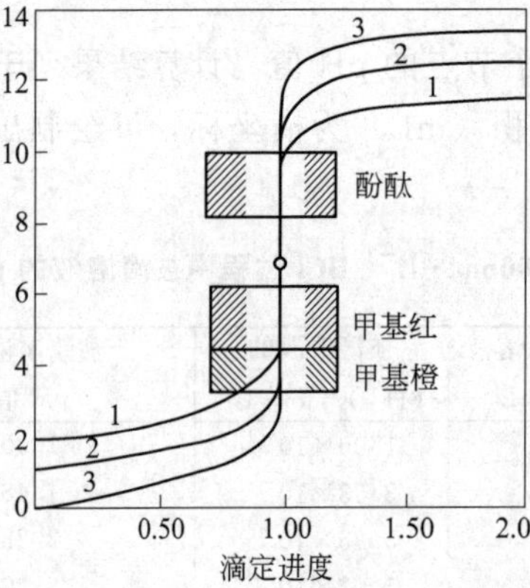

图 2-4　不同浓度 NaOH 溶液滴定不同浓度 HCl 溶液的 pH 变化曲线（滴定曲线）

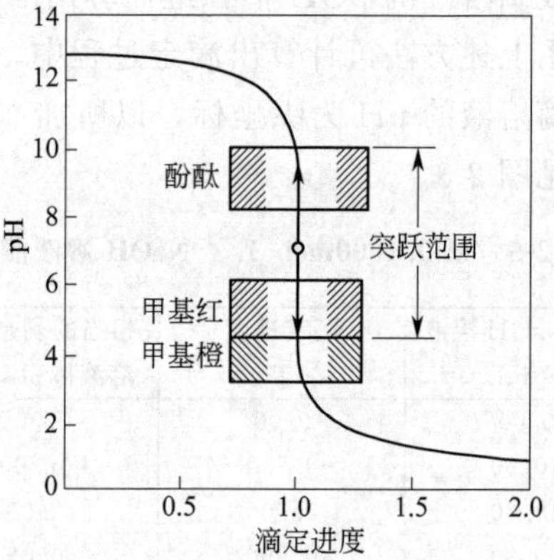

图 2-5　0.1000mol·L^{-1} HCl 滴定 0.1000mol·L^{-1} NaOH 的 pH 变化曲线（滴定曲线）

强酸滴定强碱的曲线与强碱滴定强酸的相反。各关键点 pH 的计算与强碱滴定强酸相似。图 2-5 是 0.1000mol·L^{-1} HCl 滴定 0.1000mol·L^{-1} NaOH 的滴定曲线。可以看到，pH 突跃范围为 9.70～4.30。甲基橙、甲基红、酚酞（理论可用、实际不用）等仍可作为这一类型滴定的指示剂。

(2) 强碱滴定弱酸

基本反应：$OH^- + HA \longrightarrow A^- + H_2O$

现以 0.1000mol·L^{-1} NaOH 溶液滴定 20.00mL 0.1000mol·L^{-1} 醋酸（HAc）溶液为例，滴定过程中溶液 pH 值变化同样可以根据弱酸电离平衡进行计算（具体计算过程略），其滴定曲线如图 2-6 所示。

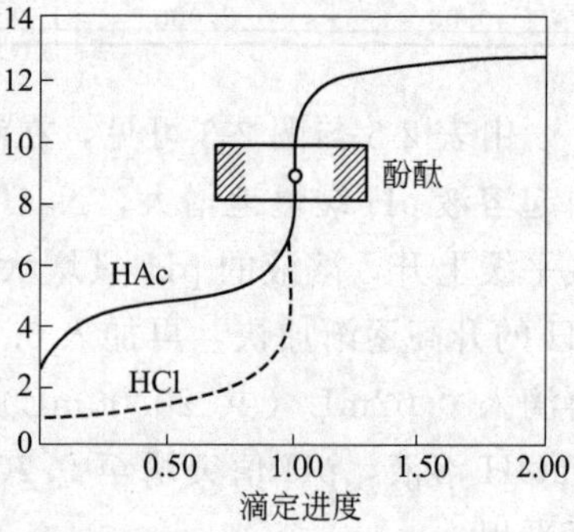

图 2-6　0.1000mol·L^{-1} NaOH 溶液滴定 20.00mL 0.1000mol·L^{-1} HAc 的滴定曲线

由图 2-6 可见，相比于强酸的滴定，弱酸 HAc 的滴定曲线出现很大不同，其滴定 pH 突跃范围大幅缩小，仅与指示剂酚酞的变色范围交叠，可以用酚酞作为指示剂进行滴定，滴定终点变色为无色至突显淡红色。其他常见指示剂不适用（指示剂变色范围与滴定 pH 突跃范围没有交叠）。弱酸滴定的一般规律是：弱酸浓度 c 如果太低，或弱酸电离平衡常数 K_a 太小（酸性太弱），导致不能满足 $cK_a \geqslant 10^{-8}$，则滴定曲线上的 pH 突跃范围太小（小于 0.3 个 pH 单位），指示剂在滴定终点不会突然变色（只能渐变），失去终点指示判断，该弱酸溶液无法进行准确滴定。如满足，则可以进行准确滴定。

2.6 配位滴定法简介

配位滴定是基于金属离子与配体之间定量反应的一种化学测量方法，经常用于金属离子的定量分析。配位化合物一般是有机或无机的配体提供孤对电子填充到金属离子的空轨道上形成配位键，进而形成的配位产物，例如 OH^-、CN^-、F^-、NH_3 等无机离子或分子可与多种金属离子形成多配位产物，即金属离子与配体比例为 1∶n，且存在一配位、二配位等多级配位形式，配体与金属离子之间反应没有准确的定量关系。而作为滴定分析的配位反应，要求金属离子与配体之间的反应必须定量进行。因此绝大部分无机配体与金属离子的配位反应不能作为定量分析模型。但很多有机化合物因存在多个配位原子，一个配体分子可与一个金属离子形成多点配位，即螯合物，并且金属离子与有机配体之间配比大多为 1∶1，不存在其他配比结合形式，因而有机配体与金属离子间的配位反应很多都存在定量关系，可以作为定量分析模型。在配位滴定分析中，最为经典的配体就是乙二胺四乙酸 EDTA（ethylenediamine tetraacetic acid）。

2.6.1 EDTA 的螯合物

乙二胺四乙酸结构为：$(HO—CO—CH_2)_2N—CH_2CH_2—N(CH_2—CO—OH)_2$，EDTA 的特征是其中含有 2 个 N 原子和 4 个羧基，两个叔胺中心均可结合质子，因而 EDTA 最高可视为六元酸 H_6Y^{2+}，Y^{4-} 即为 EDTA 解离失去 4 个羧酸 H^+ 后的离子形式，也可表示为 Y。一个 EDTA 分子可以动用总共 6 个原子对 1 个金属离子进行配位，形成多点配位的产物，即螯合物。EDTA 与绝大多数金属离子 M 是按 1∶1 化学配比进行配位，螯合物以 MY 表示。反应式为 $\mathbf{Y+M = MY}$。所有离子电荷均未标出。

2.6.2 影响金属与 EDTA 螯合物稳定性的因素

配位滴定分析是测量金属离子含量的一种准确定量分析方法，它需要考虑并尽可能抑制各种副反应的影响，以保证目标金属离子浓度测量的准确性。

（1）主反应和副反应

在配位滴定中，往往涉及多个化学平衡。除 EDTA 与被测金属离子 M 之间的配位反应外，溶液中还存在着其他诸多竞争反应，包括：①EDTA 与 H^+ 和其他金属离子的反应；②被测金属离子 M 与溶液中其他共存配位剂或 OH^- 的反应；③反应产物 MY 与 H^+ 或 OH^- 的作用等。一般将 EDTA 与被测金属离子 M 的反应称为主反应，而溶液中存在的其他反应都称为副反应，它们之间的平衡关系如下：

$$\begin{array}{ccccccc} M & + & Y & \rightleftharpoons & MY & & \text{主反应} \\ OH^- \swarrow\ \searrow L & & H^+ \swarrow\ \searrow N(\text{干扰金属离子}) & & H^+ \swarrow\ \searrow OH^- & & \\ M(OH)\quad ML & & HY\quad NY & & MHY\quad M(OH)Y & & \text{副反应} \\ \vdots\qquad\ \vdots & & \vdots & & & & \\ M(OH)_n\quad ML_n & & H_6Y & & & & \end{array}$$

由于副反应的存在，使主反应的化学平衡发生移动，主反应产物 MY 的稳定性发生变化，因而对配位滴定的准确度可能有较大的影响，其中以介质酸度的影响最大。

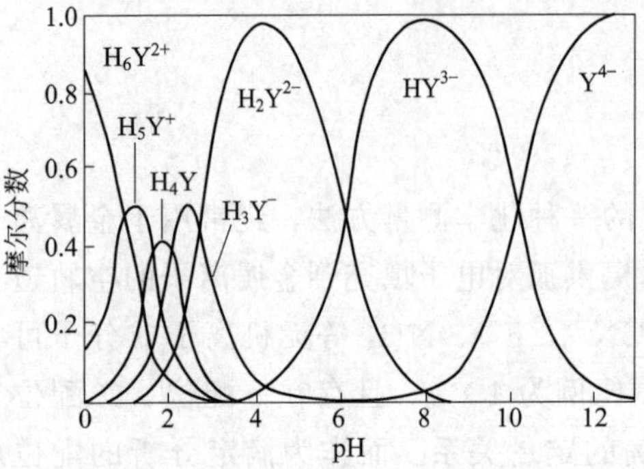

图 2-7 EDTA 在不同 pH 环境下的解离形式摩尔分数分布

(2) 配体酸化副反应

在上述平衡中，当滴定体系中 H^+ 存在时，H^+ 与 EDTA 之间发生反应，使参与主反应的 Y^{4-} 浓度减小，主反应化学平衡向左移动，配位反应的完全程度降低，这种现象称为 EDTA 的酸效应。不同 pH 环境下 EDTA 的解离形式摩尔分数分布如图 2-7 所示。

酸效应的大小可用酸效应系数来表示，也是副反应系数的一种，它是指未参与配位反应的 EDTA 各种存在形式的总浓度 $c(Y')$ 与能直接参与主反应的 $c(Y)$ 的平衡浓度之比，用符号 $\alpha_{Y(H)}$ 表示，即

$$\alpha_{Y(H)}=\frac{c(Y')}{c(Y)}=\frac{c(Y)+c(HY)+c(H_2Y)+c(H_3Y)+\cdots+c(H_6Y)}{c(Y)}$$

$$\alpha_{Y(H)}=1+\frac{c(H^+)}{K_{a6}}+\frac{c^2(H^+)}{K_{a6}K_{a5}}+\frac{c^3(H^+)}{K_{a6}K_{a5}K_{a4}}+\cdots+\frac{c^6(H^+)}{K_{a6}K_{a5}K_{a4}K_{a3}K_{a2}K_{a1}}$$

式中，$K_{a1}\sim K_{a6}$ 是 EDTA 六元酸的各级酸解离常数，酸效应系数仅是氢离子浓度的函数。

随着介质的酸度增大，$\lg\alpha_{Y(H)}$ 增大，即酸效应显著，EDTA 参与金属离子配位反应的能力显著降低，而在 pH=12 时，$\lg\alpha_{Y(H)}$ 接近于零，所以 pH≥12 时，可忽略 EDTA 酸效应的影响。以 pH 对 $\lg\alpha_{Y(H)}$ 作图，即得 EDTA 的酸效应曲线（图 2-8），从曲线上也可查得不同 pH 下的 $\lg\alpha_{Y(H)}$。

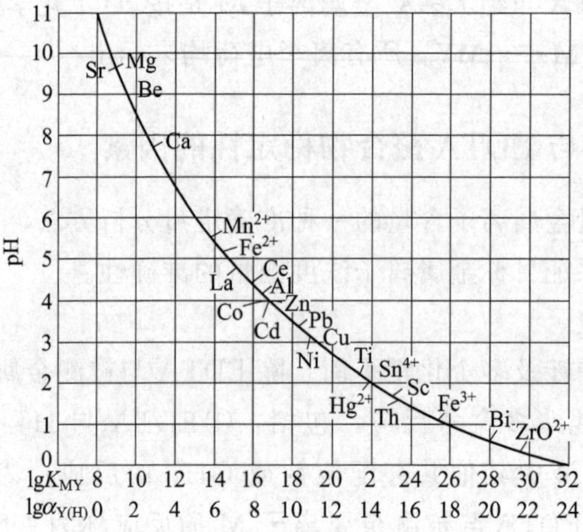

图 2-8 EDTA 的酸效应曲线（林邦曲线）

(3) 目标金属离子 M 的配位副反应

与酸效应类似，滴定体系中如果存在其他配位剂，而这种配位剂能与被测金属离子形成配合物，则参与主反应的被测金属离子浓度减小，主反应平衡向左移动，EDTA 与金属离子形成配合物的稳定性下降。这种由于共存配位剂的作用而使被测金属离子参与主反应能力下降的现象称为配位效应。溶液中的 OH^- 能与金属离子形成氢氧化物或羟基配合物，从而降低了参与主反应的能力，这种金属离子的水解作用也是配位效应的一种，配位效应的大小可用配位效应系数来表示，它是指未与 EDTA 配位的金属离子的各种存在形式的总浓度 $c(M')$ 与游离金属离子的浓度 $c(M)$ 之比，用 $\alpha_{M(L)}$ 表示，即

$$\alpha_{M(L)}=c(M')/c(M)$$

配位效应系数 $\alpha_{M(L)}$ 的大小与共存配位剂 L 的种类和浓度有关。共存配位剂的浓度越大，与被测金属离子形成的配合物越稳定，则配位效应越显著，对主反应的影响越大。

$$\alpha_{M(L)}=\frac{c(M')}{c(M)}=\frac{c(M)+c(ML)+c(ML_2)+\cdots+c(ML_n)}{c(M)}$$

(4) EDTA 配合物的条件（稳定）常数

EDTA 与金属离子所形成的配合物的稳定常数 K_{MY} 越大，表示配位反应进行得越完全，生成的配合物越稳定，定量关系越准确。由于 K_{MY} 是在一定温度和离子强度的理想条件下的平衡常数，因此也称为 EDTA 配合物的**绝对稳定常数**。但实际情况是，副反应无处不在，溶液中未与 EDTA 配位的金属离子的总浓度和未与金属离子配位的 EDTA 的总浓度都会发生变化，主反应的平衡会发生移动，配合物的实际稳定性下降，这时，再用 K_{MY} 来表示配合物的实际稳定性就不能反映真实情况了，而应该采用配合物的**条件稳定常数 K'_{MY}**，它可表示为：

$$K_{MY}=\frac{c(MY)}{c(M)c(Y)}$$

$$K'_{MY}=\frac{c(MY)}{c(M')c(Y')}=\frac{c(MY)}{\alpha_{M(L)}c(M)\cdot\alpha_{Y(H)}c(Y)}=\frac{K_{MY}}{\alpha_{M(L)}\alpha_{Y(H)}}$$

$$\lg K'_{MY}=\lg K_{MY}-\lg\alpha_{M(L)}-\lg\alpha_{Y(H)}$$

显然，副反应系数越大，条件稳定常数 K'_{MY} 越小。也就是说，酸效应和副配位效应越严重，配合物的实际稳定性越低，金属离子与配体 EDTA 的反应定量关系就越差。由于在 EDTA 滴定过程中存在酸效应和配位效应，应使用条件稳定常数来衡量 EDTA 配合物的实际稳定性，并在实际滴定分析中尽可能抑制这些副反应。

2.6.3　配位滴定的基本原理（单一金属离子的滴定）

(1) 配位滴定曲线

在配位滴定中，随着滴定剂 EDTA 的加入，溶液中被滴定的金属离子浓度不断减小，在化学计量点附近，pM［即体系中剩余金属离子浓度的负对数 $-\lg c(M)$］将急剧变化。以 EDTA 加入的体积为横坐标，pM 为纵坐标，作图即可得到 pM-EDTA 滴定曲线。通常仅计算化学计量点时的 pM，以此作为选择指示剂的依据。以 pH = 12.00 时，用浓度 $0.01000mol\cdot L^{-1}$ EDTA 标准溶液滴定 20.00mL $0.01000mol\cdot L^{-1}$ Ca^{2+} 溶液为例，可分别计算滴定开始前、滴定至化学计量点前、化学计量点时、化学计量点后各个阶段，体系中残

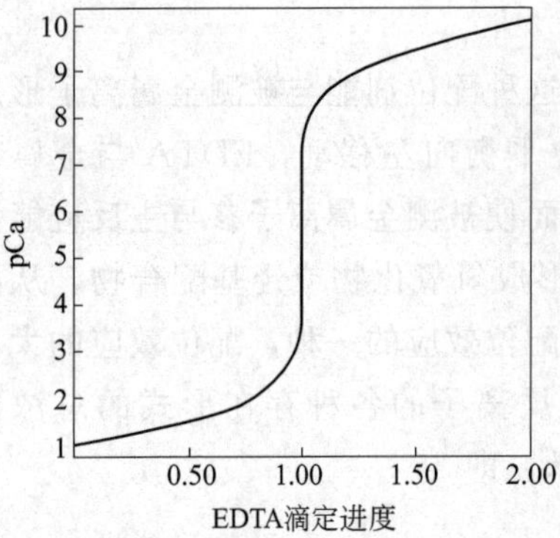

图 2-9 0.01000mol·L^{-1} EDTA 标准溶液滴定 20.00mL 0.01000mol·L^{-1} Ca^{2+} 溶液的滴定曲线

留 Ca^{2+} 浓度。以体系残留 Ca^{2+} 浓度的负对数 pCa 对 EDTA 滴定进度作图，可得到 pCa-EDTA 滴定曲线，如图 2-9 所示。

若滴定过程中使用了辅助配位剂，与被测金属离子发生其他配位反应，这时要考虑酸效应和配位效应对滴定过程的影响，滴定曲线中应该用 pM′来代替 pM。

当用 0.01000mol·L^{-1} EDTA 标准溶液滴定 20.00mL 0.01000mol·L^{-1} 金属离子 M 溶液时，若配合物的 $\lg K'_{MY}$ 分别为 6、8、10、12，同样可绘制出相应的滴定曲线，如图 2-10 所示。

若 $\lg K'_{MY}=10$，如 c(M) 分别为 $10^{-4}\sim10^{-1}$ mol·L^{-1}，分别用与金属离子 M 等浓度的 EDTA 标准溶液滴定，滴定过程中的 pM′也可计算出来，其滴定曲线如图 2-11 所示。

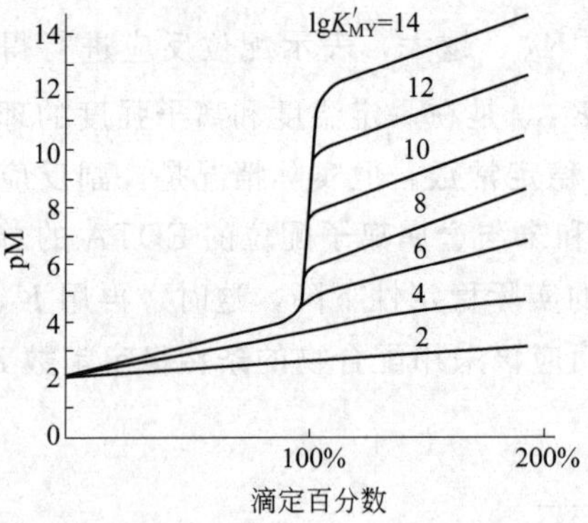

图 2-10 不同 K'_{MY} 时用 0.01000mol·L^{-1} EDTA 标准溶液滴定 20.00mL 0.01000mol·L^{-1} 金属离子 M 溶液的滴定曲线

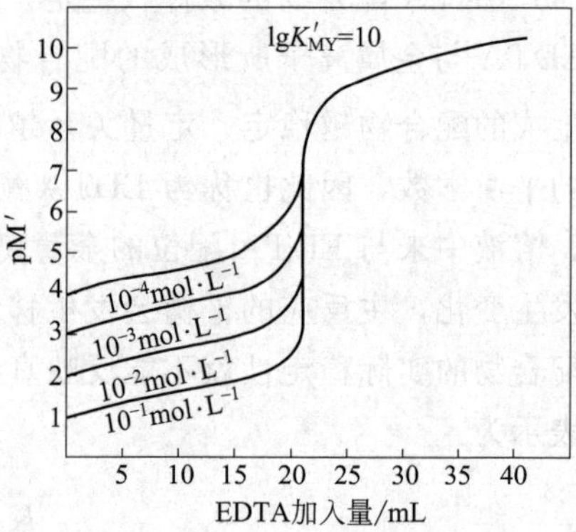

图 2-11 各浓度 EDTA 标准溶液滴定 20.00mL 不同浓度金属离子 M 溶液的滴定曲线

(2) 影响滴定突跃的因素

从图 2-9～图 2-11 可看出，在配位滴定中，化学计量点前后存在着滴定突跃，而突跃的大小与配合物的条件稳定常数和被滴定的金属离子的浓度直接相关。

① 条件稳定常数对滴定突跃的影响 配合物的条件稳定常数的大小影响滴定突跃的大小，K'_{MY} 越大，滴定突跃越大，越有利于准确滴定。而配合物的条件稳定常数的大小，除了决定于配合物的绝对稳定常数外，主要还受溶液的酸度和其他辅助配位剂的影响。

② 被滴定金属离子浓度的影响 金属离子浓度越低，滴定曲线的起点就越高，滴定突跃越小，越不利于准确滴定。

③ 酸度的影响 一般 pH 值降低时，酸效应加剧，滴定突跃会变窄，不利于准确滴定。pH 值增大有利于扩大滴定曲线突跃范围，但过高的 pH 值容易导致金属离子羟合水解。

(3) 单一金属离子准确滴定的前提条件

在配位滴定中，通常采用指示剂来指示滴定的终点。在理想的情况下，指示剂的变色点与化学计量点一致，但由于肉眼判断颜色的局限性，仍可能造成滴定终点和化学计量点有差别，因为配位滴定一般要求滴定的相对误差不超过 0.1%（$\Delta pM'$为 0.2 个 pM 单位），根据终点误差理论，此时要求被滴定的初始金属离子浓度 c(M) 和其配合物的条件稳定常数 K'_{MY} 的乘积大于等于 10^6，即

$$\lg[c(\mathrm{M})K'_{\mathrm{MY}}]\geqslant 6$$

此条件为配位滴定中准确滴定单一金属离子的条件。

(4) 配位滴定中酸度的控制

假定滴定体系中不存在其他辅助配位剂，而只考虑 EDTA 的酸效应，则 $\lg K'_{MY}$ 主要受溶液的酸度影响。在 c(M) 一定时，随着酸度的增强，$\lg\alpha_{Y(H)}$ 增大，$\lg K'_{MY}$ 减小，最后可能导致 $\lg[c(\mathrm{M})K'_{\mathrm{MY}}]<6$，这时就不能准确滴定。因此，溶液的酸度应存在一上限，超过它，便不能保证 $\lg[c(\mathrm{M})K'_{\mathrm{MY}}]\geqslant 6$，这一最高允许的酸度称为最高酸度，与之相应的 pH 为最低 pH。

在配位滴定中，被测金属离子的浓度通常为 $0.01\mathrm{mol\cdot L^{-1}}$，根据 $\lg[c(\mathrm{M})K'_{\mathrm{MY}}]\geqslant 6$，得 $\lg K'_{MY}\geqslant 8$，若只考虑酸效应，则

$$\lg K'_{\mathrm{MY}}=\lg K_{\mathrm{MY}}-\lg\alpha_{\mathrm{Y(H)}}\geqslant 8$$

$$\lg\alpha_{\mathrm{Y(H)}}\leqslant \lg K_{\mathrm{MY}}-8$$

在 $c(\mathrm{M})=0.01\mathrm{mol\cdot L^{-1}}$，且只考虑 EDTA 的酸效应时，可由上式求出配位滴定的最大 $\lg\alpha_{Y(H)}$，然后从表或酸效应曲线上便可求得相应的 pH，即最低 pH。在 $c(\mathrm{M})=0.01\mathrm{mol\cdot L^{-1}}$，相对误差为 0.1%时，可以计算出 EDTA 滴定各种金属离子的最低 pH，并将其标注在酸效应曲线上（图 2-8），可供实际工作使用，这种曲线通常又称为林邦（Ringbom）曲线。

从滴定曲线的讨论，我们知道，pH 越大，由于酸效应减弱，配合物越稳定，被测金属离子与 EDTA 的反应也越完全，滴定突跃越大。但是，随着 pH 增大，金属离子可能会发生水解，生成多羟基配合物，降低 EDTA 配合物的稳定性，甚至会因生成氢氧化物沉淀而影响 EDTA 配合物的形成，故对滴定不利。因此，对不同的金属离子，因其性质的不同而在滴定时有不同的最高酸度或最低酸度。在没有其他辅助配位剂存在时，准确滴定某一金属离子的最低允许酸度，通常可粗略地由一定浓度的金属离子形成氢氧化物沉淀时的 pH 估算。

配位滴定应控制在最高酸度和最低酸度之间进行，此酸度范围称为配位滴定的适宜酸度范围。

(5) 缓冲溶液的作用

配位滴定中采用的 EDTA 滴定剂是二钠盐 Na_2H_2Y，含有 2 个可电离质子，在配位滴定过程中，随着配合物的不断生成，不断有 H^+ 释放出来，溶液酸度将持续升高，pH 下降。这将抑制 Y^{4-} 产生，影响 MY 配位产物生成的彻底性，即导致配位化合物条件稳定常数 K'_{MY} 不断减小，滴定突跃会越来越小，滴定终点误差增大，不利于准确滴定。因而，配位滴定大多需要使用缓冲溶液环境，使滴定过程溶液酸度相对恒定，保障滴定顺利进行。

2.6.4 金属离子指示剂

(1) 配位滴定指示剂工作原理

配位滴定用于指示终点到来的指示剂（以 In 表示）又称金属指示剂，主要为有机染料，具有酚羟基、羧基等结构，在一定 pH 范围内显示固有颜色，称作本色。但与金属离子发生配位后，迅速显示结合色，结合色与本色之间差异巨大，便于指示终点。例如，滴定开始前

加入指示剂，指示剂立即与待滴定样本中金属离子形成少量配位化合物 MIn，显示结合色。随着 EDTA 不断滴入，金属离子不断与 EDTA 结合，当达到终点时，EDTA 将与指示剂结合的那极少量金属离子夺取过来形成 M-EDTA 配位产物，释放出游离的指示剂 In，溶液显示指示剂本色。该过程可表达如下：

滴定前：MIn（指示剂结合色，消耗极少量 M）＋M（大量）

滴定中：MIn（指示剂结合色，消耗极少量 M）＋M＋MY（无色）

临近滴定终点：MIn（指示剂结合色，消耗极少量 M）＋MY（无色）

滴定终点：In（指示剂本色）＋MY（无色）

（2）常用配位滴定指示剂

① 铬黑 T（EBT） 一种酚羟基兼磺酸根基偶氮染料，结构式为：

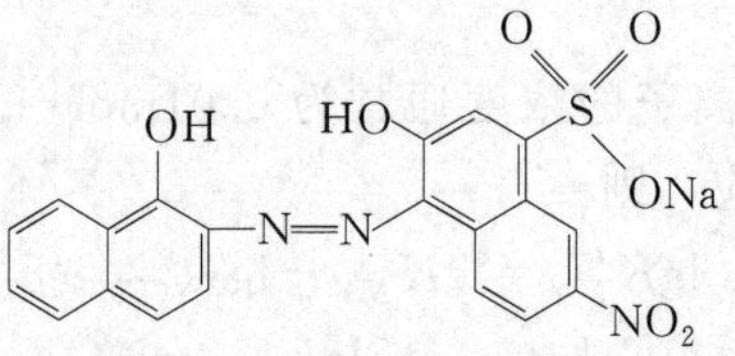

铬黑 T 可视为二元弱酸，可用符号 NaH_2In 表示，溶于水后，结合在磺酸根上的 Na^+ 全部解离，以 H_2In^- 阴离子形式存在于溶液中，分两步电离，在溶液中存在下列平衡关系而呈现三种不同的颜色。

$$\underset{\substack{(\text{紫红色}) \\ pH<6}}{H_2In^-} \xrightleftharpoons{-H^+} \underset{\substack{(\text{纯蓝色}) \\ pH=7\sim11}}{HIn^{2-}} \xrightleftharpoons{-H^+} \underset{\substack{(\text{橙色}) \\ pH>12}}{In^{3-}}$$

铬黑 T 在 pH＝7～11 时显纯蓝色，与许多二价金属离子如 Ca^{2+}、Mg^{2+}、Mn^{2+}、Zn^{2+}、Cd^{2+} 等形成稳定的配合物，显酒红色的结合色，颜色变化明显，所以用铬黑 T 作指示剂应控制 pH 在此范围内，可用作多种金属离子配位滴定的指示剂，它与金属离子以 1∶1 配位。例如，以铬黑 T 为指示剂，用 EDTA 滴定 Mg^{2+}（pH＝10），滴定开始前，EBT 与镁离子结合显酒红色（Mg-EBT 络合物），随着 EDTA 不断滴入，至临近终点时，溶液体系由酒红色转为紫色，再滴入半滴 EDTA，溶液转为纯蓝色（EBT 本色），指示终点到来。在滴定过程中，颜色变化为：酒红色→紫色→蓝色。

因铬黑 T 水溶液不稳定，很易聚合，通常把它与惰性盐 NaCl 以 1∶100 相混，配成固体混合物使用，也可配成三乙醇胺溶液使用。

② 钙指示剂 也是一种弱酸性偶氮染料，简称 NN 或称钙红，结构式为：

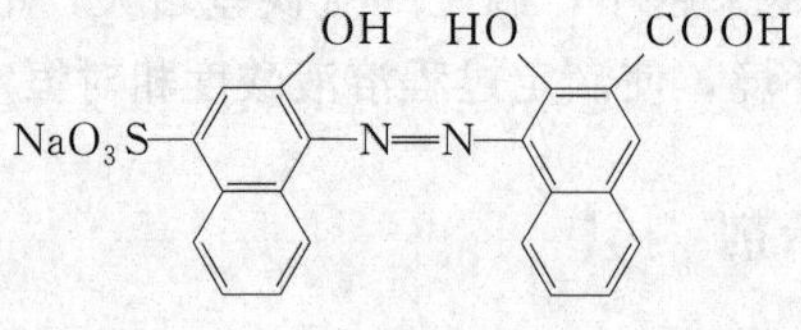

该指示剂的二钠盐可用符号 Na_2H_2In 表示，溶于水后存在如下平衡：

$$\underset{\substack{(\text{红色}) \\ pH<7}}{H_2In^{2-}} \xrightleftharpoons{-H^+} \underset{\substack{(\text{蓝色}) \\ pH=8\sim13}}{HIn^{3-}} \xrightleftharpoons{-H^+} \underset{\substack{(\text{橙色}) \\ pH>13.5}}{In^{4-}}$$

此指示剂在 pH=10～13 条件下使用，呈蓝色，它与 Ca^{2+} 形成相当稳定的红色配合物，与 Mg^{2+} 形成更稳定的红色配合物。但当溶液 pH 达到 12 时，Mg^{2+} 已被沉淀为 $Mg(OH)_2$，故在此酸度时，用钙指示剂可以在 Ca^{2+}、Mg^{2+} 的混合液中直接滴定 Ca^{2+}。纯的钙指示剂为紫色粉末，其水溶液或乙醇溶液均不稳定，通常与干燥的 NaCl 粉末以 1∶100 比例混合使用。

③ 其他常用指示剂。

二甲酚橙（XO）：适用 pH 范围为 pH<6，本色为黄色，与金属离子配位（MIn）显红色，适合在低 pH 环境下测定易水解的 ZrO^{2+}、Bi^{3+}、Th^{4+}、Zn^{2+}、Pb^{2+}、Cd^{2+}、Hg^{2+}、稀土等离子滴定。

PAN 指示剂：适用 pH 范围为 2～12，本色为黄色，与金属离子配位显红色结合色，适用于 Bi^{3+}、Th^{4+}、Cu^{2+}、Ni^{2+} 等离子滴定。

2.6.5 配位滴定应用

配位滴定可以选用多种滴定方法，包括直接滴定、间接滴定、返滴定和置换滴定等。采用不同的方法，可以扩大配位滴定的应用范围，也可以提高选择性。

（1）EDTA 标准溶液

EDTA 标准溶液通常用 EDTA 二钠盐（$Na_2H_2Y \cdot 2H_2O$）配制，此钠盐一般少有制成基准物质，而是粗略配置成大概浓度的溶液，再以氧化锌、碳酸钙、$MgSO_4 \cdot 7H_2O$ 等基准物质进行标定，获得 EDTA 溶液准确浓度。标定时，以铬黑 T 为指示剂，用 EDTA 溶液滴定一定体积基准物质溶液，利用消耗 EDTA 溶液体积、使用的基准物质溶液浓度、体积数，可计算得到 EDTA 标准溶液准确浓度，一般保留 4 位有效数字。基准物质金属离子与 EDTA 反应比例都是 1∶1。

（2）直接配位滴定法

直接配位滴定法广泛应用在动植物、土壤、水样金属离子分析中，特别是各种工业、生活用水金属离子测量。工业上将含钙、镁盐等杂质较多的水称为“硬水”，它易在锅炉中形成水垢并使肥皂泡沫减少。用 EDTA 配位滴定法测定钙、镁时，首先测定的是钙、镁总量，然后测定钙量，二者之差即为镁量。水的硬度通常用质量浓度 ρ 表示，单位为 $mg \cdot dm^{-3}$（或 $mg \cdot L^{-1}$）。

钙、镁总量的测定：将水样调节至 pH=10，以铬黑 T 为指示剂，用 EDTA 直接滴定。铬黑 T 和 EDTA 均能与 Ca^{2+}、Mg^{2+} 生成配合物，但其稳定性顺序为：CaY>MgY>Mg-EBT>Ca-EBT。

所以，滴定前铬黑 T 首先与 Mg^{2+} 结合，生成酒红色配合物 Mg-EBT。滴加的 EDTA 则先与游离的 Ca^{2+} 结合，然后再结合溶液中游离的 Mg^{2+}，最后夺取结合物 Mg-EBT 中的 Mg^{2+}，并使 EBT 游离出来，溶液由酒红色变为纯蓝色（本色），即为终点。记下 EDTA 消耗的体积 V_1（mL）。

钙的测定：以 NaOH 调节至 pH>12，此时 Mg^{2+} 转化为 $Mg(OH)_2$ 沉淀，不干扰 Ca^{2+} 的滴定。加入钙指示剂（NN）后，即与 Ca^{2+} 生成红色配合物（Ca-NN）。用 EDTA 滴定时，EDTA 首先结合游离的 Ca^{2+}，继续滴定，EDTA 将从 Ca-NN 络合物中夺取 Ca^{2+}，并使钙指示剂游离出来，溶液由红色变为蓝色（本色），即为终点。记下 EDTA 消耗的体积

V_2（mL）。

按下式计算水中 Ca^{2+}、Mg^{2+} 含量：

$$钙含量(mg\cdot L^{-1})=\frac{V_2c(EDTA)M(Ca)}{V_{水样}}\times1000(mg\cdot L^{-1})$$

$$镁含量(mg\cdot L^{-1})=\frac{(V_1-V_2)c(EDTA)M(Mg)}{V_{水样}}\times1000(mg\cdot L^{-1})$$

测定水总硬度时，一般将钙镁总量折算表达为钙含量。水中 Fe^{3+}、Al^{3+}、Mn^{2+}、Pb^{2+} 含量较高时，可加三乙醇胺和酒石酸钾钠掩蔽，这些配体可优先与上述干扰离子结合，屏蔽其对钙镁滴定的干扰。

（3）间接配位滴定法

对于不能与 EDTA 形成稳定配合物的物质，可以采用间接滴定法测定。例如，SO_4^{2-} 不与 EDTA 发生配位反应，故用间接法测定，在酸性试液中加 $BaCl_2+MgCl_2$ 标准混合液[4]，其中 Ba^{2+} 与 SO_4^{2-} 生成 $BaSO_4$ 沉淀。调节溶液 pH=10，以 EBT 为指示剂，用 EDTA 标准溶液滴定剩余的 Ba^{2+} 和 Mg^{2+}，至溶液由酒红色变为纯蓝色，即为终点。由 $BaCl_2+MgCl_2$ 的总量减去滴定测出的剩余量，即为与 SO_4^{2-} 作用的 Ba^{2+} 和 Mg^{2+} 量，间接测定 SO_4^{2-} 含量。

（4）配位返滴定法

有些金属离子与 EDTA 反应缓慢，被测离子在选定滴定条件下发生水解等副反应，无适宜指示剂或被测离子对指示剂有封闭作用，不能直接进行 EDTA 滴定时，可采用返滴定法。即加入一定量且过量的 EDTA 标准溶液到被测离子溶液中，待反应完全后，再用另一金属离子的标准溶液返滴定过量的 EDTA，根据两种标准溶液的浓度和用量，即可求得被测离子的含量。例如测定 Al^{3+} 时，由于 Al^{3+} 易水解形成多羟基配合物，且与 EDTA 反应较慢，同时 Al^{3+} 对二甲酚橙有封闭作用（结合后不能解离释放 XO），因此不能用 EDTA 直接测定。可在含 Al^{3+} 溶液中先加入一定量过量的 EDTA 标准溶液，加热至沸以使 Al^{3+} 与 EDTA 反应完全后，再加入 XO，用 Zn^{2+} 或 Cu^{2+} 标准溶液返滴定过量的 EDTA，测得 Al^{3+} 含量。

2.7 吸光光度法

吸光光度法属于光学分析法，是仪器分析中比较有代表性的测量方法。它是基于物质对特定波长光的选择性吸收而建立的分析方法，包括比色分析法、紫外-可见吸光光度法、红外吸光光度法等。许多物质是有颜色的，如 K_2CrO_4 溶液呈黄色，$CuSO_4$ 溶液呈蓝色，$KMnO_4$ 溶液呈紫色等。这些溶液颜色深浅在一定范围内与浓度成正比，因而早期就用目视比色法来大致分段测量溶液中有色物质浓度。随着近代测试仪器的发展，粗糙的目视比色法已被更准确的分光光度法（吸光光度法）取代。对于无色物质，如 Zn^{2+}、Al^{3+} 等，或浅色

[4] 由于 Ba^{2+} 与 EBT 指示剂生成的配合物不稳定，妨碍终点变色判断，所以不单独用 $BaCl_2$ 标准溶液，而用 $BaCl_2+MgCl_2$ 标准溶液。

物质，如 Fe^{3+} 等，不能用比色法直接测量，可以转换为有色结合物质间接测量，例如：

$$Fe^{3+} + 3SCN^{-} \xlongequal{} Fe(SCN)_3 \text{（血红色）}$$

显色转换是分光光度法常用的样本处理手段，得到有色物质后就可以用吸光光度法来测定。吸光光度法所测定的溶液浓度可低至 $10^{-6} \sim 10^{-5} mol \cdot L^{-1}$，具有较高的灵敏度，故常用于微量组分的测定。

2.7.1 物质对光的选择性吸收

光是具有一定波长和频率的电磁波，分为可见光和不可见光。我们日常所见的白光（如日光、白炽灯光、日光灯光等）是波长为 400～780nm 的可见光。白光是由各种不同颜色的光按一定强度比例混合而成的，称为复合光。如让一束白光通过三棱镜，就可分解为红、橙、黄、绿、青、蓝、紫七种颜色的光。具有窄波长分布宽度的光称为单色光。实验证明，不仅七种单色光可混合成白光，两种适当颜色的单色光按一定的强度比例混合，也可以得到白光。这两种单色光称为互补色光，见图 2-12。

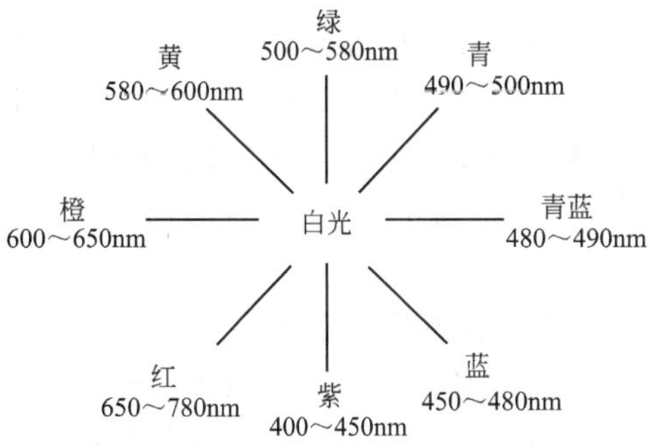

图 2-12 互补色示意

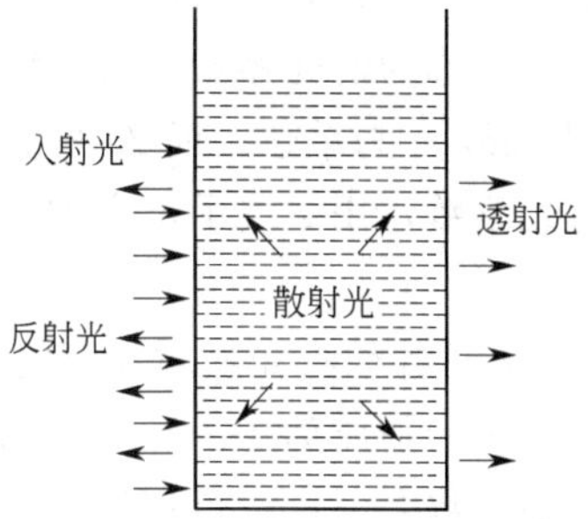

图 2-13 入射光在溶液中的透射与反射作用

图 2-12 中成直线关系的两种光可混合成白光。当光束照射到物质上时，光与物质会产生散射、吸收、反射或透射作用（见图 2-13）。物质之所以有颜色，是因为物质对光的吸收有一定的选择性，对溶液来说，是因溶液选择性地吸收了某种颜色的光，如果各种颜色的光以相同程度透过溶液，溶液就呈现无色透明。如果只让一部分波长的光透过，其他波长的光被吸收，溶液就呈现它吸收光的互补色的颜色。例如，$KMnO_4$ 溶液强烈地吸收绿色光，对其他颜色光的吸收很少或者不吸收，所以溶液呈现绿色的互补色光——紫红色。$CuSO_4$ 溶液是因为吸收了黄色光而呈现蓝色。

任何一种溶液，对不同波长的光的吸收程度是不相等的。将各种波长的单色光依次通过一定浓度的某种溶液，测其对各种单色光的吸收程度（称吸光度，用 A 表示），以波长 λ 为横坐标，以吸光度 A 为纵坐标，可得一曲线（如图 2-14 所示），称为光吸收曲线。通常用这种曲线来描述溶液对各种波长的光的吸收情况。

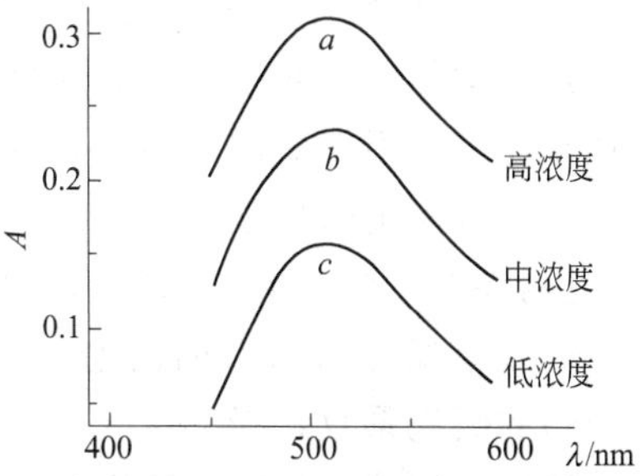

图 2-14 不同浓度溶液的光吸收曲线

每种有色物质溶液的吸收曲线都有一个最大的吸收值，它所对应的波长为最大吸收波长，用 λ_{max} 表示。一般定量分析就选用该波长进行测定，此时灵敏度最高。有干扰物质存在时，光吸收曲线重叠，可根据干扰较小而吸光度尽可能大的原则选择测定波长。对不同物质的溶液，其最大吸收波长各不相同，此特性可以作为物质定性的依据。对同一物质，溶液浓度不同时，最大吸收波长相同，而吸光度值不同。因此，吸收曲线是吸光光度法中选择测定波长的重要依据。

2.7.2 光吸收定律——朗伯-比耳定律

当一束平行光通过均匀的有色溶液时，各种光的光强之间存在如下关系：

$$I_0=I_a+I_t+I_r \tag{2-13}$$

式中，I_0 为入射光强度；I_a 为吸收光强度；I_t 为透过光强度；I_r 为反射光强度。

实验证明：有色溶液对光的吸收程度与该溶液的浓度、溶液液层的厚度成正比，表示它们之间的定量关系的定律称为**朗伯-比耳定律**（Lambert-Beer's law），这是各类吸光光度法定量测定的依据。

$$A=\lg\frac{I_0}{I_t}=abc \tag{2-14}$$

式中，a 为比例常数，它与吸光物质性质、入射光波长及温度等因素有关，该常数称**吸光系数**（又常称为**消光系数**）。通常液层厚度 b 以 cm 为单位，若 c 以 $g\cdot L^{-1}$ 为单位，则 a 以 $L\cdot g^{-1}\cdot cm^{-1}$ 为单位。而 A 是量纲为 1 的量。如果 c 以 $mol\cdot L^{-1}$ 为单位，此时的 a 称为摩尔消光系数，用 ε 表示，它的单位为 $L\cdot mol^{-1}\cdot cm^{-1}$。则式(2-14) 可改写为：

$$A=\varepsilon bc \tag{2-15}$$

式中，ε 是各种吸光物质在特定波长和溶剂下的一个特征常数，数值上等于溶液液层厚度为 1cm、吸光物质为 $1mol\cdot L^{-1}$ 时的吸光度，它是吸光物质吸光能力的量度。ε 值是定性鉴定的重要参数之一，也可用以估量定量分析方法的灵敏度，即 ε 值越大，表示该吸光物质对某一波长的光的吸收能力越强，则方法的灵敏度越高。为了提高定量分析的灵敏度，就应当选择生成 ε 值大的配合物及对应最大吸收波长的单色光作为入射光。通常由实验结果计算 ε 值时，是以被测物质的总浓度代替吸光物质的浓度，这样计算的值实际上是表观摩尔吸光系数。ε 和 a 的关系为 $\varepsilon=Ma$，M 为物质的摩尔质量。

由式(2-14) 可见，如果光通过溶液时完全不被吸收，则 $I_t=I_0$，即 $I_t/I_0=1$。

透过光 I_t 值越小，则 I_t/I_0 的比值越小，因此，将 I_t/I_0 称为透光度 T（或透过率）。

$$A=\lg\frac{1}{T}=abc \quad \text{或} \quad A=\lg\frac{1}{T}=\varepsilon bc \tag{2-16}$$

式(2-14) 是各类光吸收的基本定律，即朗伯-比耳定律。其物理意义为一束平行的单色光通过一均匀的、非散射的吸光物质溶液时，其吸光度 A 与溶液液层厚度 b 和浓度 c 的乘积成正比。它不仅适用于溶液，也适用于均匀的气体和固体状态的吸光物质。这是各类吸光光度法定量测定的最基本依据。

【例 2-3】 铁（Ⅱ）浓度为 $5.0\times10^{-4}g\cdot L^{-1}$ 的溶液，加入邻二氮杂菲形成配合物显色后，放入厚度为 2.0cm 的比色皿中，在波长为 508nm 处测吸光度，测得 $A=0.19$。计算该配合物的吸光系数 a 及 ε。

解： 已知铁的相对原子质量为 55.85。

$$a=\frac{A}{bc}=\frac{0.19}{2.0\times5.0\times10^{-4}}=190(L\cdot g^{-1}\cdot cm^{-1})$$

$$\varepsilon = Ma = 55.85 \times 190 = 1.1 \times 10^4 (\text{L} \cdot \text{mol}^{-1} \cdot \text{cm}^{-1})$$

2.7.3　引起偏离朗伯-比耳定律的因素

朗伯-比耳定律用于互相不作用的多组分体系测定时，总吸光度是各组分吸光度之和：

$$A_{总} = \varepsilon_1 bc_1 + \varepsilon_2 bc_2 + \cdots + \varepsilon_i bc_i \tag{2-17}$$

根据朗伯-比耳定律，当波长和强度一定的入射光通过光程长度固定的有色溶液时，吸光度与有色溶液的浓度成正比。即在液层厚度一定，入射光波长、强度一定时，以吸光度 A 为纵坐标，以标准溶液的浓度为横坐标作图，应该得到通过原点的直线，但是在实际工作中，经常会出现标准曲线为非线性的，或者不通过原点的情况，这种现象称为偏离朗伯-比耳定律。

若溶液的实际吸光度比理论值大，则为正偏离朗伯-比耳定律；若吸光度比理论值小，则为负偏离朗伯-比耳定律，如图 2-15 所示。偏离朗伯-比耳定律是由定律本身的局限性、溶液的化学因素以及仪器因素等引起的。

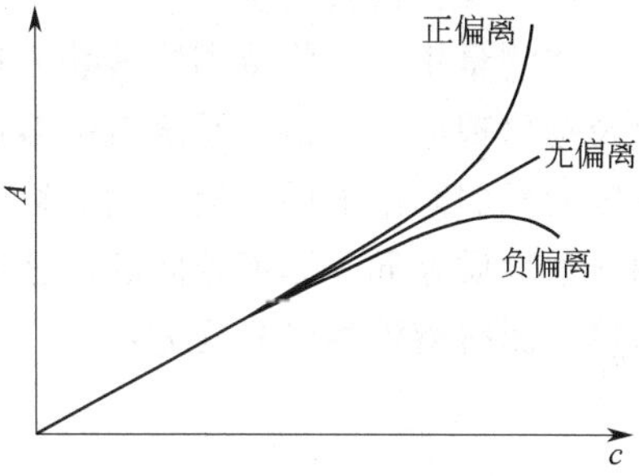

图 2-15　朗伯-比耳定律的偏离

2.7.4　显色转换

在进行吸光光度法分析时，首先必须将待测组分转变为有色物质。这种转变称为显色反应。能使待测组分转变为有色物质的试剂称为显色剂。常用的显色反应大多是能形成很稳定的、具有特征颜色的螯合物的反应，也有的是氧化还原反应。显色剂包括无机和有机两大类。无机显色剂与金属离子生成的化合物不够稳定，选择性和灵敏度也不高，大都已不用。

大多数有机显色剂常与金属生成稳定螯合物，有机显色剂一般都含有生色团和助色团。有机化合物中的不饱和键基团能吸收波长大于 200mm 的光。这种基团称为广义的生色团，如偶氮基（—N═N—）、醌基等。某些含有孤对电子的基团，它们与生色团上的不饱和键相互作用，可以影响有机化合物对光的吸收，使颜色加深，这些基团称为助色团。例如，氨基（$—NH_2$）、羟基（—OH）以及卤代基（—X）等。常见有机显色剂包括邻二氮菲、二硫腙类化合物、铬天青 S 等。

2.7.5　吸光度测量条件的选择

为保障吸光光度法的高灵敏度与准确度，除选择适当的显色条件外，还须选择适当的测量条件。

（1）入射光波长的选择

入射光波长应根据吸收曲线，以选择溶液最大吸收波长 λ_{max} 为宜。这是因为，在此波长处摩尔吸光系数 ε 最大，灵敏度较高，同时，在此波长处的一个较小范围内，吸光度变化不大，不会造成对吸收定律的偏离，使得测量达到较高的准确度。如果最大吸收波长不在仪器可测范围内，或干扰物质在此波长处有强烈吸收，那么入射波长应选择在随波长改变而吸光度变化不太大（消光系数仍需较大）处的波长，包括次最大吸收波长或变化平缓的峰坡。

如图 2-16 所示，测 A 应选 500nm，而不选 420nm，即选近乎吸收平台，且较大的波长。

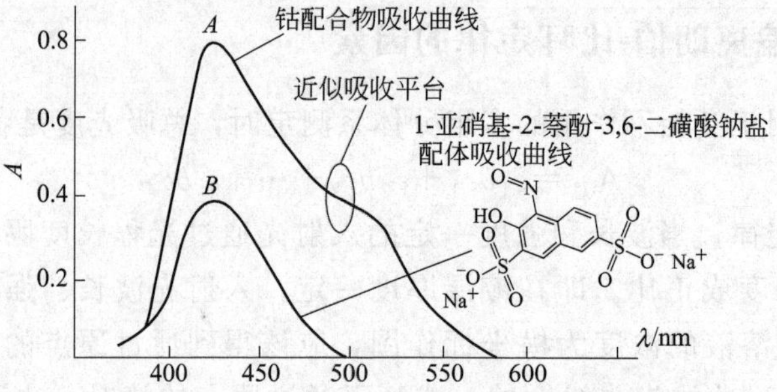

图 2-16　为减小干扰而优选测定波长示意

（2）参比溶液的选择

在测量中，须将待测溶液装入透明材质的比色皿中，当平行光照射时，会发生反射、吸收及透射现象，反射以及溶液中溶剂、溶质对光的吸收都会造成透射光强度的减弱。为使光强度的减弱与溶液中待测物质的浓度有关联，必须对上面所述的影响加以校正，所以，应采用光学性质相同、厚度相同的比色皿盛放参比溶液，然后调节仪器使透过参比器皿的吸光度为零。测得溶液的吸光度为：

$$A=\lg\frac{I_0}{I_t}=\lg\frac{I_{参比液}}{I_{待测液}}$$

实际上是以通过参比器皿的光强度作为入射光的强度 I_0，这样测得的吸光度能比较真实地反映待测物质对光的吸收，也能比较真实地反映待测物质的浓度。因此，在吸光光度法中，参比溶液的作用是非常重要的。选择参比溶液的原则是使试液的吸光度真正反映待测物的浓度。通常的做法有以下几种。

① 如果仅有待测物质与显色剂的反应产物有吸收，可用纯溶剂作参比溶液。

② 如果显色剂或其他试剂为略有吸收，可用空白溶液作参比溶液。

③ 如果试样中其他组分有吸收，但不与显色剂反应：当显色剂无吸收时，可用试样的溶液作参比溶液；当显色剂略有吸收时，可在试液中加入适宜的掩蔽剂以掩蔽显色剂，并以此作参比溶液。

2.7.6　紫外-可见分光光度计测量

紫外-可见吸光光度法是通过物质分子对波长为 200～800nm 的电磁波的吸收特性所建立起来的一种定性、定量和结构分析方法，常用于生物试样的分析工作中。该法操作简单，准确度高，重现性好。

（1）仪器

紫外-可见吸光光度法用到的仪器为紫外-可见分光光度计。双光束分光光度计的光路原理见图 2-17。光源发出的光经分光后再经扇形旋转镜分成两束，交替通过参比池和样品池。测得的信号是透过样品溶液和参比溶液的光信号强度之比，可以减免因光源强度不稳引入的误差，并可以对测定波长范围进行扫描绘制吸收光谱。

（2）紫外-可见吸光光度法的应用

紫外-可见吸光光度法可以用于定性和定量分析，以及配合物的组成和稳定常数的测定等。

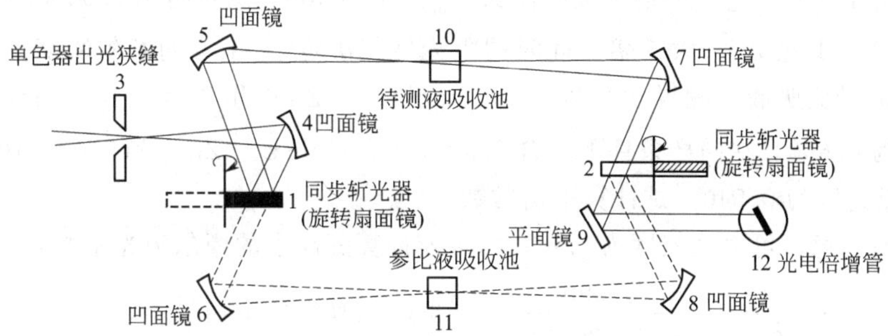

图 2-17 双光束分光光度计的光路原理示意

① 单组分定量分析 对试样中某种组分的测定，常常采用标准曲线法。配制一系列不同浓度（浓度已知，至少5个溶液）的被测组分的标准溶液，在选定的波长和最佳的实验条件下分别测定其吸光度 A。以吸光度 A 对浓度 c 作图得一条直线，即为标准工作曲线（或利用 Excel 应用软件对 A-c 数据组进行一阶线性回归拟合，获得 A-c 拟合方程，免除作图误差)，如图 2-18 所示。在相同条件下，再测量样品溶液的吸光度，然后可以从标准工作曲线上查得样品溶液的浓度。

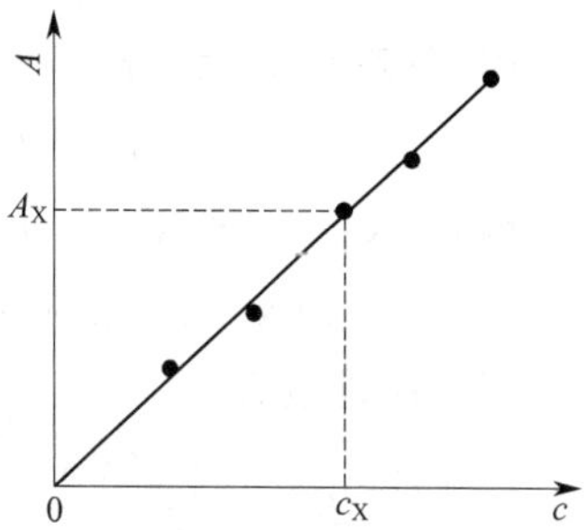

图 2-18 标准工作曲线

② 多组分定量分析 需要同时测定试样中的 n 个组分时，若它们在吸收曲线上的吸收峰互相不重叠，则可以不经分离分别选择适当的波长，按单组分的方法进行测定。若试样中需要测定 n(2～5) 个组分的吸收峰重叠，但不严重，能服从朗伯-比耳定律，则根据吸光度的加和性，可不经分离，在 n 个指定的波长处测量样品混合组分的吸光度，然后解 n 个联立方程，求出各组分的含量。以 X 和 Y 双组分样本为例，选定 2 个波长 λ_1 和 λ_2，测得试液的吸光度为 A_1 和 A_2，则：

$$A_1=\varepsilon_{X\lambda_1}bc_X+\varepsilon_{Y\lambda_1}bc_Y \quad (在\ \lambda_1\ 处)$$
$$A_2=\varepsilon_{X\lambda_2}bc_X+\varepsilon_{Y\lambda_2}bc_Y \quad (在\ \lambda_2\ 处)$$

式中，四个摩尔吸光系数可以分别在 λ_1 和 λ_2 处，从纯物质 X 和 Y 求得。解此方程组，即可求出混合物中两组分的浓度 c_X 和 c_Y。

③ 测定平衡常数 吸分光光度法可以测定吸光性酸碱解离常数，若为一元弱酸，解离反应为：

$$\mathbf{HB \rightleftharpoons H^+ + B^-}$$

$$K_a=\frac{c(H^+)c(B^-)}{c(HB)}\quad , \quad pK_a=pH-\lg\frac{c(B^-)}{c(HB)} \tag{2-17}$$

若测出 $c(H^+)$ 和 $c(HB)$，就可算出 K_a。测定时，配制三份不同 pH 的 HB 溶液，一份为强碱性溶液，另一份为强酸性溶液，分别在 B^- 和 HB 的吸收峰波长处测定吸光度，由此计算出 B^- 和 HB 的摩尔吸光系数。第三份为已知 pH 的缓冲溶液，其 pH 在 pK_a 附近，在测得 B^- 和 HB 的总吸光度后，用双组分测定的方法算出 B^- 和 HB 的浓度，再由式(2-17)计算出弱酸的解离常数 K_a。吸光光度法也可以测定配合物的组成及其稳定常数。

【例 2-4】 用分光光度法测定以下反应的平衡常数：$Zn^{2+}+2X^{2-} \rightleftharpoons [ZnX_2]^{2-}$

已知配离子 $[ZnX_2]^{2-}$ 的最大吸收波长 λ_{max} 为 480nm，测量时用 1.00cm 的吸收池，配位剂 X^{2-} 的量至少比 Zn^{2+} 大 5 倍，此时的吸光度仅决定于 Zn^{2+} 的摩尔浓度。Zn^{2+} 和 X^{2-} 在 λ_{max}480nm 处无吸收，测得含 $2.30\times10^{-4}mol\cdot L^{-1}$ Zn^{2+} 和 $8.60\times10^{-3}mol\cdot L^{-1}$ X^{2-} 溶液的吸光度为 0.690。在同样条件下，含 $2.30\times10^{-4}mol\cdot L^{-1}$ Zn^{2+} 和 $5.00\times10^{-4}mol\cdot L^{-1}$ X^{2-} 溶液的吸光度为 0.540。试计算平衡常数。

解：根据题意，可由吸光度为 0.690 的溶液计算配离子的摩尔吸光系数 ε：

$$\varepsilon=\frac{A}{bc}=\frac{0.690}{1.00\times2.30\times10^{-4}}=3.00\times10^{3}(L\cdot mol^{-1}\cdot cm^{-1})$$

由吸光度为 0.540 的溶液分别计算平衡时 $[ZnX_2]^{2-}$、Zn^{2+} 和 X^{2-} 的浓度。由于 Zn^{2+} 和 X^{2-} 在 λ_{max}480nm 处无吸收，则：

$$c([ZnX_2]^{2-})=\frac{A}{\varepsilon b}=\frac{0.540}{3.00\times10^{3}\times1.00}=1.80\times10^{-4}(mol\cdot L^{-1})$$

因 $c'(Zn^{2+})=c(Zn^{2+})+c([ZnX_2]^{2-})$，则

$$c(Zn^{2+})=2.30\times10^{-4}-1.80\times10^{-4}=5.00\times10^{-5}(mol\cdot L^{-1})$$

因 $c'(X^{2-})=c(X^{2-})+2c([ZnX_2]^{2-})$，则

$$c(X^{2-})=5.00\times10^{-4}-2\times1.80\times10^{-4}=1.40\times10^{-4}(mol\cdot L^{-1})$$

则平衡常数为

$$K=\frac{c([ZnX_2]^{2-})}{c(Zn^{2+})c^{2}(X^{2-})}=\frac{1.80\times10^{-4}}{5.00\times10^{-5}\times(1.40\times10^{-4})^{2}}=1.84\times10^{8}$$

复习思考题

1. 化学测量工作中，其第一步的采样工作应注意哪些原则？

2. 如何正确理解准确度和精密度，误差和偏差的概念？一般化学测量中使用更多是哪种？

3. 能用于滴定分析的化学反应必须符合哪些条件？

4. 下列物质中哪些可以用直接法配制标准溶液？哪些只能用间接法配制？

H_2SO_4、KOH、$KMnO_4$、$K_2Cr_2O_7$、$Na_2S_2O_3\cdot5H_2O$

5. 酸碱滴定中指示剂的选择原则是什么？

6. 为什么 NaOH 标准溶液能直接滴定醋酸，而不能直接滴定硼酸？试加以说明。

7. 为什么 HCl 标准溶液可直接滴定硼砂，而不能直接滴定蚁酸钠？试加以说明。

8. 配合物的稳定常数与条件稳定常数有什么不同？为什么要引用条件稳定常数？

9. 在配位滴定中控制适当的酸度有什么重要意义？实际应用时应如何全面考虑选择滴定时的 pH？

10. 金属指示剂的作用原理如何？它应具备哪些条件？

11. 为什么使用金属指示剂时要限定 pH？为什么同一种指示剂用于不同金属离子滴定时，适宜的 pH 条件不一定相同？

12. 什么是朗伯-比尔定律？其中每个参量的意义是什么？对浓溶液是否适用？为什么？

13. 吸光度、透光率、入射光强、透过光强，这几个概念有何区别？

14. 摩尔吸光系数（摩尔消光系数）本身有何含义？其单位是什么？

15. 什么是吸收光谱曲线？什么是标准工作曲线？它们在吸光光度法定量测定中各有什么作用？

习题

一、判断题（对的在括号内填“√”号，错的填“×”号）

1. 测定的精密度好，但准确度不一定好，消除了系统误差后，精密度好的，结果准确度就好。（　）

2. 分析测定结果的偶然误差可通过适当增加平行测定次数来减免。（　）

3. 7.63450 修约为四位有效数字的结果是 7.634。（　）

4. 在平行测定次数较少的分析测定中，可疑数据的取舍常用 Q 检验法。（　）

5. 所谓化学计量点和滴定终点是一回事。（　）

6. 直接法配制标准溶液必需使用基准试剂。（　）

7. 配制酸碱标准溶液时，用吸量管量取 HCl，用分析天平称取 NaOH。（　）

8. 酚酞和甲基橙都可用作强酸滴定强碱的指示剂。（　）

9. EDTA 和大多数金属离子的配位比例是 1∶1。（　）

10. EDTA 滴定某金属离子有一允许的最高酸度（pH），溶液的 pH 再增大就不能准确滴定该金属离子了。（　）

11. 铬黑 T 指示剂在 pH=7～11 范围使用，其目的是为了减少干扰离子的影响。（　）

12. 滴定 Ca^{2+}、Mg^{2+} 总量时要控制 pH≈10，而滴定 Ca^{2+} 分量时要控制 pH 为 12～13。若 pH>13 时，会因 Ca^{2+} 会水解而无法测定。（　）

二、选择题（单选）

13. 采用（　）方法可减少分析中的随机误差。

A. 进行对照试验；　B. 进行空白试验；　C. 校正仪器；　D. 增加平行试验次数

14. 在测定过程中出现下列情况，会导致随机误差的是（　）。

A. 砝码未经校正；　B. 称量时天平零点稍有变动；

C. 仪器未洗涤干净；　D. 滴定管读数经常偏低

15. 下列数据中具有三位有效数字的是（　）。

A. 0.35；　B. pH=7.66；　C. 0.300；　D. 1.5×10^{-3}

16. 在 NaOH 标准溶液滴定盐酸中，若酚酞指示用量过多则会造成终点（　）。

A. 提前到达；　B. 推迟到达；　C. 正常到达；　D. 无影响

17. 用于配位滴定法的反应不一定必备的条件是（　）。

A. 生成的配合物要足够稳定；　B. 反应速率要快；

C. 生成的配合物的组成必须固定；　D. 以指示剂确定滴定终点

18. 用 EDTA 配合滴定测定 Al^{3+} 时应采用（　）。

A. 直接滴定法；　B. 间接滴定法；　C. 返滴定法；　D. 连续滴定法

19. 某溶液中含有Ca^{2+}、Mg^{2+}及少量Fe^{3+}、Al^{3+}，加入三乙醇胺后，调节 pH＝10 时，用 EDTA 标准溶液滴定，用铬黑 T 作指示剂，则测出的是（　　）含量。

A. Ca^{2+}；　B. Mg^{2+}；　C. Ca^{2+}、Mg^{2+}；　D. Ca^{2+}、Mg^{2+}、Al^{3+}、Fe^{3+}

20. 关于分光光度法测量，下列叙述正确的是（　　）。

A. 有色物质的吸光度 A 是透光度 T 的倒数；

B. 不同浓度的 $KMnO_4$ 溶液，它们的最大吸收波长也不同；

C. 用分光光度法测定时，应选择最大吸收峰的波长才能获得最高灵敏度；

D. 朗伯一比耳定律适用于一切浓度的有色溶液

21. 有甲乙两个同一有色物质不同浓度的溶液，在相同条件下测得吸光度分别为甲 0.30、乙 0.20，若甲的含量为 0.015％，则乙的含量为（　　）。

A. 0.060％；　B. 0.010％；　C. 0.005％；　D. 0.040％

22. 下列论述正确的是（　　）。

A. 进行分析时，过失误差是不可避免的；　B. 准确度高则精密度也高；

C. 精密度高则准确度也高；　D. 在分析中，要求操作误差为零

23. 以下关于对照试验叙述错误的是（　　）。

A. 检查试剂是否含有杂质；　B. 检查仪器是否正常；

C. 检查所用方法的准确性；　D. 减少或消除系统误差

24. 系统误差的性质特点是（　　）。

A. 随机产生；　B. 具在单向性；　C. 呈正态分布；　D. 难以测定

25. 能更好说明测定数据的分散程度的是（　　）。

A. 相对偏差；　B. 平均偏差；　C. 相对平均偏差；　D. 标准偏差

26. 分光光度法的吸光度与（　　）无关。

A. 入射光的波长；　B. 液层的高度；　C. 液层的厚度；　D. 溶液的浓度

27. 分光光度法中，摩尔吸光系数与（　　）有关。

A. 液层的厚度；　B. 光的强度；　C. 溶液的浓度；　D. 溶质的性质

28. $CuSO_4$ 溶液呈现蓝色是由于它吸收了白光中的（　　）。

A. 黄色光；　B. 青色光；　C. 蓝色光；　D. 绿色光

29. 欲配制 6mol/L H_2SO_4 溶液，在 100mL 纯水中应加入 18mol/L H_2SO_4 多少毫升？（　　）

A. 50mL；　B. 20mL；　C. 10mL；　D. 5mL

30. 在 EDTA 配位滴定中，下列有关酸效应的叙述，何者是正确的？（　　）

A. 酸效应系数愈大，络合物的稳定性愈大；

B. pH 值愈大，酸效应系数愈大；

C. 酸效应曲线表示的是各金属离子能够准确滴定的最低 pH；

D. 酸效应系数愈大，络合滴定曲线的 pM 突跃范围愈大

31. 根据有效数字运算规则，对$\frac{0.032+11.5372}{7.846}$进行计算其结果为（　　）。

A. 1.474；　B. 1.475；　C. 1.47；　D. 1.5

三、计算题

32. 在以下数值中，各数值包含多少位有效数字？

(1) 0.004050　　(2) 5.6×10^{-1}　　(3) 1000　　(4) 96500

(5) 6.20×10^{10}　　(6) 23.4082

33. 进行下述运算，并给出适当位数的有效数字。

(1) $\frac{2.52\times4.10\times15.14}{6.16\times10^{4}}$　　(2) $\frac{3.10\times21.14\times5.10}{0.0001120}$

(3) $\frac{51.0\times4.03\times10^{-4}}{2.512\times0.002034}$　　(4) $\frac{0.0324\times8.1\times2.12\times10^{2}}{1.050}$

(5) pH=2.10，求 $[H^{+}]$

34. 一位气相色谱工作新手，要确定自己注射样品的精密度。他注射了 10 次，每次 0.5μL，量得色谱峰高分别为：142.1 (mm)、147.0 (mm)、146.2 (mm)、145.2 (mm)、143.8 (mm)、146.2 (mm)、147.3 (mm)、150.3 (mm)、145.9 (mm) 及 151.8 (mm)。求标准偏差与相对标准偏差。

35. 某一操作人员在滴定时，溶液过量了 0.10mL，假如滴定的总体积为 2.10mL，其相对误差为多少？如果滴定的总体积为 25.80mL，其相对误差又是多少？它说明了什么问题？

36. 测定碳的原子量所得数据：12.0080、12.0095、12.0099、12.0101、12.0102、12.0106、12.0111、12.0113、12.0118 及 12.0120。求算：(1) 平均值；(2) 标准偏差；(3) 平均值在 99%置信水平的置信限。

37. 标定 NaOH 溶液的浓度时获得以下分析结果：0.1021 ($mol\cdot L^{-1}$)、0.1022 ($mol\cdot L^{-1}$)、0.1023 ($mol\cdot L^{-1}$) 和 0.1030 ($mol\cdot L^{-1}$)。问：

(1) 对于最后一个分析结果 0.1030，按照 Q 检验法是否可以舍弃？

(2) 溶液准确浓度应该怎样表示？

(3) 计算平均值在置信水平为 95%时的置信区间。

38. 某学生测定 HCl 溶液的浓度，获得以下分析结果 ($mol\cdot L^{-1}$)：0.1031、0.1030、0.1038 和 0.1032。请问按 Q 检验法，0.1038 的分析结果可否舍弃？如果第 5 次的分析结果是 0.1032，这时 0.1038 的分析结果可以弃去吗？

39. 在下列数据中，用下划线指示出有效数字，并写出各数据的有效数字位数。

(1) 0.2018$mol\cdot L^{-1}$；　　(2) 0.0157g；　　(3) 3.44×10^{-5}；

(4) pH=4.11；　　(5) 1.0300$g\cdot L^{-1}$。

40. 按有效数字规则完成下列运算。

(1) $(5.21-4.71)\times0.250=$　　(2) $45.117\div1.002+101.4604=$

(3) $0.12\times1.76\times10^{-5}=$

41. 称取一含有丙氨酸 $[CH_3CH(NH_2)COOH]$ 和惰性物质的混合试样 2.2200g，处理后，蒸馏出的 NH_3 被 50.00mL、0.1472$mol\cdot L^{-1}$ 的 H_2SO_4 溶液吸收，再以 0.1002$mol\cdot L^{-1}$ NaOH 溶液 11.12mL 回滴。求丙氨酸的质量分数。

42. 称取含 $ZnCl_2$ 的试样 0.2500g，溶解后定容在 250mL 容量瓶中，用 25.00mL 移液管量取试液，调节 pH 值为 5～6，以 XO 作指示剂，用 0.01068$mol\cdot L^{-1}$ 的 EDTA 标准液滴定，消耗 EDTA 溶液 15.35mL。计算试样中 $ZnCl_2$ 的质量百分含量。

43. 将下列百分透光度值换算成吸光度：

(1) 1%；　(2) 10%；　(3) 50%；　(4) 75%；　(5) 99%。

44. 将下列吸光度值换算成百分透光度：

(1) 0.01； (2) 0.10； (3) 0.50； (4) 1.00。

45. 有一标准 Fe^{3+} 溶液，浓度为 $6\mu g \cdot mL^{-1}$，其吸光度为 0.304，而样品溶液在同一条件下测得吸光度为 0.510，求样品溶液中 Fe^{3+} 的含量（$g \cdot mL^{-1}$）。

四、简答题

46. 基准物条件之一是要具有较大的摩尔质量，对这个条件如何理解？

47. 用标准偏差和算术平均偏差表示结果，哪一种更合理？

48. 下列各种弱酸、弱碱，能否用酸碱滴定法直接测定？如果可以，应选用哪种指示剂？为什么？

(1) $CH_2ClCOOH$，HF，苯酚，羟胺，苯胺；

(2) CCl_3COOH，苯甲酸，吡啶，六亚甲基四胺。

49. NaOH 标准溶液如吸收了空气中的 CO_2，当以其测定某一强酸的浓度，分别用甲基橙或酚酞指示终点时，对测定结果的准确度各有何影响？

50. 标定 NaOH 溶液的浓度时，若采用：(1) 部分风化的 $H_2C_2O_4 \cdot 2H_2O$；(2) 含有少量中性杂质的 $H_2C_2O_4 \cdot 2H_2O$；则标定所得的浓度偏高、偏低，还是准确？为什么？

51. 用返滴定法测定铝离子含量时：首先在 pH＝3 左右加入过量的 EDTA 并加热，使铝离子配位，试说明选择此 pH 的理由。

第3章

化学热力学

化学中最基本的两大问题就是化学热力学与化学动力学，热力学主要是研究化学反应进行自发方向问题，即回答反应进行的可能性问题，同时研究反应进行过程中伴随的能量变化。化学动力学主要研究反应进行的快慢问题。

在日常化学工作中我们总会遇到这样或那样的实际问题，其中有许多要借助于热力学方法才能得到解决。例如，高炉炼铁过程中的一个主要反应是：

$$Fe_2O_3+3CO \xlongequal{} 2Fe+3CO_2$$

然而，我们是否有可能利用类似的反应进行高炉炼铝？又如，氢氟酸能刻蚀玻璃，而其同类盐酸为什么不能？再如，NO 和 CO 都是汽车尾气中的有毒成分，它们能否相互起反应生成无毒的 N_2 和 CO_2？天然金刚石非常珍贵，但其同素异形体石墨却极其普通和廉价，能否找到一种实验条件，使石墨转化为金刚石？已知用 O_2 或用 H_2 都可以固定大气中的 N_2，反应为：

$$N_2(g)+O_2(g) \xlongequal{} 2NO(g)$$

$$N_2(g)+3H_2(g) \xlongequal{} 2NH_3(g)$$

那么，工业上进行人工固氮应该选用哪一种反应更为经济合理？要回答诸如此类有趣而重要的问题，可求助于化学热力学，学习这些热力学理论之前，我们首先需要懂得内能、焓、熵、自由能等热力学函数的基本含义。

3.1 反应热的测量

3.1.1 热力学基础概念

(1) 系统与环境

客观世界是由多种物质构成的，但我们可能只研究其中一种或若干种物质。人为地将一部分物质与其余物质分开（可以是实际的，也可以是假想的），被划定的研究对象称为**系统**；系统之外，与系统密切相关、影响所能及的部分称为**环境**。例如，研究密闭容器中锌与稀硫酸的反应，可将溶液及其上方的空气、反应产生的氢气认定为系统，将容器以及容器以外的物质当作环境。如果容器是敞开的，则系统与环境间的界面只能是假想的。

按照系统与环境之间有无物质和能量交换，可将系统分成以下三类。

① 敞开系统　与环境之间既有物质交换又有能量交换的系统，又称开放系统。

② 封闭系统　与环境之间没有物质交换，但可以有能量交换的系统。通常在密闭容器中的系统即为封闭系统。热力学中主要讨论封闭系统。

③ 隔离系统　与环境之间既无物质交换又无能量交换的系统，又称孤立系统。绝热、密闭的恒容系统即为隔离系统。应当指出，真正的孤立系统是不存在的，热力学中有时把与系统有关的环境部分与系统合并在一起视为一孤立系统，即

$$\text{系统}+\text{环境}\longrightarrow\text{孤立系统}$$

（2）状态与状态函数

系统的状态是指用来描述系统的诸如压力 p、体积 V、温度 T、质量 m 和组成等各种宏观性质的综合表现，即系统一切性质的总和称为状态。用来描述系统状态的物理量称为状态函数。例如 p、V、T 以及后面要介绍的非常重要的**热力学能** U（又称**内能**）、焓 H、熵 S 和吉布斯函数 G 等均是状态函数。当系统的状态确定后，系统的宏观性质就有确定的数值。也就是说，系统状态一定，则系统所拥有各性质参数（如物理量等）就具有了定值，即系统的宏观性质是状态的单值函数。系统的性质之间是有一定联系的，所以一般只要确定少数几个性质，状态也就确定了。状态函数之间的定量关系式称为状态方程式，例如理想气体的状态方程 $pV=nRT$。状态函数的特点是：状态一定，其值一定；状态发生变化，其值也要发生变化；其**变化值**只决定于系统的**始态**和**终态**，而与如何实现这一变化的具体路径无关。例如，系统的温度状态函数，一杯 25℃（始态）的水，将其加热到 55℃（终态），无论加热的方式如何，是一次性加热到 55℃，还是先加热到 60℃，再降温到 55℃，其终态和始态的温度差（温度的增量）$\Delta T=T_2-T_1=55℃-25℃=30℃$，总是定值。显然，压力、体积也是如此。

状态函数按其性质可分为以下两类。

① 广度性质（又称容量性质，extensive properties）　当将系统分割成若干部分时，系统的某性质等于各部分该性质之和，即广度性质的量值与系统中物质的量成正比，具有加和性。体积、热容、质量、熵、焓和热力学能等均是广度性质。

② 强度性质（intensive properties）　此类性质不具有加和性，其量值与系统中物质的量多寡无关，仅决定于系统本身的特性。例如，两杯 300K 的水混合，水温仍是 300K，不是 600K。温度与压力、密度、黏度、折光率、介电常数等均是强度性质。

显然，系统的某种广度性质除以物质的量或质量（或任何两个广度性质相除）之后就成为强度性质。例如，体积、焓是广度性质，而摩尔体积（体积除以物质的量）、摩尔焓（焓除以物质的量）以及密度（质量除以体积）、比热容（热容除以质量）、摩尔分数（某种物质的量除以全部物质的量）就是强度性质。强度性质不必指定物质的量就可以确定。

（3）热和功

系统的状态发生变化并导致系统的能量发生变化，这种能量的变化必然依赖于系统与环境之间的能量交换（传递）来实现。系统与环境之间的能量交换（传递）形式有两种：一种是热，另一种是功。

系统与环境之间由于温度差而交换的能量称为**热**。这是一种大量质点无序热运动所造成的能量自发地由高温物体向低温物体的传递。除热以外，系统与环境之间以其他形式交换的能量统称为**功**。功的种类很多，使气体发生膨胀或被压缩，做了体积功（又称膨胀功）；电池放电时，做了电功；将橡胶拉长，做了拉伸功。热力学中将功分为体积功和非体积功两类。习惯上，将非体积功称为有用功。应当指出，热和功总是与系统所进

行的具体过程相联系的，没有过程，就没有热和功。因此，热和功不是系统的性质，也不是系统的状态函数。

（4）过程与途径

系统状态发生的任何变化称为**过程**。实现这个过程的具体步骤称为途径。一个过程可以由多种不同的途径来实现，而每一途径常由几个步骤组成。或者说，一个过程是由具体的多步骤途径来实现的，完成一个过程，也可以沿几条不同的途径来实现。在遇到具体问题时，有时明确给出实现过程的途径，有时则不一定给出过程是如何实现的。像气体升温、液体蒸发、晶体从液体中析出以及发生化学反应等，均称进行了一个热力学过程。完成一个过程，可以通过不同的途径。如图 3-1 所示，水可以从始态沿途径 a 或途径 b 变化到终态，途径不同，但过程是一个过程

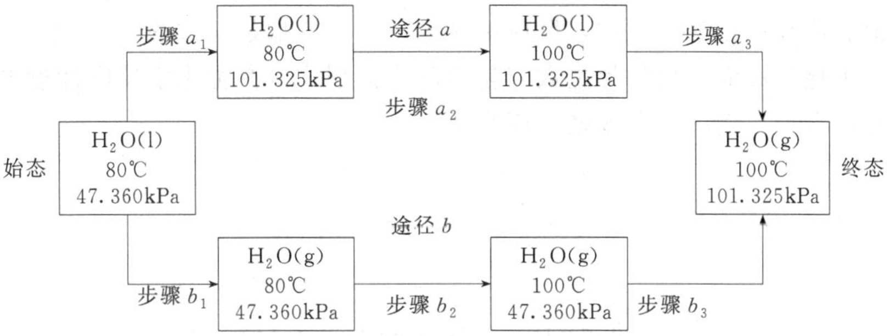

图 3-1 水从始态沿不同途径变化到终态的过程

若在完成这个过程中，温度恒定，称为**恒温过程**（视为等温过程、定温过程）；过程中系统的压力不变，则称为**恒压过程**（视为等压过程、定压过程）；系统的体积保持不变，则称为**恒容过程**（视为等容过程、定容过程）；系统与环境之间没有热交换的过程，称为**绝热过程**。

状态函数的计算在热力学中很重要，而状态函数的变化值只取决于过程的始态与终态，而与途径无关。因此，在计算一过程状态函数的变化值时，常常需要假设实现该过程的某一途径。

热力学可逆过程：系统经过某过程由状态Ⅰ变到状态Ⅱ之后，当系统沿该过程的逆过程回到原来状态时，若原来过程对环境产生的一切影响同时被消除（即环境也同时复原），这种理想化的过程称为热力学可逆过程。更具体一点来说，系统从状态Ⅰ变化到状态Ⅱ的过程中，系统与环境之间交换的所有能量（热与功），在系统从状态Ⅱ回到状态Ⅰ的过程中如能完全“偿还”，系统与环境之间没有任何“相欠”，则上述状态Ⅰ→状态Ⅱ的过程，或状态Ⅱ→状态Ⅰ的过程，都可称为热力学可逆过程。例如，等温可逆、绝热可逆、可逆相变等。

实际过程都是不可逆过程，可逆过程是一种理想的过程，是一种科学的抽象，客观世界中的实际过程只能无限地趋近于它。系统发生一个变化过程（始态与终态已指定），其具体实施的途径有很多，但其中只有那条正向变化与逆向变化能量差值相等的途径才是可逆途径，即最大功或最大热过程（正向与逆向功相等）。当过程在无限接近平衡态的条件下推进时，可以近似认为该过程为热力学可逆。**可逆过程是在系统接近于平衡的状态下发生的无限缓慢的过程**，因此它和平衡态密切相关。后面我们将会看到一些重要的热力学函数的增量，

只有通过可逆过程才能求得。从实用的观点看，可逆过程最经济、效率最高。所以，研究可逆过程的意义在于，可逆过程指出了能量利用的最大限度（系统做最大功，环境消耗最小功），可用来衡量实际过程完善的程度，并将其作为改善、提高实际过程效率的目标。所以，热力学中的可逆过程有着重要的理论与现实意义。

（5）化学计量数和反应进度

1）化学计量数

对于任一化学反应：$a\mathbf{A}+d\mathbf{D}=x\mathbf{X}+y\mathbf{Y}$，可将反应方程式简写为：

$$0=\sum_{\mathrm{B}}\nu_{\mathrm{B}}\mathrm{B} \tag{3-1}$$

式中，B 表示反应中物质的化学式（A、D、X、Y），ν_{B} 是 B 的**化学计量数**（亦称计量系数），是量纲为 1 的量（旧称无量纲的纯数，量纲与单位是不同概念），对反应物取负值，对产物为正值。这和在化学反应中，反应物减少，产物增加是一致的。

对于同一个化学反应，化学计量数与化学反应方程式（亦称化学反应计量方程式或简称反应式）的写法有关。例如，合成氨反应写作：

$$N_2(g)+3H_2(g)=\!=\!=2NH_3(g)$$

则有 $\nu(N_2)=-1,\nu(H_2)=-3,\nu(NH_3)=2$。

若写作：

$$\frac{1}{2}N_2(g)+\frac{3}{2}H_2(g)=\!=\!=NH_3(g)$$

则有 $\nu(N_2)=-\frac{1}{2}$，$\nu(H_2)=-\frac{3}{2}$，$\nu(NH_3)=1$。

而对其逆反应，即氨的分解反应，若写成如下形式：

$$0=N_2(g)+3H_2(g)-2NH_3(g)$$

则有 $\nu(N_2)=1,\nu(H_2)=3,\nu(NH_3)=-2$。

由此可以理解，为何化学反应方程式的简写通式要写成 $0=\sum_{\mathrm{B}}\nu_{\mathrm{B}}\mathrm{B}$，而不是 $\sum_{\mathrm{B}}\nu_{\mathrm{B}}\mathrm{B}=0$。

2）反应进度

化学计量数只表示当按计量反应式反应时各物质转化的比例数，而要描述化学反应实际的进行程度，需引入反应进度的概念。反应进度是个重要的物理量，在反应热的计算、化学平衡和反应速率的表示式中被普遍使用。

反应进度 $\boldsymbol{\xi}$（ksi）的定义式为：对于一般反应式 $0=\sum_{\mathrm{B}}\nu_{\mathrm{B}}\mathrm{B}$

$$d\xi=\frac{dn_{\mathrm{B}}}{\nu_{\mathrm{B}}} \tag{3-2}$$

式中，n_{B} 为物质 B 的物质的量；ν_{B} 为物质 B 的化学计量数，故反应进度的 SI 单位为 mol。

对于有限的化学变化，有

$$\Delta\xi=\frac{\Delta n_{\mathrm{B}}}{\nu_{\mathrm{B}}} \tag{3-3}$$

对于化学反应来讲，一般选反应开始前反应进度 $\xi=0$，因此，反应开始后至某程度（t 时刻），反应进度为：

$$\xi=\frac{[n_B(t)-n_B(0)]}{\nu_B} \tag{3-4}$$

式中，$n_B(0)$ 为反应开始时物质B的物质的量；$n_B(t)$ 为反应进行至 t 时刻，B的物质的量。

引入反应进度的最大优点是在反应进行到任意时刻时，可用任一反应物或产物来表示反应进行的程度，所得的值总是相等的。以合成氨反应为例：

对于反应式：	$N_2(g)$	$+3H_2(g)$	$=\!=\!=2NH_3(g)$
计量开始时（t_1 时刻）各物质的量 n_1/mol	10	30	0
计量结束时（t_2 时刻）各物质的量 n_2/mol	8	24	4

则反应进度为：

以 N_2 计，$\xi=[n_2(N_2)-n_1(N_2)]/\nu(N_2)=(8-10)mol/(-1)=2(mol)$

以 H_2 计，$\xi=[n_2(H_2)-n_1(H_2)]/\nu(H_2)=(24-30)mol/(-3)=2(mol)$

以 NH_3 计，$\xi=[n_2(NH_3)-n_1(NH_3)]/\nu(NH_3)=(4-0)mol/2=2(mol)$

可见，对同一反应方程式，不论选用哪种物质表示反应进度均是相同的。

但若将合成氨反应式写成：

$$\frac{1}{2}N_2(g)+\frac{3}{2}H_2(g)=\!=\!=NH_3(g)$$

对于上述物质量的变化，则求得 $\xi=4mol$，与前一反应式 $\xi=2mol$ 的反应进度数值就不同。因为同一反应，反应方程式写法不同，计量数 ν_B 就不同，因而，ξ 也就不同，所以当涉及反应进度时，必须指明化学反应方程式。

当反应按所给反应式的系数比例进行了一个单位的化学反应时，即 $\Delta n_B/1mol=\nu_B$，这时反应进度 ξ 就等于 1mol。我们就说进行了 1mol 化学反应或简称摩尔反应。所以按反应式

$$N_2(g)+3H_2(g)=\!=\!=2NH_3(g)$$

$\xi=1mol$，即表示 1mol N_2 与 3mol H_2 反应生成 2mol NH_3。

而对于反应式

$$\frac{1}{2}N_2(g)+\frac{3}{2}H_2(g)=\!=\!=NH_3(g)$$

$\xi=1mol$，则表示消耗了 $\frac{1}{2}$mol N_2 与 $\frac{3}{2}$mol H_2，生成 1mol NH_3。所以反应进度与反应方程式写法有关，它是按反应式为单元来表示反应进行的程度，与该反应在一定条件下达到平衡时的转化率没有关系。反应进度（ξ）是一个衡量化学反应进行程度的物理量。

3.1.2 反应热的测量

化学反应时所放出或吸收的热叫做反应的热效应，简称反应热。对反应热进行精密的测定并研究与其他能量变化的定量关系的学科叫做热化学。热化学是物理化学的一个分支。热化学的实验数据具有实用和理论上的价值。例如，反应热的多少就与实际生产中常规燃料（如煤、天然气等）的燃烧和热效率等问题有关；另一方面，反应热的数据，在计量平衡常数和其他热力学函数时很有用处。

当需要测定某个热化学过程所放出或吸收的热量（如燃烧热、溶解热或相变热等）时，一般可利用测定一定组成和质量的某种介质（如溶液或水）的温度改变，再利用式（3-5）

求得：

$$q=-c_s m_s(T_2-T_1)$$
$$=-c_s m_s \Delta T=-C_s \Delta T \quad (3\text{-}5)$$

式中，q 表示一定量反应物在给定条件下的反应热；c_s 表示体系的比热容；m_s 表示体系的质量；C_s 表示体系的热容，$C_s=c_s m_s$；ΔT 表示体系终态温度 T_2 与始态温度 T_1 之差。对于反应热 q，负号表示体系放热，正号表示体系吸热。

现代常用的量热设备是弹式量热计（bomb calorimeter，也称氧弹），可以精确地测得恒容条件下的反应热。其主要仪器部件系一厚壁钢制可密闭的耐压容器，叫做钢弹，如图 3-2 所示。

测量反应热时，将已知精确质量的反应物（固态或液态，若需通入氧气使其氧化或燃烧，氧气按仪器说明书充到一定的压力）全部装入钢弹内，密封后将钢弹安放在一金属容器中，然后往此金属容器内加入足够的已知质量的吸热介质水，将钢弹淹没在金属容器的水中，并应与外界绝热（图 3-2 中在钢质容器与外界之间有一绝热外套）。精确测定吸热介质等环境的起始温度 T_1 后，用电火花引发反应，系统（钢弹中物质）反应放出的热，能使环境（包括钢弹、水和金属容器等）的温度升高。温度计所示最高读数即为环境的终态温度 T_2。

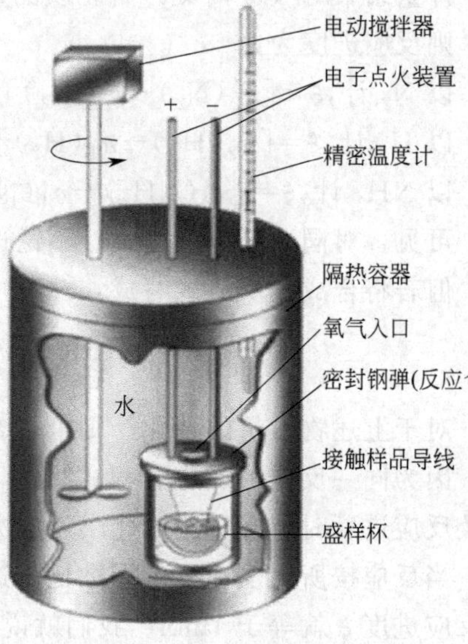

图 3-2　弹式量热计构造示意

弹式热量计中环境所吸收的热可分为两个部分：主要部分是由加入的吸热介质水所吸收的，另一部分是由金属容器等钢弹组件所吸收的。前一部分的热，以 $q(H_2O)$ 表示，可按式（3-5）计算，且由于是吸热，用正号表示，即：

$$q(H_2O)=c(H_2O)m(H_2O)\Delta T=C(H_2O)\Delta T$$

钢弹组件吸收的热以 q_b 表示，若钢弹组件的总热容以符号 C_b（C_b 值由仪器制造商提供，使用者一般都再做校验）表示，则

$$q_b=C_b\Delta T$$

显然，系统中反应所放出的热等于环境，即水和钢弹组件所吸收的热，从而可得反应热：

$$q=-[q(H_2O)+q_b]$$
$$=-[C(H_2O)\Delta T+C_b\Delta T]=-[C(H_2O)+C_b]\Delta T \quad (3\text{-}6)$$

常用燃料如煤、天然气、汽油等的燃烧反应热均可按此法测得。用作火箭高效液体燃料的联氨（N_2H_4，又称为肼，极毒）与氧（或氧化物，如 N_2O_4）反应时放出大量热，且燃烧速率极快，还产生大量气体，能推动火箭升空。苏制萨姆地空导弹、美国阿波罗宇宙飞船发射火箭都以液态联氨为燃料。

【例 3-1】 将 0.500g N_2H_4（l）在盛有 1210g H_2O 的弹式热量计的钢弹内（通入氧气）完全燃烧尽。吸热介质的热力学温度由 293.18K 上升至 294.82K。已知钢弹组件在实验温度时的总热容 C_b 为 848 $J\cdot K^{-1}$，水的比热容为 4.18$J\cdot g^{-1}\cdot K^{-1}$。试计算在此条件下联氨完全燃烧所放出的热量。

解：联氨在氧气中完全燃烧的反应[5]为

$$N_2H_4(l)+O_2(g) \xlongequal{} N_2(g)+2H_2O(l)$$

根据式（3-6），对于 0.500g N_2H_4（l）的定容燃烧热：

$$q=-[C(H_2O)+C_b]\Delta T$$

$$q=-(4.18J\cdot g^{-1}\cdot K^{-1}\times 1210g+848J\cdot K^{-1})\times(294.82K-293.18K)=-9690J$$
$$=-9.69kJ$$

注意：反应热 q 与反应进度之比，即等于**摩尔反应热** q_m。即

$$q_m=q/\xi \tag{3-7}$$

摩尔反应热的 SI 单位为 $J\cdot mol^{-1}$。按式（3-4）

$$\xi=\frac{\dfrac{0g-0.500g}{32.0g\cdot mol^{-1}}}{-1}=0.01562mol$$

$$q_m=q/\xi=-9.69kJ/0.01562mol=-620kJ\cdot mol^{-1}$$

式中，$32.0g\cdot mol^{-1}$ 为 N_2H_4 的摩尔质量，测量所得摩尔定容反应热即为 N_2H_4(l) 的**摩尔定容燃烧热**。

表示化学反应与热效应关系的方程式称为**热化学方程式**。由于反应热与系统的状态有关，所以写热化学方程式时，在注明反应热的同时，还必须注明物态、温度、压力、组成等条件。习惯上，对不注明温度和压力的反应，皆指反应是在 $T=298.15K$、$p=100kPa$ 下进行的。参与反应的各物质的物态书写规则：固体——（s）；液态——（l）；气态——（g）；溶液——（aq），其中 aq 是拉丁字 aqua（水）的缩写，表示水溶液或水合。上述例题的热化学方程式可以如下表达：

$$N_2H_4(l)+O_2(g) \xlongequal{} N_2(g)+2H_2O(l) \qquad q_m=-620kJ\cdot mol^{-1}$$

应当指出，同一反应可以在定容或定压条件下进行，前述的弹式量热计测得的即是定容反应热 q_v，而在敞口容器中或在火焰量热计测得的是定压反应热 q_p。一般若没有特别注明，“实测的反应热（精确）”均指定容反应热 q_v，而“反应热”均指定压反应热 q_p。

对于挥发性足够大的物质，包括气体，可以不使用弹式量热计而使用火焰量热计，在定压条件下测得定压反应热 q。火焰量热计很精密，也较复杂，使用并不普遍。

综上所述，有两个问题值得提出。第一，一般实验精确测得的是 q_v 而不是 q_p，但大多数化学反应是在定压条件下发生的，能否确定 q_v 与 q_p 间的关系，以求得更常用的 q_p？第二，有些反应的热效应，包括设计新产品、新反应所需的反应热，难以直接用实验测得，那么应如何得知这些反应热？例如碳不完全燃烧反应：

$$C(s)+\frac{1}{2}O_2(g) \xlongequal{} CO(g)$$

其热效应尚无法直接测定，因为实验中尚无法做到使碳全部氧化为 CO，而一点也不产生 CO_2。然而此反应热在能源利用等许多方面都是十分重要的基本热化学数据。

---

[5] 为了规范热化学数据，一般规定物质完全燃烧的产物（在 25 ℃和标准压力下）为：其中 C 变为 CO_2（g），H 变为 H_2O（l），S 变为 SO_2（g），N 变为 N_2（g），Cl 变为 HCl（aq）等。应特别注意规定氢的燃烧产物是液态水而不是水蒸气。

3.2 热力学第一定律

基于我们当前成熟的科学体系，任何系统的能量不可能凭空消失，也不可能凭空增加，只可能是系统在过程中发生能量的转换，即遵循能量守恒原则。能量守恒定律可以表述为：一个系统的总能量的改变只能等于传入或者传出该系统的能量的多少。总能量为系统的机械能、热能及除热能以外的任何内能形式的总和。将能量守恒定律应用于热力学中即称为**热力学第一定律**（the First Law of Thermodynamics）。它是人们长期经验的总结，自然界发生的一切现象从未发现有违反热力学第一定律的。

在化学热力学中，研究的是宏观静止系统，不考虑系统整体运动的动能和系统在外力场（如电磁场、离心力场等）中的位能，只着眼于系统的热力学能。**热力学能 U**（又称**内能**）是指系统内分子的平动能、转动能、振动能、分子间势能、原子间键能、电子运动能、核内基本粒子间核能等能量的总和。

若封闭系统由始态（热力学能为 U_1）变到终态（热力学能为 U_2），同时系统从环境吸热 q、得功 w，则系统热力学能的变化为：

$$\Delta U = U_2 - U_1 = q + w \tag{3-8}$$

式（3-8）就是封闭系统的热力学第一定律的数学表达式。它表示封闭系统以热和功的形式传递的能量，必定等于系统热力学能的变化。

热力学能 U 是系统内部能量的总和，所以是系统自身的性质，是状态函数，满足状态函数一切性质特征。系统处于一定的状态，其热力学能就有一定的数值，其变化量只决定于系统的始态和终态，而与变化的途径无关。即热力学能具有状态函数的三个特点：①状态一定，其值一定；②殊途同归，值变相等；③周而复始，值变为零。

由于系统内部粒子运动及粒子间相互作用的复杂性，所以迄今无法确定系统处于某一状态下热力学能的绝对值。但是，实际计算各种过程的能量转换关系时，即系统与环境交换的热与功的数值时，涉及的仅是热力学能的变化量（热力学正是通过状态函数的变化量来解决实际问题的），并不需要某状态下系统热力学能的绝对数值。

系统与环境之间交换的热能为 q，q 值的正、负号表明热传递的方向，若系统吸热，规定 q 为正值；系统放热，q 为负值。q 的 SI 单位为 J。系统与环境之间交换的功以符号 w 表示，其 SI 单位为 J。规定系统得功，w 为正值；系统做功，w 取负值。热力学中将功分为体积功和非体积功两类。在一定外压下，由于系统的体积发生变化而与环境交换的功称为体积功（又称膨胀功或压缩功）。体积功对于化学过程有特殊意义，因为许多化学反应常在敞口容器中进行，如果外压 p 不变，这时系统所做体积功 $w_{体} = -p\Delta V = -p(V_2 - V_1)$。除体积功以外的一切功称为**非体积功**（或其他功）。非体积功以符号 w' 表示。常见的非体积功包括表面功、电功、磁功、光功等。除电功外，一般基础教材不讨论非体积功问题。

功和热都是过程中被传递的能量，是过程中交换掉的能量（对系统或得或失能量），它们都不是状态函数，其数值与途径有关。但应注意：根据热力学第一定律，它们的总量 $(q+w)$ 与状态函数热力学能的改变量 ΔU 相等，只由过程的始态和终态决定，而与过程的具体途径无关。也就是说，系统如果始态与终态固定，可以按不同的途径完成这一过程，不管走哪条途径，系统的 ΔU 都一样。不同途径对应的热效应 q 不同，w 也不同，但 $(q+w)$

不变。

从微观角度来说，功是大量质点以有序运动而传递的能量（如电子的有序运动而传递的电功），热是大量质点以无序运动（分子的碰撞）方式而传递的能量。这种物质内部分子杂乱无章的热运动能称为无序能，而电能、化学能、机械能等则是有序能。

3.3 反应热（焓）与盖斯定律

化学反应热是指等温过程热，即当系统发生了变化后，使反应产物的温度回到反应前始态的温度，系统放出或吸收的热量。也可将问题简化，假定体系反应释放的热量被及时移走，反应过程始终保持温度不变，满足恒温条件。如前所述，通常有定容反应热和定压反应热两种。现从热力学第一定律来分析其特点。

3.3.1 定容反应热

在恒容、不做非体积功条件下，$\Delta V=0$，$w'=0$，所以 $w=-p\Delta V+w'=0$。

根据热力学第一定律：

因 $\Delta U=q+w$，且由上推导得 $w=0$，$q=q_v$

故
$$\Delta U=q_v \tag{3-9}$$

式中，q_v 表示定容反应热，右下角标 v 表示恒容过程。式（3-9）表明：定容反应热全部用于改变系统的热力学能，或说定容反应热等于系统热力学能的增量（也称改变量）。

虽然过程热是途径函数，但在定义定容反应热后，已将过程的条件加以限制，使得定容反应热与热力学能的增量相等，故定容反应热也只取决于始态和终态，这是定容反应热的特点。

3.3.2 定压反应热与焓

在恒压、只做体积功条件下，$w=-p\Delta V+w'=-p(V_2-V_1)+0$，所以根据热力学第一定律：

$$\Delta U=q+w=q_p+[-p(V_2-V_1)]=q_p-p(V_2-V_1)$$

即 $\Delta U=q_p-p(V_2-V_1)\Rightarrow q_p=(U_2-U_1)+p(V_2-V_1)\Rightarrow q_p=(U_2+pV_2)-(U_1+pV_1)$

令 新函数
$$H\equiv(U+pV) \tag{3-10}$$

则
$$q_p=H_2-H_1=\Delta H \tag{3-11}$$

式中，q_p 表示定压反应热，式（3-10）是热力学函数**焓 H** 的定义式，H 是状态函数 U、p、V 的组合，所以焓 H 也是状态函数，即一个复合函数，可视为系统的另一种能量形式。式（3-11）中，ΔH 是焓的增量，称为焓变。显然，H 与 U 相同，其 SI 单位为 J。在定压过程中，如 $\Delta H<0$，表示系统放热；若 $\Delta H>0$，则为吸热反应。

虽然热是途径物理量，但若限制为恒压过程，则定压反应热就与焓这一状态函数的增量相等，故定压反应热也只取决于始态和终态，这是等压反应热的特点。正因如此，只要满足**等温兼等压**的条件，**反应过程的热（吸热或放热）就可以用焓变来替代**（$q_p=\Delta H$）。过程热与过程焓变本来是两个不同的概念，只是在特定条件下相等了，可以相互替代。等温过程是基础热力学研究的必要条件，一般如无特别交代，我们研究的反应都默认是在 298.15K 等温条件下进行，即无论等容还是等压，都包含等温前提。至于变温过程将在高级专门课程中介绍。

因为等温等压过程有 $q_p=\Delta H$，故而前述联氨 N_2H_4 燃烧反应的热化学方程通常改写为：

$$N_2H_4(l)+O_2(g)=\!=\!=N_2(g)+2H_2O(l)\quad \Delta H_m=-620\text{kJ}\cdot\text{mol}^{-1}$$

3.3.3 q_p 与 q_v 的关系与盖斯定律

由于理想气体的热力学能和焓只是温度的函数，对于真实气体、液体、固体的热力学能或焓在温度不变、压力改变不大时，也可近似认为不变。换句话说，恒温、恒压过程和恒温、恒容过程的热力学能可认为近似相等，即 $\Delta U_p\approx\Delta U_v$。因而，由式（3-9）和式（3-11）可得出同一反应的 q_p 和 q_v 的关系为：

$$q_p-q_v=\Delta H-\Delta U_v=(\Delta U_p+p\Delta V)-\Delta U_v=p\Delta V \tag{3-12}$$

式中，ΔV 为恒压过程的体积变化。对于只有凝聚相（液态和固态）的系统，$\Delta V\approx 0$，有：

$$q_p=q_v \tag{3-13}$$

对于有气态物质参与的系统，ΔV 是由于各气体的物质的量发生变化引起的。若反应体系中所有气体的物质的量变化为 $\Delta n(\text{Bg})$，则由于各种气体的物质的量的变化而引起系统的体积变化服从理想气体状态方程：

$$p\Delta V=\Delta nRT,\Delta n\ \text{为反应前后气相分子物质的量变化值}$$

故
$$q_p-q_v=p\Delta V=\Delta nRT \tag{3-14}$$

或
$$q_p-q_v=\sum_B\Delta n(\text{Bg})RT \tag{3-15}$$

根据式（3-3）和式（3-4），$\Delta n_B=\xi\nu_B$，则有

$$q_p-q_v=\xi\sum_B\nu(\text{Bg})RT \tag{3-16}$$

等式两边均除以反应进度 ξ，即得化学反应摩尔定压热与摩尔定容热之间的关系式：

$$q_{p,m}-q_{v,m}=\sum_B\nu(\text{Bg})RT \tag{3-17}$$

或
$$\Delta_rH_m-\Delta_rU_m=\sum_B\nu(\text{Bg})RT \tag{3-18}$$

式中，$\sum_B\nu(\text{Bg})$ 为反应前后气态物质化学计量数的变化，对反应物 ν 取负值，对产物 ν 取正值。摩尔反应热 $q_{p,m}$、$q_{v,m}$ 或 Δ_rH_m（下标 r 表示反应，指反应过程焓变）的常用单位为 $\text{kJ}\cdot\text{mol}^{-1}$。

依据式（3-15）、式（3-16），可从 q_v 的实验值求 q_p，或从 Δ_rH_m 求 Δ_rU_m。

从式（3-9）和式（3-11），即 q_v 和 q_p 的特点，可以得出：**在恒容或恒压条件下，化学反应的反应热只与反应的始态和终态有关，而与变化的途径无关。**此结论也就是 1840 年盖斯（俄国科学家 Г. И. Гесс 即 G. H. Hess）从大量热化学实验中总结出来的反应热总值一定的定律，后来称为**盖斯定律**。它为热力学第一定律的建立起了不可磨灭的作用，而在热力学第一定律建立（1850 年）后，它就成为其必然推论。盖斯定律是热化学的基本规律，其用处很多，它使热化学方程式可以像普通代数方程那样进行加减运算，利用已精确测定的反

应热数据来求算难以测定的反应热。

例如，已知［在 298.15K 和标准条件下（含义见下节）］：

反应（1）：$C(石墨)+O_2(g)=\!=\!=CO_2(g)$；　$\Delta_r H_{m,1}=-393.5(kJ\cdot mol^{-1})$

反应（2）：$CO(g)+O_2(g)=\!=\!=CO_2(g)$；　$\Delta_r H_{m,2}=-283.0(kJ\cdot mol^{-1})$

则：反应（1）－反应（2）$=\!=\!=$反应（3）

得反应（3）：$C(s)+O_2(g)=\!=\!=CO(g)$

所以 $\Delta_r H_{m,3}=\Delta_r H_{m,1}-\Delta_r H_{m,2}=[(-393.3)-(-283.0)]kJ\cdot mol^{-1}=-110.5(kJ\cdot mol^{-1})$

这种计算方法的实质，就是“在恒容或恒压条件下，一个化学反应不论是一步完成还是分几步完成，其反应热完全相同”，即盖斯定律，具体分析见图 3-3。

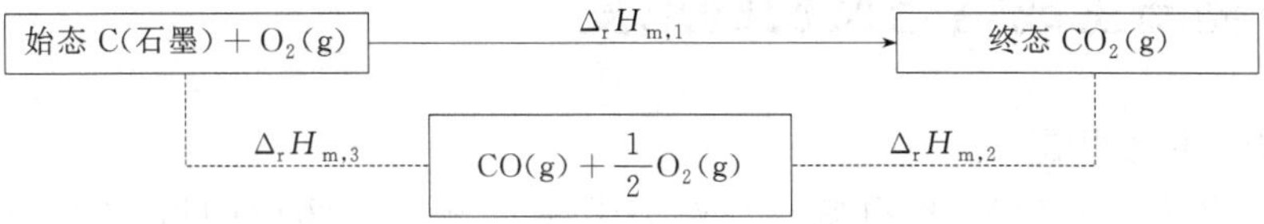

图 3-3　$C(石墨)+\frac{1}{2}O_2(g)=\!=\!=CO(g)$反应热的盖斯计算

图 3-3 中，对确定了始态和终态的反应，按反应（1）为一步反应，按另一条途径则由反应（3）与反应（2）两步反应完成，两条途径的摩尔定压热效应（即反应摩尔焓变）须相等，即：

$$\Delta_r H_{m,1}=\Delta_r H_{m,3}+\Delta_r H_{m,2}$$

所以

$$\Delta_r H_{m,3}=\Delta_r H_{m,1}-\Delta_r H_{m,2}$$

得到完全相同的结论。

盖斯定律的这种运算方法，也适用于任何其他状态函数增量的计算。上述计算表明，碳（石墨）不完全燃烧生成 CO（g）时所放出的热量只有它完全燃烧生成 CO_2（g）时所放出热量的 1/4 多一些，从而可以理解使燃料完全燃烧的经济及社会意义（CO 的环境危害更大）。

【例 3-2】 已精确测得下列反应的 $q_{v,m}=-3268kJ\cdot mol^{-1}$

$$C_6H_6(l)+7\frac{1}{2}O_2(g)=\!=\!=6CO_2(g)+3H_2O(l)$$

求 298.15K 时上述反应在恒压下进行反应进度 $\xi=1mol$ 的反应热。

解：由式（3-17）：

$$q_{p,m}-q_{v,m}=\sum_B \nu(Bg)RT$$

根据给定反应计量方程式，式中

$$\sum_B \nu(Bg)=\nu(CO_2)-\nu(O_2)=6-7.5=-1.5$$

所以 $\Delta_r H_m=q_{p,m}=q_{v,m}+\sum_B \nu(Bg)RT=-3268kJ\cdot mol^{-1}+(-1.5)\times 8.314$

$$\times 10^{-3}kJ\cdot mol^{-1}\cdot K^{-1}\times 298.15K=-3272kJ\cdot mol^{-1}$$

此结果显示，即使气体参与的反应，系统膨胀或压缩产生的能量交换很小，$q_{p,m}$ 与 $q_{v,m}$ 相差不大；对于凝聚态的反应，没有体积变化的影响，$q_{p,m}$ 与 $q_{v,m}$ 非常接近。

【例 3-3】 已知（在 298.15K 和标准条件下）

反应（1）：$2H_2(g)+O_2(g) = 2H_2O(g)$；$\Delta_r H_{m,1}=-483.64kJ\cdot mol^{-1}$

反应（2）：$2Ni(s)+O_2(g) = 2NiO(s)$；$\Delta_r H_{m,2}=-479.4kJ\cdot mol^{-1}$

试求反应（3）：$NiO(s)+H_2(g) = Ni(s)+H_2O(g)$ 的摩尔定压反应热。

解：根据盖斯定律，由于

反应（3）=［反应（1）－反应（2）］/2

所以 $\Delta_r H_{m,3}=(\Delta_r H_{m,1}-\Delta_r H_{m,2})/2=[-483.64-(-479.4)]kJ\cdot mol^{-1}/2=-2.12kJ\cdot mol^{-1}$

（计算表明，用氢气除去金属镍表面氧化物的“烧氢处理”反应是放热反应。）

3.4 物质生成焓与反应的焓变

（1）热力学标准状态

从焓的定义式 $H=U+pV$ 可知，与热力学能 U 相似，物质的焓 H 的绝对值也无法确定。但在实际应用中人们关心的是反应或过程中系统的焓变 ΔH，为此人们采用了相对值的办法，即采用了物质的相对焓值。同时，为避免同一物质的某热力学状态函数在不同反应系统中数值出现差异，热力学规定了一个公共的参考状态——**标准状态**（简称标准态）。

在任一温度 T 下，系统中的某种气体的分压 $p=p^{\ominus}$，即为该种气体的标准态。液体、固体物质的标准状态为在任一温度 T、标准压力 $p^{\ominus}$ 下的纯液体、纯固体。溶液的标准态为任一温度 T、标准压力 $p^{\ominus}$ 下，浓度 $c^{\ominus}=1mol\cdot dm^{-3}$ 时的状态。由上述定义可知，物质的热力学标准态强调物质的压力必为标准压力 $p^{\ominus}$，对温度并无限定，即一种物质在每一个温度下都可以存在标准态。根据最新国家标准的规定，标准压力 $p^{\ominus}=100kPa$（过去曾规定为 101.325kPa，即 1 atm），标准浓度 $c^{\ominus}=1mol\cdot dm^{-3}$。

（2）物质的标准摩尔生成焓 $\Delta_f H_m^{\ominus}$（298.15K，B）

将焓视为物质所拥有的某种形式能量，在合理范围内，人为设定一个参考水平，相对于此参考水平，就可以量化该物质的焓值，即相对焓值。规定在标准状态下，由**“指定单质”**生成单位物质的量的纯产物过程对应的反应焓变叫做该物质的**标准摩尔生成焓**。一般选 $T=298.15K$ 为参考温度，298.15K 下各物质的标准摩尔生成焓，以符号 $\Delta_f H_m^{\ominus}$（298.15K）（或简写为 $\Delta_f H^{\ominus}$）表示，常用单位为 $kJ\cdot mol^{-1}$。生成焓是说明物质性质的重要数据，生成焓的负值越大，表明该物质键能越大，对热越稳定。其数值可从各种化学、化工手册或热力学数据手册中查到。符号中的下角标“f”表示生成反应，上角标“$\ominus$”代表标准状态（读作“标态”），下角标“m”表示此生成反应的产物必定是“单位物质的量”（即生成 1mol 产物）。定义中的“指定单质”多数为选定温度 T 和标准压力 $p^{\ominus}$ 时的最稳定单质，它是我们研究物质相对生成焓的参考水准。常见的“指定单质”是氢 $H_2(g)$、氮 $N_2(g)$、氧 $O_2(g)$、氯 $Cl_2(g)$、溴 $Br_2(l)$、碳 C（石墨）、硫 S（正交）、钠 Na(s)、铁 Fe(s) 等；磷较为特殊，其“指定单质”为白磷，而不是热力学上更稳定的红磷。白磷 $\Delta_f H_m^{\ominus}$（298.15K）＝ $0kJ\cdot mol^{-1}$，红磷 $\Delta_f H_m^{\ominus}$（298.15K）＝ $-17.6kJ\cdot mol^{-1}$，后者更稳定。

以液态水在298.15K下的标准摩尔生成焓为例，它指的是

$$H_2(g)+\frac{1}{2}O_2(g)\!=\!=\!=H_2O(l);\quad \Delta_f H_m^{\ominus}(298.15K)=-285.8kJ\cdot mol^{-1}$$

按定义，此生成反应方程式的写法是唯一的，应从定义规定的生成产物液态水的化学计量数必须为1，反推指定单质氢气和氧气的化学计量数，反应条件是 $T=298.15K$ 时参加反应的各物质都处于标准状态（注意：对气体是指各自的分压力均等于 $p^{\ominus}$）。习惯上，**如果不注明温度，则就是指温度为298.15K**（这一点对其他热力学函数也适用）。此外，根据上述定义，指定单质的标准摩尔生成焓均为零。

关于水合离子的相对焓值，规定以水合氢离子（H_3O^+，常以 H^+ 简化表示）的标准摩尔生成焓为零；通常选定温度为298.15K，即水合氢离子在298.15K时的标准摩尔生成焓等于零，此规定已默认水合氢离子此时所处条件为 $p=p^{\ominus}$，且 $c^{\ominus}(H^+)=1mol\cdot dm^{-3}$。

以 $\Delta_f H_m^{\ominus}(H^+, aq, 298.15K)$ 表示氢离子标准摩尔生成焓，即规定

$$\Delta_f H_m^{\ominus}(H^+,aq,298.15K)=0kJ\cdot mol^{-1}$$

据此，可以获得其他水合离子在298.15K时的标准摩尔生成焓。

(3) 反应的标准摩尔焓变 $\Delta_r H_m^{\ominus}(298.15K)$

在标准状态时反应的摩尔焓变叫做该反应的标准摩尔焓变，以 $\Delta_r H_m^{\ominus}$（或简写为 $\Delta_r H^{\ominus}$）表示。下角标“r”表示反应；下角标“m”表示按指定反应进行1摩尔反应（即反应进度=1mol）。

根据盖斯定律和标准生成焓的定义，对于反应式（3-1）可以得出关于298.15K时反应标准摩尔焓变 $\Delta_r H_m^{\ominus}(298.15K)$ 的一般计算式为

$$\Delta_r H_m^{\ominus}(298.15K)=\sum_B \nu_B \Delta_f H_{m,B}^{\ominus}(298.15K) \tag{3-19}$$

式（3-19）中B为参加反应的任何物质；ν_B 为B的化学计量数，对生成物取正值，反应物取负值；下角标“m”是指按给定反应式进行反应进度 $\xi=1mol$ 的反应程度。该式表明，298.15K温度下标准摩尔反应焓等于同温度下各参加反应物质的标准摩尔生成焓与其化学计量数乘积的总和。

对于任一化学反应：

$$aA(l)+dD(aq)\!=\!=\!=xX(s)+yY(g) \tag{3-20}$$

反应的标准摩尔焓变（省略温度，未标明温度者一般视为298.15K）的计算式可写成：

$$\Delta_r H_m^{\ominus}=[x\Delta_f H_m^{\ominus}(X,s)+y\Delta_f H_m^{\ominus}(Y,g)]-[a\Delta_f H_m^{\ominus}(A,l)+d\Delta_f H_m^{\ominus}(D,aq)] \tag{3-21}$$

上述反应焓变与各物质生成焓之间关系的方程也可表达为：

$$\Delta_r H_m^{\ominus}=\sum_{B产}\nu_{B产}\ \Delta_f H_m^{\ominus}(生成物)-\sum_{B反}\nu_{B反}\ \Delta_f H_m^{\ominus}(反应物) \tag{3-22}$$

【例3-4】 试求下述反应的标准摩尔焓变 $\Delta_r H_m^{\ominus}$：

$$4NH_3(g)+5O_2(g)\!=\!=\!=4NO(g)+6H_2O(g)$$

解：未指明温度，就是默认的298.15K等温过程。查书后附录表得各物质 $\Delta_f H_m^{\ominus}$(298.15K) 的为：

	$4NH_3(g)$	$+5O_2(g)$	$=4NO(g)$	$+6H_2O(g)$
$\Delta_f H_m^{\ominus}(298.15K)/kJ\cdot mol^{-1}$	−46.11	0	90.4	−241.8

$$\Delta_r H_m^{\ominus}=4\times 90.4+6\times(-241.8)-[4\times(-46.11)+5\times 0]=-904.76(kJ\cdot mol^{-1})$$

【例3-5】 金属铝粉和三氧化二铁的混合物（称为铝热剂）点火时，反应放出大量的热

（温度可达 2000℃以上）能使铁熔化，可应用于诸如钢轨的焊接等。试利用标准摩尔生成焓的数据，计算铝粉和三氧化二铁反应的 $\Delta_r H_m^\ominus$（298.15K）。

解：写出有关的化学方程式，并在各物质下面标出其标准摩尔生成焓（查附录）的值。

$$2Al(s)+Fe_2O_3(s)═══Al_2O_3(s)+2Fe(s)$$

$\Delta_f H_m^\ominus$（298.15K）/kJ·mol^{-1}　　0　　−824.2　　−1675.7　　0

根据式（3-22），得

$$\Delta_r H_m^\ominus(298.15K)=\sum_B \nu_B \Delta_f H_{m,B}^\ominus(298.15K)$$

$$=-1675.7+0-0-(-824.2)=-851.5(kJ\cdot mol^{-1})$$

以上计算显示，铝热剂摩尔反应热非常高，工作时能在较短时间内释放较大热量，导致体系温度急剧升高，这就是它作为户外钢铁零件快速焊接的理论基础。

【例 3-6】 试用标准摩尔生成焓的数据，计算丹尼尔电池反应：

$$Zn(s)+Cu^{2+}(aq)═══Zn^{2+}(aq)+Cu(s)$$

的 $\Delta_r H_m^\ominus$(298.15K)，并简单说明其意义。

解：在反应方程式中各物质下面标出其标准摩尔生成焓的值：

$$Zn(s)+Cu^{2+}(aq)═══Zn^{2+}(aq)+Cu(s)$$

$\Delta_f H_m^\ominus$(298.15K)/kJ·mol^{-1}　　0　　64.77　　−153.89　　0

根据式（3-22），得

$$\Delta_r H_m^\ominus(298.15K)=\sum_B \nu_B \Delta_f H_{m,B}^\ominus(298.15K)$$

$$=-153.89+0-0-64.77=-218.66(kJ\cdot mol^{-1})$$

这表明该氧化还原反应能放出相当大的热量。利用此反应组成的丹尼尔电池放电时，热量大部分可转化为电功（但无序能无法全部变成有序能），比一般的热机（如内燃机）的热功转化效率要高得多。如何合理使用反应热是科技工作者所关心的问题。

对同一反应若计量方程式写法不同，ξ 的数值不同，$\Delta_r H_m^\ominus$ 的数值就不同。

例如：

$$Al(s)+\frac{3}{4}O_2(g)═══\frac{1}{2}Al_2O_3(s)$$

$$\Delta_r H_m^\ominus(298.15K)=-837.9kJ\cdot mol^{-1}$$

它表明在 298.15K 的标态条件下，反应进度每发生 1mol，上述反应实际即消耗 1mol Al(s) 和 $\frac{3}{4}$ mol O_2(g)，同时生成 $\frac{1}{2}$ mol Al_2O_3(s)，并放出 837.9kJ 的热量。−837.9 kJ·mol^{-1} 中的单位 mol^{-1} 表示反应进度每发生 1mol。

若计量反应方程式写成：$2Al(s)+\frac{3}{2}O_2(g)═══Al_2O_3(s)$

则

$$\Delta_r H_m^\ominus(298.15K)=-1675.8kJ\cdot mol^{-1}$$

它表明在 298.15K 及标态条件下，反应进度每发生 1mol，上述反应实际消耗 2mol Al(s) 和 2mol O_2(g)，同时生成 1mol Al_2O_3(s)，并放出 1675.8kJ 的热量。

若无特别的限制，同一反应的不同写法可以随意，但要指明。虽然 $\Delta_r H_m^\ominus$ 的数值不同，但本质并无二义。当然，若是指 Al_2O_3(s) 的生成反应，必定是后一种表达，即每生成 1mol Al_2O_3(s) 的反应焓对应 Al_2O_3(s) 的标准摩尔生成焓，此时：

$$\Delta_f H_m^\ominus(Al_2O_3, s, 298.15K) = \Delta_r H_m^\ominus(298.15K) = -1675.8 kJ \cdot mol^{-1}$$

所以，求反应的摩尔焓变除注明系统的状态（T，p，物态等）外，还必须指明相应的反应计量方程式。

若系统的温度不是 298.15K，反应焓变会有些改变，但在相态不变前提下，温度对反应焓变的影响一般不大，即**反应的焓变基本不随温度而变**。即可以用 298.15K 下的焓变代替其他温度下的焓变，而前者相对容易获得，这一近似处理将在后续理论中得到应用。

$$\Delta_r H(T) \approx \Delta_r H(298.15K)$$

3.5 键焓

化学变化过程中，参与反应的各原子的原子核及内层电子都没有变化，仅它们的部分外层电子之间的结合方式发生改变，或者说发生了化学键的改组。化学变化的热效应就来源于化学键改组时键焓（Bond Enthalpy）的变化，键焓[6]是指：在温度 T 与标准压力时，气态分子断开 1mol 化学键的焓变。我们通常用缩写符号 BE 代表键焓，也可用符号 EH 表示。

对双原子分子而言，键焓和键的分解能是相等的。如：

$$F_2(g) = 2F(g); \quad \Delta H_m^\ominus = BE(F—F) = 159 kJ \cdot mol^{-1}$$

$$Cl_2(g) = 2Cl(g); \quad \Delta H_m^\ominus = BE(Cl—Cl) = 243 kJ \cdot mol^{-1}$$

$$HF(g) = H(g) + F(g); \quad \Delta H_m^\ominus = BE(H—F) = 570 kJ \cdot mol^{-1}$$

以上是简单的双原子单键分子。而对于水分子，1 个 H_2O（g）分子含有 2 个 O—H 键，断开第一个 O—H 键和断开第二个 O—H 键的焓变是不一样的，在 298K 时

断开第一个 O—H 键：$HOH(g) = H(g) + OH(g); \quad \Delta_r H_m^\ominus = 502 kJ \cdot mol^{-1}$

断开第二个 O—H 键：$OH(g) = H(g) + O(g); \quad \Delta_r H_m^\ominus = 426 kJ \cdot mol^{-1}$

断开不同化合物中的 O—H 键的焓变，也略有差别，一般查表获得的某个键的键焓是该化学键的平均键焓，如上述 O—H 键的平均键焓为 $464 kJ \cdot mol^{-1}$[(502 + 426)/2]。分子中的键焓越大，表示要断开这种键时需吸收的热量越多，即原子间结合力越强；反之，键焓越小，即原子间结合力越弱。相比之下，上述三种双原子分子的化学键之中 H—F 键最强，F—F 键最弱。F_2 在 1000℃左右就有明显分解，而 HF 在 5000℃仍无明显分解。

键焓都是正值。按其定义，键焓是化学键断开时的焓变，要断开化学键需要吸热，所以焓变 $\Delta H_m^\ominus$ 是正值；反之，当遇到气态原子生成化学键时会放热，焓变就取负值。利用键焓数据可以估算化学反应的焓变。现以氢和氧化合生成水为例：

$$H_2(g) = 2H(g); \quad \Delta H_m^\ominus = BE(H—H) = 436 kJ \cdot mol^{-1}$$

$$O_2(g) = 2O(g); \quad \Delta H_m^\ominus = BE(O—O) = 495 kJ \cdot mol^{-1}$$

$$H_2O(g) = 2H(g) + O(g); \quad \Delta H_m^\ominus = 2 \times BE(H—O) = 2 \times 463 kJ \cdot mol^{-1} = 926 kJ \cdot mol^{-1}$$

问：$H_2(g) + \frac{1}{2}O_2(g) = H_2O(g); \quad \Delta_r H_m^\ominus = ?$

---

[6] 键焓也叫键能（bond energy），因为在这类反应中 ΔH 是实验平均值，其误差范围较大，$\Delta H \approx \Delta E$，常常把键能、键焓两词通用，数值也相同。

这个反应要断开 1mol H—H 键和$\frac{1}{2}$mol O═O 键，生成 2mol 的 H—O 键，即反应热等于生成物成键时所放出热量和反应物断键时所吸收热量的代数和。

$$\Delta_r H_m^{\ominus} = -\sum BE(\text{产物}) + \sum BE(\text{反应物}) = -\left[\sum BE(\text{产物}) - \sum BE(\text{反应物})\right]$$

$$= -\left[2\times BE(\text{O—H}) - BE(\text{H—H}) - \frac{1}{2}BE(\text{O=O})\right]$$

$$= -(463\times 2 - 436 - \frac{1}{2}\times 495) = -243\text{kJ}\cdot\text{mol}^{-1}$$

上述问题也可以设计循环图，在气相 H 原子与 O 原子、$H_2(g)$ 与 $O_2(g)$、$H_2O(g)$ 三者之间建立循环图，标注反应方向箭头和过程焓变，再基于盖斯定律，同样可计算出氢氧反应焓。从键焓求得的该反应 $\Delta_r H_m^{\ominus}$ 数据虽然不很准确，但在进行化工设计时却非常有用。键焓虽从微观角度阐明了反应热的实质，但键焓数据很不完善，只是平均的近似值，而且只限于气态物质。所以，由键焓估算反应热有一定局限性。

3.6 熵

3.6.1 反应自发性的疑惑

早期人们对化学反应的研究发现，有些物质放在一起，稍作加热即可自行发生反应，如氢氧反应、煤的燃烧、炼铁等。而有些物质放在一起无论怎样加热，也几乎不会发生变化，如将水分解成高价值的氢气与氧气；将氮气和氧气混合，无论加热到多高温度，也几乎产生不了氮氧化物；石墨与金刚石都由碳元素组成，但常压下无论怎样加热，也不能把廉价石墨转化为高价值的金刚石。这些反应似乎是非自发的，即不借助外来帮助，就无法发生。植物为何能够在阳光作用下将简单的二氧化碳与水转化为糖类、纤维素等有机物质，而人工将二氧化碳与水加热，却无法实现这一转化？

对于化学反应，当时较多的经验总结显示，很多放热反应是自发进行的。19 世纪中叶，Berthelot 和 Thomson 等人曾主张用焓变来判断反应发生的方向，如下列反应：

$$C(s) + O_2(g) \longrightarrow CO_2(g);\quad \Delta_r H_m^{\ominus}(298.15\text{K}) = -393.5\text{kJ}\cdot\text{mol}^{-1}$$

$$Zn(s) + 2H^+(aq) \longrightarrow Zn^{2+}(aq) + H_2(g);\quad \Delta_r H_m^{\ominus}(298.15\text{K}) = -153.9\text{kJ}\cdot\text{mol}^{-1}$$

$$C(\text{石墨}, s) \longrightarrow C(\text{金刚石}, s);\quad \Delta_r H_m^{\ominus}(298.15\text{K}) = 1.90\text{kJ}\cdot\text{mol}^{-1}$$

依照早期的热效应判据，前两个反应放热，是自发反应；第三个反应吸热，因而是非自发反应。这些判断似乎合理。但很快发现，有些过程明显是吸热，但却也属于自发过程。如 298.15K 时，冰自动融化成水，同时吸热（$\Delta H>0$）；NH_4NO_3 等固体物质在水中溶解也是吸热过程（$\Delta H>0$），却可以自发进行；$CaCO_3$ 转变为 CaO 和 CO_2 的反应在任何温度下都是吸热过程（$\Delta H>0$），但在 101.325kPa 和 1183K（即 910℃）时，$CaCO_3$ 能自发且剧烈地进行热分解生成 CaO 和 CO_2，为明显的自发过程。显然，人们早期作出的反应自发性热效应判据理论存在漏洞。体系能量降低的过程应该是自发过程，热是能量转换的一种形式。这两个观点都没错，问题出在以偏概全，错将热当做体系变化过程中的全部能量转化，体系变化时产生的全部能量变化中，只有一部分是以热的形式呈现，漏掉了热以外的那部分转化能量。长期大量的研究表明，漏掉的这部分能量与体系变化时的系统**混乱度**改变有关。

3.6.2 体系的熵函数

(1) 熵的定义

前面提到自然界中有一类自发过程的普遍情况，即系统倾向于取得最低的势能。实际上，还有另一类自发过程的普遍情况。例如，将一瓶氨气放在室内，如果瓶口是敞开的，则不久氨气会扩散到整个室内与空气混合，这个过程是自发进行的，但不能自发地逆向进行。又如，往一杯水中滴入几滴蓝墨水，蓝墨水就会自发地逐渐扩散到整杯水中，这个过程也不能自发地逆向进行。这表明在上述两种情况下，过程能自发地向着混乱程度增加的方向进行，或者说系统中有秩序的运动易变成无秩序的运动。也就是说，系统倾向于取得最大的混乱度（或无序度）。系统内物质微观粒子的混乱度（或无序度）可用**熵**来描述，或者说系统的熵是系统内物质微观粒子的混乱度（或无序度）的量度，以符号 S 表示之，熵是体系的状态函数之一，单位为 $J \cdot K^{-1}$ 或 $kJ \cdot K^{-1}$。系统的熵值越大，系统内物质微观粒子的混乱度越大。在统计热力学中：

$$S = k\ln\Omega \tag{3-23}$$

式（3-23）称作玻尔兹曼公式（Boltzmann′s entropic equation）。式中，Ω 为热力学概率（或称体系的状态数，表明固定外在条件下体系内在的微观形态数目），是与一定宏观状态对应的微观状态总数；k 为玻尔兹曼常数。此式将系统的宏观性质熵与微观状态总数即混乱度联系了起来。它表明熵是系统混乱度的量度，系统的微观状态数越多，热力学概率越大，系统越混乱，熵就越大。

熵的变化值定义也可来自热力学可逆过程的热效应，当体系的状态发生变化时，熵值也随之改变。体系的熵变用符号 ΔS 表示，它等于终态的熵 S_2 与始态的熵 S_1 之差，即：$\Delta S = S_2 - S_1$。

热力学等温（T）可逆过程的熵变可由下式计算：

$$\Delta S = \frac{Q_r}{T} \tag{3-24}$$

式中，Q_r（下标 r 代表“可逆”，reversible）为可逆过程的热效应；T 为体系的热力学温度。因 ΔS 定义成可逆过程热与温度的比值，故而也称作热温商。上述热温商方程变形为 $T\Delta S = Q_r$，可以看出，$T\Delta S$ 具有和能量相同单位，暗示 $T\Delta S$ 可能也具有与能量相当的性质。

(2) 热力学第二定律（熵增加原理）

如前阐述，隔离系统（亦称孤立体系）是所有系统类型中较为特殊的一类，系统与环境之间既无物质交换，也无能量交换，是一种理想化的状态，比较接近这种描述的是绝热活塞内的气体向真空膨胀，这一过程是自发的，无需借助任何外来帮助。绝热条件满足了系统与环境之间无热交换，向真空膨胀，克服外压为零，体积功为零，将系统与环境之间能量交换全部归零。此时，系统从比较有秩序的状态向无秩序的状态变化，是自发变化的方向。**热力学第二定律**的统计表达为：在隔离系统中发生的自发进行反应必伴随着熵的增加，或隔离系统的熵总是趋向于极大值。这就是自发过程的热力学准则，称为**熵增加原理**。可用式（3-25）表示：

$$\Delta S_{\text{隔离}} \geqslant 0 \quad \begin{matrix}\text{自发过程} \\ \text{平衡状态}\end{matrix} \tag{3-25}$$

式（3-25）表明：在隔离系统中，能使系统熵值增大的过程是自发进行的；熵值保持不变的过程，系统处于平衡状态（即可逆过程）。这就是隔离系统的熵判据。衍生来说，对于任何系统，熵的增加是有利于过程自发进行的因素之一。上述熵判据仅仅针对隔离体系适用。然而，我们遇到的常规化学反应很少有这种隔离的情形，绝大多数反应体系与环境之间存在能量交换，因而上述熵判据作为反应自发性的判据不具有普遍性，没有普适价值。

（3）热力学第三定律（零熵规定）

系统内物质微观粒子的混乱度与物质的聚集状态和温度等有关。在绝对零度时，理想晶体内分子的各种运动都将停止，物质微观粒子处于完全整齐有序的状态。人们根据一系列低温实验事实和推测，总结出又一个经验定律——**热力学第三定律**：在绝对零度时，一切纯物质的完美晶体的熵值都等于零。其数学表达式为：

$$S(0\text{K})=0 \tag{3-26}$$

以此为基准，若知道某一物质从热力学零度变化到指定温度下的一些热化学数据（如热容等），就可以求出此温度时的熵值，称为这一物质的**规定熵**（与内能和焓不同，物质的内能和焓的绝对值是难以求得的，这里我们人为规定了熵函数的起点，即零熵条件）。单位物质的量的纯物质在标准状态下的规定熵叫做该物质的**标准摩尔熵**，以 $S_m^\ominus$（或简写为 $S^\ominus$）表示。书末附录中也列出了一些单质和化合物在 298.15K 时的标准摩尔熵 $S_m^\ominus$ 的数据。注意：$S_m^\ominus$ 的 SI 单位为 $\text{J}\cdot\text{mol}^{-1}\cdot\text{K}^{-1}$。

与标准生成焓相似，对于水合离子，因溶液中同时存在正、负离子，规定处于标准状态下水合 H^+ 离子的标准熵值为零，通常把温度选定为 298.15K，即 $S_m^\ominus(\text{H}^+,\text{aq},298.15\text{K})=0\text{J}\cdot\text{mol}^{-1}\cdot\text{K}^{-1}$，从而得出其他水合离子在 298.15K 时的标准摩尔熵（这与水合离子的标准生成焓相似，水合离子的标准熵也是相对值）。数据参见书末附录。

（4）物质熵函数的规律

根据上面讨论并比较物质的标准熵值，可以得出下面的一些规律。

① 对同一物质而言，气态时的熵大于液态时的，而液态时的熵又大于固态时的。即 $S_g>S_l>S_s$。例如：

$$S_m^\ominus(\text{H}_2\text{O},\text{g},298.15\text{K})=188.8\text{J}\cdot\text{mol}^{-1}\cdot\text{K}^{-1}$$

$$S_m^\ominus(\text{H}_2\text{O},\text{l},298.15\text{K})=70.0\text{J}\cdot\text{mol}^{-1}\cdot\text{K}^{-1}$$

$$S_m^\ominus(\text{H}_2\text{O},\text{s},298.15\text{K})=39.33\text{J}\cdot\text{mol}^{-1}\cdot\text{K}^{-1}$$

② 同一物质在相同的聚集状态时，其熵值随温度的升高而增大。即 $S_{高温}>S_{低温}$。例如：

$$S_m^\ominus(\text{Fe},\text{s},500\text{K})=41.2\text{J}\cdot\text{mol}^{-1}\cdot\text{K}^{-1}$$

$$S_m^\ominus(\text{Fe},\text{s},298.15\text{K})=27.3\text{J}\cdot\text{mol}^{-1}\cdot\text{K}^{-1}$$

③ 结构相似的物质，相对分子质量大的熵值大。例如：

$$S_m^\ominus(\text{F}_2,\text{g},298.15\text{K})=202.8\text{J}\cdot\text{mol}^{-1}\cdot\text{K}^{-1}$$

$$S_m^\ominus(\text{Cl}_2,\text{g},298.15\text{K})=223.1\text{J}\cdot\text{mol}^{-1}\cdot\text{K}^{-1}$$

$$S_m^\ominus(\text{Br}_2,\text{g},298.15\text{K})=245.5\text{J}\cdot\text{mol}^{-1}\cdot\text{K}^{-1}$$

$$S_m^\ominus(\text{I}_2,\text{g},298.15\text{K})=260.6\text{J}\cdot\text{mol}^{-1}\cdot\text{K}^{-1}$$

④ 一般来说，在温度和聚集状态相同时，分子或晶体结构较复杂（内部微观状态数较多）的物质的熵大于（由相同元素组成的）分子或晶体结构较简单（内部微观状态数较少）

的物质的熵，即 $S_{复杂分子}>S_{简单分子}$。例如：

$$S_m^{\ominus}(C_2H_6, g, 298.15K)=229.6J\cdot mol^{-1}\cdot K^{-1}$$

$$S_m^{\ominus}(CH_4, g, 298.15K)=186.3J\cdot mol^{-1}\cdot K^{-1}$$

$$S_m^{\ominus}(C_2H_5OH, g, 298.15K)=282.7J\cdot mol^{-1}\cdot K^{-1}$$

$$S_m^{\ominus}(CH_3O\ CH_3, g, 298.15K)=266.4J\cdot mol^{-1}\cdot K^{-1}$$

$$S_m^{\ominus}(O, g, 298.15K)=161.0J\cdot mol^{-1}\cdot K^{-1}$$

$$S_m^{\ominus}(O_2, g, 298.15K)=205.2J\cdot mol^{-1}\cdot K^{-1}$$

$$S_m^{\ominus}(O_3, g, 298.15K)=238.9J\cdot mol^{-1}\cdot K^{-1}$$

⑤ 混合物或溶液的熵值往往比相应的纯物质的熵值大。即 $S_{混合物}>S_{纯物质}$，利用这些简单规律，可得出一条定性判断过程熵变的有用规律：对于物理或化学变化而论，几乎没有例外，一个导致气体分子数增加的过程或反应总伴随着熵值增大，即 $\Delta S>0$；如果气体分子数减少，$\Delta S<0$。例如：

$$aA(s)+dD(l) = xX(aq)+yY(g)$$

该反应产气，毫无疑问，反应过程熵增加，$\triangle S>0$。

3.6.3 反应过程熵变的计算

熵是状态函数，反应或过程的熵变 $\Delta_r S$ 只跟始态和终态有关，而与变化的途径无关。反应的标准摩尔熵变以 $\Delta_r S_m^{\ominus}$（或简写为 $\Delta S^{\ominus}$）表示，其计算及注意点与 $\Delta_r H_m^{\ominus}$ 的相似。

对应于反应式：$a\mathbf{A}$ (l) $+d\mathbf{D}$ (aq) $= x\mathbf{X}$ (s) $+y\mathbf{Y}$ (g)，或

$$0=\sum_B \nu_B B$$

反应过程的标准摩尔熵变

$$\Delta_r S_m^{\ominus}=\sum_B \nu_B S_m^{\ominus} \tag{3-27a}$$

$$\Delta_r S_m^{\ominus}=[xS_m^{\ominus}(X,s)+yS_m^{\ominus}(Y,g)]-[aS_m^{\ominus}(A,l)+dS_m^{\ominus}(D,aq)] \tag{3-27b}$$

对于反应体系，虽然各物质的标准熵随温度的升高而增大，但只要升温过程没有相态改变，反应过程的熵变 $\Delta_r S$ 受温度影响不大，即其他温度下反应过程熵变 $\Delta_r S$ 与 298.15K 下的反应过程熵变接近，这一点与 $\Delta_r H$ 相似，可以认为：

$$\Delta_r S_m^{\ominus}(T)\approx\Delta_r S_m^{\ominus}(298.15K)$$

【例 3-7】 试计算石灰石（$CaCO_3$）热分解反应的 $\Delta_r S_m^{\ominus}$（298.15K）和 $\Delta_r H_m^{\ominus}$（298.15K），并初步分析该反应的自发性。

解： 写出化学反应方程式，从附录表中查出反应物和生成物的标准摩尔生成焓 $\Delta_f H_m^{\ominus}$（298.15K）和标准摩尔熵 $S_m^{\ominus}$（298.15K），并在各物质下面标出。

	$CaCO_3(s)$	$=CaO(s)$	$+CO_2(g)$
$\Delta_f H_m^{\ominus}(298.15K)/kJ\cdot mol^{-1}$	−1206.92	−635.09	−393.509
$S_m^{\ominus}(298.15K)/J\cdot mol^{-1}\cdot K^{-1}$	92.9	39.75	213.74

反应过程标准摩尔焓变

$$\Delta_r H_m^{\ominus}(298.15K)=\sum_B \nu_B \Delta_f H_m^{\ominus}(B, 298.15K)$$

$$=(-635.09)+(-393.509)-(-1206.92)(kJ\cdot mol^{-1})$$
$$=178.32(kJ\cdot mol^{-1})$$

反应过程标准摩尔熵变

$$\Delta_r S_m^{\ominus}(298.15K)=\sum_B \nu_B S_{m,B}^{\ominus}$$
$$=39.75+213.74-92.9(J\cdot mol^{-1}\cdot K^{-1})$$
$$=160.59(J\cdot mol^{-1}\cdot K^{-1})$$

反应的 $\Delta_r H_m^{\ominus}(298.15K)$ 为正值，表明此反应为吸热反应。从系统倾向于取得最低的能量这一因素来看，吸热不利于反应自发进行。但反应的 $\Delta_r S_m^{\ominus}$（298.15K）为正值，表明反应过程中系统的熵值增大。从系统倾向于取得最大的混乱度这一因素来看，熵值增大，有利于反应自发进行。因此，该反应的自发性究竟如何，还需要进一步探讨。

3.7 吉布斯函数与反应自发性判据

3.7.1 吉布斯函数

(1) 吉布斯函数 G 的定义与吉布斯-赫姆霍兹方程

1875 年，美国物理化学家吉布斯（J. W. Gibbs）首先提出一个把焓和熵归并在一起的热力学函数——**吉布斯自由能**（又称**吉布斯函数**），并定义：

$$G\equiv H-TS$$

式中，吉布斯函数 G 是状态函数 H 和 T、S 的组合，当然也是状态函数，可视为一复合状态函数，其单位是 $kJ\cdot mol^{-1}$。对于等温过程：

$$\Delta G=\Delta H-T\Delta S \qquad (3\text{-}28)$$

或写成：

$$\Delta_r G_m=\Delta_r H_m-T\Delta_r S_m \qquad (3\text{-}29a)$$

ΔG 表示反应或过程的吉布斯函数的变化，简称吉布斯函数变。式（3-29a）称为吉布斯等温方程，亦称**吉布斯-亥姆霍兹方程**（Gibbs-Helmholtz equation），是化学上最重要和最有用的方程之一，它将反应体系等温过程的吉布斯函数变、焓变、熵变联系在一起。

如果反应是在标态进行，则式（3-29a）可改写为：

$$\Delta_r G_m^{\ominus}=\Delta_r H_m^{\ominus}-T\Delta_r S_m^{\ominus} \qquad (3\text{-}29b)$$

如果已知反应过程的 $\Delta_r H_m^{\ominus}$ 与 $\Delta_r S_m^{\ominus}$，则可依式（3-29b）计算反应过程的 $\Delta_r G_m^{\ominus}$。如**【例 3-8】**所示。

对一个明确指定的反应（化学计量数也要确定），其 $\Delta_r G_m^{\ominus}$ 是一个常量，与反应实际进行的程度无关，也就是说，随反应进行，$\Delta_r G_m$ 会变化（由绝对值较大负数变为绝对值较小负数，直至为零），但 $\Delta_r G_m^{\ominus}$ 不会改变。

$\Delta_r G_m^{\ominus}$ 受温度影响较大，温度改变，$\Delta_r G_m^{\ominus}$ 会显著变化。但如前所述，温度对 $\Delta_r H_m^{\ominus}$ 和 $\Delta_r S_m^{\ominus}$ 的影响较小（变温范围内必须没有相变发生），因而有：

$$\Delta_r H_m^{\ominus}(T)\approx\Delta_r H_m^{\ominus}(298.15K) \qquad (3\text{-}30a)$$
$$\Delta_r S_m^{\ominus}(T)\approx\Delta_r S_m^{\ominus}(298.15K) \qquad (3\text{-}30b)$$

故而，我们可以利用 298.15K 下的反应焓变数据 $\Delta_r H_m^{\ominus}$（298.15K）和反应熵变数据

$\Delta_r S_m^{\ominus}$ (298.15K)，基于吉布斯-赫姆霍兹方程，计算任意温度下的反应吉布斯函数变化量 $\Delta_r G_m^{\ominus}(T)$。

(2) 物质的标准生成吉布斯函数 $\Delta_f G_{m,B}^{\ominus}(T)$

物质的吉布斯函数也采用相对值。在标准状态时，由指定单质生成单位物质的量的纯物质时反应的吉布斯函数变，叫做该物质的**标准摩尔生成吉布斯函数** $\Delta_f G_{m,B}^{\ominus}$ (T)，或简写为 $\Delta_f G^{\ominus}$，各物质的 $\Delta_f G_{m,B}^{\ominus}$(298.15K) 的数据可在附录中查找。而任何指定单质的标准摩尔生成吉布斯函数为零。对于水合离子，规定水合 H^+ 离子的标准摩尔生成吉布斯函数为零，即 $\Delta_f G_m^{\ominus}(H^+, T)=0$。

因吉布斯函数是状态函数，基于盖斯定律，298.15K 标态下，我们也可以利用反应体系中反应物与生成物的 $\Delta_f G_{m,B}^{\ominus}$(298.15K) 计算该反应过程的标准摩尔吉布斯函数变 $\Delta_r G_m^{\ominus}$ (298.15K)。此计算原理如图 3-4 所示。

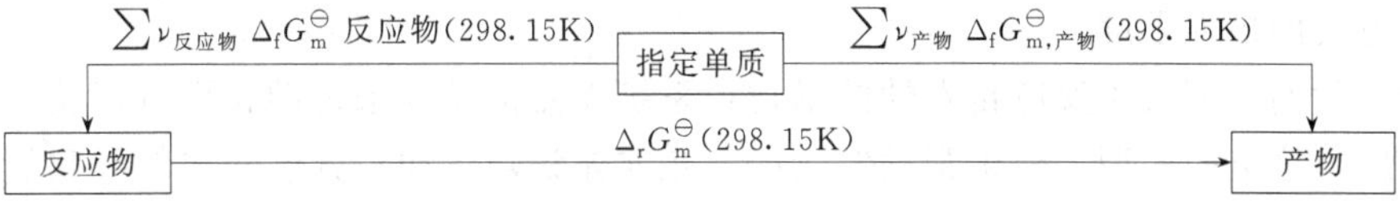

图 3-4　基于盖斯定律用反应体系各物质 $\Delta_f G_{m,B}^{\ominus}$(298.15K) 计算 $\Delta_r G_m^{\ominus}$(298.15K) 原理示意图

基于图 3-4 原理，可以有：

$$\Delta_r G_m^{\ominus}(298.15\text{K}) = \sum_B \nu_B \Delta_f G_m^{\ominus}(\text{B}, 298.15\text{K}) \tag{3-31}$$

$$\Delta_r G_m^{\ominus} = \sum_{各产物} \nu_{各产物} \Delta_f G_{m\ 各产物}^{\ominus} + \sum_{各反应物} \nu_{各反应物} \Delta_f G_{m\ 各反应物}^{\ominus}$$

式 (3-31) 默认温度 T=298.15K，注意式 (3-31) 中反应物的化学计量数 ν 是负数。

对反应通式：$a\mathbf{A}(\text{l})+d\mathbf{D}(\text{aq})=\!=\!=x\mathbf{X}(\text{s})+y\mathbf{Y}(\text{g})$，则有

$$\Delta_r G_m^{\ominus}=[x\Delta_f G_m^{\ominus}(\text{X})+y\Delta_f G_m^{\ominus}(\text{Y})]-[a\Delta_f G_m^{\ominus}(\text{A})+d\Delta_f G_m^{\ominus}(\text{D})] \tag{3-32}$$

式 (3-32) 表明，298.15K 温度下反应的标准摩尔吉布斯函数变等于同温度下各参加反应物质的**标准摩尔生成吉布斯函数**与**其化学计量数乘积**的总和。这也表明，对指定的反应，反应过程 $\Delta_r G_m^{\ominus}$ 为定值，不会随反应进程而变化。应当注意：该计算方法仅适用于 298.15K 下的反应吉布斯函数变量 $\Delta_r G_m^{\ominus}$(298.15K) 的计算，因为我们只能查到各物质在 298.15K 下的 $\Delta_f G_m^{\ominus}$，即 $\Delta_f G_m^{\ominus}$(B，298.15K)。不可以按式 (3-31) 用 $\Delta_f G_m^{\ominus}$(B，298.15K) 来计算非 298.15K 下的反应吉布斯函数变量 $\Delta_r G_m^{\ominus}(T)$，$T \neq$298.15K。

3.7.2　反应自发性的判断

吉布斯函数是描述体系性质的一个复合状态函数，具有和能量相同的单位，我们也可以将其视为系统能量的一种高级综合参数，即它就是系统能量的新型综合表达方式。在化学反应过程中，依据能量最低原理（能量越低，系统越稳定），反应总是朝着降低自身系统能量的方向进行，而这个能量就是吉布斯自由能（吉布斯函数），即可以降低系统吉布斯自由能的反应方向就是自发反应方向。根据化学热力学的推导，对于恒温、恒压不做非体积功的一般反应，其自发性的判断标准（称为最小自由能原理）为：

$\Delta G<0$，自发过程，过程能向正方向进行

$\Delta G=0$，平衡状态

$\Delta G>0$，非自发过程，过程能向逆方向进行

吉布斯函数极为重要，可用以判断过程自发进行的方向，计算反应的平衡常数等。

应当指出，如果化学反应在恒温恒压条件下，除体积功外还做非体积功 w'，则吉布斯函数判据就变为（基于烦琐的热力学理论可推导）：

$-\Delta G>w'$，自发过程，过程能向正方向进行

$-\Delta G=w'$，平衡状态

$-\Delta G<w'$，非自发过程，过程能向逆方向进行

此式的意义是在等温、等压下，一个封闭系统所能做的最大非体积功（w'）等于其吉布斯自由能的减少（$-\Delta G$）。这也是原电池消耗化学能、释放电能的原理所在，即：

$$-\Delta G=w'_{max} \tag{3-33}$$

式中，w'_{max} 表示最大电功，也就是我们将一个化学反应设计成原电池时，该反应体系向外输出电功的最大限度。

至此，我们前面关于反应自发性的描述：系统无需借助外来帮助就可自行发生的反应称为自发反应。这里的所谓“外来帮助”指的就是**非体积功**。如水分解变成氧气和氢气的反应已证明是非自发反应，如想让该反应得以发生，则必须借助非体积功，比如通电，经电解可将水分解为氧气与氢气，这里的电解表明环境对系统提供了电功这种外来帮助，才得以让反应发生。改变温度和压力不算外来帮助。

ΔG 作为反应或过程自发性的统一衡量标准，实际上包括焓变（ΔH）和熵变（ΔS）这两个因素。由于 ΔH 和 ΔS 均既可为正值，又可为负值，就有可能出现下面的四种情况，可概括于表 3-1 中。

表 3-1　ΔH、ΔS 及 T 对反应自发性的影响

反应实例	ΔH	ΔS	$\Delta G=\Delta H-T\Delta S$	(正)反应的自发性
①$H_2(g)+Cl_2(g)=\!=\!=2HCl(g)$	−	+	$\Delta G<0$	自发(任何温度)
②$CO(g)=\!=\!=C(s)+O_2(g)$	+	−	$\Delta G>0$	非自发(任何温度)
③$CaCO_3(s)=\!=\!=CaO(s)+CO_2(g)$	+	+	升高至某温度时由正值变负值	升高温度，有利于反应自发进行
④$N_2(g)+3H_2(g)=\!=\!=2NH_3(g)$	−	−	降低至某温度时由正值变负值	降低温度，有利于反应自发进行

应当注意：大多数反应属于 ΔH 与 ΔS 同号的上述表 3-1 中③或④两类反应，此时温度对反应的自发性有决定性影响，存在一个自发进行的最低或最高温度，称为转变温度 T_c（或称反转温度、临界温度），此时反应体系 $\Delta G=0$，即：$\Delta G=0=\Delta H-T\Delta S$。

$$T_c=\Delta H/\Delta S \tag{3-34a}$$

结合式（3-29a）、式（3-29b），温度对 ΔH 和 ΔS 的影响可忽略。对于 ΔH 与 ΔS 同号的反应体系，其 ΔG 的正负反转温度（临界温度）为：

$$T_c\approx\frac{\Delta_r H_m^{\ominus}(298.15K)}{\Delta_r S_m^{\ominus}(298.15K)} \tag{3-34b}$$

不同反应的转变温度高低不同，它决定于 ΔH 与 ΔS 的相对大小，即 T_c 取决于反应的本性。

3.7.3　ΔG 与 $\Delta G^{\ominus}$ 的关系

与 $\Delta H^{\ominus}$ 相对应，$\Delta G^{\ominus}$ 表示标准状态时反应或过程的吉布斯函数变。由于自发过程的判断标准是 ΔG（不是 $\Delta G^{\ominus}$），而任意态（或称指定态）时，反应或过程的吉布斯函数变 ΔG 会随着系统中反应物和生成物的分压（对于气体）或浓度（对于水合离子或分子）的改变而改变。ΔG 与 $\Delta G^{\ominus}$ 之间的关系可由化学热力学推导得出，称为热力学等温方程。**热力学等温方程**（也称**范特霍夫等温方程**）可表示为：

$$\Delta_r G_m(T)=\Delta_r G_m^{\ominus}(T)+RT\ln Q \tag{3-35}$$

式中，R 为气体常数 8.314J·mol^{-1}·K^{-1}（相当于 Pa·m^3·mol^{-1}·K^{-1}）；T 为热力学温度；Q 为反应活度商，或简称反应商，即反应体系各物质的活度积，随反应进行，Q 也发生变化。对于一般反应：

$$b\mathbf{B}(\mathrm{l})+d\mathbf{D}(\mathrm{aq})\!=\!=\!=\!x\mathbf{X}(\mathrm{s})+y\mathbf{Y}(\mathrm{g})$$

我们以 a 表示式中各物质的活度（或称相对浓度、有效浓度），其量纲为 1，即相当于去除了单位。无论气体、纯液体、纯固体、溶液，都可以用活度表示其有效浓度。对纯液体、纯固体，其活度 $a=1$；对参与反应的气体，其活度 $a=p_i/p^{\ominus}$，其中 p_i 为气体分压，单位 kPa，$p^{\ominus}$ 为标准大气压 100kPa；对参与反应的某物质溶液，其活度 $a=c/c^{\ominus}$，c 是溶液的体积摩尔浓度，单位 mol·dm^{-3}（或 mol·L^{-1}），$c^{\ominus}$ 是所有溶液标准态浓度，$c^{\ominus}=$ 1mol·dm^{-3} 单位亦同。因此，对该反应式，其反应进行中的活度商：

$$Q=\prod_i (a_i)^{\nu_i}=\frac{(a_{\mathrm{X,s}})^x(a_{\mathrm{Y,g}})^y}{(a_{\mathrm{B,l}})^b(a_{\mathrm{D,aq}})^d}=\frac{(a_{\mathrm{Y,g}})^y}{(a_{\mathrm{D,aq}})^d}=\frac{(p_{\mathrm{Y}}/p^{\ominus})^y}{(c_{\mathrm{D}}/c^{\ominus})^d} \tag{3-36}$$

故而式（3-36）可改写为：

$$\Delta_r G_m(T)=\Delta_r G_m^{\ominus}(T)+RT\ln\prod_i (a_i)^{\nu_i}$$

$$\Delta_r G_m(T)=\Delta_r G_m^{\ominus}(T)+RT\ln\frac{(p_{\mathrm{Y}}/p^{\ominus})^y}{(c_{\mathrm{D}}/c^{\ominus})^d} \tag{3-37}$$

对于正向自发进行的反应，反应的 $\Delta_r G_m(T)$ 应当是绝对值较大的负值，以保障反应的正向自发性。随反应进行，反应物越来越少，产物越来越多，导致反应商 Q 越来越大，$\Delta_r G_m^{\ominus}$（T）为定值，不随反应进程而变化，$\Delta_r G_m(T)$ 逐渐变为绝对值较小的负值，直至等于零。

3.7.4　反应的摩尔吉布斯函数变计算和应用

（1）标态反应过程 $\Delta_r G_m^{\ominus}$ 的计算

① 如果在 298.15K 温度下，可用反应体系产物与反应物的标准摩尔生成吉布斯函数 $\Delta_f G_m^{\ominus}$(B，298.15K) 相减来计算 $\Delta_r G_m^{\ominus}$(298.15K)，见式（3-31）。

② 298.15K 下，也可以利用吉布斯-赫姆霍兹方程来进行计算：

$$\Delta_r G_m^{\ominus}(298.15\mathrm{K})=\Delta_r H_m^{\ominus}(298.15\mathrm{K})-T\Delta_r S_m^{\ominus}(298.15\mathrm{K})$$

如果温度不是 298.15K，可以利用式（3-29a）、式（3-29b），结合吉布斯-赫姆霍兹方程来计算 $\Delta_r G_m^{\ominus}(T)$。

$$\Delta_r G_m^{\ominus}(T)\approx\Delta_r H_m^{\ominus}(298.15\mathrm{K})-T\Delta_r S_m^{\ominus}(298.15\mathrm{K}) \tag{3-38}$$

（2）任意态时反应的摩尔吉布斯函数变 $\Delta_r G_m(T)$ 的计算

上述几个计算公式都是适用于标准状态的，而实际条件不一定是标准状态。以甲烷的燃烧反应为例：

$$CH_4(g)+2O_2(g)=\!=\!=CO_2(g)+2H_2O(l)$$

系统中涉及的气体至少有 CH_4、O_2 与 CO_2 三种。按标准状态的定义，反应中每种气体的分压均应分别为 100kPa（不是总压为 100kPa），显然在通常的实际情况下，这一反应的吉布斯函数变不会是标准状态的 $\Delta_r G^{\ominus}$，而是任意态的 $\Delta_r G$。

反应的 $\Delta_r G$ 可根据实际条件用热力学等温方程式（3-34）进行计算，即

$$\Delta_r G_m(T)=\Delta_r G_m^{\ominus}(T)+RT\ln Q$$

【例 3-8】 试计算 $CaCO_3$ 热分解反应的 $\Delta_r G_m^{\ominus}$（298.15K）、$\Delta_r G_m^{\ominus}$（1273K）及转变温度 T_c，并分析该反应在标准状态时的自发性。

解： 写出化学方程式，从附录中查出各物质的 $\Delta_f G_m^{\ominus}$（B，298.15K）、$\Delta_f H_m^{\ominus}$（B，298.15K）、$S_m^{\ominus}$(B，298.15K)值，并写在相关分子式下面：

	$CaCO_3(s)=\!=\!=$	$CaO(s)+$	$CO_2(g)$
$\Delta_f G_m^{\ominus}(298.15K)/kJ\cdot mol^{-1}$	−1128.79	−604.03	−394.359
$\Delta_f H_m^{\ominus}(298.15K)/kJ\cdot mol^{-1}$	−1206.92	−635.09	−393.509
$S_m^{\ominus}(298.15K)/J\cdot mol^{-1}\cdot K^{-1}$	92.9	39.75	213.74

方法一：利用 $\Delta_f G_m^{\ominus}$(298.15K)的数据，按式（3-31）可得

$$\Delta_r G_m^{\ominus}(298.15K)=\sum_B \nu_B \Delta_f G_m^{\ominus}(B,298.15K)$$

$$\Delta_r G_m^{\ominus}(298.15K)=[(-604.03)+(-394.359)]-(-1128.79)=130.17(kJ\cdot mol^{-1})$$

方法二：利用 $\Delta_f H_m^{\ominus}$(298.15K)和 $S_m^{\ominus}$(298.15K)的数据，先计算 $\Delta_r H_m^{\ominus}$(298.15K)和 $\Delta_r S_m^{\ominus}$（298.15K）。

$$\Delta_r H_m^{\ominus}(298.15K)=\sum_B \nu_B \Delta_f H_m^{\ominus}(B,298.15K)$$

$$=(-635.09)+(-393.509)-(-1206.92)(kJ\cdot mol^{-1})$$

$$=178.32(kJ\cdot mol^{-1})$$

$$\Delta_r S_m^{\ominus}(298.15K)=\sum_B \nu_B S_{m,B}^{\ominus}$$

$$=(39.75+213.74)-92.9(J\cdot mol^{-1}\cdot K^{-1})$$

$$=160.59(J\cdot mol^{-1}\cdot K^{-1})$$

$$\Delta_r G_m^{\ominus}(298.15K)=\Delta_r H_m^{\ominus}(298.15K)-T\Delta_r S_m^{\ominus}(298.15K)$$

$$=178.32-298.15\times 160.59\times 10^{-3}(kJ\cdot mol^{-1})=130.44(kJ\cdot mol^{-1})$$

利用式（3-37）计算反应过程 $\Delta_r G_m^{\ominus}$（1273K）

$$\Delta_r G_m^{\ominus}(1273K)\approx\Delta_r H_m^{\ominus}(298.15K)-T\Delta_r S_m^{\ominus}(298.15K)$$

$$\approx 178.32-1273\times 160.59\times 10^{-3}(kJ\cdot mol^{-1})=-26.11(kJ\cdot mol^{-1})$$

反应自发性的分析和 T_c 的估算：

298.15K 的标准状态时，由于 $\Delta_r G_m^{\ominus}(298.15K)>0$，所以碳酸钙热分解反应非自发。

1273K 的标准状态时，因 $\Delta_r G_m^{\ominus}(1273K)<0$，故此时热分解反应能自发进行。

碳酸钙分解反应属低温非自发；高温自发，吸热，且熵增加反应。其 $\Delta_r G_m^{\ominus}$ 正负反转的临界温度 T_c 可按式（3-34b）求得。

$$T_c \approx \frac{\Delta_r H_m^{\ominus}(298.15K)}{\Delta_r S_m^{\ominus}(298.15K)} = \frac{10^3 \times 178.32 J \cdot mol^{-1}}{160.59 J \cdot mol^{-1} \cdot K^{-1}} = 1110.4K$$

【例 3-9】 已知空气压力 $p = 101.325kPa$，其中所含 CO_2 的体积分数 $\phi(CO_2) = 0.030\%$。试计算此条件下将潮湿 Ag_2CO_3 固体在 110℃ 的烘箱中烘干时热分解反应的摩尔吉布斯函数变。问此条件下，反应

$$Ag_2CO_2(s) = Ag_2O(s) + CO_2(g)$$

能否自发进行？有何办法阻止 Ag_2CO_3 的热分解？

解： 在附录中查表获得各物质在 298.15K 下的标准摩尔生成焓 $\Delta_f H_m^{\ominus}(298.15K)$ 与标准摩尔熵 $S_m^{\ominus}(298.15K)$，列于反应式下方并对齐。

$$Ag_2CO_3(s) = Ag_2O(s) + CO_2(g)$$

$\Delta_f H_m^{\ominus}(298.15K)/kJ \cdot mol^{-1}$ -505.8 -30.05 -393.509

$S_m^{\ominus}(298.15K)/J \cdot mol^{-1} \cdot K^{-1}$ 167.4 121.3 213.74

可求得：$\Delta_r H_m^{\ominus}(298.15K) = 82.24 kJ \cdot mol^{-1}$；$\Delta_r S_m^{\ominus}(298.15K) = 167.6 J \cdot mol^{-1} \cdot K^{-1}$

根据理想气体分压定律可求空气中 CO_2 的分压

$$p(CO_2) = p\phi(CO_2) = 101.325kPa \times 0.030\% \approx 30Pa$$

根据范特霍夫等温方程，在 110℃ 即 383K 时

$$\Delta_r G_m(383K) = \Delta_r G_m^{\ominus}(383K) + RT\ln Q$$

$$\Delta_r G_m(383K) = [\Delta_r H_m^{\ominus}(298.15K) - T\Delta_r S_m^{\ominus}(298.15K)] + RT\ln\frac{p(CO_2)}{p^{\ominus}}$$

$$\Delta_r G_m(383K) \approx 82.24 kJ \cdot mol^{-1} - 383K \times 167.6 \times 10^{-3} kJ \cdot mol^{-1} \cdot K^{-1}$$

$$+ 8.314 \times 10^{-3} kJ \cdot mol^{-1} \cdot K^{-1} \times 383K \times \ln\frac{30Pa}{100 \times 10^5 Pa}$$

$$\Delta_r G_m(383K) = -7.78 kJ \cdot mol^{-1}$$

$\Delta_r G_m(383K) < 0$，所以在 110℃ 烘箱中烘干潮湿的固体 Ag_2CO_3 时会自发产生分解反应。为了避免 Ag_2CO_3 的热分解，应通入含 CO_2 分压较大的气流进行干燥，使此时的 $\Delta_r G_m(383K) > 0$。

（3）反应的标准摩尔吉布斯函数变 $\Delta_r G_m^{\ominus}$ 和摩尔吉布斯函数变 $\Delta_r G_m$ 的应用

$\Delta_r G_m^{\ominus}$ 和 $\Delta_r G_m$ 的应用广泛，除用来估计、判断任一反应的自发性、估算反应自发进行的温度条件外，后面还将介绍 $\Delta_r G_m^{\ominus}$ 或 $\Delta_r G_m$ 的一些其他应用，如计算标准平衡常数 $K^{\ominus}$，计算原电池的最大电功和电动势，判断高温时单质与氧气结合能力的大小次序等。

3.8 热力学平衡与反应限度

3.8.1 化学平衡基本特征

当一个反应的 $\Delta G = 0$ 时，反应处于动态平衡状态，即此时正向反应的速率与逆向反应的速率相等，反应物与生成物的浓度不再发生变化。那么，反应从开始达到平衡，此时反应

的程度是多少？生成物的产率是多少？为了回答这个问题，我们需要引入用于描述反应处于平衡状态时的参数——平衡常数，同时要讨论影响平衡常数的因素及其有关计算。例如，工业上用焦炭（C）炼铁时，炼出 1t Fe 需多少焦炭？

$$C(s)+\frac{1}{2}O_2(g)═══CO(g)$$

$$Fe_2O_3(s)+3CO(g)═══2Fe(s)+3CO_2(g)$$

是否全部的 C(s) 都能转化成 CO(g)，全部的 $Fe_2O_3(s)$ 和 CO 也都能转化成 Fe(s) 和 $CO_2(g)$？答案是否定的。因为对于可逆化学反应，在一定温度和压力条件下，化学平衡时反应物与生成物的浓度不再随时间而发生变化。产物的比率可通过平衡常数来计算得到。如：对于反应

$$A \underset{k_r}{\overset{k_f}{\rightleftharpoons}} B$$

反应物 A 的浓度［A］随着反应时间的增加逐渐降低，且达到一定浓度后保持不变；而生成物 B 的浓度［B］则随着反应时间的增加逐渐增加，且达到一定浓度后也保持不变[见图 3-5(a)]。此时二者处于动态平衡状态，正向反应速率等于逆向反应速率[见图 3-5(b)]。对于不同的反应，其处于平衡时各反应物和生成物的浓度是不同的，这种定量关系可以用平衡常数来描述。

另外注意：反应达到平衡时，反应并没有停止，只是处于动态平衡，正逆反应速率相等。

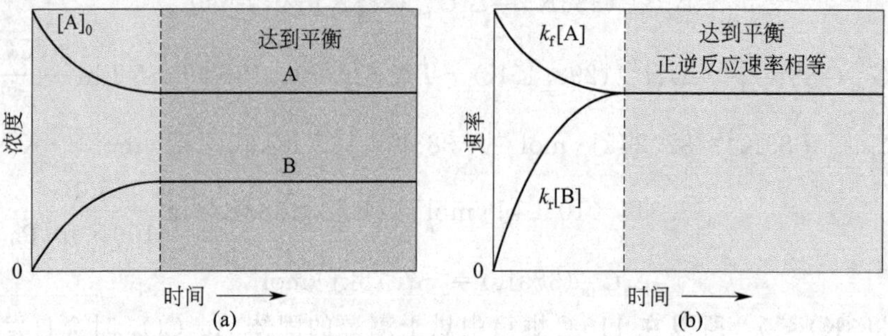

图 3-5 化学平衡特征

3.8.2 平衡常数

(1) 实验平衡常数简介

随着反应的进行，反应物浓度（或分压）逐渐降低，产物浓度（或分压）逐渐增加，最终各物质浓度（或分压）达到平衡，各物质平衡浓度（或分压）一般以 $c_{eq}(i)$[或 $p_{eq}(i)$]表示，其中下标 eq 表示平衡，i 表示物质化学式。针对具体的计量化学反应方程式，把以化学计量数为指数的平衡浓度幂（或平衡分压幂）连续相乘即为平衡常数 K。化学平衡的早期研究习惯采用浓度平衡常数 K_c（平衡浓度幂连乘，针对溶液平衡反应）、分压平衡常数 K_p（平衡分压幂连乘，针对气相平衡反应）来描述化学平衡。可表达如下：

$$K_c=\prod_i \nu_i c_{eq}(i) \qquad (3\text{-}39a)$$

$$K_p=\prod_i \nu_i p_{eq}(i) \qquad (3\text{-}39b)$$

这种单纯针对溶液平衡反应或气相平衡反应的平衡常数（K_c、K_p）也称作实验平衡常数，在实际应用过程中会出现很多“麻烦”，包括平衡常数量纲多变、标度混乱等。特别是对于既含有气体，又含有溶液的反应体系，上述两个平衡常数在表达上无所适从。因而，K_c、K_p 这种经验性平衡常数已逐渐退出主流，而被更为客观、高度一致性的标准平衡常数取代。

（2）标准平衡常数 $K^{\ominus}$ 定义

标准平衡常数是反应平衡体系中各物质平衡**活度幂**（以化学计量数为指数）的乘积，以 $K^{\ominus}$ 表示。对于反应式：

$$b\mathbf{B}(l)+d\mathbf{D}(aq) \xlongequal{} x\mathbf{X}(s)+y\mathbf{Y}(g)$$

该反应的标准平衡常数 $K^{\ominus}$ 表达为：

$$K^{\ominus}=\prod_i \nu_i a_{eq}(i)=\frac{[p_{eq}(Y)/p^{\ominus}]^y}{[c_{eq}(D)/c^{\ominus}]^d} \tag{3-40}$$

式中，$a_{eq}(i)$ 是物质 i 的平衡活度；$p_{eq}(Y)$ 为气体 Y 平衡分压，单位 kPa；$c_{eq}(D)$ 为溶液 D 平衡浓度，单位 $mol\cdot dm^{-3}$；纯固体、纯液体的活度等于1。$p^{\ominus}=100kPa$，$c^{\ominus}=1mol\cdot dm^{-3}$。注意化学计量数 ν_i 的正负取值。标准平衡常数 $K^{\ominus}$ 的量纲为1，没有单位。其名称中的“标准”二字与标准状态无关，取统一、规范、权威之意，以区别 K_c、K_p。标准平衡常数采用各物质活度幂的乘积，不论参与反应的是气体、溶液，还是纯液体、纯固体，都只采用其量纲为一的活度，避免了传统 K_c、K_p 带来的单位混乱和数值混乱。

（3）标准平衡常数 $K^{\ominus}$ 书写规则

在不会引起误解的前提下，式（3-39）中的平衡态符号 eq 可以省略，但式中各浓度、分压必须还是平衡浓度、平衡分压，即带入标准平衡常数表达式中的各物质浓度或分压必须是其平衡态的浓度或分压。以合成氨反应为例。

$$N_2(g)+3H_2(g) \xlongequal{} 2NH_3(g)$$

$$K^{\ominus}=\frac{[p(NH_3)/p^{\ominus}]^2}{[p(N_2)/p^{\ominus}][p(H_2)/p^{\ominus}]^3}$$

又如：$Zn(s)+2H^+(aq) \xlongequal{} Zn^{2+}(aq)+H_2(g)$

$$K^{\ominus}=\frac{[c(Zn^{2+})/c^{\ominus}][p(H_2)/p^{\ominus}]}{[c(H^+)/c^{\ominus}]^2}$$

再如：$H^+(aq)+OH^-(aq) \xlongequal{} H_2O(l)$

$$K^{\ominus}=\frac{a(H_2O,l)}{a(H^+,aq)a(OH^-,aq)}=\frac{1}{[c(H^+)/c^{\ominus}][c(OH^-)/c^{\ominus}]}$$

上例显示，对于溶剂水分子参与的反应，因溶剂水量大，且一般研究溶液的浓度不会太高，故将这种情况参与反应的水分子视为纯液体，活度为1。其他非水溶剂也一样。

$$CaCO_3(s) \xlongequal{} CaO(s)+CO_2(g); \quad K^{\ominus}=p(CO_2)/p^{\ominus}$$

$$MnO_2(s)+4H^+(aq)+2Cl^-(aq) \xlongequal{} Mn^{2+}(aq)+Cl_2(g)+2H_2O(l);$$

$$K^{\ominus}=\frac{[c(Mn^{2+})/c^{\ominus}][p(Cl_2)/p^{\ominus}]}{[c(H^+)/c^{\ominus}]^4[c(Cl^-)/c^{\ominus}]^2}$$

$$Hg(l) \xlongequal{} Hg(g); \quad K^{\ominus}=p(Hg,g)/p^{\ominus}$$

$K^\ominus$的数值与化学计量方程式的写法有关，因此$K^\ominus$的数值与热力学函数的增量及反应进度一样，必须与化学反应式“配套”。如果有人说“合成氨反应在500℃时的标准平衡常数为7.9×10^{-5}”，这是不科学的。因为对于合成氨反应的方程式，既可以写成式(1)，也可写作式(2)：

式(1)　$N_2(g)+3H_2(g) = 2NH_3(g)$

式(2)　$\frac{1}{2}N_2(g)+\frac{3}{2}H_2(g) = NH_3(g)$

而其相应的标准平衡常数分别为：

$$K_1^\ominus=\frac{[p(NH_3)/p^\ominus]^2}{[p(N_2)/p^\ominus][p(H_2)/p^\ominus]^3}$$

$$K_2^\ominus=\frac{p(NH_3)/p^\ominus}{[p(N_2)/p^\ominus]^{1/2}[p(H_2)/p^\ominus]^{3/2}}$$

显然，$K_1^\ominus\neq K_2^\ominus$。若已知500℃时，$K_1^\ominus=7.9\times10^{-5}$，则$K_2^\ominus=\sqrt{K_1^\ominus}=8.9\times10^{-3}$。

(4) 化学反应的限度

$K^\ominus$的数值决定于反应的本性、温度以及标准态的选择，而与压力或组成无关，$K^\ominus$只是温度的函数。$K^\ominus$反映了在给定温度下反应进行的限度，$K^\ominus$值越大，说明该反应进行得越彻底，反应物的转化率越高。转化率是指某反应物在反应中已转化的量相对于该反应物初始用量的比率，即：

$$\text{某反应物的转化率}=\frac{\text{该反应物已转化的量}}{\text{该反应物起始的量}}\times100\% \tag{3-41}$$

一般认为：

$K^\ominus\geqslant10^7$，反应正向自发进行得很彻底，极高转化率。

$K^\ominus\leqslant10^{-7}$，反应正向非自发，反应不能进行（其实是反应正向也会进行，但达到平衡时的转化率远远小于0.1%，几乎为零，等同于没有发生反应）。

$10^{-7}<K^\ominus<10^7$，反应能一定程度进行，典型的平衡反应。

对于在通常条件下彻底进行的反应或完全不能进行的反应，一般不需要进一步改变条件来影响反应的进行（再怎么改变也没有意义）。而对于$10^{-7}<K^\ominus<10^7$的反应，可以通过改变浓度、压力等条件来促进平衡的移动。

化学反应进行的自发方向一般以$\Delta_r G_m(T)$是否小于零来做判断，可由范特霍夫等温方程计算获得各个温度下的实际$\Delta_r G_m(T)$。但也有一些经验性总结可供反应自发性判断。依据范特霍夫等温方程：

$$\Delta_r G_m(T)=\Delta_r G_m^\ominus(T)+RT\ln Q$$

式中，$\Delta_r G_m^\ominus(T)$在定温条件下可近似看作定值，不随反应进度和物料配比影响。其值可由标准摩尔生成吉布斯函数$\Delta_f G_m^\ominus$求得（298.15K温度下），或由吉布斯-赫姆霍兹方程求得（理论上可以任何温度）。如果按照以上方法获得反应标准吉布斯函数变$\Delta_r G_m^\ominus(T)<-40\text{kJ}\cdot\text{mol}^{-1}$，则我们将很难通过改变反应商$Q$来使$\Delta_r G_m(T)>0$（基于范特霍夫等温方程来推导），即无论怎样调整物料配比，基本都可保证反应实际的$\Delta_r G_m(T)<0$，从而保障反应的正向自发性。因而$\Delta_r G_m^\ominus(T)<-40\text{kJ}\cdot\text{mol}^{-1}$也可作为反应可以正向自发进行的判据。而如果$\Delta_r G_m^\ominus(T)>40\text{kJ}\cdot\text{mol}^{-1}$，则我们也很难改变反应商$Q$来使反应实际的

$\Delta_r G_m(T)<0$。即无论怎样调整物料配比，也基本无法改变反应 $\Delta_r G_m(T)>0$ 的事实，这样的反应注定为正向非自发反应。也就是说，$\Delta_r G_m^{\ominus}(T)>40\text{kJ}\cdot\text{mol}^{-1}$ 也可以作为反应不能正向自发进行的判据。而如果 $-40\text{kJ}\cdot\text{mol}^{-1}<\Delta_r G_m^{\ominus}(T)<40\text{kJ}\cdot\text{mol}^{-1}$，则可以通过调整物料配比，改变反应商 Q，从而改变反应实际的 $\Delta_r G_m(T)$ 的正负号，进而决定反应是否可以正向自发进行。该经验总结列于表 3-2。

表 3-2 $\Delta_r G_m^{\ominus}(T)$ 作为反应正向自发性判据的条件

$\Delta_r G_m^{\ominus}(T)<-40\text{kJ}\cdot\text{mol}^{-1}$	反应正向自发进行，可以让反应进行得很彻底
$\Delta_r G_m^{\ominus}(T)>40\text{kJ}\cdot\text{mol}^{-1}$	反应正向不能自发进行
$-40\text{kJ}\cdot\text{mol}^{-1}<\Delta_r G_m^{\ominus}(T)<40\text{kJ}\cdot\text{mol}^{-1}$	可以通过改变物料配比或其他条件比来调控 $\Delta_r G_m(T)$ 的正负号

因此，可以用标态下的 $\Delta_r G_m^{\ominus}(T)$ 来大致判断一般化学反应的自发性与平衡进行程度。

3.8.3 标准平衡常数 $K^{\ominus}$ 与 $\Delta_r G_m^{\ominus}$

对于一个正向自发的反应，随着反应进行，体系的能量（如吉布斯自由能 G）将逐步下降，直至热力学平衡点，系统吉布斯自由能达到最低点 G_{eq}（如图 3-6 所示）。

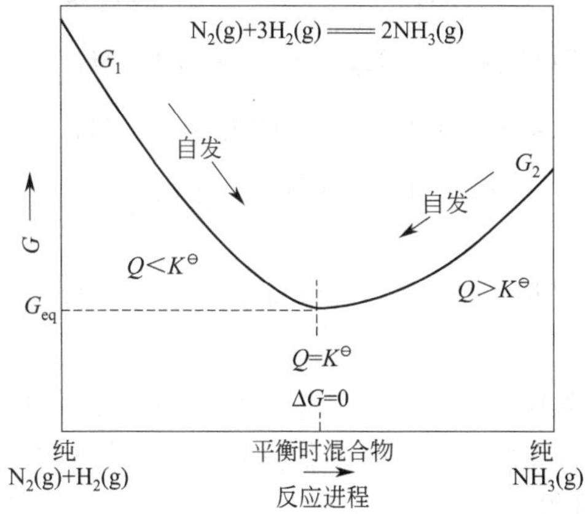

图 3-6 平衡反应进程中吉布斯函数 G 的变化

图 3-6 显示，反应过程的吉布斯函数变为 $\Delta_r G=G_{eq}-G_1$，为负值，说明反应正向自发进行。当反应达到平衡点时，G_1 降至与 G_{eq} 相等，$\Delta_r G$ 由绝对值较大的负数增至零，即平衡点时，$\Delta_r G=0$，系统反应商 Q 也变至与标准平衡常数 $K^{\ominus}$ 相等。结合范特霍夫等温方程式（3-34）

$$\Delta_r G_m(T)=\Delta_r G_m^{\ominus}(T)+RT\ln Q$$

将 $\Delta_r G=0$ 和 $Q=K^{\ominus}$ 代入上式，得：

$$0=\Delta_r G_m^{\ominus}(T)+RT\ln K^{\ominus} \tag{3-42}$$

$\Delta_r G_m^{\ominus}(T)$ 与 $K^{\ominus}$ 建立如下关系：

$$\Delta_r G_m^{\ominus}(T)=-RT\ln K^{\ominus} \quad 或 \quad \ln K^{\ominus}=\frac{-\Delta_r G_m^{\ominus}(T)}{RT} \tag{3-43}$$

或者将自然对数转化为常用对数表达：$\Delta_r G_m^{\ominus}(T)=-2.303RT\lg K^{\ominus}$

这是 $K^{\ominus}$ 与 $\Delta_r G_m^{\ominus}(T)$ 的重要关系式，可以实现标准热力学函数与 $K^{\ominus}$ 及平衡条件（温度、压力、组成）间进行相互换算。重要的是，不必依靠实验，利用标准热力学函数可从理论上计算标准平衡常数。若将它与现实生产进行对比，就可以明白提高产率还有多大潜力。

3.8.4 多重平衡规则

基于平衡常数表达式的书写规则及式（3-42），还可以推出一个有用的运算规则——多重平衡规则：如果某个反应可以表示为两个或更多个反应的总和（包括乘上正负系数后的方程加和），则总反应的平衡常数等于各反应平衡常数的乘积（可带指数后相乘）。

如果 反应(3)＝反应(1)＋反应(2)

基于盖斯定律，则有 $\Delta_r G_{m,3}^{\ominus}(T)=\Delta_r G_{m,1}^{\ominus}(T)+\Delta_r G_{m,2}^{\ominus}(T)$

可导出

$$K_3^{\ominus}=K_1^{\ominus}K_2^{\ominus} \tag{3-44}$$

利用多重平衡规则，可以从一些已知反应的平衡常数推求许多未知反应的平衡常数。这对于尝试设计某产品新的合成路线，而又缺乏实验数据时，常常是很有用的。

例如：在某温度下生产水煤气时同时存在下列四个平衡。

平衡反应(1) $C(s)+H_2O(g)=\!=\!=CO(g)+H_2(g)$； $\Delta_r G_{m,1}^{\ominus}=-RT\ln K_{m,1}^{\ominus}$

平衡反应(2) $CO(g)+H_2O(g)=\!=\!=CO_2(g)+H_2(g)$； $\Delta_r G_{m,2}^{\ominus}=-RT\ln K_{m,2}^{\ominus}$

平衡反应(3) $C(s)+2H_2O(g)=\!=\!=CO_2(g)+2H_2(g)$； $\Delta_r G_{m,3}^{\ominus}=-RT\ln K_{m,3}^{\ominus}$

平衡反应(4) $C(s)+CO_2(g)=\!=\!=2CO(g)$； $\Delta_r G_{m,4}^{\ominus}=-RT\ln K_{m,4}^{\ominus}$

其中平衡反应（3）和平衡反应（4）可以看作是通过平衡反应（1）及平衡反应（2）的组合而建立的。由于

$$\Delta_r G_{m,3}^{\ominus}(T)=\Delta_r G_{m,1}^{\ominus}(T)+\Delta_r G_{m,2}^{\ominus}(T)$$
$$\Delta_r G_{m,4}^{\ominus}(T)=\Delta_r G_{m,1}^{\ominus}(T)-\Delta_r G_{m,2}^{\ominus}(T)$$

所以根据式（3-44）可得

$$K_3^{\ominus}=K_1^{\ominus}K_2^{\ominus};\quad K_4^{\ominus}=K_1^{\ominus}/K_2^{\ominus}$$

3.9 化学平衡的有关计算

许多重要的工程实际过程，都涉及化学平衡或需借助平衡产率以衡量实践过程的完善程度。因此，掌握有关化学平衡的计算显得十分重要。此类计算的重点是：从标准热力学函数或实验数据求平衡常数；利用平衡常数求各物质的平衡组分（分压、浓度、最大产率）以及条件变化如何影响反应的方向和限度等。

有关平衡计算中，应特别注意以下两点。

① 写出配平的化学反应方程式，并注明物质的聚集状态（如果物质有多种晶型，还应注明是哪一种）。这对查找标准热力学函数的数据及进行运算，或正确书写 $K^{\ominus}$ 表达式都十分必要。

② 当涉及各物质的初始量、变化量、平衡量时，关键是要搞清各物质的变化量之比，

即为反应式中各物质的化学计量数之比。

【例 3-10】 C（s）+CO_2（g）══2CO（g）是高温加工处理钢铁零件时涉及脱碳氧化或渗碳的一个重要化学平衡式。试分别计算或估算该反应在 298.15K 和 1173K 时的标准平衡常数 $K^{\ominus}$ 值，并简单说明其意义。

解： 从附录查出有关物质的标准热力学函数，并标在反应式相关化学式之下。

	C(s)	+	CO_2(g) ══	2CO(g)
$\Delta_f H_m^{\ominus}(298.15K)/kJ \cdot mol^{-1}$	0		−393.509	−110.525
$S_m^{\ominus}(298.15K)/J \cdot mol^{-1} \cdot K^{-1}$	5.740		213.74	197.674

（1）298.15K 时，

$$\Delta_r H_m^{\ominus}(298.15K) = \sum_B \nu_B \Delta_f H_{m,B}^{\ominus}(298.15K)$$

$$= 2\times(-110.525) - 0 - (-393.509)(kJ \cdot mol^{-1}) = 172.459(kJ \cdot mol^{-1})$$

$$\Delta_r S_m^{\ominus}(298.15K) = \sum_B \nu_B S_{m,B}^{\ominus}$$

$$-2\times 197.674 - 5.740 - 213.74(J \cdot mol^{-1} \cdot K^{-1}) = 175.87(J \cdot mol^{-1} \cdot K^{-1})$$

$$\Delta_r G_m^{\ominus}(298.15K) = \Delta_r H_m^{\ominus}(298.15K) - T\Delta_r S_m^{\ominus}(298.15K)$$

$$= 172.459 - 298.15\times 175.87\times 10^{-3}(kJ \cdot mol^{-1}) = 120.02(kJ \cdot mol^{-1})$$

$$\ln K_{298.15K}^{\ominus} = \frac{-\Delta_r G_m^{\ominus}(2968.15K)}{RT} = \frac{-120.02\times 10^3 J \cdot mol^{-1}}{8.314 J \cdot mol^{-1} \cdot K^{-1} \times 298.15K} = -48.42$$

$$K_{298.15K}^{\ominus} = 9.36\times 10^{-22}$$

（2）1173K 时，

$$\Delta_r G_m^{\ominus}(T) \approx \Delta_r H_m^{\ominus}(298.15K) - T\Delta_r S_m^{\ominus}(298.15K)$$

$$\Delta_r G_m^{\ominus}(1173K) \approx 172.459 - 1173\times 175.87\times 10^{-3}(kJ \cdot mol^{-1}) = -33.84(kJ \cdot mol^{-1})$$

$$\ln K_{1173K}^{\ominus} = \frac{-\Delta_r G_m^{\ominus}(1173K)}{RT} = \frac{-(-33.84)\times 10^3 J \cdot mol^{-1}}{8.314 J \cdot mol^{-1} \cdot K^{-1} \times 1173K} = 3.470$$

$$K_{1173K}^{\ominus} = 32.14$$

计算结果显示，温度从室温（25℃）增至高温（900℃）时，ΔG 值急剧减小，反应从非自发转变为自发进行，$K^{\ominus}$ 值显著增大；从 $K^{\ominus}$ 值看，25℃时钢铁中碳被 CO_2 氧化的脱碳反应实际上没有进行，发生逆向自发的渗碳反应。但 900℃时，钢铁中的碳（以石墨或渗碳体 Fe_3C 形式存在）被氧化脱碳程度会较大，但仍具有明显的可逆性（因此高温下，反应的平衡常数不大）。钢铁脱碳会降低钢铁零件的强度而使其性能变差。欲使钢铁零件既不脱碳又不渗碳，应将钢铁热处理的炉内气氛中 CO 与 CO_2 组分比例控制在该温度下 $K^{\ominus}$ 值附近，即 CO 与 CO_2 组分比例应大致满足如下方程：

$$K_T^{\ominus} = \frac{[p(CO)/p^{\ominus}]^2}{p(CO_2)/p^{\ominus}}$$

化学热处理工艺中，也有利用这一化学平衡，在高温时采用含有 CO 的气氛进行钢铁零件表面渗碳（使上述反应逆向进行）处理，以改善钢铁表面性能，提高其硬度、耐磨性、耐热、耐蚀和抗疲劳性能等。

【例 3-11】 将 1.20mol SO_2 和 2.00mol O_2 的混合气体，在 800K 和 101.325kPa 的总压力下，缓慢通过 V_2O_5 催化剂使生成 SO_3，在恒温恒压下达到平衡后，测得混合物中生成的 SO_3 为 1.10mol。试利用上述实验数据求该温度下反应 $2SO_2(g)+O_2(g) \longrightarrow 2SO_3(g)$ 的 $K^{\ominus}$、$\Delta_r G_m^{\ominus}$ 及 SO_2 的转化率，并讨论温度、总压力的高低对 SO_2 转化率的影响。

解：

	$2SO_2(g)$ +	$O_2(g)$ ═══	$2SO_3(g)$
起始时物质的量/mol	1.20	2.00	0
反应中物质的量的变化/mol	−1.10	−1.10/2	+1.10
平衡时物质的量/mol	0.10	1.45	1.10
平衡时的摩尔分数 x	0.10/2.65	1.45/2.65	1.10/2.65

计算各气体的平衡分压：

$$p(SO_2)=p\times x(SO_2)=101.325\text{kPa}\times(0.10/2.65)=3.82\text{kPa}$$

$$p(O_2)=p\times x(O_2)=101.325\text{kPa}\times(1.45/2.65)=55.4\text{kPa}$$

$$p(SO_3)=p\times x(SO_3)=101.325\text{kPa}\times(1.10/2.65)=42.1\text{kPa}$$

$$K^{\ominus}=\frac{[p(SO_3)/p^{\ominus}]^2}{[p(SO_2)/p^{\ominus}]^2[p(O_2)/p^{\ominus}]}=\frac{[p(SO_3)]^2p^{\ominus}}{[p(SO_2)]^2p(O_2)}$$

$$K^{\ominus}=\frac{42.1^2\times100}{3.82^2\times55.4}=219$$

$$\Delta_r G_m^{\ominus}(800\text{K})=-RT\ln K^{\ominus}$$

$$\Delta_r G_m^{\ominus}(800\text{K})=-8.314\text{J}\cdot\text{mol}^{-1}\cdot\text{K}^{-1}\times800\text{K}\times\ln219=-35.8\text{kJ}\cdot\text{mol}^{-1}$$

$$SO_2\text{ 平衡转化率}=\frac{\text{平衡时 }SO_2\text{ 转化掉的量}}{SO_2\text{ 的起始量}}\times100\%=\frac{1.10}{1.20}\times100\%=91.7\%$$

计算结果讨论：此反应为气体分子数减小的反应，可判断 $\Delta_r S<0$，而从上面计算已得 $\Delta_r G_m^{\ominus}<0$，则根据吉布斯等温方程式 $\Delta G=\Delta H-T\Delta S$，可判断必有 $\Delta_r H_m<0$，根据平衡移动原理，高压低温有利于提高 SO_2 的转化率。（在接触法制造 H_2SO_4 的生产实践中，为了充分利用 SO_2，采用比本题更为过量的 O_2，在常压下 SO_2 转化率已高达 96%～98%，所以实际上无需采用高压；对于温度，重要的是要兼顾反应速率，采用能使 V_2O_3 催化剂具有高活性的适当低温，例如 475℃。）

【例 3-12】 由 $MnO_2(s)$ 和 HCl 制备 $Cl_2(g)$，已知

	$MnO_2(s)$ +	$4H^+(aq)$ +	$2Cl^-(aq)$ ═══	$Mn^{2+}(aq)$ +	$Cl_2(g)$ +	$2H_2O(l)$
$\Delta_f G_m^{\ominus}(298.15\text{K})/\text{kJ}\cdot\text{mol}^{-1}$	−465.1	0	−131.2	−228.1	0	−237.1

问：(1) 标态下、298.15K 时，反应能否自发？

(2) 若用 12.0mol·dm^{-3} 的 HCl，其他物质仍为标态，298K 时反应能否自发？

解：(1)

$$\Delta_r G_m^{\ominus}(298.15\text{K})=\sum_B \nu_B\Delta_f G_m^{\ominus}(\text{B},298.15\text{K})$$

$$\Delta_r G_m^{\ominus}(298.15\text{K})=[-228.1+2\times(-237.1)]-[(-465.1)+2\times(-131.2)](\text{kJ}\cdot\text{mol}^{-1})$$

$$\Delta_r G_m^{\ominus}(298.15\text{K})=25.2\text{kJ}\cdot\text{mol}^{-1}$$

故在标态下、298.15K 反应非自发。

(2)

$$Q=\frac{[c(\mathrm{Mn}^{2+})/c^{\ominus}][p(\mathrm{Cl}_2)/p^{\ominus}]}{[c(\mathrm{H}^{+})/c^{\ominus}]^4[c(\mathrm{Cl}^{-})/c^{\ominus}]^2}=\frac{(1.0/1.0)\times(100/100)}{(12.0/1.0)^4\times(12.0/1.0)^2}=3.35\times10^{-7}$$

据等温方程：$\Delta_r G_m(T)=\Delta_r G_m^{\ominus}(T)+RT\ln Q$

$$\Delta_r G_m(T)=25.2\mathrm{kJ\cdot mol^{-1}}+8.314\times10^{-3}\mathrm{kJ\cdot mol^{-1}K^{-1}}\times298\mathrm{K}\times\ln(3.35\times10^{-7})$$

$$\Delta_r G_m(T)=-11.7\mathrm{kJ\cdot mol^{-1}}$$

故反应自发。

由此说明，一些反应在标态下不能进行，但在非标态下可以进行。

3.10 化学平衡的移动及勒夏特列原理

一切平衡都只是相对的和暂时的。化学平衡只有在一定的条件下才能保持；条件改变，系统的平衡就会破坏，气体混合物中各物质的分压或液态溶液中各溶质的浓度就发生变化，直到与新的条件相适应，系统又达到新的平衡。这种因条件的改变使化学反应从原来的平衡状态转变到新的平衡状态的过程叫化学平衡的移动。

中学里已学过平衡移动原理——勒夏特列（A. L. Le Châtelier 法文）原理：假如改变平衡系统的条件之一，如浓度、压力或温度，平衡就向能减弱这个改变的方向移动。应用这个规律，可以改变条件，使所需的反应进行得更完全。

但为什么浓度、压力、温度都可统一于一条普遍规律？其依据是什么？

对此，可应用化学热力学进行分析。根据热力学等温方程：

$$\Delta_r G_m(T)=\Delta_r G_m^{\ominus}(T)+RT\ln Q$$

以及

$$\Delta_r G_m^{\ominus}(T)=-RT\ln K^{\ominus}$$

合并此两式可得

$$\Delta_r G_m(T)=RT\ln\frac{Q}{K^{\ominus}} \qquad (3\text{-}45)$$

根据式（3-45），只需比较指定态的反应商 Q 与标准平衡常数 $K^{\ominus}$ 的相对大小，就可以判断反应进行（即平衡移动）的方向，可分下列三种情况：

当 $Q<K^{\ominus}$ 则 $\Delta_r G_m(T)<0$ 反应正向自发进行

当 $Q=K^{\ominus}$ 则 $\Delta_r G_m(T)=0$ 平衡状态

当 $Q>K^{\ominus}$ 则 $\Delta_r G_m(T)<0$ 正向反应非自发

在定温下，$K^{\ominus}$ 是常数，而 Q 则可通过调节反应物或产物的量（即浓度或分压）加以改变。若希望反应正向进行，就通过移去产物或增加反应物使 $Q<K^{\ominus}$，$\Delta_r G<0$，从而达到预期的目的。例如，合成氨生产中，将生成的 NH_3 用冷冻方法从系统中分离出去，降低 Q 值，因而反应能持续进行。合成氨生产中原料气 N_2 与 H_2 能循环使用的根据就在于此。图 3-6 也能为我们理解平衡移动提供直观展示。

另外，联立 $\Delta_r G_m^{\ominus}(T)=-RT\ln K^{\ominus}$ 和 $\Delta_r G_m^{\ominus}=\Delta_r H_m^{\ominus}-T\Delta_r S_m^{\ominus}$ 可得

$$\ln K^{\ominus}=\frac{-\Delta_r H_m^{\ominus}}{RT}+\frac{\Delta_r S_m^{\ominus}}{R} \qquad (3\text{-}46a)$$

设某一反应在不同温度 T_1 和 T_2 时的平衡常数分别为 $K_1^{\ominus}$ 和 $K_2^{\ominus}$，加之温度对 $\Delta_r H_m^{\ominus}$ 和 $\Delta_r S_m^{\ominus}$ 的影响可忽略，则有

$$\ln\frac{K_2^{\ominus}}{K_1^{\ominus}}=-\frac{\Delta_r H_m^{\ominus}}{R}\left(\frac{1}{T_2}-\frac{1}{T_1}\right)=\frac{\Delta_r H_m^{\ominus}}{R}\left(\frac{T_2-T_1}{T_2T_1}\right) \tag{3-46b}$$

式（3-46）称为**范特霍夫等压方程**式。它表明了 $\Delta_r H_m^{\ominus}$、T 与 $K^{\ominus}$ 间的相互关系，沟通了量热数据与平衡数据，是说明温度对平衡常数影响的十分有用的公式。若已知量热数据(反应焓变)，及某温度 T_1 时的 $K_1^{\ominus}$，就可推算出任何温度 T_2 下的 $K_2^{\ominus}$；若已知两个不同温度下反应的 $K^{\ominus}$，则不但可以判断反应是吸热还是放热，而且还可以求出 $\Delta_r H_m^{\ominus}$ 的数值。[在应用式（3-46）进行计算时，应特别注意 $\Delta_r H_m^{\ominus}$ 与 R 中能量单位要一致，注意单位中 kJ 与 J。]

对于一个给定的化学反应，由于反应的 ΔH 和 ΔS 可近似地看作是与温度无关的常数，则从式（3-46a）可得 $\ln K^{\ominus}$ 对(1/T）的关系曲线，作图应得一直线，如图 3-7 所示，横坐标 K^{-1} 是绝对温度的倒数。

这时，式（3-46a）可写成：

$$\ln K^{\ominus}=\frac{A}{T}+B \tag{3-47}$$

式中，斜率 $A=-\Delta_r H_m^{\ominus}(298.15\text{K})/R$，截距 $B=\Delta_r S_m^{\ominus}/R$。对于给定的反应，$A$ 与 B 为其特征常数。显然，对于 $\Delta_r H_m^{\ominus}$（298.15K）为负值的放热反应，则直线斜率为正值，随着温度的升高（横坐标 $1/T$ 值减小）$K^{\ominus}$ 值将减小，不利于放热的正反应，如图 3-7 中线Ⅰ。对于 $\Delta_r H_m^{\ominus}$（298.15K）为正值的吸热反应，则如图 3-7 中的线Ⅱ，斜率为负值，表示随着温度的升高，$K^{\ominus}$ 值增大。平衡向吸热的正反应方向移动。

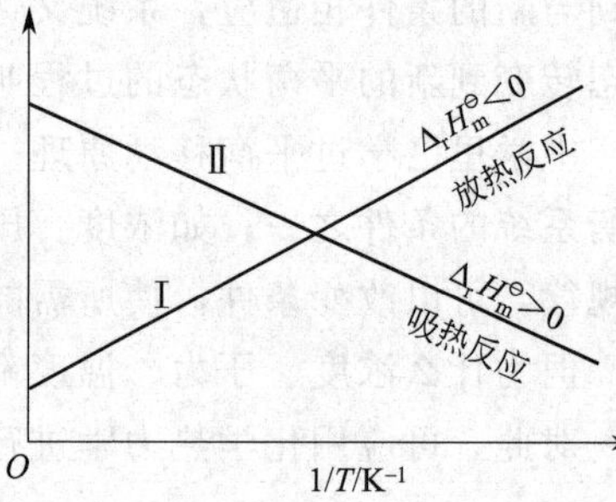

图 3-7 相反热效应时 $\ln K^{\ominus}$ 与（$1/T$）关系图

综上所述，可知勒夏特列原理中影响平衡移动的三个因素：浓度或分压是从 $K^{\ominus}$ 和 Q 这两个不同的方面来影响平衡的，浓度或分压的改变不会影响平衡常数 $K^{\ominus}$，只是 Q 变化了，引起 $K^{\ominus}$ 和 Q 大小关系变化，从而平衡发生移动；而温度对平衡的影响则受制于反应的热效应正负及大小，温度改变会引起平衡常数 $K^{\ominus}$ 的变化（$\Delta_r G_m^{\ominus}$ 也随之变化），从而打破原有的平衡（原有 $K^{\ominus}=Q$），导致平衡移动。不管上述哪一种因素，其变化引起的平衡移动，实际上都是引起了反应 $\Delta_r G_m$ 的改变，从既有平衡的 $\Delta_r G_m=0$，变到 $\Delta_r G_m\neq 0$。从而平衡发生新的移动。

【例 3-13】 已知合成氨反应：

$$N_2(g)+3H_2(g)=\!=\!=2NH_3(g);\quad \Delta_r H_m^{\ominus}=-92.22\text{kJ}\cdot\text{mol}^{-1}$$

若室温 298K 时的 $K_{298\text{K}}^{\ominus}=6.0\times10^5$，试计算 700K 时平衡常数 $K_{700\text{K}}^{\ominus}$。

解： 根据范特霍夫等压方程式得：

$$\ln\frac{K_2^{\ominus}}{K_1^{\ominus}}=-\frac{\Delta_r H_m^{\ominus}}{R}\left(\frac{1}{T_2}-\frac{1}{T_1}\right)=\ln\frac{K_{700\text{K}}^{\ominus}}{K_{298\text{K}}^{\ominus}}=\ln\frac{K_{700\text{K}}^{\ominus}}{6.0\times10^5}$$

$$=\frac{-92.22\text{kJ}\cdot\text{mol}^{-1}}{8.314\times10^{-3}\text{kJ}\cdot\text{mol}^{-1}\cdot\text{K}^{-1}}\left(\frac{1}{700\text{K}}-\frac{1}{298\text{K}}\right)=-21.4$$

$$\frac{K^{\ominus}_{700K}}{K^{\ominus}_{298K}}=5.1\times10^{-10}$$

$$K^{\ominus}_{700K}=3.1\times10^{-4}$$

注意：此系统从室温25℃升高到427℃，它的平衡常数下降了约2×10^9倍。因此可以推断，为了获得合成氨的高产率，从化学热力学考虑，就需要尽可能低的温度。

我们知道燃料燃烧能放出大量的热，无论$\Delta_r H_m^{\ominus}$或$\Delta_r G_m^{\ominus}$都是负值，且绝对值$|\Delta_r H_m^{\ominus}|$或$|\Delta_r G_m^{\ominus}|$都很大；这些燃烧反应都能自发且进行得相当彻底，即由能量较高的煤转化为能量较低的CO_2与H_2O。但为什么在常温时像煤炭之类能量较高的物质却能存放在空气中而觉察不出有什么反应？甚至像H_2这种能与O_2发生很剧烈的“爆炸”反应的气体，也能在露置于空气的情况下用锌与稀盐酸来制备，而可以不考虑H_2与空气中的O_2的“爆炸”反应呢？这是因为化学热力学所讨论的反应的自发性或方向和进行的程度，都只是说明是否可能发生和可能达到的程度，也就是讨论可能发生的趋向性和程度。但是可能性不等于现实性，可能性与现实性是物质变化规律的两个不同方面。水能自高处向下流，这是可能性。但如果有堤坝拦阻，水是不能下流的；或者高处的水源与低处的水源间有一水道相通，但水道很细，则水虽然能下流，然而速率却很小，在短时间内还看不出高处水源的水量在减少，这是现实性，实际上涉及速率的问题。如上述的放热反应，原则上讲，降低温度有利于平衡向产物方向移动，但降低温度往往会使反应速率明显下降，甚至降至几乎觉察不出的地步。因此在实际工业生产以及科学研究中，应同时从热力学与动力学方面来分析温度对反应的影响，以获得最佳反应条件。

复习思考题

1. 区别下列概念：

(1) 系统与环境；

(2) 比热容与热容；

(3) 定容反应热与定压反应热；

(4) 反应热效应与焓变；

(5) 标准摩尔生成焓与反应的标准摩尔焓变；

(6) 标准摩尔熵与标准摩尔生成吉布斯函数；

(7) 反应的摩尔吉布斯函数变与反应的标准摩尔吉布斯函数变；

(8) 反应商与标准平衡常数。

2. 说明下列符号的意义：

q；q_p；U；H；$\Delta_r H_m^{\ominus}$；$\Delta_f H_m^{\ominus}(298.15K)$；$S$；$S_m^{\ominus}(O_2, g, 298.15K)$；$\Delta_r S_m^{\ominus}(298.15K)$；$G$；$\Delta_r G$；$\Delta_r G_m^{\ominus}(298.15K)$；$\Delta_f G_m^{\ominus}(298.15K)$；$Q$；$K^{\ominus}$

3. 何为化学计量数？化学计量数与化学反应方程式的写法有何关系？

4. 说明反应进度的定义及引入反应进度的意义。

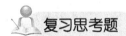

5. 用弹式热量计测量反应热效应的原理是什么？对于一般反应来说，用弹式量热计所

测得的热量是否就等于反应的热效应？为什么？

6. 热化学方程式与一般的化学反应方程式有何异同？书写热化学方程式时有哪些应注意之处？

7. 什么叫状态函数？q、w、H 是否是状态函数？为什么？

8. q、H、U 之间，p、V、U、H 之间存在哪些重要关系？试用公式表示。

9. 如何利用精确测定的 q_v 来求得 q_p 和 ΔH？试用公式表示。

10. 化学热力学中所说的“标准状态”指什么？对于单质、化合物和水合离子所规定的标准摩尔生成焓有何区别？

11. 试根据标准摩尔生成焓的定义，说明在该条件下指定单质的标准摩尔生成焓必须为零。

12. 如何利用物质的 $\Delta_f H_m^\ominus$ (298.15K) 的数据，计算燃烧反应及中和反应的 $\Delta_f H_m^\ominus$ (298.15K)？举例说明。

13. 不要查表，试比较下列物质 $S_m^\ominus$ (298.15K) 值的大小。

A. Ag (s)；B. AgCl (s)；C. Cu (s)；D. C_6H_6 (l)；E. C_6H_6 (g)

14. H、S 与 G 之间，$\Delta_r H$、$\Delta_r S$ 与 $\Delta_r G$ 之间，$\Delta_r G$ 与 $\Delta_r G^\ominus$ 之间存在哪些重要关系？试用公式表示。

15. 判断反应能否自发进行的标准是什么？能否用反应的焓变或熵变作为衡量的标准？为什么？

16. 如何用物质的标准热力学函数 $\Delta_f H_m^\ominus$ (298.15K)、$S_m^\ominus$ (298.15K)、$\Delta_f G_m^\ominus$ (298.15K) 的数据，计算反应的 $\Delta_r G_m^\ominus$(298.15K) 以及某温度 T 时反应的 $\Delta_r G_m^\ominus(T)$ 的近似值？举例说明。

17. 能否用 $K^\ominus$ 来判断反应的自发性？为什么？

18. 如何利用物质的标准热力学函数 $\Delta_f H_m^\ominus$ (298.15K)、$S_m^\ominus$ (298.15K)、$\Delta_f G_m^\ominus$ (298.15K) 的数据，计算反应的 $K^\ominus$ 值？写出有关的计算公式。

19. 试举出两种计算反应的 $K^\ominus$ 值的方法。

习题

一、判断题（对的在括号内填“√”号，错的填“×”号）

1. 已知下列过程的热化学方程式为：$UF_6(l) = UF_6(g)$；$\Delta_r H_m^\ominus = 30.1 kJ \cdot mol^{-1}$

则此温度时蒸发 1mol UF_6(l) 会放出热 30.1kJ。 ( )

2. 反应的 ΔH 就是反应的热效应。 ( )

3. 某一给定反应达到平衡后，若平衡条件不变，分离除去某生成物，待达到新的平衡后，则各反应物和生成物的分压或浓度分别保持原有定值。 ( )

4. 对反应系统 $C(s) + H_2O(g) = CO(g) + H_2(g)$，$\Delta_r H_m^\ominus$(298.15K) = 131.3 $kJ \cdot mol^{-1}$。由于化学方程式两边物质的化学计量数（绝对值）的总和相等，所以增加总压力对平衡无影响。 ( )

5. 由于 $CaCO_3$ 的分解反应是吸热过程，所以该反应的 $\Delta_r H_m^\ominus < 0$。 ( )

6. 所有单质的标准摩尔生成焓 $\Delta_f H_m^\ominus$ 和标准摩尔生成自由能 $\Delta_r G_m^\ominus$ 均为零。 ( )

7. 因为 $q_p = H_2 - H_1$，H_2 与 H_1 均为状态函数，所以 q_p 也是状态函数。 ( )

8. 所谓自发反应，就是无需加热即可自行发生的反应。 ( )

9. 当 $\Delta_r S_m$ 为正值时，放热反应是自发的；当为负值时，放热反应不一定是自发的。 ( )

10. 任何纯净的完整晶态物质在0K时的熵值 $S_{0K}=0$。 ( )

11. 降低能量是自然界体系变化的总趋势，焓是体系的状态函数，也是体系的一种能量形式，焓值降低的变化过程也是自发过程。 ( )

12. NO是重要的大气污染物，由于反应 $2NO(g)+O_2(g) \xlongequal{} 2NO_2(g)$ 是熵减小过程，故空气中的NO不会自发氧化为 NO_2。 ( )

13. 热力学可逆过程就是体系从状态Ⅰ变到状态Ⅱ，又从状态Ⅱ变回到状态Ⅰ的过程。 ( )

14. 平衡反应中，某一反应物的转化率越高，则该反应的平衡常数越大。 ( )

15. 对一个放热反应，当达到平衡时，升温至某一更高温度，此时平衡将逆向移动。 ( )

16. 标准平衡常数是指平衡反应体系中各物质处于标准态时的活度商。 ( )

二、选择题（单选）

17. 在下列反应中，进行1mol反应时放出热量最大的是（ ）。

A. $CH_4(l)+2O_2(g) \xlongequal{} CO_2(g)+2H_2O(g)$；

B. $CH_4(g)+2O_2(g) \xlongequal{} CO_2(g)+2H_2O(g)$；

C. $CH_4(g)+2O_2(g) \xlongequal{} CO_2(g)+2H_2O(l)$；

D. $CH_4(g)+\frac{3}{2}O_2(g) \xlongequal{} CO(g)+2H_2O(l)$

18. 通常，反应热的精确的实验数据是通过测定反应或过程的哪个物理量而获得的（ ）。

A. ΔH；　　B. $p\Delta V$；　　C. q_p；　　D. q_v

19. 下列对于功和热的描述中，正确的是（ ）。

A. 都是途径函数，无确定的变化途径就无确定的数值；

B. 都是途径函数，对应于某一状态有一确定值；

C. 都是状态函数，变化量与途径无关；

D. 都是状态函数，始终态确定，其值也确定

20. 在温度 T 的标准状态下，若已知反应 $A \longrightarrow 2B$ 的标准摩尔反应焓 $\Delta_r H_{m,1}^\ominus$ 与反应 $2A \longrightarrow C$ 的标准摩尔反应焓 $\Delta_r H_{m,2}^\ominus$；则反应 $C \longrightarrow 4B$ 的标准摩尔反应焓 $\Delta_r H_{m,3}^\ominus$ 与 $\Delta_r H_{m,1}^\ominus$ 及 $\Delta_r H_{m,2}^\ominus$ 的关系为 $\Delta_r H_{m,3}^\ominus=$（ ）。

A. $2\Delta_r H_{m,1}^\ominus+\Delta_r H_{m,2}^\ominus$；　　B. $\Delta_r H_{m,1}^\ominus-2\Delta_r H_{m,2}^\ominus$；

C. $\Delta_r H_{m,1}^\ominus+\Delta_r H_{m,2}^\ominus$；　　D. $2\Delta_r H_{m,1}^\ominus-\Delta_r H_{m,2}^\ominus$

21. 在一定条件下，由乙二醇水溶液、冰、水蒸气、氮气和氧气组成的系统中含有（ ）。

A. 三个相；　　B. 四个相；　　C. 三种组分；

D. 四种组分；　　E. 五种组分

22. 真实气体行为接近理想气体性质的外部条件是（ ）。

A. 低温高压； B. 高温低压； C. 中温中压； D. 高温高压

23. 某温度时，反应 $H_2(g) + Br_2(g) \longrightarrow 2HBr(g)$ 的标准平衡常数 $K^\ominus = 4\times10^{-2}$，则反应 $HBr(g) \longrightarrow \frac{1}{2}H_2(g) + \frac{1}{2}Br_2(g)$ 的标准平衡常数 $K^\ominus$ 等于（ ）。

A. $\frac{1}{4\times10^{-2}}$； B. $\frac{1}{\sqrt{4\times10^{-2}}}$； C. 4×10^{-2}； D. $\sqrt{4\times10^{-2}}$

24. 已知汽车尾气无害化反应：$NO(g) + CO(g) \longrightarrow \frac{1}{2}N_2(g) + CO_2(g)$ 的 $\Delta_r H_m^\ominus$(298.15K)≪0，要有利于取得有毒气体 NO 和 CO 的最大转化率，可采取的措施是（ ）。

A. 低温低压； B. 高温高压； C. 低温高压； D. 高温低压

25. 一个化学反应达到平衡时，下列说法中正确的是（ ）。

A. 各物质的浓度或分压不随时间而变化；

B. $\Delta_r G_m^\ominus = 0$；

C. 正、逆反应的速率常数相等；

D. 寻找到该反应的高效催化剂，可提高其平衡转化率

26. 反应 $NO_2(g) \longrightarrow NO(g) + \frac{1}{2}O_2(g)$ 的 $K^\ominus = a$，则反应 $2NO_2(g) \longrightarrow 2NO(g) + O_2(g)$ 的 $K^\ominus$ 应为（ ）。

A. a； B. $1/a$； C. a^2； D. $a^{1/2}$

27. 在 $m\mathrm{A}(g) + n\mathrm{B}(s) \longrightarrow p\mathrm{C}(g)$ 的平衡体系，加压将导致 A 的转化率低，则（ ）。

A. m>p； B. m<p； C. m=p； D. m>p+n

28. 某反应 $\Delta H^\ominus < 0$，当温度由 T_1 升高到 T_2 时，平衡常数 K_1 和 K_2 之间的关系是（ ）。

A. $K_1 > K_2$； B. $K_1 < K_2$； C. $K_1 = K_2$； D. 以上都不对

三、填空题

29. 对于反应：$N_2(g) + 3H_2(g) \longrightarrow 2NH_3(g)$；$\Delta_r H_m^\ominus = -92.2\text{kJ}\cdot\text{mol}^{-1}$

若升高温度（例如升高100K），则下列各项将如何变化（填写：不变，基本不变，增大或减小）

$\Delta_r H_m^\ominus$__________；$\Delta_r S_m^\ominus$__________；$\Delta_r G_m^\ominus$__________；$K^\ominus$ __________

30. 反应 $H_2(g) + I_2(g) \longrightarrow 2HI(g)$，$\Delta r H_m^\ominus > 0$，达平衡后进行下述变化，对指明的物质有何影响？

① 加入一定量的 $I_2(g)$，会使 $I_2(g)$ 的转化率______，HI(g) 的量______；

② 增大反应器体积，$H_2(g)$ 的量__________；

③ 减小反应器体积，HI(g) 的量__________；

④ 提高温度，$K^\ominus$__________，HI(g) 的分压__________。

31. 反应 $CaO(s) + H_2O(l) \longrightarrow Ca(OH)_2(s)$，在298K、100kPa时是自发反应，高温时其逆反应变成自发反应，说明该反应的 $\Delta_r H_m^\ominus$______0；$\Delta_r S_m^\ominus$______0。

32. 由于 $\Delta_r H_m^\ominus$、$\Delta_r S_m^\ominus$ 随温度变化而变化______，故在其他温度 T 时，反应的 $\Delta_r G_m^\ominus(T)$ ＝______。

33. 恒温、恒压条件下，反应 $2SO_2(g)+O_2(g)=2SO_3(g)$ 在任意反应进程时的 $\Delta_r G_m$、标准状态下的 $\Delta_r G_m^\ominus$ 及体系中各物质分压之间的关系方程为：____________。

34. 对于______体系，自发过程一定是 ΔS______0 的过程，且达平衡时，体系熵值达到______。

35. 自发反应过程的 ΔG______0，从反应开始至达到平衡，体系的吉布斯自由能将______，直至达到______。该变化过程中，体系的焓值变化为______。

36. 已知反应 $2NO(g) \xlongequal{} N_2(g)+O_2(g)$ 的 $\Delta_r H_m^\ominus<0$，当上述反应处于平衡时给予降温，反应的标准平衡常数 $K^\ominus$ 将______。

37. 平衡反应体系中，增大反应物浓度，会使反应商 Q______$K^\ominus$，故平衡正向移动，但平衡常数 $K^\ominus$______。

38. 已知下列反应的平衡常数：$H_2(g)+S(s) \xlongequal{} H_2S(g)$，$K_1^\ominus=1.0\times10^{-3}$；$S(s)+O_2(g) \xlongequal{} SO_2(g)$，$K_2^\ominus=5.0\times10^6$；$H_2(g)+SO_2(g) \rightleftharpoons H_2S(g)+O_2(g)$ 的平衡常数 $K_3^\ominus$ 为______。

四、计算题

39. 钢弹的总热容 C_b 可利用一已知反应热数值的样品而求得。设将 0.500g 苯甲酸（C_6H_5COOH）在盛有 1209g 水的弹式量热计的钢弹内（通入氧气）完全燃烧尽，系统的温度由 296.35K 上升到 298.59K。已知在此条件下苯甲酸完全燃烧的反应热效应为 -3226 $kJ\cdot mol^{-1}$；水的比热容为 $4.18J\cdot g^{-1}\cdot K^{-1}$。试计算该钢弹的总热容。

40. 已知下列热化学方程式：

(1) $Fe_2O_3(s)+3CO(g) \xlongequal{} 2Fe(s)+3CO_2(g)$；　$q_p=-27.6kJ\cdot mol^{-1}$

(2) $3Fe_2O_3(s)+CO(g) \xlongequal{} 2Fe_3O_4(s)+CO_2(g)$；　$q_p=-58.6kJ\cdot mol^{-1}$

(3) $Fe_3O_4(s)+CO(g) \xlongequal{} 3FeO(s)+CO_2(g)$；　$q_p=38.1kJ\cdot mol^{-1}$

不用查表，试计算下列反应的 q_p

$FeO(s)+CO(g) \xlongequal{} Fe(s)+CO_2(g)$

[提示：根据盖斯定律利用已知反应方程式，设计一循环，使消去 Fe_2O_3 和 Fe_3O_4，而得到所需反应方程式。若以（1）、（2）、（3）、（4）依次表示所给出的反应方程式；则可得 $6q_{p,4}=3q_{p,1}-q_{p,2}-2q_{p,3}$]

41. 已知乙醇在 101.325kPa 大气压下正常沸点温度（351K）时的蒸发热为 39.2 $kJ\cdot mol^{-1}$。试估算 1mol 液态 C_2H_5OH 在该蒸发过程中的体积功 $W_体$ 和 ΔU。

42. 计算下列反应的（1）$\Delta_r H_m^\ominus(298.15K)$；（2）$\Delta_r U_m^\ominus(298.15K)$ 和（3）298.15K 进行 1mol 反应时的体积功 $W_体$

$$CH_4(g)+4Cl_2(g) \xlongequal{} CCl_4(l)+4HCl(g)$$

43. 设反应物和生成物均处于标准状态；试通过计算说明 298.15K 时究竟是乙炔（C_2H_2）还是乙烯（C_2H_4）完全燃烧会放出更多热量。（1）均以 $kJ\cdot mol^{-1}$ 表示；（2）均以 $kJ\cdot g^{-1}$ 表示。

44. 通过吸收气体中含有的少量乙醇可使 $K_2Cr_2O_7$ 酸性溶液变色（从橙红色变为绿

色)，以检验汽车驾驶员是否酒后驾车（违反交通规则)。其化学反应可表示为：

$$2Cr_2O_7^{2-}(aq)+16H^+(aq)+3C_2H_5OH(l)=\!=\!=4Cr^{3+}(aq)+11H_2O(l)+3CH_3COOH(l)$$

试利用标准摩尔生成焓数据求该反应的 $\Delta_r H_m^{\ominus}(298.15K)$。

45. 试通过计算说明下列甲烷燃烧反应在 298.15K 进行 1mol 反应进度时；在定压和定容条件燃烧热之差别、并说明差别之原因。$CH_4(g)+2O_2(g)=\!=\!=CO_2(g)+2H_2O(l)$

46. 利用下列两个反应及其 $\Delta_r G_m^{\ominus}$ (298.15K) 值，计算 Fe_3O_4 (s) 在 298.15K 时的标准摩尔生成吉布斯函数。

$$2Fe(s)+\frac{3}{2}O_2(g)=\!=\!=Fe_2O_3(s);\quad \Delta_r G_{m,1}^{\ominus}(298.15K)=-742.2kJ\cdot mol^{-1}$$

$$4Fe_2O_3(s)+Fe(s)=\!=\!=3Fe_3O_4(s);\quad \Delta_r G_{m,2}^{\ominus}(298.15K)=-77.7kJ\cdot mol^{-1}$$

47. 通过热力学计算说明下列水结冰过程：

$$H_2O(l)=\!=\!=H_2O(s)$$

在 298.15K 的标准态时能否自发进行。已知冰在 298.15K 时的标准摩尔生成吉布斯函数为 $236.7kJ\cdot mol^{-1}$。

48. 用锡石（SnO_2）制取金属锡，有建议可用下列几种方法：

(1) 单独加热矿石，使之分解；

(2) 用碳（以石墨计）还原矿石（加热产生 CO_2）；

(3) 用 H_2 (g) 还原矿石（加热产生水蒸气）。

今希望加热温度尽可能低一些。试利用标准热力学数据通过计算，说明采用何种方法为宜。

49. 计算利用水煤气制取合成天然气的下列反应在 523K 时（近似）的 $K^{\ominus}$ 值。

$$CO(g)+3H_2(g)=\!=\!=CH_4(g)+H_2O(g)$$

50. 已知下列反应：

反应 (1)：$Fe(s)+CO_2(g)=\!=\!=FeO(s)+CO(g)$；标准平衡常数为 $K_1^{\ominus}$

反应 (2)：$Fe(s)+H_2O(g)=\!=\!=FeO(s)+H_2(g)$；标准平衡常数为 $K_2^{\ominus}$

在不同温度时反应的标准平衡常数值如下：

T/K	$K_1^{\ominus}$	$K_2^{\ominus}$
973	1.47	2.38
1073	1.81	2.00
1173	2.15	1.67
1273	2.48	1.49

试计算在上述各温度时反应：$CO_2(g)+H_2(g)=\!=\!=CO(g)+H_2O(g)$

的标准平衡常数 $K_3^{\ominus}$，并说明此反应是放热还是吸热的。

51. 已知反应：

$$\frac{1}{2}H_2(g)+\frac{1}{2}Cl_2(g)=\!=\!=HCl(g)$$

在 298.15K 时的 $K_1^{\ominus}=4.9\times10^{16}$，$\Delta_r H_m^{\ominus}(298.15K)=-92.31kJ\cdot mol^{-1}$，求在 500K 时的 $K_2^{\ominus}$ 值［近似计算，不查 $S_m^{\ominus}(298.15K)$ 和 $\Delta_f G_m^{\ominus}$ (298.15K) 数据］。

52. 利用标准热力学函数估算反应：

$$CO_2(g)+H_2(g)\longrightarrow CO(g)+H_2O(g)$$

在873K时的标准摩尔吉布斯函数变和标准平衡常数$K^{\ominus}$。若此时系统中各组分气体的分压为$p(CO_2)=p(H_2)=127kPa$，$p(CO)=p(H_2O)=76kPa$，计算此条件下反应的摩尔吉布斯函数变，并判断反应进行的方向。

53. 反应$CO_2(g)+H_2(g)\longrightarrow CO(g)+H_2O(g)$在850℃达平衡时，90%的$H_2$变成水汽，此温度下的$K^{\ominus}=1.0$。问反应开始时，$CO_2$和$H_2$是按什么比例混合的？

54. 25℃下，$H_2(g)+I_2(g)\longrightarrow 2HI(g)$，$K^{\ominus}=8.9\times10^2$。计算

(1) 反应的$\Delta_r G_m^{\ominus}(298.15K)$；

(2) 当$p(H_2)=p(I_2)=0.10kPa$，$p(HI)=0.010kPa$时的$\Delta_r G_m(298.15K)$，并判断反应进行的方向。

55. $CO_2(g)+C(s)\longrightarrow 2CO(g)$在某温度及$4.0\times10^3kPa$达平衡，此时$CO_2$的摩尔分数为0.15。计算

(1) 温度不变，总压力为3.0×10^3kPa时达平衡，CO_2的摩尔分数；

(2) 温度不变，若使CO_2的摩尔分数为0.20时的总压力。

56. 反应C(石墨)$+CO_2(g)\longrightarrow 2CO(g)$在1227℃的$K^{\ominus}=2.10\times10^3$，1000℃的$K^{\ominus}=1.80\times10^2$，不查表回答：

(1) 反应是放热还是吸热？

(2) 反应的$\Delta_r H_m^{\ominus}$是多少？

(3) 1227℃时$\Delta_r G_m^{\ominus}$是多少？

(4) 反应的$\Delta_r S_m^{\ominus}$是多少？

57. 对相变反应$C_6H_6(l)\longrightarrow C_6H_6(g)$，根据标准热力学数据计算。

(1) 苯的正常沸点；

(2) 298K时，苯的饱和蒸气压；

(3) 400K时，苯的饱和蒸气压；

(4) 298K，$p(C_6H_6)=4.55kPa$时，相变反应能否自发进行。

58. 设汽车内燃机内温度因燃料燃烧反应达到1300℃，试利用标准热力学函数估算此温度时反应：

$$\frac{1}{2}N_2(g)+\frac{1}{2}O_2(g)\longrightarrow NO(g)$$

的$\Delta_r G_m^{\ominus}$和$K^{\ominus}$的数值，并联系反应速率简单说明在大气污染中的影响。

五、简答题

59. 不用查表将下列物质按其标准熵$S_m^{\ominus}(298.15K)$值由大到小的顺序排列，并简单说明理由。

A. K(s)；　　B. Na(s)；　　C. $Br_2(l)$；

D. $Br_2(g)$；　　E. KCl(s)。

60. 定性判断下列反应或过程中熵变的数值是正值还是负值。

①溶解少量食盐于水中；

②活性炭表面吸附氧气；

③碳与氧气反应生成一氧化碳。

61. 对于一个在标准态下是吸热、熵减的化学反应，当温度升高时，根据勒夏特列原理判断，反应将向吸热的正方向移动；而根据公式 $\Delta_r G_m^{\ominus} = \Delta_r H_m^{\ominus} - T\Delta_r S_m^{\ominus}$ 判断，$\Delta_r G_m^{\ominus}$ 将变得更正（正值更大），即反应更不利于向正方向进行。在这两种矛盾的判断中，哪一种是正确的？简要说明原因。

62. 试从 $\Delta_r G_m^{\ominus}$ 和 $K^{\ominus}$ 的性质，推演多重平衡规则是其必然推论；若反应（3）＝反应（1）＋反应（2），你能否推演得其相应的三个反应的标准摩尔吉布斯函数间的关系为 $\Delta_r G_{m,3}^{\ominus}(T) = \Delta_r G_{m,1}^{\ominus}(T) + \Delta_r G_{m,2}^{\ominus}(T)$（提示：这是一种非常有用的方法，称作反应的耦合，见多重平衡）。

第4章 化学反应动力学初步

热力学主要解决反应或过程发生的可能性问题，而动力学主要解决反应或过程发生的现实性问题。一个热力学上已明确的自发反应，在现实中可能发生速率极其缓慢，如果作为合成工艺，它将毫无意义（太慢）；而如果作为材料稳定化、药物保存的手段，极慢的过程将非常有利。因而，反应的动力学知识构成了普通化学最基本的内容之一。

人们把牛奶储存在冰箱里，是为了降低牛奶变质的速率；让火箭气体燃料的能量快速释放，目的是让火箭获得最大程度的推动力。这些都说明了化学反应速率的重要性。其实，不同化学反应的速率千差万别：如烟花和爆竹的燃放瞬间就可以完成；水溶液中简单离子间的反应可在分秒之内完成；工业反应釜中乙烯的聚合过程按小时计算；塑料和橡胶在室温下的老化速率按年计算；而自然界中岩石的风化速率则按百年乃至千年计算。化学反应的速率是由哪些因素决定的呢?

从前面的学习中我们知道，许多在热力学上自发趋势很大的反应，实际却进行得很慢，甚至难以进行。比如组成人们身体的有机分子（蛋白质、糖类、脂肪、核酸等）有被氧气氧化的趋势，如果这些分子的氧化过程很容易进行的话，那么在地球上就很难有生命存在；所幸的是，这些分子的氧化过程都非常缓慢，在空气中可以稳定存在；再比如合成氨反应 $N_2(g)+3H_2(g) = 2NH_3(g)$，从热力学的角度看，在常温常压下该反应发生的可能性很大 $[\Delta_r G_m^{\ominus}(298.15K)=-32.8kJ\cdot mol^{-1}]$；从化学平衡的角度看，在常温常压下这个反应的转化率也是很高的（$K_{298K}^{\ominus}=5.8\times10^5$）。但是它的反应速率极慢，以至于在工业上很难应用。其实，至今也没有找到一种合适的催化剂，使得合成氨反应在常温常压下能顺利进行。

对于一个化学反应，化学平衡和反应速率是研究工作中十分重要的两个方面。仅从热力学的趋势弄清楚是远远不够的，更重要的是控制其反应的速率，来满足生产和科技的需要。研究化学反应速率控制机制的学科就是化学动力学（chemical kinetics），它的基本任务是研究浓度、温度、介质和催化剂等反应条件对化学反应速率的影响，同时阐明化学反应的机制，以及物质结构与它们反应性能之间的关系。

4.1 反应速率的定义

为了表征反应的快慢，需要明确化学反应速率的概念，规定它的单位。常采用以浓度为基础的化学反应速率定义，对于化学反应 $0=\sum_{B}\nu_{B}B$，令 r 表示速率。

$$\bar{r}=\frac{1}{V}\times\frac{\Delta\xi}{\Delta t} \tag{4-1a}$$

即用单位时间、单位体积内发生的反应进度来定义反应平均速率。

式中 $\bar{r}$ 表示平均反应速率；V 是溶液体积（dm^3）；Δt 为时间跨度；$\Delta\xi$ 为在时间跨度 Δt 上发生的反应进度变量，即 $\Delta\xi=\xi_2-\xi_1$。

前序推导已有：

$$\Delta\xi=\frac{\Delta n_B}{\nu_B}$$

故式（4-1a）也可写作：

$$\bar{r}=\frac{1}{\nu_B}\times\frac{\Delta c(B)}{\Delta t} \tag{4-1b}$$

当 Δt 足够小，以至于接近一个点时，Δc(B) 与 Δt 都将趋向极限，Δ 变量以微分量 d 表示，即 dc(B) 与 dt。此时的反应平均速率即可改写为瞬时速率 r，即通常所说的反应速率。反应瞬时速率表达式为：

$$r=\frac{1}{\nu_B}\times\frac{dc(B)}{dt} \tag{4-2}$$

式中，c(B) 为参与反应的各物质浓度（$mol\cdot dm^{-3}$ 或 $mol\cdot L^{-1}$）；ν_B 为化学计量数；t 为时间。

上述定义的反应速率代入了各物质的化学计量数，将各物质间实际增加或消耗的差异拉平，其最大优点是其量值与所研究反应中物质 B 的选择无关，即可选择任何一种反应物或产物来表达反应速率，都可得到相同的数值。反应速率的 SI 单位为 $mol\cdot dm^{-3}\cdot s^{-1}$。对于较慢的反应，时间单位也可采用 min、h 或 a（年）等。应当注意，说到反应速率，与反应进度一样，必须给出化学反应方程式。因为化学计量数 ν_B 与化学反应方程式的写法有关。

例如，对合成氨反应 $N_2+3H_2 = 2NH_3$，其反应速率表达为：

$$r=\frac{1}{2}\times\frac{dc(NH_3)}{dt}=-\frac{dc(N_2)}{dt}=-\frac{1}{3}\times\frac{dc(H_2)}{dt}$$

又有如下反应：

$$A+3E = 2C+2D$$

反应物 E 的初始浓度为 $0.50mol\cdot dm^{-3}$，经过 5.0min 后 E 的浓度变为 $0.20mol\cdot dm^{-3}$。则该反应在这段时间内的平均速率为：

$$平均速率\bar{r}=\frac{1}{\nu_B}\times\frac{\Delta c(B)}{\Delta t}=\frac{1}{-3}\times\frac{(0.20-0.50)mol\cdot dm^{-3}}{5.0min}=2.0\times10^{-2}mol\cdot dm^{-3}\cdot min^{-1}$$

$$平均速率\bar{r}=3.3\times10^{-4}mol\cdot dm^{-3}\cdot s^{-1}$$

这是反应过程中某个 5.0min 时段内的平均速率，因反应速率的定义引入了各物质化学计量数这一参数，无论我们选择反应式中哪一种物质来计算速率，结果都是一样。以较大时段的浓度变化来计算平均速率是较为粗糙的表征，时段长短不同，平均速率可能不一样。对大多数反应来说，随着反应进行，各物质浓度发生变化，其反应速率大多也会随时间而变化。例如，过氧化氢（H_2O_2）的分解本身较慢，但在其水溶液中加入少量的 I^- 离子，它很快就会分解而放出氧气：

$$H_2O_2(aq) \xrightarrow{I^-} H_2O(l) + \frac{1}{2}O_2(g)$$

恒温恒压条件下，在不同时段测定放出氧气的体积，就可以计算出 H_2O_2 浓度的变化。若有一份初始浓度为 2.32mol·dm^{-3} 的 H_2O_2 溶液（含少量 I^-），它在分解过程中的浓度变化如表 4-1 所示。

表 4-1 H_2O_2 水溶液在室温的分解

时间/s	$c(H_2O_2)$/mol·dm^{-3}	反应各时段平均速率/mol·dm^{-3}·s^{-1}
0	2.32	—
200	2.01	$\bar{r}_{0\sim200s}=1.55\times10^{-3}$
400	1.72	$\bar{r}_{200\sim400s}=1.45\times10^{-3}$
600	1.49	$\bar{r}_{400\sim600s}=1.15\times10^{-3}$
1200	0.98	$\bar{r}_{600\sim1200s}=8.5\times10^{-4}$
1800	0.62	$\bar{r}_{1200\sim1800s}=6.0\times10^{-4}$
3000	0.25	$\bar{r}_{1800\sim3000s}=3.1\times10^{-4}$

用 H_2O_2 的浓度对时间作图，得到图 4-1。从表 4-1 可以看出，在 H_2O_2 分解的第一个 200s，其浓度减少了 0.31mol·dm^{-3}，第二个 200s 减少了 0.29mol·dm^{-3}，第三个 200s 减少了 0.23mol·dm^{-3}，以此类推，在 200s 内的前 100s 和后 100s 的速率也不同。表 4-1 中列出的是不同时段的平均速率。

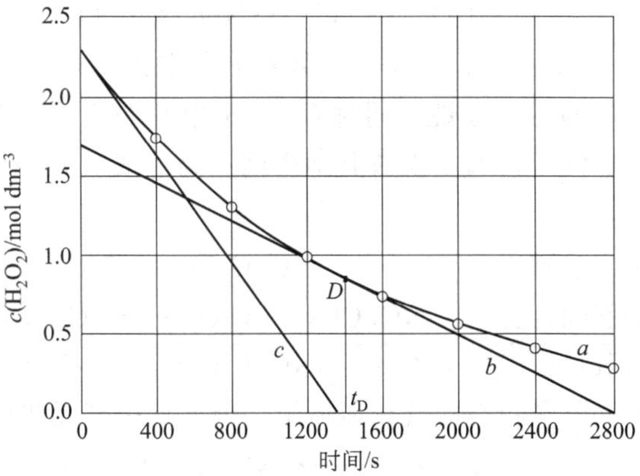

图 4-1 H_2O_2 分解反应的浓度-时间曲线

若将测量的时间间隔无限缩小，平均速率的极限值就是该化学反应在 t 时刻的瞬时速率 r，即

$$r = \lim_{\Delta t \to 0} \frac{1}{\nu_{H_2O_2}} \times \frac{\Delta c(H_2O_2)}{\Delta t} = -\frac{dc(H_2O_2)}{dt}$$

见图 4-1，曲线 a（H_2O_2 浓度曲线）上各点的反应速率可由该点切线的斜率求得，如浓度曲线上，过 D 点作切线 b，切线 b 斜率为（-1.70mol·dm^{-3}）/2800s$=-6.1\times10^{-4}$mol·dm^{-3}·s^{-1}，则浓度曲线上 D 点对应 t_D 时刻的瞬时速率 $r_D=6.1\times10^{-4}$ mol·dm^{-3}·s^{-1}。图中过浓度曲线上 $t=0$ 时刻的点作切线 c，切线 c 的斜率绝对值就是反应的初始瞬时速率 r_0。在获得了浓度-时间曲线前提下，我们也可以将浓度对时间进行线

性拟合，获得 c-t 关系的线性方程，再将浓度 c 对时间 t 求导（微分处理），得 c'-t 关系方程，此方程即为体系在任意时刻下的瞬时速率计算式，代入时间，即可获得该时刻对应的瞬时速率。

4.2 基元反应与反应机理

化学反应式只是表达从反应物到产物的宏观过程，多数情况下不能说明反应发生的具体步骤。现实中有的反应是一步完成，而多数的反应需要经历若干个步骤才能完成。对于那些反应物分子相互作用，在微观上只经历一个过渡态，且中途不涉及其他分子参与的简单一步反应，称为**基元反应**（elementary reaction），也称**元反应**，这些反应只经历了一个过渡状态，没有任何亚稳态的中间产物生成，在众多反应中，基元反应属于少数。而那些连续经历两步甚至多步基元反应方能生成产物的反应（从反应物到产物经历了多个中间态），则称为**非基元反应**（non elementary reaction），也称总包反应或**复合反应**，一个非基元反应由多个基元步骤组合而成，其中往往会生成一些亚稳态的中间产物，但不会出现在最终产物中，由前序基元步骤产生，后续基元步骤又将其消耗掉。绝大部分的反应属于非基元反应，这些基元步骤的加和应该等于表观总反应式，如果基于化学原理和实验可以确定某反应的各基元步骤，则这些基元步骤的串联就称为该反应的**反应机理**（reaction mechanism），也称**反应历程**。

基元反应举例：

$$NO(g)+O_3(g) \longrightarrow NO_2(g)+O_2(g)$$

此反应过程中，一个 NO 分子与一个臭氧分子碰撞，O_3 分子的一个端氧原子结合到 NO 的 N 原子，形成新的 N—O 键，同时 O_3 分子中发生 O—O 键断裂，经历一次这种中间过程就形成最终产物 NO_2 与 O_2，没有其他中间产物形成。

非基元反应举例：

基元步骤①	$NO_2Cl(g) \longrightarrow NO_2(g)+Cl(g)$
基元步骤②	$NO_2Cl(g)+Cl(g) \longrightarrow NO_2(g)+Cl_2(g)$
总表观反应	$2NO_2Cl(g) \longrightarrow 2NO_2(g)+Cl_2(g)$

基元步骤①中产生了中间态的气相氯原子，但在后一基元步骤中又被消耗掉。

又如：$2NO_2(g) \longrightarrow 2NO(g)+O_2(g)$

此总反应实际按下列基元步骤发生：

基元步骤①	$NO_2(g)+NO_2(g) \longrightarrow NO(g)+NO_3(g)$
基元步骤②	$NO_3(g) \longrightarrow NO(g)+O_2(g)$

基元步骤①＋基元步骤②＝总反应式

对该反应的研究显示，通过光谱学检测能够探测到 NO_3 的形成，但最终产物中没有 NO_3，因而 NO_3 是该复杂反应的亚稳态中间体，亚稳态中间体的出现也是复杂反应的重要特征之一。

再如表观反应：$4HBr(g)+O_2(g) \longrightarrow 2H_2O(g)+2Br_2(g)$

其实际的反应历程为：

基元步骤①	$HBr(g)+O_2(g) \longrightarrow HOOBr(g)$	慢速步骤
基元步骤②	$HOOBr(g)+HBr(g) \longrightarrow 2HOBr(g)$	快速步骤

基元步骤③　　$HOBr(g)+HBr(g) \longrightarrow H_2O(g)+Br_2(g)$　快速步骤

上述多步骤反应伴随的连续能量变化如图 4-2 所示。其反应历程中出现两种亚稳态中间物质（HOOBr 与 HOBr），都没有出现在最终产物中。该多步骤基元反应中存在一慢速步骤（基元步骤①），一般来说，总反应的速率决定于慢速基元步骤，即**控速步骤**（亦称决速步骤）。这也是化学动力学的重要观点之一。

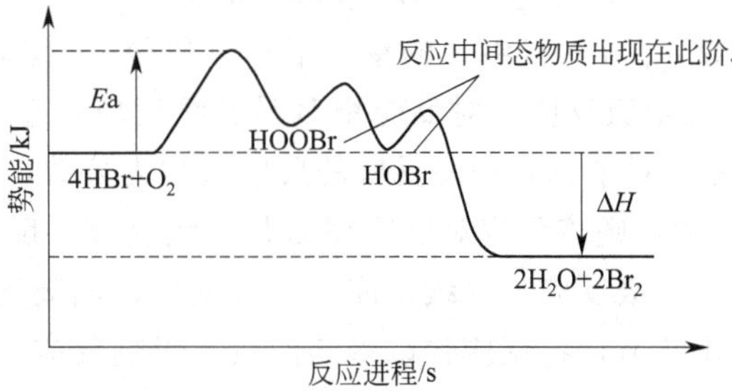

图 4-2　$HBr(g)+O_2(g)$ 反应基元步骤

还有 $I_2(g)$ 与 $H_2(g)$ 作用生成 HI(g) 的反应，曾经被认为是基元反应，后来实验证实为非基元反应。其总反应：$I_2(g)+H_2(g) \longrightarrow 2HI(g)$

该总反应所包含的多步骤基元反应为：

$$I_2(g)+M^*(\text{能量分子}) \rightleftharpoons 2I(g)+M$$

$$2I(g)+H_2(g) \longrightarrow 2HI(g)$$

4.3 速率方程与反应级数

4.3.1 质量作用定律

反应动力学的大量实验显示，在给定温度条件下，对于基元反应，在整个反应过程中，反应速率 r 正比于反应物浓度的化学计量数次方。这个定量关系（习惯上称为质量作用定律）可用反应**速率方程**来表达。对于通式：

$$aA+bB \longrightarrow gG+dD$$

若为基元反应（基元反应的化学计量数不可随意调整，实验决定），则反应速率方程为

$$r=kc^a(A)c^b(B) \tag{4-3}$$

式中，比例常数 k 称为该反应的速率常数，对于某一给定反应在同一温度、催化剂等条件下，k 是一个不随反应物浓度而改变的定值。当 $c(A)=1mol \cdot dm^{-3}$，且 $c(B)=1mol \cdot dm^{-3}$ 时，式 (4-3) 变为 $r=k$，所以速率常数 k 的物理意义是反应物浓度为单位浓度时的反应速率。显然，k 的单位因化学计量数 $(a+b)$ 值不同而异。速率方程是关于反应速率和反应物浓度的比例方程，方程式中的浓度项只能是反应物的浓度，不能出现产物浓度项。

例如，已证实 $NO_2(g)+CO(g) \longrightarrow NO(g)+CO_2(g)$ 在高于 500K 时为基元反应，则其速率方程直接可写成：$r=k[c(NO_2)][c(CO)]$。因为是基元反应，式中指数 a 和 b 就是基元反应式的化学计量数。

而如果上述通式反应 $(aA+bB \longrightarrow gG+dD)$ 不是基元反应，则依据质量作用定律，

速率方程必须表达为：

$$r=kc^{\alpha}(\mathrm{A})c^{\beta}(\mathrm{B}) \tag{4-4}$$

式中，浓度项指数 α、β 与反应式中的化学计量数 a、b 无关，由实验测量决定，即 α 与计量系数 a 之间、β 与计量系数 b 之间无必然相等关系。为保证速率的单位始终为 $\mathrm{mol\cdot dm^{-3}\cdot s^{-1}}$（时间单位可选，min、h、d、a），速率常数 k 的单位必须随指数 α、β 不同而变化，其单位可通写为 $[c]^{1-(\alpha+\beta)}\cdot[t]^{-1}$，或 $[\mathrm{mol\cdot dm^{-3}}]^{1-(\alpha+\beta)}\cdot \mathrm{s^{-1}}$。

上述速率方程中的指数 α、β 为量纲一的量（俗称无单位），在动力学中称作**反应级数**，即上述反应对于反应物 A 是 α 级反应，对反应物 B 是 β 级反应，总的反应级数为 $\alpha+\beta$。α、β 以较小非负整数较为常见，偶尔也有一些反应的反应级数为分数。如 $\alpha=1$，则该反应对反应物 A 是一级反应；如 $\beta=2$，则该反应对反应物 B 是二级反应。反应的总级数为 $\alpha+\beta=3$。常见反应级数有零级反应、一级反应、二级反应、三级反应，四级反应则十分少见。反应级数本意是指反应在控速步骤环节，各反应物以多高的权重影响反应速率。某反应物的级数越高，表明该反应物浓度的较小变动就可引起反应速率较大的变化。如果是零级反应，则该反应物浓度变化对反应速率没有影响。总反应级数也可近似理解为在控速基元步骤上有多少个分子同时作用，形成产物。三个分子同时作用生成产物，则为三级反应。

大部分的化学反应都服从质量作用定律，即反应速率正比于浓度的幂之积。但也有少数反应不符合质量作用定律。几个代表性反应的速率方程与反应级数列于表 4-2。

表 4-2　一些反应的速率方程与反应级数

化学反应计量式	速率方程	反应级数	表观反应分子数
$2\mathrm{HI}\xrightarrow{\mathrm{Au}}\mathrm{H_2(g)+I_2(g)}$	$r=k$	0	2
$\mathrm{H_2O_2(aq)\longrightarrow H_2O(l)+O_2(g)}$	$r=kc(\mathrm{H_2O_2})$	1	2
$\mathrm{SO_2Cl_2(g)\longrightarrow SO_2(g)+Cl_2(g)}$	$r=kc(\mathrm{SO_2Cl_2})$	1	1
$\mathrm{CH_3CHO(g)\longrightarrow CH_4(g)+CO(g)}$	$r=kc^{3/2}(\mathrm{CH_3CHO})$	3/2	1
$\mathrm{CO(g)+Cl_2(g)\longrightarrow COCl_2(g)}$	$r=kc(\mathrm{CO})c^{3/2}(\mathrm{Cl_2})$	1+3/2	1+1
$\mathrm{NO_2(g)+CO(g)\xrightarrow{>500K}NO(g)+CO_2(g)}$	$r=kc(\mathrm{NO_2})c(\mathrm{CO})$	1+1	1+1
$\mathrm{NO_2(g)+CO(g)\xrightarrow{<500K}NO(g)+CO_2(g)}$	$r=kc^2(\mathrm{NO_2})$	2	1+1
$\mathrm{I_2(g)+H_2(g)\longrightarrow 2HI(g)}$	$r=kc(\mathrm{I_2})c(\mathrm{H_2})$	1+1	1+1
$\mathrm{2NO(g)+2H_2(g)\longrightarrow N_2(g)+2H_2O(g)}$	$r=kc^2(\mathrm{NO})c(\mathrm{H_2})$	2+1	2+2
$\mathrm{S_2O_8^{2-}(aq)+3I^-(aq)\longrightarrow 2SO_4^{2-}(aq)+I_3^-(aq)}$	$r=kc(\mathrm{S_2O_8^{2-}})c(\mathrm{I^-})$	1+1	1+3
$\mathrm{Br_2(g)+H_2(g)\longrightarrow 2HBr(g)}$	$r=\dfrac{kc(\mathrm{H_2})c^{1/2}(\mathrm{Br_2})}{1+k'c(\mathrm{HBr})/c(\mathrm{Br_2})}$		1+1
$\mathrm{Cl_2(g)+H_2(g)\longrightarrow 2HCl(g)}$	$r=kc(\mathrm{H_2})c^{1/2}(\mathrm{Cl_2})$		1+1

从上述讨论自然可以得出：如果速率方程中的浓度项指数 $\alpha\neq a$ 或 $\beta\neq b$，则可以肯定此反应为非基元反应；而如果 $\alpha=a$，且 $\beta=b$，则该反应可能是基元反应，也可能是非基元反应，如 $\mathrm{I_2(g)+H_2(g)\longrightarrow 2HI(g)}$ 的反应。一个反应到底是否为基元反应，取决于实验研究，从表观反应式无法区分。一个反应如果已知为基元反应，我们可以"望式生式"，直接根据给定的基元反应式写出其速率方程；而如果不知道是否为基元反应，则必须通过实验确

定其速率方程。初速率法是研究化学反应动力学的常用方法，比如两组分参与的反应，先设定第一种反应物初始浓度固定，改变第二种反应物初始浓度，测量计算该组样本各初始反应速率，再固定第二种反应物初始浓度，改变第一种反应物初始浓度，测量计算该组各样本初始速率。这样可以将多组分反应物浓度变化影响简化，每组只考虑一种反应物的浓度变化影响，便于获取速率方程所需信息。

【例 4-1】 某温度下，测得反应 A+B→D 的有关实验数据如下

实验序号	初始浓度/$mol\cdot dm^{-3}$		初始速率/$mol\cdot dm^{-3}\cdot s^{-1}$
	A	B	
1	1.00×10^{-3}	1.00×10^{-3}	5.57×10^{-6}
2	1.00×10^{-3}	2.00×10^{-3}	1.13×10^{-5}
3	1.00×10^{-3}	6.00×10^{-3}	3.47×10^{-5}
4	2.50×10^{-3}	6.00×10^{-3}	2.25×10^{-4}
5	4.00×10^{-3}	6.00×10^{-3}	5.05×10^{-4}

(1) 写出该反应的速率方程，确定反应的级数；

(2) 计算速率常数；

(3) 求该温度下 $c(A)=6.00\times10^{-3}mol\cdot dm^{-3}$，$c(B)=3.00\times10^{-3}mol\cdot dm^{-3}$ 时的反应速率。

解：(1) 设该反应的速率方程为：$r=kc^{\alpha}(A)c^{\beta}(B)$

$$\ln r=\ln k+\alpha\ln c(A)+\beta\ln c(B)$$

当 $c(A)$ 固定时（取实验序号 1、2、3），$\ln k$ 与 $\alpha\ln c(A)$ 可视为定值，不随 $c(B)$ 改变，则以 $\ln r$ 对 $\ln c(B)$ 进行一阶线性拟合（Excel 作散点图，选择添加趋势线），得拟合方程

$$\ln r=1.021\ln c(B)-5.0454$$

该线性拟合方程所表示的就是 $\ln r$ 与 $\ln c(B)$ 的直线关系，该直线斜率 $\beta=1.021\approx1$。

当 $c(B)$ 固定时（取实验序号 3、4、5），$\ln k$ 与 $\alpha\ln c(B)$ 可视为定值，不随 $c(A)$ 改变，则以 $\ln r$ 对 $\ln c(A)$ 进行一阶线性拟合，得拟合方程

$$\ln r=1.9465\ln c(A)+3.199$$

该线性拟合方程所表示的就是 $\ln r$ 与 $\ln c(A)$ 的直线关系，该直线斜率 $\alpha=1.9465\approx2$。

所以，该反应的速率方程为：$r=k[c(A)]^2c(B)$

反应级数 $\alpha+\beta=3$。

(2) 表中序号 1～5 的实验数据，以 $\ln r$ 对$[\alpha\ln c(A)+\beta\ln c(B)]$一阶线性拟合，得拟合方程

$$\ln r=0.9959[2\ln c(A)+\ln c(B)]+8.562$$

依据最初方程 $\ln r=\ln k+[\alpha\ln c(A)+\beta\ln c(B)]$，该拟合方程对应直线的截距为 $\ln k=8.56$，推出

$$k=5.22\times10^{3}dm^{6}\cdot mol^{-2}\cdot s^{-1}$$

速率方程最终可写为：$r=5.22\times10^{3}c^{2}(A)c(B)$

(3) 当 $c(A)=6.00\times10^{-3}mol\cdot dm^{-3}$，$c(B)=3.00\times10^{-3}mol\cdot dm^{-3}$ 时

$r=5.22\times10^{3}c^{2}(A)c(B)=5.22\times10^{3}\times(6.00\times10^{-3})^{2}\times3.00\times10^{-3}=5.64\times10^{-4}$ $(mol\cdot dm^{-3}\cdot s^{-1})$

4.3.2 动力学方程

反应动力学方程就是描述体系中反应物实时浓度和反应时间关系的方程（c-t），通常也只包含反应物浓度项，依据该方程可以获得任意反应时刻下的反应物浓度。

对简化的一般反应：$A \longrightarrow P$

依据反应速率定义和速率方程，可得

$$r=\frac{1}{\nu_A}\times\frac{dc(A)}{dt}=k'[c(A)]^{\alpha}$$

将上式化学计量数 ν_A 的负号提取出来，并与原速率常数合并为 k，整理得：

$$\frac{dc(A)}{dt}=(\nu_A k')c^{\alpha}(A)=-kc^{\alpha}(A) \tag{4-5}$$

对于常见低级数反应，α 为 0、1、2 等，分别对应零级反应、一级反应、二级反应，各级反应都有特定的“浓度-时间”依赖关系。

(1) 一级反应

速率方程中的浓度项指数为 $\alpha=1$，式 (4-5) 写为：

$$\frac{dc(A)}{dt}=-kc(A) \quad \Rightarrow \quad \frac{dc(A)}{c(A)}=-k\,dt$$

设起始态 $t=0$ 时，A 的浓度为 $c_0(A)$，终态时间为 t 时，A 的浓度为 $c(A)$，对上式积分

$$\int_{c_0(A)}^{c(A)}\frac{dc(A)}{c(A)}=-k\int_0^t dt$$

得

$$\ln\frac{c(A)}{c_0(A)}=-kt \text{ 或 } \ln c(A)=-kt+\ln c_0(A) \tag{4-6}$$

可见，在一级反应中，$\ln c(A)$和 t 呈线性关系，其斜率为$-k$，截距为 $\ln c_0(A)$。另外，因为对数运算对象是没有单位的，$-k$ 和 t 的乘积也一定没有单位，所以一级反应速率常数 k 的单位为时间$^{-1}$，比如 s^{-1} 或 min^{-1} 等。

式 (4-6) 中，对数处理对象应当没有单位，因而更为合理的表达式如下：

$$\ln[c(A)/c^{\ominus}]=-kt+\ln[c_0(A)/c^{\ominus}] \tag{4-7}$$

一级反应速率常数 k 的单位为 s^{-1} 或 min^{-1} 等。

如下反应均为一级反应：

$$C_{12}H_{22}O_{11}(aq)+H_2O \xrightarrow{15℃} C_6H_{12}O_6(aq,\text{葡萄糖})+C_6H_{12}O_6(aq,\text{果糖})$$

$$CH_3OCH_3(g) \xrightarrow{415℃} CH_4(g)+CO(g)$$

$$2N_2O_5 \xrightarrow{\text{四氯甲烷 } 45℃} 2N_2O_4(g)+O_2(g)$$

$$CH_3COOH(aq) \longrightarrow CH_3COO^-(aq)+H^+(aq)$$

将反应物消耗掉一半（相对于起始浓度）所需要的时间称为半衰期，用 $t_{1/2}$ 表示。根据式 (4-6) 可计算出一级反应的半衰期为

$$\ln\frac{c(A)}{c_0(A)}=\ln\frac{c_0(A)/2}{c_0(A)}=-kt \quad \Rightarrow \quad t_{1/2}=\frac{0.693}{k} \tag{4-8}$$

由此可见，一级反应的半衰期是由速率常数决定的，而与反应物的浓度无关。

【例 4-2】 在 300K 时，氯乙烷的一级分解反应速率常数是 $2.50\times10^{-3}\text{min}^{-1}$。如果起始浓度为 $0.40\text{mol}\cdot\text{dm}^{-3}$，问：

(1) 反应进行 8h 之后，氯乙烷浓度为多少？

(2) 氯乙烷浓度由 $0.40\text{mol}\cdot\text{dm}^{-3}$ 降为 $0.010\text{mol}\cdot\text{dm}^{-3}$ 需要多少时间？

(3) 氯乙烷分解一半需多少时间？

解：(1) 这是一级反应，用式 (4-7) 进行计算

$$\ln\frac{c(CH_3CH_2Cl)}{c^\ominus}=-kt+\ln\frac{c_0(CH_3CH_2Cl)}{c^\ominus}$$

$$\ln\frac{c(CH_3CH_2Cl)}{c^\ominus}=-2.50\times10^{-3}\text{min}^{-1}\times8\times60\text{min}+\ln\frac{0.40\text{mol}\cdot\text{dm}^{-3}}{1\text{mol}\cdot\text{dm}^{-3}}=-2.12$$

$$\frac{c(CH_3CH_2Cl)}{c^\ominus}=0.12$$

所以 8h 以后，$c(CH_3CH_2Cl)=0.12\text{mol}\cdot\text{dm}^{-3}$

(2) 基于式 (4-6)

$$\ln\frac{c(CH_3CH_2Cl)}{c_0(CH_3CH_2Cl)}=-kt$$

$$\ln\frac{0.010\text{mol}\cdot\text{dm}^{-3}}{0.40\text{mol}\cdot\text{dm}^{-3}}=-2.50\times10^{-3}(\text{min}^{-1})t$$

所以 $t=1476\text{min}=25\text{h}$

(3) 半衰期 $t_{1/2}$ 为分解一半所需的时间，即

$$t_{1/2}=\frac{0.693}{k}=\frac{0.693}{2.50\times10^{-3}\text{min}^{-1}}=277\text{min}=4.62\text{h}$$

放射性核衰变反应可以看成是一级反应，习惯用半衰期表示核衰变速率的快慢，半衰期越长，衰减越慢，k 越小。部分放射性元素的半衰期如下：

$^{238}_{92}U$ 的放射性衰变	$t_{1/2}=4.51\times10^9\text{a}$
$^{14}_{6}C$ 的放射性衰变	$t_{1/2}=5.73\times10^3\text{a}$
$^{60}_{27}Co$ 的放射性衰变	$t_{1/2}=5.26\text{a}$
$^{32}_{15}P$ 的放射性衰变	$t_{1/2}=14.3\text{d}$

某些元素的放射性衰变是估算考古学发现物、化石、矿物、陨石、月亮岩石以及地球本身年龄的基础。^{40}K 和 ^{238}U 通常用于陨石和矿物年龄的估算；^{14}C 用于确定考古学发现物和化石的年代。因为宇宙射线恒定地产生碳的放射性同位素 ^{14}C ($^{14}_{7}N+^{1}_{0}n\longrightarrow^{14}_{6}C+^{1}_{1}H$)，植物不断地将 ^{14}C 吸收进其组织中，使微量的 ^{14}C 在总碳含量中维持在一个固定比例：$1.10\times10^{-13}\%$。一旦树木被砍伐，种子被采摘，从土壤、空气环境中吸收 ^{14}C 的过程便停止了。由于放射性衰变（已知 ^{14}C 的衰变反应 $^{14}_{6}C\longrightarrow^{14}_{7}N+^{0}_{-1}e^-$，$t_{1/2}=5730\text{a}$），$^{14}C$ 在总碳中含量便下降，由此可以测知所取样品的年代。

【例 4-3】 从考古发现的某古书卷中取出的小块纸片，测得其中 $^{14}_{6}C/^{12}_{6}C$ 的值为现在活的植物体内的 0.795 倍。试估算该古书卷的年代。

解：已知 $t_{1/2}=5730\text{a}$，可用式 (4-8) 求得此一级反应速率常数 k

$$k=\frac{0.693}{t_{1/2}}=\frac{0.693}{5730\text{a}}=1.21\times10^{-4}\text{a}^{-1}$$

依据题意，$c=0.795c_0$，则

$$\ln\frac{c(\text{A})}{c_0(\text{A})}=\ln\frac{0.795c_0(\text{A})}{c_0(\text{A})}=-kt$$

$$\ln\frac{0.795}{1}=-1.21\times10^{-4}(\text{a}^{-1})t$$

求得 $t=1900\text{a}$

即该古书卷大约是 1900 年前的文物。

(2) 二级反应

对于通式 (4-5)

$$\frac{\text{d}c(\text{A})}{\text{d}t}=-k[c(\text{A})]^{\alpha}$$

当 $\alpha=2$ 时，反应为二级反应，同样的积分处理可得反应动力学方程为：

$$\frac{1}{c(\text{A})}=kt+\frac{1}{c_0(\text{A})} \tag{4-9}$$

$[1/c(\text{A})]$和 t 呈线性关系，斜率为速率常数 k，截距为$[1/c_0(\text{A})]$。二级反应速率常数 k 的单位为（浓度）$^{-1}\times$（时间）$^{-1}$，如 $\text{dm}^3\cdot\text{mol}^{-1}\cdot\text{s}^{-1}$。

二级反应半衰期为：

$$t_{1/2}=\frac{1}{kc_0(\text{A})} \tag{4-10}$$

可见，对于二级反应，其半衰期不仅与 k 有关，还与反应物起始浓度有关，即反应物起始浓度越高，半衰期越短，这与一级反应不同。二级反应的案例非常多，如乙酸乙酯与氢氧根离子间的水解反应等。

上述讨论的二级反应仅限于一种反应物情况，对于两种反应物参与的二级反应，其动力学方程也可推导，形式略复杂。三级反应不做介绍，四级反应已属少见，不必关注。

(3) 零级反应

对于通式 (4-5)

$$\frac{\text{d}c(\text{A})}{\text{d}t}=-k[c(\text{A})]^{\alpha}$$

当 $\alpha=0$ 时，反应为零级反应，反应的快慢和反应物浓度无关。同样的积分处理可得反应动力学方程为：

$$c(\text{A})=-kt+c_0(\text{A}) \tag{4-11}$$

可见，在零级反应中，$c(\text{A})$ 和 t 呈线性关系，斜率为速率常数的负数，即$-k$，截距为 $c_0(\text{A})$。k 的单位是(浓度)$\times$(时间)$^{-1}$，比如 $\text{mol}\cdot\text{dm}^{-3}\cdot\text{s}^{-1}$。

对于零级反应，其半衰期为：

$$t_{1/2}=\frac{c_0(\text{A})}{2k} \tag{4-12}$$

零级反应的半衰期与反应物起始浓度成正比，初始浓度越大，半衰期越长。

某些光化学反应、表面催化反应、电解反应等为零级反应，其反应速率分别与光强、表面状态和通过的电量有关，但与浓度无关。最常见的是固体催化剂表面的反应，比如 H_2 和乙烯

C_2H_4 在 Ni 表面加成生成乙烷 C_2H_6，此时固体表面吸附的 H_2 是“饱和”的，其数量为定值，只要有一点 H_2，就能很快在 Ni 表面建立饱和吸附，再多 H_2 也不会增加其吸附量。只有被吸附的 H_2 才能反应，而速率和 H_2 的浓度（分压）无关，此时反应就是零级反应。

综上所述，化学反应的级数不同，反应速率变化规律也不同（表 4-3）。

表 4-3 简单级数反应动力学方程 $r=kc^{\alpha}$ (A)

级数	反应形式	速率方程	动力学方程	半衰期	k 的单位
0	A ⟶ P	$r=k$	$c(\mathrm{A})=-kt+c_0(\mathrm{A})$	$t_{1/2}=c_0(\mathrm{A})/2k$	(浓度)×(时间)$^{-1}$
1	A ⟶ P	$r=kc(\mathrm{A})$	$\ln c(\mathrm{A})=-kt+\ln c_0(\mathrm{A})$	$t_{1/2}=0.693/k$	(时间)$^{-1}$
2	A ⟶ P	$r=kc^2(\mathrm{A})$	$\dfrac{1}{c(\mathrm{A})}=kt+\dfrac{1}{c_0(\mathrm{A})}$	$t_{1/2}=\dfrac{1}{kc_0(\mathrm{A})}$	(浓度)$^{-1}$×(时间)$^{-1}$
2	A+B ⟶ P	$r=kc(\mathrm{A})c(\mathrm{B})$	$\dfrac{1}{c_0(\mathrm{A})-c_0(\mathrm{B})}\ln\dfrac{c(\mathrm{A})c_0(\mathrm{B})}{c_0(\mathrm{A})c(\mathrm{B})}=kt$		(浓度)$^{-1}$×(时间)$^{-1}$

4.4 化学反应速率与温度的关系

从实际生活中我们知道，温度越高，化学反应进行得越快。大米泡在 25℃ 的水中做不成米饭，只有加热至沸腾，生米做成熟饭的过程才能很快进行；而用高压锅烧饭的速率更快，因为这时的水温可达 110℃。降温可以降低一些反应的速率，比如牛奶放在冰箱里就可以减缓其变质的速度。实验表明，对于大多数反应，温度升高反应速率增大，即速率常数 k 随温度升高而增大。1889 年，S. Arrhenius 根据大量实验和理论验证，提出反应速率常数与温度的关系方程——阿伦尼乌斯方程。

$$k=A\mathrm{e}^{-E_\mathrm{a}/RT} \tag{4-13}$$

或者将上述指数形式转变为对数形式：

$$\ln k=-\frac{E_\mathrm{a}}{RT}+\ln A \tag{4-14}$$

式中，k 为速率常数，为保证量纲一致，k 应事先做去单位化处理，以 $\{k\}$ 表示；A 为指前因子，量纲一，其物理意义近似于反应分子之间的碰撞频率，碰撞越频繁，反应生成产物的概率就越高；E_a 为反应的**表观活化能**，表示反应发生时体系所要克服、逾越的能量壁垒，多数情况下不随温度变化；R 为气体常数；T 为热力学温度，单位 K。式（4-14）去量纲后的表达式为：

$$\ln\{k\}=-\frac{E_\mathrm{a}}{RT}+\ln\{A\} \tag{4-15}$$

指数形式的阿伦尼乌斯方程（式 4-13）表明，随温度上升，速率常数 k 也增加，但 k 与 T 之间不是简单线性关系，而是指数关系，该形式方程图形化表达为图 4-3（a）。

依据式（4-15）作图，图 4-3（b）显示，$\ln k$ 与 $1/T$ 呈线性关系，该直线的斜率为 $-E_\mathrm{a}/R$。以此为依据，在实验中，我们可测得某反应在几个不同温度下的恒温反应速率常数 k，再以 $\ln k$ 对 $1/T$ 作图，按线性拟合，得到一直线，从该直线的斜率，即可算出该反应的活化能 E_a。也可以不做图，将 $\ln k$-$1/T$ 数据组进行线性拟合，得关于 $\ln k$-$1/T$ 的一阶线性拟合函数，从该函数的斜率即可算出活化能 E_a。

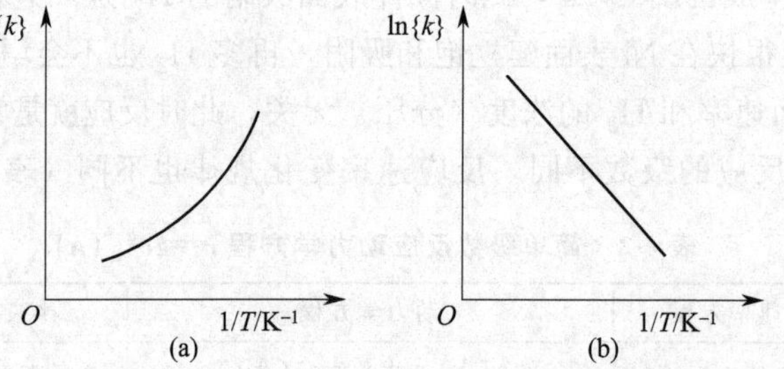

图 4-3 常见反应体系速率常数 k 与温度 T 关系曲线

如体系在温度 T_1 下恒温反应，其速率常数为 k_1，在温度 T_2 下的速率常数 k_2，则式(4-14)转化为：

$$\ln\frac{k_2}{k_1}=-\frac{E_a}{R}\left(\frac{1}{T_2}-\frac{1}{T_1}\right)=\frac{E_a}{R}\times\frac{T_2-T_1}{T_1T_2} \tag{4-16}$$

阿伦尼乌斯方程式可用以求算反应活化能，适用于大多数反应。活化能对反应速率有显著影响，室温下，活化能每增加 $4\text{kJ}\cdot\text{mol}^{-1}$，将使速率常数 k 降低约 80%。在温度相近情况下，活化能大的反应，其速率常数 k 较小，反应速率相对较低。设法降低反应活化能将使反应速率常数增加，加快反应速率。另一方面，依据阿伦尼乌斯方程，温度对反应速率常数影响也很明显，对同一反应，升高温度将使速率常数 k 增加，加快反应速率。一般，温度每升高 10℃，k 值将增大 2～10 倍。

【例 4-4】 在 301K（即 28℃）时，鲜牛奶约 4h 变酸，但在 278K（即 5℃）的冰箱内，鲜牛奶可保持 48h 才变酸。设在该条件下牛奶变酸的反应速率与变酸时间成反比，试估算在该条件下牛奶变酸反应的活化能 E_a。若室温从 288K（即 15℃）升高到 298K（即 25℃），则牛奶变酸反应速率将发生怎样的变化？

解：（1）反应活化能的估算

因 $r=k[c(\text{A})]^{\alpha}$

根据式（4-16）：

$$\ln\frac{r_2}{r_1}=\ln\frac{k_2}{k_1}=\frac{E_a}{R}\times\frac{T_2-T_1}{T_1T_2}$$

式中，$T_2=301\text{K}$，$T_1=278\text{K}$。

由于变酸反应速率与变酸时间成反比，已知 278K 时变酸时间 $t_1=48\text{h}$，301K 时变酸时间 $t_2\approx4\text{h}$，所以

$$\frac{r_2}{r_1}=\frac{t_1}{t_2}\approx\frac{48\text{h}}{4\text{h}}$$

$$\ln\frac{r_2}{r_1}=\ln\frac{t_1}{t_2}=\frac{E_a}{R}\times\frac{T_2-T_1}{T_1T_2}$$

$$\ln\frac{t_1}{t_2}\approx\ln\frac{48}{4}\approx\frac{E_a}{8.314\text{J}\cdot\text{mol}^{-1}\cdot\text{K}^{-1}}\times\frac{301\text{K}-278\text{K}}{278\text{K}\times301\text{K}}$$

$$E_a\approx75(\text{kJ}\cdot\text{mol}^{-1})$$

（2）反应速率随温度升高而发生的变化

若温度从 $T_3=288\text{K}$ 升高到 $T_4=298\text{K}$，按式（4-16）可得：

$$\ln\frac{r_4}{r_3}=\ln\frac{t_3}{t_4}=\frac{E_a}{R}\times\frac{T_4-T_3}{T_3T_4}=\frac{75\times10^3\mathrm{J\cdot mol^{-1}}}{8.314\mathrm{J\cdot mol^{-1}\cdot K^{-1}}}\times\frac{298\mathrm{K}-288\mathrm{K}}{288\mathrm{K}\times298\mathrm{K}}=1.051$$

$$\frac{r_4}{r_3}=\frac{t_3}{t_4}\approx2.9$$

反应速率增大到原来速率的 2.9 倍。

牛奶变酸的反应情况较复杂，其反应速率与具体条件（包括催化剂）有关。本例未作说明，也不要求分析具体过程，只要求在给定条件下作一总的估算。

应当指出，并不是所有的反应都符合阿伦尼乌斯公式。例如，对于爆炸反应，当温度升高到某一点时，速率会突然增加；酶催化反应有个最佳反应温度，温度太高或太低都不利于生物酶的活性；还有些反应（如 $2NO+O_2 = 2NO_2$）的速率常数随温度升高而下降，情况较为复杂，这里不作进一步讨论。

4.5 活化能和反应理论

4.5.1　活化分子与碰撞理论

在反应过程中，反应物原子间的结合关系必须发生变化，或者说它们之间的化学键需先减弱以至于断裂，而后再产生新的结合关系，形成新的化学键，生成新的物质。在这种化学键重组过程中，必然伴随着分子能量升高的某个过程，必须给予足够的能量使旧的化学键减弱以至于断裂。根据气体分子运动理论（溶液中也相似），分子（或原子）碰撞的过程可以传递大量能量，例如使碰撞的一方分子获得更多能量。因此，分子碰撞是旧键断裂及新键形成的关键机会。

反应速率与分子间的碰撞频率有关。碰撞频率与反应物浓度有关，浓度越大，碰撞频率越高。气体分子运动论的理论计算表明，单位时间内分子的碰撞次数（碰撞频率）很大。如在标准状况下，每秒钟每升体积内分子间的碰撞可达 10^{32} 次，甚至更多（碰撞频率与温度、分子大小、分子的质量以及浓度等因素有关）。碰撞频率如此之高，显然不可能每次碰撞都导致反应的发生，否则反应就会瞬间完成。假如每次碰撞都发生反应，与碰撞频率 10^{32} $\mathrm{L^{-1}\cdot s^{-1}}$ 相对应的反应速率可高达 $10^8\mathrm{mol\cdot L^{-1}\cdot s^{-1}}$，而实际反应速率通常也只有 10^{-4} $\mathrm{mol\cdot L^{-1}\cdot s^{-1}}$。这说明在无数次的碰撞中，大多数碰撞并没有导致反应的发生，只有少数分子间的碰撞才是有效的，这就意味着还有其他因素影响着反应速率。碰撞是分子间发生反应的必要条件，但不是充分条件。

只有具有所需足够能量的反应物分子（或原子）的碰撞才有可能发生反应。这种能够发生反应的碰撞叫做有效碰撞。要发生反应的有效碰撞，不仅需要分子具有足够高的能量，而且还要考虑其他如分子碰撞时的空间取向等因素。

反应系统中，大量分子的能量彼此参差不齐。因为气体分子运动的动能与其运动速度有关，所以气体分子的能量分布类似于分子的速度分布（图 4-4）。图中的横坐标为能量，纵坐标 $\Delta N/N\Delta E$ 表示具有能量 $E\sim(E+\Delta E)$ 范围内单位能量区间的分子数 ΔN 与分子总数 N 的比值（分子分数）。

图 4-4 中曲线下的总面积表示分子分数的总和为 100%。根据气体分子运动论，气体分子的能量分布只与温度有关。少数分子的能量较低或较高，多数分子的能量接近平均值。分

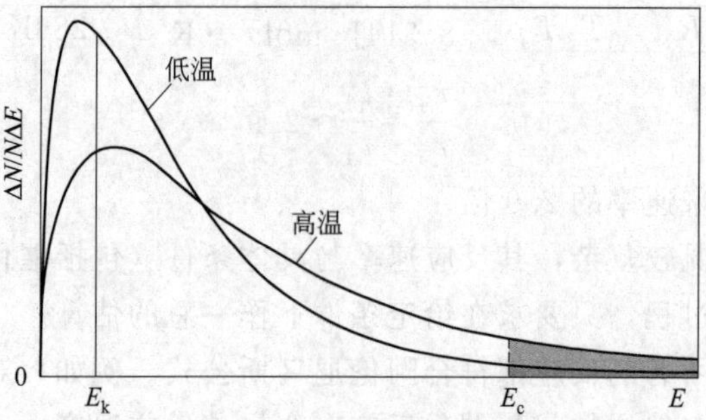

图 4-4 系统分子能量分布与活化能

子平均动能 E_k 位于曲线极大值右侧附近的位置上。图中 E_c 为分子临界能量，一般将系统中能量高于 E_c 的分子称为**活化分子**，只有当分子能量高于 E_c 时才有可能发生反应。也就是说，只有活化分子之间碰撞才有可能发生反应生成产物，而能量不足的分子是不可能反应生成产物。阴影部分的面积表示能量 $E \geqslant E_c$ 的分子分数。一般来说，体系中只有很少一部分分子符合活化分子要求，即活化分子分数很低。当升高温度时，将有更多分子获得动能，能量增加，进入活化分子行列，此时活化分子分数增加（图中阴影部分面积增大），反应加快。

有效碰撞的另一个关键要素是碰撞角度，分子碰撞角度不对，碰撞无效，即使能量再高，也不可能"撞断"旧键，产生新键。以大气烟雾形成时臭氧与一氧化氮反应为例说明碰撞角度的影响。

$$O_3(g) + NO(g) \longrightarrow NO(g) + O_2(g)$$

O_3 和 NO 两种分子的有效碰撞与无效碰撞如图 4-5 所示。

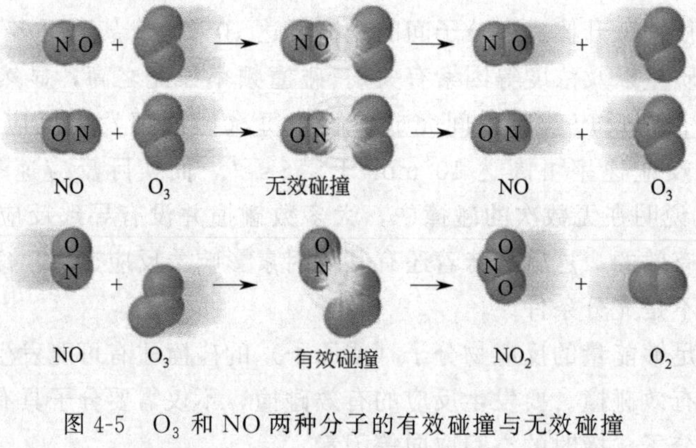

图 4-5 O_3 和 NO 两种分子的有效碰撞与无效碰撞

图中 NO 分子无论以 N 原子或 O 原子撞击 O_3 的中间 O 原子，都不会造成旧键断裂和新键产生，属于无效碰撞。只有 NO 分子以其 N 原子撞击 O_3 分子的端 O 原子才是正确角度，才有可能造成旧键断裂和新键产生。综上所述，碰撞行为是分子发生反应的必要条件，但必须是有效碰撞才能导致反应发生。动力学**碰撞理论**（collision theory）认为：体系中只有那些能量足够高的分子（活化分子）以正确角度碰撞才是**有效碰撞**，才会发生旧键断裂、新键生成，形成产物。

4.5.2　活化能与过渡态理论

历史上关于**活化能**这一概念曾出现过不同的定义，比较广泛采用的是：反应物分子为生成产物而需获得的最低能量，即如图 4-6 所示，反应物分子必须获得用以克服、逾越过渡态能垒的能量，如图中标示的能量段。

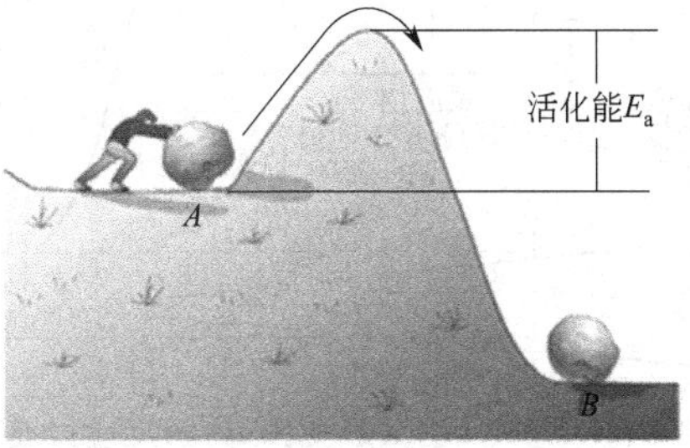

图 4-6　反应活化能示意图

基于上述定义，认为反应过程是反应物分子相互以正确角度靠近，如果能量足够，则这些分子的接触原子之间会形成一种高能量水平的过渡态，即“新键将成”，而反应物分子原有的“旧键未断”。这一理论就是由亨利（Henry Eyring，1901～1981）等人提出的动力学**过渡态理论**（transition state theory），它与碰撞理论平行，互有补充。他们认为在反应物和产物之间存在一个假定的中间态，称为过渡态，这种过渡态是一种活化络合物。活化络合物是在碰撞过程中产生的，即过渡态络合物的形成是一个可逆过程。以反应：$N_2O(g) + NO(g) \longrightarrow N_2(g) + NO_2(g)$ 说明过渡态反应过程：

$$\mathrm{N{\equiv}\overset{+}{N}{-}O^{-} + N{=}O \longrightarrow N{\equiv}N\cdots O\cdots N{=}O \longrightarrow N{\equiv}N + O{-}N{=}O}$$

反应物　　　过渡态活化络合物　　　产物
　　　　　　旧键将断未断，新键将成未成

N_2O 分子与 NO 分子靠近，逐渐形成活化络合物，其中 N_2O 的 O 原子接触 NO 分子中 N 原子，这两个原子之间新键将成未成，而 N_2O 中原有的 N—O 键将断未断，如上图中“………”所示的部分。活化络合物的形成是一个可逆过程，形成以后，一些活化络合物分子可能重新分解变回反应物，也有另一些会分解成产物分子。形成产物分子的过程中，N_2O 分子中 O 原子的部分成键被完全切断，而 NO 分子中的 O 原子的部分成键完全形成。

图 4-7 为一种观察活化能图示的方法，称为反应剖面图。

图 4-7 中，纵坐标表示能量，横坐标表示反应进程。反应物分子相互作用，经历一个过渡态，最后形成产物（如右边所示）。过渡态的位能高于始态也高于终态，由此形成一个能垒，要使反应物变成产物，必须使反应物分子“爬上”这个能垒，否则反应不能进行。活化能的物理意义就在于需要克服这个能垒，即在化学反应中破坏旧键所需的最低能量。过渡态能量与反应物能量的差值就是反应正向进行的活化能 E_a(正)，过渡态能量与产物能量的差值就是逆向反应的活化能 E_a(逆)。从图中可以看出能量关系，产物能量减去反应物能量即为正向反应的焓变（热效应）ΔH，或正向反应活化能与逆向反应活化能之差即为反应焓变。即

$$\Delta H = E_{产物} - E_{反应物} \text{ 或 } \Delta_r H \approx E_a(正) - E_a(逆) \qquad (4\text{-}17)$$

应该说，无论碰撞理论还是过渡态理论，都是针对基元反应过程。碰撞理论着眼于相撞

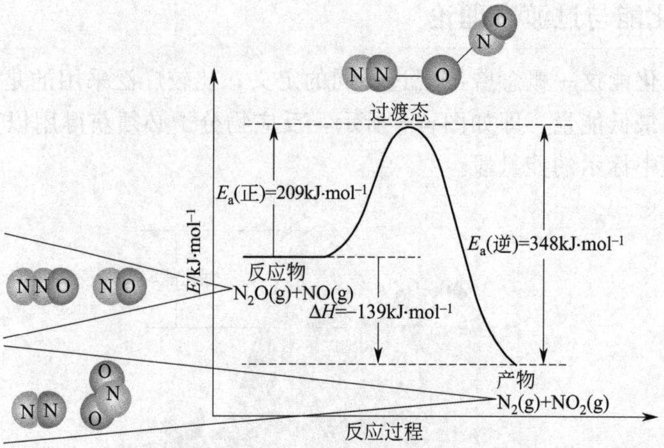

图 4-7 $N_2O(g)+NO(g) \longrightarrow N_2(g)+NO_2(g)$反应过渡态能量变化示意

"分子对"的相向平动能，而过渡态理论着眼于分子相互作用的位能。它们都能说明一些实验现象，但理论计算与实验结果相符的还只限于很少数的简单反应。随着分子束以及激光等新技术的应用，化学反应速率的实验工作和理论研究都有迅速的发展，也形成了更深入、复杂的理论体系。

【例 4-5】 已知下列氨分解反应的活化能约为 $300kJ \cdot mol^{-1}$

$$NH_3(g) \longrightarrow \frac{1}{2}N_2(g)+\frac{3}{2}H_2(g)$$

试利用标准热力学函数估算合成氨反应的活化能。

解： 按氨分解反应为正反应进行估算。

(1) 查阅氨分解反应中各物质的 $\Delta_f H_m^\ominus$ (298.15K) 的数据，先计算出该反应的 $\Delta_r H_m^\ominus$ (298.15K)（注意：需要以上述氨分解的反应方程式为基准)。

$$\Delta_r H_m^\ominus(298.15K)=\frac{1}{2}\Delta_f H_m^\ominus(N_2,g,298.15K)+\frac{3}{2}\Delta_f H_m^\ominus(H_2,g,298.15K)$$
$$-\Delta_f H_m^\ominus(NH_3,g,298.15K)=0+0-(-46.11)(kJ \cdot mol^{-1})=46.11(kJ \cdot mol^{-1})$$

(2) 设氨分解反应为正反应，已知其活化能 E_a(正) $\approx 300kJ \cdot mol^{-1}$，则合成氨反应为逆反应，其活化能为 E_a(逆)。按式 $\Delta_r H \approx E_a$(正) $-E_a$(逆)，作为近似计算，$\Delta_r H$ 可用 $\Delta_r H_m^\ominus$ (298.15K) 代替，则

可得：

$$\Delta_r H_m^\ominus(298.15K) \approx E_a(正)-E_a(逆)$$
$$E_a(逆) \approx E_a(正)-\Delta_r H_m^\ominus(298.15K)$$
$$E_a(逆) \approx 300-46.11(kJ \cdot mol^{-1})=254(kJ \cdot mol^{-1})$$

所以，合成氨反应$\frac{1}{2}N_2(g)+\frac{3}{2}H_2(g) \longrightarrow NH_3(g)$的活化能约为 $254kJ \cdot mol^{-1}$。

4.5.3 热力学稳定性与动力学稳定性

应当指出，一个系统或化合物是否稳定，首先要注意到稳定性可分为热力学稳定性和动力学稳定性两类。一个热力学稳定系统必然在动力学上也是稳定的（此类例子很多，如水的

热稳定性)。但一个热力学上不稳定的系统，由于某些动力学的限制因素（如活化能太高)，在动力学上却是稳定的（如上述的合成氨反应等)，如过渡态理论中的活化能就如同一道稳定屏障，只要这个能垒足够高，依据阿伦尼乌斯方程，E_a 很大，势必造成速率常数极小，从而实现反应物动力学稳定。对这类热力学判定可自发进行而实际反应速率太慢的反应，如果又是我们所需要的反应，就要研究和开发高效催化剂，促使其反应快速进行。这是一大类受科学家重视和潜心研究的化学反应。例如：

$$CO(g)+NO(g) \longrightarrow CO_2(g)+N_2(g)$$

$$\Delta_r G_m^{\ominus}(298.15K)=-343.74kJ \cdot mol^{-1}$$

$K^{\ominus}=1.68\times10^{60}$。从热力学平衡角度看，即使在汽车尾气的低浓度条件下，反应也可能很完全。但由于动力学原因，实际转化率很低，需要人们去寻找高效催化剂来消除汽车尾气中的这些有害物质。

4.5.4 加快反应速率的方法

从活化分子和活化能观点来看，增加单位体积内活化分子总数可加快反应速率。

活化分子总数=活化分子分数×分子总数

① 增大浓度（或气体压力） 给定温度下活化分子分数一定，增大浓度（或气体压力）即增大单位体积内的分子总数，从而增大活化分子总数。显然，用这种方法来加快反应速率的效率通常并不高，而且是有限度的。

② 升高温度 分子总数不变，升高温度能使更多分子因获得能量而成为活化分子，活化分子分数可显著增加，从而增大单位体积内活化分子总数。升高温度虽能使反应速率迅速地增加，但人们往往不希望反应在高温下进行，这不仅因为需要高温设备，耗费热、电这类能量，而且反应的生成物在高温下可能不稳定或者会发生一些副反应。

③ 降低活化能 常温下一般反应物分子的能量并不大，活化分子的分数通常极小。如果设法降低反应的活化能，即降低反应的能垒，虽然温度、分子总数不变，但能使更多分子成为活化分子，活化分子分数可显著增加，从而增大单位体积内活化分子总数。通常可选用催化剂改变反应历程，提供活化能能垒较低的反应途径。

4.6 催化剂

4.6.1 催化原理

(1) 催化分类

化学反应通常能通过升高温度而加速。另一个加速化学反应的方法是使用催化剂。催化剂（又称触媒）可显著增加化学反应速率，它参与了反应，而本身的组成、质量和化学性质在反应前后保持不变。在反应方程式的左边和右边不含有催化剂的分子式，一般将催化剂写到反应式箭头的上方。化学反应成功的关键是寻找合适的催化剂。比如工业上硝酸的制备，在通常情况下，NH_3 在 O_2 存在下很稳定，但当有 Pt-Rh 催化剂存在时，只需要小于 1ms 的时间，NH_3 就被氧化成 NO，生成的 NO 很容易通过继续氧化制备 HNO_3。

根据催化剂在反应体系的分散状态，又可将催化分为均相催化和多相催化。

均相催化就是催化剂与反应体系达到分子级分散水平，有液相和气相均相催化。液态酸碱催化剂、可溶性过渡金属化合物催化剂和碘催化剂、一氧化氮等气态分子催化剂的作用体系属于这一类。均相催化剂的活性中心比较均一，选择性较高，副反应较少，易于用光谱、波谱、同位素示踪等方法来研究催化剂的作用，反应动力学一般不复杂。但均相催化剂存在难以分离、回收和再生的缺点。

多相催化常见于固体催化剂对气相或液相反应体系的作用，反应发生在两相的界面上，通常催化剂为多孔固体。

此外，生物酶催化、光催化也是催化科学技术领域的重要分类。

(2) 催化作用的动力学原理

为什么加入催化剂能显著加速化学反应速率呢？这主要是因为催化剂能与反应物生成不稳定的中间化合物，改变了原来的反应历程，为反应提供一条能垒较低的反应途径，从而降低了反应的活化能。

均相催化以甲酸催化分解为例，在没有催化剂条件下，甲酸分解极其缓慢，不易察觉。但在质子酸催化下，可快速分解产生 CO 与 H_2O。反应过程如下：

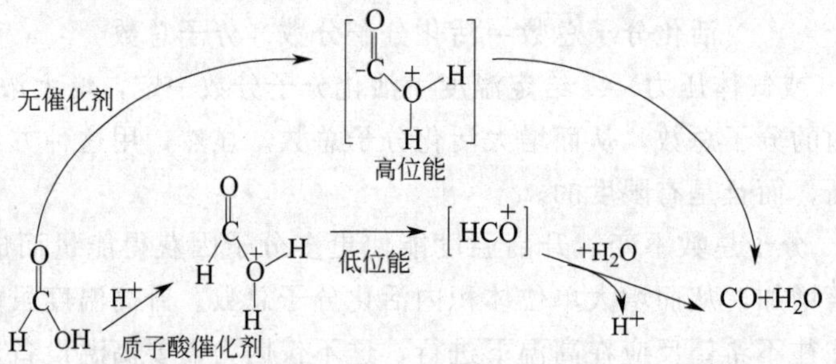

在没有催化剂时，甲酸只能通过醛氢分子内转移，结合到羟基氧原子上，形成位能很高的中间态，也正因为该中间态位能较高，其发生速率极低。而如果以质子酸催化，H^+ 可以快速结合到甲酸的羟基氧原子上，形成位能不太高的质子化中间态，继而快速分解产生 $[HCO]^+$ 中间体和 H_2O，再继续分解形成最终产物 CO，并释放出质子，质子酸催化剂得以恢复。

多相催化以合成氨为例，合成氨生产中加入铁催化剂后，如图 4-8 虚线所示，改变了反应途径，使反应分几步进行，而每一步反应的活化能都大大低于原总反应的活化能，因而每一步反应的活化分子分数大大增加，使每步反应的速率都加快，导致总反应速率的加快。

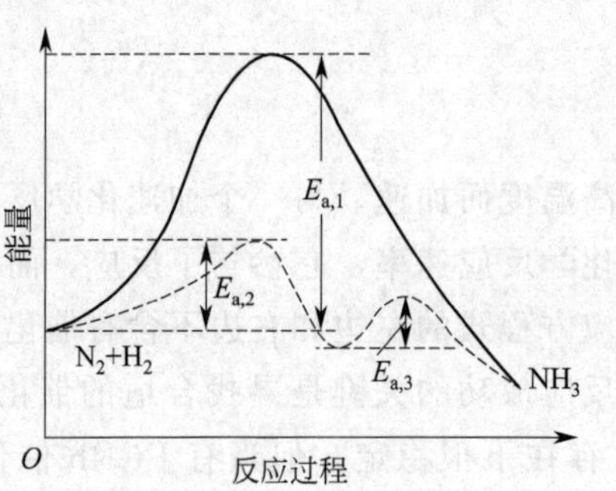

图 4-8 合成氨反应中铁催化剂的加入改变反应途径

多相催化反应通常可按下述七步进行。

① 反应物的外扩散——反应物向催化剂外表面扩散。

② 反应物的内扩散——在催化剂外表面的反应物向催化剂孔内扩散。

③ 反应物的化学吸附。

④ 表面化学反应。

⑤ 产物脱附。

⑥ 产物内扩散。

⑦ 产物外扩散。

这一系列步骤中反应最慢的一步称为速率控制步骤。化学吸附是最重要的步骤，化学吸附使反应物分子得到活化，降低了化学反应的活化能。因此，若要催化反应进行，必须至少有一种反应物分子在催化剂表面上发生化学吸附。固体催化剂表面是不均匀的，表面上只有一部分点对反应物分子起活化作用，这些点被称为活性中心。以反应：$2CO(g)+2NO(g)\xrightarrow{Rh}2CO_2(g)+N_2(g)$为例，说明固体金属铑 Rh 作用下的气-固催化过程。作用过程如图 4-9 所示。

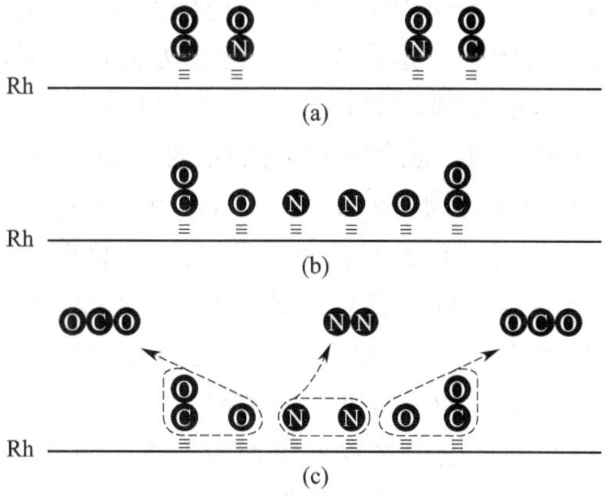

图 4-9　Rh 表面上 CO 和 NO 反应生成 CO_2 和 N_2 的过程示意

（a）CO 和 NO 分子吸附在 Rh 表面；（b）吸附态的 NO 分子分解为 N 原子和 O 原子，CO 分子过程相似；（c）吸附态的 CO 分子与 O 原子结合形成 CO_2 分子并脱附，两个 N 原子结合形成 N_2 分子并脱附

【例 4-6】 计算合成氨反应采用铁催化剂后在 298K 和 773K 时的反应速率各增加多少倍？设未采用催化剂时 $E_{a,1}=254kJ\cdot mol^{-1}$，采用催化剂后 $E_{a,2}=146kJ\cdot mol^{-1}$。

解： 设指前因子 A 不因采用铁催化剂而改变，则根据阿伦尼乌斯公式可得

$$\ln\frac{r_2}{r_1}=\ln\frac{k_2}{k_1}=\frac{E_{a,1}-E_{a,2}}{RT}$$

当 $T=298K$，可得：

$$\ln\frac{r_2}{r_1}=\frac{(254-146)\times 1000J\cdot mol^{-1}}{8.314J\cdot mol^{-1}\cdot K^{-1}\times 298K}=43.57$$

$$\frac{r_2}{r_1}=8.0\times 10^{18}$$

如果 $T=773K$（工业生产中合成氨反应时的温度），可得

$$\ln\frac{r_2}{r_1}=\frac{(254-146)\times1000\text{J}\cdot\text{mol}^{-1}}{8.314\text{J}\cdot\text{mol}^{-1}\cdot\text{K}^{-1}\times773\text{K}}=16.80$$

$$\frac{r_2}{r_1}=2.0\times10^7$$

从以上计算说明，有铁催化剂与无催化剂相比较，298K 和 773K 时的反应速率分别增大约 8×10^{18} 倍和 2×10^7 倍，低温时反应增速更显著。

4.6.2 催化剂的主要特性

① 能改变反应途径，降低活化能，使反应速率显著增大。（催化剂参与反应后能在生成最终产物的过程中解脱出来，恢复原态，但物理性质如颗粒度、密度、光泽等可能改变。）

② 只能加速达到平衡而不能改变平衡的状态　即同等地加速正向和逆向反应，而不能改变 $K^{\ominus}$。

③ 有特殊的选择性　一种催化剂只加速一种或少数几种特定类型的反应。这在生产实践中极有价值，它能使人们在指定时间内消耗同样数量的原料时可得到更多的所需产品。例如，工业上用水煤气为原料，使用不同的催化剂可得到不同的产物。

④ 催化剂对少量杂质特别敏感　这种杂质可能成为助催化剂，也可能是催化毒物。能增强催化剂活性的物质叫做助催化剂，如合成氨的铁催化剂 α-Fe-Al_2O_3-K_2O 中 α-Fe 是主催化剂，Al_2O_3、K_2O 是助催化剂。能使催化剂的活性和选择性降低或失去的物质叫做催化毒物，常见的如 S、N、P 的化合物（例如 CS_2、HCN、PH_3 等）以及某些重金属（例如 Hg、Pb、As 等）。又如，现在各国研究热门的汽车尾气催化转化器，其铂系催化剂就是以 CeO_2 为助催化剂，而 Pb 化合物为催化毒物，这也是提倡用无铅汽油的原因之一。

催化不仅对化工生产具有重要意义（85%以上使用催化剂），而且对能源、治理环境、生命科学和仿生化学、医学、反应机理的研究等均起着举足轻重的作用。

应当指出，在使用催化剂的反应中多数催化剂为固体，而反应物则为气体或液体。为了要增大这类多相催化反应的速率，用来做催化剂的固体一般是多孔的或微细分散的颗粒，有时则把微细分散的催化剂（或称为催化活性物质）负载于多孔载体内外表面，以提高催化活性。例如，接触法制备硫酸的工业中所用的催化剂可将五氧化二钒（V_2O_5）分散于硅藻土（自然界中一种多孔非晶体硅石 SiO_2）中而制得。

应当注意：对于多相反应来说，由于反应主要是在相界面上进行的，因此多相反应的速率还和相之间的接触面大小有关。接触面增大，会使反应速率增加，实际上也就是使反应速率常数 k 值增大。因此，若给出 k 值，应指出有关物质的粉碎度或分散度。在生产上常把固态物质破碎成小颗粒或磨成细粉，将液态物质淋洒成滴流或喷成雾状的微小液滴，来增大相与相之间的接触面，以提高反应速率。

其次，多相反应速率还受扩散作用的影响。这是由于扩散可以使还没有起作用的反应物不断地进入界面，同时使生成物不断地离开界面，从而增大反应速率。例如，金属与酸溶液作用，搅拌可以加快反应速率。工业上，常通过鼓风、搅拌或振荡等方法来加速扩散过程，使反应速率增大。

4.6.3 酶催化和模拟酶催化

酶是动植物和微生物产生的具有高效催化性能的蛋白质，其相对分子质量在 $10^4\sim10^6$

之间（按分散尺度属于胶体范畴）。生物体内的化学反应几乎都在酶的催化下进行，可以说，没有酶催化就没有生命。同时酶也可用于工业生产，现在已可用酶法生产不少氨基酸、抗生素、有机酸、酒精等重要化工和医药产品。酶学研究及其催化功能的实际应用会在 21 世纪有重大突破和广泛应用。

酶催化比一般催化反应更具特色：

① 高度选择性（或称高度专一性）　如尿素酶（即使溶液中只含千万分之一）只能催化尿素 $(NH_2)_2CO$ 水解为 CO_2 和 NH_3，但不能催化尿素的取代衍生物水解。

关于酶催化的专一性特点，生物化学家提出了“锁-钥”模型来进行解释（见图 4-10）。反应底物（S）结合到酶（E）的特定位点上形成复合物（ES），然后复合物分解形成产物（P）并释放酶。因为蛋白酶的催化活性位点是具有一定几何形状的微小空腔，只有特定几何形状的反应物分子（即底物）才可以“嵌入”酶的活性位点，并接受位点内部活性基团的进攻，发生反应。这种底物“嵌入”具有很高分子几何形状匹配要求，如尿素酶的活性位点就只允许“嵌入”尿素分子，而它的 *N*-烷基取代衍生物由于尺寸“超标”，无法嵌入活性位点，不能被酶催化。

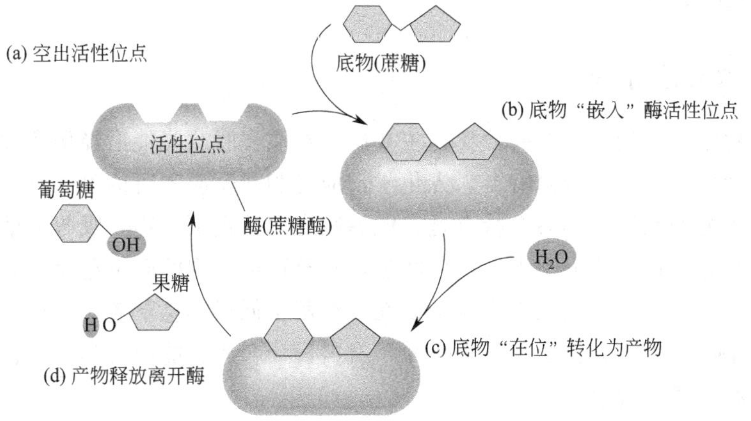

图 4-10　酶催化过程的“锁-钥”模型

② 高度的催化活性　酶能显著降低活化能，其催化效率约为一般酸碱催化剂的 10^8～10^{11} 倍。如 H_2O_2 的分解速率，在 0℃时用过氧化氢酶催化的反应速率是用无机催化剂胶态钯催化时的 5.7×10^{11} 倍，是无催化剂时反应速率的 6.3×10^{12} 倍。

③ 特殊的温度效应　温度对酶催化反应速率也有很大影响，如图 4-11 所示，有一个最佳温度。温度过高或过低都会引起蛋白质变性而使酶失活，大部分酶在 60℃以上变性。

④ 反应条件温和　一般在常温常压下进行，而且反应产物无毒。例如某些植物内部的固氮酶在常温常压下能固定空气中的 N_2 并将其转化为 NH_3，而以铁为催化剂的工业合成氨需高温高压。

酶的催化动力学过程总体属于多相催化范畴，反应过程发生在胶体状的酶表面，酶表面的活性位点数量基本恒定，底物浓度对反应动力学的影响表现出一定规律。在较低底物浓度下，反应速率与底物浓度近似成正比，即表现为一级反应；在较高底物浓度下，反应速率与底物浓度无关，表现为零级反应。如图 4-12 所示。

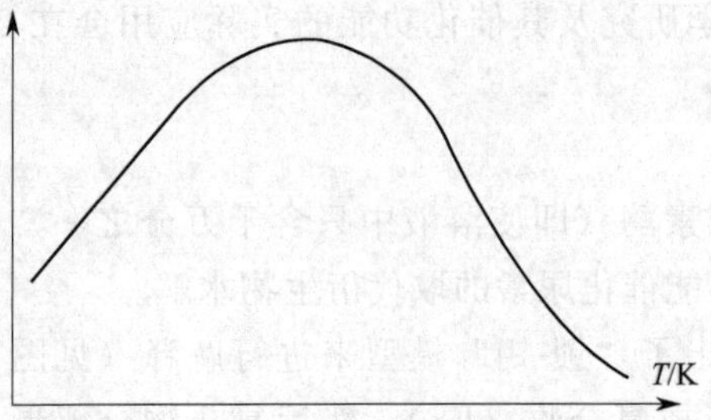

图 4-11 酶催化反应的温度效应（速率常数 k-T 关系）

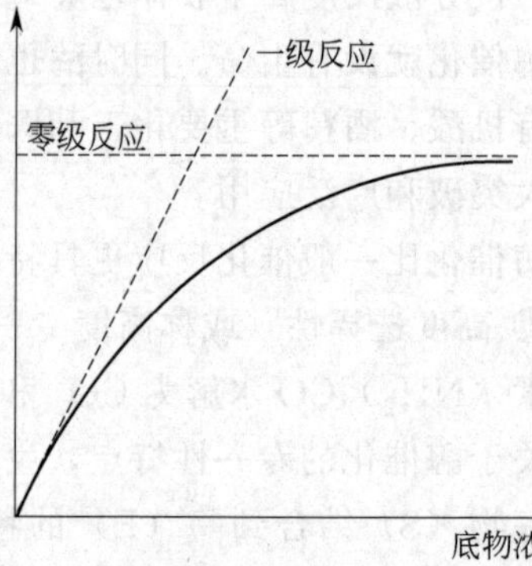

图 4-12 酶催化反应速率与底物浓度关系

由于酶催化的诸多优点，使化学模拟生物酶成为催化研究的一个活跃领域，对固定氮和光合作用的模拟等都有十分重要的意义。

4.7 光化学

4.7.1 光化学原理

光化学是化学学科的一个重要分支，主要研究物质在吸收光能后经历激发态，继而发生化学反应、化学发光行为的规律特点。光化学反应是和热反应平行的另一种反应形式，它突出反应体系对光能的利用，其最大特点是在能够吸光的前提下，物质吸收光能的速率远快于对热能的吸收，能够快速使分子进入活化状态，甚至可以实现瞬间平稳反应，即能量利用效率高，反应速率快；其次，光化学反应可以在常温甚至低温环境下较快进行，而绝大多数热反应在低温下难以发生。光化学在科学研究、材料设计合成、能源科学、环保技术、生物技术等领域，都有重要的价值。

(1) 光的本性

光属于电磁辐射，可以根据波长（或频率、波数等）的不同加以区分，如紫外光、可见光、红外光等。光化学所指的光一般是紫外光和可见光，紫外光一般定义为波长 200～400nm 的电磁波段，可见光一般定义为 400～800nm 的电磁波段。光具有波粒二象性，因而光也经常被称作光子（光子没有静止质量），一束光也可以看作一束光子流。单个光子的能量可按方程 $E=h\nu=hc/\lambda$ 计算。式中，h 为普朗克（Planck）常数，$6.63\times10^{-34}\text{J}\cdot\text{s}$；$\nu$ 为入射光频率；c 为光速，$3\times10^{8}\text{m}\cdot\text{s}^{-1}$；$\lambda$ 为入射光波长，m。

可见，光子波长越小，其能量越高。单个光子的能量非常小，但通常一束光所包含的光子数非常大，一般 1mol 紫外波段的光子所具有的能量可达数百 $\text{kJ}\cdot\text{mol}^{-1}$（1mol 200nm 光子能量约 $598\text{kJ}\cdot\text{mol}^{-1}$，1mol 400nm 光子能量约 $299\text{kJ}\cdot\text{mol}^{-1}$），与多数化学键的能量相当。即，在能够吸收光能的前提下，1mol 紫外光子的能量足以打断一些弱的化学键而发生特定的化学反应。

(2) 分子的光激发态与 Jablonski 能级图

分子吸收光子而得到的能量是否能让化学键断裂、发生反应，需要考虑与光作用后分子激发态的相关过程。正常状态下，原子处于最低能级，这时电子在离核最近的轨道上运动，这种状态叫基态（光化学上一般称为 S_0 态）。如果分子能够吸收光子能量，则分子中某些电子获得能量，使整个分子提升到能量较高的状态，称为激发态。激发态的形成，可以通过多种不同途径来实现，如电激发（电化学，通过电子的得失）、化学激发（通常指化学反应过程中"活化"的状态）等。在光化学中，物质的基态分子吸收了具有一定波长的光后，其电子会被激发，跃迁到更高能级，形成处于激发态的分子；如果分子吸收不同波长的电磁辐射，可以达到不同的激发态。按其能量的高低，从基态往上依次称为第一激发态（又称最低激发单线态 S_1）、第二激发态（第二激发单线态 S_2）等。

分子光激发过程伴随的光吸收与能态转变等光物理过程是光化学的核心基础环节，广泛采用雅布朗斯基能级图（Jablonski diagram）表示该过程（如图 4-13 所示）。

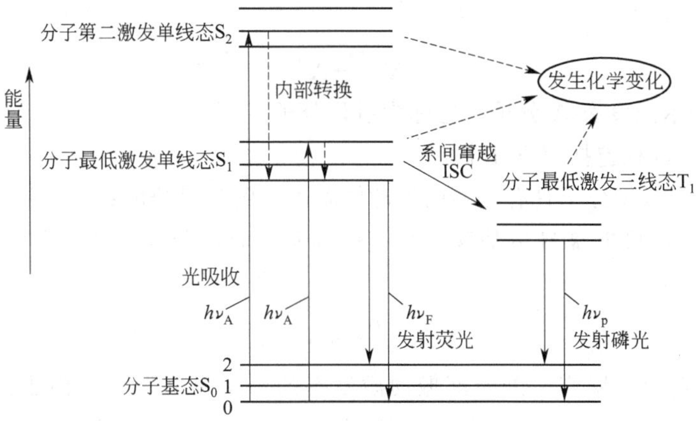

图 4-13　雅布朗斯基能级图

图 4-13 是简化了的雅布朗斯基能级图，该图显示，分子吸收光子后能级变化以及耗散能量回到基态时的单分子物理过程的特征和相互间的关系。处于基态 S_0 的分子吸收光子后，跃迁至激发态 S_1、S_2 等，对应吸收光谱上不同波长的吸收峰。较高能量的激发态更不稳定，寿命极短，因其能量较高，有可能发生一些活化能较低的单分子化学转变，但大多数 S_2、S_3 等高能状态分子会在极短时间内经内部转换跃迁至能量稍低、寿命稍长的 S_1 态。在 S_1 态，分子将发生多种相互竞争的耗散途径。

① 分子在 S_1 态的最低亚能级上可以将能量以光的形式释放出去，自身回到基态 S_0，该过程就是荧光过程。

② 分子在 S_1 态将能量以热或振动等形式释放，自身回到基态 S_0，此过程称为无辐射跃迁（图中未标出）。

③ 由于稍长的寿命和相对足够的能量，分子在 S_1 态有可能发生化学键的断裂和化学键重组，也是光化学反应得以发生的重要环节。

④ 分子在 S_1 态通常会发生电子运动方式的改变（电子自旋反转），而使分子转变为能量稍低但寿命更长的最低激发三线态 T_1，此过程为系间窜越（ISC，inter-system crossing）。

⑤ 分子在 T_1 态往往有足够的时间发生双分子、多分子化学反应，是光化学反应的重要途径之一。

⑥ 分子在 T_1 态的最低亚能级上可以将能量以光的形式释放出去，自身回到基态 S_0，此过程称作磷光过程。

雅布朗斯基能级图是解析光化学反应的重要基础，分子吸收光能可以迅速达到高于活化能的激发态，利于快速反应。而传统热反应中，分子的吸收热能更多以动能形式呈现，分子一般没有达到激发态，只是少部分分子能量逐渐接近活化能要求，实现反应，因而反应速率大多不如光反应。应当提醒的是，所有光反应的前提是，分子必须能够直接或间接（光敏化）吸收光能达到激发态，如不能有效获得光能，光反应无从谈起。

4.7.2 光化学反应

光化学的初级过程是分子吸收光子使电子激发，分子由基态提升到激发态，光化学Stark-Einstein 定律指出一般的光化学过程，分子吸收一个光子即可跃迁到激发态，可表示为：

$$A \xrightarrow{h\nu} A^*$$

式中，A^* 表示激发态 A 分子，也称为活化分子。

光化学的初级过程包括以下几个。

① 光离解　当激发分子具有足够的振动能时可导致自身分解；$A^* \longrightarrow R+S$。R 和 S 可以是稳定的产物，也可能是自由基等活性、短寿命物质。若为后者，则可导致次级化学过程，如：

$$NO_2 \xrightarrow{h\nu} NO+O^*$$

② 异构化和双分子反应　处于高振动激发态的分子可以发生异构化：$A^* \longrightarrow Y$。A^* 分子也可以与其他分子碰撞，把自身的能量变为某些通常情况下不能发生的热反应的活化能，如：

$$Hg^* + O_2 \longrightarrow HgO+O^*$$

③ 光敏作用　激发态分子在碰撞中可以把它的能量传递给其他分子，使后者变为激发态而可能发生光化学反应：

$$A^* + C \longrightarrow A+C^*$$

$$C^* + D \longrightarrow P$$

$$A^* + C \longrightarrow A+P+R$$

这种过程称为光敏作用，物质 A 如同光能运输载体，称为光敏剂。C 作为受激分子 A^* 的电子能的接受体，若它的存在可使所有的 A^* 分子的激发能衰减，从而使荧光特别是磷光猝灭，此时的 C 则为猝灭剂（quencher)。

以两个例子进行说明：254nm 的紫外线，尽管它的辐射能（$471.5kJ \cdot mol^{-1}$）高于 H_2 的离解能（$435.2kJ \cdot mol^{-1}$），但 H_2 并不能吸收 254nm 紫外光，也不能使 H_2 分解。若加入微量的汞蒸气，H_2 即刻分解。这是因为汞能吸收 254nm 的辐射，产生激发态 Hg 原子（Hg^*），接着与 H_2 分子碰撞，把能量传递给它并使之分解：

$$Hg+h\nu \longrightarrow Hg^*$$

$$Hg^* + H_2 \longrightarrow Hg+H^* + H^*$$

$$Hg^* + H_2 \longrightarrow HgH+H^*$$

初级光反应是所有光化学反应的起始步骤，分子可以经敏化接受光能（如上所示的 Hg 敏化），也可以直接吸收光能达到激发态，发生初级反应，产生活性种，继而发生后续次级反应，生成稳定的光反应产物。

如 Cl_2 与 H_2 混合，经紫外光照，可以产生 HCl。其光反应过程为：

光引发初级反应：$Cl_2 + h\nu \longrightarrow 2Cl\cdot$（自由基氯原子）

次级反应：　　　$2Cl\cdot + H_2 \longrightarrow HCl + H\cdot$

$$H\cdot + Cl_2 \longrightarrow HCl + Cl\cdot$$

$$\cdots\cdots（多达数万次～百万次重复）$$

$$2Cl\cdot + M（活性固体）\longrightarrow Cl_2 + M$$

像这种，产生一个初级自由基，就可串联引发很多步次级反应的历程，称为链式反应，光解产生一个氯原子，即可导致数千个 HCl 分子产生，显示了光反应的高效率，对能量利用率高。

大气中的臭氧在短波紫外光辐照下也会发生可逆分解，反应如下：

$$O_3 \underset{}{\overset{h\nu}{\rightleftharpoons}} O_2 + O^*$$

此初级光反应产生了活性氧原子，但正常情况下可以通过逆向反应恢复成臭氧。但如果环境中出现一定浓度的卤代烃（如氟利昂），则活性氧原子（有极高的氧化能力）很容易与卤代烃发生不可逆反应，从而使臭氧的恢复反应被限制，导致出现大气层臭氧洞。

大气光化学是研究治理大气污染中光化学烟雾的重要手段，光化学烟雾与霾密切联系，其形成机理很复杂，还有很多细节有待深入研究。但可以确定的是，光化学烟雾的形成涉及大气中氮氧化物 NO_x（来自汽车尾气和工业排放）、有机挥发物（工业排放）的光化学反应，包括重要的乙酰过氧硝酸酯类（PAN，peroxy acetyl nitrate）化合物形成，其光化学形成机理如下：

光解初级反应：$CH_3 - \overset{\overset{O}{\|}}{C} - H \xrightarrow{h\nu} CH_3 - \overset{\overset{O}{\|}}{C}\cdot + H\cdot$

次级反应：

$$CH_3 - \overset{\overset{O}{\|}}{C}\cdot + O_2 \longrightarrow CH_3 - \overset{\overset{O}{\|}}{C} - O - O\cdot$$

$$CH_3 - \overset{\overset{O}{\|}}{C} - O - O\cdot + NO_2 \longrightarrow CH_3 - \overset{\overset{O}{\|}}{C} - O - O - \overset{\overset{O}{\|}}{\underset{\underset{O^-}{|}}{N^+}} \quad （PAN）$$

光化学除了在普通化工生产（如卤代烃合成与转化）、环境科学研究与治理方面的重要应用，另外在很多新兴功能材料设计制造方面也有广泛应用，如光伏太阳能电池、发光照明材料、显示器件制造、微电子芯片制造（光刻胶）、生物医学工程材料、印刷包装、材料保护等，可统称为光响应功能材料，是材料科学工程领域较新兴的发展方向。

4.7.3　光化学动力学与热力学问题

光化学反应动力学过程较为复杂，光化学反应有一个初级过程，它与入射光的频率和强度有关，因此其动力学方程必定与光的吸收有关，同时与反应体系中吸光并可反应物质的浓度有关。其反应动力学方程的提出必须建立在清楚了解光引发反应的各级基元步骤的基础上。

热力学方面，光能属于一种非体积功，体系吸收光能发生化学变化，相当于借助了外帮

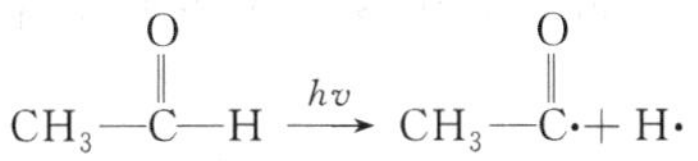

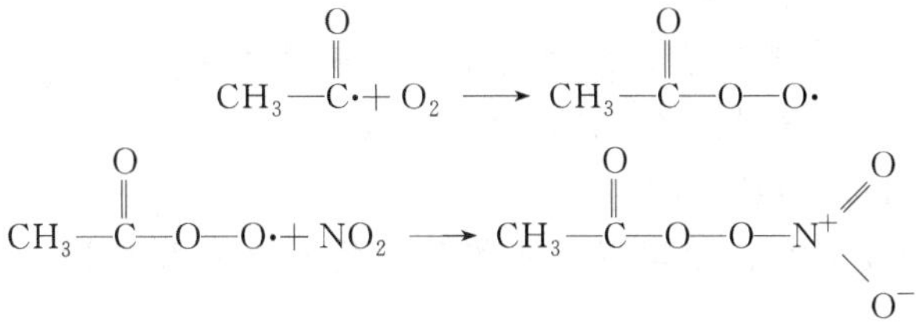

助发生了反应。因而光反应可以使那些热力学中判定的非自发反应得以顺利进行，例如使水高效率分解为氧气和氢气，这是能源工程领域梦寐以求的技术。采用电解方式分解水将耗费大量电能，是一种低效技术。而如果采用感光半导体，利用太阳能技术分解水快速制取氢气和氧气则是一种高效率且环保的技术。此外自然界还有很多借助阳光能量实现非自发反应的实例，植物的光合作用详细机理尽管还未完全弄清，但已清楚的是，植物利用叶绿素吸收阳光能量，再结合生物过程转换来的中介碳源和水，最终生成相对高能量的糖，此二氧化碳与水合成糖的过程是非自发的，借助阳光和感光催化平台（叶绿素）即可实现非自发反应的顺利进行。光反应也适合那些本身自发的反应，例如过氧化物可以自发热分解，发生—O—O—过氧键断裂，也可以通过吸收紫外光，在室温乃至低温下也可以发生—O—O—键的快速断裂。

关于光化学的深入学习理解还需以量子化学、电化学、有机化学为基础。

复习思考题

1. 化学反应速率的含义是什么？反应速率方程如何表达？

2. 能否根据化学方程式来表达反应的级数？为什么？举例说明。

3. 阿伦尼乌斯公式有什么重要应用？举例说明。对于“温度每升高10℃，反应速率通常增大到原来的2～4倍”这一实验规律（称为范特霍夫规则），你认为如何？

4. 对于单相反应，影响反应速率的主要因素有哪些？这些因素对反应速率常数是否有影响？为什么？

5. 一个反应的活化能为180kJ·mol^{-1}，另一个反应的活化能为48kJ·mol^{-1}。在相似的条件下，这两个反应中哪一个进行较快些？为什么？

6. 什么是阿伦尼乌斯活化能？活化能的大小与温度是否有关？［提示：可参阅：韩德刚，印永嘉．化学教育．1981增刊：62；赵学庄，罗渝然．化学反应动力学原理（下册）．北京：高等教育出版社，441～449，1990.］

7. 总压力与浓度的改变对反应速率以及平衡移动的影响有哪些相似之处？有哪些不同之处？举例说明。

8. 比较“温度与平衡常数的关系式”同“温度与反应速率常数的关系式”，有哪些相似之处？有哪些不同之处？举例说明。

9. 对于多相反应，影响化学反应速率的主要因素有哪些？举例说明。

10. 简单描述下面的名词、现象或者方法：

(1) 活性复合物；(2) 反应机理；(3) 多相催化；(4) 控速步骤；(5) 活化能

11. 解释下面两个名词之间的主要差别。

(1) 一级反应和二级反应；

(2) 速率方程和动力学方程；

(3) 活化能和反应的焓变；

(4) 基元反应和总反应；

(5) 平均速率与瞬时速率；

（6）碰撞理论与过渡态理论；

（7）酶催化与光催化；

（8）酶和底物

12. 试从化学反应速率及化学平衡原理，简要说明利用氢气和氮气合成氨生产中，宜采用高压、适当的高温和催化剂的理由。

习题

一、判断题（对的在括号内填“√”号，错的填“×”号）

1. 对反应系统 $C(s)+H_2O(g) \xlongequal{} CO(g)+H_2(g)$，$\Delta_r H_m^{\ominus}(298.15K)=131.3 kJ\cdot mol^{-1}$。反应达到平衡后，若升高温度，则正反应速率 r(正) 增加，逆反应速率 r(逆) 减小，结果平衡向右移动。（　）

2. 反应的级数取决于反应方程式中反应物的化学计量数（绝对值）。（　）

3. 催化剂能改变反应历程，降低反应的活化能，但不能改变反应的 $\Delta_r G_m^{\ominus}$。（　）

4. 在常温常压下，空气中的 N_2 和 O_2 能长期存在而不化合生成 NO。且热力学计算表明 $N_2(g)+O_2(g) \xlongequal{} 2NO(g)$ 的 $\Delta_r G_m^{\ominus}(298.15K) \gg 0$，则 N_2 与 O_2 混合气必定也是动力学稳定系统。（　）

5. 已知 CCl_4 不会与 H_2O 反应，但 $CCl_4(l)+H_2O(l) \xlongequal{} CO_2(g)+HCl(aq)$ 的 $\Delta_r G_m^{\ominus}(298.15K)=-379.93kJ\cdot mol^{-1}$，$CCl_4$ 与 H_2O 混合体系必定是热力学不稳定而动力学稳定的体系。（　）

6. 某温度下 $2N_2O_5 \xlongequal{} 4NO_2+O_2$ 反应的速率和以各种物质表示的反应速率的关系为：$r=\frac{1}{2}r(N_2O_5)=\frac{1}{4}r(NO_2)=r(O_2)$。（　）

7. 因为平衡常数和反应的转化率都能表示化学反应进行的程度，所以平衡常数即是反应的转化率。（　）

8. 在 $2SO_2+O_2 \rightleftharpoons 2SO_3$ 的反应中，在一定温度和浓度的条件下，无论使用催化剂或不使用催化剂，只要反应达到平衡时，产物的浓度总是相同。（　）

9. 增加温度，使吸热反应的反应速率加快，放热反应的反应速率减慢，所以增加温度使平衡向吸热反应方向移动。（　）

10. 催化剂可影响反应速率，但不影响热效应。（　）

11. 在一定温度下反应的活化能愈大，反应速率亦愈大。（　）

12. 催化剂将增加平衡时产物的浓度。（　）

13. 催化剂对可逆反应的正、逆两个反应速率具有相同的影响。（　）

14. 速率定律表达式中，$r=kc^m(A)\,c^n(B)$，$(m+n)$ 称为反应级数。（　）

15. 反应级数和反应分子数都是简单整数。（　）

16. 零级反应的反应速率与速度常数二者关系为 $r=k$，表明反应速率与浓度无关。（　）

17. 不同级数的反应，其反应速率常数 k 的单位不同。（　）

18. 反应速率常数 k 的单位由反应级数决定。（　）

19. 任何可逆反应在一定温度下，不论参加反应的物质的起始浓度如何，反应达到平衡时，各物质的平衡浓度相同。 （ ）

20. 反应 $A+B \rightleftharpoons C+$热，达平衡后，如果升高体系温度，则生成物 C 的产量减少，反应速率减慢。 （ ）

二、选择题（单选）

21. 升高温度可以增加反应速率，最主要是因为（ ）。

A. 增加了分子总数； B. 增加了活化分子的百分数；

C. 降低了反应的活化能； D. 促使平衡向吸热方向移动

22. 随温度升高而一定增大的量是（ ）。

A. $\Delta_r G_m^{\ominus}$； B. 吸热反应的平衡常数 $K^{\ominus}$；

C. 液体的饱和蒸气压； D. 反应的速率常数 k

23. $2N_2O_5(g) \rightleftharpoons 4NO_2(g) + O_2(g)$ 分解反应的瞬时速率为（ ）。

A. $r(N_2O_5)=-2dc(N_2O_5)/dt$； B. $r(N_2O_5)=dc(N_2O_5)/dt$；

C. $r(N_2O_5)=4dc(N_2O_5)/dt$； D. $r(N_2O_5)=-dc(N_2O_5)/dt$

24. $CO(g)+NO_2(g) = CO_2(g)+NO(g)$ 为基元反应，下列叙述正确的是（ ）。

A. CO 和 NO_2 分子一次碰撞即生成产物；

B. CO 和 NO_2 分子碰撞后，经由中间物质，最后生成产物；

C. CO 和 NO_2 活化分子一次碰撞即生成产物；

D. CO 和 NO_2 活化分子碰撞后，经由中间物质，最后生成产物

25. $A+B \longrightarrow C+D$ 为基元反应，如果一种反应物的浓度减半，则反应速率将减半，根据是（ ）。

A. 质量作用定律； B. 勒夏特列原理；

C. 阿伦尼乌斯定律； D. 微观可逆性原理

26. $Br_2(g) + 2NO(g) = 2NOBr(g)$，对 Br_2 为一级反应，对 NO 为二级反应，若反应物浓度均为 $2mol \cdot L^{-1}$ 时，反应速率为 $3.25 \times 10^{-3} mol \cdot L^{-1} \cdot s^{-1}$，则此时的反应速率常数为（ ）$L^2 \cdot mol^{-2} \cdot s^{-1}$。

A. 2.10×10^2； B. 3.26； C. 4.06×10^{-4}； D. 3.12×10^{-7}

27. 在气体反应中，使反应物的活化分子数和活化分子百分数同时增大的条件是（ ）。

A. 增加反应物的浓度； B. 升高温度；

C. 增大压力； D. 降低温度

28. 对一个化学反应来说，反应速率越快，则（ ）。

A. ΔH 越负； B. E_a 越小； C. ΔG 越大； D. ΔS 越负

29. $A+B \rightleftharpoons C+D$ 反应的 $K^{\ominus}=10^{-10}$，这意味着（ ）。

A. 正反应不可能进行，物质 C 不存在；

B. 反应向逆方向进行，物质 C 不存在；

C. 正逆反应的机会相当，物质 C 大量存在；

D. 正反应进行程度小，物质 C 的量少

30. 1mol 化合物 AB 与 1mol 化合物 CD，按下述方程式进行反应：$AB+CD \longrightarrow AD+$

CB，平衡时，每一种反应物都有 3/4mol 转变为 AD 和 CB（体积没有变化），反应的平衡常数为（　　）。

A. 9/16；　B. 1/9；　C. 16/9；　D. 9

31. A(g)+B(g)══C(g)为基元反应，该反应的级数为（　　）。

A. 一；　B. 二；　C. 三；　D. 0

32. 能使任何反应达平衡时，产物增加的措施是（　　）。

A. 升温；　B. 加压；　C. 加催化剂；　D. 增大反应物起始浓度

33. 某反应的速度常数的单位是 $mol \cdot L^{-1} \cdot s^{-1}$，该反应的反应级数为（　　）。

A. 0；　B. 1；　C. 2；　D. 3

34. 有可逆反应：$C(s)+H_2O(g) \rightleftharpoons CO(g)+H_2(g)$，$\Delta H=133.9kJ \cdot mol^{-1}$，下列说明中，对的是（　　）。

A. 达平衡时，反应物和生成物浓度相等；

B. 由于反应前后，分子数目相等，所以增加压力时对平衡没有影响；

C. 增加温度，将对 C(s) 的转化有利；

D. 反应为放热反应

35. 对于任意可逆反应，下列条件，能改变平衡常数的是（　　）。

A. 增加反应物浓度；　B. 增加生成物浓度；

C. 加入催化剂；　D. 改变反应温度

36. 反应 $A(s)+B(g) \longrightarrow C(g)$，$\Delta H<0$，今欲增加正反应的速率，则下列措施中无用的是（　　）。

A. 增大 B 的分压；　B. 升温；

C. 使用催化剂；　D. B 的分压不变，C 的分压减小

三、填空题

37. 对于下列反应：$C(s)+CO_2(g)══2CO$；$\Delta_r H_m^{\ominus}(298.15K)=172.5kJ \cdot mol^{-1}$

若增加总压力或升高温度或加入催化剂，则反应速率常数 k(正)、k(逆) 和反应速率 r(正)、r(逆) 以及标准平衡常数 $K^{\ominus}$、平衡移动的方向等将如何？分别填入下表中。

项目	k(正)	k(逆)	r(正)	r(逆)	$K^{\ominus}$	平衡移动的方向
增加总压力						
升高温度						
加催化剂						

38. 某反应，当升高反应温度时，反应物的转化率减小，若只增加体系总压时，反应物的转化率提高，则此反应为______热反应，且反应物气体分子数______（大于、小于）产物气体分子数。

39. 对于______反应，其反应级数一定等于反应物计量系数______，速度常数的单位由______决定，若 k 的单位为 $L^2 \cdot mol^{-2} \cdot s^{-1}$，则对应的反应级数为______。

40. 可逆反应 $A(g)+B(g) \rightleftharpoons C(g)+Q$ 达到平衡后，再给体系加热，正反应速率______，逆反应速率______，平衡向______方向移动。

41. 反应：$HIO_3+3H_2SO_3 \longrightarrow HI+3H_2SO_4$，经实验证明，该反应分两步完成：(1) $HIO_3+H_2SO_3 \longrightarrow HIO_2+H_2SO_4$（慢反应），(2) $HIO_2+2H_2SO_3 \longrightarrow HI+2H_2SO_4$

（快反应），因此反应的速度方程式是______。

42. 简单反应 A ══ B+C，反应速率方程为______，反应级数为______，若分别以 A、B 两种物质表示该反应的反应速率，则 r_A 与 r_B______。

43. 阿伦尼乌斯公式中 $e^{-E_a/RT}$ 的物理意义是______。

44. 催化剂能加快反应速率的原因是它改变了反应的______，降低了反应的______，从而使活化分子百分数增加。

四、计算题

45. 反应 2A+B ⟶ C+3D，反应物 A 的消耗速率是 $6.2\times10^{-4}\,mol\cdot dm^{-3}\cdot s^{-1}$。计算：

（1）在此时刻反应的反应速率；

（2）B 消耗的速率；

（3）D 生成的速率。

46. 一个反应在 30min 内有 50% 完成。如果这个反应是一级反应或二级反应，分别需要多长时间使该反应刚好完成 75%？

47. 反应 A ⟶ P 有如下数据。

t/s	c(A)/mol·dm^{-3}
0	2.00
500	1.00
1500	0.50
3500	0.25

不通过具体计算，请确定反应的级数。

48. 不同温度下 $H_2(g)+I_2(g) \longrightarrow 2HI(g)$ 的反应速率常数如下：$T=599K$，$k=5.4\times10^{-4}\,dm^3\cdot mol^{-1}\cdot s^{-1}$；$T=683K$，$k=2.8\times10^{-2}\,dm^3\cdot mol^{-1}\cdot s^{-1}$。请计算：

（1）反应的活化能；

（2）什么温度下 $k=5.0\times10^{-3}\,dm^3\cdot mol^{-1}\cdot s^{-1}$。

49. 酶催化反应在有抑制剂（I）存在下被减速，因为抑制剂能很快和酶结合到达平衡：E+I ══ EI。请分析当同时有底物和抑制剂存在时，酶催化反应速率与抑制剂总浓度 c_0(I) 的关系。

50. 反应 A ⟶ P 有如下数据：$t=0$，$c(A)=0.1565\,mol\cdot dm^{-3}$；$t=1min$，$c(A)=0.1498\,mol\cdot dm^{-3}$；$t=2min$，$c(A)=0.1433\,mol\cdot dm^{-3}$。

（1）计算 $t=0\sim1min$ 和 $t=1\sim2min$ 时间范围内的平均反应速率；

（2）为什么上面两个反应速率不一样？

51. 环丁烯 C_4H_6 异构化为 1,3-丁二烯的反应在 423K 时的速率常数为 $2.0\times10^{-4}\,s^{-1}$。若气态环丁烯的起始浓度为 $1.89\times10^{-3}\,mol\cdot dm^{-3}$。试求：（1）20min 后环丁烯的浓度；（2）环丁烯浓度降低为 $1.00\times10^{-3}\,mol\cdot dm^{-3}$ 时所需要的反应时间。

52. 对于反应 $2NO(g)+Cl_2(g)$ ══ $2NOCl(g)$，获得了如下的实验数据：

实验次数	NO 初始浓度/mol·dm^{-3}	Cl_2 初始浓度/mol·dm^{-3}	初始反应速率/dm^3·mol^{-1}·s^{-1}
1	0.0125	0.0255	2.27×10^{-5}
2	0.0125	0.0510	4.55×10^{-5}
3	0.0250	0.0255	9.08×10^{-5}

请确定该反应的速率方程。

53. 一级反应 A $\longrightarrow$ P，A 反应 99%时耗时 137min，求该反应的半衰期。

54. 1100℃下，NH_3 在热钨丝上的分解有如下数据：$c_0(NH_3)=0.0031mol\cdot dm^{-3}$，$t_{1/2}=7.6min$；$c_0(NH_3)=0.0015mol\cdot dm^{-3}$，$t_{1/2}=3.7min$；$c_0(NH_3)=0.00068 mol\cdot dm^{-3}$，$t_{1/2}=1.7min$。请确定该分解反应的反应级数和反应速率常数。

55. 反应 A $\longrightarrow$ D 有如下图所示的反应进程，回答下面的问题：

(1) 反应一共有多少个中间态？

(2) 一共有多少个过渡态？

(3) 最快的反应步骤是哪一步？

(4) 控速步骤是哪一步？

(5) 第一步是吸热还是放热反应？

(6) 整个反应是吸热还是放热的？

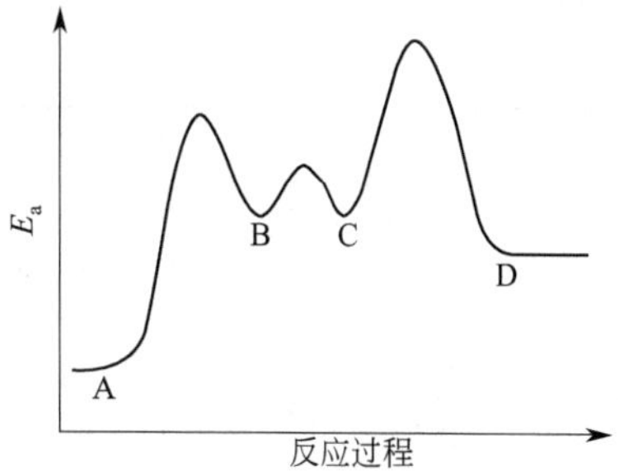

题 55 图

56. 一级反应 $N_2O_5(g) \longrightarrow 2NO_2 + O_2(g)$，在 20℃时半衰期为 22.5h，在 40℃时半衰期为 1.5h。

(1) 计算反应活化能；(2) 计算 30℃时的反应速率常数。

57. 若 298K 时，反应 $2N_2O(g) = 2N_2(g) + O_2(g)$ 的反应热 $\Delta_r H_m = -164.1 kJ\cdot mol^{-1}$，活化能 $E_a = 240kJ\cdot mol^{-1}$。试求相同条件下，反应 $2N_2(g)+O_2(g) = 2N_2O(g)$ 的活化能。

58. 已知某药物是按一级反应分解的，在 25℃分解反应速率常数 $k=2.09\times10^{-5}h^{-1}$。该药物的起始浓度为 94 单位/$cm^3$，若其浓度下降至 45 单位/$cm^3$，就无临床价值，不能继续使用。问该药物的有效期应当定为多长？

59. 根据实验结果，在高温时焦炭中碳与二氧化碳的反应：

$$C+CO_2 = 2CO$$

其活化能为 $167.4kJ\cdot mol^{-1}$，计算自 900K 升高到 1000K 时，反应速率的变化。

60. 在没有催化剂存在时，H_2O_2 的分解反应：

$$H_2O_2(l) = H_2O(l) + O_2(g)$$

其活化能为 $75kJ\cdot mol^{-1}$。当有铁催化剂存在时，该反应的活化能就降低到 $54kJ\cdot mol^{-1}$。计算在 298K 时此两种反应速率的比值。

五、简答题

61. 用锌与稀硫酸制取氢气，反应的 ΔH 为负值。在反应开始后的一段时间内反应速率加快，后来反应速率又变慢。试从浓度、温度等因素来解释此现象。

62. 对于制取水煤气的下列平衡系统：$C(s)+H_2O(g) = CO(g)+H_2(g)$；$\Delta_r H_m^{\ominus}>0$。

问：(1) 欲使平衡向右移动，可采取哪些措施？(2) 欲使正反应进行得较快且较完全（平衡向右移动）的适宜条件如何？这些措施对 k(正)、k(逆) 的影响各如何？

63. 当在 H_2 和 O_2 的混合物中引入一个小火花时，会产生高度放热的爆炸反应。在没有火花存在的情况下，H_2 和 O_2 的混合物非常稳定。

(1) 请解释上面的不同行为；

(2) 解释上面爆炸反应和火花大小不相关的原因。

64. 简述光反应过程的能级跃迁主要过程，化学反应主要发生哪些激发状态？

第5章

化学平衡反应

5.1 酸碱理论

酸碱反应是大家很熟悉又很重要的一类反应。例如，人的体液 pH 值要保持在 7.35～7.45；胃中消化液的主要成分是稀盐酸，胃酸过多会引起溃疡，过少又可能引起贫血；激烈运动过后，肌肉中产生的乳酸使人感到疲劳；在牛奶中乳酸的生成能使牛奶凝结；土壤和水的酸碱性对某些植物和动物的生长有重大影响；地质过程中岩石的风化、钟乳石的形成等也受到水的酸性的影响；日常生活中，药物阿司匹林（aspirin）、维生素 C 本身就是酸，食醋含有乙酸，柠檬水含有柠檬酸和抗坏血酸；还有小苏打、氧化镁乳剂、刷墙粉、洗涤剂等都是碱。广义上的酸碱配合物在生物化学、冶金、工业催化等领域中也有重要应用。植物生长及人体体液的适宜 pH 值列于表 5-1。

表 5-1　植物生长及人体体液的适宜 pH（25℃）

植物	生长适宜 pH	体液	pH	体液	pH
水稻	6.0～7.0	血清	7.35～7.45	成人胃液	1.0～3.0
小麦	5.5～6.5	脑脊液	7.3～7.5	十二指肠液	4.8～8.2
棉花	6.0～8.0	唾液	6.5～7.5	小肠液	约 7.6
土豆	5.6～6.0	泪	7.4	大肠液	8.3～8.4
西红柿	4.0～4.4	胰液	7.5～8.0	粪	4.6～8.4
玉米	6.0～6.5	乳	6.6～7.6	尿	4.8～8.4

研究酸碱反应，首先要了解酸碱的概念。人们对酸碱的认识经历了一个曲折的过程。最初，人们只单纯地限于从物质所表现出来的性质上来区分酸和碱，认为具有酸味、能使石蕊试液变为红色的物质是酸；而碱就是有涩味、滑腻感，使红色石蕊变蓝，并能与酸反应生成盐和水的物质。1684 年，罗伯特·波义耳（Robert Boyle）写到肥皂溶液是碱，能使被酸变红了的蔬菜恢复颜色，这可能是最早的有关酸、碱的记载了。后来，人们试图从组成上来定义酸。1774 年法国化学家拉瓦锡（A. L. Lavoisier）提出了所有的酸都含有氧元素。随着人们认识的不断深化，关于酸碱提出了一系列的酸碱理论，如阿伦尼乌斯（S. A. Arrhenius）的电离理论（1887 年），布朗斯特（J. N. Brϕnsted）和劳莱（T. M. Lowry）的质子理论（1923 年），路易斯（G. N. Lewis）的电子理论（1923 年）等。

5.1.1　酸碱电离理论（Arrhenius 酸碱电离理论）

1884 年，瑞典化学家阿伦尼乌斯根据电解质溶液理论，定义了酸和碱。阿伦尼乌斯指出，电解质在水溶液中电离生成阴、阳离子。**酸是在水溶液中经电离只生成 H^+ 这一种阳离子的物质；碱是在水溶液中经电离只生成 OH^- 这一种阴离子的物质。**也就是说，能电离出 H^+ 是酸的特征，能电离出 OH^- 是碱的特征。如 HCl、$HClO_4$、H_2SO_4、HNO_3、H_3PO_4、NaOH、$Ca(OH)_2$ 等。阿伦尼乌斯酸碱电离理论是关于酸碱概念最早的理性定义。

电离理论对化学发展起了很大作用，但有其局限性，把酸、碱的定义局限在以水为溶剂的系统，并把碱限制为氢氧化物。这样就连氨水这个人们熟知的碱也不能解释（因为氨水不是氢氧化物，本身不含氢氧根），更不能解释气态氨也是碱（它能与 HCl 气体发生中和反应，生成 NH_4Cl）。又如金属钠溶解于非水溶剂 100%乙醇中显示很强的碱性，但钠并非氢氧化物。鉴于阿伦尼乌斯酸碱电离理论的狭隘性，该理论已逐渐淡出主流。

5.1.2　酸碱质子理论（Brϕnsted-Lowry 酸碱理论）

1923 年，丹麦化学家 J. N. Brϕnsted 和英国化学家 T. M. Lowry 同时独立地提出了**酸碱质子理论**，所以质子理论又称为 **Brϕnsted-Lowry 酸碱理论**。根据酸碱的电离理论，水溶液中酸电离出来的质子 H^+ 实际上在水中不能独立存在，而是以水合质子[7]的形式存在。其组成为 $H_9O_4^+$，结构模型见图 5-1。一般简写为 H_3O^+，再简化才写成 H^+（aq）。实际上，酸碱反应是质子转移的反应，即酸给出质子 H^+，与碱 OH^- 结合生成 H_2O。酸碱质子理论就是按照质子转移的观点来定义酸和碱的。

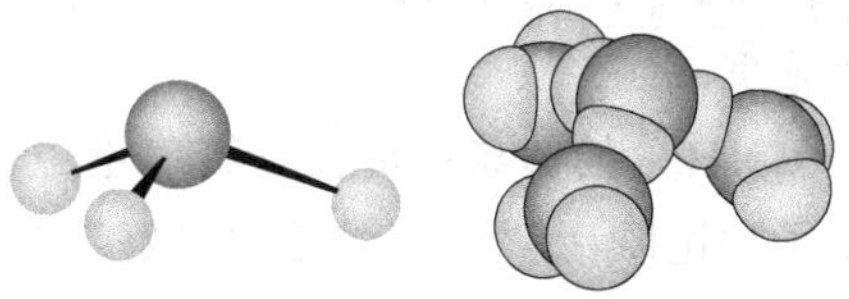

图 5-1　H_3O^+ 和 $H_9O_4^+$ 的结构示意

质子理论认为：凡是能释放出质子的任何含氢原子的分子或离子都是酸；任何能与质子结合的分子或离子都是碱。简而言之，酸是质子的给予体，碱是质子的接受体。例如在水溶液中：

$$HAc(aq) \rightleftharpoons H^+(aq) + Ac^-(aq)$$

$$NH_4^+(aq) \rightleftharpoons H^+(aq) + NH_3(aq)$$

$$H_2PO_4^-(aq) \rightleftharpoons H^+(aq) + HPO_4^{2-}(aq)$$

式中，HAc、NH_4^+、$H_2PO_4^-$ 都能给出质子，所以它们都是酸。

酸给出质子的过程一般是可逆的，酸给出质子后，余下的部分 Ac^-、NH_3、HPO_4^{2-} 都能接受质子，它们都是碱，所以酸及碱可以是分子或离子，并表明“酸中包含碱，碱可以变酸”的对立统一的辩证关系。酸与对应的碱的辩证关系可表示为：

$$酸 \rightleftharpoons 质子 + 碱$$

这种相互依存、相互转化的关系被叫做酸碱的共轭[8]关系。酸失去质子后形成的碱叫做该酸的共轭碱，例如 NH_3 是 NH_4^+ 的共轭碱。碱结合质子后形成的酸叫做该碱的共轭酸，

---

[7] 在高氯酸晶体中确实存在着 H_3O^+ 和 ClO_4^-。M. Eigen 等人认为水合氢离子的形式以 $H_9O_4^+$ 表示为最好。

[8] 共轭在数学、物理、化学、地理等学科中都有出现。本意：两头牛背上的架子称为轭，轭使两头牛同步行走。共轭即为按一定的规律相配的一对。

例如NH_4^+ 是NH_3 的共轭酸等。酸与它的共轭碱（或碱与它的共轭酸）一起叫做共轭酸碱对。表 5-2 中列出了一些常见的共轭酸碱对。

表 5-2 一些常见的共轭酸碱对

	酸$\rightleftharpoons$质子＋碱	
酸性增强 ↑	$HCl \rightleftharpoons H^+ + Cl^-$	碱性增强 ↓
	$H_3O^+ \rightleftharpoons H^+ + H_2O$	
	$HSO_4^- \rightleftharpoons H^+ + SO_4^{2-}$	
	$H_3PO_4 \rightleftharpoons H^+ + H_2PO_4^-$	
	$HAc \rightleftharpoons H^+ + Ac^-$	
	$[Al(H_2O)_6]^{3+} \rightleftharpoons H^+ + [Al(H_2O)_5(OH)]^{2+}$	
	$H_2CO_3 \rightleftharpoons H^+ + HCO_3^-$	
	$H_2S \rightleftharpoons H^+ + HS^-$	
	$H_2PO_4^- \rightleftharpoons H^+ + HPO_4^{2-}$	
	$NH_4^+ \rightleftharpoons H^+ + NH_3$	
	$HCO_3^- \rightleftharpoons H^+ + CO_3^{2-}$	

酸碱质子理论不仅适用于水溶液，还适用于含质子的非水系统。它可把许多平衡归结为酸碱反应，所以有更广的适用范围和更强的概括能力。例如，对于NH_3、CN^-、CO_3^{2-} 等碱溶液，pH 的计算均可使用同一公式，带来许多便利，故本书有关 pH 计算均以质子理论为依据。

NH_4^+ 的解离平衡在电离理论中认为是强酸弱碱盐，如NH_4Cl 的水解反应。而在酸碱质子理论既无“盐”也无“水解”之概念。本书为了方便教学，有时仍使用“盐的水解”之说。

5.1.3 酸碱电子理论（Lewis 酸碱理论）

在提出酸碱质子理论的同一年（1923 年），美国化学家 G. N. Lewis 提出了**酸碱电子理论**。Lewis 定义：**酸是任何可以接受电子对的分子或离子**，酸是电子对的接受体，必须具有可以接受电子对的空轨道。**碱则是可以给出电子对的分子或离子**，碱是电子对的给予体，必须具有未共享的孤对电子。酸碱之间以共价配键相结合，并不发生电子转移。这些就是酸碱电子理论的基本要点。

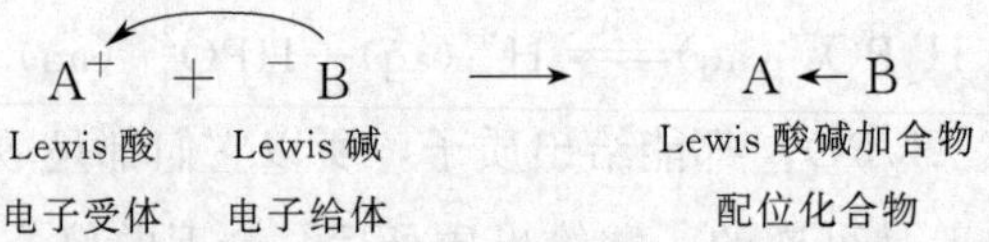

许多实例说明了 Lewis 的酸碱电子理论的适用范围更广泛。例如：

① H^+ 与OH^- 反应生成H_2O，这是典型的电离理论的酸碱中和反应；质子理论也能说明H^+ 是酸，OH^- 是碱。根据酸碱的电子理论：OH^- 具有孤对电子，能给出电子对，它是碱；而H^+ 有空轨道，可接受电子对，是酸。H^+ 与OH^- 反应形成配位键 H←OH，H_2O 是酸碱加合物。

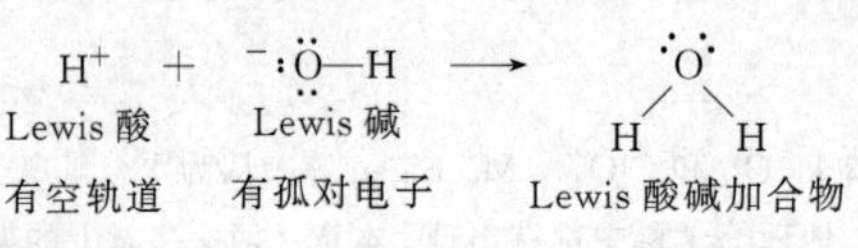

② 在气相中 HCl 与NH_3 反应生成NH_4Cl，HCl 中的氢转移给氨，生成铵离子和氯离

子。显然这是一个质子转移反应。

同样，按照电子理论，:NH_3 中 N 上的孤对电子提供给 HCl 中的 H（指定原来 HCl 中的 HCl 键的共用电子对完全归属于 Cl 之后，H 有了空轨道），形成 NH_4^+ 中的配位共价键 $[H_3N{\rightarrow}H]$。

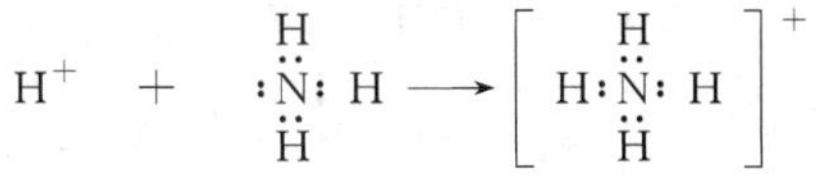

$$H^+ \ + \ :\!\overset{\displaystyle H}{\underset{\displaystyle H}{\text{N}}}\!:\!H \longrightarrow \left[\overset{\displaystyle H}{\underset{\displaystyle H}{\text{H}:\!\text{N}\!:\!\text{H}}}\right]^+$$

　　Lewis 酸　　Lewis 碱　　Lewis 酸碱加合物
　　有空轨道　有孤对电子

③ 碱性氧化物 Na_2O 与酸性氧化物 SO_3 反应生成盐 Na_2SO_4，该反应完全类似于水溶液中的 NaOH(aq) 与 H_2SO_4(aq) 之间的中和反应，它也是酸碱反应。然而，此反应不能用质子理论说明。但根据酸碱电子理论 Na_2O 中的 O^{2-} 具有孤对电子（是碱），SO_3 中 S 能提供空轨道接受一对孤对电子（是酸）。

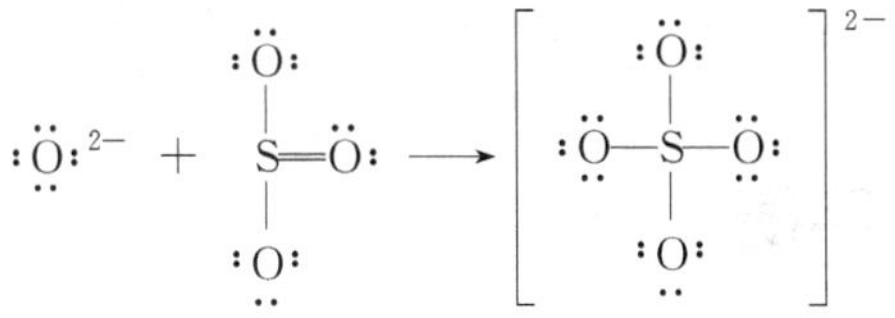

$$:\!\overset{..}{\underset{..}{O}}\!:^{2-} \ + \ \overset{\displaystyle :\!O\!:}{\underset{\displaystyle :\!O\!:}{S}}\!=\!\overset{..}{\underset{..}{O}}\!: \longrightarrow \left[\overset{\displaystyle :\!\overset{..}{O}\!:}{\underset{\displaystyle :\!O\!:}{:\!\overset{..}{O}\!-\!\text{S}\!-\!\overset{..}{O}\!:}}\right]^{2-}$$

　　Lewis 酸　　Lewis 碱　　Lewis 酸碱加合物

④ 硼酸 H_3BO_3 不是质子酸，而是 Lewis 酸。在水中，$B(OH)_3$ 与水反应并不是给出它自身的质子，而是 B（有空轨道）接受了 H_2O 的 OH 中 O 提供的孤对电子形成 $B(OH)_4^-$；类似的路易斯酸还有很多，如 $FeCl_3$、BF_3、$AlCl_3$ 等。NH_3、H_2O、X^-（卤素阴离子）、S^{2-}、羧酸、醇等是常见路易斯碱，含有可配位孤对电子。

$$\overset{\displaystyle OH}{\underset{\displaystyle HO\quad OH}{B}} \ +H_2O \Longleftrightarrow \left[\begin{array}{c}\ H\ \\ HO\ \ O\ \\ \ B\ \\ HO\ \ OH\ \ H\end{array}\right] \Longleftrightarrow H^+ + \left[\begin{array}{c}OH\\ HO\!-\!B\!-\!OH\\ OH\end{array}\right]^-$$

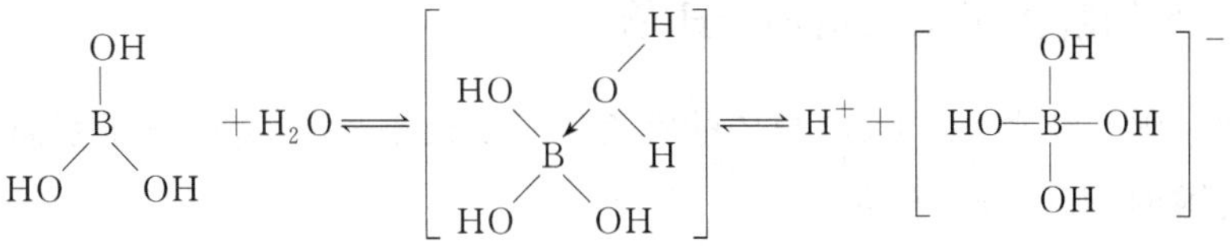

许多配合物和有机化合物是 Lewis 酸碱的加合物。Lewis 酸碱的范围比质子酸碱广泛。但是酸碱电子理论也不是完美无瑕的，至少，它还不能用来比较酸碱的相对强弱。目前，还没有一种在所有场合下完全适用的酸碱理论。

5.1.4　酸碱两性物质

质子酸碱理论应用更为常见，基于此，那些既能解离释放质子 H^+，又能接收结合质子 H^+ 的物质被定义为酸碱两性物质（简称两性物质）。常见酸碱两性物质分类如下。

① H_2O、NH_3 等高电负性元素的多价含氢化合物。

H_2O 作为酸释放质子 $H_2O \Longleftrightarrow H^+ + OH^-$；$H_2O$ 作为碱接受质子 $H_2O + H^+ \Longleftrightarrow H_3O^+$

NH_3 作为碱 $NH_3 + H^+ \Longleftrightarrow NH_4^+$；$NH_3$ 作为酸 NH_3(l) $+ Na \longrightarrow Na^+ + NH_2^- + H_2$

② 含氢酸根离子：HCO_3^-、HSO_4^-、HS^-、$H_2PO_4^-$、HPO_4^{2-}、$HOOC\text{-}COO^-$、邻苯二甲酸氢钾等。

③ 有机酸与有机碱相连的分子，如氨基酸、乙二胺四乙酸 EDTA 等。

④ 部分金属氧化物或其氢氧化物，如铝、锌、锡、锑等。

氢氧化铝作为碱接受质子 $Al(OH)_3 + H^+ \Longleftrightarrow Al^{3+} + H_2O$

氢氧化铝作为酸释放质子（路易斯酸）

$$HO-\underset{\underset{\displaystyle OH}{|}}{\overset{\overset{\displaystyle OH}{|}}{Al}}\ +H_2O \Longrightarrow \left[HO-\underset{\underset{\displaystyle OH}{|}}{\overset{\overset{\displaystyle OH}{|}}{Al}}\leftarrow O\!\!\begin{array}{c}H\\ \\H\end{array}\right] \Longrightarrow \left[HO-\underset{\underset{\displaystyle OH}{|}}{\overset{\overset{\displaystyle OH}{|}}{Al}}-OH\right]^{-}+H^{+}$$

$$\Big\Vert -2H_2O$$

$$AlO_2^{-}$$

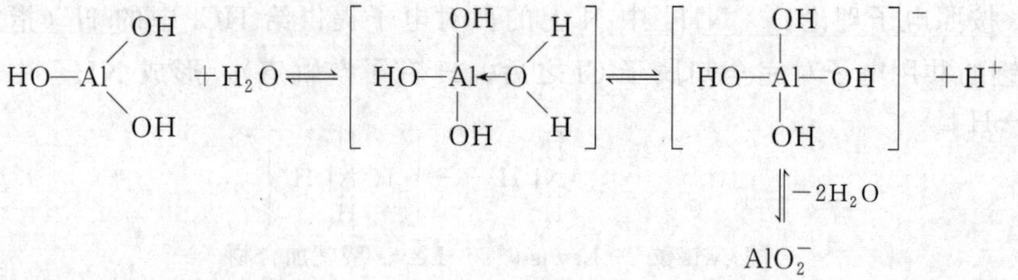

另外，过去常出现的弱碱盐、弱酸盐的"**水解**"概念也基本可以归属到酸碱解离平衡问题上，如 NH_4^{+}、Ac^{-}、CN^{-}、S^{2-}、F^{-}、CO_3^{2-}、PO_4^{3-}、Fe^{3+}、Al^{3+} 等，它们通过与 H_2O 作用，要么接受结合 H_2O 分子转移过来的质子 H^{+}，充当碱的角色，如 Ac^{-}、CN^{-}、S^{2-}、F^{-}、CO_3^{2-}、PO_4^{3-} 等；要么与 H_2O 分子作用后释放质子 H^{+}，充当酸的角色，如 NH_4^{+}、Fe^{3+}、Al^{3+} 等。

5.2 酸碱解离平衡

酸碱质子理论认为，水溶液中的酸碱反应本质是质子的转移反应，水中不存在孤立裸露的质子 H^{+}，质子必然要和某种碱络合在一起，如：

$$HA+B \Longleftrightarrow A^{-}+HB^{+}$$

酸 HA 上的质子转移到碱 B 上结合。

5.2.1 水的解离平衡与溶液 pH 值

依照上述原则，纯水中，H_2O 分子的解离实际上也是一个 H_2O 分子解离出的质子 H^{+} 被另一个作为碱的 H_2O 分子捕获，即

$$H_2O(l)+H_2O(l) \Longleftrightarrow H_3O^{+}(aq)+OH^{-}(aq)$$

该平衡反应的标准平衡常数可表达为：

$$K_w^{\ominus}=\frac{c(H_3O^{+})}{c^{\ominus}}\times\frac{c(OH^{-})}{c^{\ominus}} \tag{5-1}$$

该式经常被简写为 $K_w^{\ominus}=c(H^{+})c(OH^{-})$

$K_w^{\ominus}$ 称作水的离子积常数，经常简写为 K_w，25℃时，$K_w^{\ominus}=1.0\times10^{-14}$；纯水中 $c(H^{+})=c(OH^{-})=1.0\times10^{-7}\,mol\cdot dm^{-3}$。

不同温度下的 $K_w^{\ominus}$ 列于表 5-3。

表 5-3 不同温度下的 $K_w^{\ominus}$

$t/℃$	$K_w^{\ominus}$	$t/℃$	$K_w^{\ominus}$
0	1.15×10^{-15}	50	5.31×10^{-14}
20	6.87×10^{-15}	90	3.73×10^{-13}
25	1.01×10^{-14}	100	5.43×10^{-13}

该常数意味着，对于任何酸碱水溶液，其中质子 H^{+} 浓度与氢氧根离子 OH^{-} 浓度之积恒定。H^{+} 浓度高，则 OH^{-} 浓度低；H^{+} 浓度低，则 OH^{-} 浓度高。

溶液的酸碱度一般用 pH 值表示，即溶液中质子的浓度（不是酸分子的浓度）的负对

数值。

$$pH=-\lg c(H^+)$$

式中浓度项要做量纲统一处理，字母 p 即为负对数的意思。pH 值仅适用于 H^+ 浓度小于 $1mol\cdot dm^{-3}$ 的稀溶液，取值 1～14。浓度过高，则直接用体积摩尔浓度表示酸碱度。pOH 值是溶液中 OH^- 浓度的负对数值，pH+pOH=14。

溶液 pH 值可用 pH 试纸粗略测量，常规 pH 试纸是几种酸碱指示剂的混合溶液浸渍在中性纸张上制成，有普通 pH 试纸与精密 pH 试纸（一位小数）之分。也可以用基于电化学原理的 pH 计精确测量溶液 pH 值（2～3 位有效数字）。

5.2.2　一元弱酸（弱碱）解离平衡

除少数强酸、强碱外，大多数酸和碱溶液中存在着解离平衡（ionization equilibrium），其平衡常数 K 叫做解离常数 K_i，也是标准平衡常数的一种具体形式。酸碱解离常数也可分别用 K_a 和 K_b 表示，其值可用热力学数据算得，也可实验测定。K_a 和 K_b 数据可查附录。

应用热力学数据计算解离常数 K_i。

以计算氨水的 $K_b^{\ominus}$ 为例来说明。先写出氨水溶液中的解离平衡，并从附录中查得各物质的 $\Delta_f G_m^{\ominus}$（298.15K）数值。

	$NH_3(aq)$	+ $H_2O(l)$	$\rightleftharpoons$ $NH_4^+(aq)$	+ $OH^-(aq)$
$\Delta_f G_m^{\ominus}(298.15K)/kJ\cdot mol^{-1}$	−26.50	−237.129	−79.31	−157.244

$$\Delta_r G_m^{\ominus}(298.15K)=\sum_B \nu_B \Delta_f G_m^{\ominus}(B,298.15K)$$

$$=\Delta_f G_m^{\ominus}(NH_4^+,aq,298.15K)+\Delta_f G_m^{\ominus}(OH^-,aq,298.15K)-\Delta_f G_m^{\ominus}(NH_3,aq,298.15K)-\Delta_f G_m^{\ominus}(H_2O,l,298.15K)$$

$$=-79.31-157.244-(-26.50)-(-237.129)(kJ\cdot mol^{-1})=27.08(kJ\cdot mol^{-1})$$

$$\ln K_b^{\ominus}=\frac{-\Delta_r G_m^{\ominus}}{RT}=\frac{-27.08\times 1000J\cdot mol^{-1}}{8.314J\cdot mol^{-1}\cdot K^{-1}\times 298.15K}=-10.92$$

$$K_b^{\ominus}=1.81\times 10^{-5}$$

注意：水溶液中的平衡常数有许多是实验测定值，且用 K（K_a、K_b）表示；若明确由热力学数据算得，则可用 $K^{\ominus}$（$K_a^{\ominus}$ 或 $K_b^{\ominus}$）表示，以示区别。

如果某弱酸（HA）的解离平衡常数为 K_a，该酸的共轭碱（A^-）的解离平衡常数为 K_b，依据酸碱解离平衡可推出：$K_a K_b=K_w$，或 $pK_a+pK_b=14$。此关系对任何共轭酸碱对都成立。

（1）一元酸解离平衡

以醋酸 HAc 为例：

$$HAc(aq)+H_2O(l)\rightleftharpoons H_3O^+(aq)+Ac^-(aq)$$

或简写为：

$$HAc(aq)\rightleftharpoons H^+(aq)+Ac^-(aq)$$

一般解离迅速可达平衡，各浓度项为平衡浓度，平衡常数表达式可写为：

$$K_a(\mathrm{HAc})=\frac{\dfrac{c(\mathrm{H^+})}{c^{\ominus}}\times\dfrac{c(\mathrm{OH^-})}{c^{\ominus}}}{\dfrac{c(\mathrm{HAc})}{c^{\ominus}}} \tag{5-2a}$$

由于 $c^{\ominus}=1\mathrm{mol\cdot dm^{-3}}$，一般在不考虑 K_a 的单位时，可将式(5-2a) 简化为：

$$K_a(\mathrm{HAc})=\frac{c(\mathrm{H^+})c(\mathrm{OH^-})}{c(\mathrm{HAc})} \tag{5-2b}$$

但应注意浓度 c 是有量纲的，在表达 c 的具体数值时应当注明其单位 $\mathrm{mol\cdot dm^{-3}}$。

设一元酸的浓度为 c，解离度为 α（弱酸分子解离掉的百分数），则可根据平衡方程推出

$$K_a=\frac{c\alpha\cdot c\alpha}{c(1-\alpha)}=\frac{c\alpha^2}{1-\alpha} \tag{5-3}$$

当 α 很小时（$K_a/c<1.0\times10^{-4}$ 时），$1-\alpha\approx1$，则

$$K_a\approx c\alpha^2 \tag{5-4}$$

$$\alpha\approx\sqrt{\frac{K_a}{c}} \tag{5-5}$$

$$c(\mathrm{H^+})=c\alpha\approx\sqrt{K_ac} \tag{5-6}$$

式(5-5) 表明溶液的解离度近似与弱酸浓度平方根呈反比。即浓度越稀，解离度 α 越大，这个关系式叫做稀释定律。

α 和 K_a 都可用来表示酸的强弱，但 α 随 c 而变；在一定温度时，K_a 不随 c 而变，是一个常数。一般可根据 K_a 大小划分强酸（$K_a>10^{-1}$）、中强酸（$10^{-4}<K_a<10^{-1}$）和弱酸（$K_a<10^{-4}$）。典型中强酸包括磷酸、酒石酸、亚硫酸、丙酮酸、碳酸、草酸、亚硝酸、氢氟酸、甲酸等。

【例 5-1】 计算 $0.100\mathrm{mol\cdot dm^{-3}}$ HAc 溶液中的 $\mathrm{H^+}$ 浓度及其 pH。

解：从附录查得 HAc 的 $K_a=1.76\times10^{-5}$。

方法一：设 $0.100\ \mathrm{mol\cdot dm^{-3}}$ HAc 溶液中 $\mathrm{H^+}$ 的平衡浓度为 $x\ \mathrm{mol\cdot dm^{-3}}$，则

$$\mathrm{HAc(aq)} \rightleftharpoons \mathrm{H^+(aq)+Ac^-(aq)}$$

平衡时浓度/$\mathrm{mol\cdot dm^{-3}}$　　$0.100-x$　　x　　x

$$K_a=\frac{c(\mathrm{H^+})c(\mathrm{Ac^-})}{c(\mathrm{HAc})}=\frac{xx}{0.100-x}=1.76\times10^{-5}$$

由于 K_a 很小，所以 $0.100-x\approx0.100$

$$\frac{x^2}{0.100}\approx1.76\times10^{-5}$$

$$x\approx1.33\times10^{-3}$$

即 $c(\mathrm{H^+})\approx1.33\times10^{-3}\mathrm{mol\cdot dm^{-3}}$

方法二：直接代入式(5-6)（注意，上面的 x 即等于 $c\alpha$）

$$c(\mathrm{H^+})=c\alpha\approx\sqrt{K_ac}=\sqrt{1.76\times10^{-5}\times0.100}=1.33\times10^{-3}\mathrm{mol\cdot dm^{-3}}$$

从而可得 $\mathrm{pH}\approx-\lg(1.33\times10^{-3})=2.88$

可以用类似方法计算 $0.100\mathrm{mol\cdot dm^{-3}}$ $\mathrm{NH_4Cl}$ 溶液中的 $\mathrm{H^+}$ 浓度及 pH。$\mathrm{NH_4Cl}$ 在溶液中以 $\mathrm{NH_4^+}$(aq) 和 $\mathrm{Cl^-}$(aq) 存在。$\mathrm{Cl^-}$(aq) 在溶液中可视为中性，因而只考虑 $\mathrm{NH_4^+}$(aq)

这一弱酸的解离平衡即可：

$$NH_4^+(aq)+H_2O(l)\rightleftharpoons NH_3(aq)+H_3O^+(aq)$$

简写为：$NH_4^+(aq)\rightleftharpoons NH_3(aq)+H^+(aq)$

查附录得 $NH_4^+(aq)$ 的 $K_a=5.65\times10^{-10}$［或者依据共轭酸碱对关系，由 $K_b(NH_3)$ 计算 $K_a(NH_4^+)$，$K_a=K_w/K_b$］，所以

$$c(H^+)=c\alpha\approx\sqrt{K_a c}=\sqrt{5.65\times10^{-10}\times0.100}=7.52\times10^{-6}(mol\cdot dm^{-3})$$

$$pH\approx-\lg(7.52\times10^{-6})=5.12$$

(2) 一元弱碱解离平衡

同一元弱酸，一元弱碱的计算方程：

$$c(OH^-)=c\alpha\approx\sqrt{K_b c} \tag{5-7}$$

【例 5-2】 计算 $0.100mol\cdot dm^{-3}$ NaCN 溶液中的 H^+ 浓度及 pH。

解： 查表得 CN^- 的 $K_b=2.03\times10^{-5}$

$$c(OH^-)=c\alpha\approx\sqrt{K_b c}=\sqrt{2.03\times10^{-5}\times0.100}=1.42\times10^{-3}(mol\cdot dm^{-3})$$

$$c(H^+)=K_w/c(OH^-)=(1.0\times10^{-14})/(1.42\times10^{-3})=7.04\times10^{-12}(mol\cdot dm^{-3})$$

$$pH\approx-\lg(7.04\times10^{-12})=11.15$$

5.2.3 多元弱酸（弱碱）解离平衡

多元酸的解离是分级进行的，每一级都有一个解离常数，以氢硫酸 H_2S 为例，其解离过程按以下两步进行。

一级解离为：$H_2S(aq)\rightleftharpoons H^+(aq)+HS^-(aq)$

$$K_{a1}=\frac{c(H^+)c(HS^-)}{c(H_2S)}=9.1\times10^{-8}$$

二级解离为：$HS^-(aq)\rightleftharpoons H^+(aq)+S^{2-}(aq)$

$$K_{a2}=\frac{c(H^+)c(S^{2-})}{c(HS^-)}=1.1\times10^{-12}$$

式中，K_{a1} 和 K_{a2} 分别表示 H_2S 的一级解离常数和二级解离常数。一般情况下，二元酸的 $K_{a2}\ll K_{a1}$。H_2S 的二级解离使 HS^- 进一步给出 H^+，这比一级解离要困难得多，一级解离释放的 H^+ 将严重抑制 HS^- 继续解离产生 H^+。因此，计算多元酸的 H^+ 浓度时，可忽略二级解离平衡（条件：$K_{a1}/K_{a2}>10^3$），即认为所有 H^+ 来源于一级解离，二级解离产生的 H^+ 微乎其微，与计算一元酸 H^+ 浓度的方法相同，即应用式(5-6) 作近似计算，不过式中的 K_a 应改为 K_{a1}。

【例 5-3】 已知 H_2S 的 $K_{a1}=9.1\times10^{-8}$，$K_{a2}=1.1\times10^{-12}$。计算在 $0.10mol\cdot dm^{-3}$ H_2S 溶液中 H^+ 的浓度和 pH。

解： 根据式(5-6)：

$$c(H^+)=c\alpha\approx\sqrt{K_{a1}c}=\sqrt{9.1\times10^{-8}\times0.10}=9.5\times10^{-5}(mol\cdot dm^{-3})$$

$$pH\approx-\lg(9.5\times10^{-5})=4.0$$

对于 H_2CO_3 和 H_3PO_4 等多元弱酸，可用类似的方法计算其 H^+ 的浓度和溶液的 pH。

注意近似计算的条件：H_3PO_4 是中强酸，K_a 较大（$K_{a1}=7.52\times10^{-3}$）。在按一级解离平衡计算 H^+ 浓度时，不能应用式(5-6) 进行计算，此时不满足 $K_a/c<1.0\times10^{-4}$ 的近似处理条件（一般取 $c=0.1\text{mol}\cdot\text{dm}^{-3}$），即不能认为 $c-x\approx c$。需按【例 5-1】中的方法一并解一元二次方程得到 $c(H^+)$。

【例 5-4】 计算 $0.010\text{mol}\cdot\text{dm}^{-3}$ H_2CO_3 溶液[9]中的 H^+、H_2CO_3、HCO_3^-、CO_3^{2-} 和 OH^- 浓度，以及溶液的 pH。

解： $K_{a1}(H_2CO_3)=4.2\times10^{-7}$，$K_{a2}(H_2CO_3)=4.7\times10^{-11}$

因 $K_{a1}(H_2CO_3)\gg K_{a2}(H_2CO_3)$，$K_{a1}(H_2CO_3)\gg K_w$，可以忽略 H_2CO_3 二级解离产生的 H^+ 和水自身解离产生的 H^+，溶液中的 H^+ 基本来自 H_2CO_3 的第一步解离反应：

$$H_2CO_3(aq) \rightleftharpoons H^+(aq) + HCO_3^-(aq)$$

平衡浓度/$\text{mol}\cdot\text{dm}^{-3}$　　$0.010-x$　　　x　　　x

$$K_{a1}=4.2\times10^{-7}=\frac{c(H^+)c(HCO_3^-)}{c(H_2CO_3)}\approx\frac{xx}{0.010-x}$$

近似处理，$0.010-x\approx0.010$，

则有 $x^2\approx4.2\times10^{-7}\times0.010$，$x\approx6.5\times10^{-5}$

$$c(H^+)=c(HCO_3^-)\approx6.5\times10^{-5}\text{mol}\cdot\text{dm}^{-3}$$

$$c(H_2CO_3)\approx0.010\text{mol}\cdot\text{dm}^{-3}$$

CO_3^{2-} 是在第二步解离中产生的：

$$HCO_3^-(aq) \rightleftharpoons H^+(aq) + CO_3^{2-}(aq)$$

平衡浓度/$\text{mol}\cdot\text{dm}^{-3}$　　6.5×10^{-5}　　6.5×10^{-5}　　y

此解离过程受一级解离抑制，其解离程度极其微弱（因 $K_{a1}/K_{a2}>10^3$），$c(H^+)$ 与 $c(HCO_3^-)$ 几乎没有变化。

$$K_{a2}=4.7\times10^{-11}=\frac{c(H^+)c(CO_3^{2-})}{c(HCO_3^-)}\approx\frac{6.5\times10^{-5}y}{6.5\times10^{-5}}$$

$$y\approx K_{a2}=4.7\times10^{-11}$$

$$c(CO_3^{2-})\approx K_{a2}=4.7\times10^{-11}\text{mol}\cdot\text{dm}^{-3}$$

$$c(H^+)c(OH^-)=K_w$$

$$c(OH^-)=1.0\times10^{-14}/6.5\times10^{-5}\text{mol}\cdot\text{dm}^{-3}=1.5\times10^{-10}\text{mol}\cdot\text{dm}^{-3}$$

$$\text{pH}=-\lg c(H^+)=4.19$$

在上述解题过程中确认了 $c(CO_3^{2-})$ 的数值等于 $K_{a2}(H_2CO_3)$，这对二元弱酸 H_2A 来说是有普遍意义的。即在仅含二元弱酸的溶液中，$K_{a1}/c<1.0\times10^{-4}$，且 $K_{a1}/K_{a2}>10^3$ 时，二元酸根离子的浓度 $c(A^{2-})=K_{a2}(H_2A)\text{mol}\cdot\text{dm}^{-3}$。但是，这个结论不能简单地推论到三元弱酸溶液中。本书不对更复杂的酸碱平衡问题进行介绍。

---

[9] 实际上，CO_2 溶解在水中主要以 CO_2 的形式存在，仅有少部分同水反应生成 H_2CO_3。这里的 $c(H_2CO_3)$ 表示了两者的总和。在 25℃和 $p(CO_2)=100\text{kPa}$ 下，每升水可溶解的 CO_2 约为 0.034mol。

5.3 缓冲溶液

5.3.1 同离子效应

与所有的化学平衡一样，当溶液的浓度、温度等条件改变时，弱酸、弱碱的解离平衡会发生移动。就浓度的改变来说，除用稀释的方法外，还可在弱酸、弱碱溶液中加入具有相同离子的强电解质，以改变某一离子的浓度，从而引起弱电解质解离平衡的移动。例如，往 HAc 溶液中加入 NaAc，由于 Ac^- 浓度增大，使平衡向生成 HAc 的一方移动，结果就降低了 HAc 的解离度。

HAc＋甲基橙（橘红色）：加入 NaAc(s) 后溶液变为黄色。

$$HAc + H_2O \rightleftharpoons H^+ + Ac^-$$

$$\text{平衡左移} \longleftarrow \text{加入 } Ac^-$$

加入 NaAc，结果使 HAc 电离度降低，H^+ 离子浓度降低。

又如，往 NH_3 水溶液中加入 NH_4Cl（NH_4^+ 浓度增大），也会降低 NH_3 在水中的解离度。

$NH_3 \cdot H_2O$＋酚酞（粉红色）：加入 NH_4Cl（s）后溶液变为无色。

$$NH_3 + H_2O \rightleftharpoons OH^- + NH_4^+$$

$$\text{平衡左移} \longleftarrow \text{加入 } NH_4^+$$

加入 NH_4Cl，结果使 NH_3 电离度降低，OH^- 离子浓度降低。

由此可见，在弱酸溶液中加入该酸的共轭碱，或在弱碱的溶液中加入该碱的共轭酸时，可使这些弱酸或弱碱的解离度降低。这种现象叫做**同离子效应**。同离子效应可以应用在以下两个方面：①通过调节 pH 来控制共轭酸碱对的浓度。②调节共轭酸碱对的浓度来控制溶液的 pH。

5.3.2 缓冲溶液

像上述这种由共轭的弱酸-弱碱对（$HAc\text{-}Ac^-$、$NH_4^+\text{-}NH_3$）组成的溶液具有一种很重要的性质，其 pH 能在一定范围内不因稀释或外加的少量酸或碱而发生显著变化，能保持溶液 pH 值基本不变（可以具体计算证实）。也就是说，对加入的少量酸和碱具有缓冲的能力。**这种由共轭的弱酸碱对组成的对少量外来酸碱具有抵抗能力而保持溶液自身 pH 值基本不变的溶液称作缓冲溶液**（buffer solution）。例如，在 HAc 和 NaAc 的混合溶液中，HAc 是弱电解质，解离度较小，NaAc 是强电解质，完全解离；因而溶液中共轭弱酸碱对 HAc、Ac^- 的浓度都较大。由于同离子效应，抑制了 HAc 的解离，而使 H^+ 浓度变得更小。

$$\underset{\text{酸仓库}}{HAc\ (aq)} \rightleftharpoons H^+\ (aq) + \underset{\text{碱仓库}}{Ac^-\ (aq)}$$

当往该溶液中加入少量强酸时，H^+ 离子与 Ac^- 离子结合形成 HAc 分子，则平衡向左移动，使溶液中 Ac^- 浓度略有减少，HAc 浓度略有增加，但溶液中 H^+ 浓度不会有显著变化。如果加入少量强碱，强碱会与 H^+ 结合，则平衡向右移动，使 HAc 浓度略有减少，Ac^- 浓度略有增加，H^+ 浓度仍不会有显著变化。如上述解离平衡所示，共轭酸碱对浓度同时较高时，则 HAc 相当于**酸仓库**，通过 HAc 解离释放 H^+ 来消耗外来少量的碱，而保持溶液 H^+ 浓度基本不变；Ac^- 相当于**碱仓库**，通过它与 H^+ 的结合来“清除”外来少量的酸，而保持溶液 H^+ 浓度基本不变。

组成缓冲溶液的一对共轭酸碱，如 $HAc\text{-}Ac^-$、$NH_4^+\text{-}NH_3$、$H_2PO_4^-\text{-}HPO_4^{2-}$ 等也称为缓冲对，一般要求是弱酸和它的共轭碱，或弱碱和它的共轭酸组成的混合溶液。强酸或强碱偶尔也能作为缓冲溶液，如较浓的盐酸或 NaOH 溶液，但其 pH 值处于极端位置，少有应用价值。另外，还要求共轭酸与共轭碱的浓度同时较高，例如 $0.02 \sim 0.5\text{mol}\cdot\text{dm}^{-3}$。浓度太低时，缓冲能力不足，少量外来酸碱即可耗尽自有酸碱“仓库”；浓度过高时，离子干扰严重。

根据共轭酸碱之间的平衡，可得计算通式：

$$K_a = \frac{c(H^+)c(\text{共轭碱})}{c(\text{共轭酸})}$$

$$c(H^+) = K_a \frac{c(\text{共轭酸})}{c(\text{共轭碱})} \tag{5-8}$$

$$pH = pK_a - \lg\frac{c(\text{共轭酸})}{c(\text{共轭碱})} \tag{5-9}$$

式(5-8) 中 K_a 为共轭酸的解离常数，式(5-9) 中 pK_a 为 K_a 的负对数，即 $pK_a = -\lg K_a$。

式(5-9) 中 c(共轭酸) 与 c(共轭碱) 本应是共轭酸碱对的解离平衡浓度，由于同离子效应抑制作用，共轭酸的解离度非常低，因而上述共轭酸或共轭碱的平衡浓度约等于酸碱的起始浓度，即 $c^{eq}(\text{共轭酸}) \approx c_0(\text{共轭酸})$，$c^{eq}(\text{共轭碱}) \approx c_0(\text{共轭碱})$，也就是说，在依据式(5-9) 计算缓冲溶液 pH 值时，完全可以用配制溶液时的起始酸碱浓度代替其平衡浓度，一般不会产生显著计算误差。

显然，当加入大量的强酸或强碱，溶液中的弱酸及其共轭碱或弱碱及其共轭酸中的一种消耗将尽时，就失去缓冲能力了，所以缓冲溶液的缓冲能力是有一定限度的。一般限定缓冲溶液的工作 pH 范围为：$pK_a \pm 1$。

【例 5-5】 计算含有 $0.100\ \text{mol}\cdot\text{dm}^{-3}$ HAc 与 $0.100\ \text{mol}\cdot\text{dm}^{-3}$ NaAc 的缓冲溶液的水合 H^+ 浓度，pH 和 HAc 的解离度。

解： 查表得 $K_a(\text{HAc}) = 1.76\times10^{-5}$，设溶液中 H^+ 浓度为 x，根据式(5-8)：

$$c(H^+) = K_a \frac{c(\text{HAc})}{c(\text{Ac}^-)}$$

$$c(\text{HAc}) = c_0(\text{HAc}) - x \approx c_0(\text{HAc}) = 0.100\text{mol}\cdot\text{dm}^{-3}$$

$$c(\text{Ac}^-) = c_0(\text{Ac}^-) + x \approx c_0(\text{Ac}^-) = 0.100\ \text{mol}\cdot\text{dm}^{-3}$$

所以

$$c(H^+) = 1.76\times10^{-5}\times\frac{0.100}{0.100}(\text{mol}\cdot\text{dm}^{-3}) = 1.76\times10^{-5}(\text{mol}\cdot\text{dm}^{-3})$$

$$pH = pK_a - \lg\frac{c(\text{HAc})}{c(\text{Ac}^-)} = 4.75 - \lg\frac{0.100}{0.100} = 4.75$$

$$pH = pK_a$$

HAc 的解离度：

$$\alpha=\frac{\text{解离掉的 HAc 浓度}}{\text{HAc 起始浓度}}\times 100\%\approx\frac{c(H^+)}{c(HAc)}\times 100\%=\frac{1.76\times 10^{-5}}{0.100}\times 100\%=0.0176\%$$

对比 $0.100mol\cdot dm^{-3}$ HAc 溶液中 HAc 的解离度 $\alpha\approx 1.33\%$ 可见，上述缓冲溶液由于同离子效应，HAc 的解离度 α 大幅降低，解离被严重抑制。

5.3.3 缓冲溶液的应用和选择

缓冲溶液在工业、农业、生物学等方面应用很广。例如，在硅半导体器件的生产过程中，需要用氢氟酸腐蚀以除去硅片表面没有用胶膜保护的那部分氧化膜 SiO_2，反应为：

$$SiO_2+6HF = H_2[SiF_6]+2H_2O$$

如果单独用 HF 溶液作腐蚀液，水合 H^+ 浓度较大，而且随着反应的进行水合 H^+ 浓度会发生变化，即不稳定，造成腐蚀的不均匀。因此需应用 HF 和 NH_4F 的混合溶液进行腐蚀，才能达到工艺的要求。又如，金属器件进行电镀时的电镀液中，常用缓冲溶液来控制一定的 pH 值。在制革、染料等工业以及化学分析中也需应用缓冲溶液。在土壤中，由于含有 H_2CO_3-$NaHCO_3$ 和 NaH_2PO_4-Na_2HPO_4 以及其他有机弱酸及其共轭碱所组成的复杂的缓冲系统，能使土壤维持一定的 pH，从而保证了植物的正常生长。

人体的血液也必须依赖缓冲系统才能保持 pH 在 7.35～7.45 间的狭小范围内。这一 pH 范围最适于细胞新陈代谢及整个机体的生存。当血液的 pH 低于 7.3 或高于 7.5 时，就会出现酸中毒或碱中毒的现象，严重时，甚至危及生命。人体进行新陈代谢所产生的酸或碱进入血液内，并不能显著改变血液的 pH，因为血液中存在着许多缓冲对，主要有 H_2CO_3-HCO_3^-、$H_2PO_4^-$-HPO_4^{2-}、血浆蛋白共轭体系、血红蛋白共轭体系等。其中以 H_2CO_3-HCO_3^- 在血液中浓度最高，缓冲能力最大，对维持血液正常的 pH 起主要作用。当人体新陈代谢过程中产生的酸（如磷酸、盐酸、硫酸、乳酸等）进入血液时，缓冲对中的抗酸组分 HCO_3^- 便立即与代谢酸中的 H^+ 离子结合，生成 H_2CO_3 分子，H_2CO_3 被血液带到肺部并以 CO_2 形式排出体外。人们吃的蔬菜和果类中含有的柠檬酸钠盐和钾盐、磷酸氢二钠和碳酸氢钠等碱性物质进入血液时，缓冲对中的抗碱组分 H_2CO_3 解离出来的 H^+ 就与之结合，H^+ 的消耗可不断由 H_2CO_3 的解离来补充，使血液中的 H^+ 离子浓度保持在一定范围内。

在实际工作中常会遇到缓冲溶液的选择问题。从式(5-9) 可以看出：缓冲溶液的 pH 取决于缓冲对或共轭酸碱对中的 K_a 值以及缓冲对的两种物质浓度之比值。缓冲对中任一种物质的浓度过小都会使溶液丧失缓冲能力。因此两者浓度之比值最好趋近于 1。如果此比值为 1，则缓冲溶液的 pH

$$pH=pK_a$$

所以，在选择具有一定 pH 的缓冲溶液时，应当选用 pK_a 接近或等于该 pH 的弱酸与其共轭碱的混合溶液。例如，如果需要 pH＝5 左右的缓冲溶液，选用 HAc-Ac（HAc-NaAc）的混合溶液比较适宜，因为 HAc 的 pK_a 等于 4.75，与所需的 pH 值接近。同样，如果需要 pH＝9、pH＝7 左右的缓冲溶液，则可以分别选用 NH_3-NH_4^+（NH_3-NH_4Cl）、$H_2PO_4^-$-HPO_4^{2-}（KH_2PO_4-Na_2HPO_4）的混合溶液（pK_a 值可查附录）。常见缓冲溶液如表 5-4 所示。

表 5-4 常见的某些缓冲溶液

弱酸	共轭碱	K_a	pK_a	pH 范围
邻苯二甲酸 $C_6H_4(COOH)_2$	邻苯二甲酸氢钾 $C_6H_4(COOH)COOK$	1.3×10^{-3}	2.89	1.9～3.9
醋酸 HAc	醋酸钠 NaAc	1.8×10^{-5}	4.74	3.7～5.7
磷酸二氢钠 NaH_2PO_4	磷酸氢二钠 Na_2HPO_4	6.2×10^{-8}	7.21	6.2～8.2
氯化铵 NH_4Cl	氨水 $NH_3\cdot H_2O$	5.6×10^{-10}	9.25	8.3～10.3
磷酸氢二钠 Na_2HPO_4	磷酸钠 Na_3PO_4	4.5×10^{-13}	12.35	11.3～13.3

5.4 配位化合物与配位平衡

配位化合物是一类特殊结构的化合物，具有多方面重要性能特点，已在印染、生物医学研究与新药研发、工业催化、能源新材料、环境治理技术、光电材料等领域获得重要应用。

5.4.1 配合物的组成

配合物是典型的 Lewis 酸碱加合物。例如银氨溶液中，银氨离子 $[Ag(NH_3)_2]^+$ 是 Lewis 酸 Ag^+ 和 Lewis 碱 NH_3 的加合物，Ag^+ 有空的价轨道，可以作为电子接受体；NH_3 中的氮原子上有孤对电子，可以作为电子对的给予体。Ag^+ 与 NH_3 以配位键结合：$[H_3N\rightarrow Ag^+\leftarrow NH_3]^+$。箭头表示成键电子对由 N 原子单方面提供。

在配合物中 Lewis 酸被称为中心原子（或中心离子、形成体），Lewis 碱被称为配体，配合物可定义为：中心原子与一定数目的配体以配位键按一定的空间构型结合形成的离子或分子。这些离子和分子被称为配合物。中心原子通常是金属离子和原子，也有少数是非金属元素（如 B 元素）。通常作为配体的是非金属的阴离子或中性分子［例如 F^-、Cl^-、Br^-、I^-、OH^-、CN^-、NH_3、H_2O、CO、RNH_2（胺）等］。一些常见的配合物见表 5-5。

表 5-5 一些常见的配合物

配合物化学式	命名	中心原子	配体	配位原子	配位数
$[Ag(NH_3)_2]^+$	二氨合银配离子	Ag^+	NH_3	N	2
$[CoCl_3(NH_3)_3]$	三氯·三氨合钴(Ⅲ)	Co^{3+}	Cl^-,NH_3	Cl,N	6
$[Al(OH)_4]^-$	四羟基合铝离子	Al^{3+}	OH^-	O	4
$[Fe(CN)_6]^{4-}$	六氰根合铁(Ⅱ)离子	Fe^{2+}	CN^-	C	6
$[Fe(NCS)_6]^{3-}$	六异硫氰酸根合铁(Ⅲ)离子	Fe^{3+}	NCS^-	N	6
$[Hg(SCN)_4]^{2-}$	四硫氰酸根合汞(Ⅱ)离子	Hg^{2+}	SCN^-	S	4
$[BF_4]^-$	四氟合硼离子	B(Ⅲ)	F^-	F	4
$Ni(CO)_4$	四羰基合镍(0)	Ni	CO	C	4
$[Cu(en)_2]^{2+}$	二乙二胺合铜(Ⅱ)离子	Cu^{2+}	en	N	4
$[Ca(EDTA)]^{2-}$	EDTA 合钙离子	Ca^{2+}	$EDTA^{4-}$	N,O	6
$[Fe(C_2O_4)_3]^{3-}$	三草酸根合铁(Ⅲ)离子	Fe^{3+}	草酸根阴离子	O	6

在配体中，与中心原子成键的原子叫做配位原子；配位原子具有孤对电子（表 5-5）。常见的配位原子有 F、Cl、Br、I、O、S、N、C、P 等。配体中只有一个配位原子的为单齿配体，如 NH_3、Cl^-、OH^- 等，如果有两个或多个配位原子的，称为多齿配体。例如：

乙二胺，简写为 en：$H_2\ddot{N}—CH_2—CH_2—\ddot{N}H_2$ （2 个 N 为配位原子）

草酸根离子：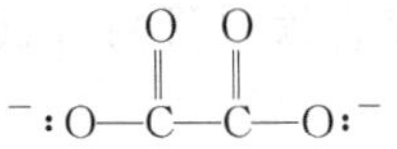（2 个 O 为配位原子）

乙二胺四乙酸根离子，简称 $EDTA^{4-}$：（2 个 N，4 个 O，共 6 个配位原子）

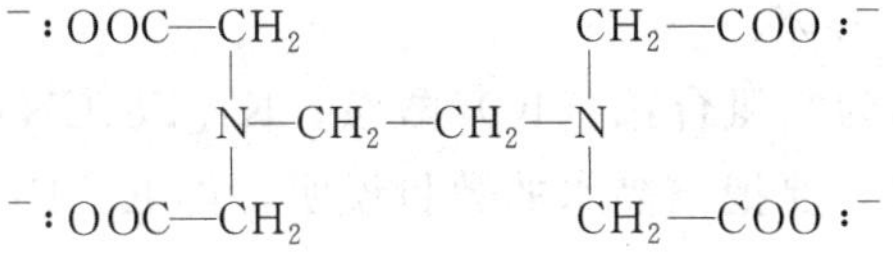

在配合物中，与中心原子成键的配位原子的数目叫做配位数。配体为单齿配体时，中心原子的配位数等于配体的数目，如 $[Cu(NH_3)_4]^{2+}$，Cu^{2+} 的配位数为 4。配体为多齿配体时，中心原子的配位数等于每个配体的齿数与配体数的乘积。如 $[Cu(en)_2]^{2+}$，其结构式为：

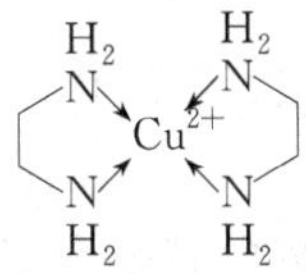

每个乙二胺分子中两个 N 原子各提供一对孤对电子与 Cu^{2+} 形成配位键，每个配体与中心离子 Cu^{2+} 形成一个五元环；两个配体（en）共形成两个五原子环；Cu^{2+} 的配位数为 4。又如 $[Ca(EDTA)]^{2-}$，乙二胺四乙酸根中的 6 个配位原子与 Ca^{2+} 形成了 5 个五原子环，其立体结构如下：

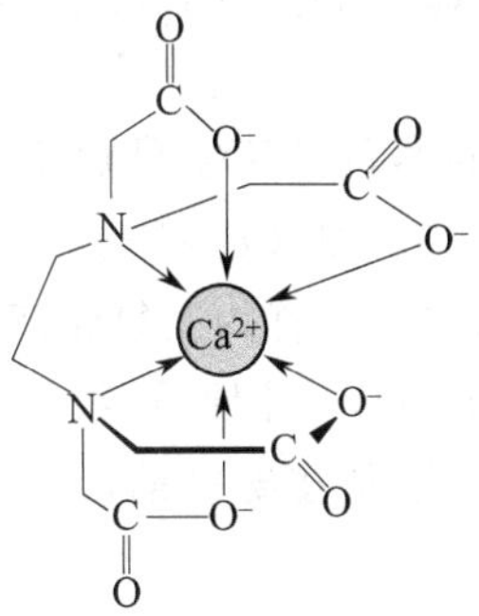

这类环状的配合物称为螯合物。每个环中的两个配位原子如同螃蟹的两只螯把中心离子钳起来。多基配体被称为螯合剂。

从溶液中析出配合物时，配离子常与带有相反电荷的其他离子结合成盐。如 K^+ 与配离子 $[Fe(CN)_6]^{3-}$ 形成的赤血盐 $K_3[Fe(CN)_6]$，这类盐可称为配盐。与配盐相对应的还有配酸、配碱；例如 $H_3[Fe(CN)_6]$、$[Co(NH_3)_6](OH)_3$。通常把配盐、配酸和配碱的组成划分为内层和外层（或称内界与外界，见图 5-2），配离子属于内层，配离子以外的其他离子属于外层。外层离子所带电荷总数与配离子的电荷数在数值上相等。配离子的电荷数等于中心原子的电荷数与配体的电荷总数的代数和。例如，赤血盐［六氰合铁(Ⅲ) 酸钾］，它的外层 3 个 K^+，电荷数共为 +3，推算出配离子的电荷数为 −3；又 CN^- 带一个负电荷，则中心原子电荷数为 +3，即 Fe^{3+}。

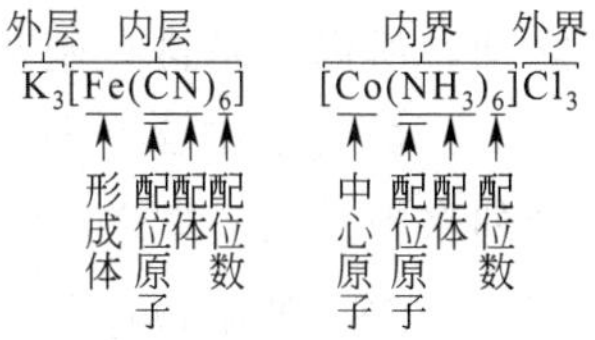

图 5-2　配位化合物的内界与外界

5.4.2　配合物的化学式和命名

(1) 配离子的命名

配体的数目　配体　合　中心离子（氧化数—大写罗马数字）（表 5-5）。

如 $SiF_6{}^{2-}$ 称为六氟合硅（Ⅳ）；$Fe(CN)_6^{3+}$ 称为六氰合铁（Ⅲ）；$Pt(en)_2^{2+}$ 称为二乙二胺合铂（Ⅱ）。

(2) 含配阴离子的配合物的命名

配离子　酸　外界离子名称。

如 $(NH_4)_2[PtCl_6]$ 称为六氯合铂（Ⅳ）酸铵；$K_3[Fe(CN)_6]$ 称为六氰合铁（Ⅲ）酸钾。如果配合物带有结晶水，要把结晶水的数目说明，如 $K_2[Fe(CN)_6]\cdot 3H_2O$ 称为三水合六氰合铁(Ⅱ) 酸钾。

(3) 含配阳离子的配合物的命名

外界阴离子化(或酸) 配阳离子，至于用“化”还是用“酸”，要与普通无机物的命名相对应。

如 $[Ag(NH_3)_2]Cl$ 称为氯化二氨合银（Ⅰ）；$[Cu(NH_3)_4]SO_4$ 称为硫酸四氨合铜（Ⅱ）。

(4) 配离子中配体的排列次序

在配合物的命名过程中，最难以把握的就是，当配离子中含有多种配体时配体的次序排列。目前一般采用如下规则。

a. 先无机配体后有机配体　如 *cis*-$[Pt(en)Cl_2]$ 的命名，氯离子在乙二胺之前，称为顺式二氯·一乙二胺合铂（Ⅱ）。

b. 先阴离子配体后中性分子配体　如$[PtCl_2(NH_3)_4]Cl_2$ 的命名，氯离子在氨分子之前，称为二氯化二氯·四氨合铂（Ⅳ）。

c. 同类配体，按配位原子元素符号的拉丁字母顺序排列（由于拉丁字母顺序不易掌握，现在基本上都采用英文字母顺序排列）。如$[Co(NH_3)_4(H_2O)_2]Cl_3$ 的命名，由于英文字母中 N 排列在 O 之前，所以氨排在水之前，称为三氯化四氨·二水合钴（Ⅲ）。

d. 同类配体，若配位原子相同，则原子数少的在前，原子数多的在后。如 $[Pt(NO_2)_2NH_3(NH_2OH)]$ 的命名，硝基在氨之前，氨在羟胺之前，称为二硝基·一氨·一羟胺合铂（Ⅱ）。

e. 同类配体，若配位原子相同，所含原子数也相同，则按与配位原子相连的其他原子的字母排列次序排列。如 $K[Pt(NH_3)(NO_2)(NH_2)OH]$ 的命名，由于英文字母中 H 排在 O 之前，所以氨基排在硝基之前，称为一氨基·一硝基·一羟基·一氨合铂（Ⅱ）酸钾。

f. 当配合物中含有两个可配体时，配体组成相同配位原子不同，此时按配位原子的字母排列次序排列。如 $Na_3[Co(SCN)_3(NCS)_3]$ 的命名，硫氰根 SCN^- 的配位原子是 S，异硫氰根 NCS^- 的配位原子是 N，由于在英文字母中 N 排在 S 之前，所以异硫氰根排在硫氰根之前，称为三异硫氰·三硫氰合钴（Ⅲ）酸钠。

注意：配体与配体用“·”分开，以防一些复杂配体相混淆。

(5) 命名无外界的配合物

中心离子（或原子）的氧化数可不标明。

如$[Pt(NO_2)_2NH_3(NH_2OH)]$ 称为二硝基·一氨·一羟胺合铂；$Fe(CO)_5$ 称为五羰基合铁。

(6) 常见配合物的俗名

有些配合物应用比较广泛，为了叫起来方便，常用俗名代替正规名称。应用比较多的俗名有以下几类。

$K_3[Fe(CN)_6]$：铁氰化钾、赤血盐；

$K_2[Fe(CN)_6]\cdot 3H_2O$：亚铁氰化钾、黄血盐；

$HAuCl_4$：氯金酸；

H_2PtCl_6：氯铂酸；

H_2PtCl_4：氯亚铂酸；

H_2SiF_6：氟硅酸；

$(NH_4)_2PtCl_6$：氯铂酸铵；

K_2PtCl_6：氯铂酸钾；

Na_3AlF_6：氟铝酸钠、冰晶石；

$Ag(NH_3)_2{}^+$：银氨配离子；

$Cu(NH_3)_4{}^{2+}$：铜氨配离子。

5.4.3 配位反应与配位平衡

作为 Lewis 酸碱加合物的配离子或配合物分子，中心原子与配体之间既有相结合的作用，也存在相互脱离的趋势，即在水溶液中存在着配合物的解离反应和生成反应间的平衡，这种平衡称为配位平衡。配位平衡关系到配合物的稳定性，这是在实际应用中必须考虑的配合物的重要性质。化学平衡的原理一般都适用于配位平衡。配离子在水溶液中像弱电解质一样能部分地解离出其组成成分。以 $[Ag(NH_3)_2]^+$ 为例讨论配离子的解离平衡。

$[Ag(NH_3)_2]^+$ 的解离反应是分步进行的：

$$[Ag(NH_3)_2]^+(aq) \rightleftharpoons [Ag(NH_3)]^+(aq)+NH_3(aq);\quad K_{d1}$$

$$[Ag(NH_3)]^+(aq) \rightleftharpoons Ag^+(aq)+NH_3(aq);\quad K_{d2}$$

总的解离反应：$[Ag(NH_3)_2]^+(aq) \rightleftharpoons Ag^+(aq)+2NH_3(aq);\quad K_d$

$$K_d=K_{d1}K_{d2}=\frac{c(Ag^+)c^2(NH_3)}{c([Ag(NH_3)_2]^+)} \tag{5-10}$$

K_{d1}、K_{d2} 分别为 $[Ag(NH_3)_2]^+$ 的分步解离常数；K_d 是它的总的解离常数，又称为配合物的不稳定常数。K_d 愈大，配合物愈易解离，愈不稳定。

配合物解离反应的逆反应是配合物的生成反应。通常也用配合物生成反应的平衡常数来表示配合物的稳定性。生成反应也是分步进行的。对银氨配离子 $[Ag(NH_3)_2]^+$ 来说：

$$Ag^+(aq)+NH_3(aq) \rightleftharpoons [Ag(NH_3)]^+(aq);\quad K_{f1}$$

$$[Ag(NH_3)]^+(aq)+NH_3(aq) \rightleftharpoons [Ag(NH_3)_2]^+(aq);\quad K_{f2}$$

总的生成反应：$Ag^+(aq)+2NH_3(aq) \rightleftharpoons [Ag(NH_3)_2]^+(aq);\quad K_f$

$$K_f=K_{f1}K_{f2}=\frac{c([Ag(NH_3)_2]^+)}{c(Ag^+)c^2(NH_3)} \tag{5-11}$$

K_{f1} 和 K_{f2} 分别为 $[Ag(NH_3)_2]^+$ 分步生成常数，亦称**逐级稳定常数**，有些教材用 β_i 表示；K_f 是配合物**总的生成常数**，又称为**稳定常数**或**累积稳定常数**。写成通式：

$$K_f=K_{f1}K_{f2}\cdots K_{fi} \tag{5-12}$$

$$\lg K_f=\lg K_{f1}+\lg K_{f2}+\cdots+\lg K_{fi} \tag{5-13}$$

K_f 愈大，配合物愈稳定，而不易解离。表 5-6 中列出了一些配合物的逐级稳定常数和累积稳定常数。

表 5-6 一些配合物的逐级稳定常数和累积稳定常数

配合物	$\lg K_{fi}$						$\lg K_f$
	1	2	3	4	5	6	
$[Ag(NH_3)_2]^+$	3.32	3.91					7.23
$[Cu(NH_3)_4]^{2+}$	4.31	3.67	3.04	2.30			13.32
$[Ni(NH_3)_6]^{2+}$	2.80	2.24	1.73	1.19	0.75	0.03	8.74
$[HgI_4]^{2-}$	12.87	10.95	3.78	2.23			29.83
$[Cd(CN)_4]^{2-}$	5.48	5.12	4.63	3.55			18.78
$[AlF_6]^{3-}$	6.10	5.05	3.85	2.75	1.62	0.47	19.84

根据化学计量方程式与平衡常数的对应关系，可以确定：

$$K_f=\frac{1}{K_d} \tag{5-14}$$

$$K_{f1}=\frac{1}{K_{d2}};\quad K_{f2}=\frac{1}{K_{d1}}$$

一般说来，配合物的逐级稳定常数随着配位数的增大而减小。即 $K_{f1}>K_{f2}>K_{f3}>\cdots>K_{fi}$，但各级稳定常数之间有时相差不是太大，进行平衡组成计算时，只有在累积稳定常数很大、配体在溶液中有较高浓度的情况下，才可作近似计算。否则，计算复杂。

【例 5-6】 室温下，将 0.010mol 的 $AgNO_3$ 固体溶于 $1.0dm^3$ $0.030mol\cdot dm^{-3}$ 的氨水中（设体积仍为 $1.0dm^3$）。计算该溶液中游离的 Ag^+、NH_3 和配离子 $[Ag(NH_3)_2]^+$ 的浓度。

解：查附表，得 $K_{f1}([Ag(NH_3)]^+)=2.07\times10^3$，$K_{f2}([Ag(NH_3)_2]^+)=8.07\times10^3$，$K_f([Ag(NH_3)_2]^+)=1.67\times10^7$。由于 $n(NH_3):n(Ag^+)>2:1$，氨水浓度有较大的过剩。

$K_f([Ag(NH_3)_2]^+)$ 又很大，预计生成 $[Ag(NH_3)_2]^+$ 的反应很完全，生成了 $0.010 mol\cdot dm^{-3}[Ag(NH_3)_2]^+$。$c([Ag(NH_3)]^+)$ 很小，可略而不计。

	$Ag^+(aq)$	+	$2NH_3(aq)$	$\rightleftharpoons$	$[Ag(NH_3)_2]^+(aq)$
开始浓度/$mol\cdot dm^{-3}$	0		$0.030-2\times0.010=0.010$		0.010
变化浓度/$mol\cdot dm^{-3}$	x		$2x$		$-x$
平衡浓度/$mol\cdot dm^{-3}$	x		$0.010+2x$		$0.010-x$

$$K_f=\frac{c([Ag(NH_3)_2]^+)}{c(Ag^+)c^2(NH_3)}$$

$$1.67\times10^7=\frac{0.010-x}{x(0.010+2x)^2}$$

因为 K_f 很大，K_d 很小，$0.010-x\approx0.10$，$0.010+2x\approx0.10$

$$1.67\times10^7=\frac{0.010}{x(0.010)^2}$$

$$x=6.0\times10^{-6}$$

平衡时，$c(Ag^+)=6.0\times10^{-6}mol\cdot dm^{-3}$，$c([Ag(NH_3)_2]^+)=0.010mol\cdot dm^{-3}$，$c(NH_3)=0.010mol\cdot dm^{-3}$。

$$Ag^+(aq)+NH_3(aq) \rightleftharpoons [Ag(NH_3)]^+(aq)$$

$$K_{f1}=\frac{c([Ag(NH_3)]^+)}{c(Ag^+)c(NH_3)}$$

$$c([Ag(NH_3)]^+)=2.07\times10^3\times6.0\times10^{-6}\times0.010(mol\cdot dm^{-3})$$
$$=1.2\times10^{-4}(mol\cdot dm^{-3})$$

5.4.4 配离子解离平衡的移动

与所有的平衡系统一样，改变配离子解离平衡时的条件，平衡将发生移动。有时，改变溶液的酸度，也会引起配离子解离平衡的移动。如若往深蓝色的 $[Cu(NH_3)_4]^{2+}$ 溶液中加入 H_2SO_4，溶液会由深蓝色转变为浅蓝色。这是由于加入的 $H^+(aq)$ 与 NH_3 结合，生成了 $NH_4^+(aq)$，促使 $[Cu(NH_3)_4]^{2+}$ 进一步解离：

$$[Cu(NH_3)_4]^{2+} \rightleftharpoons Cu^{2+}+4NH_3$$

$$NH_3+H^+ \rightleftharpoons NH_4^+$$

也可写成 $[Cu(NH_3)_4]^{2+}+4H^+ \rightleftharpoons Cu^{2+}+4NH_4^+$

其平衡常数 K 可表达为：

$$K^{\ominus}=\frac{c(Cu^{2+})c^4(NH_4^+)}{c([Cu(NH_3)_4]^{2+})c^4(H^+)}=\frac{c(Cu^{2+})c^4(NH_4^+)c^4(NH_3)}{c([Cu(NH_3)_4]^{2+})c^4(H^+)c^4(NH_3)}$$
$$=\frac{K_d[(Cu(NH_3)_4]^{2+}}{K_a(NH_4^+)}$$

$$K^{\ominus}=\frac{K_d([Cu(NH_3)_4]^{2+})}{K_a(NH_4^+)}=\frac{K_b(NH_3)}{K_wK_f([Cu(NH_3)_4]^{2+})}=\frac{1.77\times10^{-5}}{1.0\times10^{-14}\times2.09\times10^{13}}=8.47\times10^{-5}$$

这是酸碱平衡与配位平衡的联动。

在配离子反应中，一种配离子可以转化为另一种更稳定的配离子，即平衡移向生成更难解离的配离子的方向。对于相同类型的配离子，通常可根据配离子的 K_f 来判断反应进行的方向。例如：

$$[HgCl_4]^{2-}+4I^- \rightleftharpoons [HgI_4]^{2-}+4Cl^-$$

$K_f([HgCl_4]^{2-})=1.17\times10^{15}$，$K_f([HgI_4]^{2-})=6.76\times10^{29}$，由于 $K_f([HgI_4]^{2-})>K_f([HgCl_4]^{2-})$，即 $[HgI_4]^{2-}$ 更稳定，因此若往含有 $[HgCl_4]^{2-}$ 的溶液中加入适量的 I^-，则 $[HgCl_4]^{2-}$ 将解离而转化生成 $[HgI_4]^{2-}$。该反应的平衡常数可如下推导：

$$K^{\ominus}=\frac{c([HgI_4]^{2-})c^4(Cl^-)}{c([HgCl_4]^{2-})c^4(I^-)}=\frac{c([HgI_4]^{2-})c^4(Cl^-)c(Hg^{2+})}{c([HgCl_4]^{2-})c^4(I^-)c(Hg^{2+})}=\frac{K_f([HgI_4]^{2-})}{K_f([HgCl_4]^{2-})}$$

$$K^{\ominus}=\frac{6.76\times10^{29}}{1.17\times10^{15}}=5.78\times10^{14}$$

5.5 难溶沉淀溶度积

在科学研究和生产实践中经常要利用沉淀反应来制备材料、分离杂质、处理污水以及鉴定离子等。怎样判断沉淀能否生成？如何使沉淀析出更趋完全？又如何使沉淀溶解？为了解决这些问题，就需要研究水中含有难溶电解质时的溶解平衡问题，也就是多相系统的离子平衡及其移动。

5.5.1 沉淀溶解平衡和溶度积 K_{sp}

所谓"难溶"的电解质在水中不是绝对不能溶解，这些电解质可溶的那一小部分能够完全电离，属于难溶强电解质。例如，AgCl 在水中的溶解度虽然很小，但仍会有一定数量的 Ag^+ 和 Cl^- 离子离开晶体表面而溶入水中。同时，已溶解的 Ag^+ 和 Cl^- 又会不断地从溶液中回到晶体的表面而析出。在一定条件下，当溶解与结晶的速率相等时，便建立了固体沉淀和液相中离子之间的动态平衡，称作沉淀溶解平衡。

$$AgCl(s) \underset{结晶}{\overset{溶解}{\rightleftharpoons}} Ag^+(aq) + Cl^-(aq)$$

其平衡常数表达式为

$$K^\ominus = K_{sp}^\ominus(AgCl) = \frac{c(Ag^+)}{c^\ominus} \times \frac{c(Cl^-)}{c^\ominus}$$

$c(Ag^+)$ 与 $c(Cl^-)$ 分别是 Ag^+ 与 Cl^- 的平衡浓度。在不考虑 K 的单位时，可将上式简化为：

$$K = K_{sp} = c(Ag^+)c(Cl^-)$$

这是一种特殊的平衡常数，以专用符号 K_{sp} 表示，并可把难溶电解质的化学式标注在后面。上式表明：难溶电解质的饱和溶液中，当温度一定时，可溶部分的离子浓度（严格说应为活度）的乘积为一常数，这个平衡常数 $\boldsymbol{K_{sp}}$ 叫做**溶度积常数**，简称**溶度积**（solubility product，缩写为 sp）。书末附录中列出了一些常见难溶电解质的溶度积。

根据平衡常数表达式的书写原则，对于难溶电解质 A_nB_m 可用通式表示为：

$$A_nB_m(s) \rightleftharpoons nA^{m+}(aq) + mB^{n-}(aq)$$

溶度积的表达式为

$$K_{sp}(A_nB_m) = \left[\frac{c(A^{m+})}{c^\ominus}\right]^n \left[\frac{c(B^{n-})}{c^\ominus}\right]^m$$

简化为

$$K_{sp}(A_nB_m) = [c(A^{m+})]^n [c(B^{n-})]^m \tag{5-15}$$

与其他平衡常数一样，K_{sp} 的数值既可由实验测得，也可以应用热力学数据计算得到。

在一定温度下，是否难溶电解质的溶度积越大，其溶解度也越大呢？

【例 5-7】 在 25℃ 时，已知，$K_{sp}(AgCl) = 1.77 \times 10^{-10}$，$K_{sp}(Ag_2CrO_4) = 1.12 \times 10^{-12}$，试求 AgCl 和 Ag_2CrO_4 的溶解度 s（以 $mol \cdot dm^{-3}$ 表示）。

解：设 AgCl 的溶解度为 s_1（以 $mol \cdot dm^{-3}$ 为单位），则根据

$$AgCl(s) \rightleftharpoons Ag^+(aq) + Cl^-(aq)$$

可得

$$s_1 = c(Ag^+) = c(Cl^-)$$

$$K_{sp}(AgCl) = 1.77 \times 10^{-10} = c(Ag^+)c(Cl^-) = S_1^2$$

$$S_1 = \sqrt{1.77 \times 10^{-10}}\ mol \cdot dm^{-3} = 1.33 \times 10^{-5}\ mol \cdot dm^{-3}$$

设 Ag_2CrO_4 的溶解度为 s_2（以 $mol \cdot dm^{-3}$ 为单位），则根据

$$Ag_2CrO_4(s) \rightleftharpoons 2Ag^+(aq) + CrO_4^{2-}(aq)$$

$$c(CrO_4^{2-}) = S_2,\ c(Ag^+) = 2S_2$$

$$K_{sp}(Ag_2CrO_4) = 1.12 \times 10^{-12} = \{c(Ag^+)\}^2 c(CrO_4^{2-}) = (2S_2)^2 S_2 = 4S_2^3$$

$$S_2 = \sqrt[3]{\frac{K_{sp}(Ag_2CrO_4)}{4}} = \sqrt[3]{\frac{1.12 \times 10^{-12}}{4}} = 6.54 \times 10^{-5}(\mathrm{mol \cdot dm^{-3}})$$

上述计算结果表明，AgCl 的溶度积 K_{sp} 虽比 Ag_2CrO_4 的 K_{sp} 要大，但 AgCl 的溶解度（$1.3 \times 10^{-5} \mathrm{mol \cdot dm^{-3}}$）反而比 Ag_2CrO_4 的溶解度（$6.5 \times 10^{-5} \mathrm{mol \cdot dm^{-3}}$）要小。这是因为 AgCl 是 AB 型难溶电解质，Ag_2CrO_4 是 A_2B 型难溶电解质，两者的类型不同且两者的溶度积数值相差不大。对于同一类型的难溶电解质，可以通过溶度积的大小来比较它们的溶解度大小。例如，均属 AB 型的难溶电解质 AgCl、$BaSO_4$ 和 $CaCO_3$ 等，在相同温度下，溶度积越大，溶解度也越大，反之亦然。但对于不同类型的难溶电解质，则不能认为溶度积小的，溶解度也一定小。

必须指出，上述溶度积与溶解度的换算是一种近似的计算，忽略了难溶电解质的离子与水的作用等情况，没有以更准确的离子活度来计算。

5.5.2 溶度积规则及其应用

对一给定难溶电解质来说，在一定条件下沉淀能否生成或溶解可从溶度积的概念来判断。例如，当混合两种电解质的溶液时，若有关的两种离子相对浓度（以溶解平衡中该离子的化学计量数为指数）的乘积（即反应商 Q）大于由该两种有关离子所组成的难溶物质的溶度积（即 K_{sp}），就会产生该物质的沉淀；若溶液中相对离子浓度的乘积 Q 小于溶度积 K_{sp}，则不可能产生沉淀。又如，往含有沉淀的溶液中（此时有关相对离子浓度的乘积等于溶度积，即 $Q = K_{sp}$）加入某种物质而使其中某离子浓度减小，由于相对离子浓度的乘积小于溶度积，则沉淀必将溶解。

对于 A_nB_m 难溶电解质，在任意浓度时刻（未达平衡，如初始态），其离子活度的乘积表达式为：

$$Q = \left[\frac{c(A^{m+})}{c^{\ominus}}\right]^n \left[\frac{c(B^{n-})}{c^{\ominus}}\right]^m$$

或简写为离子浓度的乘积，即溶解电离反应商 Q（自动去除浓度量纲）：

$$Q = c^n(A^{m+})^m c(B^{n-})$$

由上所述可知，根据溶度积可以判断沉淀的生成和溶解，这叫做**溶度积规则**，并可用式(5-16) 表示为：

$$\begin{aligned} &\text{如 } Q > K_{sp} \quad \text{则有沉淀生成（正负离子产生沉淀的过程）} \\ &\text{如 } Q = K_{sp} \quad \text{则体系形成饱和溶液} \\ &\text{如 } Q < K_{sp} \quad \text{则为不饱和溶液，不产生沉淀，或已有的沉淀会溶解} \end{aligned} \tag{5-16}$$

与其他任何平衡一样，难溶电解质在水溶液中的沉淀溶解平衡也是相对的、有条件的。例如，若在 $CaCO_3(s)$ 溶解平衡的系统中加入 Na_2CO_3 溶液，由于 CO_3^{2-} 的浓度增大，使 $c(Ca^{2+})c(CO_3^{2-}) > K_{sp}(CaCO_3)$，平衡向生成 $CaCO_3$ 沉淀的方向移动，直到溶液中离子浓度乘积等于溶度积为止。当达到新平衡时，溶液中的 Ca^{2+} 浓度减小了，也就是降低了

$CaCO_3$ 的溶解度。这种因加入含有共同离子的强电解质，而使难溶电解质溶解度降低的现象也叫做**同离子效应**。

【例 5-8】 在 25℃时，AgCl 在 0.0100 mol·dm^{-3}NaCl 溶液中的溶解度。

解：设 AgCl 在 0.0100mol·dm^{-3}NaCl 溶液中的溶解度为 $x$mol·dm^{-3}。则在 1.00dm^3 溶液中所溶解的 AgCl 的物质的量等于 Ag^+ 在溶液中的物质的量（溶解的那部分 AgCl 完全电离），即 $c(Ag^+)=x$mol·dm^{-3}。

而 Cl^- 的浓度则与 NaCl 的浓度及 AgCl 的溶解度有关，$c(Cl^-)=(0.0100+x)$mol·dm^{-3}。

$$\begin{array}{lccc} & AgCl(s) \rightleftharpoons & Ag^+(aq) & + \quad Cl^-(aq) \\ \text{平衡时浓度/mol·dm}^{-3} & & x & 0.0100+x \end{array}$$

将上述浓度代入溶度积常数表达式中，得

$$K_{sp}(AgCl)=1.77\times10^{-10}=c(Ag^+)c(Cl^-)=x(0.0100+x)$$

由于 AgCl 溶解度很小，所以 $0.0100+x\approx0.0100$，

于是 $1.77\times10^{-10}\approx x\times0.0100$，得 $x=1.77\times10^{-8}$

即 AgCl 的溶解度为 1.77×10^{-8} mol·dm^{-3}。

本例中所得 AgCl 的溶解度与 AgCl 在纯水中的溶解度（1.33×10^{-5} mol·dm^{-3}）相比要小得多。这说明由于同离子效应，使难溶电解质的溶解度大大降低。

溶度积规则同样适用于硫化物在酸溶液中的沉淀溶解平衡。

【例 5-9】 25℃下，于 0.010mol·dm^{-3}$FeSO_4$ 溶液中通入 $H_2S(g)$，使其成为 H_2S 饱和溶液［$c(H_2S)=0.10$mol·dm^{-3}］。用 HCl 调节 pH，使 $c(HCl)=0.30$mol·dm^{-3}。试判断能否有 FeS 生成。

解：已知 $c(Fe^{2+})=0.010$mol·dm^{-3}，$c(H^+)=0.30$mol·dm^{-3}，$c(H_2S)=0.10$mol·dm^{-3}

$$FeS(s)+2H^+(aq)\rightleftharpoons Fe^{2+}(aq)+H_2S(aq)$$

计算平衡常数 K

$$K^{\ominus}=\frac{c(Fe^{2+})c(H_2S)}{c^2(H^+)}=\frac{c(Fe^{2+})c(H_2S)c(S^{2-})}{c^2(H^+)c(S^{2-})}=\frac{K_{sp}(FeS)}{K_{a1}(H_2S)K_{a2}(H_2S)}$$

$$K^{\ominus}=\frac{1.59\times10^{-19}}{9.1\times10^{-8}\times1.1\times10^{-12}}=1.59$$

计算反应商 Q

$$Q=\frac{c(Fe^{2+})c(H_2S)}{c^2(H^+)}=\frac{0.010\times0.10}{(0.30)^2}=0.011$$

$Q<K^{\ominus}$，无 FeS 沉淀生成。

5.5.3 沉淀之间的转化

在实践中，有时需要将一种沉淀转化为另一种沉淀，例如，锅炉中的锅垢的主要组分为 $CaSO_4$。由于锅垢的导热能力很小（热导率只有钢铁的 1/50～1/30），阻碍传热，浪费燃料，还可能引起锅炉或蒸气管的爆裂，造成事故。但 $CaSO_4$ 不溶于酸，难以除去。若用 Na_2CO_3 溶液处理，则可使 $CaSO_4$ 转化为疏松而可溶于酸的 $CaCO_3$ 沉淀，便于锅垢的清除。该反应过程如下：

$$CaSO_4(s) \rightleftharpoons Ca^{2+}(aq) + SO_4^{2-}(aq)$$
$$+$$
$$Na_2CO_3(s) \longrightarrow CO_3^{2-}(aq) + 2Na^+(aq)$$
$$\Updownarrow$$
$$CaCO_3(s)$$

由于 $CaSO_4$ 的溶度积（$K_{sp}=7.10\times10^{-5}$）大于 $CaCO_3$ 的溶度积（$K_{sp}=4.96\times10^{-9}$），在溶液中与 $CaSO_4$ 平衡的 Ca^{2+} 与加入的 CO_3^{2-} 结合生成溶度积更小的 $CaCO_3$ 沉淀，从而降低了溶液中 Ca^{2+} 浓度，破坏了 $CaSO_4$ 的溶解平衡，使 $CaSO_4$ 不断溶解或转化。

沉淀转化的程度可以用以下反应的平衡常数 K 来衡量：

$$CaSO_4(s) + CO_3^{2-}(aq) \rightleftharpoons CaCO_3(s) + SO_4^{2-}(aq)$$

$$K=\frac{c(SO_4^{2-})}{c(CO_3^{2-})}=\frac{c(SO_4^{2-})c(Ca^{2+})}{c(CO_3^{2-})c(Ca^{2+})}=\frac{K_{sp}(CaSO_4)}{K_{sp}(CaCO_3)}=\frac{7.10\times10^{-5}}{4.96\times10^{-9}}=1.43\times10^4$$

此转化反应的平衡常数较大，表明沉淀转化的程度较大。这也说明较难溶的沉淀可以转化为更难溶的沉淀，溶解度更小是该转化过程的驱动力。上例中，虽然 $CaSO_4$ 沉淀转化为了更难溶的 $CaCO_3$ 沉淀，但后者却可以和强酸反应，通过产生气体 CO_2 的酸碱平衡，不断拉动 $CaCO_3$ 向溶解方向平衡移动，最终溶解完全。而 $CaSO_4$ 沉淀没有这种协同平衡联动效应。

对于某些锅炉用水来说，虽经 Na_2CO_3 处理，已使 $CaSO_4$ 锅垢转化为易除去的 $CaCO_3$。但 $CaCO_3$ 在水中仍有一定的溶解度，当锅炉中水不断蒸发时，溶解的少量 $CaCO_3$ 又会不断地沉淀析出。如果要进一步降低已经用 Na_2CO_3 处理的锅炉水中的 Ca^{2+} 浓度，还可以再用磷酸三钠 Na_3PO_4 补充处理，使生成不易附着板结的磷酸钙 $Ca_3(PO_4)_2$ 沉淀而除去。

$$3CaCO_3(s) + 2PO_4^{3-}(aq) \rightleftharpoons Ca_3(PO_4)_2(s) + 3CO_3^{2-}(aq)$$

这是因为 $Ca_3(PO_4)_2$ 的溶解度为 $1.14\times10^{-7}\,mol\cdot dm^{-3}$ 比 $CaCO_3$ 的溶解度 $7.04\times10^{-5}\,mol\cdot dm^{-3}$ 更小，所以反应能向着生成更难溶解的 $Ca_3(PO_4)_2$ 的方向进行。其实在工业上，为排除少量钙、镁离子对锅炉和金属容器、管道的影响，降低钙、镁离子对工艺的负面影响，还经常使用三聚磷酸钠对钙、镁离子进行螯合屏蔽，阻隔钙镁离子的有害转化。

沉淀转化技术已在环境治理上获得应用。工业废水中即使很低浓度的 Hg^{2+} 也会带来极大环境危害，一般考虑将其转化为 K_{sp} 极小的硫化汞难溶沉淀，但若用易溶硫化物如 Na_2S 等进行处理时，处理后的水中存在大量的硫离子，造成二次污染。利用沉淀转化的方法，如用 FeS 处理含 Hg^{2+} 废水，则可以解决这个问题。

$$FeS(s) + Hg^{2+}(aq) \rightleftharpoons HgS(s) + Fe^{2+}(aq);\quad K=7.9\times10^{33}$$

该转化反应平衡常数很大，转化比较彻底。因过量的 FeS 不溶于水，可以过滤除去。

一般说来，由一种难溶的电解质转化为更难溶的电解质的过程是很易实现的；而反过来，由一种很难溶的电解质转化为不太难溶的电解质就比较困难。但应指出，沉淀的生成或转化除与溶解度或溶度积有关外，还与离子浓度有关。因此，当涉及两种溶解度或溶度积相差不大的难溶物质的转化，尤其相关离子的浓度有较大差别时，必须进行具体分析或计算，才能明确反应进行的方向。

5.5.4 沉淀的溶解

在实际工作中，经常会遇到要使难溶电解质溶解的问题。根据溶度积规则，只要设法降低难溶电解质饱和溶液中有关离子的浓度，使离子反应商 Q 小于它的溶度积 K_{sp}，就有可能使难溶电解质溶解。常用的方法有下列几种。

（1）利用酸碱反应

众所周知，如果往含有 $CaCO_3$ 的饱和溶液中加入稀盐酸，能使 $CaCO_3$ 溶解，生成 CO_2 气体。这一反应的实质是利用酸碱反应使 CO_3^{2-}（碱）的浓度不断降低，难溶电解质 $CaCO_3$ 的多相离子平衡发生移动，因而使沉淀溶解。

$$CaCO_3(s)+2H^+(aq) \rightleftharpoons Ca^{2+}(aq)+CO_2(g)+H_2O(l)$$

难溶金属氢氧化物中加入酸后，由于生成极弱的电解质 H_2O，使 OH^- 浓度大为降低，从而使金属氢氧化物溶解，例如用 15%HAc 溶液洗去织物上的铁锈渍，反应可表示为：

$$Fe(OH)_3(s)+3HAc(aq) = Fe^{3+}(aq)+3H_2O(l)+3Ac^-(aq)$$

部分不太活泼金属的硫化物，如 FeS、ZnS 等也可用稀酸溶解，例如：

$$FeS(s)+2H^+(aq) \rightleftharpoons Fe^{2+}(aq)+H_2S(g)$$

（2）利用配位反应

当难溶电解质中的金属离子与某些试剂（配位剂）形成配离子时，会使沉淀或多或少地溶解。例如照相底片上未曝光的 AgBr，可用硫代硫酸钠 $Na_2S_2O_3$ 溶液（$Na_2S_2O_3 \cdot 5H_2O$ 俗称海波）溶解，反应式为：

$$AgBr(s)+2S_2O_3^{2-} = [Ag(S_2O_3)_2]^{3-}+Br^-$$

但 AgBr 难溶于氨水溶液中，这是因为 $[Ag(S_2O_3)_2]^{3-}$ 的 K_d（3.46×10^{-14}）比 $[Ag(NH_3)_2]^+$ 的 K_d（8.93×10^{-8}）小得多，即 $[Ag(S_2O_3)_2]^{3-}$ 更稳定，更易形成。

制造氧化铝的工艺通常是由 Al^{3+} 与 OH^- 反应生成 $Al(OH)_3$，再由 $Al(OH)_3$ 焙烧而得 Al_2O_3。在制取 $Al(OH)_3$ 的过程中，根据同离子效应加入适当过量的沉淀剂 $Ca(OH)_2$（属微溶性强碱，可通过溶解度控制 OH^- 浓度），可使溶液中 Al^{3+} 更加完全地沉淀[10]为 $Al(OH)_3$。但应注意不能加入过量强碱如 NaOH，否则两性的 $Al(OH)_3$ 将会溶解在过量强碱中（为使 Al^{3+} 沉淀完全，碱必须过量），形成了诸如 $[Al(OH)_4]^-$ 的配离子，容易自动脱水变为偏铝酸根离子 AlO_2^-，降低铝元素沉淀回收率。

一般情况下，只要难溶沉淀的 K_{sp} 不是太小，而相应的配合物稳定常数又足够大，则配位溶解可达成。

【例 5-10】 室温下，在 1.0L 氨水中溶解 0.10mol 的 AgCl(s)，氨水浓度最低应为多少？

解： 可不考虑 NH_3 与 H_2O 之间的质子转移反应和 $[Ag(NH_3)]^+$ 的形成，近似地认为

---

[10] 所谓“完全”并不是使溶液中的某种离子全部沉淀下来，实际上这也是做不到和不必要的。通常只要溶液中残留的离子浓度不超过 1×10^{-5} mol dm^{-3}，就可以认为沉淀完全了。

AgCl 溶于氨水后全部生成 $[Ag(NH_3)_2]^+$。

$$AgCl(s) + 2NH_3(aq) \rightleftharpoons [Ag(NH_3)_2]^+(aq) + Cl^-(aq)$$

平衡浓度/$mol \cdot dm^{-3}$ $\qquad x \qquad 0.10 \qquad 0.10$

该反应的平衡常数为：

$$K=\frac{c([Ag(NH_3)_2]^+)c(Cl^-)}{c^2(NH_3)}=\frac{c([Ag(NH_3)_2]^+)c(Cl^-)c(Ag^+)}{c^2(NH_3)c(Ag^+)}$$

$$=K_f([Ag(NH_3)_2]^+)K_{sp}(AgCl)$$

$$\frac{0.10\times0.10}{x^2}=K=1.67\times10^7\times1.8\times10^{-10}$$

得 $x=1.8$。

由于生成 $0.10mol \cdot dm^{-3}$ $[Ag(NH_3)_2]^+$ 需要消耗 $0.20mol \cdot dm^{-3}$ 的 NH_3，所以氨的最低起始浓度应为：

$$c_0(NH_3)=(1.8+0.10\times2)mol \cdot dm^{-3}$$

$$=2.0mol \cdot dm^{-3}$$

图 5-3 中表明了 AgCl(s) 在氨水中的溶解度。随着 $c(NH_3)$ 增大，AgCl 的溶解度开始时快速增大，然后增速减小。

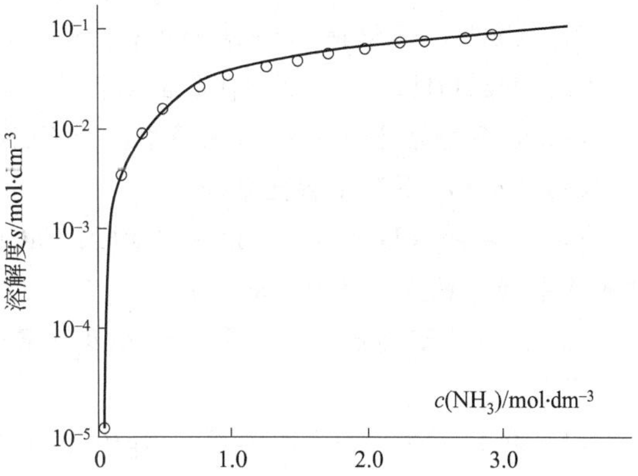

图 5-3 AgCl 在氨水中的溶解度

(3) 利用氧化还原反应

有一些难溶于酸的硫化物如 Ag_2S、CuS、PbS 等，它们的溶度积太小，不能像 FeS 那样溶解于非氧化性酸，但可以加入氧化性酸使之溶解。例如，加入 HNO_3 作氧化剂，使发生下列反应：

$$3CuS(s)+8HNO_3(稀) \rightleftharpoons 3Cu(NO_3)_2+3S(s)+2NO(g)+4H_2O(l)$$

由于 HNO_3 能将 S^{2-} 氧化为胶状单质 S，从而大大降低了 S^{2-} 的浓度，使 $c(Cu^{2+})c(S^{2-})<K_{sp}(CuS)$，从而使 CuS 溶解。

复习思考题

1. 酸碱质子理论如何定义酸和碱？有何优越性？什么叫做共轭酸碱对？

2. 路易斯电子论如何定义酸和碱？你如何理解生物碱是路易斯碱，而 H_3BO_3 是路易斯酸？

3. 为什么某酸越强，则其共轭碱越弱，或某酸越弱，其共轭碱越强？共轭酸碱对的 K_a 与 K_b 之间有何定量关系？

4. 为什么计算多元弱酸溶液中的氢离子浓度时，可近似地用一级解离平衡进行计算？

5. 为什么 Na_2CO_3 溶液是碱性的，而 $ZnCl_2$ 溶液却是酸性的？试用酸碱质子理论予以说明。以上两种溶液的离子碱或离子酸在水中的单相离子平衡如何表示？

6. 当往缓冲溶液中加入大量的酸或碱，或者用很大量的水稀释时，pH是否仍保持基本不变？说明其原因。

7. 欲配制pH为3的缓冲溶液，已知有下列物质的K_a数值：

(1) HCOOH　$K_a=1.77\times10^{-4}$；

(2) HAc　$K_a=1.76\times10^{-5}$；

(3) NH_4^+　$K_a=5.65\times10^{-10}$

问选择哪一种弱酸及其共轭碱较合适？

8. 配离子的不稳定性可用什么平衡常数来表示？是否所有的配离子都可用该常数直接比较它们不稳定性的大小？为什么？

9. 若要比较一些难溶电解质溶解度的大小，是否可以根据各难溶电解质的溶度积大小直接比较？即溶度积较大的，溶解度就较大，溶度积较小的，溶解度也就较小？为什么？

10. 如何从化学平衡观点来理解溶度积规则？试用溶度积规则解释下列事实。

(1) $CaCO_3$溶于稀HCl溶液中；

(2) $Mg(OH)_2$溶于NH_4Cl溶液中；

(3) ZnS能溶于盐酸和稀硫酸中，而CuS不溶于盐酸和稀硫酸中，却能溶于硝酸中；

(4) $BaSO_4$不溶于稀盐酸中

11. 往草酸（$H_2C_2O_4$）溶液中加入$CaCl_2$溶液，得到CaC_2O_4沉淀。将沉淀过滤后，往滤液中加入氨水，又有CaC_2O_4沉淀产生。试从离子平衡观点予以说明。

12. 试从难溶物质的溶度积的大小及配离子的不稳定常数或稳定常数的大小定性地解释下列现象。

(1) 在氨水中AgCl能溶解，AgBr仅稍溶解，而在$Na_2S_2O_3$溶液中AgCl和AgBr均能溶解。

(2) KI能从$[Ag(NH_3)_2]NO_3$溶液中将Ag^+沉淀为AgI，但不能从$K[Ag(CN)_2]$溶液中使Ag^+以AgI沉淀形式析出。

13. 要使沉淀溶解，可采用哪些措施？举例说明。

14. 本章总共讨论了哪几类离子平衡？它们各自的特点是什么？特征的平衡常数是什么？如何利用热力学数据计算得到这些平衡常数？

习题

一、是非题（对的在括号内填“√”号，错的填“×”号）

1. 两种分子酸HX和HY溶液有同样的pH，则这两种酸的浓度（$mol\cdot dm^{-3}$）相同。（　）

2. $0.10mol\cdot dm^{-3}$ NaCN溶液的pH比相同浓度的NaF溶液的pH要大，这表明CN^-的K_b值比F^-的K_b值要大。（　）

3. 有一由$HAc-Ac^-$组成的缓冲溶液，若溶液中$c(HAc)>c(Ac^-)$，则该缓冲溶液抵抗外来酸的能力大于抵抗外来碱的能力。（　）

4. PbI_2和$CaCO_3$的溶度积均近似为10^{-9}，从而可知在他们的饱和溶液中，前者的Pb^{2+}浓度与后者的Ca^{2+}浓度近似相等。（　）

5. 根据 $K_a \approx c\alpha^2$，弱酸的浓度越小，则解离度越大，因此酸性越强（即 pH 越小）。 （ ）

6. 在相同浓度的一元酸溶液中，$c(H^+)$ 都相等，因为中和同体积同浓度的醋酸溶液或盐酸溶液所需的碱是等量的。 （ ）

7. 稀释可以使醋酸的电离度增大，因而可使其酸性增强。 （ ）

8. 在共轭酸碱体系中，酸、碱的浓度越大，则其缓冲能力越强。 （ ）

9. 根据酸碱质子理论，强酸反应后变成弱酸。 （ ）

10. 在浓度均为 $0.01mol \cdot L^{-1}$ 的 HCl、H_2SO_4、NaOH 和 NH_4Ac 四种水溶液中，H^+ 和 OH^- 离子浓度的乘积均相等。 （ ）

11. 将氨水稀释一倍，溶液中 OH^- 离子浓度就减小到原来的一半。 （ ）

12. 缓冲溶液中，当总浓度一定时，则 $c(A^-)/c(HA)$ 比值越大，缓冲能力也就越大。 （ ）

13. 某些盐类的水溶液常呈现酸碱性，可以用来代替酸碱使用。 （ ）

14. 在某溶液中含有多种离子，可与同一沉淀试剂作用。在此溶液中逐滴加入该沉淀试剂，则 K_{sp} 小的难溶电解质，一定先析出沉淀。 （ ）

15. EDTA、NH_3 等配体与金属离子的配位都是分级进行，存在多级配位平衡。 （ ）

16. 配合物的各级形成常数之和即为该配合物的总稳定常数。 （ ）

17. 配合物在结构上都包括内界和外界，其中内界就是配位结构。 （ ）

18. Zn^{2+}、Cd^{2+}、Hg^{2+} 与 EDTA 形成配位数为 4 的螯合物。 （ ）

二、选择题（单选）

19. 往 $1dm^3$ $0.10mol \cdot dm^{-3}$ HAc 溶液中加入一些 NaAc 晶体并使之溶解，会发生的情况是（ ）。

A. HAc 的 α 值增大； B. HAc 的 α 值减小；

C. 溶液的 pH 增大； D. 溶液的 pH 减小

20. 设氨水的浓度为 c，若将其稀释 1 倍，则溶液中 $c(OH^-)$ 为（ ）。

A. $\frac{c}{2}$； B. $\frac{\sqrt{K_b c}}{2}$； C. $\sqrt{\frac{K_b c}{2}}$； D. $2c$

21. 设 AgCl 分别在水、$0.01mol \cdot dm^{-3}$ $CaCl_2$、$0.01mol \cdot dm^{-3}$ NaCl 以及在 $0.05mol \cdot dm^{-3}$ $AgNO_3$ 中的溶解度分别为 s_0、s_1、s_2 和 s_3，这些量之间的正确关系是（ ）。

A. $s_0 > s_1 > s_2 > s_3$；B. $s_0 > s_2 > s_1 > s_3$；C. $s_0 > s_1 = s_2 > s_3$；D. $s_0 > s_2 > s_3 > s_1$

22. 下列固体物质在同一较低浓度 $Na_2S_2O_3$ 溶液中溶解度（以 1 dm^3 $Na_2S_2O_3$ 溶液中能溶解该物质的量计）最大的是（ ）。

A. Ag_2S； B. AgBr；

C. AgCl； D. AgI（提示：考虑 K_{sp}）

23. 有下列水溶液：(1) $0.01mol \cdot L^{-1}$ CH_3COOH；(2) $0.01mol \cdot L^{-1}$ CH_3COOH 溶液和等体积 $0.01mol \cdot L^{-1}$ HCl 溶液混合；(3) $0.01mol \cdot L^{-1}$ CH_3COOH 溶液和等体积 $0.01mol \cdot L^{-1}$ NaOH 溶液混合；(4) $0.01mol \cdot L^{-1}$ CH_3COOH 溶液和等体积 $0.01mol \cdot L^{-1}$

NaAc 溶液混合。则它们的 pH 值由大到小的正确次序是（　　）。

A. (1)＞(2)＞(3)＞(4)；　　B. (1)＞(3)＞(2)＞(4)；

C. (4)＞(3)＞(2)＞(1)；　　D. (3)＞(4)＞(1)＞(2)

24. 下列离子中只能作碱的是（　　）。

A. H_2O；　B. HCO_3^-；　C. S^{2-}；　D. $[Fe(H_2O)_6]^{3+}$

25. 把 $100cm^3$ $0.1mol\cdot dm^{-3}$ HCN（$K_a=4.9\times10^{-1}$）溶液稀释到 $400cm^3$，$[H^+]$ 约为原来的（　　）。

A. $\frac{1}{2}$；　B. $\frac{1}{4}$；　C. 2 倍；　D. 4 倍

26. HCN 的解离常数表达式为 $K_a^{\ominus}=\frac{c(H^+)c(CN^-)}{c(HCN)}$，下列哪种说法是正确的（　　）。

A. 加 HCl，$K_a^{\ominus}$ 变大；　　B. 加 NaCN，$K_a^{\ominus}$ 变大；

C. 加 HCN，$K_a^{\ominus}$ 变小；　　D. 加 H_2O，$K_a^{\ominus}$ 不变

27. 将 pH＝1.0 与 pH＝3.0 的两种溶液以等体积混合后，溶液的 pH 值为（　　）。

A. 0.3；　B. 1.3；　C. 1.5；　D. 2.0

28. 对反应 $HPO_4^{2-}+H_2O \rightleftharpoons H_2PO_4^-+OH^-$ 来说（　　）。

A. H_2O 是酸，OH^- 是碱；　　B. H_2O 是酸，HPO_4^{2-} 是它的共轭碱；

C. HPO_4^{2-} 是酸，OH^- 是它的共轭碱；　D. HPO_4^{2-} 是酸，$H_2PO_4^-$ 是它的共轭碱

29. 在常温下，pH＝6 的溶液与 pOH＝6 的溶液相比，其氢离子浓度（　　）。

A. 相等；　B. 高 2 倍；　C. 高 10 倍；　D. 高 100 倍

30. 相同浓度的 F^-、CN^-、$HCOO^-$ 三种碱性物质的水溶液，在下列叙述其碱性强弱顺序的关系中，哪一种说法是正确的（HF 的 $K_a^{\ominus}=3.18$，HCN 的 $K_a^{\ominus}=9.21$，HCOOH 的 $K_a^{\ominus}=3.74$）（　　）。

A. $F^->CN^->HCOO^-$；　　B. $CN^->HCOO^->F^-$；

C. $CN^->F^->HCOO^-$；　　D. $HCOO^->F^->CN^-$

31. 不是共轭酸碱对的一组物质是（　　）。

A. NH_3、NH_2^-；　B. NaOH、Na^+；　C. HS^-、S^{2-}；　D. H_2O、OH^-

32. 下列水溶液 pH 最小的是（　　）。

A. $NaHCO_3$；　B. $NaCO_3$；　C. NH_4Cl；　D. NH_4Ac

33. 欲配制 pH＝9 的缓冲溶液，应选用下列何种弱酸或弱碱和它们的盐来配制。（　　）

A. HNO_2（$K_a^{\ominus}=5\times10^{-4}$）；　　B. $NH_3\cdot H_2O$（$K_b^{\ominus}=1\times10^{-5}$）；

C. HAc（$K_a^{\ominus}=1\times10^{-5}$）；　　D. HCOOH（$K_a^{\ominus}=1\times10^{-4}$）

34. 欲配制 pOH＝4.0 的缓冲溶液，对于下列四组缓冲体系，以选用（　　）效果最佳。

A. $NaHCO_3\sim Na_2CO_3$（$pK_b=3.8$）；

B. HAc～NaAc（$pK_a=4.7$）；

C. $NH_4Cl\sim NH_3\cdot H_2O$（$pK_b=4.7$）；

D. HCOOH～HCOONa（$pK_a=3.8$）

35. 乙醇胺（$HOCH_2CH_2NH_2$）和乙醇胺盐配制缓冲溶液的有效 pH 范围是多少（乙

醇胺的 $pK_b^\ominus=4.50$）（　）。

A. 6～8；　B. 4～6；　C. 10～12；　D. 8～10

36. 为使锅垢中难溶于酸的 $CaSO_4$ 转化为易溶于酸的 $CaCO_3$，常用 Na_2CO_3 处理，反应式为 $CaSO_4+CO_3^{2-}$ ══ $CaCO_3+SO_4^{2-}$，此反应的标准平衡常数为（　）。

A. $K_{sp}^\ominus(CaCO_3)/K_{sp}^\ominus(CaSO_4)$；　B. $K_{sp}^\ominus(CaSO_4)/K_{sp}^\ominus(CaCO_3)$；

C. $K_{sp}^\ominus(CaSO_4)\cdot K_{sp}^\ominus(CaCO_3)$；　D. $[K_{sp}^\ominus(CaSO_4)\cdot K_{sp}^\ominus(CaCO_3)]^{0.5}$

37. 已知 $K_{sp}^\ominus(BaSO_4)=1.1\times10^{-10}$，$K_{sp}^\ominus(AgCl)=1.8\times10^{-10}$，等体积的 $0.002mol\cdot L^{-1}$ Ag_2SO_4 与 $2.0\times10^{-5}mol\cdot L^{-1}BaCl_2$ 溶液混合，会出现（　）。

A. 仅有 $BaSO_4$ 沉淀；　B. 仅有 AgCl 沉淀；

C. AgCl 与 $BaSO_4$ 共沉淀；　D. 无沉淀

38. 室温下，$La_2(C_2O_4)_3$ 在纯水中的溶解度为 $1.1\times10^{-6}mol\cdot L^{-1}$，其 $K_{sp}^\ominus=$（　）。

A. 1.2×10^{-12}；　B. 1.6×10^{-30}；　C. 7.3×10^{-12}；　D. 1.7×10^{-28}

39. 已知 $K_{sp}^\ominus(AgCl)=1.8\times10^{-10}$，$K_{sp}^\ominus(Ag_2C_2O_4)=3.4\times10^{-11}$，$K_{sp}^\ominus(Ag_2CrO_4)=1.1\times10^{-12}$，$K_{sp}^\ominus(AgBr)=5.0\times10^{-13}$。在下列难溶银盐饱和溶液中，$c(Ag^+)$ 最大的是（　）。

A. AgCl；　B. AgBr；　C. Ag_2CrO_4；　D. $Ag_2C_2O_4$

40. 已知 $K_{sp}^\ominus(AgBr)=5.0\times10^{-13}$，$K_{sp}^\ominus(AgCl)=1.8\times10^{-10}$，向含相同浓度的 Br^- 和 Cl^- 的混合溶液中逐滴加入 $AgNO_3$ 溶液，当 AgCl 开始沉淀时，溶液中 $c(Br^-)/c(Cl^-)$ 比值为（　）。

A. 2.8×10^{-3}；　B. 1.4×10^{-3}；　C. 3.57×10^{-3}；　D. 3.57×10^{-4}

41. 已知 $K_{sp}^\ominus(BaSO_4)=1.1\times10^{-10}$，$K_{sp}^\ominus(BaCO_3)=5.1\times10^{-9}$，下列判断正确的是（　）。

A. 因为 $K_{sp}^\ominus(BaSO_4)<K_{sp}^\ominus(BaCO_3)$，所以不能把 $BaSO_4$ 转化为 $BaCO_3$；

B. 因为 $BaSO_4+CO_3^{2-}$ ══ $BaCO_3+SO_4^{2-}$ 的标准平衡常数很小，所以实际上 $BaSO_4$ 沉淀不能转化为 $BaCO_3$ 沉淀；

C. 改变 CO_3^{2-} 浓度，能使溶解度较小的 $BaSO_4$ 沉淀转化为溶解度较大的 $BaCO_3$ 沉淀；

D. 改变 CO_3^{2-} 浓度，不能使溶解度较小的 $BaSO_4$ 沉淀转化为溶解度较大的 $BaCO_3$ 沉淀

42. 当下列配离子浓度及配体浓度均相等时，体系中 Zn^{2+} 离子浓度最小的是（　）。

A. $Zn(NH_3)_4^{2+}$；　B. $Zn(en)_2^{2+}$；　C. $Zn(CN)_4^{2-}$；　D. $Zn(OH)_4^{2-}$

43. 在 $[RhBr_2(NH_3)_4]^+$ 中，Rh 的氧化数和配位数分别是（　）。

A. +2 和 4；　B. +3 和 6；　C. +2 和 6；　D. +3 和 4

44. 向含有 $Ag(NH_3)_2^+$ 配离子的溶液中分别加入下列物质时，$Ag(NH_3)_2^+$ 不会发生离解的是（　）。

A. 稀 HNO_3；　B. $NH_3\cdot H_2O$；　C. Na_2S；　D. KI

45. 在非缓冲溶液中用 EDTA 滴定金属离子时，溶液的 pH 将（　）。

A. 升高；　B. 降低；　C. 不变；　D. 与金属离子价态有关

46. 关于配位体，下列说法中不正确的是（　）。

A. 配位体中具有孤对电子，与中心离子（或原子）形成配位键的原子称为配位原子；

B. 多齿配位体只有两个配位原子；

C. 只含一个配位原子的配位体称为单齿配位体；

D. 配体的特征是能提供孤对电子

47. 化合物 $[Co(NH_3)_4Cl_2]Br$ 的名称是（　　）。

A. 溴化二氯·四氨钴酸盐（Ⅱ）；　B. 溴化二氯·四氨钴酸盐（Ⅲ）；

C. 溴化二氯·四氨合钴（Ⅱ）；　D. 溴化二氯·四氨合钴（Ⅲ）

48. 下列关于螯合物的叙述中，不正确的是（　　）。

A. 有两个以上配位原子的配位体均生成螯合物；

B. 螯合物通常比具有相同配位原子的非螯合配合物稳定得多；

C. 形成螯环的数目越大，螯合物的稳定性一定越好；

D. 起螯合作用的配位体一般为多齿配体，称螯合剂

三、填空题

49. 写出下列各物质的共轭酸。

A. CO_3^{2-}________；B. HS^-________；C. H_2O________；

D. HPO_4^{2-}________；E. NH_3________；F. S^{2-}________。

50. 写出下列各种物质的共轭碱。

A. H_3PO_4________；B. HAc________；C. HS^-________；

D. HNO_2________；E. HClO________；F. H_2CO_3________。

51. 写出下列配合物的命名、形成体、配体、配位原子和形成体的配位数；确定配离子和中心原子的电荷数。

序号	配位化合物	中心原子	配体	配位原子	配位数	中心原子电荷数	配离子电荷数	命名
(1)	$[CrCl_2(H_2O)_4]Cl$							
(2)	$[Ni(en)_3]Cl_2$							
(3)	$K_2[Co(NCS)_4]$							
(4)	$Na_3[AlF_6]$							
(5)	$[PtCl_2(NH_3)_2]$							
(6)	$[Co(NH_3)_4(H_2O)_2]_2(SO_4)_3$							
(7)	$Cr(CO)_6$							
(8)	$[HgI_4]^{2-}$							

52. 在饱和的 $Hg_2(NO_3)_2$ 溶液中，逐滴加入浓 HCl，开始有白色的______沉淀生成，继续加浓 HCl，白色沉淀转化为可溶性______离子和黑色______沉淀。

53. Al_3PO_4 和 AgCl 都难溶于水，然而在 HNO_3 溶液中，________能溶解。在 NH_3 水中，________能溶解。

54. 写出下列各种配离子的分步生成反应和总的生成反应方程式，以及相应的稳定常数表达式：

项目	$[Co(NH_3)_6]^{2+}$	$FeCl_4^-$	$[Mn(C_2O_4)_3]^{4-}$
分步生成反应式			
逐步稳定常数表达式			
总的生成反应式			
总稳定常数表达式			

四、计算题

55. 在某温度下 $0.10mol \cdot dm^{-3}$ 氢氰酸（HCN）溶液的解离度为0.007%，试求在该温度时HCN的解离平衡常数。

56. 已知氨水溶液的浓度为 $0.20mol \cdot dm^{-3}$

(1) 求该溶液中的 OH^- 的浓度、pH和氨的解离度。

(2) 在上述溶液中加入 NH_4Cl 晶体，使其溶解后 NH_4Cl 的浓度为 $0.20mol \cdot dm^{-3}$。求所得溶液的 OH^- 浓度、pH和氨的解离度。

(3) 比较上述（1）、（2）两小题的计算结果，说明了什么？

57. 取 $50.0cm^3$ $0.100mol \cdot dm^{-3}$ 某一元弱酸溶液，与 $20.0cm^3$ $0.100mol \cdot dm^{-3}$ KOH溶液混合，将混合溶液稀释至 $100cm^3$，测得此溶液的pH为5.25。求此一元弱酸的解离常数。

58. 确定下列反应中的共轭酸碱对，计算反应的标准平衡常数，并判断在标准状态下反应进行的方向。

(1) $NH_4^+(aq)+CO_3^{2-}(aq) \rightleftharpoons NH_3(aq)+HCO_3^-(aq)$；

(2) $HAc(aq)+OH^-(aq) \rightleftharpoons Ac^-(aq)+H_2O(l)$；

(3) $H_2PO_4^-(aq)+PO_4^{3-}(aq) \rightleftharpoons 2HPO_4^{2-}(aq)$。

59. 在298K时，已知 $0.10mol \cdot dm^{-3}$ 的某一元弱酸水溶液的pH为3.00，试计算：

(1) 该酸的解离常数 K_a；

(2) 该酸的解离度 α；

(3) 将该酸溶液稀释一倍后的 α 及pH。

60. 欲配制250mL pH为5.00的缓冲溶液，问在125mL $1.0mol \cdot dm^{-3}$ NaAc溶液中应加入多少毫升 $6.0mol \cdot dm^{-3}$ 的HAc溶液？

61. 今有 $2.00\ dm^3$ 的 $0.500mol \cdot dm^{-3}$ $NH_3(aq)$ 和 $2.00\ dm^3$ 的 $0.500mol \cdot dm^{-3}$ HCl溶液，若配制pH=9.00的缓冲溶液，不允许再加水，最多能配制多少升缓冲溶液？其中 $c(NH_3)$、$c(NH_4^+)$ 各为多少？

62. 计算下列取代反应的标准平衡常数（以简单可查的 K_f 表示即可，无需计算结果）：

(1) $[Ag(NH_3)_2]^+(aq)+2S_2O_3^{2-}(aq) \rightleftharpoons [Ag(S_2O_3)_2]^{3-}(aq)+2NH_3(aq)$

(2) $[Fe(C_2O_4)_3]^{3-}(aq)+6CN^-(aq)^- \rightleftharpoons [Fe(CN)_6]^{3-}(aq)+3C_2O_2{}^{2-}(aq)$

63. 在500.0mL的 $0.010mol \cdot L^{-1}$ $Hg(NO_3)_2$ 溶液中，加入65.0 g KI（s）后（溶液总体积不变），生成了 $[HgI_4]^{2-}$。计算溶液中的 Hg^{2+}、$[HgI_4]^{2-}$、I^- 的浓度。

64. 判断下列反应进行的方向，并作简单说明（设各反应物质的浓度均为 $1mol \cdot dm^{-3}$）。

(1) $[Cu(NH_3)_4]^{2+}+Zn^{2+} \rightleftharpoons [Zn(NH_3)_4]^{2+}+Cu^{2+}$

(2) $PbCO_3(s)+S^{2-} \rightleftharpoons PbS(s)+CO_3^{2-}$

65. 根据 PbI_2 的溶度积，计算（在25℃时）

（1）PbI_2 在水中的溶解度（$mol \cdot dm^{-3}$）；

（2）PbI_2 饱和溶液中 Pb^{2+} 和 I^- 离子的浓度；

（3）PbI_2 在 $0.010mol \cdot dm^{-3}$ KI 的饱和溶液中 Pb^{2+} 离子的浓度；

（4）PbI_2 在 $0.010mol \cdot dm^{-3}$ $Pb(NO_3)_2$ 溶液中的溶解度（$mol \cdot dm^{-3}$）。

66. 若加入 F^- 来净化水，使 F^- 在水中的质量分数为 $1.0 \times 10^{-4}\%$。问往含 Ca^{2+} 浓度为 $2.0 \times 10^{-4} mol \cdot dm^{-3}$ 的水中按上述情况加入 F^- 时，是否会产生沉淀？

67. 工业废水的排放标准规定 Cd^{2+} 降到 $0.10mg \cdot dm^{-3}$ 以下即可排放。若用加消石灰中和沉淀法除去 Cd^{2+}，按理论上计算，废水溶液中的pH至少应为多少？

68. 某电镀公司将含 CN^- 废水排入河流。环保监察人员发现，每排放一次氰化物，该段河水的BOD就上升 $3.0mg \cdot dm^{-3}$。假设反应为

$$2CN^-(aq) + \frac{5}{2}O_2(g) + 2H^+(aq) \longrightarrow 2CO_2(aq) + N_2(g) + H_2O(l)$$

求 CN^- 在该段河水中的浓度（$mol \cdot dm^{-3}$）。（提示：BOD即生化需氧量，指水中有机物由微生物作用进行生物氧化，在一定期间内所消耗溶解氧的量）

五、简答题

69. 往氨水中加少量下列物质时，NH_3 的解离度和溶液的pH将发生怎样的变化？

（1）$NH_4Cl(s)$；（2）$NaOH(s)$；（3）$HCl(aq)$；（4）$H_2O(l)$

70. 下列几组等体积混合物溶液中哪些是较好的缓冲溶液？哪些是较差的缓冲溶液？还有哪些根本不是缓冲溶液？

（1）$10^{-5} mol \cdot dm^{-3}$ HAc + $10^{-5} mol \cdot dm^{-3}$ NaAc；

（2）$1.0mol \cdot dm^{-3}$ HCl + $1.0mol \cdot dm^{-3}$ NaCl；

（3）$0.5mol \cdot dm^{-3}$ HAc + $0.7mol \cdot dm^{-3}$ NaAc；

（4）$0.1mol \cdot dm^{-3}$ NH_3 + $0.1mol \cdot dm^{-3}$ NH_4Cl；

（5）$0.2mol \cdot dm^{-3}$ HAc + $0.0002mol \cdot dm^{-3}$ NaAc

71. 写出下列各种盐水解反应的离子方程式，并判断这些盐溶液的pH大于7，等于7，还是小于7。

（1）NaCN；（2）$SnCl_2$；（3）$SbCl_3$；（4）$Bi(NO_3)_3$；（5）$NaNO_2$；（6）NaF；（7）Na_2S；（8）NH_4HCO_3

72. 利用书末附录的数据（不进行具体计算），将下列化合物的 $0.10mol \cdot dm^{-3}$ 溶液按pH增大的顺序排列。

（1）HAc；（2）NaAc；（3）H_2SO_4；（4）NH_3；（5）NH_4Cl；（6）NH_4Ac

第6章 电化学基础

电现象是自然界的普遍现象，从闪电到摩擦起电，再到生物电等，都涉及电荷的不均匀分布与定向迁移。在化学层面上，电子从一种物质转移到另一种物质上的过程往往伴随着化学反应，这就是氧化还原反应。捕获电子，使自己元素价态降低的一方称作氧化剂，该过程称作还原过程；而失去电子的元素，其价态升高，发生了氧化过程，称作还原剂。物质中任何处于较低价态的元素都有失去电子的倾向，而处于较高价态的元素都有捕获电子的倾向。任何两种不同的物质它们所处的相对能量（化学势）不同，其得失电子的倾向自然有差异。因而，将两种不同物质按一定规则组合起来，就可产生电流，这就是原电池的最根本理论基础。

除原电池外，电化学还涉及电解、电镀等理论与工程技术。

6.1 原电池与电动势（电池符号）

6.1.1 原电池

原电池是一种利用材料的氧化还原反应（即化学能）产生电能的装置。因此也可以说原电池是一种发生能量转换的化学装置。根据这一定义，凡是能将化学能转换成电能的电化学装置都可以称作原电池。

最为经典的就是铜-锌原电池，也称作丹尼尔电池。它是由锌半电池和铜半电池组成的极其简单的体系，其结构如图 6-1 所示。

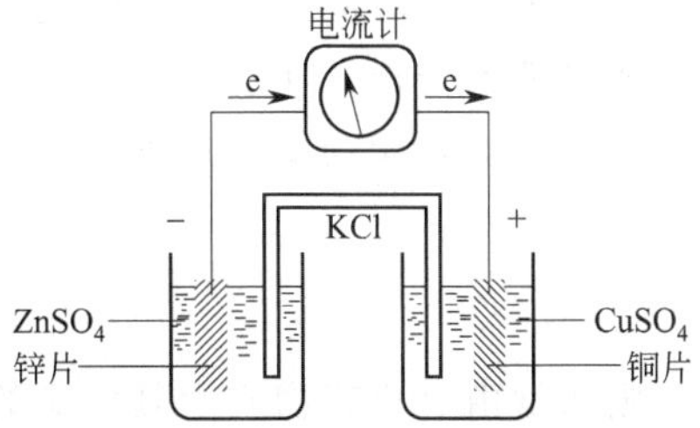

图 6-1　铜-锌原电池装置

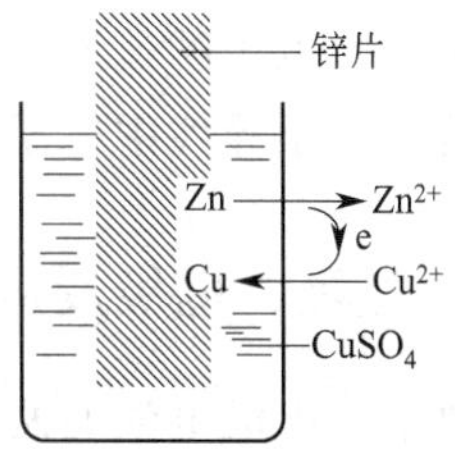

图 6-2　铜-锌置换反应

将锌片和铜片分别浸入硫酸锌溶液和硫酸铜溶液中，用饱和 KCl 盐桥将硫酸铜和硫酸锌溶液连通，然后将锌片和铜片用导线连接到电流计上，就可以在电流计上看到指针发生偏转，代表回路中有电流产生。原电池中，一般将电势较低，流出电子的电极称作负极（negative electrode）；将电势较高，流入电子的电极称作正极（positive electrode）。而从氧化还原的角度，一般将得到电子，并发生还原反应（元素氧化值降低）的电极称作阴极（cathode)，而将失去电子，并发生氧化反应（元素氧化值升高）的电极称作阳极（anode)。阴极、阳极、正极、负极同时存在原电池和电解池中。习惯上，在原电池中只提及正极、负极，在电解池中只提及阴极、阳极。电化学装置中正负极与阴阳极的对应关系如表 6-1 所示。

表 6-1 电化学装置中正负极与阴阳极对应关系

项目	正负极	电势	电子流向	电极上反应	阴阳极
原电池	负极(－)	低	流出电子	失电子,氧化反应	阳极
化学能→电能	正极(＋)	高	流入电子	得电子,还原反应	阴极
电解池	正极(＋)	高	流出电子	失电子,氧化反应	阳极
电能→化学能	负极(－)	低	流入电子	得电子,还原反应	阴极

在上述原电池中，其反应机理为：

负极反应（－）： $Zn - 2e^- = Zn^{2+}$

正极反应（＋）： $Cu^{2+} + 2e^- = Cu$

电池反应（离子式）： $Zn + Cu^{2+} = Zn^{2+} + Cu$

或者 $Zn + CuSO_4 = ZnSO_4 + Cu$

这个总反应方程式也是锌与硫酸铜的置换反应（图 6-2）方程式，表明铜-锌原电池和铜-锌化学置换反应拥有相似的化学本质。但是两者化学反应产生的结果却不一样，铜-锌化学置换反应中，锌片中的锌原子将硫酸铜溶液中的铜离子置换出来，同时还伴随着溶液温度的变化，即化学能转化为了热能。而铜-锌原电池除了铜的析出和锌的溶解外，则伴随着电流的产生，即化学能转化为了电能。

之所以相同的化学反应却带来不相同的结果，这是由于反应所进行的场所和条件不同。在铜-锌置换反应中，锌片直接与硫酸铜溶液中的铜离子接触，因此锌原子失去的电子无需经过外部电路的流通到达铜离子，而是仅仅穿过固液界面就可以在同一地点同一时间发生电荷交换，从而完成氧化还原反应。在反应的过程中，无论是锌原子失去电子还是铜离子得到电子，均发生了物质成分的改变，因此整个体系的能量也发生了改变，这一能量最终以热能的形式释放出来。而在铜-锌原电池反应中，锌片并未与硫酸铜溶液中的铜离子直接接触，锌原子失去电子和铜离子得到电子的过程分别发生在不同的地点和不同的条件，因此需要通过外部导线中自由电子的流通和盐桥中离子的迁徙以完成电荷的交换。在反应过程中，体系能量的变化转化为了导线中电子和盐桥中离子传输的动力，进而转化为电能对外做电功。

6.1.2 电极、电极反应与电池反应

在原电池中，组成电池的两个半电池称作**电极**。电极通常由氧化态物质及其对应的还原态物质构成，该氧化态物质和对应的还原态物质被称作**氧化还原电对**。同种元素的不同价态的离子、非金属单质与它的离子、不同价态的同种元素所组成的物质均可以形成氧化还原电对，例如 Fe^{3+}/Fe^{2+} 电对、S/S^{2-} 电对、H^+/H_2 电对、O_2/OH^- 电对。电对通式可表达

为：氧化态/还原态。

原电池中最常见的电极就是金属及其对应的正离子组成的氧化还原电对。例如经典的丹尼尔电池，其正负电极分别由铜和锌的氧化还原电对组成，用符号可表示为 $Cu^{2+}(c_2)/Cu$ 和 $Zn^{2+}(c_1)/Zn$，其中 c 表示溶液中离子的浓度。

凡是电极上所发生的氧化还原反应均称作**电极反应**。

在原电池中，判断一个电极具体发生的反应（氧化反应还是还原反应），需要考虑该电极氧化还原能力即得失电子能力的强弱。而任何电极的氧化还原能力，不仅与电极的组成成分有关，还与电极所处的状态（固态、液态、溶液或者气态）或者浓度和压力有关。因此，在书写电极时，除了标明氧化还原电对外，还应标明电极氧化还原物质所处的状态，对于溶液和气态，还应分别标明浓度和气态压力。而对于难以形成固态电极的电对，为了保证电流的流通，需要为氧化还原电对提供导电且本身不参与电极反应的场所，通常选择惰性金属（Pt）或者石墨电极。例如氢浓差电池的正负极就需要金属 Pt 来保证电流的流通和提供反应的场所，其正负极电极符号可分别表达为：

$$负极：Pt|H_2(p_1=101325\ Pa)|HCl(aq)$$

$$正极：HCl(aq)|\ H_2(p_2=10132.5\ Pa)|Pt$$

又例如作为负极的氯电极也需要借助金属 Pt 电极，其负极可表述为

$$负极：Pt|Cl_2(g,p_1)|\ Cl^-(aq,c_1)$$

原电池中所发生的氧化还原反应，就是在两个正负电极上发生的电极反应之和，称为**电池反应**。

为了更加清楚明了地表达整个电池所发生的具体反应，一般用**电池符号**（cell notation）来表达原电池，包含正负极，电极状态，溶液浓度或者气体分压，通常对其书写规则做如下规定。

① 电池反应的负极、电解质和正极以从左至右的顺序书写并排列成一横排。用括号标明电极的正负。溶液及溶液中的离子均需要标出浓度或者活度，气态物质需要标明气体分压或活度（逸度）。

② 两相的界面用“|”或“,”表示，两极电解质之间的盐桥用“‖”表示。

③ 对难以形成固态电极的电对，如气体或溶液，通常借助惰性金属（Pt）或者石墨作为电极。

根据上述规定，以图 6-1 中发生的丹尼尔电池为例，其电池符号可表示为：

$$(-)Zn|ZnSO_4(c_1)\|CuSO_4(c_2)|Cu(+)$$

$$或者(-)Zn|Zn^{2+}(c_1)\|Cu^{2+}(c_2)|Cu(+)$$

同时根据规定书写出来的电池表达式，当电池反应是自发进行时，电池电动势应该为正值。因此，对于自发进行的电池反应，若计算出来的电池电动势是负值，就说明原电池表达式中的正极和负极判断是错误的。

6.1.3 电池的可逆性

化学电源包括不可充电的一次性电池和意义更广泛的可充电电池，后者电池反应具有可逆性。而为了保持电池的可逆性，必须达到下面两个条件。

(1) 电池中的化学变化是可逆的

这就表示，在放电过程中，电池反应的氧化剂和还原剂对应转化为还原产物和氧化产

物，而在充电过程时，还原产物和氧化产物能继续逆向反应生成氧化剂和还原剂。以常见的商用铅酸电池为例，其电池反应就是一个可逆的化学反应，从而保证其循环使用，其反应式为：

$$PbO_2+Pb+2H_2SO_4 \longrightarrow 2PbSO_4+2H_2O$$

而以金属铜和金属锌为正负极、以硫酸溶液为电解质的电池就不具备可逆性。其电池反应为：

$$放电：Zn+H_2SO_4 \longrightarrow ZnSO_4+H_2$$

$$充电：Cu+H_2SO_4 \longrightarrow CuSO_4+H_2$$

由上述反应式可看出，充放电反应并不相同。放电过程中，锌电极作为负极，而充电过程中，铜电极则作为正极，因此铜锌电极不可能恢复原始状态，说明这个电池是不可逆的。

（2）电池中的能量变化是可逆的

说明电池反应的化学能不会转变为热能而散失，而是全部转化为外电路流通的电流。利用电池反应产生的电能再对电池进行充电，电池的电极和电解质环境都能恢复到初始状态。

根据电池的结构可知，实际应用中的电池都存在一定的内阻。在放电过程中，只要有电流通过，就会产生电压降，造成电池的端电压降低；在充电过程中，往往需要高于放电电压才能有电流流通电池内部，才能给电池充电。这造成充电过程外界对电池所做的功总是大于放电过程电池对外输出的功。经过反复的充放电循环之后，电池就越来越偏离初始的平衡状态，不仅电极物质不能恢复之前状态，而且内阻产生的热能也难以再转化为电能。

为了保持电池在热力学上是可逆的，就得保证在电池内阻上消耗的电压降达到最小，那么只有当通过电池的电流达到无限小时才能保证充放电电压保持一致。此时充放电过程的电功可以相互抵消。即使这种情况也只是无限接近平衡状态。因此，电池的热力学可逆实际上只是一种理想的状态，这也反映出热力学的局限性。实际使用中的电池可以说都是不可逆的，这也是为什么实际应用中的电池均有使用寿命。

6.1.4 电动势

原电池是将化学能转化为电能的装置，转化的电能能对外输出电功。为了衡量原电池对外输出功率的能力大小，就需要用原电池电动势这一能够精确测定的参数来表征。当电池中没有电流通过时，原电池两个终端之间的电位之差称作原电池的**电动势 E**（electromotive force)，通常用 E 表示。原电池对外做的电功的来源就是电池内部发生的化学反应，电动势 E 与电量 Q 的乘积就是电功 w。其电功 w 可表示为：

$$w=EQ \tag{6-1}$$

式中，Q 为原电池反应在外电路中所通过的电量。由法拉第定律可知，$Q=nF$，n 为参与反应的电子数，F 为 Faraday 法拉第常数，表示 1mol 电子所具有的电量，数值为 $96485C\cdot mol^{-1}$。因此电功又可以表述为

$$w=nFE \tag{6-2}$$

根据化学热力学规律可知，在恒温恒压条件下，可逆过程所做的最大的有用功等于整个体系自由能的减少量。即

$$w=-\Delta G \tag{6-3}$$

因此可以得到体系自由能与原电池电动势有如下关系：

$$-\Delta G = nFE \tag{6-4}$$

根据式(6-3) 和式(6-4) 可知，原电池对外输出的电功实际来自电池反应所引起的自由能的变化。这两个关系式揭示了化学热力学与电池电化学之间的转换关系，是电化学基础中非常重要的定量关系式。但是这两个表达式只适用于理想的电池反应，因为只有理想的电池反应才是可逆的，即电池的化学能全部转化为电能，且以相同的电能给电池充电，电池才能恢复到初始状态。

6.2 标准电极电势与意义

6.2.1 标准电极电势

前文已经介绍过，**原电池电动势 E** 就是当电池电路中流通电流为零时，原电池正负极之间的电位之差。可以表述为：

$$E = \varphi_{正极} - \varphi_{负极} \quad 或 \quad E = \varphi_{+} - \varphi_{-}$$

式中，$\varphi_{正极}$（或 φ_{+}）和 $\varphi_{负极}$（或 φ_{-}）分别表示正电极和负电极的**电极电势**，电极电势亦称**电极电位**，电极电势的高低反映了电极位能的高低。

由于实际应用中的电池都是由正极和负极组装的整体，因此没有办法直接测量出各电极电势的绝对数值，但是整个电池的电动势（也就是两电极电势差值）可以用仪器直接测量出来。这就像描述物理中的速度、高度等物理量，需要寻找一个参照，才能描述相对量。描述电极电势也一样，需要找到一个标量做参考。目前，国际上统一规定“标准氢电极”作为参考标准。

标准电极电势是指参与化学反应的反应物和反应产物均处于标准状态时（25℃，1 个标准大气压，离子浓度 $1\text{mol}\cdot\text{L}^{-1}$）的电极电势，其具体数值是基于标准氢电极的电极电势 $\varphi^{\ominus}(H^{+}/H_2)$ 确定的。

标准氢电极是指处于标准状态下的氢电极，可表示为：

$$\text{Pt}|\,H_2(p=100\text{kPa})|\ H^{+}(c=1\text{mol}\cdot\text{dm}^{-3})$$

标准氢电极的结构就是在铂片表面镀一层具有强吸附 H_2 能力的疏松的海绵状铂黑，然后将铂片插入 $1\text{mol}\cdot\text{dm}^{-3}$ 标准 H^{+} 浓度的酸溶液中，并不断通入压力为 100kPa 的纯氢气流，使吸附达到饱和。这样铂黑表面的吸附 H_2 会与溶液中的氢离子达到一个动态平衡：

$$2H^{+}(aq) + 2e^{-} \rightleftharpoons H_2(g)$$

国际上统一规定标准氢电极的电极电势 $\varphi^{\ominus}(H^{+}/H_2) = 0.000\text{V}$，这样所有其他的电极都是相对于标准氢电极而确定的电极电势 φ（某电极）。电极电势也称电极电位，一般对应某一元素两种不同氧化值状态所组成电对的电势，即 φ(氧化态/还原态)，如 $\varphi(H^{+}/H_2)$、$\varphi(Cu^{2+}/Cu)$、$\varphi(MnO_4^{-}/Mn^{2+})$ 等。

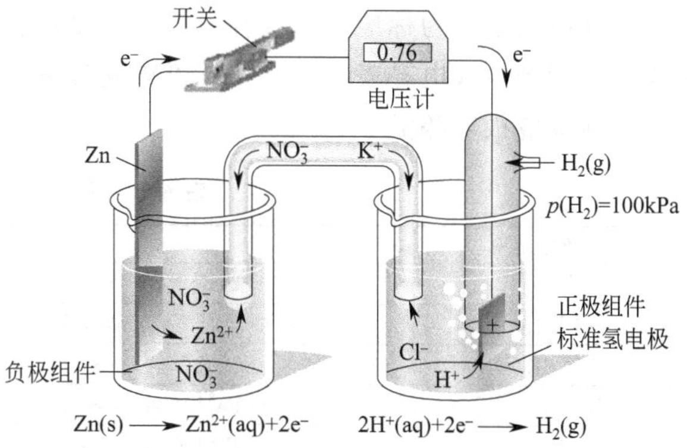

图 6-3　标准氢电极与待测电极组成的原电池

要测定某电极的电极电势，可将之与标准氢电极组成原电池（如图 6-3 所示），再对整个电池的电动势 E 进行测量。由于标准氢电极的电极电势为零，所以很容易就能测出该电极的电极电势。

$$E=\varphi^{\ominus}(H^+/H_2)-\varphi(\text{某电极})=-\varphi(\text{某电极})$$

或者

$$E=\varphi(\text{某电极})-\varphi^{\ominus}(H^+/H_2)=\varphi(\text{某电极})$$

因此可以根据电极电势值判断电极发生反应的性质。若电极电势为正值，则电极较易发生还原反应；若电极电势为负值，则电极较易发生氧化反应。

6.2.2 参比电极

标准氢电极在实际应用中很受局限。因为电极对氢气的纯度和压力有很高的要求，并且铂比较敏感，很容易吸收扩散进来的电解质而失活。因此需要寻找其他结构简单且电极电势稳定的电极作为电极电势的测量参考，称作参比电极。常用的有饱和甘汞电极（SCE）、氯化银电极等标准电极。

（1）饱和甘汞电极

饱和甘汞电极是基于氯化亚汞 Hg_2Cl_2 与金属汞 Hg 电对在饱和 KCl 溶液中的半反应，其标准态是 KCl 浓度为 $1mol\cdot dm^{-3}$ 的状态，而饱和甘汞电极所处状态并非标准态，其电极反应为：

$$Hg_2Cl_2(s)+2e^-=\!=\!=2Hg(l)+2Cl^-(aq)$$

其电极电势为

$$\varphi(Hg_2Cl_2/Hg)=\varphi^{\ominus}(Hg_2Cl_2/Hg)-\frac{RT}{2F}\ln[c(Cl^-)/c^{\ominus}]^2$$

根据上式可知，甘汞电极的电极电势取决于 KCl 溶液中的 Cl^- 浓度。例如 Cl^- 饱和的饱和甘汞电极，它在 25℃时的电极电势为 0.241V。

（2）氯化银电极

其电极反应为：

$$AgCl(s)+e^-=\!=\!=Ag(s)+Cl^-(aq)$$

其电极电势为

$$\varphi(AgCl/Ag)=\varphi^{\ominus}(AgCl/Ag)-\frac{RT}{F}\ln[c(Cl^-)/c^{\ominus}]^2$$

根据上式可知，氯化银电极的电极电势同样取决于 Cl^- 浓度。

以标准氢电极为标准，将各种电极的标准电极电势按数值大小的次序排列成次序表，这种表称为标准电极电势表，也称作标准电化序或者标准电位序。如表 6-2 所示，记录了常见电极的标准电极电势值 $\varphi^{\ominus}$。

表 6-2 标准电极电势表 25℃

氧化还原电对	电极反应	标准电极电势 $\varphi^{\ominus}$/V
$N_2/N^{-1/3}$	$3N_2+2H^++2e^-=\!=\!=2HN_3(g)$	−3.400
Li^+/Li	$Li^++e^-=\!=\!=Li$	−3.045
K^+/K	$K^++e^-=\!=\!=K$	−2.928
Ba^{2+}/Ba	$Ba^{2+}+2e^-=\!=\!=Ba$	−2.912
Sr^{2+}/Sr	$Sr^{2+}+2e^-=\!=\!=Sr$	−2.894
Ca^{2+}/Ca	$Ca^{2+}+2e^-=\!=\!=Ca$	−2.868

续表

氧化还原电对	电极反应	标准电极电势 $\varphi^{\ominus}$/V
Na^+/Na	$Na^+ + e^- = Na$	−2.714
Mg^{2+}/Mg	$Mg^{2+} + 2e^- = Mg$	−2.372
Al^{3+}/Al	$Al^{3+} + 3e^- = Al$	−1.662
Zn^{2+}/Zn	$Zn^{2+} + 2e^- = Zn$	−0.762
Fe^{2+}/Fe	$Fe^{2+} + 2e^- = Fe$	−0.447
Sn^{2+}/Sn	$Sn^{2+} + 2e^- = Sn$	−0.138
Fe^{3+}/Fe	$Fe^{3+} + 3e^- = Fe$	−0.037
H^+/H_2	$2H^+ + 2e^- = H_2$	0.000
Cu^{2+}/Cu	$Cu^{2+} + 2e^- = Cu$	0.337
I_2/I^-	$I_2 + 2e^- = 2I^-$	0.536
O_2/O^-	$O_2 + 2H^+ + 2e^- = H_2O_2$	0.695
Fe^{3+}/Fe^{2+}	$Fe^{3+} + e^- = Fe^{2+}$	0.771
Ag^+/Ag	$Ag^+ + e^- = Ag$	0.799
$Br_2(l)/Br^-$	$Br_2(l) + 2e^- = 2Br^-$	1.065
Pt^{2+}/Pt	$Pt^{2+} + 2e^- = Pt$	1.188
$O_2/H_2O(l)$	$O_2 + 4H^+ + 4e^- = 2H_2O$	1.229
Cl_2/Cl^-	$Cl_2(g) + 2e^- = 2Cl^-$	1.358
MnO_4^-/MnO_2	$MnO_4^- + 4H^+ + 3e^- = MnO_2 + 2H_2O$	1.680
$O^-(H_2O_2)/O^{2-}(H_2O)$	$H_2O_2 + 2H^+ + 2e^- = 2H_2O$	1.776
F_2/F^-	$F_2(g) + 2e^- = 2F^-$	2.866

6.2.3 标准电极电势的应用

所有电极电势（含标准电极电势）均表达成对应氧化态物质的电子反应过程，即氧化态物质被还原的过程（氧化态$+ne^- \longrightarrow$还原态），因而该电势也被称为**还原电势**，避免一会儿对应氧化过程，一会儿对应还原过程而出现的混乱。

标准氢电极之下的标准电极电势均为负值，之上均为正值。标准电极电势的大小代表了该电对氧化还原能力的强弱，也就是得失电子能力的强弱。标准电极电势越正，表示该电对氧化态物质得电子能力越强，氧化性越强，即越容易被还原；标准电极电势越负，表示电对还原态物质失电子倾向越大，还原能力越强，即越容易被氧化。电极电势高的氧化态物质能和电极电势低的还原态物质发生氧化还原反应。例如，几种卤族元素的标准电极电势为：

$$I_2 + 2e^- = 2I^-; \qquad \varphi^{\ominus} = +0.536V$$

$$Br_2 + 2e^- = 2Br^-; \qquad \varphi^{\ominus} = +1.065V$$

$$Cl_2 + 2e^- = 2Cl^-; \qquad \varphi^{\ominus} = +1.358V$$

$$F_2 + 2e^- = 2F^-; \qquad \varphi^{\ominus} = +2.866V$$

根据之前规律可知，从碘元素到氟元素，$\varphi^{\ominus}$值依次增大，表明氧化态卤素单质夺取电子转变为还原态的能力依次增大，也就表示I_2、Br_2、Cl_2、F_2的氧化性依次增强：F_2能使Cl^-、Br^-、I^-氧化，Cl_2能使Br^-、I^-氧化，Br_2能使I^-氧化。因此，标准电极电势表对理解物质的性质有很大的帮助。

由于大部分物质的标准电极电势均可通过相关资料查询到，因此利用标准电位序表分析物质的氧化还原反应变得很方便，这为实际生活中遇到的电化学问题提供了重要的方法和途径，使之成为一种分析氧化还原反应热力学很有力的工具。

标准电位序表尤其在腐蚀与防护领域有着重要的应用。

① 在一定条件下，标准电极电位表反映的是金属的活泼性。标准电极电位负的金属比较容易失去电子，属于活泼金属；而标准电极电位较正的金属不易失去电子，是不活泼金属。例如锌的标准电极电位就比较负［$\varphi^{\ominus}(Zn^{2+}/Zn)=-0.762V$］，因此它们即使在空气中，也很容易遭受严重的腐蚀。但是金和银的标准电极电位就比较正，因此他们不仅难以在空气中被腐蚀，就连在稀酸溶液中也不会发生反应。但是需要注意的是，仅仅依靠标准电位序表中的标准电极电势来判断金属的腐蚀性质是不够充分的。例如铝的标准电极电位就比较负［$\varphi^{\ominus}(Al^{3+}/Al)=-1.662V$］，但是在空气中却有更好的耐蚀性。这是因为金属铝较为活泼，很容易在空气中被氧化出一层氧化铝薄膜，薄膜很均匀致密地覆盖在金属铝表面，阻止了铝与空气的进一步接触，从而拥有很高的耐蚀性。

② 当两种及以上的金属在电解液中接触时，可根据标准电位序初步判断阴阳极，从而确定被保护的金属和被腐蚀的金属。例如在造船行业中，一般会对船舶吃水区进行镀锌处理。因为镀锌的铁在海水中会形成腐蚀电池，由于锌的标准电极电势［$\varphi^{\ominus}(Zn^{2+}/Zn)=-0.762V$］较负，而铁的标准电极电势［$\varphi^{\ominus}(Fe^{2+}/Fe)=-0.447V$］较正，因此铁成为腐蚀电池的阴极，得到保护，而锌成为腐蚀电池的阳极，被牺牲掉。这种防腐蚀的方法称作牺牲阳极的阴极保护法。

③ 标准电化序指出了置换反应中金属或者氢离子的置换顺序。判断两种金属及其金属离子能否发生置换反应，就需要比较其标准电极电势，一般金属元素可以置换出比它的标准电极电势更正的金属。例如：

$$Zn+Cu^{2+}=\!=\!=Zn^{2+}+Cu$$

$$Fe+2Ag^{+}=\!=\!=Fe^{2+}+2Ag$$

同时，金属如置换出溶液中的氢离子产生氢气，就需要金属的标准电极电势低于氢的标准电极电势，也就是电极电势为负值的金属能置换氢离子，但是电极电势为正值的金属不能置换氢离子。例如 Fe、Zn、Al 在稀酸中就能产生氢气，但是 Cu、Ag、Au 就不能产生氢气。

④ 在电解的过程中，可以根据标准电位序判断金属离子放电析出金属的顺序，金属离子/金属电对的标准电极电势越高，金属离子越优先放电析出金属。例如，在含有 Fe^{2+}、Zn^{2+}、Ni^{2+}、Cu^{2+}、Ag^{+} 等离子的水溶液中，由标准电位序表可查得标准电极电势分别为：$\varphi^{\ominus}(Fe^{2+}/Fe)=-0.440V$、$\varphi^{\ominus}(Zn^{2+}/Zn)=-0.762V$、$\varphi^{\ominus}(Ni^{2+}/Ni)=-0.257V$、$\varphi^{\ominus}(Cu^{2+}/Cu)=0.337V$、$\varphi^{\ominus}(Ag^{+}/Ag)=0.799V$。因此可以判断出金属的析出顺序为：Ag、Cu、Ni、Fe、Zn。需要指出的是，标准电位序表只是提供了一种电解析出顺序的参考，实际的析出顺序还应该考虑浓度、超电势、离子之间的作用力等环境的变化。

⑤ 遇到正负极不明的电池，可以根据标准电极电位的值，大致确定电池的正负极。对于标准电极电势越正的电极，越有可能充当正极；而标准电极电势越负的电极，越有可能充当负极。

⑥ 根据标准电极电势还可以计算出许多物理化学参数。由于电势是可以通过仪器比较精确地测量的，因此根据标准电极电势还可以计算出例如焓变、熵变、反应平衡常数等参数。

虽然利用标准电位序可以得出许多氧化还原反应的相关信息，但需要注意的是，这些信息只是在标准状态下做出的倾向性判断，并未考虑反应的动力学问题。标准电位序还存在重大局限，因为标准电位序都是在标准状态下水溶液中测得的数据，对于非水溶液以及固相在高温下的反应并不适用。同时标准电位序未考虑浓度、pH、反应物的相互作用等方面的影响。因此，在分析氧化还原反应时，标准电位序只是提供了一种参考，并不能作为一种充分的判据。

6.2.4　元素电势图

当某种元素可以形成三种或三种以上氧化值的物质时，这些物质可以组成多种不同的电对，各电对的标准电极电势可用图的形式表示出来，这种图叫做元素电势图。

画元素电势图时，可以按元素的氧化值由高到低的顺序，把各物种的化学式从左到右写出来，各不同氧化值物种之间用直线连接起来，在直线上标明两种不同氧化值物种所组成的电对的标准电极电势。例如，氧元素在酸性溶液中的电势图如下：

$$\varphi^{\ominus}/V \qquad \underbrace{O_2 \overset{0.6945V}{\text{———}} H_2O_2 \overset{1.763V}{\text{———}} H_2O}_{1.229V}$$

图中所对应的电极反应都是在酸性溶液中发生的，它们是

$$O_2(g)+2H^+(aq)+2e^- = H_2O_2(aq);\quad \varphi^{\ominus}(O_2/H_2O_2)=0.6945V$$

$$H_2O_2(aq)+2H^+(aq)+2e^- = 2H_2O(l);\quad \varphi^{\ominus}(H_2O_2/H_2O)=1.763V$$

$$O_2(g)+4H^+(aq)+4e^- = 2H_2O(l);\quad \varphi^{\ominus}(O_2/H_2O)=1.229V$$

元素电势图对于了解元素的单质及化合物的性质很有用。现举例说明。

(1) 判断歧化反应

【例 6-1】 根据铜元素在酸性溶液中的有关电对的标准电极电势，画出它的电势图，并推测在酸性溶液中 Cu^+ 能否发生歧化反应。

解： 在酸性溶液中，铜元素的电势图为：

$$\underbrace{Cu^{2+} \overset{0.1607V}{\text{———}} Cu^{+} \overset{0.5180V}{\text{———}} Cu}_{0.3394V}$$

铜的电势图所对应的电极反应为：

$$Cu^{2+}(aq)+e^- = Cu^+(aq);\quad \varphi^{\ominus}(Cu^{2+}/Cu^+)=0.1607V \qquad ①$$

$$Cu^+(aq)+e^- = Cu(s);\quad \varphi^{\ominus}(Cu^+/Cu)=0.5180V \qquad ②$$

②式−①式，得 $2Cu^+(aq) = Cu^{2+}(aq)+Cu(s)$ ③

电池标准电动势 $E^{\ominus}=\varphi^{\ominus}(Cu^+/Cu)-\varphi^{\ominus}(Cu^{2+}/Cu^+)=0.5180-0.1607=0.3573(V)$

$E^{\ominus}>0$，反应③能从左向右进行，说明 Cu^+ 在酸性溶液中不稳定，能够发生歧化。

由上例可以得出判断歧化反应能否发生的一般规则：

$$A \overset{\varphi^{\ominus}(\text{左})}{\text{———}} B \overset{\varphi^{\ominus}(\text{右})}{\text{———}} C$$

若 $\varphi^{\ominus}(\text{右})>\varphi^{\ominus}(\text{左})$，则在标准状态下，物质 B 既是电极电势最大的电对的氧化型，可作氧化剂，又是电极电势最小的电对的还原型，也可作还原剂，B 的歧化反应能够发生，即在 A、B、C 三者组成的体系中，物质 B 既是最强的氧化剂，也是最强的还原剂。若 $\varphi^{\ominus}(\text{右})<\varphi^{\ominus}(\text{左})$，则物质 A 与 C 可发生**归宗反应**，生成物质 B。如 Fe^{3+} 与 Fe 反应生成 Fe^{2+}。

(2) 计算图中未知的标准电极电势

根据元素电势图，可以从已知某些电对的标准电极电势很简便地计算出另外电对的未知

标准电极电势。假设有一元素电势图：

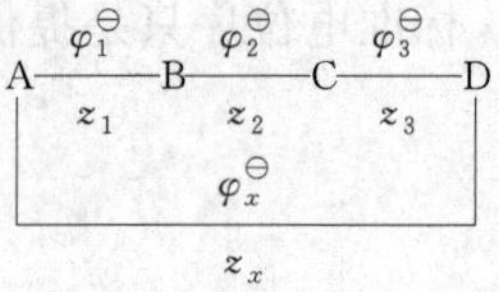

相应的电极反应可表示为：

$$\begin{aligned}
&A+z_1e^-=\!=\!=B; \quad \varphi_1^\ominus \quad \Delta_r G_{m(1)}^\ominus=-z_1F\varphi_1^\ominus\\
&B+z_2e^-=\!=\!=C; \quad \varphi_2^\ominus \quad \Delta_r G_{m(2)}^\ominus=-z_2F\varphi_2^\ominus\\
(+)\quad &C+z_3e^-=\!=\!=D; \quad \varphi_3^\ominus \quad \Delta_r G_{m(3)}^\ominus=-z_3F\varphi_3^\ominus\\
\hline
&A+z_xe^-=\!=\!=D; \quad \varphi_x^\ominus \quad \Delta_r G_{m(x)}^\ominus=-z_xF\varphi_x^\ominus
\end{aligned}$$

$$\Delta_r G_{m(x)}^\ominus=\Delta_r G_{m(1)}^\ominus+\Delta_r G_{m(2)}^\ominus+\Delta_r G_{m(3)}^\ominus$$

$$-z_xF\varphi_x^\ominus=-z_1F\varphi_1^\ominus-z_2F\varphi_2^\ominus-z_3F\varphi_3^\ominus$$

$$\varphi_x^\ominus=\frac{z_1\varphi_1^\ominus+z_2\varphi_2^\ominus+z_3\varphi_3^\ominus}{z_x} \tag{6-5}$$

根据式(6-5)，可以在元素电势图上，很简便地计算出欲求电对的 $\varphi^\ominus$ 值。

【例 6-2】 已知 25℃时，氯元素在碱性溶液中的电势图，试计算 $\varphi_1^\ominus(ClO_3^-/ClO^-)$、$\varphi_2^\ominus(ClO_4^-/Cl^-)$ 和 $\varphi_3^\ominus(ClO^-/Cl_2)$。

解：25℃下，氯元素在碱性溶液中的电势图 $\varphi^\ominus$/V

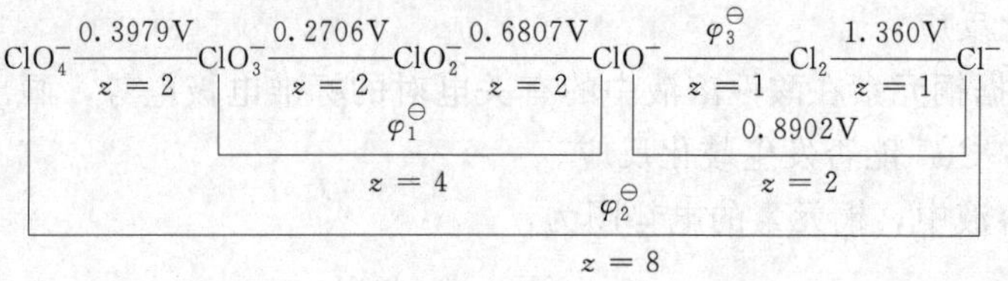

$$\varphi_1^\ominus(ClO_3^-/ClO^-)=\frac{2\varphi^\ominus(ClO_3^-/ClO_2^-)+2\varphi^\ominus(ClO_2^-/ClO^-)}{4}$$

$$=\frac{2\times0.2706+2\times0.6807}{4}=0.4757(V)$$

$$\varphi_2^\ominus(ClO_4^-/Cl^-)=\frac{2\varphi^\ominus(ClO_4^-/ClO_3^-)+4\varphi^\ominus(ClO_3^-/ClO^-)+2\varphi^\ominus(ClO^-/Cl^-)}{8}$$

$$=\frac{2\times0.3979+4\times0.4757+2\times0.8902}{8}=0.5600(V)$$

$$\varphi_3^\ominus(ClO^-/Cl_2)=\frac{2\varphi^\ominus(ClO^-/Cl^-)-1\varphi^\ominus(Cl_2/Cl^-)}{1}=\frac{2\times0.8902-1.360}{1}=0.4204(V)$$

因为从元素电势图上能很简便地计算出电对的 $\varphi^\ominus$ 值，所以，在电势图上没有必要把所有电对的 $\varphi^\ominus$ 值都表示出来，只要在电势图上把最基本的最常用的 $\varphi^\ominus$ 值表示出来即可。

6.3 电池与电极的能斯特方程

6.3.1 电池的能斯特方程

能斯特（Nernst）方程是德国科学家 H. W. Nernst 根据电极电势与温度、压力、浓度、酸度等的定量关系总结出的方程式。实际应用中的电极大都处于非标准状态，因此研究电极在非标准状态下的电极电势 E 很有必要。

对于任意一个可逆的氧化还原反应，可以简化成由 A_1/C_1 和 D_2/B_2 电对组成，其反应式都可以表示为：

$$aA_1 + bB_2 \longrightarrow cC_1 + dD_2$$

式中，A_1 为氧化剂；B_2 为还原剂；C_1 为还原产物；D_2 为氧化产物；a、b、c、d 对应 A_1、B_2、C_1、D_2 物质的化学计量数。

因此在温度和压力恒定条件下，上述反应的吉布斯自由能可以表达为：

$$\Delta G = \Delta G^{\ominus} + 2.303RT\lg\frac{[C_1]^c[D_2]^d}{[A_1]^a[B_2]^b}$$

由于 $\Delta G = -nFE$ 且 $\Delta G^{\ominus} = -nFE^{\ominus}$

所以，上式可进一步表示为

$$-nFE = -nFE^{\ominus} + 2.303RT\lg\frac{[C_1]^c[D_2]^d}{[A_1]^a[B_2]^b}$$

$$E = E^{\ominus} - \frac{2.303RT}{nF}\lg\frac{[C_1]^c[D_2]^d}{[A_1]^a[B_2]^b} \tag{6-6}$$

式中，$[A_1]$、$[B_2]$、$[C_1]$、$[D_2]$ 表示各物质的活度（有效浓度、相对浓度）。

式(6-6) 就是反映电池反应的电极电势与温度、压力、浓度定量关系的 Nernst 方程式。可见实际的电极电势是由固定值的标准电极电势和随温度、压力、浓度变化的电极电势值组成。当温度为 25.0℃时，式(6-6) 简化为：

$$E = E^{\ominus} - \frac{2.303\times8.314\times298.15}{n\times96485}\lg\frac{[C_1]^c[D_2]^d}{[A_1]^a[B_2]^b}$$

$$E = E^{\ominus} - \frac{0.05917}{n}\lg\frac{[C_1]^c[D_2]^d}{[A_1]^a[B_2]^b} \tag{6-7}$$

【例 6-3】 写出以下电池反应的 Nernst 方程式。

(1) $Cl_2(g) + 2I^- \longrightarrow 2Cl^- + I_2(s)$

(2) $Cr_2O_7^{2-} + 14H^+ + 6Fe^{2+} \longrightarrow 2Cr^{3+} + 6Fe^{3+} + 7H_2O$

解 (1) $E^{\ominus} = \varphi^{\ominus}(Cl_2/Cl^-) - \varphi^{\ominus}(I_2/I^-) = 1.36 - 0.536 = 0.82(V)$

$$E_1 = E_1^{\ominus} - \frac{0.05917}{n}\lg\frac{[c(Cl^-)/c^{\ominus}]^2}{[p(Cl_2)/p^{\ominus}][c(I^-)/c^{\ominus}]^2}$$

$$E_1 = 0.82 - \frac{0.05917}{2}\lg\frac{[c(Cl^-)/c^{\ominus}]^2}{[p(Cl_2)/p^{\ominus}][c(I^-)/c^{\ominus}]^2}$$

亦可简化为：

$$E_1 = 0.82 - \frac{0.05917}{2}\lg\frac{[c(Cl^-)]^2}{[p(Cl_2)/p^{\ominus}][c(I^-)]^2}$$

(2) $E_2^{\ominus} = \varphi^{\ominus}(Cr_2O_7^{2-}/Cr^{3+}) - \varphi^{\ominus}(Fe^{3+}/Fe^{2+}) = 1.36 - 0.77 = 0.59(V)$

$$E_2 = E_2^{\ominus} - \frac{0.05917}{n}\lg\frac{[c(Cr^{3+})/c^{\ominus}]^2[c(Fe^{3+})/c^{\ominus}]^6}{[c(Cr_2O_7^{2-})/c^{\ominus}][c(H^+)/c^{\ominus}]^{14}[c(Fe^{2+})/c^{\ominus}]^6}$$

$$E_2=0.59-\frac{0.05917}{6}\lg\frac{[c(Cr^{3+})/c^{\ominus}]^2[c(Fe^{3+})/c^{\ominus}]^6}{[c(Cr_2O_7^{2-})/c^{\ominus}][c(H^+)/c^{\ominus}]^{14}[c(Fe^{2+})/c^{\ominus}]^6}$$

亦可简化为：

$$E_2=0.59-\frac{0.05917}{6}\lg\frac{[c(Cr^{3+})]^2[c(Fe^{3+})]^6}{[c(Cr_2O_7^{2-})][c(H^+)]^{14}[c(Fe^{2+})]^6}$$

这里注意，参与反应的 H^+ 虽然没有发生电子转移，但它是电子转移反应不可或缺的条件，其浓度项应当出现在电池能斯特方程中。

6.3.2 电极的能斯特方程

对于电池反应：$aA_1+bB_2 = cC_1+dD_2$

该电池是由 A_1/C_1 和 D_2/B_2 电对组成，因此可以将电池反应进一步分解成两个电极反应，又由于电池反应是可逆的，因此两个电极反应都可以写成还原反应：

$$aA_1+ne^- = cC_1$$
$$dD_2+ne^- = bB_2$$

因此电池的电动势是由两个电极的电极电势组成：$E=\varphi(A_1/C_1)-\varphi(D_2/B_2)$；

电池的标准电动势是由两个电极的标准电极电势组成：$E^{\ominus}=\varphi^{\ominus}(A_1/C_1)-\varphi^{\ominus}(D_2/B_2)$

将之代入式(6-6)可以得到

$$\varphi(A_1/C_1)-\varphi(D_2/B_2)=\varphi^{\ominus}(A_1/C_1)-\varphi^{\ominus}(D_2/B_2)-\frac{0.05917}{n}\lg\frac{[C_1]^c[D_2]^d}{[A_1]^a[B_2]^b}$$

$$=\left\{\varphi^{\ominus}(A_1/C_1)+\frac{0.05917}{n}\lg\frac{[A_1]^a}{[C_1]^c}\right\}-\left\{\varphi^{\ominus}(D_2/B_2)+\frac{0.05917}{n}\lg\frac{[D_2]^d}{[B_2]^b}\right\}$$

因此，可以得到 A_1/C_1 和 D_2/B_2 电对的电极电势表达式：

$$\varphi(A_1/C_1)=\varphi^{\ominus}(A_1/C_1)+\frac{0.05917}{n}\lg\frac{[A_1]^a}{[C_1]^c}$$

$$\varphi(D_2/B_2)=\varphi^{\ominus}(D_2/B_2)+\frac{0.05917}{n}\lg\frac{[D_2]^d}{[B_2]^b}$$

和电池反应的电极电势对比，可以得到一般电极电势的表达式为：

$$\varphi(\text{氧化型}/\text{还原型})=\varphi(\text{氧化型}/\text{还原型})+\frac{0.05917}{n}\lg\frac{[\text{氧化型}]}{[\text{还原型}]}$$

进一步简化为：

$$\varphi=\varphi^{\ominus}+\frac{0.05917}{n}\lg\frac{[\text{氧化型}]}{[\text{还原型}]} \tag{6-8}$$

式(6-8) 即为电极反应的 Nernst 方程式。

在应用能斯特方程计算电池反应和电极反应的电极电势时，应该注意以下两点。

① 由于热力学上规定纯固体和纯液体的活度为 1，因此其在能斯特方程中的浓度也以 1 代表。

② 上述电池反应和电极反应考虑的全是溶液中的氧化还原反应，而电池反应和电极反应中存在气态物质时，应该改用相对压力 $p/p^{\ominus}$ 代替相对浓度 $c/c^{\ominus}$。

例如对于氯气电极，其电极反应为：

$$Cl_2(g)+2e^- \longrightarrow 2Cl^-(aq)$$

式中，氯气的相对分压为 $p(Cl_2)/p^\ominus$，氯离子的相对浓度为 $c(Cl^-)/c^\ominus$。因此应用能斯特方程可以得到氯气电极的电极电势为：

$$\varphi(Cl_2/Cl^-)=\varphi^\ominus(Cl_2/Cl^-)-\frac{RT}{2F}\ln\frac{\{c(Cl^-)/c^\ominus\}^2}{p(Cl_2)/p^\ominus}$$

【例 6-4】 试求下列电池的电动势 E。

① (—)Zn|Zn^{2+}(0.1mol·dm^{-3})|| Cu^{2+}(0.001mol·dm^{-3})| Cu(+)

② (—)Cu|Cu^{2+}($c_2=1\times10^{-4}$mol·dm^{-3})|| Cu^{2+}($c_1=1$mol·dm^{-3})| Cu(+)

解： ① 该电池的氧化还原反应方程式

$$Zn+Cu^{2+}(0.001mol\cdot dm^{-3}) \longrightarrow Zn^{2+}(0.1mol\cdot dm^{-3})+Cu$$

查表，可知电池标准电动势

$$E^\ominus=\varphi^\ominus(Cu^{2+}/Cu)-\varphi^\ominus(Zn^{2+}/Zn)=0.34-(-0.76)=1.10(V)$$

代入能斯特方程，得

$$E=E^\ominus-\frac{0.05917}{2}\lg\frac{[c(Zn^{2+})/c^\ominus]}{[c(Cu^{2+})/c^\ominus]}=1.10-\frac{0.05917}{2}\lg\frac{0.1}{0.001}=1.04(V)$$

电动势 E 小于 $E^\ominus$，即电池正向反应倾向减小。

② 该电池的氧化还原反应方程式

$$Cu+Cu^{2+}(c_1=1mol\cdot dm^{-3}) \longrightarrow Cu^{2+}(c_2=1\times10^{-4}mol\cdot dm^{-3})+Cu$$

这两个电极都是 Cu 电极，但溶液中 Cu^{2+} 浓度有差别而产生电势差，这种电池叫做浓差电池。组成浓差电池是两个浓度不同的同种电极，所以它的标准电动势 $E^\ominus=0V$。

则有

$$E=E^\ominus-\frac{0.05917}{2}\lg\frac{[c_2(Cu^{2+})/c^\ominus]}{[c_1(Cu^{2+})/c^\ominus]}=0-\frac{0.05917}{2}\lg\frac{1\times10^{-4}}{1}=0.118(V)$$

6.4 酸碱、沉淀、配位平衡对电极电势的影响

6.4.1 酸碱对电极电势的影响

能斯特方程是反映电极的电极电势与温度、浓度、压力的关系方程式。酸和碱之所以与电极的电极电势有关，主要是由于电极的浓度影响了电极的电极电势。但是，酸和碱的影响显然具有更大的幅度，甚至能够影响反应的方向，这是因为有些反应 H^+ 或者 OH^- 的化学计量数很大，因此 H^+ 或者 OH^- 浓度的变化，会呈指数倍影响电极电势。例如，对于 SO_4^{2-}/S 电对，其电极反应为：

$$SO_4^{2-}+8H^++6e^- \longrightarrow S(s)+4H_2O(l);\quad \varphi^\ominus=0.357V$$

$$\varphi(SO_4^{2-}/S)=\varphi^\ominus(SO_4^{2-}/S)+\frac{0.05917}{6}\lg\frac{[c(SO_4^{2-})/c^\ominus][c(H^+)/c^\ominus]^8}{1}$$

根据其电极反应可看出，H^+ 浓度的变化会以 8 次方的倍数影响电极电势。如果保持 SO_4^{2-} 浓度恒定为 1.00mol·dm^{-3}，而改变 H^+ 的浓度时，可得电极电势 $\varphi(SO_4^{2-}/S)$ 为：

当 pH=1，即 $c(H^+)=0.10$mol·dm^{-3} 时

$$\varphi(SO_4^{2-}/S)=0.357+\frac{0.05917}{6}\lg(0.10)^8=0.278(V)$$

当 pH=2，即 $c(H^+)=0.01mol\cdot dm^{-3}$ 时

$$\varphi(SO_4^{2-}/S)=0.357+\frac{0.05917}{6}\lg(0.01)^8=0.199(V)$$

从上述结果可看出，pH 仅仅从 1 变为 2，电极电势直接下降了 0.079V。可见酸碱的变化确实会对电极的电极电势产生显著的影响。

又例如，酸碱性会影响氧化剂 $K_2Cr_2O_7$ 的电极电势，从而发生不同的电极反应。

在酸性环境下，$K_2Cr_2O_7$ 具有很强的氧化性：

$$Cr_2O_7^{2-}+14H^++6e^- \longrightarrow 2Cr^{3+}+7H_2O; \quad \varphi^{\ominus}=1.36V$$

在中性环境下，$K_2Cr_2O_7$ 的氧化性会下降很多。在碱性环境下，$K_2Cr_2O_7$ 甚至难以存在，而是以 CrO_4^{2-} 形式存在，此时的 Cr^{6+} 已不再具有氧化性。

$$CrO_4^{2-}+4H_2O+3e^- \longrightarrow Cr(OH)_3+5OH^-; \quad \varphi^{\ominus}=-0.13V$$

从上述例子可以看出，酸碱性会影响水溶液中的氧化还原反应，从而影响电极的电极电势。以溶液的 pH 为横坐标，以电极的电极电势 φ 为纵坐标，还可以绘出 φ 和 pH 的关系图，称 φ-pH 图。

6.4.2 沉淀反应对电极电势的影响

根据之前的内容可知，当物质处于非平衡状态时，会有沉淀生成或者固体溶解，从而造成溶液中电离的离子浓度发生改变，根据能斯特方程可知该物质的电极电势也会发生变化。

例如将含 Cu^{2+} 和 Cu^+ 的溶液与含 Cl^- 的溶液混合，计算 $\varphi(Cu^{2+}/Cu^+)$。

Cu^{2+}/Cu^+ 电对的电极反应：

$$Cu^{2+}+e^- \longrightarrow Cu^+$$

根据能斯特方程，可计算其电极电势

$$\varphi(Cu^{2+}/Cu^+)=\varphi^{\ominus}(Cu^{2+}/Cu^+)+0.05917\lg\frac{[c(Cu^{2+})/c^{\ominus}]}{[c(Cu^+)/c^{\ominus}]}$$

由于溶液中的 Cu^+ 会与 Cl^- 化合生成 CuCl 沉淀，其反应为：

$$Cu^++Cl^- \longrightarrow CuCl(s)$$

从上式可计算其溶度积的表达式为：

$$K_{sp}(CuCl)=c^{eq}(Cu^+)c^{eq}(Cl^-)$$

因此，有

$$c^{eq}(Cu^+)=\frac{K_{sp}(CuCl)}{c^{eq}(Cl^-)}$$

则 Cu^{2+}/Cu^+ 电对的电极电势可简化为：

$$\varphi(Cu^{2+}/Cu^+)=\varphi^{\ominus}(Cu^{2+}/Cu^+)+0.05917\lg\frac{c(Cu^{2+})c(Cl^-)}{K_{sp}(CuCl)}$$

因此，知道 Cu^{2+} 和 Cl^- 的浓度，再通过查表查得 Cu^{2+}/Cu^+ 电对的标准电极电势和 CuCl 的溶度积，就能计算出 Cu^{2+}/Cu^+ 电对的实际电极电势。

假设上述平衡溶液温度为 25℃，且 Cu^{2+} 和 Cl^- 的浓度均为 $1.00mol\cdot dm^{-3}$。查表得

$\varphi^{\ominus}(Cu^{2+}/Cu^{+})=0.153V$，CuCl 的溶度积 $K_{sp}(CuCl)=1.72\times10^{-7}$，则 Cu^{2+}/Cu^{+} 电对的电极电势为：

$$\varphi(Cu^{2+}/Cu^{+})=0.153+0.05917\times\lg\frac{1}{1.72\times10^{-7}}=0.553(V)$$

由于 Cu^{2+}、Cu^{+} 溶液中的 Cu^{+} 几乎都转化为 CuCl，因此会形成一个新的电对 Cu^{2+}/CuCl，其电极反应为：

$$Cu^{2+}+Cl^{-}+e^{-}=\!=\!=CuCl(s)$$

查表可知 $\varphi^{\ominus}(Cu^{2+}/CuCl)=0.553V$，当 $c(Cu^{2+})=c(Cl^{-})=1.00mol\cdot dm^{-3}$ 时，Cu^{+} 浓度未达标准态（受制于溶度积常数与氯离子浓度），电对 Cu^{2+}/Cu^{+} 不在标准态；但此时电对 Cu^{2+}/CuCl 处于标准态（因电对关联的 Cu^{2+}、Cl^{-} 的浓度处于标准态）。得出：

$$\varphi(Cu^{2+}/Cu^{+})=\varphi^{\ominus}(Cu^{2+}/CuCl)=0.553V$$

因此，Cu^{2+}/CuCl 电对的标准电极电势可表示为：

$$\varphi^{\ominus}(Cu^{2+}/CuCl)=\varphi(Cu^{2+}/Cu^{+})=\varphi^{\ominus}(Cu^{2+}/Cu^{+})+0.05917\lg\frac{1}{K_{sp}(CuCl)} \quad (6\text{-}9)$$

因此，可以根据物质在一定条件下的溶度积，计算其电极电势；也可以根据物质在一定条件下的电极电势，计算其溶度积或者浓度。

6.4.3 配位平衡对电极电势的影响

配位平衡对电极电势的影响和沉淀对电极电势的影响一样，都是影响了离子的浓度从而影响电极电势。同样以 $Cu(NH_3)_4^{2+}$ 为例。

对于单纯的 Cu^{2+}/Cu 电对，其电极反应和标准电极电势分别为：

$$Cu^{2+}+2e^{-}=\!=\!=Cu; \qquad \varphi^{\ominus}=0.342V$$

当加入配合剂氨水时，Cu^{2+} 会和 NH_3 配合形成 $Cu(NH_3)_4^{2+}$ 配离子，从而使 Cu^{2+} 浓度减小，形成新的 $Cu(NH_3)_4^{2+}$/Cu 电对，其电极反应和标准电极电势分别为

$$Cu(NH_3)_4^{2+}+2e^{-}=\!=\!=Cu+4NH_3; \qquad \varphi^{\ominus}=-0.032V$$

由此可见，配合物的形成显著降低了原电对的电极电势。由于电极电势在一定程度上反映了物质的氧化还原能力强弱，因此电极电势的降低，表明是氧化剂的氧化能力减弱或者还原剂的还原能力增强。

【例 6-5】 向含 Fe^{3+} 和 Fe^{2+} 的溶液中加入 NaF，以形成 FeF_3 配合物，F^{-} 与 Fe^{2+} 无作用。加入配合剂前，Fe^{3+} 和 Fe^{2+} 的浓度都为 $1.0mol\cdot dm^{-3}$，加入配合剂后。溶液中的 F^{-} 的平衡浓度为 $1.0mol\cdot dm^{-3}$。计算 Fe^{3+}/Fe^{2+} 电对的电极电势，并判断此时 Fe^{3+} 能否氧化 I^{-}？

解：配位前的电极反应：$Fe^{3+}+e^{-}=\!=\!=Fe^{2+}$。该电极反应的标准态为 $c(Fe^{3+})=c(Fe^{2+})=1.0mol\cdot dm^{-3}$。

配位后的表观电极反应：$FeF_3+e^{-}=\!=\!=Fe^{2+}+3F^{-}$。该电极反应本质是配位控制下，体系中只存在很微量的 Fe^{3+} 与大量 Fe^{2+} 构成电对，该电极反应的标准态为 $c(FeF_3)=c(Fe^{2+})=c(F^{-})=1.0mol\cdot dm^{-3}$。

Fe^{3+} 与 F^{-} 形成 FeF_3 配合物的配合反应为：

$$Fe^{3+} + 3F^- = FeF_3$$

由于加入配合剂后，溶液中依然存在大量的 F^-，因此可以判断溶液中的 Fe^{3+} 已经全部与 F^- 配合形成 FeF_3，残留的游离 Fe^{3+} 浓度极低。根据已知条件可知，配位达到平衡时各组分的浓度分别为：

$$c(FeF_3) = 1.0 mol \cdot dm^{-3}, \quad c(F^-) = 1.0 mol \cdot dm^{-3}, \quad c(Fe^{2+}) = 1.0 mol \cdot dm^{-3},$$
$$c(Fe^{3+}) = x \, mol \cdot dm^{-3}。$$

此浓度条件是电极反应 $FeF_3 + e^- = Fe^{2+} + 3F^-$ 的标准态条件，但不是电极反应 $Fe^{3+} + e^- = Fe^{2+}$ 的标准态条件。

根据上述配合反应，可确定 FeF_3 的稳定常数为：

$$K_{稳} = \frac{[c(FeF_3)/c^\ominus]}{[c(Fe^{3+})/c^\ominus][c(F^-)/c^\ominus]^3} = \frac{1.0}{x(1.0)^3} = 1.13 \times 10^{12}$$

对上式求解，可知 Fe^{3+} 的浓度为：

$$c(Fe^{3+}) = x = 8.8 \times 10^{-13} (mol \cdot dm^{-3})$$

根据 Nernst 方程可计算 Fe^{3+}/Fe^{2+} 电对的电极电势为：

$$\varphi(Fe^{3+}/Fe^{2+}) = \varphi^\ominus(Fe^{3+}/Fe^{2+}) + 0.05917 \lg \frac{[c(Fe^{3+})/c^\ominus]}{[c(Fe^{2+})/c^\ominus]}$$

$$= 0.771 + 0.05917 \lg \frac{8.8 \times 10^{-13}}{1} = 0.057 (V)$$

根据上式计算可知，加入配合剂后，Fe^{3+}/Fe^{2+} 电对的电极电势下降了，$\varphi^\ominus(I_2/I^-) = 0.536V$，而且此时 Fe^{3+} 的氧化能力小于 I_2，所以此时 Fe^{3+} 不能氧化 I^-。但是 I_2 能够将 Fe^{2+} 氧化为 FeF_3，其发生的氧化还原反应为：

$$6F^- + 2Fe^{2+} + I_2 = 2FeF_3 + 2I^-$$

6.5 电化学反应的热力学关联

6.5.1 电池反应的标准平衡常数 $K^\ominus$ 与标准电动势 $E^\ominus$ 的关系

根据化学反应的平衡常数 $K^\ominus$、标准摩尔吉布斯函数变 $\Delta_r G_m^\ominus$ 与化学反应对外做的电功 w' 之间的关系，可以得出以下关系式：

$$-RT \ln K^\ominus = \Delta_r G_m^\ominus = w'$$

又由于化学反应对外做的电功与电动势有如下关系：

$$-w' = nFE^\ominus$$

因此可以得出电动势与平衡常数之间的关系：

$$\ln K^\ominus = \frac{nFE^\ominus}{RT}$$

当 $T = 298.15K$ 时，上式可以进一步简化为：

$$\lg K^\ominus = \frac{nE^\ominus}{0.05917}$$

从上式可以得出，通过测量原电池的标准电极电势就可以得出原电池反应的平衡常数。

而实际中的电动势可以精确地通过仪器测量出来，因此电池反应的平衡常数也可以精准地测量。此方法相比较于根据浓度测量计算平衡常数更为精确。

6.5.2　原电池电动势的热力学计算

最能反映原电池与热力学关系的就是能斯特方程。

对于任何可逆的原电池，均可以对该电池的电动势进行热力学计算。其电池反应通式可以简单表示为：

$$m\ \text{反应物} \rightleftharpoons n\ \text{生成物}$$

因此体系自由能的变化 ΔG 可用平衡常数 $K^{\ominus}$ 以及反应物和生成物的活度 a 表示为：

$$-\Delta G = RT\ln K^{\ominus} - RT\ln\frac{\Pi a^{n}\ \text{生成物}}{\Pi a^{m}\ \text{反应物}} \tag{6-10}$$

又由于体系自由能的变化与电动势有如下关系：

$$-\Delta G = nFE$$

因此电动势可用平衡常数 $K^{\ominus}$ 以及反应物和生成物的活度 a 表示为：

$$E = \frac{RT}{nF}\ln K^{\ominus} - \frac{RT}{nF}\ln\frac{\Pi a^{n}\ \text{生成物}}{\Pi a^{m}\ \text{反应物}} \tag{6-11}$$

当体系处于标准状态时，各物质活度为 1，从式(6-11) 可计算出电池的标准电动势为：

$$E^{\ominus} = \frac{RT}{nF}\ln K^{\ominus} \tag{6-12a}$$

将之代入式(6-11)，可计算出非标准状态下的电极电势为：

$$E = E^{\ominus} - \frac{RT}{nF}\ln\frac{\Pi a^{n}\ \text{生成物}}{\Pi a^{m}\ \text{反应物}} \tag{6-12b}$$

式(6-12) 就是原电池电动势的热力学计算公式，即能斯特方程，它反映了电池电动势与参与电池反应的各物质浓度及环境温度之间的关系。

6.6 电解

原电池变化过程的实质是将化学能转化为电能，也是系统自由能降低的自发过程。例如，氢氧燃料电池反应，$2H_2 + O_2 \rightleftharpoons 2H_2O$，系统中氢气和氧气可以自发地发生氧化还原反应。那么能否通过外来非体积功使得本不能自发进行的氧化还原反应顺利进行呢？答案是肯定的，**电解**就是这样一种反应。人们通过外加电能迫使 H_2O 分解成 H_2 和 O_2，就是最典型的电解过程。通常情况下，电解反应在电解池中进行（或电解槽），电解池系统由电源、电极、反应池、电解液（或熔融液）等组成，其中与电源正极连接的电极称为阳极，与电源负极连接的电极称为阴极。电解反应发生时，电解液（或熔融液）中的负离子（或低氧化态物质）移向阳极，在电解液（或熔融液）界面处发生氧化反应并将电子通过导线导入阳极，与此同时，电解液（或熔融液）中的正离子（或高氧化态物质）向阴极移动并与阴极接收的电子发生还原反应。在阳极和阴极发生氧化还原反应的过程叫做放电。

6.6.1　分解电压

以 H_2 和 O_2 反应为例，H_2 和 O_2 可组成原电池，反应产生水；其逆向反应是电解水产

生 H_2 和 O_2。电解反应是原电池反应的逆过程，原电池反应都是自发反应，反应过程的吉布斯函数变 $\Delta_r G_{m正}<0$（伴随体系对环境做电功，$w'<0$）；其逆向反应就是非自发过程，相应的 $\Delta_r G_{m逆}>0$。也就是说，欲使一个非自发过程得以顺利进行，必须借助电功这一非体积功（环境对体系做电功，$w>0$）。

电池反应过程中摩尔吉布斯函数变 $\Delta_r G_{m正}$ 等于系统对环境作的非体积功 w'，即：

$$\Delta_r G_{m正}=w'\text{（均为负值）} \tag{6-13}$$

容易想象，对于可逆电解反应，如果外电源（如蓄电池等）对系统所作电功 w 的大小刚好等于原电池反应所作非体积功 w'，此时电解反应与原电池反应进入平衡状态，而原电池反应的非体积功 w'就是原电池产生的电功，即：

$$w'=-nFE(E\text{ 为原电池电动势}) \tag{6-14}$$

所以可以推出外电源对系统所作电功 w 与原电池产生电功 w'的关系为：

$$w=-w' \tag{6-15}$$

即

$$w=nFE \tag{6-16}$$

如果进一步增大电源所作电功 w，则平衡将被打破，反应方向开始朝电解反应的方向进行。不难理解，对于恒温恒压下进行的可逆电解反应，当两电极间的电压稍微超过其原电池反应的电动势 E 时，反应就开始进行了，因此我们把此时电源施加在两电极上的电压称为**理论分解电压**（$\boldsymbol{E}_{理分}$），容易得出：

$$E_{理分}=E \tag{6-17}$$

以电解 $0.100\text{mol}\cdot\text{L}^{-1}\ Na_2SO_4$ 溶液的实验为例（图 6-4），电解一旦发生，则产生电解产物 H_2 和 O_2，与反应物构成原电池，对抗电解。因而，要想实现 Na_2SO_4 水溶液电解，外加电压至少要克服原电池的电动势阻碍，即原电池电动势 $E=E_{理分}$。由式(6-6)可知，要想计算电解反应的理论分解电压 $\boldsymbol{E}_{理分}$，只需通过能斯特方程计算其对应原电池反应的电动势 $\boldsymbol{E}$ 即可，下面仍然以电解 $0.100\text{mol}\cdot\text{L}^{-1}$ 的硫酸钠溶液为例计算之。

此电解反应对应的原电池反应的正负极反应方程式分别为：

阳极反应：　$2H_2O(l)-4e^- = O_2(g)+4H^+(aq)$

阴极反应：　$4H_2O(l)+4e^- = 2H_2(g)+4OH^-(aq)$

由于 $0.100\text{mol}\cdot\text{L}^{-1}$ 硫酸钠溶液 pH=7，所以 $c(H^+)=c(OH^-)=1.00\times10^{-7}\text{mol}\cdot\text{L}^{-1}$。根据电极电势的能斯特方程容易得到：

正极电势为 $[p(O_2)=1\text{atm}]$：

$$\varphi(O_2/OH^-)=\varphi^{\ominus}(O_2/OH^-)-\frac{RT}{nF}\ln\frac{[c(OH^-)/c^{\ominus}]^2}{[p(O_2)/p^{\ominus}]^{1/2}}$$

$$=0.401-\frac{0.05917}{2}\lg\frac{(1.00\times10^{-7})^2}{1}=0.815(\text{V})$$

负极电势为：

$$\varphi(H^+/H_2)=\varphi^{\ominus}(H^+/H_2)-\frac{RT}{nF}\ln\frac{[p(H_2)/p^{\ominus}]^2}{[c(H^+)/c^{\ominus}]^{1/2}}$$

$$=-\frac{0.05917}{2}\lg\frac{1}{(1.00\times10^{-7})^2}=-0.414(\text{V})$$

所以原电池的电动势为：

$$E=0.815V-(-0.414V)=1.23V$$

亦即电解反应的理论分解电压为：

$$E_{理分}=E=1.23V$$

即理论上只要外加电压达到 1.23V，水的电解就应当开始发生。但是实际电解实验中结果有所不同，实际过程中要想观察到显著的电解反应现象（显著的电流或电流密度），电源所施加的电压明显要高于原电池电动势 E，以电极间所加电压为横坐标，电流密度为纵坐标，描述实际电解反应的过程可作图 6-5，可以发现当电压增加至与原电池电动势 E 相当时，电流密度仍然很小，电极上没有气泡产生，继续增大电压到某一阈值 D 后，电流密度开始显著增大，此时可观察到两电极产生气泡，电解反应实际开始。我们把能保证电解反应实际开始并顺利进行下去所需的最低电压称为实际分解电压，简称**分解电压 $E_{实分}$**。

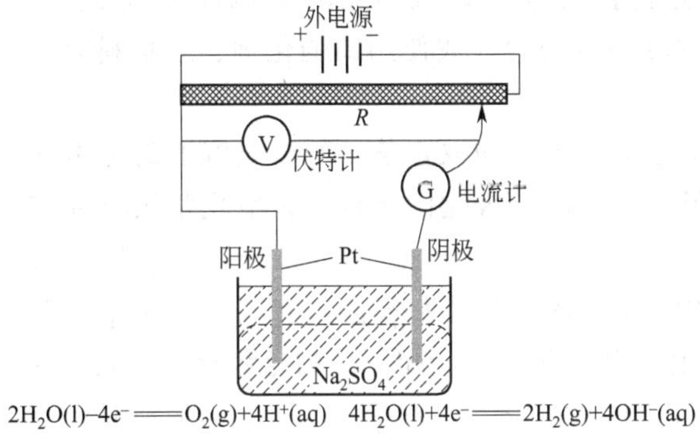

图 6-4　分解电压的测定

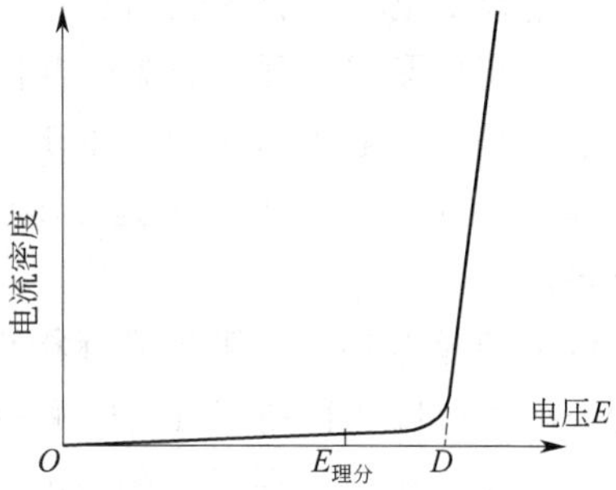

图 6-5　电解过程分解电压

6.6.2　超电势

水的理论分解电压仅为 1.23V，然而，只要有显著电流通过时，测得实际分解电压一般都会比理论分解电压高出许多（电解 $0.100mol\cdot L^{-1}Na_2SO_4$ 溶液的实际分解电压为 1.7V 左右），实际分解电压 $\boldsymbol{E}_{实分}$ 与理论分解电压 $\boldsymbol{E}_{理分}$ 的差值称为**超电压 $E_{超}$**。

$$E_{超}=E_{实分}-E_{理分}$$

也就是说电解池阳极实际发生反应的电势值比理论电势值更大一些，而阴极电势比理论电势值更小一些，无论是阳极还是阴极其实际分解电势 $\varphi_{实分}$ 与理论分解电势 $\varphi_{理分}$ 之差的绝对值我们称之为**超电势 η**，即

$$\eta=|\varphi_{实分}-\varphi_{理分}|$$

我们有必要分析一下造成这种偏差的原因。事实上，前面运用能斯特方程计算理论分解电压时考虑的电解反应是可逆化学反应，该条件下电解反应和原电池反应处于可逆平衡状态，因此整个回路中流过的电流几乎为零，而实际电解过程中有显著的电解现象发生，亦即有显著的电流流过，这导致电极电势会偏离上述平衡状态，这种电极电势偏离平衡电极电势值的现象，在电化学上称为**电极极化**。极化是导致实际分解电压与理论分解电压产生偏差的主要原因，除此之外，电解电路中电极材料、电解液、导线等的电阻产生的电压也会造成这种偏差。

分析电极极化的种类以及各自产生的原因对于实际科学研究工作有十分重要的指导意

义。电极极化分为**浓差极化**和**电化学极化**两种。

浓差极化现象的原因是发生反应时电解液中离子扩散速率较低，不能快速补充电极附近反应消耗的该种离子，导致电极附近该种离子实际浓度低于电解液中间部分离子浓度，这种浓度差使得阳极电势必须高一些，阴极电势必须更低一些才能保证电解反应顺利进行。值得一提的是，这种浓度差的产生会随着电路中电流的增大而增大，所以为了保持电解反应的进行，有必要提升离子的扩散速率，通常在实际实验中，人们通过对电解液进行搅拌来提升其离子扩散速度，消除浓差极化。

电化学极化现象的原因是电解产物形成过程中某一环节或多个环节反应速率迟缓，如离子放电变成原子，原子结合成分子，分子聚集成气泡，气泡逐渐长大到离开电极等过程。其结果就是，电解阴极上堆积过多电子来不及消耗，导致电位降低，即产生阴极超电势 $\eta_{(阴)}$；阳极上被过快抽走电子，导致阳极电位升高，即产生阳极超电势 $\eta_{(阳)}$，使得必须消耗更多的外来电能以抵消这种障碍，这种障碍无法通过搅拌电解液和升温来消除，因此实际实验中人们会通过改变电极材料的表面状态（如制备成纳米结构），或使用助催化剂、新材料等方式加快电解产物形成过程从而减少电化学极化。

超电压是由超电势构成的，由于电解两极的超电势 η 均取正值，所以电解池的超电压 $E_{(超)}=\eta_{(阴)}+\eta_{(阳)}$。超电势 η 是在不含内电阻、消除浓差极化的条件下，电化学极化而产生的电势。

电解中的超电势导致阳极实际析出反应的电势升高，表达为 $\varphi_{(析,阳)}=\varphi_{(阳)}+\eta_{(阳)}$，阳极上的失电子反应变得更困难。电解中的超电势导致阴极实际析出反应的电势降低，表达为 $\varphi_{(析,阴)}=\varphi_{(阴)}-\eta_{(阴)}$，阴极上的得电子反应变得更困难。$\varphi_{(阳)}$ 和 $\varphi_{(阴)}$ 即为电解池对应原电池正负极的平衡电极电势 φ_{+} 和 φ_{-}，可由电极能斯特方程计算得出。

超电势的产生与大小除了与上述浓差极化与电化学极化有关，还与电解气体产物、电极表面状态、电流密度大小等因素有关。

① 电解产物　金属的超电势一般很小，气体的超电势较大，而 H_2、O_2 的超电势则更大。

② 电极材料和表面状态　同一电解产物在不同的电极上的超电势数值不同，且电极表面状态不同时超电势数值也不同。

③ 电流密度　随着电流密度增大超电势增大。在表达超电势的数据时，必须指明电流密度的数值或具体条件。

针对以上超电势影响因素，改变电极材料，在恒定电流密度 $0.01A\cdot m^{-2}$ 条件下电解产生 H_2 和 O_2，相应电极上产生的超电势列于表 6-3。

表 6-3　298.15K 时 H_2、O_2 在不同电极上的超电势 η（电流密度 $0.01A\cdot m^{-2}$）

电极材料	超电势/V	
	氢（$1mol\cdot L^{-1}$ H_2SO_4）	氧（$1mol\cdot L^{-1}$ KOH）
Ag	0.13	0.73
Cd	1.13	—
Fe	0.56	—
Hg	0.93	—
Ni	0.3	0.52
Pb	0.4	—

续表

电极材料	超电势/V	
	氢(1mol·L^{-1} H_2SO_4)	氧(1mol·L^{-1} KOH)
Pt(光滑)	0.16	0.85
Pt(铂黑)	0.03	0.52
Sn	0.50	—
Zn	0.75	—

6.6.3　电解析出顺序

电解池中阳极与阴极放电时，如果一个电极上存在多种放电析出可能，则根据各电对物质放电析出电势大小决定哪种物质优先放电析出。

如果电解的是熔融盐，电极采用铂或石墨等惰性电极，则电极产物只可能是熔融盐的正、负离子分别在阴、阳两极上进行还原和氧化后所得的产物。例如，电解熔融 $CuCl_2$，在阴极得到金属铜，在阳极得到氯气。

如果电解的是盐类的水溶液，电解液中除了盐类离子外还有 H^+ 和 OH^- 离子存在，电解时究竟是哪种离子先在电极上析出就值得讨论了。

从热力学角度考虑，在阳极上进行氧化反应的首先是析出电势（考虑超电势因素后的实际电极电势）代数值较小的还原态物质；在阴极上进行还原反应的首先是析出电势代数值较大的氧化态物质。

简单盐类水溶液电解产物的一般情况如下。

$\varphi_{(析,阳)}=\varphi_{(阳)}+\eta_{(阳)}$，失电子反应发生

$\varphi_{(析,阴)}=\varphi_{(阴)}-\eta_{(阴)}$，得电子反应发生

对金属：超电势 η 通常较小，可忽略，有 $\varphi_{(析,阳)}\approx\varphi_{(阳)}$（能斯特方程电极电势），$\varphi_{(阳)}$ 即电极实际电极电势，意味阳极的金属电极失电子溶解；或 $\varphi_{(析,阴)}=\varphi_{(阴)}$，$\varphi_{(阴)}$ 即电极实际电极电势，意味金属离子在阴极得电子析出。

对气体：超电势较显著，不可忽略。在阴极发生得电子反应，如 H^+ 得电子生成 H_2。则有 $\varphi_{(析H_2,阴)}=\varphi(H^+/H_2)-\eta_{阴}$，扣除 $\eta_{阴}$ 后，H^+ 析出电势降低，电对 H^+/H_2 中氧化态的 H^+ 氧化性减弱，得电子能力减弱，变得更不易析出（相对于某些金属离子）。阳极失电子反应，如 Cl^-、OH^- 等，失电子产生气体，$\varphi_{(析g,阳)}=\varphi_{(阳)}+\eta_{(阳)}$，$Cl_2$、$O_2$ 气体析出电势升高，即电对 Cl_2/Cl^-、O_2/OH^- 的电位升高，电对中还原态物质 Cl^-、OH^- 的还原性降低，失电子变得不易，更不容易在阳极上失电子析出气体。

(1) 阴极析出的物质

阴极发生的电子还原反应，首先得电子析出的是那些析出电势较高的物质，对于电对“氧化态/还原态”，首先在阴极上得电子析出的就是还原电势（析出电势）较高的电对氧化态（这与电极电势应用原理一致，电极电势高的电对，其氧化态物质氧化能力最强，优先得电子）。

① 电极电势代数值比 $\varphi(H^+/H_2)$ 大的金属正离子先于氢在阴极还原析出。

② 一些电极电势比 $\varphi(H^+/H_2)$ 小的金属正离子（如 Zn^{2+}、Fe^{2+} 等），则由于 H_2 的超电势较大，这些金属正离子的析出电势仍可能大于 H^+ 的析出电势（可小于−1.0V），因此这些金属也可能会优先析出。

③ 电极电势很小的金属离子（如 Na^+、K^+、Mg^{2+}、Al^{3+} 等），在阴极不易被还原，而总是水中的 H^+ 优先被还原成 H_2 而析出。这些活泼金属对应的阳离子只能在无水熔融态条件下进行电解，于阴极析出金属。

经超电势校正后，各种阳离子在**阴极**上的放电析出顺序（得 e^-）为：

$Ag^+ > Hg^{2+} > Fe^{3+} > Cu^{2+} >$ **H^+（指酸电离）**$> Pb^{2+} > Sn^{2+} > Fe^{2+} > Zn^{2+} > Al^{3+} > Mg^{2+} > Na^+ > Ca^{2+} > K^+$（与电极电势大小顺序基本一致）。其中 H^+ 可因浓度降低和超电势增加而致 $\varphi_{(析,阴)}$ 显著降低 [$\varphi_{(析,阴)} = \varphi_{(阴)} - \eta_{(阴)}$]，$H^+$ 放电析 H_2 序位右移，更不易析出。

(2) 阳极析出的物质

阳极发生失电子氧化反应，首先失电子析出的是那些析出电势较低的物质，对于电对“氧化态/还原态”，首先在阳极上失电子析出的就是还原电势（析出电势）较低的电对还原态（这与电极电势应用原理一致，电极电势低的电对，其还原态物质还原能力最强，优先失电子）。

① 金属材料（除 Pt 等惰性电极外，如 Zn、Cu、Ag 等）作阳极时，金属阳极首先被氧化成金属离子溶解。

② 用惰性材料做电极时，溶液中存在 S^{2-}、Br^-、Cl^- 等简单负离子时，如果从标准电极电势数值来看，$\varphi^\ominus(O_2/OH^-)$ 比它们的小，似乎应该是 OH^- 在阳极上易于被氧化而产生氧气。然而由于溶液中 OH^- 浓度对 $\varphi(O_2/OH^-)$ 的影响较大，再加上 O_2 的超电势较大，其阳极析出电势升高，OH^- 失电子析出电势可大于 1.7V，甚至还要更大。因此在电解 S^{2-}、Br^-、Cl^- 等简单负离子的盐溶液时，在阳极可优先析出 S、Br_2 和 Cl_2，而不是 O_2。

③ 用惰性阳极且溶液中存在复杂离子如 SO_4^{2-} 等时，由于其电极电势 $\varphi^\ominus(S_2O_8^{2-}/SO_4^{2-}) = +2.01V$，比 $\varphi^\ominus(O_2/OH^-)$ 还要大，因而一般都是 OH^- 首先被氧化而析出氧气，而不会是硫酸根离子失电子变为强氧化性的过硫酸根 SO_4^{2-}。

经超电势校正后，以惰性电极为电解阳极，各种物质在阳极上的放电析出顺序（失 e^-）为：

$S^{2-} > I^- > Br^- > Cl^- >$ **OH^-** $> NO_3^- > SO_4^{2-}$（等含氧酸根离子）$> F^-$。其中 OH^- 可因浓度降低和超电势增加而致 $\varphi_{(析,阳)}$ 显著增大[$\varphi_{(析,阳)} = \varphi_{(阳)} + \eta_{(阳)}$]，$OH^-$ 放电析 O_2 序位右移，更不易析出。

用活性金属做电解阳极时，电极本身可能放电溶解。

以图 6-6 帮助理解电解池阴阳极放电析出物质顺序。

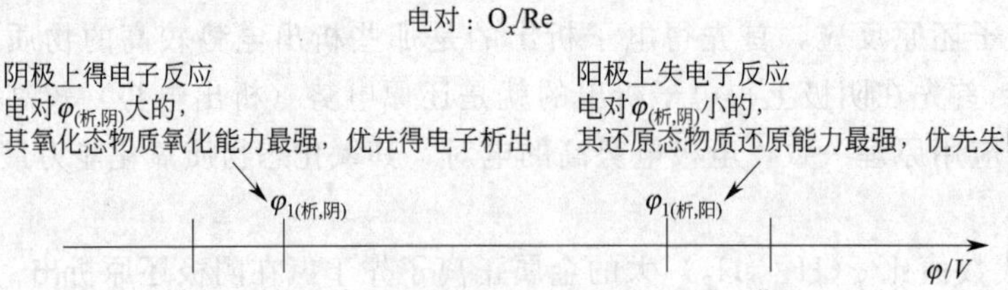

图 6-6 电解池放电析出物质顺序

例如，在电解 NaCl 浓溶液（以石墨做阳极，铁做阴极）时，在阴极能得到氢气，在阳极能得到氯气；在电解 $ZnSO_4$ 溶液（以铁做阴极，石墨做阳极）时，在阴极能得到金属锌，在阳极能得到氧气。

6.6.4 电解的应用

电解的应用很广，在机械工业和电子工业中广泛应用电解进行金属材料的加工和表面处理。最常见的是电镀、阳极氧化、电解加工等。在我国于 20 世纪 80 年代兴起应用电刷镀的方法对机械的局部破损进行修复，在铁道、航空、船舶和军事工业等方面均已推广应用。下面简单介绍电解工业、电镀技术、阳极氧化和电刷镀的原理。

（1）电解工业

电解技术已经广泛应用于氯碱工业、冶金工业、氟化工，并可用于精制生产 MnO_2、$KMnO_4$、过硫酸盐、高氯酸盐等强氧化剂产品。

1）氯碱工业

纯水因导电性极差，一般不会进行电解作业，酸、碱、盐溶液因有较好导电性，具有较大电解工业价值。食盐水富含高浓度 Na^+ 与 Cl^- 及低浓度 H^+ 与 OH^-，在特定电解装置中（如图 6-7 所示），Cl^- 可于阳极优先放电析出 Cl_2（因 O_2 的超电势较大，OH^- 放电析出 O_2 滞后），H^+ 可于阴极优先放电析出 H_2（Na^+ 不易放电析出 Na，析出电势太低，析出也会和水立即反应）。

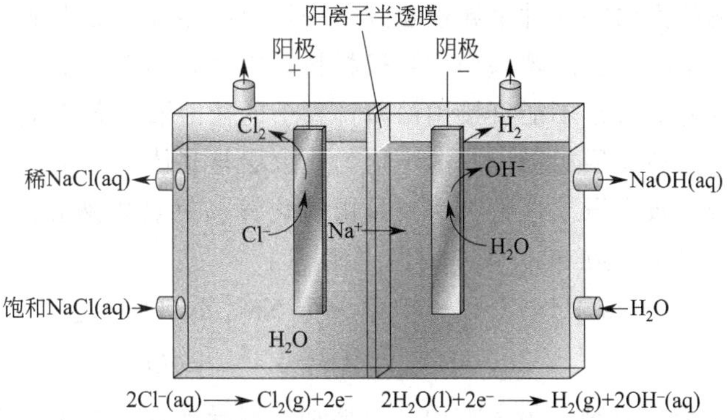

图 6-7　氯碱工业电解食盐水装置示意图

电解总反应式：$NaCl(aq)+H_2O(l) = NaOH(aq)+H_2(g)+Cl_2(g)$

电解过程使 Na^+ 和 OH^- 过量，最终获得 Cl_2、H_2、NaOH 产品，俗称氯碱工业，是化工领域非常基础的产业技术。获得的烧碱广泛用于有机合成、造纸、玻璃生产、肥皂洗涤剂、纺织印染等；烧碱与氯气可合成次氯酸钠等漂白杀菌剂；所得氯气又是聚氯乙烯、氯丁橡胶、氯化聚酯等材料的基本原料；氯气与氢气反应又可生产盐酸等。

2）电解铝工业

工业上大多采用电解熔融氧化铝的方法生产金属铝，氧化铝熔点太高，达 2050℃，且导电性不理想，单独电解熔融氧化铝，效率低下。工业上更多将氧化铝与冰晶石（Na_3AlF_6）混合形成低共熔物，降低了熔点，也提高了导电性。熔融电解槽内以炭块作为电极，阳极上主要发生络合氧负离子的放电反应，理论上生成氧气，实际更多与电极炭块一同生成 CO_2。阴极上主要发生熔融态 Al^{3+} 或络合态 AlF_4^-、AlF_6^{3-} 中铝离子的放电还原，生成熔融态金属铝。因熔融态金属密度较大，一般在熔体内下沉，易于分离出来形成铝锭。该电解反应式为：

$$Al_2O_3(l) + \frac{3}{2}C(s) = 2Al(l) + \frac{3}{2}CO_2(g)$$

冰晶石作为协助电解材料没有显著消耗，在电解反应式中没有写出。

3）其他电解工业

单质氟氧化性极强，较难通过一般化学方法实现工业化生产。工业上多以萤石（氟化钙）为原料，转化获得 KF 与 HF，再将 KF 与 HF 按多种比例复合，形成低共熔点盐，在较低温度下形成非水盐熔融，导电性提升，以压紧石墨作为阳极，进行电解。阳极放电析出单质氟 F_2，阴极放电析出 H_2。电解不以单纯 KF 熔体为原料是因为其熔点太高，导致电解温度过高，单质氟产物极活泼，不安全。电解所得单质氟是制备众多氟化工产品的基础原料，包括廉价制备 HF、氟碳化物等电子化学品。其电解总反应式：$2KHF_2(l) = 2KF(l) + H_2(g) + F_2(g)$。

众多碱金属与碱土金属氯化物也可升温熔融后进行电解，制备活泼金属 Na、Ca、Mg 等（金属 K 一般不按氯化物熔体电解制备）。更多稀土元素氯化物也可按此方法进行电解制备。对 $MnSO_4$ 水溶液进行电解，可在阳极附近获得 MnO_2 沉淀，阴极上析出 H_2，电解槽内为泥状 MnO_2 与 H_2SO_4 溶液。对锰酸钾 K_2MnO_4 水溶液进行电解，可在阳极获得 $KMnO_4$ 结晶，阴极上析出 H_2。

（2）电镀技术

电镀是应用电解的方法将一种金属覆盖到另一种金属零件表面上的过程。以电镀锌为例说明电镀的原理。它是将被镀的零件作为阴极材料，用金属锌作为阳极材料，在锌盐溶液中进行电解。电镀用的锌盐通常不能直接用简单锌离子的盐溶液。若用硫酸锌作电镀液，由于锌离子浓度较大，结果使镀层粗糙，厚薄不均匀，镀层与基体金属结合力差。若采用碱性锌酸盐镀锌，则镀层较细致光滑。这种电镀液是由氧化锌、氢氧化钠和添加剂等配制而成的。氧化锌在氢氧化钠溶液中形成 $Na_2[Zn(OH)_4]$ 溶液：

$$2NaOH + ZnO + H_2O = Na_2[Zn(OH)_4]$$

$$[Zn(OH)_4]^{2-} = Zn^{2+} + 4OH^-$$

NaOH 一方面作为配位剂，另一方面又可增加溶液导电性。由于 $[Zn(OH)_4]^{2-}$ 配离子的形成，降低了 Zn^{2+} 的浓度，使金属晶体在镀件上析出的过程中有个适宜（不致太快）的晶核生成速率，可得到结晶细致的光滑镀层。随着电解的进行，Zn^{2+} 不断放电，同时 $[Zn(OH)_4]^{2-}$ 不断解离，能保证电镀液中 Zn^{2+} 的浓度基本稳定。两极主要反应为：

$$阴极 \quad Zn^{2+} + 2e^- = Zn$$

$$阳极 \quad Zn = Zn^{2+} + 2e^-$$

（3）阳极氧化

有些金属在空气中就能生成氧化物保护膜，而使内部金属在一般情况下免遭腐蚀。例如，金属铝与空气接触后即形成一层均匀而致密的氧化膜（Al_2O_3），而起到保护作用。但是这种自然形成的氧化膜厚度仅 $0.02 \sim 1\mu m$，保护能力不强。另外，为使铝具有较大的机械强度，常在铝中加入少量其他元素，组成合金。但一般铝合金的耐蚀性能不如纯铝，因此常用阳极氧化的方法使其表面形成氧化膜以达到防腐耐蚀的目的。阳极氧化就是在电解过程中把金属作为阳极，使之氧化而得到厚度达到 $5 \sim 300\mu m$ 的氧化膜。

(4) 电刷镀

当较大型或贵重的机械发生局部损坏后，整个机械就不能使用，这样就会造成经济上的损失。那么，能不能对局部损坏进行修复呢？电刷镀就是快速修复高值机械零件局部损坏的一项简便技术，而被誉为“机械的起死回生术”，是一种较理想的机械维修技术。电刷镀是按照图 6-8 的装置进行工作的，它的阴极是经清洁处理的工件（受损机械零部件），阳极用石墨（或铂铱合金、不锈钢等），外面包以棉花包套，称为镀笔。在镀笔的棉花包套中浸满金属电镀溶液，工件在操作过程中不断旋转，与镀笔间保持相对运动。当把直流电源的输出电压调到一定的工作电压后，将镀笔的棉花包套部分与工件接触，使电镀液刷于工件表面，就可将金属镀到工件上。

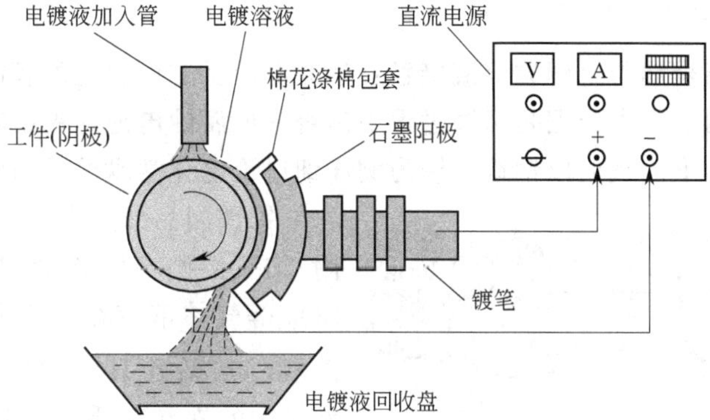

图 6-8　电刷镀工作原理示意

电刷镀的电镀液不是放在电镀槽中，而是在电刷镀过程中不断滴加电镀液，使之浸湿在棉花包套中，在直流电的作用下不断刷镀到工件阴极上。这样就把固定的电镀槽改变为不固定形状的棉花包套，从而摆脱了庞大的电镀槽，使设备简单而操作方便。

电刷镀可以根据需要对工件进行修补，也可以采用不同的镀液，镀上铜、锌、镍等。例如，对某远洋轮发电机的曲轴修复时，可先镀镍打底，然后依次镀锌、镀镍或镀铬，以达到性能上的一定要求。

6.7 金属的腐蚀与防腐

当金属与周围介质发生接触时，由于发生化学作用或者电化学作用而引起的破坏叫做**金属的腐蚀**。在日常生活中金属的腐蚀现象随处可见，如钢铁在潮湿的环境中生锈，金属铜制品表面长出铜绿，金属水管长期埋于地下发生腐蚀而穿孔等。金属的腐蚀现象往往造成机器设备的损坏从而产生经济损失，也可能因此造成如锅炉爆炸，天然气、石油管道破裂等重大事故。所以，了解腐蚀发生的原理与防腐方法意义重大。

6.7.1 腐蚀的分类

根据金属腐蚀过程中有无形成腐蚀电池反应，我们将腐蚀分为**化学腐蚀**和**电化学腐蚀**两类。

（1）化学腐蚀

化学腐蚀是指单纯因为化学作用而引起的腐蚀，如金属在高温下与腐蚀性气体或者非电解质反应发生的腐蚀都属于化学腐蚀。最常见的化学腐蚀就是钢材在高温下与空气中的氧气反应而使得表面形成一层由 FeO、Fe_2O_3、Fe_3O_4 组成的“铁皮”：

$$2Fe+O_2 = 2FeO$$

$$4FeO+O_2 = 2Fe_2O_3$$

$$FeO+Fe_2O_3 = Fe_3O_4$$

这层铁的氧化物结构疏松，在强度与韧性上都无法与原来的金属相比。

此外，金属在苯、无水乙醇、石油等非电解质中也会发生化学腐蚀，如原油中含有多种形式的有机硫化物，可与一些金属发生反应产生化学腐蚀现象。

（2）电化学腐蚀

电化学腐蚀是指金属与电解质溶液接触发生原电池反应而引起的腐蚀现象，判断腐蚀现象是否为电化学腐蚀的根本依据是腐蚀过程中是否形成**腐蚀电池**。钢铁制品生锈就是最常见的电化学腐蚀现象。下面我们以钢铁生锈为例详细讨论电化学腐蚀是如何发生的。

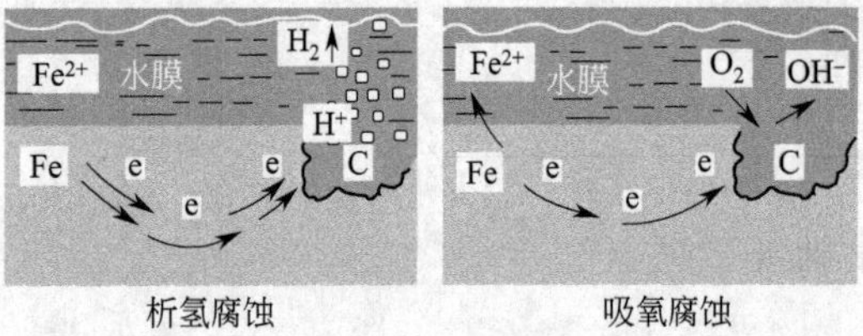

图 6-9　钢铁电化学腐蚀原理

钢铁制品暴露在日常环境中时表面会吸附一层水膜，与此同时，空气中的 CO_2、SO_2 等气体溶解在水膜中致使其形成电解质溶液，电离出 H^+、HCO_3^-、HSO_3^-。钢铁制品中的铁和杂质（主要是碳）与这一电解质溶液直接接触形成腐蚀电池，其中铁为阳极，杂质为阴极。根据阴极发生反应的类型不同，可将钢铁的电化学腐蚀分为析氢腐蚀和吸氧腐蚀（如图 6-9 所示）。

1）析氢腐蚀

阴极反应（C）：$2H^+(aq)+2e^- = H_2(g)$

阳极反应（Fe）：$Fe(s) = Fe^{2+}(aq)+2e^-$；

$Fe^{2+}(aq)+2H_2O(l) = Fe(OH)_2(s)+2H^+(aq)$

电池总反应：$Fe(s)+2H_2O(l) = Fe(OH)_2(s)+H_2(g)$

2）吸氧反应

阴极反应（C）：$O_2(g)+2H_2O(l)+4e^- = 4OH^-(aq)$

阳极反应（Fe）：$Fe(s) = Fe^{2+}(aq)+2e^-$；$Fe^{2+}(aq)+2OH^-(aq) = Fe(OH)_2(s)$

电池总反应：$2Fe(s)+O_2(g)+2H_2O(l) = 2Fe(OH)_2(s)$

大多数情况下，金属表面吸附的水膜酸性并不强，溶解于其中的氧气比氢离子具有更强的得电子能力，所以钢铁在大气中的腐蚀通常为吸氧腐蚀。

6.7.2　金属腐蚀的防护

根据金属腐蚀的基本原理，可以采取有效的措施进行防腐，主要可以从金属和介质两方面考虑，常见的有如下一些方法。

（1）组成金属合金

制成金属合金既能改变金属的活泼性，又能改善金属的使用性能。可根据不同的用途在金属中添加合金元素，提高其耐腐蚀性，从而防止或减缓金属的腐蚀。如在钢中加入镍、铬等制成不锈钢。

（2）隔离金属与介质

在金属表面覆盖一层保护层从而把被保护金属与腐蚀性介质隔开，是一种有效的防腐方法。工业上普遍使用的保护层有非金属保护层和金属保护层两大类。将油漆、塑料、搪瓷和矿物性油脂等非金属保护层涂覆在金属表面上形成保护层可达到防腐蚀效果。也可以将耐腐蚀性强的金属（如锌、锡、镍、铬等）覆盖在被保护的金属上，形成保护镀层。

（3）缓蚀剂法

在腐蚀介质中，加入少量能减少腐蚀速率的物质以防止腐蚀的方法叫缓蚀剂法。缓蚀剂可分为无机缓蚀剂和有机缓蚀剂。无机缓蚀剂的作用是在金属的表面形成氧化膜或沉淀，如铬酸钠作为钢铁的缓蚀剂，它能使铁氧化成氧化铁（Fe_2O_3）并与铬酸钠的还原产物 Cr_2O_3 形成复合氧化物保护膜。有机缓蚀剂的防腐主要是在酸性介质下，通过使用苯胺、乌洛托品等有机物增大氢的超电势而阻碍氢离子还原，从而导致金属腐蚀速度减慢。

（4）电化学防腐

在金属的电化学腐蚀中，较为活泼的金属更容易作为阳极被腐蚀，因此可以通过外加阳极的办法将被保护金属作为阴极加以保护，电化学防腐又可以分为牺牲阳极保护法和外加电流法。

牺牲阳极保护法是采用电极电势比被保护金属更低的金属或者合金作为阳极，固定在被保护金属上，形成腐蚀电池，被保护金属作为阴极而得到保护。牺牲阳极法常用的材料有铝、锌、镁等。

外加电流法是将被保护的金属作为阴极，另一附加电极作为阳极，在外加直流电的作用下使得阴极难以失去电子从而保护之。此法主要用于防止土壤、海水及河水中金属设备的腐蚀。

金属的腐蚀虽然有很大危害，但也可以利用腐蚀原理为实际生产服务，发展为腐蚀加工技术。例如，在电子工业中，利用腐蚀加工技术制作印刷电路，此外还有纳米科学中，通过电化学腐蚀方法可制备各种微纳米结构，从而开发出材料更多的物理化学性能。

6.8 化学电源简介

化学电源是借助氧化还原反应将化学能转化成电能的装置的总称。一般将化学电源分为三类：一次放电后即失效的电池称为**一次电池**；通过放电/充电可循环使用的电池称为**二次电池**或蓄电池；在连续放电过程中不断输入化学物质使放电不间断进行的电池称为**连续电池**。化学电源在现代生产生活中的重要性日益突出，它们在给我们生活带来便利的同时也越来越多地成为解决环境问题的利器，下面我们通过一些实例简要介绍各类化学电源。

6.8.1　一次电池

锌锰干电池是日常生活中使用最广泛的一次电池，电视机、空调等遥控器上使用的电池一般都是此类电池。锌锰干电池的内部结构如图 6-10 所示。

它以金属锌筒外壳作为负极，以 MnO_2、炭粉和石墨棒作为正极，其中石墨棒主要起导

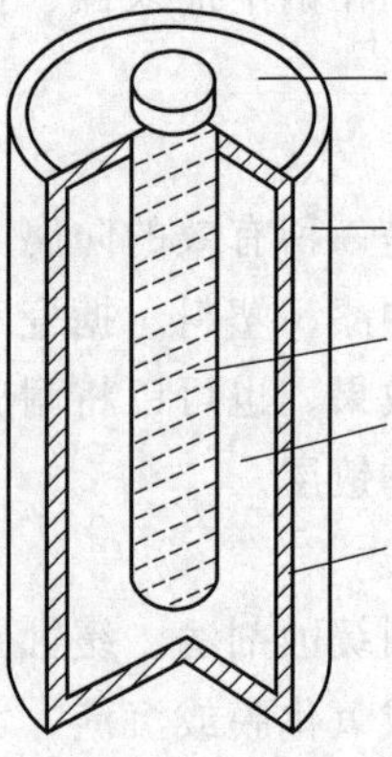

图 6-10 锌锰干电池结构

电作用，正负极之间填充 NH_4Cl、$ZnCl_2$、淀粉等材料的糊状物作为电解液。锌筒上口加沥青密封，防止电解液渗出。锌锰干电池的电池符号和电极反应式如下：

电池符号：(－)Zn(Hg)｜$ZnCl_2$，NH_4Cl(糊状)｜MnO_2｜C(＋)

负极反应：$Zn(s) = Zn^{2+}(aq) + 2e^-$

正极反应：$2MnO_2(s) + 2NH_4^+(aq) + 2e^- = Mn_2O_3(s) + 2NH_3(aq) + H_2O(l)$

生成的 NH_3 继续与 Zn^{2+} 反应：$Zn^{2+}(s) + 2NH_3(aq) + 2Cl^-(aq) = Zn(NH_3)_2Cl_2(s)$

电池总反应：$2MnO_2(s) + 2NH_4Cl(aq) + Zn(s) = Zn(NH_3)_2Cl_2(s) + H_2O(l) + Mn_2O_3(s)$

锌锰干电池的电动势为 1.5V，使用过程中，锌电极逐渐消耗会导致漏液，同时反应过程中会产生 NH_3，石墨棒吸收之后会导致电池内阻增大，电动势下降，因此锌锰干电池有使用寿命短、污染环境的缺点，为了解决这些缺点，人们对锌锰干电池进行改良，发明了碱性锌锰干电池，即以 KOH 溶液代替糊状电解液，使电池寿命提高 4～6 倍。

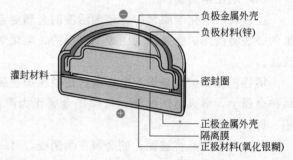

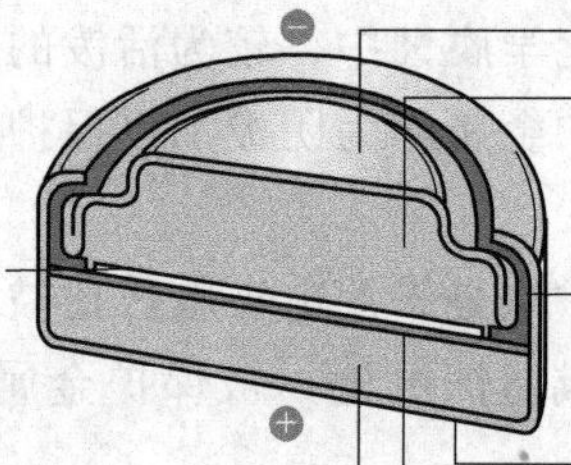

图 6-11 银锌纽扣电池构造

银锌电池和锌汞电池类似，具有纽扣或矩形的形状，不同的是正极材料。银锌电池的正极材料为 Ag_2O 和石墨的混合膏状物，其电池构造如图 6-11 所示。因为使用银的缘故，其价格相对更高，工作电压也相对更大，其电池符号和电极反应式如下：

电池符号：(－)Zn｜KOH｜Ag_2O(＋)

负极反应：$Zn(s) + 2OH^-(aq) = Zn(OH)_2(s) + 2e^-$

正极反应：$Ag_2O(s) + H_2O(l) + 2e^- = 2Ag(s) + 2OH^-(aq)$

总反应：$Zn(s) + Ag_2O(s) + H_2O(l) = Zn(OH)_2(s) + 2Ag(s)$

银锌纽扣电池广泛应用在电子表等小型电器和电脑主板上。

金属锂电池是以金属锂作为负极的电池，由于金属锂密度很小，其体积能量密度非常高，电池电压也比较高，能达到 2.8～3.6V。同时，由于金属锂的强活泼性，锂电池的电解液一般为非水溶液。

6.8.2 二次电池

二次电池又称可充电电池，生活中我们经常使用这种类型电池，如手机、笔记本、平板电脑中使用的锂离子电池、镍氢电池，以及作为 UPS 备用供电源的铅蓄电池等。下面介绍几种典型的二次电池。

① 铅酸蓄电池是世界上最广泛的化学电源，其使用历史悠久。早在 1859 年法国物理学家普兰特就提出铅酸蓄电池的基本结构，经过 160 年的发展，技术十分成熟。铅酸蓄电池是

用两组铅锑合金格板（相互间隔）作为电极导电材料，其中一组格板的孔穴中填充 PbO_2 作为正极，另一组格板填充海绵状的金属铅作为负极（如图 6-12 所示）。

在两格板间注入浓度为 30%左右的硫酸溶液。铅蓄电池的电池符号和电极反应式如下：

电池符号：$(-)Pb|H_2SO_4$(质量分数 30%)$|PbO_2(+)$

负极反应：$Pb(s)+SO_4^{2-}(aq)=PbSO_4(s)+2e^-$

正极反应：$PbO_2+SO_4^{2-}(aq)+4H^+(aq)+2e^-=PbSO_4(s)+2H_2O(l)$

总反应：$Pb(s)+PbO_2(s)+2H_2SO_4(aq)=2PbSO_4(s)+2H_2O(l)$

铅蓄电池放电过程中会在正负极格板上产生一层 $PbSO_4$，放电到一定程度必须使电极恢复到原始状态才能继续放电，我们称放电之后电极通过外加电源供电恢复到原始状态的过程为**充电**，充电过程中铅蓄电池负极上的 $PbSO_4$ 得电子还原成 Pb；而正极上的 $PbSO_4$ 氧化成 PbO_2。铅蓄电池工作电压稳定，价格便宜，缺点在于比较笨重，同时其电极材料和电解液都对环境有污染，因此建立完善的回收利用机制十分重要。

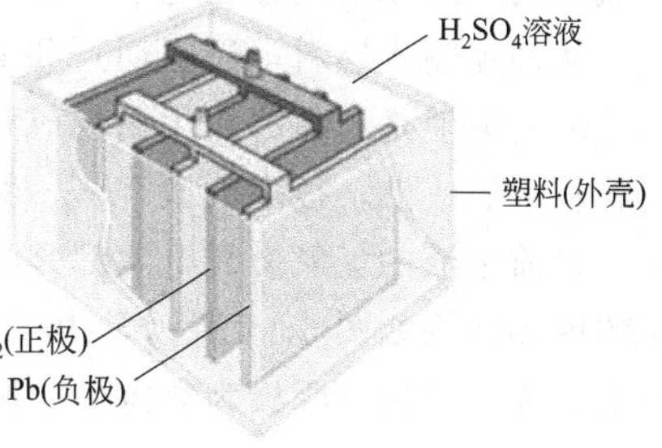

图 6-12 铅酸蓄电池结构示意图

② 镍氢电池是 20 世纪 70 年代中期由美国率先研制成功，最开始被应用于航空航天领域，经过一段时间发展逐渐进入民用阶段。镍氢电池正极活性物质为氢氧化镍等镍化合物，负极为钛镍合金或镧镍合金、混合稀土镍合金等储氢材料（用 M 表示），电解液为 KOH 水溶液。电极反应式如下：

负极反应：$MH_{ab}(s)+OH^-(aq)=M(s)+H_2O(l)+e^-$（$H_{ab}$ 为吸附氢）

正极反应：$NiO(OH)(s)+H_2O(l)+e^-=Ni(OH)_2(s)+OH^-(aq)$

总反应：$MH_{ab}(s)+NiO(OH)(s)=Ni(OH)_2(s)+M(s)$

镍氢电池被称为绿色环保电池，无毒、不污染环境。较长的循环使用寿命使得其在航天、电子、通讯领域使用广泛。

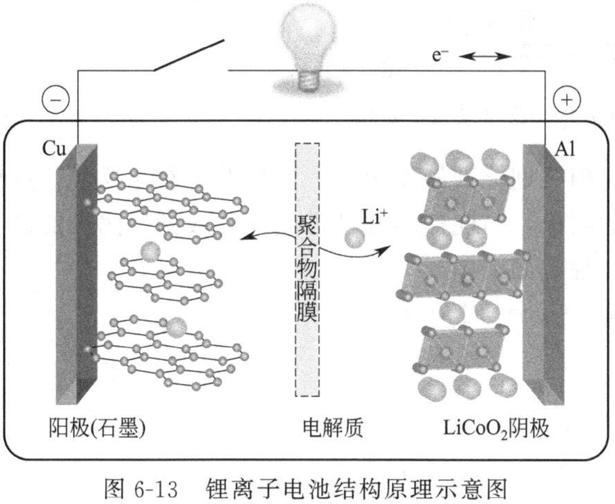

图 6-13 锂离子电池结构原理示意图

③ 锂离子电池是当前商品化十分成熟的一类二次电池，其负极材料一般是嵌有锂原子的层状石墨。正极材料则种类繁多，其中技术比较成熟的材料有 $Li_{1-x}CoO_2$（$0<x<0.8$），$Li_{1-x}NiO_2$（$0<x<0.8$）、$LiMnO_2$ 和 $LiFePO_4$ 等二元、三元锂盐材料。电解液一般由锂盐溶于有机溶剂或高分子凝胶制成，常用的锂盐有 $LiClO_4$、$LiPF_6$、$LiAsF_6$ 等，常用的有机溶剂有碳酸丙烯酯（PC）、碳酸亚乙酯（EC）、乙二醇二甲醚（DME）等。锂离子电池充放电过程中依靠锂离子在两电极间往返移动，嵌入和脱嵌，具体来说，当电池充电时，Li^+ 从正极脱嵌进入电解液，最后在阴极获得电子，变为锂原子并嵌入到层状负极中，放电过程与之相反。锂离子电池结构原理如图 6-13 所示。

锂离子电池的优点在于其能量密度较铅蓄电池、镍氢电池都要高，按质量计算，能量密度可达 150～200W·h/kg。同时，其相对较高的开路电压和重返点速度使得锂离子电池正在成展为化学电池的翘楚。

6.8.3 连续电池

所谓**连续电池**就是指在放电过程中不断地补充消耗的化学物质使得电池不间断工作的电池，最具代表性的连续电池就是**燃料电池**，燃料电池不同于前面介绍的一次、二次电池需要将氧化剂、还原剂储存在电池内部，产生的还原产物与氧化产物也不排放出去，燃料电池不断地从外界输入燃料（还原剂）和氧化剂，放电完成后再将氧化产物和还原产物排出电池。氢氧燃料电池是当前产业化比较成熟的一种燃料电池，最早人们将其应用于宇宙飞船，现在随着技术的成熟，很多大型客车、物流车也在使用氢氧燃料电池作为动力装置。

目前主流的氢氧燃料电池都是将若干个电池单元串联成一个燃料电池堆，每一个电池单元的内部结构如图 6-14 所示，由阳极、阴极、电解质（或质子交换膜）和外电路组成，其中阳极为氢电极，阴极为氧电极，阳极和阴极上都含有一定量的催化剂（目的是用来加速电极上发生的电化学反应），两极之间是电解质或质子交换膜。

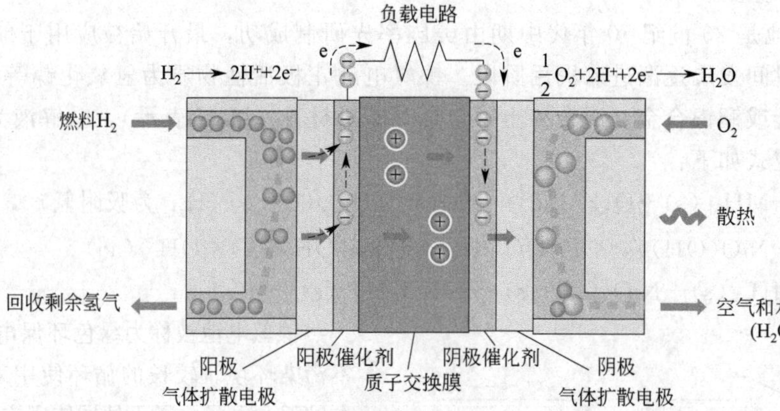

图 6-14 燃料电池单元内部结构示意图

当氢气通过管道或导气板到达阳极，在阳极催化剂的作用下，氢气发生氧化反应，放出电子。氢离子穿过电解质或质子交换膜到达阴极，与同样通过管道或导气板到达阴极的氧气或者空气反应生成水，其电池符号和反应方程式如下：

电池符号：$(-)C|H_2(p)|$ 质子交换膜 $|O_2(p)|$ $C(+)$

负极反应：$H_2(g) = 2H^+ + 2e^-$

正极反应：$\frac{1}{2}O_2(g) + 2H^+ + 2e^- = H_2O$

总反应：$H_2(g) + \frac{1}{2}O_2(g) = H_2O(l)$

负极材料通常采用超电势比较小的 Pt、Pd 等金属或者将其涂敷在碳纤维纸上制备成复合结构电极。正极常用 Ag、C、Ni 及稀土复合物作为电极材料。当前比较成熟的技术是将电极、催化剂、质子交换膜紧密耦合在一起制备成膜电极（MEA，membrane electrode assemblies），这种技术使得氢氧燃料电池组件能量转化效率更高，体积更小。

复习思考题

1. 给出下列名词的定义。

原电池；电极；氧化还原电对；电极反应；电池反应；原电池电动势；溶度积常数；离子积常数；分解电压；超电势；电极极化；金属的腐蚀；一次电池；二次电池；连续电池；化学电源

2. 常见的标准电极有哪些？其电极反应表达式是什么？

3. 什么叫做标准电极电势？电极电势的正负号如何确定？

4. 标准电位序表在腐蚀与防护领域有哪些应用？

5. 常见的酸碱理论有哪些？

6. 保持电池的可逆性必须达到哪些条件？

7. 将一根铁棒插入水中，哪一个地方腐蚀最严重？为什么？

8. 原电池电动势与热力学参数熵变、焓变有哪些关系？

9. 热力学参数与电动势的温度系数之间有怎样的关系？

10. 化学电源可以分为哪几类？并举例。

11. 金属的防护有哪些方法？依据什么原理？

12. 电极极化可以分为哪几种？

13. 比较原电池、电解池和腐蚀电池的异同？

习题

一、判断题（对的在括号内填“√”号，错的填“×”号）

1. 电极电势的大小反映了电对中氧化态物质得电子反应趋势或还原态物质失电子反应趋势的大小，电势数字越大，则氧化态物质的氧化性越强；电势越小，则还原态物质的还原性越强。（　）

2. 取两根铜棒，将一根插入盛有 $0.1\mathrm{mol\cdot dm^{-3}}\ CuSO_4$ 溶液的烧杯中，另一根插入盛有 $1.0\mathrm{mol\cdot dm^{-3}}\ CuSO_4$ 溶液的烧杯中，并用盐桥将两只烧杯中的溶液连接起来，可以组成一个浓差电池。（　）

3. 金属铁可以置换 Cu^{2+}，因此三氯化铁不能与金属铜反应。（　）

4. 电动势 E 的数值与电极反应的写法无关，而平衡常数 $K^{\ominus}$ 的数值随着反应式的写法（化学计量数不同）而变。（　）

5. 钢铁在大气的中性或弱酸性水膜中主要发生吸氧腐蚀，只有在酸性较强的水膜中才主要发生析氢腐蚀。（　）

6. 有下列原电池：

$$(-)\mathrm{Cd}|\mathrm{CdSO_4}(1.0\mathrm{mol\cdot dm^{-3}})\|\mathrm{CuSO_4}(1.0\mathrm{mol\cdot dm^{-3}})|\mathrm{Cu}(+)$$

若往 $CdSO_4$ 溶液中加入少量 Na_2S 溶液，或往 $CuSO_4$ 溶液中加入少量 $CuSO_4$ 晶体，都会使原电池的电动势变小。（　）

7. 对于电池 $(-)\mathrm{Zn}|\mathrm{ZnSO_4(aq)}\|\mathrm{AgNO_3(aq)}|\mathrm{Ag}(+)$，其中的盐桥可以用饱和 KCl 溶液。（　）

8. 在氧化还原反应中，如果两个电对的电极电势相差越大，反应就进行得越快。（ ）

9. 由于 $\varphi^{\ominus}(Cu^+/Cu)=0.52V$，$\varphi^{\ominus}(I_2/I^-)=0.536V$，故 Cu^+ 和 I^- 不能发生氧化还原反应，只能生成 CuI 沉淀。（ ）

10. 氢的电极电势是零。（ ）

11. $FeCl_3$、$KMnO_4$ 和 H_2O_2 是常见的氧化剂，当溶液中 $[H^+]$ 增大时，它们的氧化能力都增加。（ ）

12. 用 Pt 电极电解 $CuCl_2$ 水溶液，阳极上放出 Cl_2。（ ）

13. 分解电压就是能够使电解质在两极上持续不断进行分解所需要的最小外加电压。（ ）

14. 实际电解时，在阴极上首先发生还原作用的是按能斯特方程计算的还原电势最大者。（ ）

15. 燃料电池是通过燃烧氢气、汽油、煤等燃料，释放热能，转化为电能。（ ）

16. 锂离子电池充满电时，在它的负极材料上载满了金属锂原子。（ ）

二、选择题（单选）

17. 丹尼尔电池（铜-锌电池）在放电和充电时，锌电极分别称为（ ）。

A. 负极和阴极； B. 正极和阳极； C. 阳极和负极； D. 阴极和正极

18. 25℃时电池反应 $H_2(g)+\frac{1}{2}O_2(g)=H_2O(l)$ 对应的电池标准电动势为 E_1，则反应 $2H_2(g)+O_2(g)=2H_2O(l)$ 所对应电池的标准电动势 E_2 是（ ）。

A. $E_2=-2E_1$； B. $E_2=2E_1$； C. $E_2=-E_1$； D. $E_2=E_1$

19. 25℃时电极反应 $Cu^{2+}+I^-+e^-=CuI$ 和 $Cu^{2+}+e^-=Cu^+$ 的标准电极电势分别为 0.86V 和 0.153V，则 CuI 的溶度积 K_{sp} 为（ ）。

A. 1.1×10^{-12}； B. 6.2×10^{-6}； C. 4.8×10^{-7}； D. 2.9×10^{-15}

20. 在标准条件下，下列反应均可正向进行：

$$Cr_2O_7^{2-}+6Fe^{2+}+14H^+=2Cr^{3+}+6Fe^{3+}+7H_2O$$

$$2Fe^{3+}+Sn^{2+}=2Fe^{2+}+Sn^{4+}$$

它们中最强的氧化剂和最强的还原剂是（ ）。

A. Sn^{2+} 和 Fe^{3+}； B. $Cr_2O_7^{2-}$ 和 Sn^{2+}；

C. Cr^{3+} 和 Sn^{4+}； D. $Cr_2O_7^{2-}$ 和 Fe^{3+}

21. 有一个原电池由两个氢电极组成，其中一个是标准氢电极，为了得到最大的电动势，另一个电极浸入的酸性溶液 $[p(H_2)=100kPa]$ 应为（ ）。

A. $0.1mol\cdot dm^{-3}$ HCl； B. $0.1mol\cdot dm^{-3}$ HAc+$1.0mol\cdot dm^{-3}$ NaAc；

C. $0.1mol\cdot dm^{-3}$ HAc； D. $0.1mol\cdot dm^{-3}$ H_3PO_4

22. 在下列电池反应中

$$Ni(s)+Cu^{2+}(aq)=Ni^{2+}(1.0mol\cdot dm^{-3})+Cu(s)$$

当该原电池的电动势为零时，Cu^{2+} 浓度为（ ）。

A. $5.05\times10^{-27}mol\cdot dm^{-3}$； B. $5.71\times10^{-21}mol\cdot dm^{-3}$；

C. $7.10\times10^{-14}mol\cdot dm^{-3}$； D. $7.56\times10^{-11}mol\cdot dm^{-3}$

23. 电镀工艺是将欲镀零件作为电解池的（ ）。

A. 阴极； B. 阳极；

C. 任意一个极；　　　　　　　　　　D. 正极

24. 阳极氧化是将需处理的部件作为电解池的（　　）。

A. 阴极；　　　　　　　　　　　　　B. 阳极；

C. 任意一个极；　　　　　　　　　　D. 负极

25. pH=a 的某电解质溶液中，插入两支惰性电极通直流电一段时间后，溶液的 pH>a，则该电解质可能是（　　）。

A. Na_2SO_4；　　B. H_2SO_4；　　C. $AgNO_3$；　　D. NaOH

26. 高铁电池是一种新型可充电电池，与普通高能电池相比，该电池能长时间保持稳定的放电电压。高铁电池的总反应为

$$3Zn+2K_2FeO_4+8H_2O \underset{\text{充电}}{\overset{\text{放电}}{\rightleftharpoons}} 3Zn(OH)_2+2Fe(OH)_3+4KOH$$

下列叙述不正确的是（　　）。

A. 放电时负极反应为：$Zn-2e^-+2OH^- \longrightarrow Zn(OH)_2$；

B. 充电时阳极反应为：$Fe(OH)_3-3e^-+5OH^- \longrightarrow FeO_4^{2-}+4H_2O$；

C. 放电时每转移 3mol 电子，正极有 1mol K_2FeO_4 被氧化；

D. 放电时正极附近溶液的碱性增强

27. 金属镍有广泛的用途。粗镍中含有少量 Fe、Zn、Cu、Pt 等杂质，可用电解法制备高纯度的镍，下列叙述正确的是（已知：氧化性 $Fe^{2+} < Ni^{2+} < Cu^{2+}$）（　　）。

A. 阳极发生还原反应，其电极反应式：$Ni^{2+}+2e^- \longrightarrow Ni$；

B. 电解过程中，阳极质量的减少与阴极质量的增加相等；

C. 电解后，溶液中存在的金属阳离子只有 Fe^{2+} 和 Zn^{2+}；

D. 电解后，电解槽底部的阳极泥中只有 Cu 和 Pt

28. 关于电解 NaCl 水溶液，下列叙述正确的是（　　）。

A. 电解时在阳极得到氯气，在阴极得到金属钠；

B. 若在阳极附近的溶液中滴入 KI 溶液，溶液呈棕色；

C. 若在阴极附近的溶液中滴入酚酞试液，溶液呈棕色；

D. 电解一段时间后，将全部电解液转移到烧杯中，充分搅拌后，溶液呈中性

29. 把分别盛有熔融的氯化钾、氯化镁、氯化铝的三个电解槽串联，在一定条件下通电一段时间后，析出钾、镁、铝的物质的量之比为（　　）。

A. 1∶2∶3；　　B. 3∶2∶1；　　C. 6∶3∶1；　　D. 6∶3∶2

30. 将纯锌片和纯铜片按图示方式插入同浓度的稀硫酸中一段时间，以下叙述正确的是（　　）。

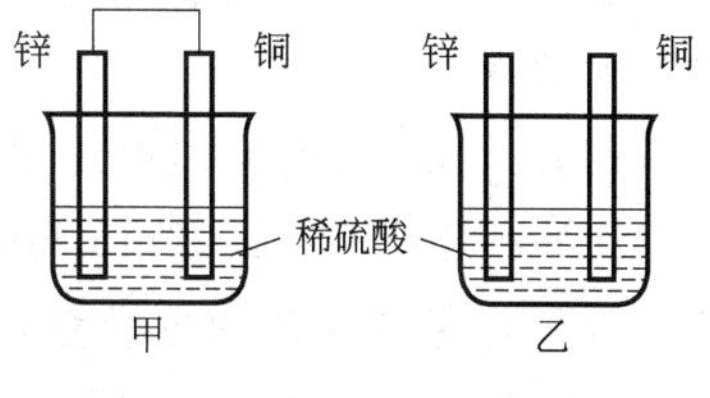

A. 两烧杯中铜片表面均无气泡产生；

B. 甲中铜片是正极，乙中铜片是负极；

C. 两烧杯中溶液的 pH 均增大；

D. 产生气泡的速度甲比乙慢

31. 以惰性电极电解 $CuSO_4$ 溶液，若阳极析出气体 0.01mol，则阴极上析出 Cu 为（　　）。

A. 0.64g；　　B. 1.28g；　　C. 2.56g；　　D. 5.12g

32. 铜制品上的铝质铆钉，在潮湿的空气中易腐蚀的主要原因可描述为（　　）。

A. 形成原电池，铝作负极；

B. 形成原电池，铜作负极；

C. 形成原电池时，电流由铝流向铜；

D. 铝质铆钉发生了化学腐蚀

33. 为了防止钢铁锈蚀，下列防护方法中正确的是（　　）。

A. 在精密机床的铁床上安装铜螺钉；

B. 在排放海水的钢铁阀门上用导线连接一块石墨，一同浸入海水中；

C. 在海轮舷上用铁丝系住锌板浸在海水里；

D. 在电动输油管的铸铁管上接直流电源的正极

三、计算题

34. 已知反应 $3H_2$（101325Pa）＋ Sb_2O_3（固）══ $2Sb + H_2O$ 在 25℃ 时的 $\Delta G^{\ominus} = -8364J/mol$。试计算下列电池的电动势，并指出电池的正负极：

$$Pt|H_2(101\ 325Pa)|H_2O(pH=3)|Sb_2O_3(\text{固})|Sb$$

35. 写出下列电池的电极反应、电池反应，并计算电池电动势（25℃）。

(1) $(-)Zn|Zn^{2+}(1\times10^{-6}mol\cdot dm^{-3})||Cu^{2+}(0.01mol\cdot dm^{-3})|Cu(+)$；

(2) $(-)Cu|Cu^{2+}(0.01mol\cdot dm^{-3})||Cu^{2+}(2.0mol\cdot dm^{-3})|Cu(+)$；

(3) $(-)Pt,H_2(p^{\ominus})|HAc(0.1mol\cdot dm^{-3})||KCl(\text{饱和}),Hg_2Cl_2|Hg(+)$。

36. 求反应 $Zn + Fe^{2+}(aq)$══$Zn^{2+}(aq) + Fe$ 在 298.15K 时的标准平衡常数。若将过量极细的锌粉加入 Fe^{2+} 溶液中，求平衡时 $Fe^{2+}(aq)$ 浓度对 $Zn^{2+}(aq)$ 浓度的比值。

37. 电解镍盐溶液，其中 $c(Ni^{2+}) = 0.1mol\cdot dm^{-3}$。如果在阴极上只有 Ni 析出，而不析出氢气，计算溶液的最小 pH（设氢气在 Ni 上的超电势为 0.21V）。

38. 由镍电极和标准氢电极组成原电池。若 $c(Ni^{2+}) = 0.01mol\cdot dm^{-3}$ 时，原电池的电动势为 0.315V，其中镍为负极，计算镍电极的标准电极电势。

39. 将下列反应组成原电池（温度为 25℃）

$$2I^-(aq) + 2Fe^{3+}(aq) \text{══} I_2(s) + 2Fe^{2+}(aq)$$

(1) 计算原电池的标准电动势；

(2) 计算反应的标准摩尔吉布斯函数变；

(3) 用图式表达原电池；

(4) 计算 $c(I^-) = 1.0\times10^{-2}mol\cdot dm^{-3}$ 以及 $c(Fe^{3+}) = c(Fe^{2+})/10$ 时原电池的电动势。

40. 将锡和铅的金属片分别插入含有该金属离子的溶液中并组成原电池（用图式表示，要注明浓度）

(1) $c(Sn^{2+}) = 0.01mol\cdot dm^{-3}$，$c(Pb^{2+}) = 1.00mol\cdot dm^{-3}$；

(2) $c(Sn^{2+}) = 1.00mol\cdot dm^{-3}$，$c(Pb^{2+}) = 0.10mol\cdot dm^{-3}$。

分别计算原电池的电动势，写出原电池的两电极反应和电池总反应式。

41. 在含 $0.001mol\cdot L^{-1}$ $ZnSO_4$ 和 $0.01mol\cdot L^{-1}$ $CuSO_4$ 的混合溶液中放两个铂电极，25℃时用无限小的电流进行电解，同时充分搅拌溶液。已知溶液 pH 值为 5。试粗略判断：

(1) 哪种离子首先在阴极析出？

(2) 当后沉积的金属开始沉积时，先析出的金属离子所剩余的浓度是多少？

42. 已知 $Cu^{2+} + 2e^-$══Cu；$\varphi^{\ominus} = 0.34V$

$Cu^+ + e^- \longrightarrow Cu$；$\varphi^\ominus = 0.521V$

求反应 $Cu^{2+} + e^- \longrightarrow Cu^+$ 的 $\varphi^\ominus$ 值和 ΔG 值，并判断 Cu^+ 离子的稳定性及可能存在条件。

43. 25℃时 $Pb|Pb^{2+}$ 电极的标准电极电位为 $-126.3mV$，$Pb \mid PbF_2(s)$ 的标准电极电位为 $-350.2mV$。试求 PbF_2 的溶度积 K_{sp}。

44. 已知 $\varphi^\ominus(Ag^+/Ag)=0.7996V$，$Ag_2CrO_4$ 的 $K_{sp}=1.12\times10^{-12}$，计算 $\varphi^\ominus(Ag_2CrO_4/Ag)$。

45. 已知 $\varphi^\ominus(PbSO_4/Pb) = -0.359V$，$\varphi^\ominus(Pb^{2+}/Pb) = -0.126V$，计算 $PbSO_4$ 的 K_{sp}。

46. 已知 HCN 的 $K_a=4.93\times10^{-10}$，计算以下电极的 $\varphi^\ominus$：

$$2HCN + 2e^- \longrightarrow H_2 + 2CN^-$$

47. 求出下列原电池的电动势，写出电池反应式，并指出正负极。

(1) $Pt \mid Fe^{2+}(1mol \cdot L^{-1})$，$Fe^{3+}(0.0001mol \cdot L^{-1}) \parallel I^-(0.0001mol \cdot L^{-1})$，$I_2(s) \mid Pt$；

(2) $Pt \mid Fe^{3+}(0.5mol \cdot L^{-1})$，$Fe^{2+}(0.05mol \cdot L^{-1}) \parallel Mn^{2+}(0.01mol \cdot L^{-1})$，$H^+(0.1mol \cdot L^{-1})$，$MnO_2(s) \mid Pt$。

48. 在 pH=3 和 pH=6 时，$KMnO_4$ 是否能氧化 I^- 离子和 Br^- 离子？

49. 已知 $\varphi^\ominus(H_3AsO_4/H_3AsO_3)=0.559V$，$\varphi^\ominus(I_2/I^-)=0.535V$，试计算下列反应：$H_3AsO_3 + I_2 + H_2O \longrightarrow H_3AsO_4 + 2I^- + 2H^+$ 在 298K 时的平衡常数。如果 pH=7，反应朝什么方向进行？

50. 已知 $[Sn^{2+}]=0.1000mol \cdot L^{-1}$，$[Pb^{2+}]=0.1000mol \cdot L^{-1}$

(1) 判断下列反应进行的方向 $Sn + Pb^{2+} \longrightarrow Sn^{2+} + Pb$；

(2) 计算上述反应的平衡常数 $K^\ominus$。

51. 已知酸性条件下锰的元素电势图为：

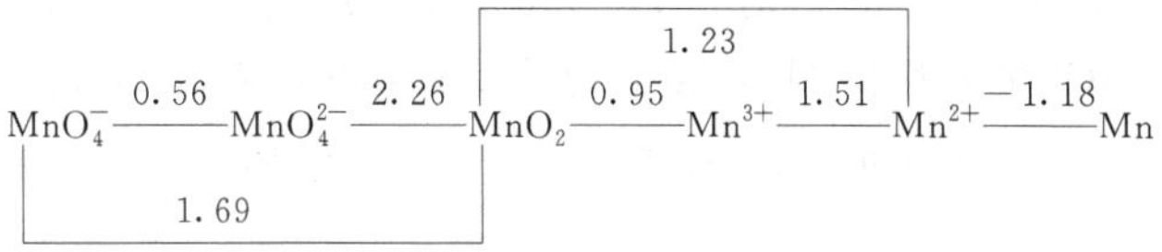

(1) 求 $\varphi^\ominus(MnO_4^-/Mn^{2+})$；

(2) 确定 MnO_2 可否发生歧化反应？

(3) 指出哪些物质会发生歧化反应，并写出反应方程式。

四、简答题

52. 写出下列溶解反应的离子方程式：

(1) $ZnS(s) + HCl$；

(2) $BaCrO_4(s) + HCl$；

(3) $Mg(OH)_2(s) + NH_4NO_3$；

(4) $CuS(s) + HNO_3$；

(5) $BaCO_3(s) + HAc$；

(6) $AgCl(s) + NH_3 \cdot H_2O$。

53. 试根据标准电极电势判断下列反应能否进行？

(1) I_2 能否使 Mn^{2+} 氧化为 MnO_2？

(2) 在酸性溶液中 $KMnO_4$ 能否使 Fe^{2+} 氧化为 Fe^{3+}？

(3) Sn^{2+} 能否使 Fe^{3+} 还原为 Fe^{2+}？

(4) Sn^{2+}能否使Fe^{2+}还原为Fe?

54. 根据下列原电池反应，分别写出各原电池中正负极的电极反应。

(1) $Zn+Fe^{2+}=Zn^{2+}+Fe$；

(2) $I^-+2Fe^{3+}=I_2+2Fe^{2+}$；

(3) $Ni+Sn^{4+}=Ni^{2+}+Sn^{2+}$；

(4) $5Fe^{2+}+8H^++MnO_4^-=Mn^{2+}+5Fe^{3+}+4H_2O$。

55. 判断下列氧化还原反应进行的方向（各离子处于标准态），并说明理由。

(1) $2Ag^++Fe^{2+}=2Ag^++Fe$；

(2) $2Cr^{3+}+3I_2+7H_2O=Cr_2O_7{}^{2-}+6I^-+14H^+$；

(3) $Cu+2FeCl_3=CuCl_2+2FeCl_2$。

56. 用两极反应表示下列物质的主要电解产物。

(1) 电解$NiSO_4$溶液，阳极为镍，阴极为铁；

(2) 电解熔融$MgCl_2$，阳极为石墨，阴极为铁；

(3) 电解KOH溶液，两极都为铂。

57. 分别写出铁在微酸性水膜中，与铁完全浸没在稀硫酸（$1.0mol\cdot dm^{-3}$）中发生腐蚀的两极反应式。

58. 若下列反应在原电池中正向进行，试写出电池电动势的表示式。

(1) $Fe+Cu^{2+}=Fe^{2+}+Cu$；

(2) $Cu^{2+}+Ni=Cu+Ni^{2+}$。

59. 通过计算解释以下问题，并写出反应式：

(1) H_2S水溶液为什么不能长期存放?

(2) 配制$SnCl_2$溶液时，除需加HCl外，为何还要加入Sn粒?

(3) 为何可用$FeCl_3$溶液来腐蚀印刷电路铜板?

(4) 为何HNO_3与Fe反应得到的是Fe^{3+}而不是Fe^{2+}?

(5) Ag不能从HCl中置换出H_2，但它能从HI酸中置换出H_2。

60. 将Fe放入$CuSO_4$溶液中，Fe被氧化成Fe^{3+}还是Fe^{2+}？为什么？

第7章 物质结构基础

人们在认识物质组成结构的活动中经历了漫长复杂的过程。1803 年，道尔顿（Dalton）提出了第一个现代原子论，认为：一切物质都是由不可见的、不可再分割的原子组成。19 世纪末，汤姆逊（Thomson）发现了电子，打破了原子不可分的观念，并认为原子是由带正电的连续体（布丁）和在其内部运动的负电子（李干）构成的，即李干-布丁（plum puding）分散模型。随着 1911 年卢瑟福（Rutherford）的 α 粒子散射实验发现，汤姆逊所说的原子中带正电的连续体实际上只能是一个非常小的核，而负电子则受这个核吸引，在核的外围空间运动，即最早期的行星式原子的模型（电子绕核螺旋线运动）。但是这个行星式原子模型却与经典电磁理论、原子的稳定性和线状光谱发生了矛盾。按照麦克斯韦（Maxwell）的电磁理论，绕核运动的电子应不停地、连续地辐射电磁波，得到连续光谱；由于电磁波的辐射，电子的能量将逐渐地减小，最终会落到带正电的原子核上。但事实上，原子却是稳定地存在着，并且原子可以发射出频率不连续的线状光谱。

20 世纪初，量子论和光子学说使人类对原子结构的认识发生了质的飞跃。1905 年，爱因斯坦（Einstein）提出了光子学说，光具有波粒二象性。1913 年，玻尔（Bohr）在牛顿力学的基础上，吸收了量子论和光子学说的思想，建立了玻尔原子模型。玻尔原子模型成功地解释了氢原子的线状光谱，但对电子的波粒二象性所产生的电子衍射实验结果，以及多电子体系的光谱，却无能为力。牛顿经典力学已不适合用来研究原子、电子这样的微观粒子，需要用量子力学来描述。

1926 年，奥地利物理学家薛定谔（Schrödinger）建立了原子结构的量子力学理论，提出了描述微观粒子（电子）运动的波动方程-薛定谔方程。自此，诞生了目前最先进、最能解释和预测原子结构与性能的量子力学理论，量子力学（quantum mechanics）虽然属于现代物理范畴，但它涉及原子之间是如何结合，继而组成物质的。

7.1 原子结构近代理论

7.1.1 波函数

在 20 世纪初，物理学的研究发现，原先被公认为是电磁波的光，其实还具有微粒性。在光的波粒二象性的启发下，1924 年德布罗意（de Broglie）基于逆向思维提出了一个全新的假设：电子也具有波粒二象性，即具有静止质量的电子、原子等微观粒子，也应该具有波动性的特征，并预言微观粒子的波长 λ、质量 m 和运动速率 ν 关系如下：

$$\lambda=\frac{h}{m\nu} \tag{7-1}$$

式中，h 为普朗克常量，数值为 6.626×10^{-34} J·s。例如，对于围绕原子核运动的电子（质量为 9.1×10^{-31} kg），若运动速率为 1.0×10^{6} m·s^{-1}，则通过式(7-1) 可求得其波长为 0.73nm，这与其直径（约 10^{-6} nm）相比显示出明显的波动特征。而对于宏观物体，因其质量大，所显示的波动性极其微弱，可忽略不计。这种物质微粒所具有的波动特征称为德布罗意波或物质波。1927 年，德布罗意的大胆假设果然被电子衍射实验所证实，也可以认为电子是一种遵循一定统计规律的**概率波**。

既然原子核外的电子可以被当作一种波，就应该有波动方程来描述电子的运动规律。物理学的研究表明，像电子这样的微观粒子的运动规律并不符合牛顿力学（亦称经典物理学），应该用量子力学来描述。量子力学与牛顿力学的最显著区别在于：量子力学认为微观粒子的能量是量子化的，粒子可以处于不同级别的能级上，当粒子从一个能级跃迁到另一个能级上时，粒子能量的改变是跳跃式的，而不是连续的。

在用量子力学描述原子核外电子的运动规律时，也不可能像牛顿力学描述宏观物体那样，明确指出物体某瞬间存在于什么位置，而只能描述某瞬间电子在某位置上出现的概率为多大。量子力学告诉我们，上述概率与描述电子运动情况的“**波函数**”（wave function，用希腊字母 ψ 表示）的数值的平方有关，而波函数本身是原子周围空间位置（用空间坐标 x，y，z 表示）的函数。对于最简单的氢原子，描述其核外电子运动状况的波函数 ψ 是一个二阶偏微分方程，称为薛定谔（Schrödinger）方程，形式如下：

$$\frac{\partial^2\psi}{\partial x^2}+\frac{\partial^2\psi}{\partial y^2}+\frac{\partial^2\psi}{\partial z^2}+\left(\frac{8\pi^2 m}{h^2}\right)(E-V)\psi=0$$

式中，m 为电子的质量；E 为电子的总能量；V 为电子的势能。因为波函数与原子核外电子出现在原子周围某位置的概率有关，所以又被形象地称为“原子轨道”，使人感觉原子核外电子好像就在这种“原子周围的轨道”上围绕原子核运动似的。波函数 ψ 就是原子“轨道”，也就是核外电子运动的“轨道”，“轨道”一词可以近似理解为核外电子运动的特定微小几何形状空间，而不是传统认识的线型运动轨迹。

氢原子中代表电子运动状态的波函数可以通过求解薛定谔方程而得到，但求解过程很复杂，下面只介绍求解所得到的一些重要概念。若设法将代表电子不同运动状态的各种波函数与空间坐标的关系用图的形式表示出来，还可得到各种波的图形。尽管薛定谔方程是描述最简单的氢原子核外的电子运动的方程，但是对薛定谔方程的求解仍旧是一件非常复杂的工作。在此略去薛定谔方程的复杂求解过程，只简单介绍其求解结果和意义。

(1) 薛定谔方程与量子数

求解薛定谔方程不仅可得到氢原子中电子的能量 E 与主量子数 n 有关的计算公式，而且可以自然地导出主量子数 n、角量子数 l 和磁量子数 m。或者说，求解结果表明，波函数 ψ 的具体表达式与上述三个量子数有关。现简单介绍三个量子数如下。

① 主量子数 n 可取的数值为 1，2，3，4，…，n 值是确定电子离核远近（平均距离）和能级的主要参数，表明电子层 n 值越大，电子离核越远，所处状态的能级越高。

② 角量子数 l 可取的数值为 0，1，2，…，$(n-1)$，共可取 n 个数。其值表明电子亚层，例如，当 $n=1$ 时，只可取 0 一个数值；当 $n=2$ 时，l 可取 0 和 1 两个数值；当

$n=3$ 和 4 时，分别可取 0、1、2 三个数值和 0、1、2、3 四个数值。l 值基本上反映了波函数（即原子轨道，简称轨道）的形状。$l=0$，1，2，3 的轨道分别称为 s、p、d、f 轨道。

③ 磁量子数 m 可取的数值为 0，±1，±2，±3，…，$\pm l$，共可取（$2l+1$）个数值，m 的数值受 l 数值的限制，例如，当 $l=0$，1，2，3 时，m 依次可取 1、3、5、7 个数值。m 值基本上反映波函数（轨道）的空间取向。

当三个量子数的各自数值确定时，波函数的数学式也就随之而确定。例如，当 $n=1$ 时，l 只可取 0，m 也只可取 0 这一个数值。n、l、m 三个量子数组合形式只有一种，即(1，0，0)，此时波函数的数学式也只有一种，这就是氢原子基态波函数［见式(7-3)］；当 $n=2$，3，4 时，n、l、m 三个量子数组合的形式分别有 4、9、16 种，并可得到相应数目的波函数或原子轨道。氢原子轨道与 n、l、m 三个量子数的关系列于表 7-1 中。

表 7-1　氢原子轨道与三个量子数的关系

n	l	m	轨道名称	轨道数	
1	0	0	1s	1	1
2	0	0	2s	2s	4
2	1	0,±1	2p($2p_z$、$2p_x$、$2p_y$)	2p	
3	0	0	3s	3s	9
3	1	0,±1	3p($3p_z$、$3p_x$、$3p_y$)	3p	
3	2	0,±2	3d($3d_{z^2}$、$3d_{xy}$、$3d_{yz}$、$3d_{zx}$、$3d_{x^2-y^2}$)	3d	
4	0	0	4s	4s	16
4	1	0,±1	4p($4p_z$、$4p_x$、$4p_y$)	4p	
4	2	0,±1,±2	4d($4d_{z^2}$、$4d_{xy}$、$4d_{yz}$、$4d_{zx}$、$4d_{x^2-y^2}$)	4d	
4	3	0,±1,±2,±3	4f	4f	

除上述确定轨道运动状态的三个量子数以外，量子力学中还引入第四个量子数，习惯上称为自旋量子数 m_s（这原是从研究原子光谱线的精细结构中提出来的）。电子自旋运动如图 7-1 所示。

m_s 可以取的数值只有 $+1/2$ 和 $-1/2$，通常可用向上的箭头↑和向下的箭头↓来表示电子的两种所谓自旋状态。如果两个电子处于不同的自旋状态，则称为自旋反平行，用符号↑↓或↓↑表示；处于相同的自旋状态，则称为自旋平行，用符号↑↑或↓↓表示状态。

归纳起来，描述一个原子轨道需要确定 n、l、m 三个量子参数，即确定的 n、l、m 对应某个固定的原子轨道。而要描述清楚一个核外运动的电子，则需要以上四个量子参数都确定。也就意味着，一个原子轨道上最多可以填下两个电子，并且自旋方向必须相反。也就是说，原子核外不可能出现两个运动状态完全一样的电子。

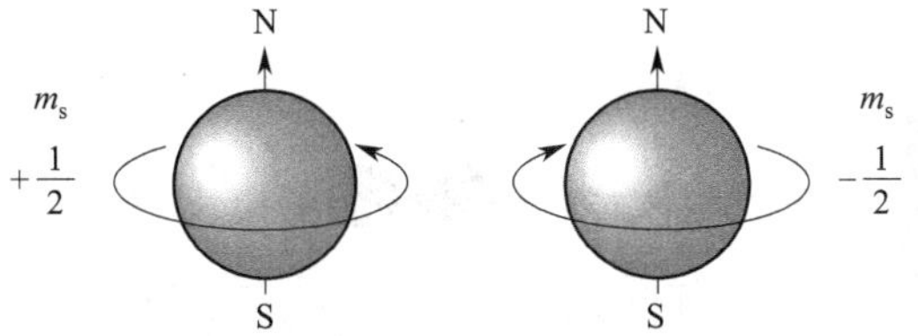

图 7-1　电子自旋运动

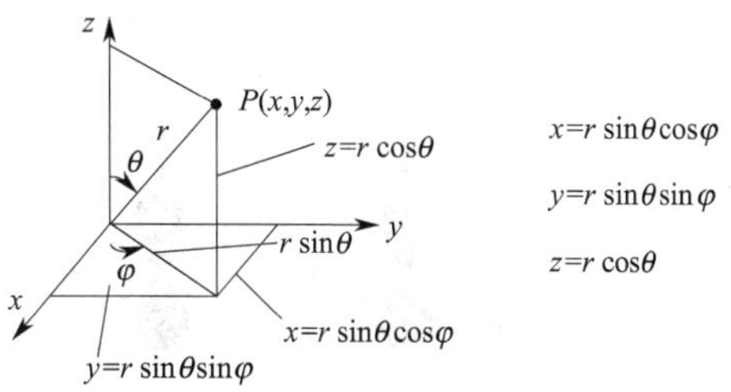

图 7-2　直角坐标与球坐标的关系

(2) 波函数 ψ 的径向分布 $R(r)$ 与角度分布 $Y(\theta,\varphi)$

薛定谔方程当初是基于核外电子运动的直角坐标系提出的，直角坐标系方程求解十分麻烦，一般转换为球坐标系进行求解。即以球坐标 r、θ、φ 来替换原有的直角坐标 x、y、z，如图 7-2 所示。

经坐标系变换后，以直角坐标描述的波函数 $\psi(x、y、z)$ 就可以转化为以球坐标描述的波函数 $\psi(r,\theta,\varphi)$，求解氢原子薛定谔方程而获得的结果是一系列波函数，对应各个原子轨道，即波函数，就是原子各个轨道的描述，见表 7-2。

表 7-2　氢原子的波函数（a_0 为原子的玻尔半径）

轨道	完整波函数 $\psi(r,\theta,\varphi)$	波函数的径向部分 $R(r)$	波函数的角度部分 $Y(\theta,\varphi)$
1s	$\sqrt{\frac{1}{\pi a_0^3}}\mathrm{e}^{-r/a_0}$	$2\sqrt{\frac{1}{a_0^3}}\mathrm{e}^{-r/a_0}$	$\sqrt{\frac{1}{4\pi}}$
2s	$\frac{1}{4}\sqrt{\frac{1}{2\pi a_0^3}}\left(2-\frac{r}{a_0}\right)\mathrm{e}^{-r/2a_0}$	$\sqrt{\frac{1}{8a_0^3}}\left(2-\frac{r}{a_0}\right)\mathrm{e}^{-r/2a_0}$	$\sqrt{\frac{1}{4\pi}}$
$2p_z$	$\frac{1}{4}\sqrt{\frac{1}{2\pi a_0^3}}\left(\frac{r}{a_0}\right)\mathrm{e}^{-r/2a_0}\cos\theta$		$\sqrt{\frac{3}{4\pi}}\cos\theta$
$2p_x$	$\frac{1}{4}\sqrt{\frac{1}{2\pi a_0^3}}\left(\frac{r}{a_0}\right)\mathrm{e}^{-r/2a_0}\sin\theta\cos\varphi$	$\sqrt{\frac{1}{24a_0^3}}\left(\frac{r}{a_0}\right)\mathrm{e}^{-r/2a_0}$	$\sqrt{\frac{3}{4\pi}}\sin\theta\cos\varphi$
$2p_y$	$\frac{1}{4}\sqrt{\frac{1}{2\pi a_0^3}}\left(\frac{r}{a_0}\right)\mathrm{e}^{-r/2a_0}\sin\theta\sin\varphi$		$\sqrt{\frac{3}{4\pi}}\sin\theta\sin\varphi$

数学上可将氢原子的波函数 $\psi(r,\theta,\varphi)$ 分解成两部分（见表 7-2）：

$$\psi(r,\theta,\varphi)=R(r)Y(\theta,\varphi) \tag{7-2}$$

式中，$R(r)$ 表示波函数的径向部分，它是变量 r 即电子离核距离的函数；$Y(\theta,\varphi)$ 表示波函数的角度部分，它是两个角度变量 θ 和 φ 的函数。例如，氢原子基态波函数可分为以下两部分：

$$\psi_{1s}=\sqrt{\frac{1}{\pi a_0^3}}\mathrm{e}^{-r/a_0}=R_{1s}Y_{1s}=2\times\sqrt{\frac{1}{a_0^3}}\mathrm{e}^{-r/a_0}\times\sqrt{\frac{1}{4\pi}} \tag{7-3}$$

若将波函数的角度部分 $Y(\theta,\varphi)$ 随 θ，φ 角而变化的规律作图，可以获得波函数（原子轨道）的角度分布图，如图 7-3 所示。

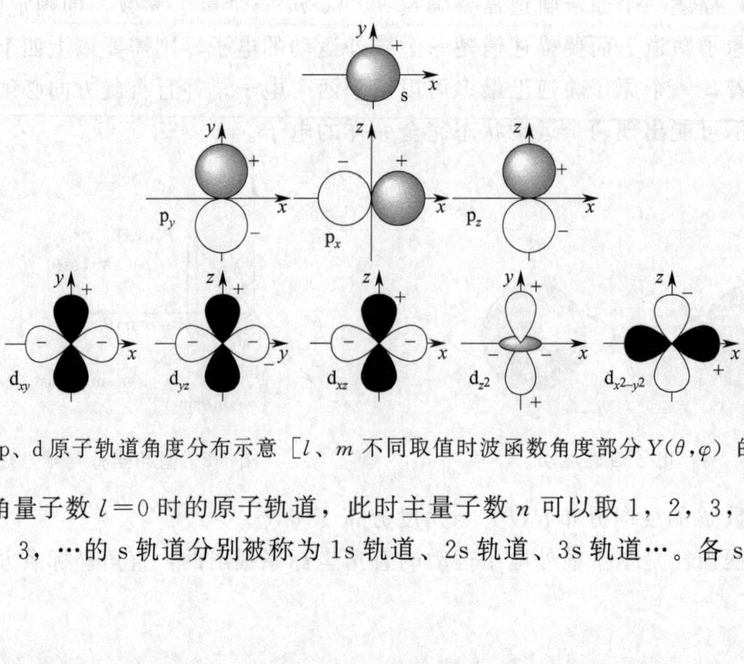

图 7-3　s、p、d 原子轨道角度分布示意［l、m 不同取值时波函数角度部分 $Y(\theta,\varphi)$ 的外观图形］

s 轨道是角量子数 $l=0$ 时的原子轨道，此时主量子数 n 可以取 1，2，3，…等数值。对应于 $n=1$，2，3，…的 s 轨道分别被称为 1s 轨道、2s 轨道、3s 轨道…。各 s 轨道的角度部分都和 1s 轨道相同，其值为 $Y_s=(1/4\pi)^{1/2}$，是一个与角度（θ,φ）无关的常数，所以它的角度分布是一半径为 $(1/4\pi)^{1/2}$ 的球面。p 轨道是角量子数 $l=1$ 时的原子轨道，对应于此时不同的主量子数，有 2p 轨道、3p 轨道等不同的 p 轨道。从 p 轨道的角度分布图（图 7-3）可见，p 轨道是有方向的，按照其方向，可分为 p_x、p_y、p_z 三种不同取向的 p 轨道。

p 轨道中以 p_z 轨道为例（p_x，p_y 相似）。波函数的角度部分为

$$Y_{p_z}=\sqrt{\frac{3}{4\pi}}\cos\theta$$

若以 Y_{p_z} 对 θ 作图，随着 θ 的取值变化，角度函数 Y_{p_z} 会得到不同的结果，作图可得两个相切于原点的球面（图 7-3），即为 p_z 轨道的角度分布图。

上述这些原子轨道的角度分布图在说明化学键的形成中有着重要意义。图 7-3 中的正、负号表示波函数角度函数的符号，它们代表角度函数角度分布示意图的对称性，类似于正弦波函数振幅值的正负方向，并不代表正负电荷。

径向函数 $R(r)$ 在任意方向上随 r 变化所作的图为原子轨道（波函数）径向分布图，用来表示原子轨道（波函数）径向部分变化。$R(r)$-r 作图如图 7-4 所示。

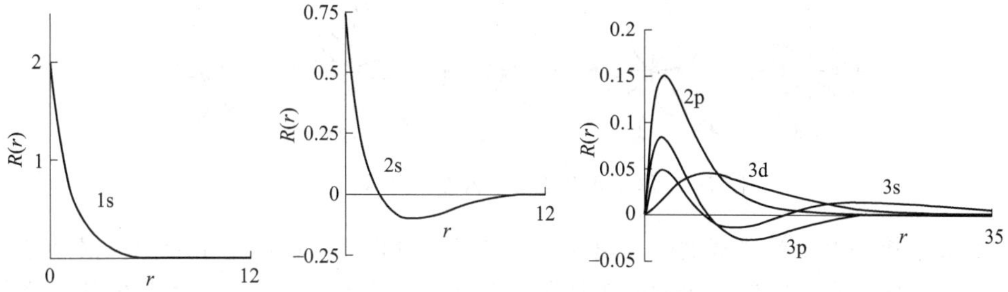

图 7-4　波函数径向分布图［n，l 不同取值时波函数径向部分 $R(r)$ 图形］

图中可以看出，各种轨道径向函数值变化各有规律。对于 s 轨道径向函数，当 r 取值趋向于 0 时，即离核很近时，径向函数值趋于最大。对 p、d 轨道，其径向函数值在 r 趋于 0 时也趋于零。在主量子数 n 较大时，径向函数会出现 $R(r)=0$ 的情形，称之为节点，n、l 越大时，节点数越多。

7.1.2　概率密度与电子云

我们知道，核外电子运动具有波粒二象性。根据测不准关系，我们不可能推测核外某一电子在某一瞬间所处的位置[11]，但是对大量或一个电子的千百万次运动，我们统计电子在核外某微区出现的概率，发现存在明显统计学规律性。我们把电子在某空间区域内出现的机会称为概率，显然出现机会多则概率大，出现机会少则概率小。

波函数 ψ 与水波、声波等机械波是不同的，它没有直观的物理意义。波函数的物理意义是通过 $|\psi|^2$ 体现的。$|\psi|^2$ 代表核外空间某处单位微体积（比如一立方飞米，$1\mathrm{fm}^3$）中电子出现的概率，即概率密度。概率密度函数 $|\psi|^2$ 的图形化结果就形象称为电子云，可看作电子以星星点点形式不均匀地分布在这个云团之中，也就是电子在该云团空间范围内不均匀出现的概率密度。

---

[11] 此即著名的薛定谔的猫问题，原子核外某一点处到底有没有电子，涉及量子纠缠态，它不同于经典物理中的本征态。

如前图 7-3 所示，角度函数图形突出展示了原子轨道在空间各个方向的伸展程度，即展现了各种原子轨道的外在立体形状。在对波函数进行共轭平方处理时，角度函数 $Y(\theta,\varphi)$ 对应的 $|Y|^2$ 即为电子核外出现概率密度的角度分布，即电子云的外在立体形状，相对于原子轨道的角度分布图形，s 轨道的角度函数本来就是球形，平方处理后仍为球形，只是半径有所变化；而对于 p 轨道，随自变量 θ、φ 的变化，函数 $|Y|$ 的值也总是小于 1，平方后将变得更小，因而 $|Y|^2$ 图形将比函数 Y 的图形扁瘦，即由原来的双球形 p 轨道图形变为哑铃型图形。d 轨道变形亦然。如图 7-5 所示。

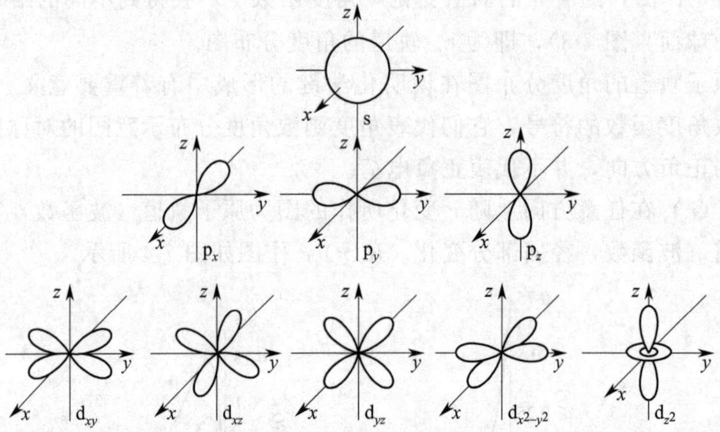

图 7-5 原子各轨道电子云外在图形（$|Y|^2$）

上面关于核外电子概率密度的讨论仅从角度函数分析，给出的电子云图仅仅是电子云的外部图形，而电子在该图形内部的分布情况未能展现。关于电子在“云团”内部的分布情况必须考虑径向函数的共轭平方，即 $|R(r)|^2$，简写为 $|R|^2$，此为核外电子径向分布概率密度（radial probability density）。函数的图形化结果如图 7-6 所示，与图 7-4 对比。

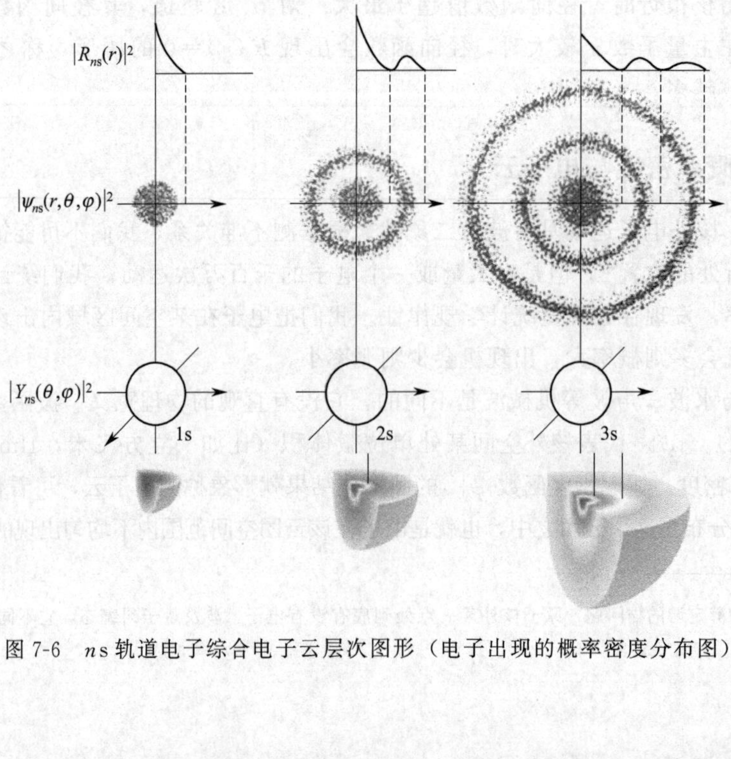

图 7-6 ns 轨道电子综合电子云层次图形（电子出现的概率密度分布图）

图 7-6 表明，核外电子的径向概率密度 $|R|^2$ 在近核处最大，n 越大，概率密度的节点越多，即在节点处，电子出现的概率密度为 0，曲线各极大值处表示电子在一定离核距离处出现概率密度较大。结合 ns 轨道波函数的角度分布图形，所得电子云在图中以黑点“云团”形式表示。ns 电子云外观为球形，其内部将会出现分层结构。1s 轨道的电子云简单，为一简单球形“云团”，电子在“云团”中的分布概率密度为近核处最大，离核越远，概率密度越小，最终趋于 0。一般把概率密度降至最大值 10%的最远离核距离称作原子半径。对于 2s 轨道，径向概率密度出现一个节点，意味着 2s 轨道的电子云外观也是一球形“云团”，但“云团”内部出现一空腔壳层，即节点球面，电子在该球面上出现的概率密度为 0 。3s 轨道电子云则出现两个节点球面。p、d 轨道电子云内部结构更为复杂，总之，也是 n、l 越大，节点球面个数越多。

7.1.3　电子核外逐层分布概率

上述讨论的电子云是核外电子分布的概率密度 $|\psi|^2$，在离核距离为 r、厚度为 dr 的薄层球壳内（见图 7-7）发现电子的概率 D 应为此处电子出现概率密度 $|\psi|^2$ 与该球壳体积 dτ 的乘积：

$$D=|\psi|^2\mathrm{d}\tau=4\pi r^2|\psi|^2\mathrm{d}r \tag{7-4}$$

只考虑波函数径向部分时，式(7-4) 简化为：

$$D(r)=4\pi r^2|R(r)|^2\mathrm{d}r \tag{7-5}$$

上述 $D(r)$ 函数称作**径向分布函数**，亦称电子**径向分布概率函数**，即电子在距离核 r 的球壳上出现的**概率**（不同于概率密度），氢原子各轨道 $D(r)$ 函数图形化结果如图 7-8 所示。

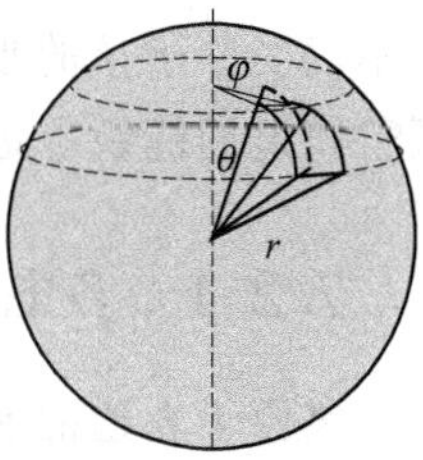

图 7-7　核外薄层球壳示意

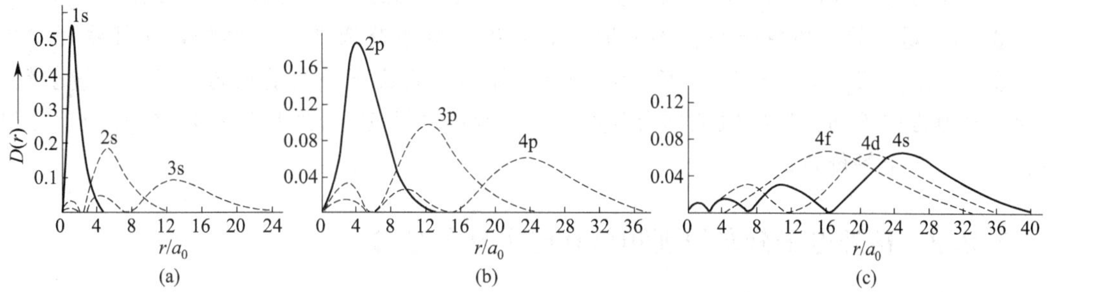

图 7-8　氢原子核外电子径向分布函数图（球壳中出现电子概率）

电子概率径向分布图有如下特点。

① 在 $r=0$ 处，$D(r)=0$，表明在近核处发现电子的概率为 0，近核处 dτ 趋于 0。这一点和电子的概率密度（电子云）不同。

② 图中出现极大值。例如氢原子 1s 电子的径向分布图中，在相当于 Bohr 半径处，即 $r=a_0$ 处，曲线有一峰值，即为 $D(r)$ 的极大值，这表明在 $r=a_0$、厚度为 dr 的薄球壳内电子出现的概率最大。在靠近核时 r 很小，$|R|^2$ 最大，但球壳体积 dτ 却很小；随着 r 增大，虽然 dτ 增大，但$|R|^2$ 却减小，这两个相反趋势的变化必然会出现极大值。

③ 径向分布图中除有极大值外，有的还出现节点，即电子在此离核距离上出现概率为 0。极大值和节点的数目及其分布存在一定规律。

④ n 较大的原子轨道，其径向分布函数在离核较近处出现极大值，意味着即使在靠外层轨道上的电子也有一定机会渗透到内层出现，称为**钻穿效应**。

将波函数角度部分与径向部分统一起来，则核外空间电子出现的概率 $D(r,\theta,\varphi)$ 见图 7-9。

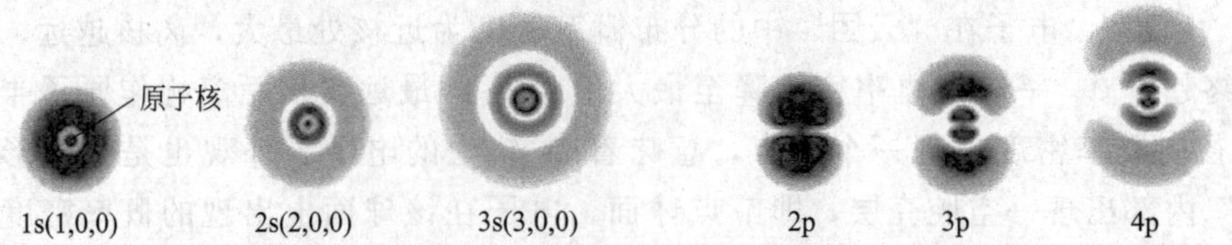

图 7-9　氢原子核外空间电子出现概率 $D(r,\theta,\varphi)$

7.2 多电子原子的电子排布和元素基本周期律

在已发现的 112 种元素中，除氢以外的原子，都属于多电子原子。在多电子原子中，电子不仅受原子核的吸引，而且还存在着电子之间的相互排斥，作用于电子上的核电荷数以及原子轨道的能级也远比氢原子中的要复杂。

7.2.1 多电子原子轨道的能级

氢原子轨道的能量决定于主量子数 n，但在多电子原子中，轨道能量除决定于主量子数 n 以外，还与角量子数 l 有关。根据光谱实验结果，可归纳出以下三条规律。

① 角量子数 l 相同时，随着主量子数 n 值增大，轨道能量升高　例如，$E_{1s}<E_{2s}<E_{3s}$。

② 主量子数 n 相同时，随着角量子数 l 值增大，轨道能量升高　例如，$E_{ns}<E_{np}<E_{nd}<E_{nf}$。

③ 当主量子数和角量子数都不同时，有时出现**能级交错现象**　例如，在某些元素中，$E_{4s}<E_{3d}$，$E_{5s}<E_{4d}<E_{6s}<E_{4f}<E_{5d}$ 等。n、l 都相同的轨道，能量相同，只是磁量子数 m 不同，轨道方向不同，这些轨道称为等价轨道（或简并轨道）。所以同一层的 p、d、f 亚层各有 3、5、7 个等价轨道。

7.2.2 核外电子分布原理和核外电子分布方式

(1) 核外电子分布的三个原理

原子核外电子的分布情况可根据光谱实验数据来确定。各元素原子核外电子的分布规律，基本上遵循三个原理，即泡利（Pauli）不相容原理、最低能量原理以及洪特（Hund）规则。

① **泡利不相容原理**指的是一个原子中不可能有两个量子数完全相同的两个电子，即一个轨道上最多填充两个电子。由这一原理可以确定各电子层可容纳的最多电子数为 $2n^2$。

② **最低能量原理**则表明核外电子分布将尽可能优先占据能级较低的轨道，以使系统能量处于最低。它解决了在 n 和 l 值不同的轨道中电子的分布规律。为了表达不同元素的原子核外电子分布的方式，鲍林（L. Pauling）根据大量的光谱实验总结出多电子原子各轨道能级从低到高的近似顺序（见图 7-10）：1s；2s、2p；3s、3p；4s、3d、4p；5s、4d、5p；6s、4f、5d、6p；7s、5f、6d、7p。

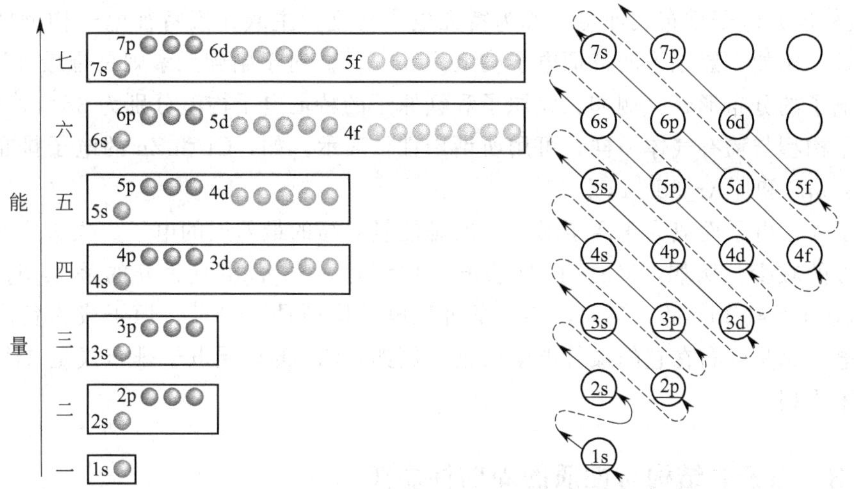

图 7-10　多电子原子轨道近似能级图与电子填充基本顺序

能量相近的能级划为一组，称为能级组，共有七个能级组，对应于周期表中七个周期。

③ **洪特规则**是指在等价轨道（简并轨道，n、l 相同，m 不同）中，电子总是尽先占据磁量子数 m 不同的轨道，而且自旋量子数相同，即自旋平行。例如，碳原子核外电子分布为 $1s^2 2s^2 2p^2$，其中 2 个 p 电子应分别占据不同 p 轨道（3 个 2p 轨道称简并轨道），且自旋平行，可用图 7-11 表示。

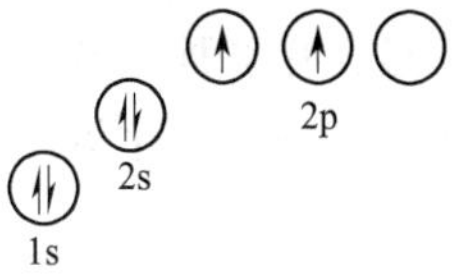

图 7-11　碳原子电子排布遵循洪特规则

洪特规则虽然是一个经验规律，但运用量子力学理论，也可证明电子按洪特规则排列，使原子体系的能量最低。作为洪特规则的补充：等价轨道在全充满状态（p^6，d^{10}，f^{14}）、半充满状态（p^3，d^5，f^7）或全空状态（p^0，d^0，f^0）时比较稳定。

按上述电子分布的三个基本原理和近似能级顺序，可以确定大多数元素原子核外电子分布的方式（元素周期表中一般有列出）。

(2) 核外电子分布方式和外层电子排布式

多电子原子核外电子分布的表达式叫做电子排布式。例如，钛（Ti）原子有 22 个电子，按上述三个原理和近似能级顺序，电子的分布情况应为：

$$1s^2 2s^2 2p^6 3s^2 3p^6 4s^2 3d^2 \quad \text{（能量依次升高）}$$

但在书写电子排布式时，要将 3d 轨道放在 4s 前面，与同层的 3s、3p 轨道一起，即钛原子的电子排布式应为：

$$\text{Ti} \quad 1s^2 2s^2 2p^6 3s^2 3p^6 3d^2 4s^2 \quad \text{（以 } n \text{ 的大小顺序排列）}$$

又如，锰原子中有 25 个电子，其电子排布式应为：

$$\text{Mn} \quad 1s^2 2s^2 2p^6 3s^2 3p^6 3d^5 4s^2$$

由于必须服从洪特规则，所以 3d 轨道上的 5 个电子应分别分布在 5 个等价的不同 3d 轨道上，而且自旋平行。此外，铬、钼或铜、银、金等原子的 $(n-1)$d 轨道上的电子都处于半充满状态或全充满状态。例如 Cr 和 Cu 的电子排布式分别为：

$$\text{Cr} \quad 1s^2 2s^2 2p^6 3s^2 3p^6 3d^5 4s^1 \text{ 和 Cu} \quad 1s^2 2s^2 2p^6 3s^2 3p^6 3d^{10} 4s^1$$

化学反应通常只涉及外层电子变化，所以一般不必写完整的电子排布式，只需写出外层（或加上次外层）电子排布式即可，称为特征电子构型。主族元素特征电子构型即为最外层电子排布式。例如，氯原子的特征电子构型为 $3s^2 3p^5$。对于副族元素则是指最外层 s 电子和次外层 d 电子的分布形式。例如，钛原子和锰原子的特征电子构型分别为 $3d^2 4s^2$ 和 $3d^5 4s^2$。其内层电子构型与稀有气体一样，可用所谓惰性核表示，如，Cl 和 Zn 的电子排布式可表达为 $[Ne]3s^2 3p^5$ 和 $[Ar]3d^{10} 4s^2$。

当原子失去电子而成为正离子时，一般是能量较高的最外层的电子先失去，而且往往引起电子层数的减少。例如，Mn^{2+} 的外层电子构型是 $3s^2 3p^6 3d^5$（丢弃的是 4s 电子），而不是 $3s^2 3p^6 3d^3 4s^2$ 或 $3d^3 4s^2$。又如，Ti^{4+} 的外层电子构型是 $3s^2 3p^6$。原子成为负离子时，原子所得的电子总是分布在它的最外电子层上。例如，Cl^- 的外层电子排布式是 $3s^2 3p^6$，也是其特征电子构型。

7.2.3 原子的结构与性质的周期性规律

原子的基本性质如原子半径、氧化值、电离能、电负性等都与原子的结构密切相关，因而也呈现明显的周期性变化。

（1）原子结构与元素周期律

原子核外电子分布的周期性是元素周期律的基础，而元素周期表是周期律的表现形式。周期表有多种形式，现在常用的是门捷列夫元素周期表。根据原子的外层电子构型可将长式周期表分成 5 个区，即 s 区、p 区、d 区、ds 区和 f 区，如图 7-12 所示。

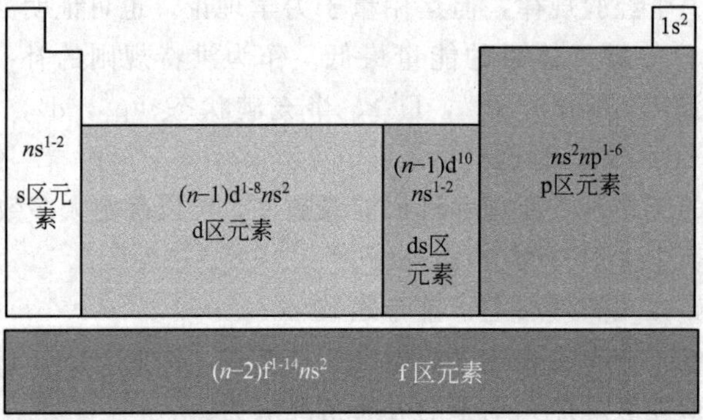

图 7-12 元素周期表分区

元素在周期表中所处的周期号数等于该元素原子核外电子的层数。对元素在周期表中所处族的号数来说，主族元素以及第Ⅰ、第Ⅱ副族元素的号数等于最外层的电子数；第Ⅲ至第Ⅶ副族元素的号数等于最外层的电子数与次外层 d 电子数之和。Ⅷ族元素（第 8 副族元素）包括 Fe、Co、Ni 三个纵列，最外层电子数与次外层 d 电子数之和为 8～10。零族元素最外层电子数为 8（氦为 2）。

（2）元素的氧化值规律

同周期主族元素从左至右各元素的最高氧化值逐渐升高，并等于元素的最外层电子数即族数。副族元素的原子中，除最外层 s 电子外，次外层 d 电子也可参加反应。因此，d 区副族元素最高氧化值一般等于最外层的 s 电子数和次外层 d 电子数之和（但不大于 8）。其中第Ⅲ至第Ⅶ副族元素与主族相似，同周期从左至右最高氧化值也逐渐升高，并等于所属族的族数。第Ⅷ族中除钌（Ru）和锇（Os）外，其他元素未发现有氧化值为+8 的化合物。ds 区第Ⅱ副族元素的最高氧化值为+2，即等于最外层的 s 电子数。而第Ⅰ副族中 Cu、Ag、Au 的最高氧化值分别为+2、+1、+3。此外，副族元素与 p 区一样，其主要特征是大都有可变氧化值。表 7-3 中列出了第四周期副族元素的主要氧化值。

表 7-3 第四周期副族元素的主要氧化值

族	ⅢB	ⅣB	ⅤB	ⅥB	ⅦB	ⅧB			ⅠB	ⅡB
元素	Sc	Ti	V	Cr	Mn	Fe	Co	Ni	Cu	Zn
									+1	
				+2	+2	+2	+2	+2	+2	+2
	+3	+3	+3	+3		+3	+3	+3		
氧化值		+4	+4		+4					
			+5							
				+6	+6					
					+7					

（3）电离能周期律

金属元素易失电子变成正离子，非金属元素易得电子变成负离子。因此常用金属性表示在化学反应中原子失去电子的能力，非金属性表示在化学反应中原子得电子的能力。

元素的原子在气态时失去电子的难易，可以用电离能来衡量。气态原子失去一个电子成为气态+1 价离子 [$M(g)-e^- \longrightarrow M^+(g)$]，所需的能量叫该元素的第一电离能 I_1，常用单位 $kJ \cdot mol^{-1}$。气态+1 价离子再失去一个电子成为气态+2 价离子 [$M^+(g)-e^- \longrightarrow M^{2+}(g)$]，所需的能量叫第二电离能 I_2。依此类推，还可有第三电离能 I_3、第四电离能 I_4 等。电离能的大小反映原子失电子的难易，电离能越大，失电子越难。电离能的大小与原子的核电荷、半径及电子构型等因素有关。图 7-13 表示出各元素的第一电离能随原子序数周期性的变化情况。

对主族元素来说，第Ⅰ主族元素的电离能最小，同一周期原子的电子层数相同，从左至右，随着原子核电荷数增加，原子核对外层电子的吸引力也增加，原子半径减小，电离能随之增大，所以元素的金属活泼性逐渐减弱。同一主族的原子最外层电子构型相同，从上到下，电子层数增加，原子核对外层电子吸引力减小，原子半径随之增大，电离能逐渐减小，元素的金属活泼性逐渐增强。

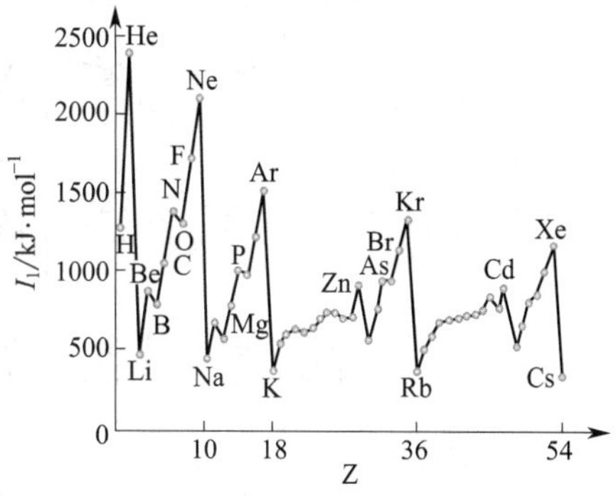

图 7-13 电离能随原子序数周期性的变化

副族元素电离能的变化缓慢，规律性不明显。因为周期表从左到右，副族元素新增加的电子填入 $(n-1)$d 轨道，而最外层的电子数基本相同。

（4）原子半径周期律

在同一周期中，由于核电荷的增加，核外电子受核的引力增大，原子半径总体逐渐减小，但对于副族元素，其同周期原子半径变化存在一定起伏，规律性不强。在同一族中，从上到下由于主量子数 n 的增加，原子半径一般增加。总体而言，副族元素原子半径变化无论横向还是纵向，规律性并不突出，只存在一定变化趋势，如图 7-14 所示。

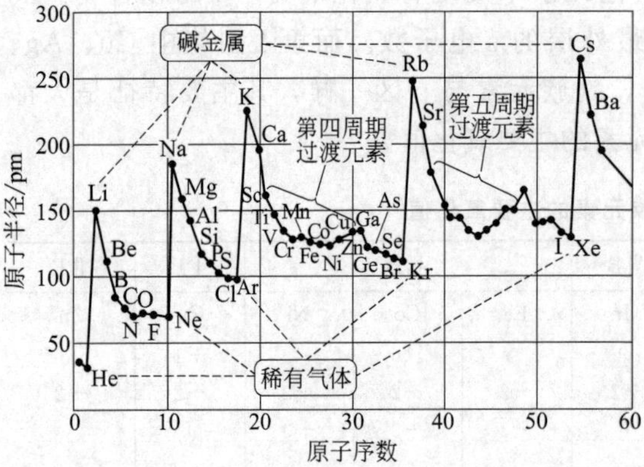

图 7-14 原子半径随原子序数变化的周期性规律

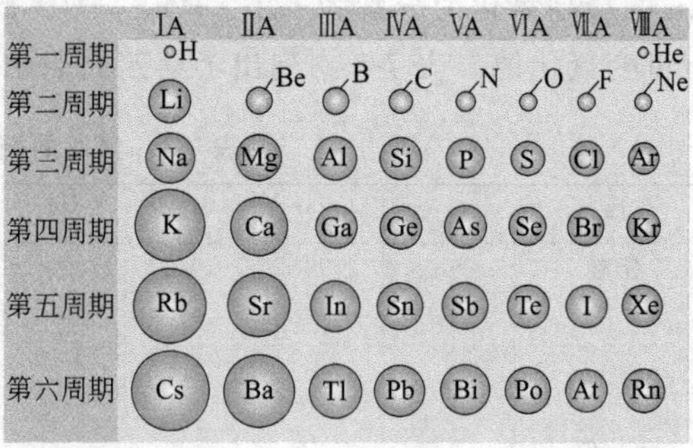

图 7-15 主族元素原子半径变化规律

比较而言，主族元素的原子半径变化则有规律得多，如图 7-15 所示，从左至右，半径减小；从上至下，半径增大。

原子在失去电子或得到电子后将变成离子。金属原子容易失去电子，核外剩余电子平摊受到的核电荷吸引力增强，核外剩余电子运动将成收缩状态，导致金属阳离子半径显著小于中性金属原子半径。并且失去电子数越多，氧化值越高，离子正电荷数越高，半径变得越小。非金属元素的原子相对容易获得电子而成负离子，平摊到每个核外电子上的核电荷数减小（相对于中性原子），原子核对核外电子的平均吸引力降低，核外电子运动变得疏松，运动空间增大，阴离子半径比中性原子显著增大。主族元素离子半径的变化规律如图 7-16 所示。

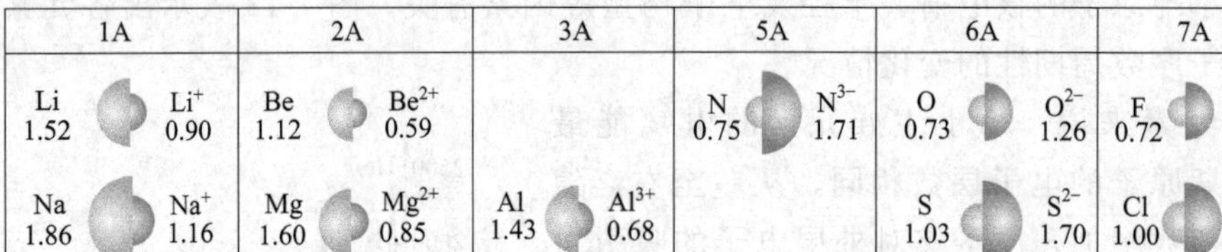

图 7-16 主族元素离子半径与原子半径的比较（单位：埃 Å，$1Å=10^{-10}$ m）

图中，同周期的 Na、Mg、Al 原子半径分别为 1.86Å、1.60Å、1.43Å，而离子半径分别缩小为 Na^{+}（1.16Å）、Mg^{2+}（0.85Å）、Al^{3+}（0.68Å），半径收缩率分别为 37%、47%、52%，半径收缩率依次增大，+3 价的 Al 离子半径收缩到其原子半径的一半左右。纵列方向，从上至下，同族金属离子半径相对于原子半径的收缩率略有降低，即越往下，离子半径收缩率越小。p 区非金属元素的阴离子半径较其中性原子半径普遍增大许多，同周期与同族也表现出一定的周期律。

（5）电负性周期律

为了衡量分子中各原子吸引电子的能力，很多学者建立了不同标度的元素电负性系统，其中以鲍林在 1932 年建立的电负性系统最为广泛采用。F 的电负性（4.0）最大，其次是 O(3.5) 和 N(3.0)。电负性最小的元素是 Cs(0.8) 和 Fr(0.7)。电负性数值越大，表明原子在分子中吸引电子的能力越强；电负性值越小，表明原子在分子中吸引电子的能力越弱。元素的电负性较全面反映了元素的金属性和非金属性的强弱。一般金属元素（除铂系外）的电负性数值小于 2.0，而非金属元素（除 Si 外）则大于 2.0。鲍林元素电负性周期律如图 7-17 所示。

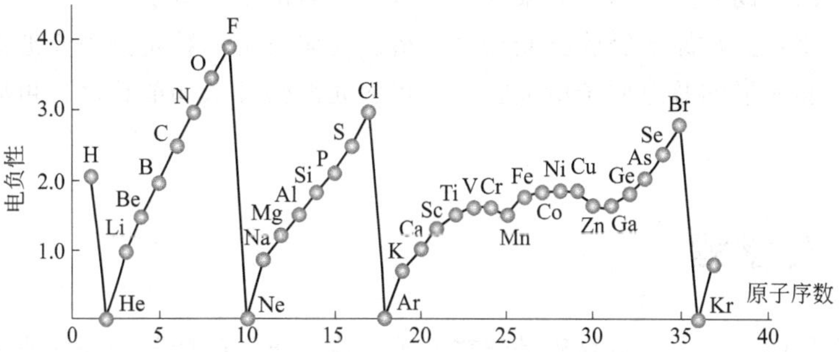

图 7-17　鲍林元素电负性系统

从图 7-17 中可以看出，主族元素的电负性具有较明显的周期性变化，同周期从左到右电负性递增，从上到下电负性递减。而副族的电负性值则较接近，变化规律不明显。元素电负性较大，一般意味着夺电子能力较强，单质的氧化能力一般会强一些。而金属的电负性普遍较低，单质原子吸引电子能力较弱，意味着金属单质的还原性较强，但副族金属元素电负性的波动与金属还原性之间没有简单对应关系，情况复杂。另外，元素电负性的周期律与原子半径的周期律存在一定关联。

F、O、N 三个元素的电负性较强，这也是其容易形成氢键的理论基础。F 元素的电负性最强，体现在化学性质上，F 原子对于任何元素都表现为夺电子特征，形成负离子。

7.2.4　原子光谱

根据以上对量子力学结果的简要说明，可以知道原子核外的电子在各自的原子轨道上运动着。处于不同轨道上的电子的能量大小是不同的，称为电子能级不同，也称为轨道能级不同。当原子中所有电子都处于最低能量的轨道上时，就说该原子处于基态。如果原子中某些电子处于能量较高的轨道，则称原子处于激发态。显然，原子的基态只有一个，但可以有许多个能量高低不同的激发态，分别被称为第一激发态、第二激发态等。图 7-10 中 $n > 2$ 的能级均为氢原子的激发态。

处于低能量轨道的电子，如果接受外界提供的适当大小的能量，就会跃迁到高能量的轨道上，两轨道能量之差等于电子所接受的外界能量。反过来，如果处在高能量轨道上的电子返回到低能量的轨道上，则向外界释放能量。电子在不同能级的轨道之间发生跃迁时所吸收或释放的能量，是以电磁波的形式出现的。若以 ν 代表吸收或释放的电磁波的频率，$\Delta\varepsilon$ 代

表不同能级之间的能量差，则

$$\Delta\varepsilon = h\nu \tag{7-6}$$

对于不同种类的原子来说，电子能级是不相同的。如果能够测量出电子从一个能级跃迁到另一个能级时，所吸收或释放的电磁波的频率对应原子特定轨道结构，可以作为原子的指纹特征。电子在不同能级之间跃迁所发射或吸收的电磁波的频率，大致处于可见光的波段范围内，所以上述分析方法被称为原子光谱法。根据实验条件不同，原子光谱法分为原子发射光谱和原子吸收光谱两类。

原子发射光谱：若对样品加热，处于基态的原子就吸收外界能量，原子核外低能级的电子可跃迁到高能级上，成为激发态的原子。但是，激发态原子不稳定，电子在很短的时间内就会返回低能级状态，同时原子以电磁波的形式向外发射电磁波。分析原子发射的电磁波的频率及强度，可以帮助判别物质中元素的种类（即元素的定性分析）。

原子吸收光谱：又称原子吸收分光光度分析。光源发射的特定频率光波通过样品的蒸汽时，被蒸汽中待测元素的基态原子所吸收，由辐射光波强度减弱的程度，可以求出样品中待测元素的含量。

7.3 化学键

通常除稀有气体外，大多数物质是依靠原子（或离子）间的某种强的作用力而将多个原子（或离子）结合成分子或某种凝聚态结构，原子（或离子）之间的这种强作用力称为化学键。组成化学键的两个原子间电负性差大于1.8时，一般生成**离子键**。小于1.8时一般生成**共价键**。而金属原子之间则生成**金属键**。

7.3.1 离子键

离子键是基于阳离子与阴离子之间正负电荷的静电强相作用（见图7-18），正、负电荷之间不存在共用电子，正、负离子键的作用既无方向性，也无饱和性。

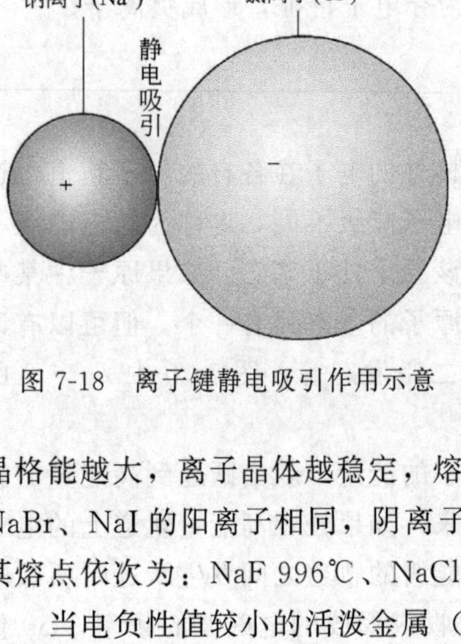

图7-18 离子键静电吸引作用示意

阴阳离子之间通过离子键自发构建离子晶体结构，离子键的能量一般以**晶格能**（E_L）来表示。晶格能是指在100kPa和298.15K条件下，由气态正、负离子形成单位物质的量的离子晶体过程中所释放的能量（$kJ \cdot mol^{-1}$），E_L与离子晶体正、负离子的电荷数及离子半径有关，表达如下：

$$E_L \propto \frac{|Z^+ Z^-|}{r^+ r^-} \tag{7-7}$$

式(7-7)表明，晶格能正比于晶体中正、负离子电荷数乘积的绝对值，而反比于正、负离子半径的乘积。晶格能越大，离子晶体越稳定，熔点和硬度就相应较高。例如，同系离子晶体NaF、NaCl、NaBr、NaI的阳离子相同，阴离子半径从氟到碘增加，因此晶格能下降，熔点依次降低，其熔点依次为：NaF 996℃、NaCl 801℃、NaBr 755℃、NaI 661℃。

当电负性值较小的活泼金属（如第Ⅰ主族的K、Na等）和电负性值较大的活泼非金属

(如第Ⅶ主族的F、Cl等)元素的原子相互靠近时，因前者易失电子形成正离子，后者易获得电子而形成负离子，而正、负离子则因静电引力而结合在一起，形成了离子型化合物。离子键多出现在金属与非金属元素之间，但金属与非金属之间的化学键不一定都是离子键，也可能是共价键，如 $AlCl_3$ 等。能形成典型离子键的正、负离子的外层电子构型一般都是8电子的，称为8电子构型。例如，在离子化合物NaCl中，Na^+ 和 Cl^- 的外层电子构型分别是 $2s^22p^6$ 和 $3s^23p^6$。

对于正离子来说，除了8电子构型的以外，还有其他类型的外层电子构型，主要是：

① 9~17电子构型，如 $Fe^{3+}(3s^23p^63d^5)$、$Cu^{2+}(3s^23p^63d^9)$。

② 18电子构型，如 $Cu^+(3s^23p^63d^{10})$、$Zn^{2+}(3s^23p^63d^{10})$。

由这些非8电子构型的正离子与一些负离子（如 Cl^-、I^- 等）形成的化学键并不是典型的离子键，而是一类由离子键向共价键过渡的化学键（离子极化理论）。

基于离子键强相作用，可以构建多种形式的离子晶体，将在无机固体材料章节中进一步介绍。

7.3.2 金属键

金属元素的电负性一般较小，较容易失去电子而表现出显著的还原性，也称金属性。同种或异种金属原子结合时，原子容易给出其活泼价电子，这种动态电离的活泼电子聚集在一起形成负电荷共享“海绵”，通过阳离子-负电荷“海绵”间静电吸引作用将失去电子的金属阳离子吸引堆积在一起，构成金属晶体（如图7-19所示）。这种依靠电离出活泼电子将金属离子静电吸引团聚在一起的结合力称作金属键。

金属键同样是基于正负电荷间的静电吸引作用，也一样没有方向性与饱和性。应该说，金属原子上的活泼价电子存在离去与再复合的快速动态平衡过程，实际金属晶体中并未发现长寿命的金属离子。

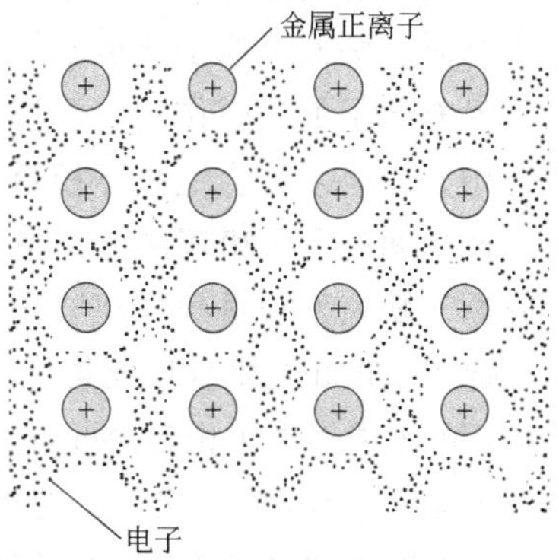

图7-19 金属键结构示意

7.3.3 共价键（VB法与MO理论）

同种非金属元素，或者电负性数值相差不很大的不同种元素（一般均为非金属，有时也有金属与非金属），一般以共价键结合形成共价型单质或共价型化合物。早期共价键理论是路易斯的共用电子对理论，即Lewis共价键理论，原子间靠共用电子对结合起来，并使成键两原子外围电子达到8电子（包含2电子，如 H_2）结构，与惰性元素电子结构一样，这种结合原则也称8隅体规则。如H∶H、Cl∶Cl、N⋮⋮N等。各原子都满足了稀有气体的稳定结构，形成稳定分子。

但是8隅体规则不适合某些分子。像 PCl_5 和 SF_6 等很多分子无法满足稀有气体电子结构特征要求。在 BF_3 中B原子周围只有6个电子；在 SF_6 中S原子周围有12个电子；在 PCl_5 中P原子周围有10个电子，太多Lewis共价键理论所无法解释的实例。

1927年，德国化学家海特勒（W. Heitler）和伦敦（F. London）将量子化学理论应用到化学键与分子结构中，后来又经鲍林（L. Pauling）等人的发展才建立了现代价键理论

(Valence Bond Theory)，简称 VB 法。之后又基于多电子原子量子化学研究，提出了分子轨道（MO）成键理论体系。

(1) 价键理论（VB 法）

共价键的本质就是原子轨道重叠成键，价键理论主要观点如下所述。

① 成键原子相互靠近时，各自提供自旋相反的成单电子偶合配对形成共价键。共价键可以是单键、双键或叁键。

② 只有含成单电子的原子轨道相互重叠，才能形成共价键（这一观点被后来的配位键理论补充修正）。

原子轨道重叠成键须满足以下三条原则。

a. 能量近似，只有能量相近的原子轨道才有可能相互重叠。

b. 对称性匹配，原子轨道同号叠加，异号叠减。其根源在于波函数的叠加与叠减，就如同波的叠加和叠减。

c. 满足最大重叠，原子轨道重叠越多，两个原子核间的电子云密度越大，对两核的吸引越强，体系越稳定。

已知氢原子的 Bohr 半径为 53pm，而实验测得 H_2 分子的核间距为 74pm，这个数值小于两个氢原子的半径之和，表明由氢原子形成 H_2 分子时，两个氢原子的 1s 轨道发生了重叠。两个原子轨道发生重叠，使两核间电子出现的概率密度增大，更增加了两核对电子的吸引，导致系统能量降低而形成了稳定分子。当两个氢原子相互靠近，但两个 1s 电子处于自旋平行时，则两个原子轨道不能重叠，此时两核间的电子出现的概率密度相对减小，两原子核间没有电子的吸引作用，两核不能近距离共存，因而这两个氢原子不能成键。在重叠原子轨道中，也必须符合泡利不相容原理，最多填充 2 个电子，且自旋相反。原子轨道重叠得越多，两核间电子云密度越大，形成的共价键就越稳定。因此，共价键的本质就是原子相互靠近时原子轨道发生重叠（即波函数叠加），原子间通过共用自旋相反的电子对成键。

原子轨道相互重叠形成共价键时，原子轨道要对称性匹配，并满足最大重叠的条件。即自旋相反的未成对电子相互接近时，必须考虑其波函数的正、负号，只有同号轨道（即对称性匹配）才能实行有效的重叠。因为电子运动具有波的特性，原子轨道的正、负号类似于经典机械波中含有波峰和波谷部分；当两波相遇时，同号则相互加强（如波峰与波峰或波谷与波谷相遇时相互叠加），异号则相互减弱甚至完全抵消（如波峰与波谷相遇时，相互减弱或完全抵消）。

共价键的特征是具有饱和性和方向性。

① 饱和性　由于每个原子提供的成键（原子）轨道数和形成分子时可提供的未成对电子数是一定的，因此原子轨道重叠和电子偶合成对的数目也是一定的，这就决定了共价键的饱和性。如上所述，当 S 原子的 p 轨道和两个 H 原子的 1s 轨道重叠成键后，轨道中的电子均偶合成对，产生 H_2S，硫原子的配位数为 2，成键结合原子数达到饱和。又如，H—H、Cl—Cl、H—Cl 等分子中，2 个原子各有 1 个未成对电子，可以相互配对，形成 1 个共价（单）键；又如，NH_3 分子中的 1 个氮原子有 3 个未成对电子（三个单电子轨道，N $1s^2 2s^2 2p^3$），可以分别与 3 个氢原子的未成对电子相互配对，形成 3 个共价（单）键。而 N_2 分子就是两个氮原子共享了三对电子，以三重键结合而成。电子已完全配对的原子不能再继续成键，稀有气体如 He 以单原子分子存在，其原因就在于此。因此在分子中，某原子所能提供的未成对电子数一般就是该原子所能形成的共价（单）键的数目，称为**共价数**。

② 方向性　p、d、f 等轨道在空间均具有一定的取向，形成共价键时原子轨道重叠必须满足最大重叠原理，即原子轨道要沿着电子出现概率最大的方向重叠成键，以降低体系的能量。因此，中心原子与周围原子形成的共价键就有一定的角度（方向）。例如，H_2S 分子的形成，硫原子的外层电子结构为 $3s^2 3p^4$，三个 p 轨道中有四个电子，可分别表示为 $3p_z{}^2$、$3p_x{}^1$、$3p_y{}^1$，S 原子 3s 和 $3p_z$ 轨道中的电子都已成对，只有 $3p_x$、$3p_y$ 轨道各有一个单电子，当 S 原子和两个 H 原子形成 H_2S 分子时，两个 H 原子的 1s 轨道只有沿着 x 轴和 y 轴的方向与硫的 $3p_x$、$3p_y$ 轨道重叠才能达到最大限度的重叠。由于 $3p_x$ 与 $3p_y$ 轨道相互垂直，决定了 H_2S 分子的构型不是直线形，其键角接近 90°。实验测得 H_2S 分子的键角为 92°16′。

根据原子轨道重叠的方向性，共价键分为 σ 键和 π 键。

如果将 s 轨道或 p_x 轨道沿 x 轴旋转任何角度，轨道的形状和符号都不会改变，s、p_x 轨道的这种性质称为对 x 轴的圆柱形对称。当 s 和 p_x 轨道重叠时，为了满足最大重叠，最好沿 x 轴采用“头碰头”的重叠方式，重叠部分仍保持对 x 轴的圆柱形对称。其对称轴（此处也是键轴）是两个子核间的连线，此类共价键称 **σ 键**。如 s-s 轨道重叠（H_2 分子）、s-p_x 轨道重叠（HCl 分子）、p_x-p_x 轨道重叠（Cl_2 分子）都形成 σ 键 [图 7-20(a)]。

如果两原子轨道以“肩并肩”的方式重叠，如 p_y-p_y、p_z-p_z 的重叠，轨道重叠部分对键轴平面呈镜面反对称，即以键轴为镜面，镜面上、下原子轨道形状相同，但符号相反，这种对键轴平面呈镜面反对称的键称为 **π 键** [图 7-20(b)]。

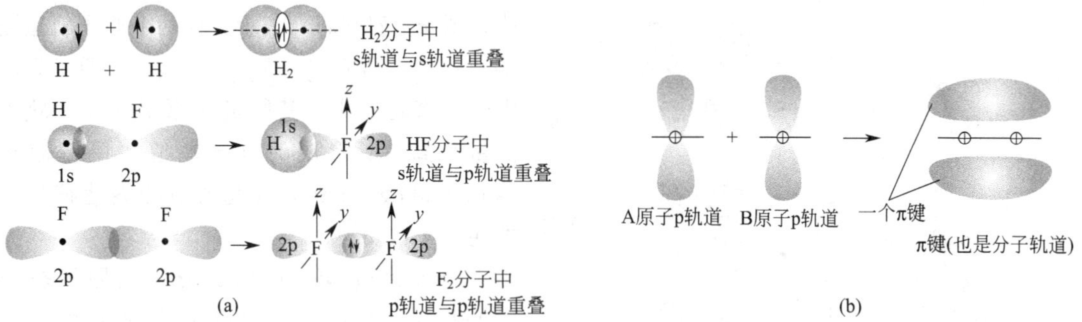

图 7-20　共价键的形成

除了 p-p 轨道重叠可形成 π 键外，p-d、d-d 轨道重叠也可形成 π 键。无论哪种形式的原子轨道重叠成键，成键的两原子轨道应该各携带一个单电子相互靠近重叠，且这两个单电子的自旋方向必须相反，最终成键时共存于一个轨道中，以符合泡利不相容原理。

如果两个原子可形成多重键，其中必有一个 σ 键，其余为 π 键；如果只形成一个键，那就是 σ 键，共价分子的立体构型是由 σ 键决定的。

N_2（N≡N）分子中有三个键，一个是 σ 键，另外两个是 π 键。N 原子的外层电子结构为 $2s^2 2p^3$，根据 Hund 规则，三个电子分占三个互相垂直的 p 轨道。当两个 N 原子用各自的一个 p 轨道，并按“头碰头”方式重叠成键时，剩余的两个 p 轨道只能是按“肩并肩”的方式重叠成两个互相垂直的 π 键。p 轨道的方向决定了 N_2 分子中的三个键彼此垂直（图 7-21）。

一般说来，π 键没有 σ 键牢固，比较容易断裂。因为 π 键不像 σ 键那样集中在两核的连线上，原子核对 π 电子的束缚力较小，π 键中电子运动的自由性较大。因此，含双键或叁键的化合物（例如不饱和烃）比较容易参加化学反应。但在某些分子（如 N_2）中也有

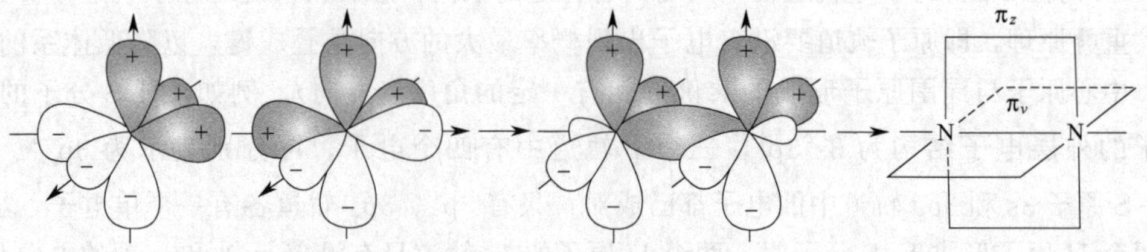

图 7-21 N_2 分子中的 σ、π 键

可能出现强度很大的 π 键，使分子性质不活泼，打开 N_2 分子中的叁键需要很高的键能（946kJ·mol^{-1}）。此类问题可用更高级的分子轨道理论来解释。

（2）分子轨道理论（MO 理论）

分子轨道（MO）理论由美国化学家马利肯（R. S. Mulliken）和德国物理学家 F. H. Hund 等人于 1932 年前后提出，这一理论的主要观点为：当原子形成分子后，电子不再局限于个别原子的原子轨道，而是属于整个分子的分子轨道。其运动轨迹可近似地由原子轨道波函数线性组合形成的分子轨道波函数（简称分子轨道）来描述。原子轨道线性组合时，当两个原子轨道（AO）波函数相加，即 $\Psi_{MO}=\psi_{AO,1}+\psi_{AO,2}$，原子间的电子云密度增加，其能量较原来的原子轨道能量降低，所形成的分子轨道为成键轨道（bonding orbital），用 σ（头碰头）或 π（肩并肩）表示；当两个原子轨道波函数相减，即 $\Psi_{MO}=\psi_{AO,1}-\psi_{AO,2}$，原子间的电子云密度减小，其能量较原来的原子轨道能量升高，所形成的分子轨道为反键轨道（antibonding orbital，在此轨道的表达符号上加注“*”，σ^*、π^*）。

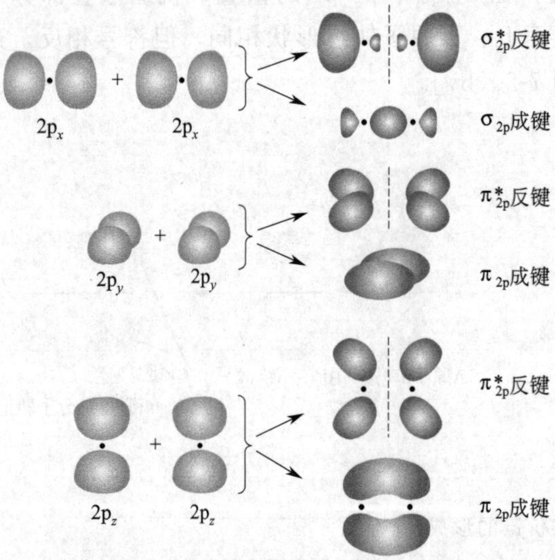

图 7-22 由 2p AO 组合得成键 MO 与反键 MO 示意

分子轨道 MO 由组成分子的原子轨道 AO 适当组合产生，组合前后轨道总数不变，组合前后系统的总能量不变。成键 σ 轨道的能量比原子轨道能量下降了 ΔE，则反键 σ^* 轨道的能量比原子轨道能量上升 ΔE。内层轨道组合前后都是全满的，能量不发生变化。因此可以不考虑它们的组合，而只考虑外层原子轨道间的线性组合[12]。组合前原子轨道中所有的电子在组合分子轨道时重新分布，分布法则与电子在原子轨道中的排布类似（泡利不相容原理、能量最低原理、洪特规则）。

在成键分子轨道中，两原子核间的电子云密度增大，利于两原子核的接近和稳定化。在反键分子轨道上，两原子核之间没有电子，不利于两原子核接近并稳定化。与 VB 法相似，MO 理论模型也采用 AO 轨道重叠形成 σ 键与 π 键两种成键形式，但增加了 σ^* 反键与 π^* 反键，σ 成键轨道、σ^* 反键轨道、π 成键轨道、π^* 反键轨道的电子云形态各有特点，以 O_2 分子的外层 2p 轨道为例，如图 7-22 所示。

[12] 满足一定组合规则，同“＋”号轨道相加，同“－”号轨道相加，产生成键 MO 轨道；“＋”号轨道与“－”号轨道叠加则出现相减，产生反键 MO 轨道。

氧分子中，两个氧原子的外层 6 个 2p 轨道经组合后形成能量高低不同的 6 个分子轨道，三个为成键分子轨道，另三个为反键分子轨道，如图 7-23 所示。其中，单电子的 $2p_x$ 方向的 AO 轨道两两“头碰头”重叠，形成一个 σ_{2p} 成键 MO 轨道与一个 σ_{2p}^* 反键 MO 轨道；$2p_y$ 与 $2p_z$ 方向的 AO 轨道则只能“肩并肩”重叠，形成 2 个简并的 π_{2p} 成键 MO 轨道与 2 个 π_{2p}^* 反键 MO 轨道。

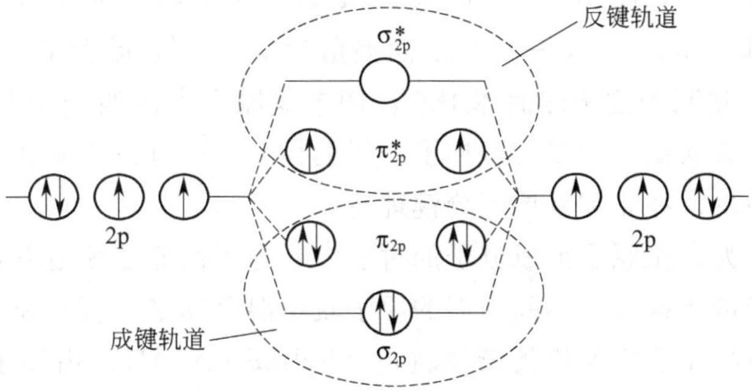

图 7-23　氧原子轨道和分子轨道能量关系示意

分子轨道一般用下列符号表示：

$$O_2\,[(\sigma_{1s})^2(\sigma_{1s}^*)^2(\sigma_{2s})^2(\sigma_{2s}^*)^2(\sigma_{2p})^2(\pi_{2p})^4(\pi_{2p}^*)^2]$$

式中，σ 表示分子轨道的 σ 类型共价键；π 表示分子轨道的 π 类型共价键；* 号表示反键轨道，没有标注 * 者为成键轨道。每个分子轨道上填充的电子数标注在右上角。

分子轨道中电子的分布也与原子中电子的分布一样，服从泡利不相容原理、最低能量原理和洪特规则。根据这些规律，氧分子中 8 个外层电子中的 6 个可以配对填充于三个成键分子轨道中，剩余 2 个电子则只能分布于两个简并的反键轨道 π_{2p}^* 上，且要满足 Hund 规则，各占据一个简并轨道。这样一来，O_2 分子中有 6 个成键电子，2 个反键电子，成键因素远高于反键因素，O_2 分子能够稳定存在。基于 MO 理论，还衍生出“键级”（bond order，简称 B. O.）概念，B. O. =(成键电子数－反键电子数)/2。

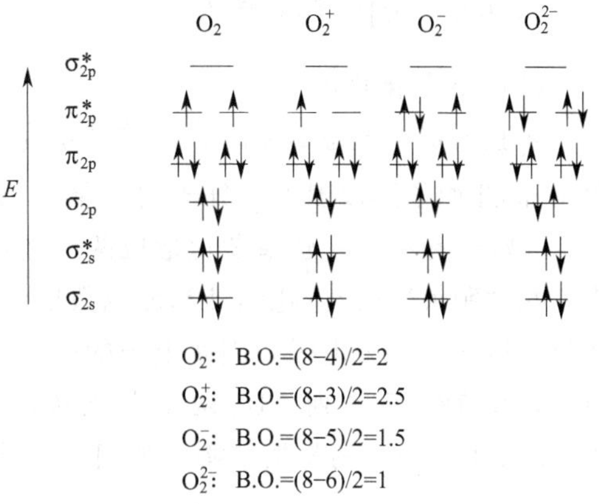

图 7-24　O_2 分子及其衍生离子的 MO 结构模型与键级 B. O.

结构中反键轨道 π_{2p}^* 上含有两个单电子，即为双自由基，也说明了 O_2 分子的高反应活性。像这种存在单电子结构的分子，称作顺磁性[13]。

氧分子在一定条件下可以获得电子或失去电子，形成双原子离子，获得电子时将产生超氧负离子（O_2^-）和过氧负离子（O_2^{2-}）。这些双原子离子的 MO 结构模型与键级 B. O. 如图 7-24 所示。

图中键级显示，O_2 分子键级较高，相对较稳定；过氧负离子（O_2^{2-}）键级最小，相对最不稳定。

---

[13] 材料磁性可分为顺磁性、抗磁性、铁磁性。

7.4 杂化轨道理论

现代价键理论成功地解释了共价键的成键本质以及共价键的方向性和饱和性等问题，但在说明一些分子（特别是多原子分子）的构型时，理论推测与实验测得分子中的键角、键长、键能的数据往往不符。例如，实验测定 CH_4 分子中有四个等同的 C—H 键，其键长为 109pm，键能为 $414kJ \cdot mol^{-1}$，C—H 键之间夹角为 109°28′，因此 CH_4 的立体构型为正四面体（tetrahedral），碳原子位于四面体中心，四个氢原子占据四个顶点。海特勒-伦敦价键理论不能很好解释这些问题。为了解释许多分子的构型，L. Pauling 和 J. C. Slater 在 1931 年提出了杂化轨道理论，补充和发展了价键理论。

杂化轨道理论认为，在原子形成分子的过程中，为了使原子轨道有效地重叠，增加其成键能力，倾向于将能量相近的、不同类型的原子轨道混合起来，再重新分化为新的轨道，即轨道重组，这种混杂的原子轨道称为杂化轨道（hybrid orbital），由原子轨道形成杂化轨道的过程称为杂化（hybridization）。原子轨道在杂化前后轨道数目不变，即有几个能量相近的原子轨道杂化，就能形成几个杂化轨道。

根据杂化时所用原子轨道种类的不同，杂化轨道有多种类型。如 ns、np 原子轨道可组合成 sp、sp^2、sp^3 杂化轨道；由 $(n-1)$d、ns、np 原子轨道可组合成 dsp^2、dsp^3、d^2sp^3 等杂化轨道；由 ns、np、nd 原子轨道可组合成 sp^3d、sp^3d^2 等杂化轨道。

7.4.1 s-p 等性杂化

(1) sp 杂化轨道

实验测定，气态 $BeCl_2$ 分子的键角为 180°，分子呈直线形。杂化轨道理论认为，当 Be 原子和 Cl 原子形成 $BeCl_2$ 分子时，基态 Be 原子 $2s^2$ 中的一个电子激发到空的 2p 轨道上，一个 s 轨道和一个 p 轨道杂化形成两个能量一样、形状相同的 sp 杂化轨道，杂化轨道形状为一端“肥大”（量子化学计算波函数值为正），另一端“瘦小”（波函数计算为负）。这两个杂化轨道各有一个电子，因两电子的排斥作用，这两个杂化轨道在空间上尽可能远离，围绕原子核呈 180°角排列。Be 两个杂化轨道分别和 Cl 原子的 p 轨道重叠形成 σ 键，构成了 $BeCl_2$ 分子直线形的骨架结构，如图 7-25 所示。

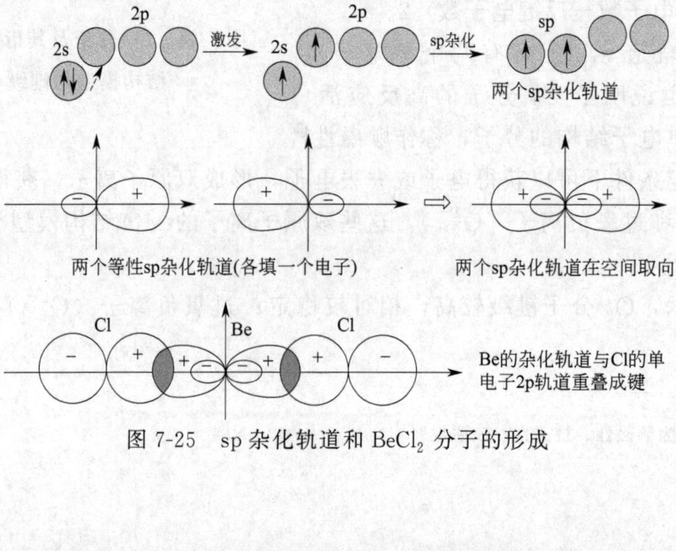

图 7-25　sp 杂化轨道和 $BeCl_2$ 分子的形成

因此，一个 s 轨道和一个 p 轨道杂化可以形成两个 sp 杂化轨道，每个 sp 杂化轨道均含 $\frac{1}{2}$s 轨道成分和 $\frac{1}{2}$p 轨道成分，两个轨道在空间的伸展方向呈直线形，其夹角为 180°。

Zn、Cd、Hg 特征电子构型均为 $(n-1)d^{10}ns^2$，成键时 ns 轨道中一个电子激发到 np 轨道，用 sp 杂化轨道成键，故 $ZnCl_2$、$CdCl_2$、$HgCl_2$、$Hg(CH_3)_2$ 等都为直线形分子。

乙炔（H—C≡C—H）分子中的C原子也是采用sp杂化轨道成键，两个C原子以sp杂化轨道重叠形成一个C—C σ键，另一个 sp 杂化轨道与 H 原子的 1s 轨道重叠形成 C—H σ 键，每个C原子上剩余的两个 p 轨道未参与杂化，分别“肩并肩”重叠形成两个相互垂直的 π 键（图 7-26）。

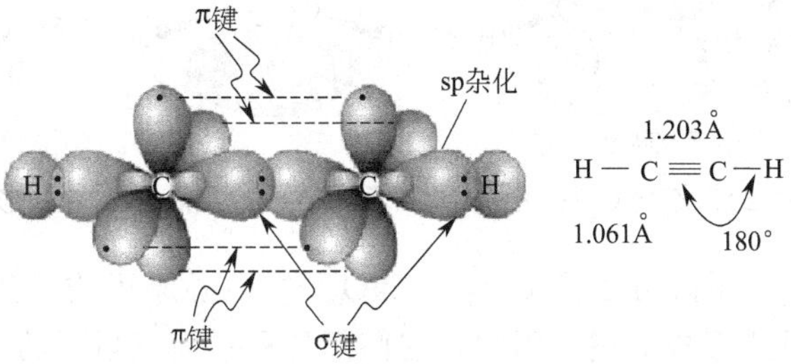

图 7-26 乙炔 C_2H_2 分子中的 sp 杂化与 σ 键、π 键

(2) sp^2 杂化轨道

实验测得 BF_3 分子呈平面三角形结构，键角为 120°，三个 B—F 键是等同的。杂化轨道理论认为，当 B 原子和 F 原子形成 BF_3 分子时，基态 B 原子 $2s^2$ 中的一个电子激发到空的 2p 轨道，一个 s 轨道和两个 p 轨道形成三个 sp^2 杂化轨道，再分别与 F 原子的单电子 p 轨道（$1s^22s^22p_x{}^22p_y{}^22p_z{}^1$）重叠形成三个 B—F σ 键，构成了 BF_3 分子平面三角形的骨架结构，如图 7-27 所示。

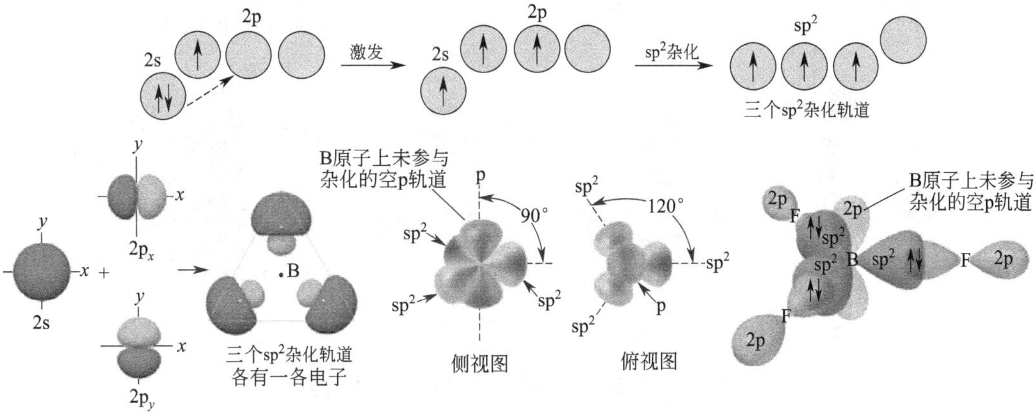

图 7-27 BF_3 分子中 sp^2 杂化

三个 sp^2 杂化轨道间夹角为 120°，每个杂化轨道含 $\frac{1}{3}$s 轨道成分和 $\frac{2}{3}$p 轨道成分。

BF_3 分子中 B 原子还有一个空的 p 轨道没有参与杂化，该 p 轨道垂直于三个杂化轨道所构成的三角形平面。这个空的 p 轨道可以接受电子对（例如 NH_3）的填充，使 BF_3 充当

Lewis 酸。

乙烯（$H_2C=CH_2$）分子中的C原子也是采用 sp^2 杂化轨道成键的，两个C原子各用一个 sp^2 杂化轨道彼此重叠形成C—C间的键，剩余的两个 sp^2 杂化轨道分别与两个H原子的1s轨道重叠形成C—H间 σ 键，构成了 C_2H_4 分子的平面形骨架结构。另外，每个C原子上还有一个未参与杂化的单电子p轨道，彼此以"肩并肩"的方式重叠形成一个C—C间 π 键，垂直于乙烯分子的平面（见图7-28）。C_2H_4 分子中的C═C双键，一个是 sp^2-sp^2 杂化轨道形成的 σ 键，另一个是p-p轨道形成的 π 键。

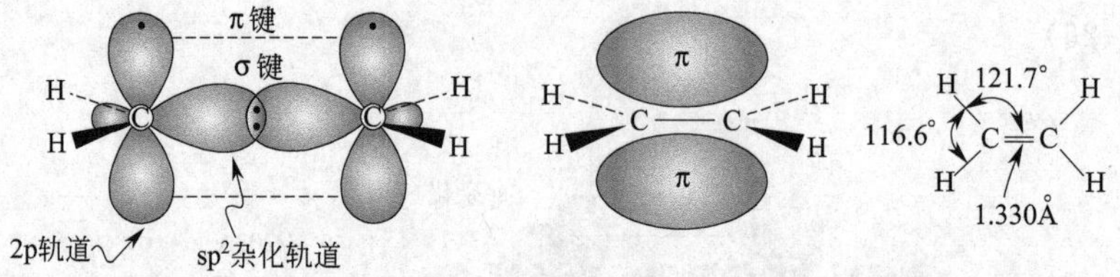

图7-28　乙烯 C_2H_2 中的C原子 sp^2 杂化以及 σ、π 键的形成

BCl_3、BBr_3、SO_3、甲醛分子及 CO_3^{2-}、NO_3^- 的中心原子均采用 sp^2 杂化，杂化轨道与配位原子的p轨道重叠形成 σ 键，因此，它们都具有平面三角形的骨架结构。

（3）sp^3 杂化轨道

实验测定 CH_4 分子呈四面体构型，四个C—H键等同，键角均为109°28′。杂化轨道理论认为，当形成 CH_4 分子时，C原子 $2s^2$ 轨道的一个电子激发到2p轨道，C原子的一个s轨道和三个p轨道形成四个 sp^3 杂化轨道，每个杂化轨道和一个H原子的1s轨道重叠形成四个C—H间的 σ 键，构成 CH_4 分子正四面体的骨架结构，见图7-29。

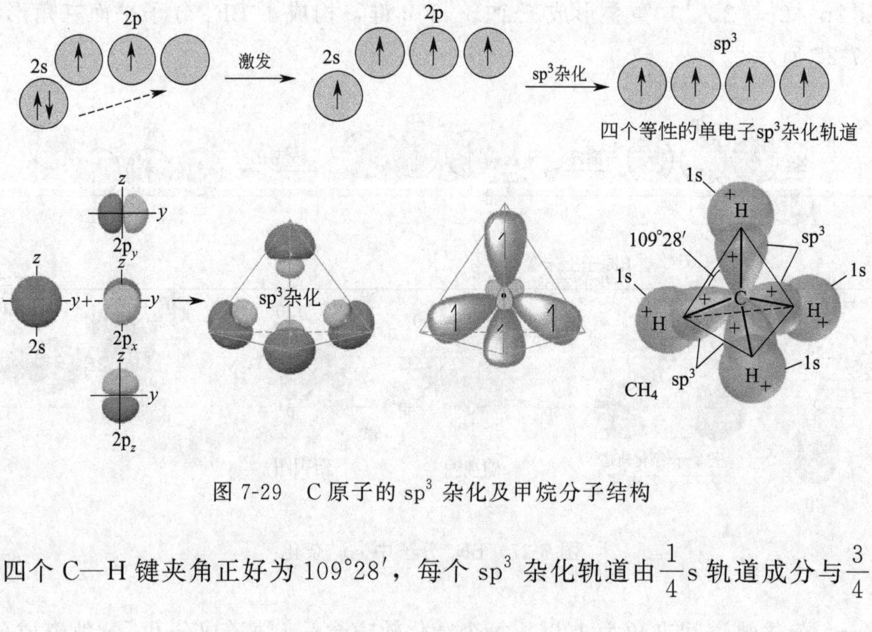

图7-29　C原子的 sp^3 杂化及甲烷分子结构

上述四个C—H键夹角正好为109°28′，每个 sp^3 杂化轨道由 $\frac{1}{4}$ s轨道成分与 $\frac{3}{4}$ p轨道成分组成。

CCl_4、$SiCl_4$ 分子及 SO_4^{2-}、ClO_4^- 的骨架均由 sp^3 杂化轨道形成的 σ 键构成，它们都为正四面体构型。

7.4.2　s-p 不等性杂化

所谓不等性杂化是指，参与杂化的原子轨道 s、p 和 d 等成分不相等，所形成的杂化轨道是一组能量彼此不相等的轨道。

NH_3 分子中 N 原子的价电子结构为 $2s^2 2p_x{}^1 2p_y{}^1 2p_z{}^1$，按价键理论，N 原子的三个 p 轨道可与三个 H 原子的 1s 轨道重叠形成三个 σ 键，N—H 键间夹角推测为 90°，但实验测定 NH_3 分子中 N—H 键间夹角为 107°20′。价键理论的推论与事实不符，显示出 VB 法的不足。

杂化轨道理论认为，NH_3 分子中的 N 原子采用 sp^3 不等性杂化轨道成键（图 7-30）。在四个 sp^3 杂化轨道中有一个轨道被孤对电子占据；其他三个杂化轨道各有一个电子，它们分别与 H 原子的 1s 轨道重叠，形成三个 σ 键。NH_3 分子中，N 原子的四个不等性杂化轨道在空间呈四面体取向，因一个轨道被孤对电子占据，不参与成键，电子云则密集于 N 原子周围，对三个 N—H 键的电子云有排斥作用，使键角由 109°28′被压缩到 107°20′，因此 NH_3 分子为三角锥形结构，杂化轨道理论的推测与实验结果一致。NH_3 分子作为弱碱结合一个质子后，将变为 NH_4^+ 离子，可看作 NH_3 分子的 N 原子孤对电子填充到 H^+ 空的 s 轨道上，发生配位形成 N—H 键（也是共价键）。此时 N 原子的杂化演变为 sp^3 等性杂化，离子中的四个 N—H 键等性，离子呈正四面体构型。

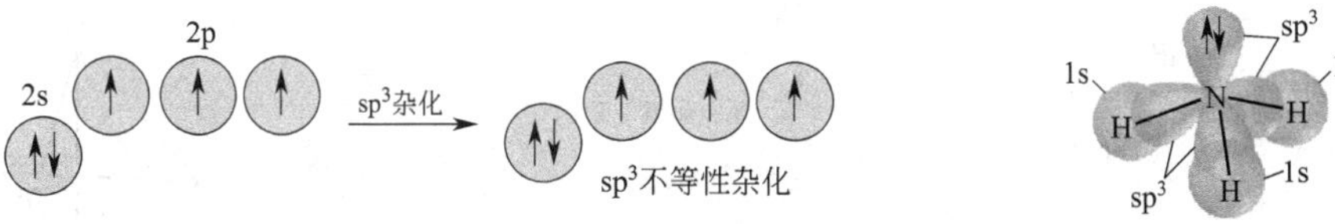

图 7-30　sp^3 不等性杂化及 NH_3 分子的构型

H_2O 分子中 O 原子的价电子结构为 $2s^2 2p_x{}^2 2p_y{}^1 2p_z{}^1$，根据价键理论，O 原子用两个 p 轨道分别和 H 原子 1s 轨道形成两个键，键角应接近 90°，但是实验测得 H_2O 分子中 O—H 键间夹角为 104°45′。杂化轨道理论认为，水分子中的 O 原子采用不等性 sp^3 杂化（图 7-31），在四个杂化轨道中，有两个被孤对电子（lone pair，简称 LP）占据，另外两个单电子杂化轨道分别与 H 原子的 1s 轨道重叠形成 σ 键。因两个轨道被孤对电子占据，孤对电子间排斥作用大于成键电子对间的排斥作用，孤对电子对成键电子对的排斥作用也较大，迫使两个 O—H 键进一步压缩角度，所以 H_2O 分子的键角比 NH_3 分子中的键角更小，为 104°45′，呈折线形（亦称 V 字形）结构。

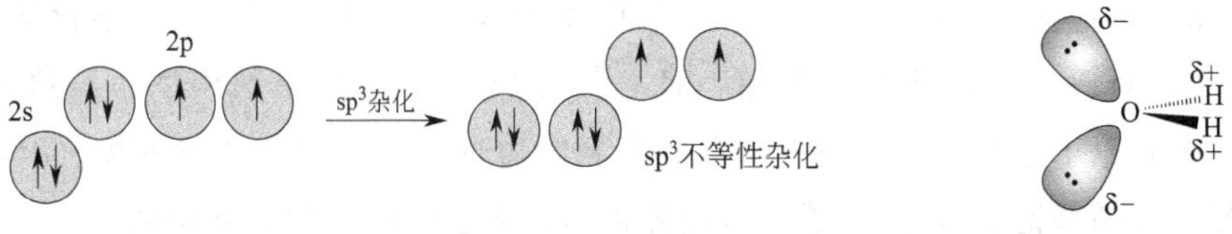

图 7-31　sp^3 不等性杂化及 H_2O 分子的构型

从以上讨论可以看出，若中心原子采用等性 s-p 杂化轨道成键，在成键过程中总伴随着电子的激发。虽然激发电子需要吸收能量，但 s 轨道中的一个电子激发到空的 p 轨道后，可多形成两个共价键，成键时所释放的能量可以补偿电子激发所需的能量，因此用杂化轨道成键可使体系的能量降低，有利于形成稳定的分子。

NH_3、H_2O分子中的N、O原子不存在空的p轨道，所以成键时采用不等性杂化轨道。由于有孤对电子占据杂化轨道，使得四个杂化轨道的形状和能量不尽相同。被孤对电子占据的杂化轨道形状肥大、能量较低，其余杂化轨道能量稍高些，形状接近于p轨道。

7.4.3 s-p-d型杂化

SF_6分子为正八面体构型，六个F原子位于正八面体的六个顶点，键角为90°。杂化轨道理论认为，在形成SF_6时，S原子的3s及3p轨道中，各有一个电子被激发到3d轨道，形成六个sp^3d^2杂化轨道，然后与F原子的单电子p轨道重叠，电子配对形成六个S—F σ键。基于能量最低原则，六个单电子杂化轨道应尽可能相互远离，减小排斥，降低能量，因而在空间排出正八面体形，所以SF_6为正八面体构型（见图7-32）。应该指出，S原子杂化形成六个杂化轨道是等性的，但与F原子结合后形成的六个S—F键的键长不尽相等。

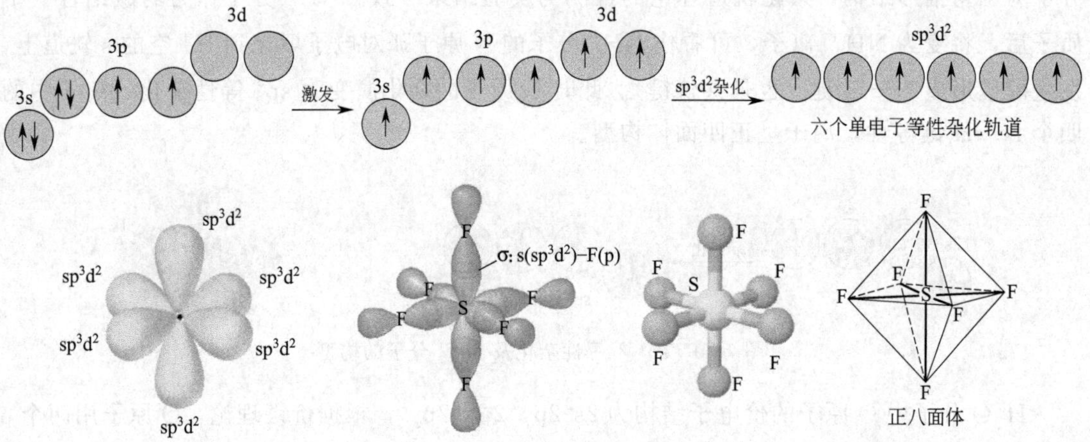

图7-32 sp^3d^2杂化及SF_6分子构型

除以上杂化类型，还有sp^3d、dsp^2、d^2sp^3等杂化形式。第三周期元素的原子有空的d轨道，可以参与成键，因此也可以参与杂化。由一个s轨道、三个p轨道和一个d轨道参与杂化，可形成五个sp^3d杂化轨道，五个杂化轨道呈三角双锥空间排列。PCl_5分子就是这种情形，分子呈三角双锥构型，平面中的三个P—Cl键夹角为120°，垂直于平面的两个顶点各有一个Cl原子，与平面的夹角为90°。杂化轨道理论认为，形成PCl_5时，P原子3s轨道的一个电子激发到空的3d轨道，形成五个单电子的sp^3d杂化轨道，每个杂化轨道与Cl原子的单电子p_x轨道重叠形成五个P—Cl键，因此PCl_5分子的空间构型为三角双锥。dsp^2杂化结果使中心原子与四个配位原子结合成平面四边形，中心原子位于中央。d^2sp^3杂化也是形成六配位（如果饱和），使分子成八面体构型，与sp^3d^2杂化情形相似。

以上杂化轨道分析很好地解释了分子的几何构型。杂化轨道都有确定的方向，而且杂化轨道形成的全部是σ键。单个杂化轨道的电子云一端“肥大”密集（波函数值为正），另一端“瘦小”稀疏（波函数值为负），用电子云“肥大”一端与其他原子轨道重叠成键，形成稳定的分子。杂化轨道理论对分子空间构型的解释与VSEPR理论（价层电子对互斥理论）

的预测一致。应该指出，杂化轨道理论虽然可以对实验观察到的一种分子形状的事实进行合理的解释，但至今也没有在实验中观测到原子轨道的杂化重组过程，这也是杂化轨道理论曾经被批判为“唯心论”的原因。杂化轨道理论更多的是根据实际分子形态来反推应该采用哪种杂化方式，也可以做出一些预测。此外，单一的杂化轨道也不能很好地解释某些共价键。尽管如此，杂化轨道理论对含碳分子构型的解释却非常完美，因此被广泛应用于有机化学中。

7.4.4　大Π键（离域 π 键）

实验测定 SO_2、NO_3^- 中的键长完全相等，而且是介于单键和双键之间，类似的分子、离子还有 NO_2、O_3、SO_3、CO_3^{2-} 等，这些结果不是早前 VB 法理论可以解释的。实际上，这些分子和离子中，除有起骨架作用的 σ 键外，均存在离域 π 键（建立在 3 个以上原子的 π 键，也称**大Π键**），才使得分子或离子中各键键长均匀化，介于单、双键之间，利用杂化轨道理论可解释**大Π键**。

以 SO_2 为例，已知其分子结构呈 V 字形。中心 S 原子采取不等性 sp^2 杂化，三个杂化轨道中两个为单电子轨道，一个为成对电子轨道。三个杂化轨道空间排列为近三角形，孤对电子云对单电子云存在排斥挤压。还有一个未参与杂化的 3p 轨道上填充有成对电子。如图 7-33 所示。

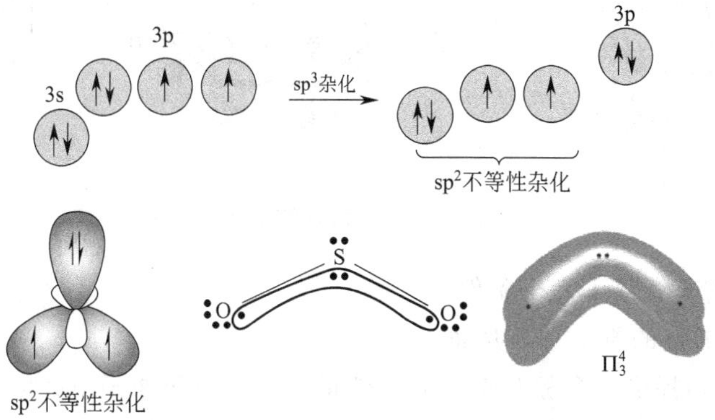

图 7-33　SO_2 分子中 S 原子不等性 sp^2 杂化与 SO_2 分子构型

S 原子的两个单电子杂化轨道分别与 O 氧原子的一个单电子 2p 轨道发生重叠，形成 S—O 间的 σ 键。两个 S—O 键的夹角小于 120°。另外，两个 O 原子和中间的 S 原子各有一个 p 轨道，且方向平行，垂直于 O—S—O 三角平面，这三个平行的 p 轨道中，两个 O 原子上的 2p 轨道各有一个电子，而中间 S 原子的 3p 轨道上有成对电子。这三个平行 p 轨道“肩并肩”重叠，形成 3 中心 4 电子大Π键，标记为Π_3^4。

NO_3^- 离子中 N 原子可以发生 sp^2 杂化，如图 7-34 所示。三个杂化轨道等性，各含有一个电子，N 原子上还有一个 $2p_z$ 轨道未参与杂化，含有成对电子。三个单电子杂化轨道分别与 O 原子的单电子 $2p_x$ 轨道重叠，形成 3 个成 120°夹角的 N—O σ 键。中心 N 原子上未参与杂化的 $2p_z$ 轨道（两个电子）与周围三个 O 原子的单电子 $2p_z$ 轨道平行，发生“肩并肩”重叠，形成 4 中心 6 电子（5＋1，有一个电子来自 NO_3^- 所带负电荷）的大Π键，标记为Π_4^6。

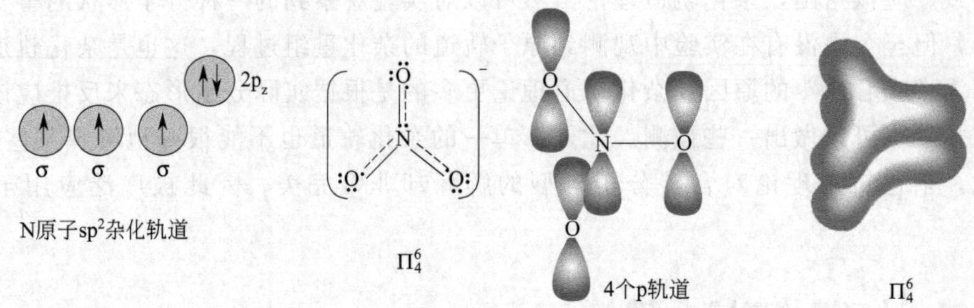

图 7-34 NO_3^- 离子中 N 原子杂化与成键形式

CO_3^{2-} 离子也有相似的大Π键。SO_3 分子的杂化和成键情况较为复杂。

苯分子中，六个碳原子的成键情况（键长、键角、键能）是等同的，杂化轨道理论认为，苯分子中的碳原子采用 sp^2 杂化形成三个杂化轨道，其中一个杂化轨道和氢原子的 1s 轨道形成 σ 键，另外两个杂化轨道和相邻碳原子形成两个 C—C σ 键，组成平面正六角形的骨架结构，此外每个碳原子还剩一个垂直于该平面的 p 轨道，而且相互平行（见图 7-35），每个 p 轨道上有一个电子，这六个相互平行的 p 轨道以“肩并肩”的方式重叠形成Π_6^6 大Π键，六个 p 电子运动在环形轨道上。

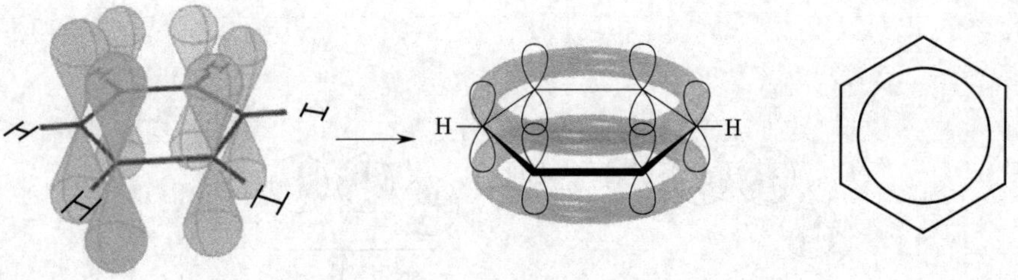

图 7-35 苯分子结构和离域 π 键

要形成大Π键需具备以下几个条件。

① 参与形成大Π键的原子必须共面。

② 每个原子必须提供一个相互平行的 p 轨道，并垂直于原子所在的平面。

③ 形成大Π键的原子所提供的 p 电子数目必须小于 p 轨道数目的两倍。因此，只有在 sp 或 sp^2 杂化时，才有可能形成 p-p 离域Π键。常见分子、离子中存在的离域 π 键列于表 7-4。

表 7-4 常见分子、离子中的离域 π 键（Π键）

分子成离子	NO_2	N_2O、CO_2、$BeCl_2$	SO_2、O_3	SO_3、BF_3、NO_3^-、CO_3^{2-}	C_6H_6
杂化类型	sp^2	sp	sp^2	sp^2	sp^2
几何构型	V 字形	直线形	V 字形	平面三角形	六边形
离域 π 键	Π_3^3 或Π_3^4	Π_3^4	Π_3^4	Π_4^6	Π_6^6

7.5 分子的极性与空间构型

7.5.1 共价键参数

表征共价键特性的物理量称为共价键参数，例如键长、键角和键能等。通过实验可以得到这些物理量，并由此知道共价型分子的空间构型、分子的极性以及稳定性等性质。

（1）键长

分子中成键原子的两核间的距离叫做键长。键长与键的强度（或键能）有关。由不同种类的原子所形成的共价键的键长是不相同的。在原子种类确定的情况下，键长较小则分子较稳定。

H_2 分子中 2 个 H 原子的核间距为 74pm，所以 H—H 键长就是 74pm。键长和键能都是共价键的重要性质，可由实验（主要是分子光谱或热化学）测知。表 7-5 列出一些共价键的键长和键能数据。

表 7-5　一些共价键的键长和键能

共价键	键长/pm	键能 E/kJ·mol^{-1}	共价键	键长/pm	键能 E/kJ·mol^{-1}
H—H	74	436	C—C	154	346
H—F	92	570	C═C	134	602
H—Cl	127	432	C≡C	120	835
H—Br	141	366	N—N	145	159
H—I	161	298	N≡N	110	946
F—F	141	159	C—H	109	414
Cl—Cl	199	243	N—H	101	389
Br—Br	228	193	O—H	96	464
I—I	267	151	S—H	134	368

由表 7-5 中数据可见，H—F、H—Cl、H—Br、H—I 卤化氢系列中，阴离子半径越来越大，卤化氢键长依次递增，而键能依次递减（F_2、Cl_2、Br_2、I_2 系列也如此）；单键、双键及叁键的键长依次缩短，键能依次增大，但双键、叁键的键能与单键的相比并非两倍、三倍的关系。

（2）键角

分子中相邻两键间的夹角叫做键角。分子的空间构型与键长和键角有关，键角与键长是反映分子空间构型的重要参数。如 H_2O 分子中 2 个 O—H 键之间的夹角是 104.5°，这就决定了 H_2O 分子是 V 形结构。键长与键角主要是通过实验技术测定，其中最主要的手段是通过 X 射线衍射（XRD）测定单晶体的结构，同时给出形成单晶体分子的键长和键角的数据。

（3）键能

共价键的强弱可以用键能数值的大小来衡量。一般规定，在 298.15K 和 100kPa 下的气态物质中，断开单位物质的量的化学键而生成气态原子，所需要的能量叫做键解离能，以符号 D 表示。对于双原子分子，解离能 D 也就是键能 E。对于两种元素组成的多原子分子，存在多个相同的 A—B 键（如 H_2O、NH_3 等），分子各同种化学键的解离能平均值等于键能 E。

7.5.2　分子偶极矩与空间构型

设想在分子中，正、负电荷各有一个“电荷重心”。正、负电荷重心重合的分子叫做非极性分子，正、负电荷重心不重合的分子叫做极性分子，如 H—Cl 分子中发生正负电荷部分分离，可表示为 $^{\delta+}$H—Cl$^{\delta-}$。分子的极性可以用**电偶极矩**（dipole moment，简称偶极矩）来表示，物理量符号为 μ。偶极矩是一个矢量，其方向为从正到负。若分子中正、负电荷重心所带的电量各为 q，两中心距离为 l，则二者的乘积被称为电偶极矩，SI 单位为 C·m（库

伦·米)，即

$$\mu = ql \tag{7-8}$$

分子中原子间距离的数量级为 10^{-8}cm，电子电量的数量级为 10^{-10}esu（静电单位），因此曾将 10^{-18}cm·esu 作为偶极矩 μ 的单位，称“德拜”(Debye)，用 D 表示。在国际单位制中，电子电量等于 1.6×10^{-19} 库仑 (C)，分子中，原子间距离的数量级为 10^{-10}m，所以偶极矩的数量级为 10^{-30}C·m，1cm·esu＝3.334×10^{-12}C·m，所以 1D＝3.334×10^{-30}C·m。

虽然极性分子中的 q 和 l 的数值难以测量，但 μ 的数据可通过实验方法测出。表 7-6 中列出了一些分子电偶极矩和分子空间构型。分子电偶极矩的数值可用于判断分子极性的大小，电偶极矩越大表示分子的极性也越大，μ 值为零的分子即为非极性分子。对双原子分子来说，分子极性和键的极性是一致的。例如，H_2、N_2 等分子是由非极性共价键组成，整个分子的正、负电荷中心是重合的，μ 值为零，所以是非极性分子。又如，卤化氢分子是由极性共价键组成，整个分子的正、负电荷中心不重合，μ 值不为零，所以是极性分子。在卤化氢分子中，从 HF 到 HI，氢与卤素之间的电负性相差值依次减小，共价键的极性也逐渐减弱，而从表 7-6 中的数值也可看出，这些分子的电偶极矩逐渐减小。在多原子分子中，分子的极性和键的极性往往不一致。例如，H_2O 分子和 CH_4 分子中的 O—H 键和 C—H 键都是极性键，但从 μ 的数值来看，H_2O 分子是极性分子，CH_4 是非极性分子。所以分子的极性不但与键的极性有关，还与分子的空间构型（对称性）有关。经常我们可以根据分子偶极矩的测量结果来推测分子的空间几何构型。

表 7-6 一些分子的电偶极矩和分子空间构型

分子		电偶极矩/(10^{-30}C·m)	空间构型
双原子分子	HF	6.07	直线形
	HCl	3.60	直线形
	HBr	2.74	直线形
	HI	1.47	直线形
	CO	0.37	直线形
	N_2	0	直线形
	H_2	0	直线形
三原子分子	HCN	9.94	直线形
	H_2O	6.17	V 字形
	SO_2	5.44	V 字形
	H_2S	3.24	V 字形
	CS_2	0	直线形
	CO_2	0	直线形
四原子分子	NH_3	4.90	三角锥形
	BF_3	0	平面三角形
五原子分子	$CHCl_3$	3.37	四面体形
	CH_4	0	正四面体形
	CCl_4	0	正四面体形

注：摘自参考文献 D. R. Lide，CRC Handbook of Chemistry and Physics，71st ed.，CRC Press，Inc.，1990～1991.

7.6 分子间相互作用

原子间共价键的键能一般在 100～600kJ·mol^{-1}，普遍相当牢固。分子与分子之间也存在着作用力，但比化学键弱得多，比化学键小1～2个数量级，所以通常不影响物质的化学性质，但它是决定物质的熔沸点、气化热、溶解度等物理性质的重要因素。分子间的作用力包括普遍存在的**范德华力**（van der Waals force）与特定结构中出现的氢键。

7.6.1 范德华力

稀有气体及H_2、O_2、N_2、Cl_2、Br_2、NH_3、H_2O等分子能够液化或凝固，说明存在分子间吸引力，即范德华力，其本质是分子间或永久或瞬间存在的弱电荷吸引力。作用范围为300～500pm，其典型能量水平只有0.4 ～ $4kJ\cdot mol^{-1}$。无方向性和饱和性，力的大小与分子的距离的6次方成反比，作用强度随分子间距离增加而急剧衰减。范德华力包括取向力、诱导力、色散力，其中以色散力最强，最普遍存在。

(1) 取向力（Keesom interactions）

极性分子具有永久偶极矩，可看作电偶极子，电性上具有正、负两极。当两极性分子相互靠近时，同极相互排斥，异极相互吸引，使分子按一定的取向排列（图7-36）。这种固有偶极之间的作用力称为取向力。取向力存在于极性分子之间，分子的极性越强，取向力也越强；温度升高，分子热运动加剧，分子取向混乱，取向力削弱。

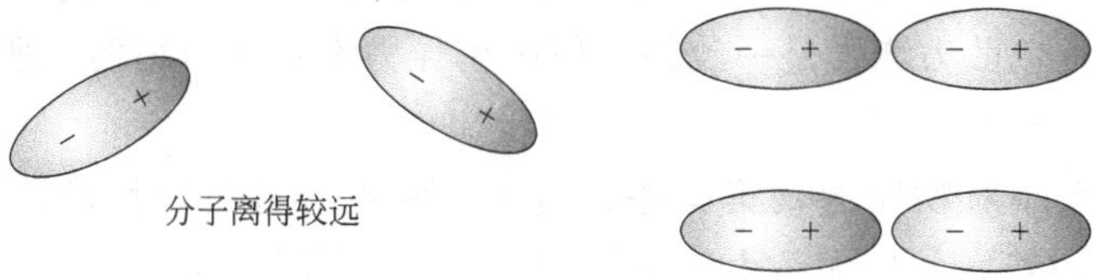

图7-36 取向力的作用示意图

(2) 诱导力（Debye forces）

当极性分子和非极性分子靠近时，极性分子固有偶极产生的电场使非极性分子发生变形，使原来正、负电荷重心重合的非极性分子产生了诱导偶极（图7-37）。固有偶极与诱导偶极之间的作用力称诱导力。极性分子的极性越强，非极性分子的变形越大，诱导力越强。极性分子间相互作用时，每个极性分子也会因变形产生诱导偶极，所以在极性分子间也存在诱导力。

图7-37 诱导力的产生示意图

(3) 色散力

色散力也称伦敦力（london dispersion forces），发生于非极性分子之间。非极性分子宏观上正负电荷重心相重合，电子云均匀、对称地分布在原子核周围［见图7-38(a)］。实际上，分子中的电子在不断地运动，原子核也在不停地振动，因此经常发生电子和原子核之间的瞬时相对位移，产生瞬时偶极［见图7-38(b)］。此瞬时偶极可使与它相邻的另一非极性分子产生瞬时诱导偶极，于是两个瞬时偶极就趋于异极相邻的状态［见图7-38(c)］，从而产生分子间作用力。由于电子的运动和核的振动是持续不断的，这种异极相邻状态也在不断地重复着，所以，虽然瞬时偶极存在时间不长，但这种作用在体系内此起彼伏，频繁出现。瞬时偶极子间的作用力称色散力。一般情况下，分子的变形性越大，色散力越大。色散力虽然针对非极性分子分析提出，但也普遍存在于极性分子中，是范德华作用力中最为普遍存在的一种情形。

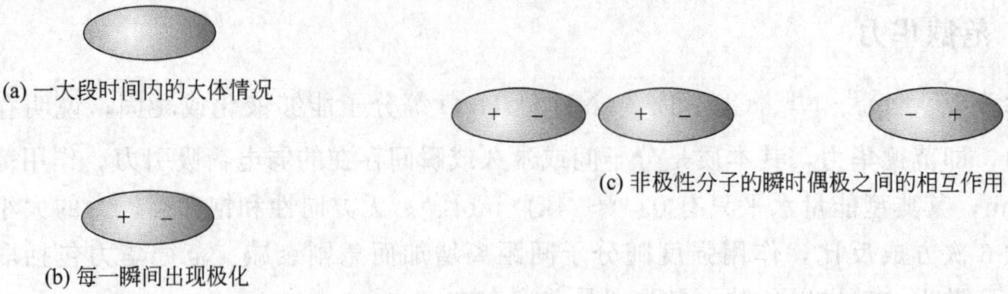

图 7-38 非极性分子间色散力的产生

综上所述，分子间的三种作用力，非极性分子间只存在色散力；极性和非极性分子间存在诱导力和色散力；极性分子间存在取向力、诱导力和色散力。因此，色散力存在于一切分子之间。

范德华作用力对物质的物理性质起着重要作用，用这条经验规律也可解释一些无机物在水中的溶解情况。如稀有气体从 He 到 Xe 在水中的溶解度逐渐增大，这与随着分子体积增大，原子变形性增大，色散力增强是一致的，但因诱导力本身还是很弱，所以它们在水中的溶解度都是很小的。

分子间作用力的大小对物质的聚集状态、熔点、沸点起着决定性的作用。如在通式为 C_nH_{2n+2} 的烷烃中，随着 n 的增大，由气态过渡到液态、固态（n 在 17 以上的烷烃都为固态），熔、沸点逐次升高。卤素分子由 F_2 到 I_2 分子间的色散力增大，所以在常温下 F_2、Cl_2 为气态，Br_2 为液态，I_2 为固态。这些都是分子间范德华力依次增强的结果。聚合物分子链很长，分子链之间发生范德华作用的位点很多，导致链间的累积吸引力较大，因而聚合物分子很容易聚集成固态，并产生一定强度。

7.6.2 氢键

(1) 氢键特征与形成

氢键是指氢原子与电负性较大的 D 原子（如 F、O、N 原子）以极性共价键相结合的同时，还能吸引另一个电负性较大而半径又较小的 A 原子，其中 D 原子与 A 原子可以相同，也可不同。氢键可简单示意如下：

$$A\cdots\cdots H—D$$

氢键不是化学键，它属于特殊的分子间作用力。其本质还是分子间（或基团间）高极性 H—D 结构关联的弱静电吸引作用。氢键与分子间力最大的区别在于氢键具有饱和性和方向性。在大多数情况下，一个连接在 D 原子上的 H 原子只能与一个电负性大的 A 原子形成氢键，键角大多接近 180°。形成氢键时的氢原子供体（H—D）总是沿着受体高电负性原子（A 原子）的孤对电子云伸展方向接近（见图 7-39），这也就是氢键具有方向性的原因。氢键的键能虽然比共价键要弱得多，但强于一般范德华作用力，键能大多为 10 ～ 30kJ·mol^{-1}。当 F、O、N 原子分别与 H 形成氢键时，其典型的氢键键能分别为 25～40kJ·mol^{-1}、13～29kJ·mol^{-1}、5～21kJ·mol^{-1}。能形成氢键的物质相当广泛，例如，HF、H_2O、NH_3、无机含氧酸和有机羧酸、醇、胺、蛋白质以及某些合成高分子化合物等物质的分子（或分子链）之间都存在着氢键，如图 7-40 所示。

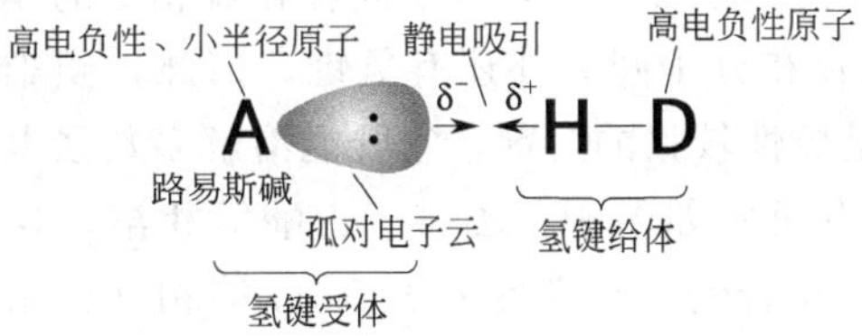

图 7-39　氢键作用的方向性

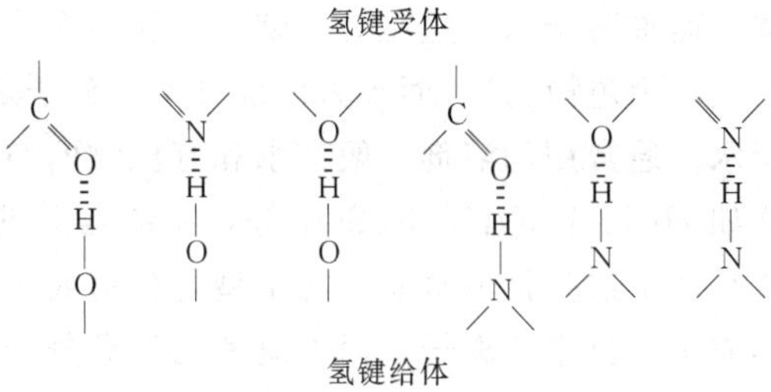

图 7-40　氢键出现的典型结构形式

当分子间存在氢键时，加强了分子间的相互作用，使物质的性质会发生某些改变。氢键在生物化学中有着重要意义，例如，蛋白质分子中存在着大量的氢键，有利于蛋白质分子空间结构的稳定存在；DNA 中碱基配对和双螺旋结构的形成也依靠氢键的作用。氢键在分子聚合、结晶、溶解、晶体水合物形成等重要物理化学过程中起着重要作用。当氨水冷却时，$NH_3 \cdot H_2O$ 等水合氨分子晶体可以沉淀析出，此类化合物中氨分子和水分子通过氢键结合。此外，H_3BO_3 分子以 $B(OH)_3$ 形式，通过分子间氢键作用相互接近结合，排列出六边形晶体结构。

（2）氢键对物质性质的影响

共价型物质的物理性质，如熔点、沸点、溶解性等，与分子的极性、分子间力以及氢键有关。

① 物质的熔点和沸点　含有氢键的物质，熔点、沸点一般较高。一般，受分子间范德华力影响，第Ⅶ主族元素的氢化物的熔、沸点随摩尔质量增大而升高。事实上 HF、HCl、HBr、HI 的沸点分别为 20℃、−85℃、−67℃、−36℃，此处因为 HF 分子间存在着强的氢键，使其熔点、沸点比同类型氢化物更高。第Ⅴ、Ⅵ主族元素的氢化物的情况也类似，如图 7-41 所示。

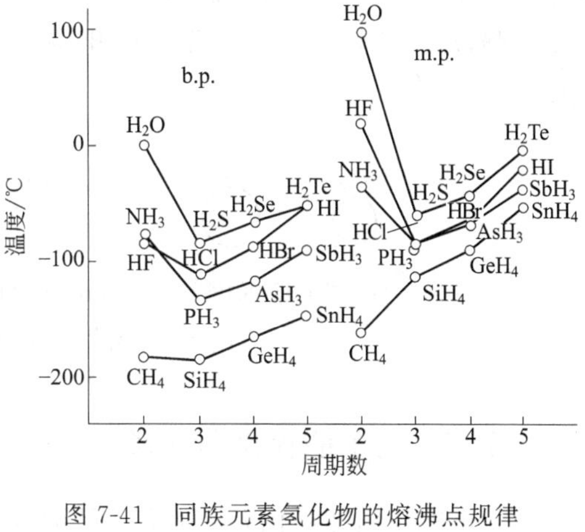

图 7-41　同族元素氢化物的熔沸点规律

分子内的氢键常使其熔、沸点低于同类化合物，如邻硝基苯酚的熔点是 45℃，而间硝基苯酚、对硝基苯酚的熔点分别为 97℃和 114℃。因为邻硝基苯酚存在分子内氢键，不再形成分子间氢键，而物质熔化或沸腾时并不破坏分子内氢键；间硝基苯酚或对硝基苯酚由于形成分子间氢键，故熔、沸点较高。

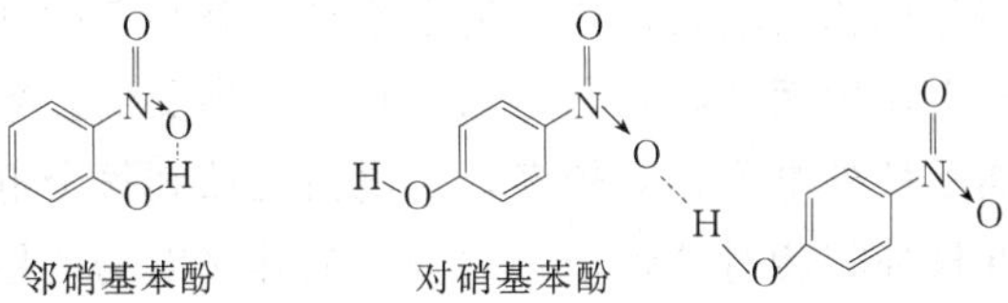

邻硝基苯酚　　对硝基苯酚

分子内氢键　　分子间氢键

② 物质的溶解性　影响物质溶解度的因素较复杂。一般说来，“相似者相溶”是一个简

单而较有用的经验规律，即极性溶质易溶于极性溶剂，非极性（或弱极性）溶质易溶于非极性（或弱极性）溶剂。溶质与溶剂的极性越相近，越易互溶。例如，碘易溶于苯或四氯化碳，而难溶于水。这主要是碘、苯和四氯化碳等都为非极性分子，分子间存在着相似的作用力（都为色散力），而水为极性分子，分子之间除存在分子间力外还有氢键，因此，碘难溶于水。通常用的溶剂一般有水和有机物两类。水是极性较强的溶剂，它既能溶解多数强电解质如 HCl、NaOH、K_2SO_4 等，又能与某些极性有机物如丙酮、乙醚、乙酸等相溶。这主要是由于这些强电解质（离子型化合物或极性分子化合物）与极性分子 H_2O 能相互作用而形成正、负水合离子；而乙醚和乙酸等分子不仅有极性，且其中羰基氧原子能与水分子中的 H 原子形成氢键，因此它们也能溶于水。但强电解质却难被非极性的有机溶剂所溶解。

7.7 离子极化

7.7.1 诱导偶极

离子极化（ionic polarization）的概念是 1923 年由波兰化学家法扬斯（K. K. Fajans）首先提出。当分子处于外加电场中时，在电场作用下，分子会发生变形，产生诱导偶极（正负电荷中心不重合或距离增大），这个过程叫分子的极化。外电场中分子电子云的诱导极化变形是一种普遍现象。

当正负离子相互接近时，也存在极化现象。正、负离子在彼此相反电场的作用下，原子核和电子云会发生相对位移，离子发生变形，产生诱导偶极矩，此过程即离子极化（polarization of ion）。离子极化使正、负离子之间在原静电相互作用的基础上又附加以新的作用，它是由离子在极化时产生的诱导偶极矩（induced dipole moment，μ）引起的（图 7-42）。μ 与电场强度 E 的比值 μ/E 称为极化率（polarizability），它可作为离子可极化性大小的量度。

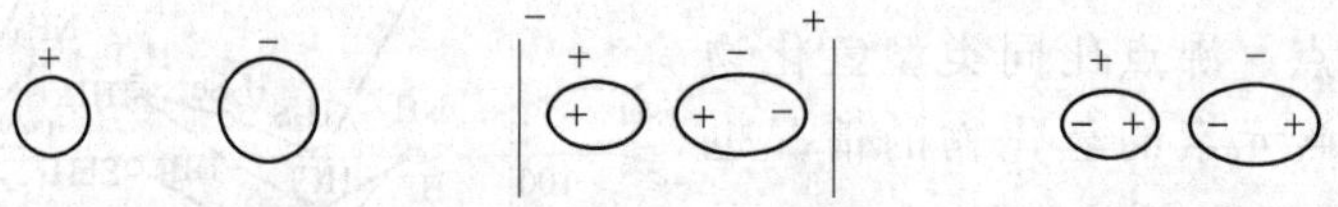

(a) 不在电场中的离子　(b) 离子在电场中的极化　(c) 两个离子的相互极化

图 7-42　离子在电场作用下产生诱导偶极矩

7.7.2 离子的极化和变形

（1）阳离子施加极化力，阴离子易被极化变形

无论是阳离子或阴离子都有极化作用和变形性两个方面，但是阳离子已失去部分电子，原子核对核外电子的吸引作用相对较大，致使离子半径显著小于中性原子半径。核外剩余电子受均摊升高的核电荷吸引作用而“收紧”运动，相对不易受到外来电场诱导变形，一般阳离子的极化作用大；阴离子核外电子相对较多，核电荷均摊到每个电子上的吸引力降低，核外电子受的制约降低，在核外将相对“疏松”运动，受外来电场诱导变形性增加，阴离子的变形性大。阴离子对阳离子的极化作用（阴离子变形后使阳离子电子云发生变形）称为附加极化作用。

（2）离子极化使键型改变

离子晶体中原本只有纯粹的正负电荷静电吸引作用，正负离子之间没有共用电子。但离子的极化作用使得阴离子上的电子云部分向阳离子变形靠近，正负离子之间出现了或多或少的共用电子，原本纯粹的离子键逐渐掺混了部分共价键。最极端的情况就是原来的离子键可能逐渐向共价键过渡。近代实验证明，即使电负性最小的 Cs 和电负性最大的 F 形成的 CsF，离子键也只占 92%，仍有 8%为共价键。因为在离子化合物中，正负离子的原子轨道或多或少都会存在一定的重叠，使得离子化合物不可避免地存在一定的共价性，所以不存在纯粹的离子键。这种离子极化导致的阴离子电子云定向变形，并导致键型转变的过程如图 7-43 所示。

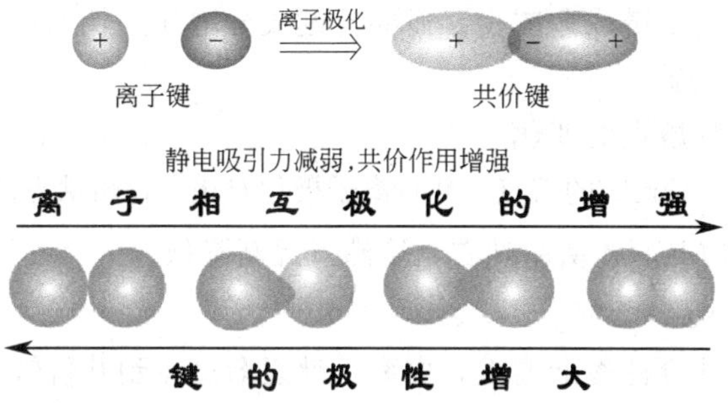

图 7-43　离子极化导致的电子云变形和键型转变示意

7.7.3　离子极化作用的规律

（1）离子极化率与极化力

变形性（极化率 α ）：受异性离子极化而变形的程度称为变形性。

极化力 f ：离子产生的电场使其他离子极化（变形）的能力。

对每一个离子而言，不管是正离子还是负离子，都同时具有极化力和变形性两种性质。一般来说，正离子的极化力要大一些，而负离子的变形性要大一些，即一般情况下，主要考虑阳离子的极化力和阴离子的极化率。

（2）离子极化率（α）的一般规律

① 离子半径 r　r 愈大，α 愈大。如 α：$Li^+ < Na^+ < K^+ < Rb^+ < Cs^+$；$F^- < Cl^- < Br^- < I^-$。

② 负离子极化率大于正离子的极化率（变形性）。

③ 离子电荷　正离子电荷少的极化率大。如：$\alpha(Na^+) > \alpha(Mg^{2+})$。

④ 离子电荷　负离子电荷多的极化率大。如：$\alpha(N^{3-}) > \alpha(S^{2-}) > \alpha(Cl^-)$。

⑤ 电荷相同、半径相近时，价层电子构型的影响　(18+2)e，18e>(9～17)e>8e。如：

$$\alpha(Cd^{2+}) > \alpha(Ca^{2+});\ \alpha(Cu^+) > \alpha(Na^+)$$

r/pm　97　99　96　95

⑥ 只含 σ 键的复杂阴离子的变形性较小　$\alpha(ClO_4^-) < \alpha(NO_3^-) < \alpha(OH^-)$。

⑦ 对于复杂的阴离子，复杂阴离子的中心离子氧化值越高，变形性越小，如氯的含氧酸根的变形性从大到小排列为　$\alpha(ClO^-) > \alpha(ClO_2^-) > \alpha(ClO_3^-) > \alpha(ClO_4^-)$。

⑧ 如果复杂阴离子包含大Π键（如 CO_3^{2-}、NO_3^-），则电子云容易变形，极化率较大。

（3）离子极化力（f）

① 离子半径 r　r 小者，极化力大。$f(Mg^{2+}) > f(Mg^{2+}) > f(Ca^{2+}) > f(Ba^{2+})$。

② 离子电荷　电荷多者，极化力大。$f(Si^{4+}) > f(Al^{3+}) > f(Mg^{2+}) > f(Na^{+})$。

③ 离子的外层电子构型　f：$(18+2)e$，$18e$ 　＞　$(9\sim17)e$ 　＞ 　$8e$

$\qquad\qquad\qquad\qquad\qquad\qquad$（ds 区、p 区）$\qquad$（d 区　过渡元素）$\quad$（s 区）

当正负离子混合在一起时，着重考虑正离子的极化力，负离子的极化率。但是 $18e^-$ 构型的正离子（Ag^+、Cd^{2+} 等）也要考虑其变形性。

7.7.4　离子极化对金属化合物性质的影响

离子极化的结果使离子键成分减少，而共价键成分增加，从而产生一定的结构效应，影响化合物的物理、化学性质。

（1）引起金属化合物熔点的变化

如 $MgCl_2$ 的熔点高于 $CuCl_2$ 的熔点。并且离子极化对化合物熔沸点的影响存在一定周期律。

a. 同一周期氯化物 MCl_x：从左到右，熔沸点逐渐降低。

正离子的极化力：$Na^+ < Mg^{2+} < Al^{3+} < Si^{4+}$

从左到右，键型的共价性逐渐增强，由离子键逐渐过渡到共价键。

熔沸点高低顺序为：NaCl（典型离子晶体）＞ $MgCl_2$ ＞ $AlCl_3$ ＞ $SiCl_4$（典型分子晶体）

b. 同族（ⅡA 族）元素的氯化物 MCl_2：由上到下，氯化物熔点逐渐升高。

$$
\left.
\begin{array}{l}
Be^{2+} \\
Mg^{2+} \\
Ca^{2+} \\
Sr^{2+} \\
Ba^{2+}
\end{array}
\right\} 离子极化力增强 \quad
\begin{array}{l}
BeCl_2 \\
MgCl_2 \\
CaCl_2 \\
SrCl_2 \\
BaCl_2
\end{array}
\quad
\begin{array}{l}
分子晶体 \\
\left.\begin{array}{l}\\\end{array}\right\}过渡型晶体 \\
离子晶体
\end{array}
$$

c. 过渡元素及 p 区金属元素的离子电荷较高，外层构型为 $18e$、$(18+2)e$ 或 $(9\sim17)e$，极化力较强，其氯化物也明显带有共价键性质，晶体处于过渡型晶体，所以熔沸点比ⅠA 族、ⅡA 族的氯化物低。

d. 同一金属元素的高价态金属离子电荷高、半径小，比低价态的金属离子极化力强，所以高价态金属离子的氯化物键型共价性较强，熔沸点较低。如 $FeCl_2$ 熔点高于 $FeCl_3$。

（2）引起金属化合物溶解性的变化

如卤化物在水中的溶解度顺序是 $AgF > AgCl > AgBr > AgI$。这是由于从 F 到 I 受到 Ag 的极化作用而变形性增大的缘故。

（3）引起金属盐热稳定性的差异

如 $NaHCO_3$ 的热稳定性小于 Na_2CO_3。从 $BeCO_3 \sim BaCO_3$ 热稳定性增大，这是由于金属离子对 CO_3^{2-} 离子的极化作用越强，金属碳酸盐越不稳定。具体情况列于表 7-7。

表 7-7　碱土金属碳酸盐热分解温度与离子极化情况

项目	$BeCO_3$	$MgCO_3$	$CaCO_3$	$SrCO_3$	$BaCO_3$
分解 $T/℃$	100	540	900	1290	1360
金属离子半径/pm	59	85	114	132	149
离子极化程度	严重				几乎没有
键型	共价键	过渡键型	离子键	离子键	离子键

过渡金属离子或高周期金属离子多具有 d 轨道电子，其离子极化力一般较强。且 CO_3^{2-} 离子存在大Π键，电子云疏松，更易受阳离子诱导极化变形。因而过渡金属或高周期主族金属碳酸盐大多热稳定性较差。如表 7-8 所示。

表 7-8　过渡金属和高周期主族金属碳酸盐热稳定及离子极化情况

项　目	$CaCO_3$	$PbCO_3$	$ZnCO_3$	$FeCO_3$
分解 T /℃	900	315	350	282
外层电子构型	8e	(18+2)e	18e	(9～17)e
离子极化程度	轻微	严重	严重	严重
键型	离子键	共价键	共价键	共价键

(4) 引起金属化合物颜色的变化

极化作用越强，金属化合物的颜色越深。例如：

AgCl(白)，AgBr(浅黄)，AgI(黄)

$HgCl_2$(白)，$HgBr_2$(白)，HgI_2(红)

(5) 引起金属化合物晶型的转变

例如，对 CdS 而言，$r^+/r^- = 97pm/184pm = 0.53 > 0.414$，理应是 NaCl 型，即六配位，实际上，CdS 晶体是四配位的 ZnS 型。这说明 $r^+/r^- < 0.414$。这是由于离子极化致使电子云进一步重叠而使 r^+/r^- 比值变小的缘故。

(6) 离子极化增强引起化合物导电性和金属性的改变

在有的情况下，阴离子被阳离子极化后，使电子脱离阴离子而成为自由电子，这样就使离子晶体向金属晶体过渡，化合物的电导率、金属性都相应增强，如 FeS、CoS、NiS 都有一定的金属性。应该强调的是，离子极化理论是对离子键理论的一种补充。

7.8　配合物结构

研究配合物的空间构型、异构现象和磁性对于深入了解配合物中化学键的性质，揭示配合物的反应机理、催化原理和设计新材料等具有十分重要的意义。

7.8.1　配合物空间几何构型

配合物的空间构型指的是配体围绕着形成体（中心离子或原子）排布的几何构型。目前已有多种方法测定配合物的空间构型。普遍采用的是 X 射线对配合物晶体的衍射。这种方法能够比较精确地测出配合物中各原子的位置、键角和键长等，从而得出配合物分子或离子的空间构型。空间构型与配位数的多少密切相关。配合物的配位数在 2～14 之间，常见的配位数为 2、4 和 6，另有 5 配位。现将其中主要构型举例列在表 7-9 中。

7.8.2　配合物的异构现象

如前所述，配合物具有不同配位数和复杂多变的几何构型，因而造成了各种异构现象。我们把这种分子（或离子）化学式相同，其中各基团数目也相同，但分子（或离子）空间构型不同的同分异构体称作立体异构体（stereoisomers），也就是一类特殊的同分异构体。这里只讨论顺反异构（cis-trans isomerism）和旋光异构（optical isomerism）。

表 7-9 配合物的空间几何构型

配位数	空间构型	配合物
2	直线形 	$[Ag(NH_3)_2]^+$，$[Cu(NH_3)_2]^+$，$[AgBr_2]^-$，$[Ag(CN)_2]^-$
3	平面三角形 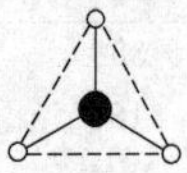	$[HgI_3]^-$
4	四面体 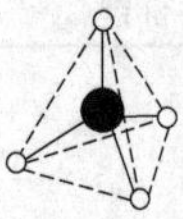	$[BeF_4]^{2-}$，$[BF_4]^-$，$[HgCl_4]^{2-}$，$[Zn(NH_3)_4]^{2+}$，$Ni(CO)_4$
	平面正方形 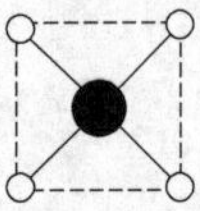	$[Ni(CN)_4]^{2-}$，$[PtCl_2(NH_3)_2]$，$[Cu(NH_3)_4]^{2+}$，$[PdCl_4]^{2-}$，$[AuCl_4]^-$
5	四方锥 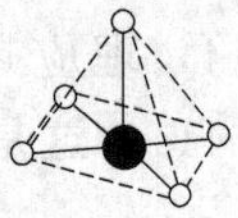	$[SbCl_5]^{2-}$，$[MnCl_5]^{2-}$，$[Co(CN)_5]^{3-}$，$[InCl_5]^{2-}$
	三角双锥 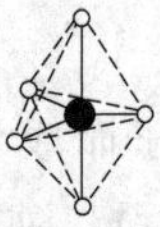	$[CuCl_5]^{3-}$，$[CdI_5]^{3-}$，$Fe(CO)_5$，$[Mn(CO)_5]^-$
6	八面体 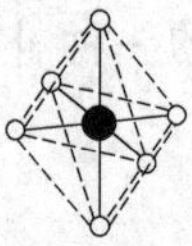	$[Co(NH_3)_6]^{3+}$，$[Fe(CN)_6]^{3-}$，$[SiF_6]^{2-}$，$[AlF_6]^{3-}$，$[PtCl_6]^{2-}$

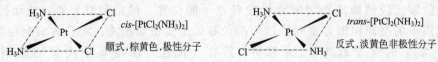

（1）顺反异构现象

顺反异构（也属于几何异构 geometrical isomerism）现象主要发生在配位数为 4 的平面正方形和配位数为 6 的八面体构型的配合物中。在这类配合物中，按照配体对于中心离子的不同位置，通常分为顺式（*cis*）和反式（*trans*）两种异构体。早年，Werner 研究了 Pt(Ⅱ) 的四配位化合物。$[PtCl_2(NH_3)_2]$ 的空间构型是平面四方形，具有两种几何异构体。两个相同的配体处于四方形相邻两顶角的叫顺式异构体，处于对角的则叫反式异构体。

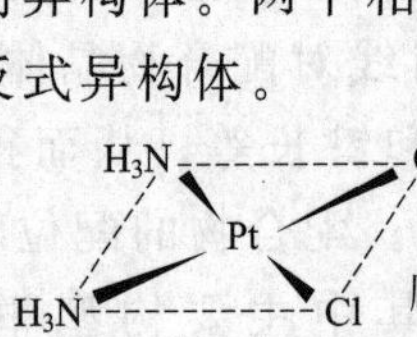

cis-$[PtCl_2(NH_3)_2]$
顺式，棕黄色，极性分子

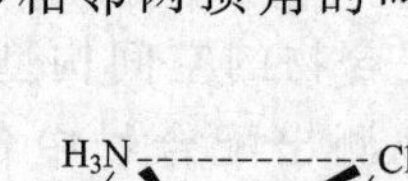

trans-$[PtCl_2(NH_3)_2]$
反式，淡黄色非极性分子

这两种几何异构体的性质不相同：*cis*-$[PtCl_2(NH_3)_2]$ 为极性分子，在水中溶解度为 0.258g/100g H_2O。而 *trans*-$[PtCl_2(NH_3)_2]$ 为非极性分子，在水中难溶，溶解度仅为 0.037g/100g H_2O。Pt(Ⅱ) 配合物用于癌症治疗时，只有顺式异构体才能与癌细胞 DNA 上的碱基结合而显示治癌活性（邻位双结合）。

配位数为 4 的四面体配合物以及配位数为 2 和 3 的配合物不存在几何异构体，因为在这些构型中所有的配位位置彼此相邻或相反。

（2）旋光异构现象

旋光异构[14]又称光学异构。旋光异构现象是由于分子的特殊对称性形成的两种异构体而引起旋光性相反的现象。两种旋光异构体的对称关系犹如一个人的左手和右手的关系，互成镜像关系。右手的镜像看来与左手一样，但实际左手与右手不能重叠。旋光异构体能使偏振光发生方向相反的偏转。例如，*cis*-$[CoCl_2(en)_2]^+$ 与它的镜像不能重叠（图 7-44），该分子与其镜像彼此互为对映异构体（enantiomer）。具有旋光性的分子称为手性分子。

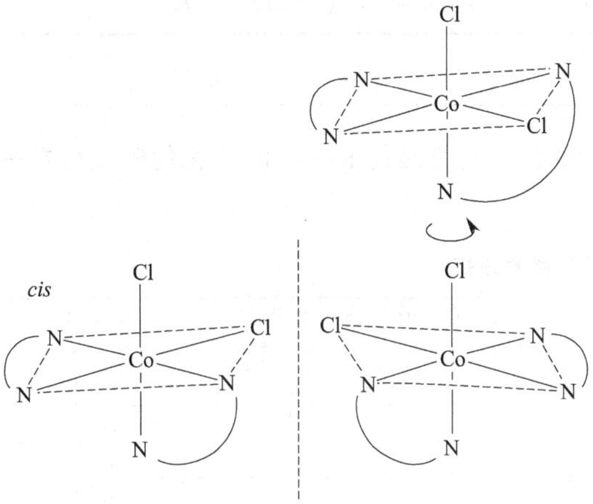

图 7-44　*cis*-$[CoCl_2(en)_2]^+$ 的旋光异构体

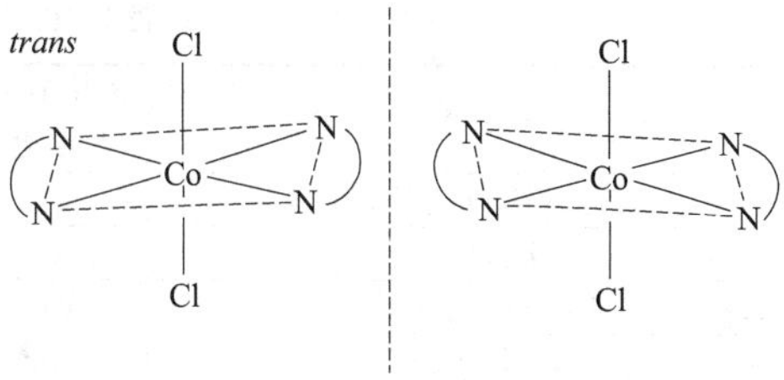

图 7-45　*trans*-$[CoCl_2(en)_2]^+$ 与其镜像相同（无旋光活性）

旋光异构现象通常与几何异构现象密切相关。如上述 $[CoCl_2(en)_2]^+$ 的顺式 *cis* 异构体可形成一对旋光活性异构体，而反式 *trans* 异构体则往往没有旋光活性，不是手性分子（图 7-45）。

在配合物中，最重要的旋光性配合物是含双齿配体的六配位螯合物。例如，$[CoCl_2(en)_2]^+$ 和 $[Co(en)_2(NO_2)_2]^+$ 等。

7.8.3　配合物的磁性

配合物的磁性是配合物的重要性质之一，可为配合物结构的研究提供重要实验依据。

物质的磁性是指它在磁场中表现出来的性质。若把所有的物质分别放在磁场中，按照它们受磁场的影响可分为两大类：一类是反磁性物质，另一类是顺磁性物质。磁力线通过反磁性物质时，比在真空中受到的阻力大。外磁场力图把这类物质从磁场中排斥出去。磁力线通过顺磁性物质时，比在真空中来得容易，外磁场倾向于把这类物质吸向自己。除此以外，还有一类被磁场强烈吸引的物质叫做铁磁性物质。例如，铁、钴、镍及其合金都是铁磁性物质。上述不同表现主要与物质内部的电子自旋有关。若这些电子都是偶合配对的，由电子自旋产生的磁效应彼此抵消，这种物质在磁场中表现出反磁性。反之，有未成对电子存在时，由电子自旋产生的磁效应不能抵消，这种物质就表现出顺磁性。

大多数的物质都是反磁性的，即电子都已配对。反磁性的物质中最典型的是氢分子。因为它的分子中两个自旋方式不同的电子已偶合成键。顺磁性物质都含有未成对的电子，如

[14] 旋光性是指物质能将入射的线偏振光的偏振方向扭转一定角度后射出的性质。

O_2、NO、NO_2、CO_2 和 d 区元素中许多金属离子，以及由它们组成的简单化合物和配合物。

顺磁性物质的分子中如含有不同数目的未成对电子，则它们在磁场中产生的效应也不同，这种效应可以由实验测出。通常把顺磁性物质在磁场中产生的磁效应，用物质的磁矩（μ）来表示，物质的磁矩与分子中的未成对电子数（n）有如下的近似关系：

$$\mu=\sqrt{n(n+2)} \tag{7-9}$$

根据式(7-9)，可用未成对电子数目 n 估算磁矩 μ（单位：B. M.，玻尔磁子[15]）。

未成对电子数 n	0	1	2	3	4	5
μ/B. M.	0	1.73	2.83	3.87	4.90	5.92

由实验测得的磁矩与以上估算值略有出入。现将由实验测得的一些配合物的磁矩列在表 7-10 中。

表 7-10　一些配合物的磁矩

配合物	配位前中心离子特征电子构型	配位前中心离子未成对电子数	配位后未成对 d 电子数	μ/B. M.（实验值）
$[Ti(H_2O)_6]^{3+}$	Ti^{3+} $3d^1$	1	1	1.73
$[V(H_2O)_6]^{3+}$	V^{3+} $3d^2$	2	2	2.83
$[Cr(NH_3)_6]Cl_3$	Cr^{3+} $3d^3$	3	3	3.87
$[Mn(H_2O)_6]^{2+}$	Mn^{2+} $3d^5$	5	5	5.92
$K_3[Fe(CN)_6]$	Fe^{3+} $3d^5$	5	1	1.73
$[Fe(H_2O)_6]^{2+}$	Fe^{2+} $3d^6$	4	4	4.90
$[Co(NH_3)_6]^{3+}$	Co^{3+} $3d^6$	4	0	0
$[Fe(CN)_6]^{4-}$	Fe^{2+} $3d^6$	4	0	0
$[Ni(NH_3)_6]Cl_2$	Ni^{2+} $3d^8$	2	2	2.83
$[Ni(CN)_4]^{2-}$	Ni^{2+} $3d^8$	2	0	0
$[Cu(H_2O)_4]^{2+}$	Cu^{2+} $3d^9$	1	1	1.73

物质的磁性通常借助磁天平（亦称古埃天平）测定。反磁性的物质在磁场中由于受到磁场力的排斥作用而使重量减轻，顺磁性的物质在磁场中受到磁场力的吸引而使重量增加。由物质的增重比例计算磁矩大小，从而确定未成对电子数。

7.8.4　配位化学键理论

关于配合物的化学键理论有价键理论、晶体场理论、配位场理论和分子轨道理论等。价键理论是杂化轨道理论和电子对成键概念在配合物中的应用和发展。虽然该理论提出得早，今日已很少使用，但讨论化学键时仍然要使用杂化的概念。本节主要讨论杂化轨道理论在配位化合物的应用。20 世纪 30 年代，L. Pauling 把杂化轨道理论应用于配合物的研究，较好地说明了配合物的空间构型和某些性质。

（1）配合物价键理论的要点

① 在配合物形成时由配体提供的孤对电子进入形成体的空的价电子轨道而形成配位键，配位键属于共价键，形成体与配位原子之间产生共用电子对。完整表示应当以箭头“→”连接配位原子和形成体，表示配位共价键，如 X→M，X 表示配位原子，提供孤对电子以成

---

[15] 1B. M. $=9.274\times10^{-24}$ T（特斯拉）。

键；M 表示提供了空杂化轨道的中心离子或原子，接受孤对电子填入；箭头表示成键孤对电子是由配位原子单方面提供。

② 为了形成结构匀称的配合物，形成体（中心原子或离子）采取杂化轨道与配体成键。

③ 不同类型的杂化轨道具有不同的空间构型，杂化产生的几个轨道在空间将尽可能相互远离，以降低能量稳定化，根据产生的杂化轨道个数，这几个杂化轨道只能采取有限的几种空间排列。

常见的杂化轨道及其对应的空间构型如表 7-11 所示。

表 7-11　杂化轨道的类型及其在空间的分布

配位数	杂化轨道	中心离子参与杂化的原子轨道	空间构型
2	sp	s，p_z	直线形
3	sp^2	s，p_x，p_y	三角形
4	sp^3	s，p_x，p_y，p_z	正四面体
4	dsp^2	$d_{x^2-y^2}$，s，p_x，p_y	平面正方形
5	dsp^3	d_{z^2}，s，p_x，p_y，p_z	三角双锥
5	d^2sp^2	d_{z^2}，$d_{x^2-y^2}$，s，p_x，p_y	四方锥
6	d^2sp^3，sp^3d^2	d_{z^2}，$d_{x^2-y^2}$，s，p_x，p_y，p_z	八面体

表 7-11 中可见，同是八面体构型，却有两种杂化方式：d^2sp^3 和 sp^3d^2，同是四配位的配合物不仅有两种杂化方式，对应的空间构型也不同。对此，价键理论都给予了简单明了的解释，先来看几例简单的杂化配位。

对于配位数为 2 的配合物离子 $[Ag(NH_3)_2]^+$、$[AgCl_2]^-$ 和 $[AgI_2]^-$ 等，在了解其杂化配位情况之前，必须先清楚中心离子配位前的特征电子构型与电子排布式，Ag^+ 的特征电子构型为 $4d^{10}$，其 5s、5p 轨道全空。配位前后 Ag^+ 电子排布图示为：

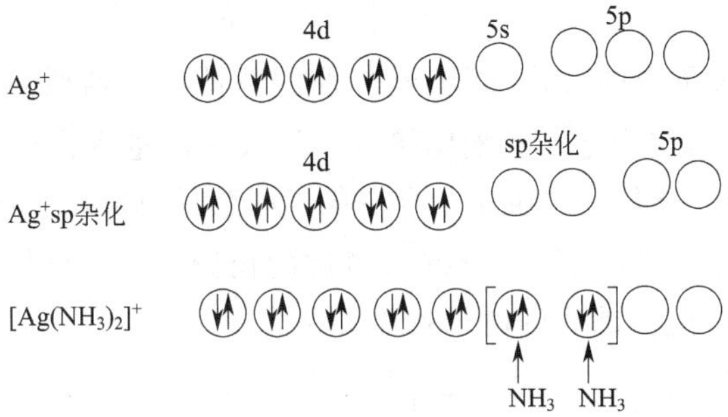

从 Ag^+ 的价电子轨道电子分布情况看来，Ag^+ 与配体形成配位数为 2 的配合物时，它应提供 1 个 5s 轨道和 1 个 5p 轨道来接受配体提供的电子对。按杂化轨道理论，为了增强成键的能力，并形成结构匀称的配合物，Ag^+ 的 5s 和 5p 轨道将混合起来组成两个新的轨道，即两个空的 sp 杂化轨道。以 sp 杂化轨道成键的配合物的空间构型为直线形。杂化配位的一般规律就是，中心离子（或原子）在配体接近时产生的能量场作用下发生轨道重组（杂化），产生新的空轨道供配体孤对电子填入成键。

(2) 外轨型配合物和内轨型配合物

金属离子（或原子）进行杂化配位时，一般都会动用 ns、np 轨道，有的还会联合动用最外层或次外层 d 轨道，即 nd 或 $(n-1)$d 轨道，习惯上，将只动用了 ns、np（或加上 nd 轨道）的杂化配位称作外轨型配位。而将动用了 $(n-1)$d 轨道的杂化配位称作内轨型配位。内轨型配合物结构往往比外轨型的稳定，即配合物形成常数 K_f 较大。一个配合物结构到底采取内轨型还是外轨型杂化配位，首先取决于中心离子或原子是否有可用的（$n-1$)d 轨道，即是否可以提供空的（$n-1$)d 轨道，如果可以，则很可能采取内轨型杂化配位。如果没有可用的（$n-1$)d 轨道，则一般采取外轨型杂化配位。其次，内轨型和外轨型杂化配位选择还取决于配体可提供的能量高低，即配体是属于强场配体还是弱场配体。一般，CN^-、CO、NO_2^- 等属于强场配体，可对（$n-1$)d 轨道上的单电子（未配对电子）进行压缩配对，腾出空的（$n-1$)d 轨道参与杂化，形成内轨型杂化配位。F^-、H_2O 等配体属于弱场配体，即使中心离子（$n-1$)d 轨道上有单电子，也无法压缩配对，配体最多只能填充占取既有的空（$n-1$)d 轨道配位。Cl^-、NH_3、RNH_2 等则属于中等强度配体，有时形成内轨型配合物，有时形成外轨型配合物，具体看中心离子性质。

Be^{2+} 离子的外围电子构型为 $1s^2$，其 2s、2p 轨道都已全空，当与 F^- 离子配位时，可形成 4 配位的 $[BeF_4]^{2-}$。其配位过程为 Be^{2+} 离子动用 2s、2p 轨道，发生 sp^3 杂化，产生 4 个空的 sp^3 杂化轨道，空间呈正四面体分布，接受四个 F^- 离子的 p 轨道双电子填入，形成四个 F→B 配位键，配离子 $[BeF_4]^{2-}$ 呈正四面体状。这一过程动用的都是 Be^{2+} 离子外层 s、p 轨道，也没有内层 d 轨道可用，属于外轨型杂化配位。该过程电子排布式变化为：

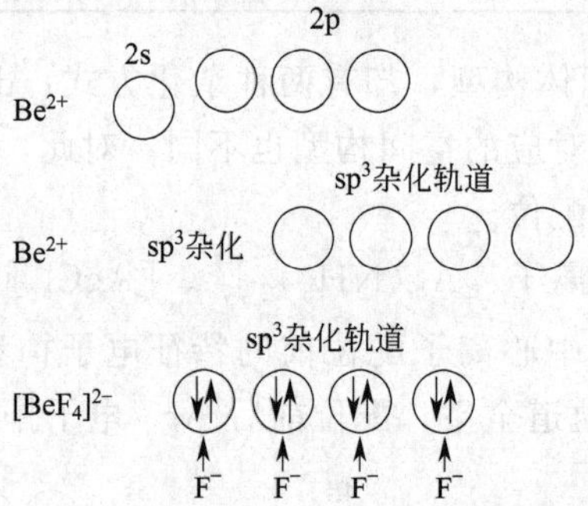

$[Zn(NH_3)_4]^{2+}$ 配离子中的 Zn^{2+} 离子配位前的特征电子构型为 $3d^{10}$，为全满结构，没有轨道可用。其 4s、4p 轨道全空，在配体接近时形成的能量场作用下，Zn^{2+} 离子只能动用外层 4s、4p 轨道进行 sp^3 杂化，产生 4 个全空的 sp^3 杂化轨道，并接受配体 NH_3 的 N 原子上孤对电子，形成 4 个 N→Zn 配位共价键（简称配位键），得到 $[Zn(NH_3)_4]^{2+}$ 四面体构型，为外轨型杂化配位。配位前后的电子构型如下：

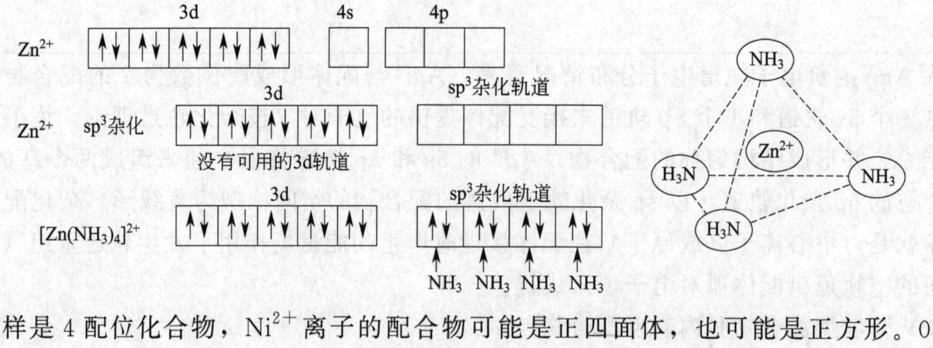

同样是 4 配位化合物，Ni^{2+} 离子的配合物可能是正四面体，也可能是正方形。0 价 Ni 失去 2 个电子，特征电子构型由 $3d^8 4s^2$ 转变为 $3d^8$，3d 轨道上存在 2 个单电子，是否能够被压缩配对，取决于配体的强弱。Cl^- 离子属于中等强度配体，不够产生足够能量，无法对 Ni^{2+} 离子的 3d 轨道单电子进行压缩配对，只能采取 sp^3 杂化，4 个空的 sp^3 杂化轨道接受配体 Cl^- 离子的双电子 p 轨道填充，形成 4 个 Cl→Ni 配位键，为 $[NiCl_4]^{2-}$ 正四面体构型，

属外轨型杂化配位，两个单电子结构得以保留。配位前后电子构型如下：

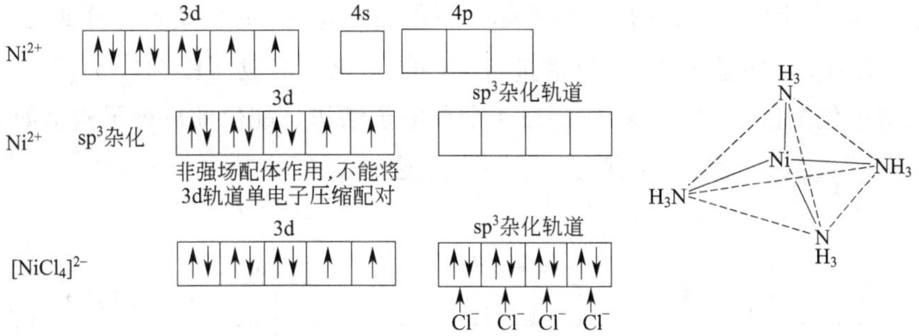

而如果 Ni^{2+} 离子的配体是强场配体 CN^- 离子，则可对 Ni^{2+} 离子的 3d 单电子轨道进行压缩配对，腾出一个空的 3d 轨道，与 1 个 4s 轨道、2 个 4p 轨道一起发生 dsp^2 杂化，轨道呈正方形分布，4 个空的 dsp^2 杂化轨道分别接受 4 个 CN^- 离子的孤对电子填充，形成四个 C→Ni 配位键，为 $[Ni(CN)_4]^{2-}$ 平面正方形构型，属内轨型杂化配位。配位前后电子构型如下：

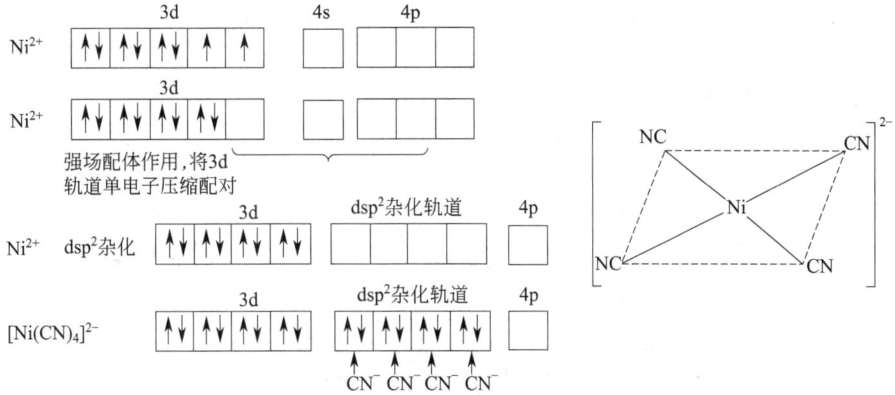

$[Cr(H_2O)_6]^{3+}$ 配离子中的 Cr^{3+} 离子配位前的特征电子构型为 $3d^3$（0 价 Cr 的 $3d^4 4s^2$ 电子构型转变为 Cr^{3+} 离子的 $3d^3$ 电子构型），5 个简并 3d 轨道上存在既有的 2 个空 3d 轨道，其 4s、4p 轨道全空，在 H_2O 弱场配体接近 Cr^{3+} 离子时形成的能量场作用下，Cr^{3+} 离子的 2 个空 3d 轨道，加上 4s、4p 轨道，可发生 d^2sp^3 杂化，产生 6 个 d^2sp^3 杂化空轨道，供配体 H_2O 的氧原子上孤对电子填入，形成 $[Cr(H_2O)_6]^{3+}$ 八面体构型。杂化过程动用了内层 3d 轨道，尽管配体 H_2O 属于弱场配体，但利用既有空的 3d 轨道发生了内轨型杂化配位，配位产物中存在 3 个单电子结构。配位前后电子构型如下：

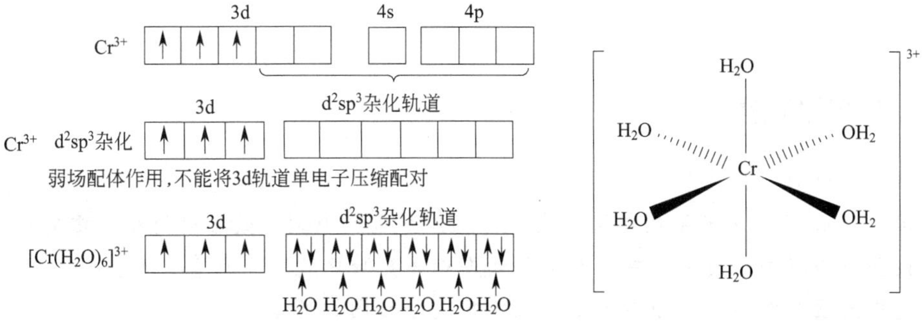

对于 Fe^{2+} 离子的 6 配位化合物，不同强度的配体可以形成外轨型杂化配位和内轨型杂

化配位。Fe^{2+}离子在配位前的特征电子构型为$3d^6$，5个简并3d轨道上存在4个单电子轨道，其4s、4p轨道全空。H_2O是弱场配体，不能对单电子3d轨道产生压缩配对作用，只能动用空的4s、4p和外层2个4d轨道进行sp^3d^2杂化，形成$[Fe(H_2O)_6]^{2+}$正八面体构型，为外轨型杂化配位，配位产物中存在4个单电子结构。配位前后电子构型如下：

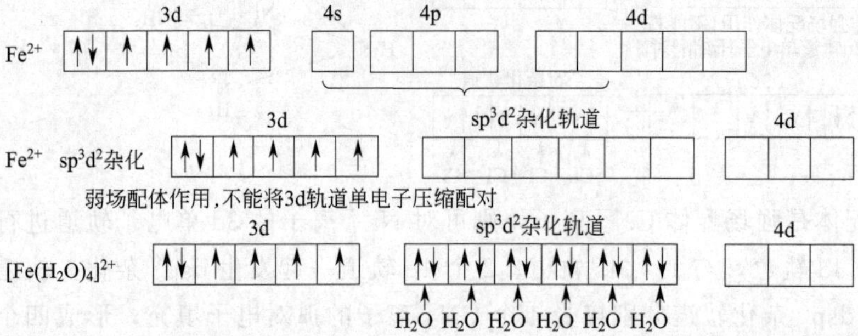

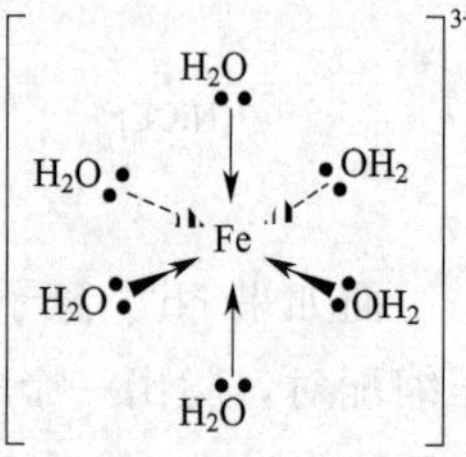

CN^-是强场配体，可对Fe^{2+}离子的单电子3d轨道进行压缩配对，腾出2个3d轨道参与杂化，发生d^2sp^3杂化，形成$[Fe(CN)_6]^{4-}$正八面体构型，动用了内层的3d轨道成键，是内轨型配合物，配合物中单电子数为0。配位前后电子构型如下：

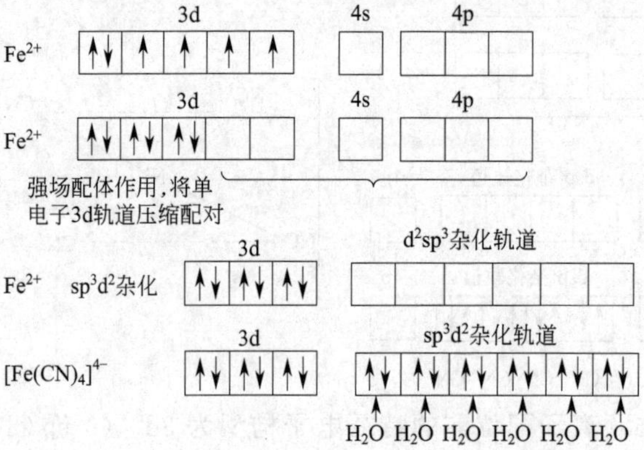

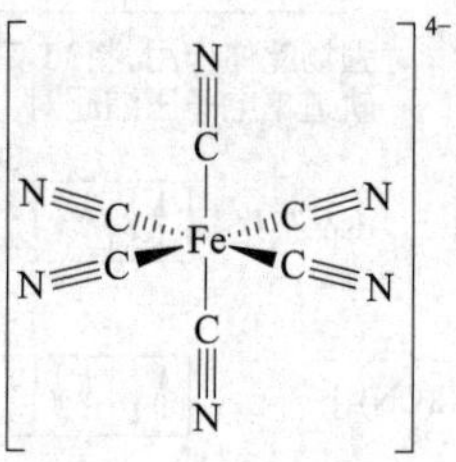

综上所述，不难看出价键理论简单明了，使用方便，能说明配合物的配位数、空间构型、磁性和稳定性。它曾是20世纪30年代化学家用以说明配合物结构的唯一方法。但价键理论尚不能定量地说明配合物的性质（如颜色等），不能说明配合物的吸收光谱。对于过渡金属离子的配合物的稳定性随中心离子的d电子数的变化而变化无法解释。更深入的配位理论还有晶体场理论和配位化合物分子轨道理论等，在此不作介绍。

复习思考题

1. 微观粒子有何特性？
2. n、l、m三个量子数的组合方式有何规律？这三个量子数各有何物理意义？
3. 波函数与概率密度有何关系？电子云图中黑点疏密程度有何含义？
4. 比较波函数的角度分布图与电子云的角度分布图的特征。
5. 在长式元素周期表中s区、p区、d区、ds区和f区元素各包括哪几个族？每个区所有的族数与 s、p、d、f 轨道可分布的电子数有何关系？

6. 试简单说明电离能与电负性的含义及其在周期系中的一般递变规律。它们与金属性、非金属性有何联系？

7. 金属正离子的外层电子构型主要有哪几类？如何表示？举例说明。

8. 为什么说共价键具有饱和性和方向性？为何氢键也具有饱和性与方向性？

9. 试比较 BF_3 和 NF_3 两种分子结构（包括化学键、分子极性和空间构型等）。

10. 举例说明 s-p 型杂化轨道的类型与分子空间构型的关系。有什么规律？试联系周期系简单说明。

11. 比较下列各对物质沸点的高低，并简单说明。

（1）HF 和 HCl；（2）SiH_4 和 CH_4；（3）Br_2 和 F_2

12. 水分子与乙醇分子间能形成氢键，这是由于两者分子中都包含有 O—H 键，乙醚分子与水分子之间能否形成氢键？为什么？是否只有含 O—H 键的分子才能与水分子形成氢键？

13. 离子的电荷和半径对典型的离子晶体性能有何影响？离子晶体的通性有哪些？

14. 判断一个配合物（如 $[Co(NH_3)_6]^{3+}$）是内轨型还是外轨型，如何着手？需要借助什么仪器测得什么数据？

15. 列出下列两组物质熔点由高到低的次序。

（1）NaF，NaCl，NaBr，NaI；

（2）BaO，SrO，CaO，MgO

16. 试用离子极化的观点解释 AgF 易溶于水，而 AgCl、AgBr 和 AgI 难溶于水，并且由 AgF 到 AgBr 再到 AgI 溶解度依次减小的现象。

习题

一、判断题（对的在括号内填“√”号，错的填“×”号）

1. 当主量子数 $n=2$ 时，角量子数 l 只能取 1。（ ）

2. p 轨道的角度分布图为“8”形，这表明电子是沿“8”轨迹运动的。（ ）

3. 多电子原子轨道的能级只与主量子数 n 有关。（ ）

4. 氢原子 2s 轨道和 2p 轨道能量相同，但氟原子的 2s 轨道能量低于 2p 轨道能量。（ ）

5. 氧原子的 2s 轨道的能量与碳原子的 2s 轨道的能量相同。（ ）

6. 主量子数 n 为 3 时，有 3s，3p，3d，3f 四条轨道。（ ）

7. 所有微粒都既有粒子性又有波动性。（ ）

8. 原子轨道图是 ψ 的图形，故所有原子轨道都有正、负部分。（ ）

9. 多电子原子中，若几个电子处在同一能级组，则它们的能量也相同。（ ）

10. 元素所处的族数与其原子最外层的电子数相同。（ ）

11. 相同原子的双键的键能等于其单键键能的 2 倍。（ ）

12. SnF_4，XeF_4，CCl_4，$SnCl_4$ 分子的几何构型均为正四面体。（ ）

13. 与共价键相似，范德华力具有饱和性和方向性。（ ）

14. 由于 Si 原子和 Cl 原子的电负性不同，所以 $SiCl_4$ 分子具有极性。（ ）

15. 根据原子基态电子构型，可以判断若有多少个未成对电子，就能形成多少个共价键。 ( )

16. 甲烷分子与水分子间存在着色散力、诱导力。 ( )

17. 在 N_2 分子中存在 σ 键和 π 键。 ( )

18. 有共价键存在的化合物不可能形成离子晶体。 ( )

19. 全由共价键结合的物质只能形成分子晶体。 ( )

20. 氢键是一种特殊的分子间力，仅存在于分子之间。 ( )

二、选择题（单选）

21. 在一个多电子原子中，具有下列各套量子数（n，l，m，m_s）的电子，能量最大的电子具有的量子数是（ ）。

A. 3，2，+1，+1/2；　B. 2，1，+1，−1/2；

C. 3，1，0，−1/2；　D. 3，1，−1，+1/2

22. 原子序数为 19 的元素的价电子的四个量子数为（ ）。

A. $n=1$，$l=0$，$m=0$，$m_s=+1/2$；　B. $n=2$，$l=1$，$m=0$，$m_s=+1/2$；

C. $n=3$，$l=2$，$m=1$，$m_s=+1/2$；　D. $n=4$，$l=0$，$m=0$，$m_s=+1/2$

23. 氢原子中的原子轨道的个数是（ ）。

A. 1 个；　B. 2 个；　C. 3 个；　D. 无穷多个

24. 对于原子的 s 轨道，下列说法中正确的是（ ）。

A. 距原子核最近；　B. 必有成对电子；　C. 球形对称；　D. 具有方向性

25. 若将 N 原子的基态电子构型写成 $1s^2 2s^2 (2p_x)^2 (2p_y)^1$，这违背了（ ）。

A. Pauli 原理；　B. Hund 规则；

C. 对称性一致的原则；　D. Bohr 理论

26. 在分子中衡量原子吸引成键电子的能力用（ ）。

A. 电离能；　B. 电子亲合能；　C. 电负性；　D. 解离能

27. 能和钠形成最强离子键的单质是（ ）。

A. H_2；　B. O_2；　C. F_2；　D. Cl_2

28. 下列物质中，既有离子键又有共价键的是（ ）。

A. KCl；　B. CO；　C. Na_2SO_4；　D. NH_4^+

29. 下列说法中正确的是（ ）。

A. 共价键仅存在于共价型化合物中；　B. 由极性键形成的分子一定是极性分子；

C. 由非极性键形成的分子一定是非极性分子；D. 离子键没有极性

30. 下列化学键中，极性最弱的是（ ）。

A. H—F；　B. H—O；　C. O—F；　D. C—F

31. 下列分子中属极性分子的是（ ）。

A. $SiCl_4(g)$；　B. $SnCl_2(g)$；　C. CO_2；　D. BF_3

32. BF_3 分子的偶极矩数值 D 为（ ）。

A. 2；　B. 1；　C. 0.5；　D. 0

33. 为确定分子式为 XY_2 的共价化合物是直线型还是弯曲型的，最好要测定它的（ ）。

A. 与另一个化合物的反应性能；　B. 偶极矩；

C. 键能；　　D. 离子性百分数

34. 下列物质中，含极性键的非极性分子是(　　)。

A. H_2O；　B. HCl；　C. SO_3；　D. NO_2

35. 在单质碘的四氯化碳溶液中，溶质和溶剂分子之间存在着(　　)。

A. 取向力；　B. 诱导力；　C. 色散力；　D. 诱导力和色散力

36. 下列液态物质中只需克服色散力就能使之沸腾的是(　　)。

A. H_2O；　B. CO；　C. HF；　D. Xe

37. 下列能形成分子间氢键的物质是(　　)。

A. NH_3；　B. C_2H_4；　C. HI；　D. H_2S

38. SO_2 分子之间存在着(　　)。

A. 色散力；　B. 色散力加诱导力；

C. 色散力加取向力；　D. 色散力加诱导力和取向力

39. 下列各分子中，中心原子在成键时以 sp^3 不等性杂化的是(　　)。

A. $BeCl_2$；　B. PH_3；　C. H_2S；　D. $SiCl_4$

40. 下列各物质的分子间只存在色散力的是(　　)。

A. CO_2；　B. NH_3；　C. H_2S；　D. HBr；

E. SiF_4；　F. $CHCl_3$；　G. CH_3OCH_3

41. 下列各种含氢的化合物中含有氢键的是(　　)。

A. HBr；　B. HF；　C. CH_4；

D. HCOOH；　E. H_3BO_3

42. 膦(PH_3)又称磷化氢，在常温下是一种无色有大蒜臭味的有毒气体，电石气的杂质中常含有磷化氢。它的分子构型是三角锥形。以下关于 PH_3 的叙述正确的是(　　)。

A. PH_3 分子中有未成键的孤对电子；　B. PH_3 是非极性分子；

C. PH_3 是一种强氧化剂；　D. PH_3 分子的 P—H 键是非极性键

43. 具有下列电子排布式的原子中，半径最大的是(　　)。

A. $1s^22s^22p^63s^23p^3$；　B. $1s^22s^22p^3$；

C. $1s^22s^22p^4$；　D. $1s^22s^22p^63s^23p^4$

44. 下列说法中正确的是(　　)。

A. 处于最低能量的原子叫做基态原子；

B. $3p^2$ 表示 3p 能级有两个轨道；

C. 同一原子中，1s、2s、3s 电子的能量逐渐减小；

D. 同一原子中，2p、3p、4p 能级的轨道数依次增多

45. 下列微粒半径从大到小排列的是(　　)。

A. K、Na、Mg、Cl；　B. K^+、Na^+、Mg^{2+}、Cl^-；

C. Cl^-、F^-、Mg^{2+}、Al^{3+}；　D. Cl、Mg、Al、F

46. 比较离子极化力的相对大小，下列顺序正确的是(　　)。

A. $Fe^{2+} > Sn^{2+} > Sn^{4+} > Sr^{2+}$；　B. $Sn^{4+} > Fe^{2+} > Sn^{2+} > Sr^{2+}$；

C. $Sn^{4+} > Sn^{2+} > Sr^{2+} > Fe^{2+}$；　D. $Sr^{2+} > Fe^{2+} > Sn^{2+} > Sn^{4+}$

47. 比较各离子变形性(或极化率)的相对大小，下列顺序正确的是(　　)。

A. $S^{2-} > O^{2-} > F^-$；　B. $O^{2-} > S^{2-} > F^-$；

C. $F^- > O^{2-} > S^{2-}$；　　D. $S^{2-} > F^- > O^{2-}$

48. Cu^+ 的磁矩是(　　)。

A. 3.88；　B. 4.90；　C. 2.83；　D. 0

49. 关于$[Cu(CN)_4]^{3-}$的空间构型及中心离子的杂化类型叙述正确的是(　　)。

A. 平面正方形，d^2sp^3 杂化；　　B. 变形四边形，sp^3d 杂化；

C. 正四面体，sp^3 杂化；　　D. 平面正方形，sp^3d^2 杂化

50. 内轨型配离子$[Cu(CN)_4]^{2-}$的磁矩等于 2.0B. M.，判断其空间构型和中心离子的杂化轨道分别为(　　)。

A. 四面体形和 sp^3；　　B. 正方形和 dsp^2；

C. 八面体形和 sp^3d^2；　　D. 八面体形和 d^2sp^3

三、填空题

51. 在下列空白处填入所允许的量子数：(1)$n=1, l=$_____，$m=$_____；(2)$n=2, l=1, m=$______；(3)$n=3, l=2, m$_____。

52. 符号"5p"表示电子的主量子数 n 等于______，角量子数 l 等于______，该电子亚层最多可以有______种空间取向，该电子亚层最多可容纳______个电子。

53. 原子核外电子排布服从三个原理：________、________和________。

54. 47 号元素 Ag 的电子结构是__________，它属于_____周期_____族；Ag^+的电子结构是__________。

55. 周期表中最活泼的金属是______，最活泼的非金属是______。

56. CO_2 是非极性分子，SO_2 是________分子，BF_3 是________分子，NF_3 是________分子，PF_5 是________分子。("极性"或"非极性")

57. 冰融化要克服 H_2O 分子间的______作用力。硫黄粉溶于 CS_2 中要靠它们之间的______作用力。

58. 氢键一般具有______性和______性，分子间存在氢键使物质的熔沸点______，而具有分子内氢键的物质的熔沸点往往________。

59. 形成氢键必须具备的两个基本条件是：(1)________，(2)________。

60. 在极性分子之间存在着________力；在极性分子和非极性分子之间存在着______力；在非极性分子之间存在着________力。

61. 在液态时，每个 HF 分子可形成______个氢键，每个 H_2O 分子可形成______个氢键。

62. 下列各物质的化学键中，只存在 σ 键的是________；同时存在 σ 键和 π 键的是________。

A. PH_3；　B. 丁二烯；　C. 丙烯腈；　D. CO_2；　E. N_2

63. $Co(NH_3)_5BrSO_4$ 可形成两种钴的配合物，已知 Co^{3+} 的配位数是 6，为确定钴的配合物的结构，现对两种配合物进行如下实验：在第一种配合物的溶液中加 $BaCl_2$ 溶液时，产生白色沉淀；在第二种配合物溶液中加入 $BaCl_2$ 溶液时，则无明显现象。则第一种配合物的结构式为____，第二种配合物的结构式为_____。如果在第二种配合物溶液中滴加 $AgNO_3$ 溶液，产生____现象。

四、简答题

64. 列表写出外层电子构型分别为 $3s^2$、$2s^22p^3$、$3d^{10}4s^2$、$3d^54s^1$、$4d^15s^2$ 的各元素符号与名称，及最高氧化值。

65. 写出下列各原子或离子的电子层结构并指出其未成对的电子数：(a)Fe；(b)Fe^{2+}；(c)Ni^{2+}；(d)Cu^{2+}；(e)Pt^{2+}；(f)Pt^{4+}。

66. 第二周期元素的第一电离能，为什么在 Be 和 B，以及 N 和 O 之间出现转折？为什么说电离能除了说明金属的活泼性之外，还可以说明元素呈现的氧化态？

67. 下列化合物晶体中既存在有离子键又有显著共价键的是哪些？

(1)NaOH；(2)Na_2S；(3)$CaCl_2$；(4) Na_2SO_4；(5)MgO

68. 写出 O_2^+、O_2、O_2^-、O_2^{2-} 的分子轨道电子排布式(不用理会内层轨道)，计算键级，指出何者稳定，何者不稳定，并说明磁性。

69. 下列各物质中哪些可溶于水？哪些难溶于水？试根据分子的结构，简单说明之。

(1) 甲醇 (CH_3OH)；(2) 丙酮 (CH_3COCH_3)；(3) 氯仿 ($CHCl_3$)；(4) 乙醚 ($CH_3CH_2OCH_2CH_3$)；(5)甲醛(HCHO)；(6)甲烷(CH_4)

70. 判断下列各组中两种物质的熔点高低。

(1)NaF、MgO；(2)BaO、CaO；(3)SiC、$SiCl_4$；(4)NH_3、PH_3

71. 试判断下列各组物质熔点的高低顺序，并作简单说明。

(1)SiF_4、$SiCl_4$、$SiBr_4$、SiI_4；(2)PF_3、PCl_3、PBr_3、PI_3

72. 指出下列配合物可能存在的立体异构体：

(1)$[Co(NH_3)_4(H_2O)_2]^{3+}$；(2)$[PtCl(NO_2)(NH_3)_2]$；(3)$[PtI_2(NH_3)_4]^{2+}$；(4)$[IrCl_3(NH_3)_3]$

73. $[Fe(CN)_6]^{3-}$ 是具有1个未成对电子的顺磁性物质，而 $[Fe(NCS)_6]^{3-}$ 具有5个未成对电子，推测这两种配合物的杂化轨道类型，外轨型还是内轨型结构？空间构型如何？

74. Ni^{2+} 与 CN^- 生成反磁性的正方形配离子 $[Ni(CN)_4]^{2-}$，与 Cl^- 却生成顺磁性的四面体形配离子 $[NiCl_4]^{2-}$，请用价键理论解释该现象。

75. 求 $[Cr(NH_3)_6]^{3+}$ 的未成对电子数有多少？并说明为什么 Cr^{3+} 离子的配合物必然是内轨型？

76. 用激发和杂化轨道理论说明下列分子的成键过程：

(1) $BeCl_2$ 分子为直线形，键角为 180°；

(2) $SiCl_4$ 分子为正四面体形，键角为 109.5°；

(3) PCl_3 分子为三角锥形，键角略小于 109.5°；

(4) OF_2 分子为折线形 (或 V 形)，键角小于 109.5°。

77. 已知 AlF_3 为离子型，$AlCl_3$ 和 $AlBr_3$ 为过渡型，AlI_3 为共价型，说明键型差别的原因。

78. 试用离子极化理论解释下列现象：

(1) $FeCl_2$ 熔点为 670℃，$FeCl_3$ 熔点为 306℃；

(2) NaCl 易溶于水，CuCl 难溶于水 [已知 $r(Na^+)=95pm$，$r(Cu^+)=96pm$]；

(3) PbI_2 的溶解度小于 $PbCl_2$；

(4) $CdCl_2$ 无色，CdS 黄色，CuCl 白色，Cu_2S 黑色。

第8章 元素化学

元素化学是研究基本化学元素所组成的单质与化合物的制备、性质、变化规律及应用的一门学科，它是所有化学分支学科，以及材料科学工程、环境科学工程、生物医学等一级学科的基础。迄今为止，在人类可能探测的宇宙范围内，已发现112种化学元素，其中地球上天然存在的元素有92种，其余为人工合成元素。112种元素按其性质可以分为金属元素和非金属元素，其中金属元素90种（占比超过80%），非金属元素22种。有些元素的性质介于金属和非金属元素之间，如位于周期表p区（从硼到砹）对角线的硼、硅、砷、锑、砹等元素，称为半金属或类金属。

把密度小于$5g \cdot cm^{-3}$的金属称作轻金属，密度大于$5g \cdot cm^{-3}$的金属称作重金属。

将金、银和铂族金属（钌、铑、钯、锇、铱、铂）等8种金属元素称作贵金属元素，在催化工业领域具有重要价值。

号称“材料味精”的稀土元素是指钪Sc、钇Y两种金属元素，加上镧系的15个金属元素，共17个金属元素，即钪Sc、钇Y、镧La、铈Ce、镨Pr、钕（nǔ）Nd、钷（pǒ）Pm、钐Sm、铕Eu、钆（gá）Gd、铽（tè）Tb、镝（dī）Dy、钬Ho、铒Er、铥（diū）Tm、镱Yb、镥Lu。

我国还将铁、锰、铬三种金属列为黑色金属（ferrous metal），而将铁、锰、铬以外的其他64种金属元素列为有色金属（non-ferrous metal）。

尽管元素的种类较多，但自然界已探明的自然界元素含量却极度分布不均。自然界丰度最高的元素是氧元素（包括单质和化合态的氧元素），占比47.2%；其次为硅，占比27.6%；联合铝、铁、钙、钠、钾、镁元素，这八种元素之和自然界占比高达99.64%。可见其余元素的自然丰度极低。自然界中只有氧、氮、硫、碳、金、铂等少数元素能够以单质形成出现，并稳定存在。其余大部分元素是以化合物形式出现。

8.1 单质的物理性质与结构

单质的性质与它们的原子结构和晶体结构有关，若将单质的各种性质变化与周期系相联系，仍然存在一些趋势性规律。

8.1.1 单质的基础物理性能

（1）单质的熔沸点规律

在图 8-1 中列出了部分单质的熔沸点变化规律数据。

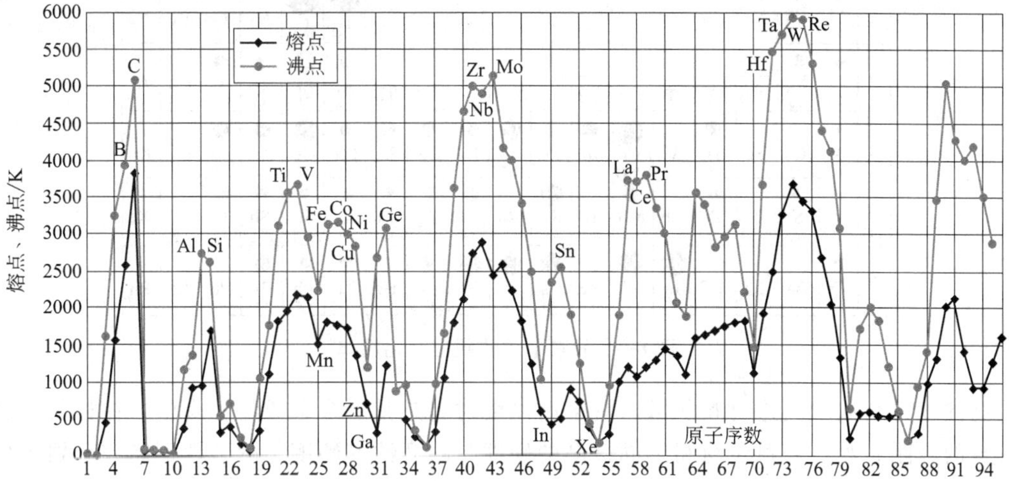

图 8-1　元素单质的熔沸点变化趋势

从图中可以看出，对第 2、3 周期来说，同一周期（主族及零族）单质的熔点从左到右逐渐增高，至第Ⅳ主族为最高，然后突然急剧降低，至零族为最低。

对第 4、5、6 周期来说，同一周期（包括副族及第Ⅷ族）单质的熔点从左到右逐渐增高，至第Ⅵ副族附近为最高，然后变化较为复杂，总趋势是逐渐降低，至零族为最低。

其中碳单质、钨等具有较高熔点，这也是设计制造耐高温材料的基础。副族元素单质的熔点大致以铬钼钨为中心，左右元素单质向其靠拢增大。主族元素单质以硼族和碳族单质熔点较高，向左、向右各主族单质熔点相对较低。

金属中以汞的熔点最低。ⅠA 族的碱金属与ⅡA 族的碱土金属单质熔点普遍不高，但化学性质太活泼，很少基于其低熔点性质设计应用。ⅢA 族的金属镓熔点稍高于室温，且有一定化学稳定性，熔化过程伴随大量吸热，因而被用于特殊场合的应急降温材料。很多单质金属可组合成低共熔点合金，即在恰当组成时，合金具有显著降低的熔点，这种技术已用于电子零件焊接料的设计制造和电器线路过热熔断保护。激光烧结 3D 打印技术所用金属粉体也常需要低共熔点合金材料。未来可能流行的喷墨打印电子线路也需要低共熔、良导电合金粉末材料。总之，材料的熔点问题可以关联上很多技术研究与工业应用。

如图 8-1 所示，单质的沸点变化大致与熔点的变化是平行的，即熔点较高的单质，其沸点也较高。

（2）单质硬度

硬度是众多材料的基础性质之一，它表征物质抵抗外力而保持自身表面与本体形态结构不被破坏或改变的能力，常用的硬度表达方法有很多，不同领域采用不同方法，如布氏硬度、洛氏硬度、维氏硬度、邵氏硬度等。莫氏硬度是 Friedrich Mohs 提出的划痕相对硬度表达法，定义金刚石的硬度为 10，而将几种典型物质硬度分作十级。图 8-2 列出了部分单质的硬度数据，尽管单质的硬度数据不全，可看出各周期两端元素的单质硬度小，而在周期中间元素（短周期的碳族、长周期中的铬副族）的单质硬度大。硬度较大的单质主要有金刚石（碳）、单晶硼、金属铬、钽、钨等。

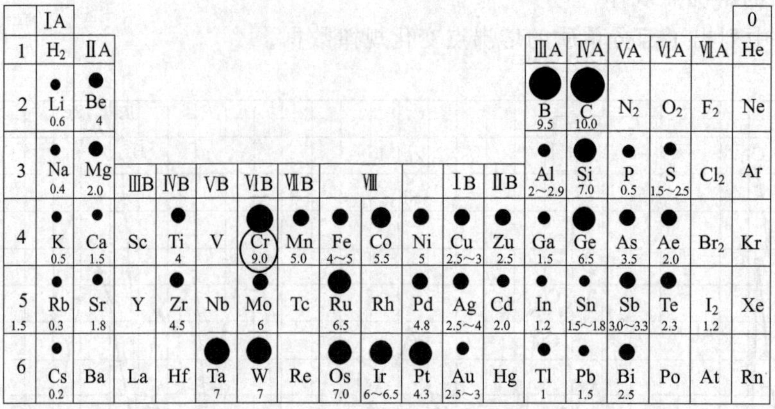

图 8-2　元素单质的硬度变化规律

高硬度材料属于先进材料领域，更多高硬度材料是基于合金或特种陶瓷。在材料表面生长形成的金刚石膜，可赋予材料表面极高的硬度与耐磨性（硬度与耐磨性不能完全划等号）。含有碳化钨等碳化物的钨钢材料具有优异的硬度，即使在1000℃高温下仍保持较高硬度，属于高性能硬质合金系列，主要含有碳化钨、碳化钴、碳化铌、碳化钛、碳化钽等组分。碳化物组分（或相）的晶粒尺寸通常在0.2～10μm之间，碳化物晶粒使用金属黏结剂结合在一起。黏结剂通常是指金属钴（Co），但对一些特别的用途，镍（Ni）、铁（Fe）或其他金属及合金也可使用。高硬度耐磨材料最常见的应用就是特种刀具和挖掘机铲齿表面上的一层特种硬质耐磨材料。高铁的钢轨和车轮都是高硬度钢材，通过掺杂化学改性，形成特殊金相结构获得高硬度与耐磨性，如日本新干线高铁的轮轨硬度比高于1∶1，保障高铁车轮运行过程中的长期圆度，否则就要经常性修圆（旋修）。

（3）单质的导电性

各单质的导电性差别很大。如表8-1所示，金属大多是电的良导体；许多非金属单质不能导电，是绝缘体；介于导体与绝缘体之间的类金属（metalloids）单质是半导体，例如硅、锗和硒等。银、铜、金、铝是最好的导电材料。银与金较昂贵，只用于一些特殊场合，如微电子芯片外接导线表面镀层、印刷电子线路板高保障导电部位等（优良的耐腐蚀性能）；铜和铝则广泛应用于电器和电力工业中，是最为广泛而常见的导电材料。主族金属铝的电导率只有铜的60%左右，但密度不到铜的一半。当铝制电线的导电能力与铜制的一样时，铝线的质量只有铜线的一半，因此常用铝代替铜来制造电线，特别是高压电缆。

表 8-1　金属良导体的电导率

金属名称	电导率 $\sigma/10^7(\Omega^{-1}\cdot m^{-1})$	金属名称	电导率 $\sigma/10^7(\Omega^{-1}\cdot m^{-1})$
银 Ag	6.29	黄铜(40%Zn)	1.49
铜 Cu	5.98	锌 Zn	1.69
金 Au	4.26	镍 Ni	1.46
铝 Al	3.77	铁 Fe	1.03
黄铜(10%Zn)	3.59	锡 Sn	0.91

金属的纯度以及温度等因素对金属的导电性能影响较大。金属中杂质的存在将使金属的

导电率大为降低，所以用做导线的金属往往是相当纯净的。例如，按质量分数计，一般铝线的纯度均在 99.5%以上，铜在 99.9%以上。温度的升高，通常能使金属的导电率下降，对于不少金属来说，温度每升高 1K，导电率将下降约 0.4%。金属的这种导电的温度特性也是有别于半导体的特征之一。金属导体受到压应力和拉伸应力时，其电导率也会发生显著变化。

非金属单质中，碳单质中的普通石墨电导率为 $2000\sim2500\Omega^{-1}\cdot m^{-1}$，尽管导电性不如金属，但与高分子材料相容性较好，故多用于制作导电橡胶、导电油墨等。石墨烯的电导率高达 $10^5\sim10^7\Omega^{-1}\cdot m^{-1}$，电导率接近金属导体，属于导电性优异的非金属材料，有望在柔性透明导电材料、锂离子电池等领域形成重要应用。位于周期表 p 区右上部的元素（如 Cl_2、O_2）及稀有气体元素（如 Ne、Ar）的单质为绝缘体。位于周期表 p 区从元素 B 到 At 对角线附近的元素单质大都具有半导体的性质，其中硅 Si 和锗 Ge 是公认最好的单质半导体，其次是硒，其他半导体单质各有缺点。例如，碘的蒸气压大，硼的熔点高，磷有毒等，因而应用不多。硅 Si 和锗 Ge 也是主要的优良半导体，当今微电子芯片大多为硅基半导体，而最早的微电子芯片却是在单晶锗上制作而成。当然更多先进半导体来自化合物半导体。

作为单质半导体的材料要求有很高的纯度。例如，半导体锗的纯度要在 99.999999%（8 个“9”，行业简称 8N）以上。但有时却要掺入少量特定杂质以改变半导体的导电性能。恰当地掺入某种微量杂质（即掺杂，doping）会大大增加半导体的导电性，这是半导体不同于金属的另一个重要特征。半导体硅和锗中最常用的掺杂元素是第 V 主族元磷、砷、锑和第Ⅲ主族元素硼等。借此可以制成各种半导体器件。

（4）热导率

热导率常以导热系数（coefficient of thermal conductivity）表示，是指当温度梯度为 1℃/m 时，单位时间内通过单位水平截面积所传递的热量。热导率很大的物体是优良的热导体；而热导率小的是热的不良导体或为热绝缘体。图 8-3 列出了一些元素单质的热导率，可以看出，导电性较高的铜、银、金、铝等单质具有较高的热导率。碳单质中，普通石墨的热导率为 151W/m·K，属中等（图中所示）；而其同素异形体石墨烯的热导率可高达 4840～5300W/m·K，金刚石为 900～2320W/m·K，属于低导电、高导热材料。

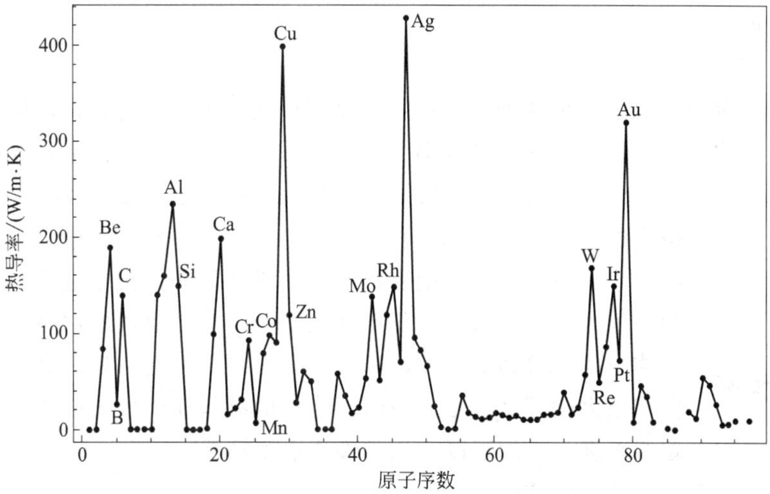

图 8-3　元素单质的热导率

导热材料在电子电器散热工程、热能工程等领域具有重要应用，特别是微电子芯片的散热管理技术等关系到器件工作效能和稳定性等方面。

8.1.2 单质的结构

单质的上述物理性质的变化主要决定于它们的晶体类型、晶格中粒子间的作用力和晶格能等结构参数。表 8-2 中列出了主族及零族元素单质的晶体类型。

表 8-2 主族及零族元素单质的晶体类型

ⅠA 族	ⅡA 族	ⅢA 族	ⅣA 族	ⅤA 族	ⅥA 族	ⅦA 族	0 族
H_2 分子晶体							He 分子晶体
Li 金属晶体	Be 金属晶体	B 近原子晶体	C 金刚石:原子晶体 石墨:层状晶体 C_{60}:分子晶体	N_2 分子晶体	O_2 分子晶体	F_2 分子晶体	Ne 分子晶体
Na 金属晶体	Mg 金属晶体	Al 金属晶体	Si 单晶硅:原子晶体	P 白磷:分子晶体 黑磷:层状	S 斜方硫/单斜硫:分子晶体 弹性硫:链状晶体	Cl_2 分子晶体	Ar 分子晶体
K 金属晶体	Ca 金属晶体	Ga 金属晶体	Ge 原子晶体	As 黄砷:分子晶体 灰砷:层状晶体	Se 红硒:分子晶体 灰硒:链状晶体	Br_2 分子晶体	Kr 分子晶体
Rb 金属晶体	Sr 金属晶体	In 金属晶体	Sn 灰锡:原子晶体 白锡:金属晶体	Sb 黑锑:分子晶体 灰锑:层状晶体	Te 灰碲:链状晶体	I_2 分子晶体	Xe 分子晶体
Cs 金属晶体	Ba 金属晶体	Tl 金属晶体	Pb 金属晶体	Bi 层状晶体 （近金属晶体）	Po 金属晶体	At	Rn 分子晶体

同一周期元素的单质，从左到右，由典型的金属晶体过渡到原子晶体或分子晶体。例如，第 3 周期中，钠、镁和铝都是典型的金属晶体，但这三种元素的原子半径逐渐减小，参与成键的价电子数逐渐增加，金属键的键能逐渐增大，因而熔点、沸点等也逐渐增高。单质硅结晶状态时为原子晶体，具有较高熔沸点和硬度。而到单质磷、硫则基本转变为分子晶体，熔沸点较低。

(1) 单质硼

单质硼有无定型和原子晶体两种主要形式，晶态单质硼表观黑色，高硬度，仅次于金刚石，但性脆，结构有多种变体，它们都以 B_{12} 正二十面体为基本的结构单元（见图 8-4）。这个二十面体由 12 个 B 原子组成，20 个接近等边三角形的棱面相交成 30 条棱边和 12 个角顶，每个角顶为一个 B 原子所占据。由于 B_{12} 二十面体的连接方式不同，键也不同，形成的硼晶体类型也不同。其中最普通的一种为 α-菱形硼。α-菱形硼是由 B_{12} 单元组成的层状结构，α-菱形硼晶体中既有普通的 σ 键，又有三中心两电子键。许多 B 原子的成键电子在相当大的程度上是离域的，这样的晶体属于原子晶体，因此晶态单质硼的硬度大，熔点高，化学性质也不活泼。

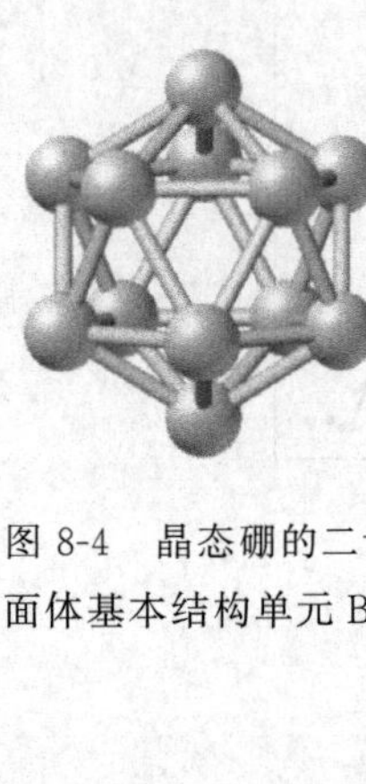

图 8-4 晶态硼的二十面体基本结构单元 B_{12}

(2) 单质碳

单质碳有多种同素异形体，常见有无定形碳（如炭黑）与石墨碳

(graphite)，特殊结构的有 C_{60}、碳纳米管 CNT 和石墨烯（graphene）。

（3）单质氧

同素异形体包括 O_2 与臭氧 O_3，O_2 分子结构具有两个单电子，表现为顺磁性，低温下呈分子晶体。臭氧 O_3 分子结构如图 8-5 所示。三个氧原子连接成 V 字形，中间 O 原子采取 sp^2 不等性杂化，两个单电子杂化轨道分别与左右 O 原子的单电子 p 轨道重叠，形成两个 O—O σ 键，而中间 O 原子还有一个双电子的杂化轨道，即孤对电子云。三个 O 原子各有一个相互平行的 p 轨道，中间 O 原子的平行 p 轨道含有两个电子，而两边的 O 原子平行 p 轨道各有一个电子，三个平行 p 轨道"肩并肩"重叠形成大Π键。中间 O 原子杂化轨道包含了部分 s 轨道，因而相对于两边的 O 原子具有较大电负性，使 O_3 分子表现为极性分子，偶极矩 $\mu=1.8\times10^{-30}C\cdot m$，也是目前发现的唯一一个极性单质分子。

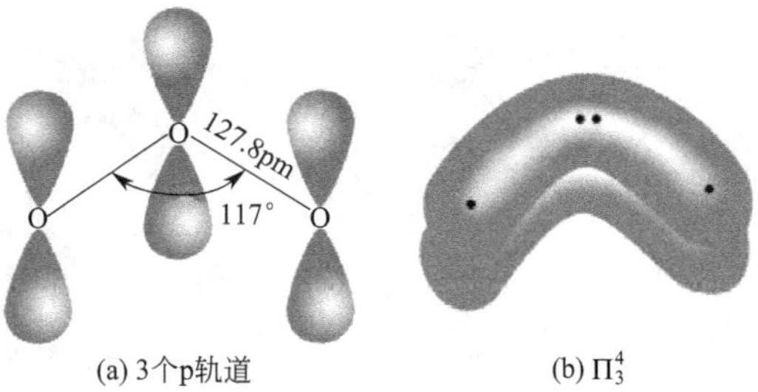

图 8-5 臭氧 O_3 分子结构

（4）单质硅

硅是非金属，有非晶硅、多晶硅、单晶硅几种代表形式。由于原子轨道 sp^3 杂化而形成四面体单元构型的原子晶体，整个晶体由共价键联系着，晶格较牢固，熔点、沸点高。单晶硅的结构如图 8-6 所示。

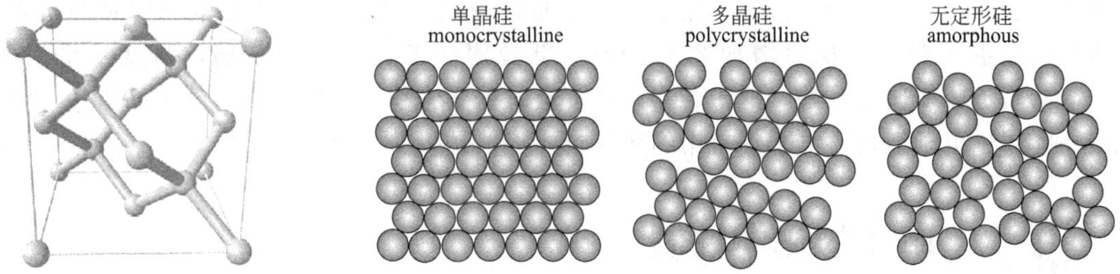

图 8-6 单晶硅结构与三种单质硅形态

（5）单质磷

常见的单质磷有许多同素异形体，现知至少有五种晶状多晶物，还有几种无定形结构。磷最普通的结构是由 α-P_4 组成的白磷，结构为四面体，分子晶体。白磷加热可得无定型的红磷（白磷剧毒，红磷基本无毒），一般认为红磷是白磷的聚合体，链式结构。黑磷是单质磷热力学最稳定的形式，具有 90 °弯折的层状结构，具有与石墨烯相似的电磁性能。几种单质磷的同素异形体结构如图 8-7 所示。

（6）单质硫

常见的单质硫（正交硫、单斜硫）晶体是由单个环状 S_8 分子（如图 8-8 所示）通过分子间力结合而成的分子晶体。将约 250℃的液态硫迅速倾入冷水，硫就凝结成可以拉伸的弹性硫（S_x），它具有链状结构。

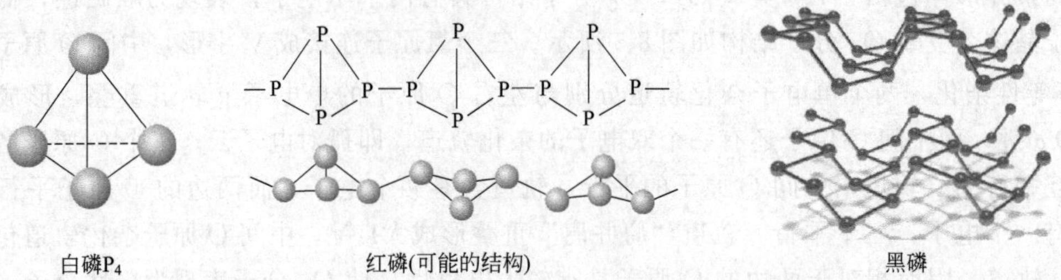

图 8-7　单质磷同素异形体结构

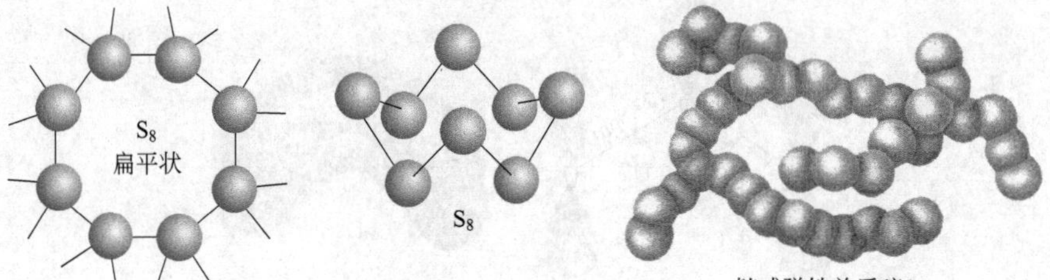

图 8-8　单质硫的结构

（7）单质锗

锗晶体里的原子排列与金刚石差不多，所以锗与金刚石一样硬而且脆，单晶锗是早期重要的半导体材料。单质锗的折射系数很高，只对红外光透明，而对可见光和紫外光不透明，所以红外夜视仪等军用观察仪采用纯锗制作透镜。

（8）单质锡

锡的相变点为−13.2℃。高于相变点温度时是白色 p-Sn。低于相变点温度时开始变成粉末状。发生相变时体积会增加 26%左右。低温锡相变将使钎料变脆，强度几乎消失。在−40℃附近相变速度最快，低于−50℃时，金属锡变为粉末状的灰锡（分子晶体）。因此，纯锡不能用于电子组装，电子焊接用的锡焊料几乎都是锡的合金。

8.2　单质的化学性质

单质的化学性质通常表现为氧化还原性。金属单质最突出的性质是它们容易失去电子而表现出还原性，非金属单质的特性是在化学反应中能获得电子而表现出氧化性，但不少非金属单质有时也能表现出还原性。它们这种性质变化通常符合周期系中元素金属性和非金属性的递变规律。在一定条件下，也可以用标准电极电势 $\varphi^{\ominus}$ 的数据来判断单质的氧化还原性的强弱。

8.2.1　金属单质的还原性

（1）各区金属单质的活泼性及其递变情况

在短周期中，从左到右，由于一方面核电荷数依次增多，原子半径逐渐缩小，另一方面最外层电子数依次增多，同一周期从左到右金属单质的还原性逐渐减弱。在长周期中总的递变情况和短周期是一致的。但由于副族金属元素的原子半径变化没有主族的显著，且最外层电子数相近（一般为 ns^2），所以同周期单质的还原性变化不甚明显，而是彼此较为相似。在同一主族中自上而下，虽然核电荷数增加，原子半径也增大，金属单质的还原性一般增强；而副族的情况较为复杂，单质的还原性一般自上而下反而减弱（ⅢB 除外）。可简单表达如图 8-9 所示。

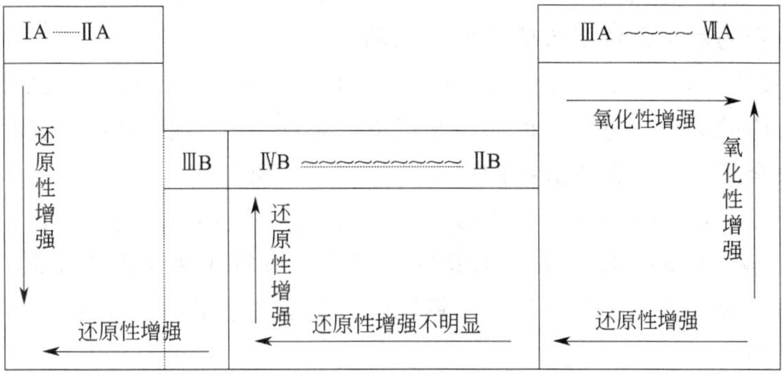

图 8-9　元素单质的氧化还原性周期律

（2）金属与氧的作用

s 区的碱金属与碱土金属化学性质十分活泼，具有很强的还原性。它们很容易与氧化合，与氧化合的能力基本上符合周期系中元素金属性的递变规律。s 区金属在空气中燃烧时能生成正常的氧化物（氧元素的氧化值为−2 的氧化物，如 Li_2O、BaO、MgO），结构上一般为离子晶体。氧还可与碱金属、碱土金属反应生成一系列**非常氧化物**，包括过氧化物（如 Na_2O_2、BaO_2）与超氧化物（如 KO_2 等）。过氧化物中存在着过氧负离子 O_2^{2-}，其中含有过氧键 $[O—O]^{2-}$，其中每个氧原子的平均氧化值为−1。这些过氧化物都是强氧化剂，遇到棉花、木炭或银粉等还原性物质时，会发生爆炸，所以使用它们时要特别小心。钾 K、铷 Rb、铯 Cs 以及钙 Ca、锶 Sr、钡 Ba 等金属在过量的氧气中燃烧时还会生成超氧化物［如 KO_2、$Ba(O_2)_2$ 等］，其中存在超氧负离子 O_2^-，即过氧键 $[O—O]^-$，每个氧原子的平均氧化值为−0.5。

过氧化物和超氧化物都是固体储氧物质，它们与水剧烈反应会放出氧气，又可吸收 CO_2 并产生 O_2 气，反应过程中，−0.5 或−1 价的氧元素歧化为−2 与 0 价。较易制备的 KO_2 常用于急救供氧装置或装在防毒面具中。

$$2Na_2O_2(s)+2CO_2(g) = 2Na_2CO_3(s)+O_2(g)$$
$$4KO_2(s)+2H_2O(g) = 3O_2(g)+4KOH(s)$$
$$4KO_2(s)+2CO_2(g) = 2K_2CO_3(s)+3O_2(g)$$

p 区金属的活泼性一般远比 s 区金属的要弱。锡、铅、锑、铋等在常温下与空气作用缓慢。

锡 Sn 在高温下，尤其熔融状态下容易被氧气为白色（实为透明）SnO_2。金属锡常用于保护铁皮，通过电镀锡或热镀锡，在铁皮表面形成一层很薄的金属锡层，且表面的金属锡高温处理下会转变为致密的氧化锡 SnO_2 膜，锡层及氧化物对基底的铁皮形成防腐性保护，即所谓“马口铁”（tin-plated steel），应用十分广泛。黑色的氧化亚锡 SnO 一般不能由氧气直接氧化生成，而由Sn(Ⅱ)盐溶液与碳酸盐反应获得。

靠低低周期的p区金属与氧作用，倾向于形成尽可能高价态的氧化物，如GeO_2、SnO_2（不是SnO）等。而靠高周期的p区金属与氧反应，倾向于形成低价态氧化物，如PbO、Sb_2O_3、Bi_2O_3等，高周期金属的高价氧化物具有很强的氧化性，稳定性不佳。金属铅在空气中加热生成橙黄色的PbO，大量用于制造铅酸蓄电池和高折光率含铅玻璃。常温下Sb_2O_3是以双聚分子形式存在，为Sb_4O_6；高温下才转变为Sb_2O_3分子，属于分子晶体。而Bi_2O_3是离子晶体，这种差异可以用离子极化理论进行分析。Pb和Bi的高价氧化物（+5）必须在更强的氧化条件下方能生成，如硝酸。

金属铝Al较活泼，容易与氧化合，但在空气中铝能立即生成一层致密的氧化物保护膜，阻止氧化反应的进一步进行，因而在常温下，铝在空气中很稳定。铝和氧化合时放出大量的热，比一般金属与氧化合时放出的热量要大得多。例如：

$$2Al(s)+O_2(g)=\!=\!=Al_2O_3(s)；\ \Delta_r H_m^{\ominus}=-1675.7kJ\cdot mol^{-1}$$

这与Al_2O_3较大的晶格能有关。铝能将大多数金属氧化物还原为单质。当把某些金属的氧化物和铝粉的混合物灼烧时，便发生铝还原金属氧化物的剧烈反应，得到相应的金属单质，并放出大量的热。例如：

$$2Al(s)+Fe_2O_3(s)=\!=\!=2Fe(s)+Al_2O_3(s)；\ \Delta_r H_m^{\ominus}=-851.5kJ\cdot mol^{-1}$$

该反应可在耐热容器内进行，能够达到很高的温度，用于制备许多难熔金属单质（如Cr、Mn、V等），称为铝热法。这种方法也可用在焊接工艺上，如铁轨的焊接等。所用的“铝热剂”更多是由铝和Fe_3O_4的细粉所组成（借助铝和过氧化钠Na_2O_2的混合物或镁来点燃），反应方程式如下：

$$8Al(s)+3Fe_3O_4(s)=\!=\!=4Al_2O_3(s)+9Fe(s)；\ \Delta_r H_m^{\ominus}=-3347.6kJ\cdot mol^{-1}$$

温度可高达3000℃。

高温金属陶瓷涂层是将铝粉、石墨、二氧化钛（或其他高熔点金属的氧化物）按一定比例混合后，涂在底层金属上，然后在高温下煅烧而成的，反应方程式如下：

$$4Al+3TiO_2+3C=\!=\!=2Al_2O_3+3TiC$$

这两种产物都是耐高温的物质，因此在金属表面上获得了耐高温的涂层，这在火箭及导弹技术上有重要应用。

金属镓Ga和铟In与氧高温反应，可获得Ga_2O_3和In_2O_3，都是宽禁带的透明半导体材料，具有电阻率相对较小等特点，还可用作催化剂。In_2O_3掺杂SnO_2可成为当前最主流的透明导电材料ITO，广泛应用于绝大部分的液晶显示屏、触摸屏等。

d区（ⅢB族与Mg相似，除外）和ds区金属的活泼性也较弱。同周期中各金属单质活泼性的变化情况与主族的相类似，即从左到右一般有逐渐减弱的趋势，但这种变化远较主族的不明显。例如，对于第4周期金属单质，在空气中一般能与氧气作用。在常温下钪Sc在空气中迅速氧化，钛Ti、钒V对空气都较稳定，这也是金属钛能够作为高性能金属材料使用的原因之一；铬Cr、锰Mn能在空气中缓慢被氧化，但铬与氧气作用后，表面形成的Cr_2O_3也具有阻碍进一步氧化的作用；铁Fe、钴Co、镍Ni在没有潮气的环境中与空气中氧气的作用并不显著，镍也能形成氧化物保护膜；铜在干燥空气中的化学性质比较稳定，而锌的活泼性较强，但锌与氧气作用生成的氧化锌薄膜也具有一定的保护性能。

前面已指出，在金属单质活泼性的递变规律上，副族与主族又有不同之处。在副族金属中，同周期间的相似性较同族间的相似性更为显著，且第4周期金属的活泼性比第5和第6

周期金属强，或者说副族金属单质的还原性往往有自上而下逐渐减弱的趋势。例如，对于 IB 族，铜（第 4 周期）在常温下不与干燥空气中的氧气化合，加热时则生成黑色的 CuO，而银（第 5 周期）在空气中加热也并不变暗，金（第 6 周期）在高温下也不与氧气作用，是比较惰性金属之一。

（3）金属的溶解反应

金属的还原性还表现在金属单质的溶解反应。s 区金属的标准电极电势代数值一般甚小，用 H_2O 作氧化剂即能将金属溶解（金属被氧化为金属离子），反应直接产生氢气和金属氢氧化物。但铍和镁由于表面形成致密的氧化物保护膜而对水较为稳定。

p 区（除锑、铋外）和第 4 周期 d 区金属（如铁、镍）以及锌的标准电极电势虽为负值，但其代数值比 s 区金属的要大，能溶于盐酸或稀硫酸等非氧化性酸中而置换出氢气[⑯]。而第 5、6 周期 d 区和 ds 区金属以及铜的标准电极电势则多为正值，这些金属单质不溶于非氧化性酸（如盐酸或稀硫酸）中，其中一些金属必须用氧化性酸（如硝酸）予以溶解（此时氧化剂已不是 H^+ 了）。一些不活泼的金属如铂、金需用王水溶解，这是由于王水中的浓盐酸可提供配体 Cl^- 与金属离子形成配离子，从而使金属的电极电势代数值大为减小（为什么?）。相关反应如下：

$$3Pt+4HNO_3+18HCl =\!=\!= 3H_2[PtCl_6]+4NO(g)+8H_2O$$
$$Au+HNO_3+4HCl =\!=\!= H[AuCl_4]+NO(g)+2H_2O$$

铌 Nb、钽 Ta、钌 Ru、铑 Rh、锇 Os、铱 Ir 等不溶于王水中，但可借浓硝酸和浓氢氟酸组成的混合酸予以溶解。

酸碱两性金属 Be、Al、Ga、Sn、Pb、Zr、Cr、Mn、Zn、Fe、Co 等不但可以和酸反应，生成相应金属离子，和氧化性酸反应则可能生成金属氧化物；也能和碱液反应，生成相应的含氧酸根离子。例如：

$$2Al+2NaOH+2H_2O =\!=\!= 2NaAlO_2+3H_2(g)$$
$$Sn+2NaOH =\!=\!= Na_2SnO_2+H_2(g)$$

这与这些金属的氧化物或氢氧化物保护膜具有两性有关，或者说由于这些金属的氧化物或氢氧化物保护膜能与过量 NaOH 作用生成配离子，例如，AlO_2^- 实质上可认为是配离子 $[Al(OH)_4]^-$ 的脱水形式。亚锡酸钠 Na_2SnO_2 也是相似的结构变化。

$$\left[\begin{array}{c} OH \\ | \\ HO-Al-OH \\ | \\ OH \end{array}\right]^- \xrightarrow{-2H_2O} [AlO_2]^-$$

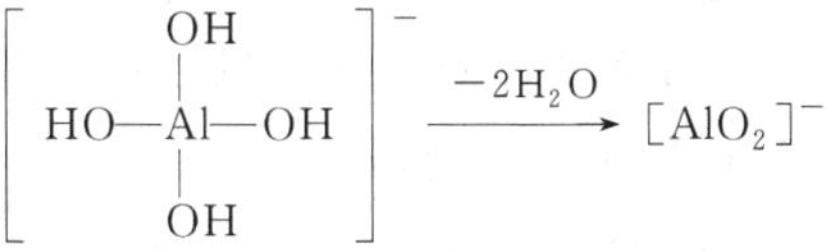

对于贵金属和高稳定性稀有金属，第 5 和第 6 周期中，ⅣB 族的锆 Zr、铪 Hf，ⅤB 族的铌 Nb、钽 Ta，ⅥB 族的钼 Mo、钨 W 以及第Ⅶ副族的锝 Tc、铼 Re 等金属不与氧、氯、硫化氢等气体反应，也不受一般酸碱的侵蚀，且能保持原金属或合金的强度和硬度。它们都是耐蚀合金元素，可提高钢在高温时的强度、耐磨性和耐蚀性。

其中铌 Nb、钽 Ta 不溶于王水中，钽可用于制造化学工业中的耐酸设备。

ⅧB 族的铂系金属钌 Ru、铑 Rh、钯 Pd、锇 Os、铱 Ir、铂 Pt 以及 IB 族的银 Ag、金 Au 贵金属系列中，除 Ag 外，其他化学惰性。这些金属在常温，甚至在一定的高温下不与

---

⑯　酸中 $\varphi(H^+/H_2)$ 代数值比水中的 $\varphi(H^+/H_2)$ 代数值要大，为什么？

氟、氯、氧等非金属单质作用；其中钌、铑、锇和铱甚至不与王水作用。铂即使在它的熔化温度下也具有抗氧化的性能，常用于制作化学器皿或仪器零件，例如铂坩埚、铂蒸发器、铂电极等。保存在巴黎的国际标准米尺也是用质量分数为10%Ir和90%Pt的合金制成的。铂系金属在石油化学工业中广泛用做催化剂。

副族元素中的ⅢB族，包括镧系元素和锕系元素单质的化学性质（与Mg相似）是相当活泼的。

(4) 金属的钝化

上面曾提到一些金属（如铝Al、铬Cr、镍Ni等）与氧的结合能力较强，但实际上在一定的温度范围内，它们还是相当稳定的。这是由于这些金属在空气中氧化生成的氧化膜具有较显著的保护作用，或称为金属的钝化。粗略地说金属的钝化主要是指某些金属和合金在某种环境条件下丧失了化学活性的行为。最容易产生钝化作用的有铝Al、铬Cr、镍Ni和钛Ti以及含有这些金属的合金。

金属由于表面生成致密的氧化膜而钝化，不仅在空气中能保护金属免受氧的进一步作用，而且在溶液中还因氧化膜的高电阻有阻碍金属失电子的倾向，引起了电化学极化，从而使金属的析出电势值变大，金属的还原性显著减弱。铝制品可作为炊具，铁制的容器和管道能被用于储运浓HNO_3和浓H_2SO_4，就是由于金属的钝化作用。当然，初期的接触腐蚀不可避免。

8.2.2 非金属单质的氧化还原性

与金属单质不同，非金属单质的特性是易得电子，呈现氧化性，且其性质递变基本上符合周期系中非金属性递变规律及标准电极电势$\varphi^{\ominus}$的顺序。但除F_2、O_2外，大多数非金属单质既具有氧化性，又具有还原性。在实际中有重要意义的，可分成下列四个方面。

(1) 活泼氧化性单质

较活泼的非金属单质如F_2、O_2、Cl_2、Br_2具有强氧化性，常用作氧化剂，其氧化性强弱可用$\varphi^{\ominus}$定量判别，对于指定反应既可以从φ(正)>φ(负)，也可从反应的$\Delta G<0$来判别反应自发进行的方向。

例如，我国四川盛产井盐，盐卤水约含碘$0.5 \sim 0.7 g \cdot dm^{-3}$，若通入氯气可制碘，这是由于$Cl_2 + 2I^- = 2Cl^- + I_2$。这时必须注意，通氯气不能过量。因为过量$Cl_2$强氧化性可将$I_2$进一步氧化为无色碘酸根$IO_3^-$而得不到预期的产品$I_2$。

$$5Cl_2 + I_2 + 6H_2O = 10Cl^- + 2IO_3^- + 12H^+$$

从电极电势看，这是由于$\varphi^{\ominus}(Cl_2/Cl^-) = 1.38V > \varphi^{\ominus}(IO_3^-/I_2) = 1.195V$，$Cl_2$具有较强的氧化性，$I_2$则具有一定的还原性。

(2) 还原性非金属单质

较不活泼的非金属单质如C、H_2、Si常用做还原剂。例如，作为我国主要燃料的煤或用于炼铁的焦炭，就是利用碳的还原性；硅的还原性不如碳强，不与任何单一的酸作用，但能溶于HF和HNO_3的混合酸中，也能与强碱作用生成硅酸盐和氢气：

$$3Si + 18HF + 4HNO_3 = 3H_2[SiF_6] + 4NO(g) + 8H_2O;\ \varphi^{\ominus}(SiF_6^{2-}/Si) = -1.24V$$

$$Si + 2NaOH + H_2O = Na_2SiO_3 + 2H_2(g);\ \varphi^{\ominus}(SiO_3^{2-}/Si) = -1.73V$$

较不活泼的非金属单质在一般情况下还原性不强，不与盐酸或稀硫酸等作用。但碘 I_2、硫 S_8、磷 P_4、碳 C、硼 B 等单质均能被强氧化性的浓 HNO_3 或浓 H_2SO_4 氧化生成相应的氧化物或含氧酸。例如：

$$S+2HNO_3(浓) = H_2SO_4+2NO(g)$$

$$C+2H_2SO_4(浓) = CO_2(g)+2SO_2(g)+2H_2O$$

(3) 兼具氧化性与还原性的非金属单质

大多数非金属单质既具有氧化性又具有还原性，其中 Cl_2、Br_2、I_2、P_4、S_8 等能发生歧化反应。以 H_2 为例，高温时氢气变得较为活泼，能在氧气中燃烧，产生无色但温度较高的火焰，称为氢氧焰。氢氧焰可用于焊接钢板、铝板以及不含碳的合金等。这些反应体现了氢气显著而常见的还原性。

但是，氢气与活泼金属反应时则表现出氧化性。例如：

$$2Li+H_2 = 2LiH$$

$$Ca+H_2 = CaH_2$$

这些金属氢化物属于离子型晶体，其中的 H 元素氧化值为−1，具有极高的还原性，遇水剧烈反应，生成氢气和相应的金属氢氧化物，如 NaH 与水反应生成 H_2 与 NaOH，水中+1 价的 H 与 NaH 中−1 价的 H 归宗反应生成 0 价的 H_2。碱金属氢化物活性太强，一般要求这类氢化物谨慎与水接触，防止爆炸性反应发生。碱土金属氢化物（CaH_2）活性略有降低，与水反应激烈程度降低，可安全用于救生衣、救生筏、军用气球和气象气球的充气。对于要求极其干燥环境的场合，CaH_2 可充当干燥剂、脱水剂，用于清除体系残留的极低含量水分、水气。基于其极高的还原性，活泼金属氢化物也被用于还原那些相对惰性的金属氧化物、卤化物等，将其还原为金属单质。如 LiH 可将比较惰性的 TiO_2 还原为金属钛。

$$2LiH+TiO_2 = 2LiOH+Ti$$

活泼金属氢化物因高还原活性，广泛用于有机化合物的还原，可将醛、酮还原为醇。与之相似，且应用更为广泛的活泼氢化物还有四氢铝锂（$LiAlH_4$）和硼氢化钠（$NaBH_4$），它们也是离子晶体结构，同样具有高还原活性，也是有机合成领域常用强还原剂。

氯气与水作用[17]生成盐酸和次氯酸（HClO），是典型的歧化反应：

$$Cl_2+H_2O = HCl+HClO$$

溴（液）、碘（固）与水的作用和氯（气）与水的作用相似，但依 Cl_2、Br_2、I_2 的顺序，反应的趋势或程度依次减小。这与卤素的标准电极电势 $\varphi^{\ominus}$ 的数值自 Cl_2 到 I_2 依次减小相吻合。

卤素（除氟外）极易溶于碱溶液，发生歧化反应，可以看作是由于碱的存在，促使上述卤素（以 Cl_2 为例）与水反应的平衡向右移动所致。Cl_2 与 NaOH 溶液的反应可表示为：

$$Cl_2+2NaOH = NaCl+NaClO+H_2O$$

次卤酸盐及其应用：氯与生石灰反应生成钙盐，可作为洗衣房的固体漂白剂、游泳池的杀藻剂和杀菌剂。次氯酸钠作为强氧化剂，可以将工业废水中的剧毒 CN^- 离子氧化分解，降低毒性。

---

[17] 20℃时 1 体积水可溶解约 2.15 体积的氯气，溶解的 Cl_2 大约有 1/3 与水发生了反应。反应生成的 HClO 又会进一步缓慢地分解成 HCl 和 O_2，中间会产生活性氧，同样具有强氧化能力。

$$CaO(s)+Cl_2(g) = CaCl(OCl)(s)$$

次卤酸离子（ClO^-、BrO^-、IO^-）都易于歧化成相应的卤离子（X^-）和卤酸根离子（XO_3^-）：

$$3XO^- = XO_3^- + 2X^- \quad (X=Cl,Br,I)$$

尽管上述三种 XO^- 歧化反应的平衡常数都很大，但歧化反应的速率差别很大。在任何温度时，IO^- 的歧化反应最快，而 BrO^- 在室温时反应速率适中（BrO^- 的溶液，只有在低温时才能制成）。在室温下 ClO^- 的歧化反应很慢（活化能很高），因此其溶液可以保持适当时期，这是次氯酸盐能作为液体漂白剂出售的原因。这个有趣的稳定性实例，是由反应速率而不是由热力学决定的。

单质氟 F_2 的标准电极电势极高［$\varphi^\ominus(F_2/HF)=3.05V$］，表现为极强氧化性，常温与水反应不会形成次氟酸 HOF（十分活泼，极易分解），而是直接生成 HF 与 O_2，即可以将水氧化。反应式：$2F_2+2H_2O = 4HF+O_2$。

（4）惰性非金属单质

一些不活泼的非金属单质如稀有气体、N_2 等通常不与其他物质反应，常用做惰性介质或保护性气体。利用氮气和稀有气体等在化学上较为“惰性”的特点开发了一系列重要应用。例如，钢铁工件在氮气中加热或焊接可以达到防止氧化、脱碳的效果；为了延长电灯泡或日光灯管的钨灯丝的寿命（防止钨丝的氧化并降低钨丝的蒸发速度），制作时先抽真空再充以少量的氮气（用于电灯泡中）或汞和氩气（用于日光灯管中）；高温处理或焊接较活泼金属，如镁、铝、钛及其合金以及不锈钢时，由于这些金属高温时也会与 N_2 反应（例如生成 Mg_3N_2，电弧激发）而受到破坏，所以这些操作既要非氧化性气氛，也不能用氮气气氛，可改用稀有气体，如氩做保护气体，以防止金属的氧化及氮化。近年发展起来的氩-氧炼钢可驱净钢水中的氢和氮，以增强钢的抗腐蚀性和耐氧化性。

在氩气中燃烧的电弧叫做氩弧。用氩弧焊接不但可以防止工件被氧化或氮化，而且还可以获得优质的焊口，日常见到的不锈钢焊接就有采用氩弧焊技术的。另外，用氩气保护进行金属热处理也卓有成效。氩气还用做气相色谱仪的载体和用于超低温物理测试技术等。稀有气体还是重要的电光源材料，如制作氦氖气体激光器等。

8.3 无机化合物的物理性质

无机化合物种类很多，情况比单质要复杂一些。现在仍联系周期系和物质结构理论，尤其是晶体结构，以常遇到的卤化物、氧化物为代表，讨论它们的熔点、沸点等物理性质及有关规律。

8.3.1 无机卤化物的熔沸点规律

卤化物是指卤素与电负性比卤素小的元素所组成的二元化合物。卤化物中着重讨论氯化物，大致分成以下三种情况。

（1）离子晶体氯化物

活泼金属的氯化物如 NaCl、KCl、$BaCl_2$ 等，结构上属于离子晶体，有较高的晶格能，熔点、沸点较高，高温熔融，受热不易分解。注意例外，同为活泼碱土金属的铍，其氯化物却是分子晶体，只因 Be^{2+} 离子半径极小，又有高的正电荷数，离子极化力很强，对 Cl^- 离子造成显著离子极化作用，$BeCl_2$ 已基本丧失离子键特征，而显示共价键的分子晶体特征。活泼金属氯化物的熔融态可用做高温时的加热介质，叫做盐浴剂。CaF_2、NaCl、KBr 晶体可用做红外光谱仪棱镜（红外透光材料），NaCl、KBr 是测定物质红外吸收光谱时常用的衬底材料或背景材料。

（2）分子晶体氯化物

非金属的氯化物如 PCl_3、CCl_4、$SiCl_4$ 等，属于分子晶体，晶格点之间作用力仅依赖有限的范德华作用力，较低温度下提供的能量即可将其晶格破坏，发生熔化。因而对应的熔点、沸点都很低。它们的熔沸点高低顺序基本与分子间范德华作用力大小关联。在此需特别交代的是，PCl_3 属于分子晶体，PCl_5 在液态或气态呈现三角双锥的 PCl_5 分子形态，但在固态时却是离子晶体，具有较高熔点。主要因为太多高电负性 Cl^- 离子的作用，PCl_5 分子会自动歧化为 $[PCl_4]^+[PCl_6]^-$ 正负离子结构。这类氯化物在高温下大多会发生分解反应。

（3）中间型氯化物

位于周期表中部的金属元素的氯化物如 $AlCl_3$、$FeCl_3$、$CrCl_3$、$ZnCl_2$ 等的熔点沸点介于两者之间，大多偏低。这些氯化物的正电荷部分或因电荷数高且离子半径小，或因含有18电子构型，其离子极化力较强，对 Cl^- 负离子产生较为显著的离子极化效应，正负离子之间出现不同程度的共享电子，原本的离子键特性已逐渐转变为离子键与共价键混合的复杂体系，离子晶体特征已经被大大削弱，属于中间型化学键结构，因而熔沸点远不如离子键氯化物，但通常高于经典的分子晶体氯化物。过渡中间型的无水氯化物如 $AlCl_3$、$ZnCl_2$、$FeCl_3$ 等可以在极性有机溶剂中溶解（具有了部分分子晶体特性），可与某些含有孤对电子云的极性基团发生配位作用，其金属离子部分提供了空轨道，与极性溶剂或其他极性孤对电子基团形成 Lewis 酸碱结合亚稳定中间体，常用作烷基化反应或酰基化反应的催化剂。

位于周期表中部元素的卤化物中，过渡型的 $AlCl_3$、$CrCl_3$ 及分子型的 $SiCl_4$ 易挥发，通常稳定性较好，但在高温时能在钢铁工件表面分解出具有活性的铝或铬、硅原子，渗入工件表面，因而可用于渗铝、渗铬、渗硅工艺中。易气化的 $SiCl_4$、$SiHCl_3$（三氯甲硅烷）可被还原为硅而用于半导体硅的制取，也是制取石英光纤所需预制石英棒的基本原料。利用共价型 WI_2（二碘化钨）易挥发且稳定性差、高温能分解为单质的性质，可在灯管中加入少量碘制得碘钨灯。当灯管中钨丝受热升华到灯管壁（温度维持在 250～650℃）时，可以与碘化合成 WI_2。WI_2 蒸气又扩散到整个灯管，碰到高温的钨丝便重新分解，并又把钨沉积在灯丝上。这样循环不息，可以大大提高灯的发光效率和寿命，此即高亮度的碘钨灯。

8.3.2 氧化物的熔沸点和硬度

氧化物是指氧与电负性比氧的要小的元素所形成的二元化合物。人类在生产活动中大量地使用各种氧化物，地壳中除氧外，丰度较大的硅、铝、铁就以多种氧化物存在于自然界，例如 SiO_2（石英砂）、Al_2O_3（黏土的主要组分）、Fe_2O_3 和 Fe_3O_4 等。

图 8-10 中列出了一些氧化物的熔点，氧化物的沸点的变化规律基本和熔点一致；一些金属氧化物（包括 SiO_2）的硬度见表 8-3。

总的说来，与氯化物相类似，但也存在一些差异。金属性强的元素的氧化物如 Na_2O、

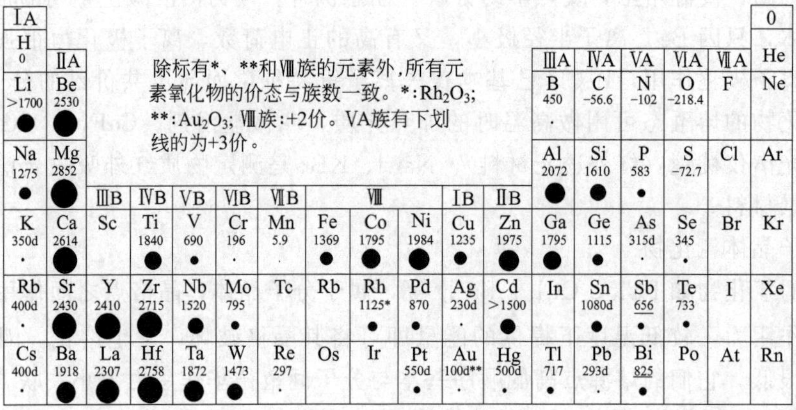

图 8-10 氧化物的熔点

表 8-3 一些金属氧化物和二氧化硅硬度

氧化物	MgO	CaO	SrO	BaO	TiO_2	ZrO_2	Cr_2O_3	Fe_2O_3	Al_2O_3	SiO_2
莫氏硬度	5.5～6.5	4.5	3.8	3.3	5.5～6	8.5	9	5～6	7～9	6～7

BaO、CaO、MgO 等是离子晶体，熔点、沸点大都较高。大多数非金属元素的氧化物如 SO_2、N_2O_3、CO_2 等是共价型化合物，固态时是分子晶体，熔点、沸点低。但与所有的非金属氯化物都是分子晶体不同，非金属硅的氧化物 SiO_2（方石英）是原子晶体，熔点、沸点较高。大多数金属性不强的元素的氧化物是过渡中间型化合物，其中一些较低价态金属的氧化物如 Cr_2O_3、Al_2O_3、Fe_2O_3、NiO、TiO_2 等可以认为是离子晶体向原子晶体的过渡，或者说介于**离子晶体和原子晶体之间**，熔点较高，硬度较大。而高价态金属的氧化物如 V_2O_5、CrO_3、MoO_3、Mn_2O_7 等，由于"金属离子"与"氧离子"相互极化作用强烈，偏向于共价型分子晶体，可以认为是**离子晶体向分子晶体的过渡**，熔点、沸点较低。其次，大多数相同价态的某金属的氧化物的熔点都比其氯化物的要高。例如，熔点：$MgO>MgCl_2$、$Al_2O_3>AlCl_3$、$Fe_2O_3>FeCl_3$、$CuO>CuCl_2$ 等。

表 8-3 中所列金属氧化物（含非金属的氧化硅）的硬度是指它们最高硬度的结构形态，如氧化铝存在 α、β、γ 三种常见晶型，β-Al_2O_3 不稳定，少见；γ-Al_2O_3 高温下转变为 α-Al_2O_3；只有 α-Al_2O_3 具有最稳定结构，熔点、硬度也相对最高，应用最为广泛。天然形成的 α-Al_2O_3 称作刚玉，被天然掺杂过（含氧化硅）的刚玉呈现透明黄色，称作黄玉；被 Ti^{4+} 离子掺杂的 α-Al_2O_3 呈现蓝色，称作蓝宝石（sapphire），是制造 LED 芯片的主流衬底材料；被 Cr^{3+} 离子掺杂的 α-Al_2O_3 呈现红色，称作红宝石（ruby），是一种经典激光器的关键振荡材料。

从上可见，原子型、离子型和某些过渡型的氧化物晶体，由于具有熔点高、硬度大、对热稳定性高的共性，工程中常可用作磨料、耐火材料、绝热材料、耐高温无机涂层材料以及刀具等。

8.4 无机化合物的化学性质

无机化合物的化学性质涉及范围很广。现联系周期系和化学热力学，选择一些典型的化合物，着重讨论氧化还原性和酸碱性等。并从中了解某些规律及在实际中的应用。

8.4.1 无机化合物氧化还原性

在众多的无机化合物中，下面选择在科学研究和工程实际中有较多应用的 $KMnO_4$、$K_2Cr_2O_7$、$NaNO_2$、H_2O_2 等，联系电极电势介绍氧化还原性、介质的影响及产物的一般规律。

(1) 高锰酸钾

高锰酸钾锰原子核外的 $3d^5 4s^2$ 电子都能参加化学反应，氧化值为 +1 到 +7 的锰化合物都已发现，其中以 +2、+4、+6、+7 较为常见。

在 +7 价锰的化合物中，应用最广的是高锰酸钾 $KMnO_4$。它是暗紫色晶体，在溶液中呈高锰酸根离子 MnO_4^- 特有的紫色，其构型为四面体（结构如下），Mn 原子与 O 原子之间除了经典的 σ 键，还存在其他复杂键型。

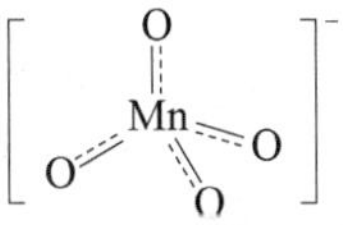

$KMnO_4$ 是一种常用的氧化剂，其氧化性的强弱与还原产物都与介质的酸度密切相关。在酸性介质中它是很强的氧化剂，氧化能力随介质酸性的减弱而减弱，还原产物也不同。其最根本的氧化还原性质可以从 Mn 元素电势图上查找信息。

酸性溶液 $\varphi_A^{\ominus}/V$

$$MnO_4^- \xrightarrow{0.5545} MnO_4^{2-} \xrightarrow{2.27} MnO_2 \xrightarrow{0.95} Mn^{3+} \xrightarrow{1.51} Mn^{2+} \xrightarrow{-1.18} Mn$$

MnO_4^- — MnO_2：1.700；MnO_2 — Mn^{2+}：1.23；MnO_4^- — Mn^{2+}：1.51

碱性溶液 $\varphi_B^{\ominus}/V$

$$MnO_4^- \xrightarrow{0.5545} MnO_4^{2-} \xrightarrow{0.6175} MnO_2 \xrightarrow{-0.20} Mn(OH)_3 \xrightarrow{-0.10} Mn(OH)_2 \xrightarrow{-1.56} Mn$$

MnO_4^- — MnO_2：0.5965；MnO_2 — $Mn(OH)_2$：−0.0514

由以上电势图中可见，金属锰的还原电位较低，表明金属锰比较活泼，能与多种弱氧化剂反应，包括水、稀酸、稀碱。在酸性介质中，MnO_4^- 具有较强氧化能力，自身很容易降低氧化值至 +2，即高锰酸根 MnO_4^{2-} 较容易变为 Mn^{2+}（浅红色，稀溶液为无色），可以氧化 SO_3^{2-}、Fe^{2+}、H_2O_2，甚至 Cl^- 等。例如：

$$2MnO_4^- + 5SO_3^{2-} + 6H^+ = 2Mn^{2+} + 5SO_4^{2-} + 3H_2O$$

在中性或弱碱性溶液中，MnO_4^- 可被较强的还原剂如 SO_3^{2-} 还原为 MnO_2（棕褐色沉淀）：

$$2MnO_4^- + 3SO_3^{2-} + H_2O = 2MnO_2(s) + 3SO_4^{2-} + 2OH^-$$

在强碱性溶液中，紫红色的高锰酸根 MnO_4^- 还可以被（少量的）较强的还原剂如 SO_3^{2-} 还原为墨绿色锰酸根 MnO_4^{2-}（氧化值 +6）：

$$2MnO_4^-(\text{紫红色}) + SO_3^{2-} + 2OH^- = 2MnO_4^{2-}(\text{墨绿色}) + SO_4^{2-} + H_2O$$

锰酸根 MnO_4^{2-} 只能在碱性环境存在，酸性条件下迅速发生歧化分解，生成高锰酸根

MnO_4^- 与二氧化锰 MnO_2。酸性环境下的 Mn^{3+} 也能发生歧化反应。

一般来说，高锰酸钾作为强氧化剂使用时，尽量保证酸性环境，特殊场合采用弱酸性或弱碱性环境，因为酸性环境下 MnO_4^- 才具有较高的电极电势，MnO_4^- 在碱性环境下的氧化能力较弱。MnO_2 也具有较强氧化能力，因而有时也被当做固体难溶氧化剂使用，过量剩余的 MnO_2 可通过过滤、离心去除，避免过量氧化剂带来的后续干扰与副作用。

高锰酸钾对部分还原性物质的反应是定量进行的，几乎没有显著副反应，因而可以采纳用作氧化还原滴定分析，且高锰酸钾自身的颜色突变就可以用作滴定终点指示剂。

(2) 重铬酸钾

Cr 原子的外围电子构型为 $3d^4 4s^2$，共有 6 个价电子，最高氧化值为 +6。重铬酸钾 $K_2Cr_2O_7$ 是一种鲜艳橙红色晶体，为常用强氧化剂，其中 Cr 元素氧化值为 +6，它是由铬酸钾 K_2CrO_4 在酸性环境二聚形成，平衡反应如下：

$$\underset{\text{黄色}}{2CrO_4^{2-}} + H^+ \underset{\text{水解}}{\overset{\text{二聚脱水}}{\rightleftharpoons}} \underset{\text{橙色}}{Cr_2O_7^{2-}} + H_2O$$

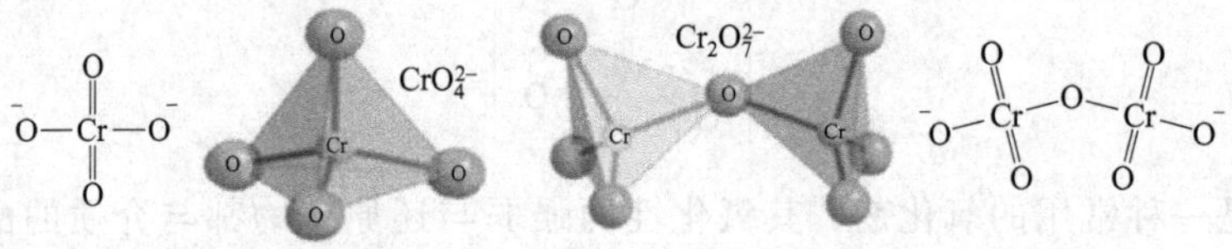

该平衡反应的标准平衡常数 $K^\ominus = 1.2 \times 10^{14}$，平衡表明，溶液 H^+ 浓度越高，越有利于形成 $Cr_2O_7^{2-}$ 离子，碱性或中性环境下，主要以铬酸根 CrO_4^{2-} 离子形式存在，而铬酸根离子的氧化能力较弱。$K_2Cr_2O_7$ 也可以从 CrO_3 与 KOH 的反应形成。从 Cr 元素电势图中可以找到有关信息。

$\varphi_A^\ominus/V$

$$Cr_2O_7^{2-} \xrightarrow{1.33} Cr^{3+} \xrightarrow{-0.41} Cr^{2+} \xrightarrow{-0.91} Cr \qquad (Cr^{3+} \xrightarrow{-0.74} Cr)$$

$\varphi_B^\ominus/V$

$$CrO_4^{2-} \xrightarrow{-0.12} Cr(OH)_4^- \xrightarrow{-1.1} Cr(OH)_2 \xrightarrow{-1.4} Cr \qquad (Cr(OH)_4^- \xrightarrow{-1.3} Cr)$$

Cr 元素电势图中显示，在酸性介质中 $Cr_2O_7^{2-}$ 标准电极电势很高，氧化性强，可将 Fe^{2+}、亚硝酸根 NO_2^-、SO_3^{2-}、H_2S、I^-、Sn^{2+}、高浓度 Cl^-（浓盐酸）等氧化，而 $Cr_2O_7^{2-}$ 被还原为 Cr^{3+}。分析化学中可借下列反应测定铁的含量（先使样品中所含铁全部还原为 Fe^{2+}）：

$$Cr_2O_7^{2-} + 6Fe^{2+} + 14H^+ \xlongequal{} 2Cr^{3+} + 6Fe^{3+} + 7H_2O$$

$$Cr_2O_7^{2-} + 14H^+ + 6Cl^-\text{（浓）} \xlongequal{} 2Cr^{3+} + 3Cl_2 + 7H_2O$$

(3) 亚硝酸盐

硝酸 HNO_3 与亚硝酸 HNO_2 中 N 原子都是采取 sp^2 杂化，都存在 π 电子云。N 元素的电势图如下：

$\varphi_A^\ominus/V$

$$NO_3^- \xrightarrow{0.80} NO_2 \xrightarrow{1.07} HNO_2 \xrightarrow{0.996} NO \xrightarrow{1.59} N_2O \xrightarrow{1.77} N_2 \xrightarrow{-1.87} NH_3OH^+ \xrightarrow{1.41} N_2H_5^+ \xrightarrow{1.275} NH_4^+$$

$$(NO_3^- \xrightarrow{1.11} N_2O;\ NO_3^- \xrightarrow{0.96} NO;\ NO_3^- \xrightarrow{0.94} HNO_2;\ HNO_2 \xrightarrow{1.29} N_2O;\ N_2O \xrightarrow{0.05} NH_3OH^+;\ N_2 \xrightarrow{-0.23} N_2H_5^+)$$

$\varphi_B^\ominus/V$

$$NO_3^- \xrightarrow{0.01} NO_2^- \xrightarrow{-0.46} NO \xrightarrow{0.76} N_2O \xrightarrow{0.94} N_2 \xrightarrow{-3.04} NH_2OH \xrightarrow{0.73} N_2H_4 \xrightarrow{0.11} NH_3 \cdot H_2O$$

$$(NO_3^- \xrightarrow{-0.85} NO_2 \xrightarrow{0.88} NO_2^-;\ NO_2^- \xrightarrow{0.15} N_2O;\ N_2 \xrightarrow{-1.16} N_2H_4;\ N_2O \xrightarrow{1.05} NH_2OH;\ NH_2OH \xrightarrow{0.42} NH_3 \cdot H_2O)$$

从电势图可见，硝酸根 NO_3^- 与亚硝酸根 NO_2^- 在酸性条件具有较高电极电位，为强氧化剂。而在碱性环境下，NO_3^- 与 NO_2^- 电极电势中等，不具有显著氧化性能。但碱性条件下显示联氨 N_2H_4 的电极电势非常低（−1.16V），说明联氨是很强的还原剂。

亚硝酸根 NO_2^- 的 N 元素处于中间价态，在酸性条件既有氧化性，也有还原性。亚硝酸不稳定，容易发生歧化分解，一般使用其钾盐或钠盐，可稳定存储，在发挥其氧化还原性能时，临时酸化处理，赋予其显著氧化性或还原性。作为氧化剂，它可以快速将 I^- 离子氧化为单质碘，亚硝酸根 NO_2^- 被还原为 NO，对应标准电极电势 0.996V，显示氧化能力较强。反应如下：

$$2NO_2^- + 2I^- + 4H^+ = 2NO(g) + I_2 + 2H_2O$$

酸化的亚硝酸盐遇较强氧化剂，如 $KMnO_4$、$K_2Cr_2O_7$、Cl_2 时，会被氧化为硝酸盐：

$$Cr_2O_7^{2-} + 3NO_2^- + 8H^+ = 2Cr^{3+} + 3NO_3^- + 4H_2O$$

利用亚硝酸钠的较强氧化性，在建筑工程领域经常使用亚硝酸钠水溶液对钢筋进行表面处理，在钢筋表面缓慢形成 Fe_2O_3 致密氧化膜，阻隔水、氧侵入，保护钢筋，抑制生锈。亚硝酸盐均可溶于水并有毒，是致癌物质。

稀硝酸和浓硝酸具有不同程度的氧化性，对多数金属和 C、S、P 等还原性非金属单质具有氧化作用。

（4）氧系氧化剂

包括 H_2O_2、O_3、O_2 等。过氧化氢的氧化还原性涉及 O 元素的价态变化，O 元素的电势图如下：

$$\varphi_A^{\ominus}/V \quad O_2 \xrightarrow{0.695} H_2O_2 \xrightarrow{1.763} H_2O \quad (O_2 \to H_2O: 1.229)$$

$$\varphi_B^{\ominus}/V \quad O_2 \xrightarrow{-0.076} HO_2^- \xrightarrow{0.867} H_2O \quad (O_2 \to H_2O: 0.401)$$

过氧化氢 H_2O_2 中氧的氧化值为−1，介于零价与−2 价之间，H_2O_2 既具有氧化性又具有还原性。上述电势图显示，酸性环境下，O_2 和过氧化氢 H_2O_2 都具有较强氧化性；碱性环境下，过氧化氢负离子仍具有一定氧化性；无论酸性或碱性环境，过氧化氢都有发生气化分解的倾向（因为 H_2O_2 右边电势显著高于左边电势）。

在酸性介质中，H_2O_2 氧化性相对较强，可把 I^- 氧化 I_2，并且还可以将 I_2 进一步氧化为碘酸 HIO_3，H_2O_2 则被还原为 H_2O（或 OH^-），氧元素由−1 价降至−2 价：

$$H_2O_2 + 2I^- + 2H^+ = I_2 + 2H_2O$$

H_2O_2 遇更强的氧化剂，如氯气、酸性高锰酸钾等时，H_2O_2 又呈显还原性而被氧化为 O_2。例如：

$$2MnO_4^- + 5H_2O_2 + 6H^+ = 2Mn^{2+} + 5O_2 + 8H_2O$$

实践中广泛利用 H_2O_2 的强氧化性来进行漂白和杀菌。H_2O_2 作为氧化剂使用时不会引入杂质。环境工程领域常用的废水处理技术 Fenton 氧化法即采用双氧水与 Fe^{2+} 的组合，通过 H_2O_2-Fe^{2+} 循环作用，将废水中有机污染物氧化为 CO_2、H_2O 或其他低毒害降解产物，且该技术不会带来二次污染。H_2O_2 能将有色物质氧化为无色，且不像氯气要损害动物性物质，所以 H_2O_2 特别适用于漂白象牙、丝、羽毛等物质。雕塑、建筑表面的铅白（$PbSO_4$）涂层经历燃煤尾气中 H_2S 污染，会转变为黑色 PbS（难溶沉淀），如以 H_2O_2 溶液反复涂刷，通过 H_2O_2 的强氧化性，可将 PbS 中−2 价 S 元素氧化为 SO_4^{2-}，即逆转为白色 $PbSO_4$。

$$PbS(s)+4H_2O_2(aq) = PbSO_4(s)+4H_2O(l)$$

H_2O_2 溶液具有杀菌作用，质量分数为3%的 H_2O_2 溶液在医学上用做外科消毒剂。质量分数为90%的 H_2O_2 溶液曾作为火箭燃料的氧化剂。但液态 H_2O_2 是热力学不稳定的，很多物质（包括 Br_2、碱、重金属离子等）都能催化 H_2O_2 分解，保存、使用时要注意安全，并避免分解。一般放在塑料瓶或者棕色瓶中避光保存，并且要加入一些稳定剂：微量 Na_2SnO_3（氧化剂）、$Na_4P_2O_7$、8-羟基喹啉（超强络合剂）。

H_2O_2 也是一种二元弱酸，其解离平衡与平衡常数如下：

$$H_2O_2 = H^+ + HO_2^- \qquad K_1 = 2.4\times10^{-12}$$

$$HO_2^- = H^+ + O_2^{2-} \qquad K_2 \approx 10^{-25}$$

Na_2O_2、BaO_2 都可以看作 H_2O_2 的盐，$Ca(OH)_2$ 与 H_2O_2 作用，通过酸碱中和与沉淀平衡移动，不断生成沉淀过氧化钙 CaO_2，过氧化钙是比较稳定过氧化物，在水中可缓慢分解，提供活性氧与氧气，兼具杀菌作用，用于水产养殖。

臭氧 O_3 作为一种气体强氧化剂，其酸性环境标准电极电势 $\varphi^\ominus(O_3/O_2)=2.07V$，也是很强的氧化剂，广泛用于水杀菌消毒处理。臭氧与氧气存在平衡反应，很难得到纯的臭氧，一般由空气放电产生，有鱼腥草气味，对人体黏膜有损伤。

（5）铁系氧化剂

铁元素的电势图为：

$$\varphi_A^\ominus/V \quad FeO_4^{2-} \xrightarrow{2.2} Fe^{3+} \xrightarrow{0.77} Fe^{2+} \xrightarrow{-0.44} Fe \qquad \varphi_B^\ominus/V \quad FeO_4^{2-} \xrightarrow{0.9} Fe(OH)_3 \xrightarrow{-0.56} Fe(OH)_2 \xrightarrow{-0.877} Fe$$

铁元素电势图显示，酸性环境下，高铁酸根离子 FeO_4^{2-} 与 Fe^{3+} 都具有氧化性，尤其是高铁酸根 FeO_4^{2-}（铁氧化值+6）电极电势非常之高，为高活性氧化剂。Fe^{3+} 则为中等活性氧化剂，在印刷电子线路板制作过程中，过去都以 $FeCl_3$ 溶液腐蚀覆铜板上区域选择性裸露的金属铜，形成特定导电铜线路，反应如下：

$$2Fe^{3+} + Cu = 2Fe^{2+} + Cu^{2+}$$

碱性环境下，高铁酸根仍然具有较强氧化性。而+3价 Fe 则以 $Fe(OH)_3$ 形式存在，氧化能力极弱。反倒是 $Fe(OH)_2$ 显示出较强还原性，在空气中即可被氧气氧化为 $Fe(OH)_3$，由白色迅速转变为红褐色。

高铁酸钠 Na_2FeO_4 是一种在较宽 pH 范围内具有较强活性的新型氧化剂，可将 Cr^{3+} 氧化为 $Cr_2O_7^{2-}$：

$$2FeO_4^{2-} + 2Cr^{3+} + 2H^+ = 2Fe^{3+} + Cr_2O_7^{2-} + H_2O$$

高铁酸钠在无水降解净化处理、杀菌、除臭等方面都有实际应用，溶于水中能释放大量的氧原子，从而非常有效地杀灭水中的病菌和病毒。与此同时，自身被还原成新生态的 $Fe(OH)_3$，这是一种品质优良的无机絮凝剂，能高效地除去水中的微细悬浮物。实验证明，由于其强烈的氧化和絮凝共同作用，高铁酸盐的消毒和除污效果全面优于含氯消毒剂和高锰酸盐。更为重要的是它在整个对水的消毒和净化过程中，不产生任何对人体有害的物质。高铁酸盐被公认为绿色消毒剂。

（6）其他氧化剂

其他常见氧化剂还有很多，包括过硫酸盐 $Na_2S_2O_8$、二氧化铅 PbO_2、铋酸钠 $NaBiO_3$、高碘酸 H_5IO_6、氯酸钾 $KClO_3$、次氯酸钠 NaClO（84 消毒液主要成分）等。

(7) 还原剂

可作为还原剂的化合物非常多，除了大多数的金属和部分还原性非金属单质，很多低价态金属离子（Fe^{2+}、Sn^{2+}等）可作为还原剂。还有 S^{2-}、I^-、SO_3^{2-}、硫代硫酸根 $S_2O_3^{2-}$、亚磷酸 H_3PO_3（二元中强酸）、次磷酸 H_3PO_2（一元中强酸，强还原剂）、$LiAlH_4$、$NaBH_4$ 等。次磷酸钠作为安全强还原剂常用在化学镀、食品加工、纺织印染、树脂合成、冶金等领域，用作还原保护剂或其他辅助作用，可将 Au^+、Ag^+、Hg^{2+}、Ni^{2+}、Cr^{3+}、Co^{2+} 等高还原电位金属离子还原为 0 价金属。

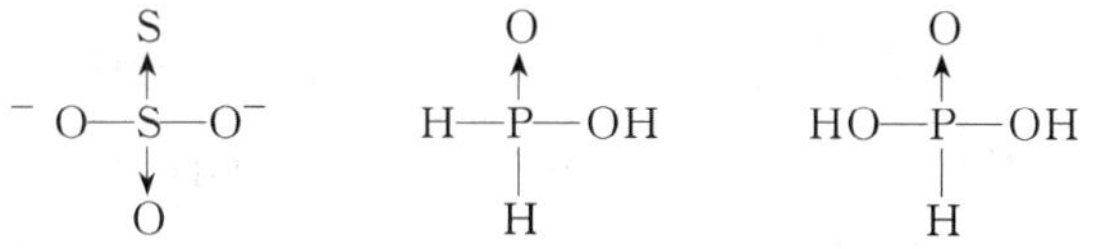

硫代硫酸根　　次磷酸　　亚磷酸

8.4.2 酸碱性

(1) 氧化物的酸碱性

根据氧化物对酸、碱的反应不同，可将氧化物分为酸性、碱性、两性和不成盐的等四类。

① 酸性氧化物　与碱反应生成盐和水，如 CO_2、SO_3、NO_2、P_2O_5、P_2O_3、B_2O_3、SiO_2、CrO_3、Mn_2O_7。

这些氧化物与碱反应生成相应的含氧酸根离子，如 CO_3^{2-}、$[B(OH)_4]^-$、PO_4^{3-}、PO_3^{3-}、SiO_3^{2-}、CrO_4^{2-}、MnO_4^- 等。

二氧化硅能与强碱反应生成盐：$SiO_2+2NaOH = Na_2SiO_3+H_2O$

二氧化硅甚至还可以和弱碱 Na_2CO_3 反应：$SiO_2+Na_2CO_3 = Na_2SiO_3+CO_2$

二氧化硅虽然能够和特殊的 HF 反应，但并不成盐，不能判定 SiO_2 为碱性：$SiO_2+4HF = SiF_4+2H_2O$

② 碱性氧化物　与酸反应生成盐和水，如 NaO、MgO、CaO、BaO（活泼金属氧化物）。

③ 两性氧化物　与酸、碱反应均生成盐和水，如 Al_2O_3、ZnO、SnO_2、Sb_2O_3、Cr_2O_3等。

④ 中性氧化物　（不成盐氧化物）与酸、碱都不反应，如 CO、N_2O、NO。

⑤ 非常氧化物　属于碱性氧化物，包括过氧化钠 Na_2O_2、过氧化钙 CaO_2、超氧化钾 KO_2 等。

(2) 氧化物的水合物（羟合物）脱水

氧化物的水合物不论是酸性、碱性和两性，都可以预先看作是该元素电中性的羟基络合物，即若干个羟基 OH 以氧原子连接在中心元素上，可用一个简化的通式 $R(OH)_x$ 来表示，其中 x 相当于元素 R 的氧化值。

在写酸的化学式时，习惯上总把氢列在前面，如 H_xRO_x；在写碱的化学式时，则把金属列在前面而写成氢氧化物的形式，如 $R(OH)_x$。例如，硼酸写成 H_3BO_3 而不写成 $B(OH)_3$；而氢氧化镧是碱，则写成 $La(OH)_3$。

① 水合物 $R(OH)_x$ 分子内脱水　当元素 R 的氧化值较高时，R 的羟合物 $R(OH)_x$（即氧化物的水合物）易脱去一部分水而变成含水较少的化合物。例如，硝酸 HNO_3（H_5NO_5 脱去 2 个 H_2O）、正磷酸 H_3PO_4（H_5PO_5 脱去 1 个 H_2O）、亚硝酸 HNO_2（H_3NO_3 脱去 1 个

H_2O)、亚硫酸 H_2SO_3（H_4SO_4 脱去 1 个 H_2O)、硫酸 H_2SO_4（H_6SO_6 脱去 2 个 H_2O)、高氯酸 $HClO_4$（H_7ClO_7 脱去 3 个 H_2O) 等。

$$H_5NO_5 \xrightarrow{-2H_2O} HNO_3 \qquad H_5PO_5 \xrightarrow{-H_2O} H_3PO_4$$

$$H_3NO_3 \xrightarrow{-H_2O} HNO_2 \qquad H_4SO_4 \xrightarrow{-H_2O} H_2SO_3$$

$$H_6SO_6 \xrightarrow{-2H_2O} H_2SO_4 \qquad H_7ClO_7 \xrightarrow{-3H_2O} HClO_4$$

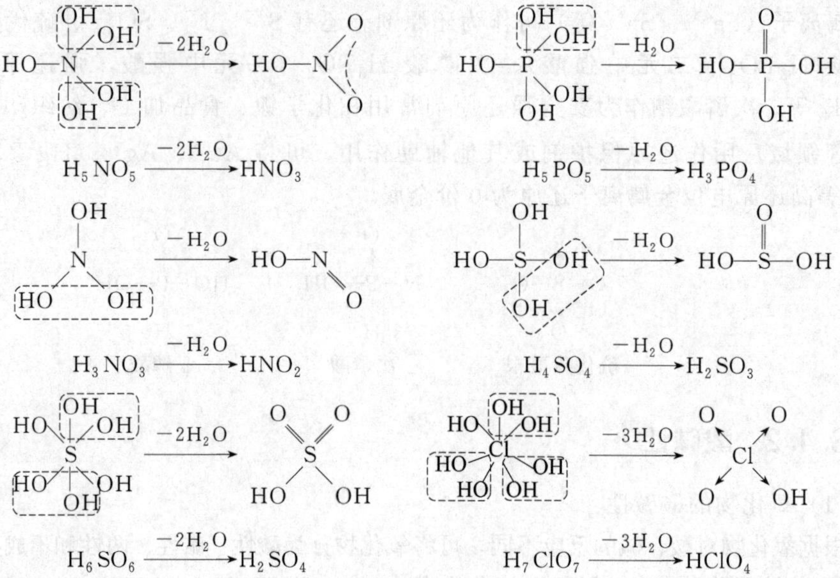

对于两性氢氧化物如氢氧化铝，则既可写成碱的形式 $Al(OH)_3$，也可写成酸的形式：

$$Al(OH)_3 \equiv H_3AlO_3 \xrightarrow{-H_2O} HAlO_2$$

氢氧化铝　正铝酸　　　　偏铝酸

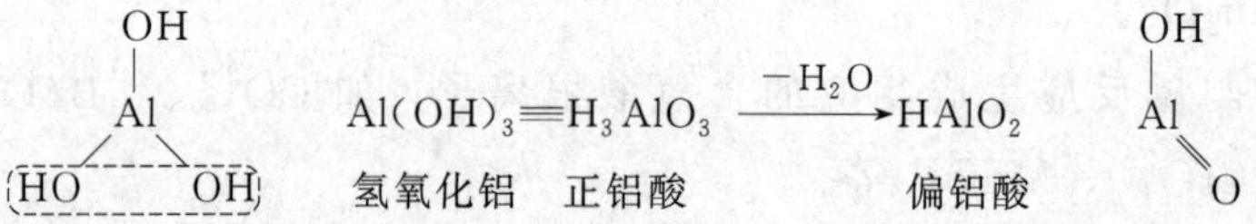

② 水合物 $R(OH)_x$ 分子间脱水　　上述水合物 $R(OH)_x$ 中因中心原子 R 氧化值较高，很可能发生分子内部脱水。而对有些高氧化值元素水合物 $R(OH)_x$，在浓度较高时，还可能发生分子间脱水缩合，转变为二聚、三聚甚至多聚体。例如磷酸可以分子间脱水变为焦磷酸（二聚体）、三聚磷酸（对应钠盐就是三聚磷酸钠 STP，曾经大量用于洗衣粉），焦磷酸和三聚磷酸、多聚磷酸的存在，使得一般浓磷酸表现为黏稠状。

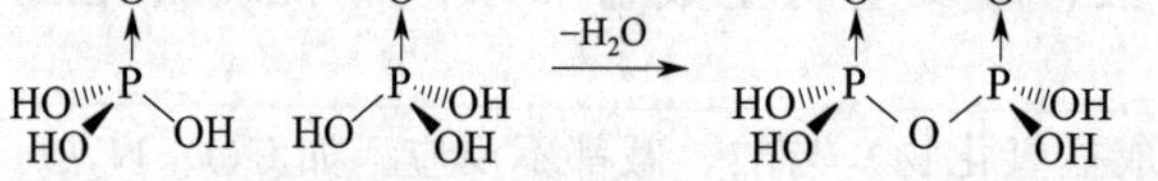

焦磷酸

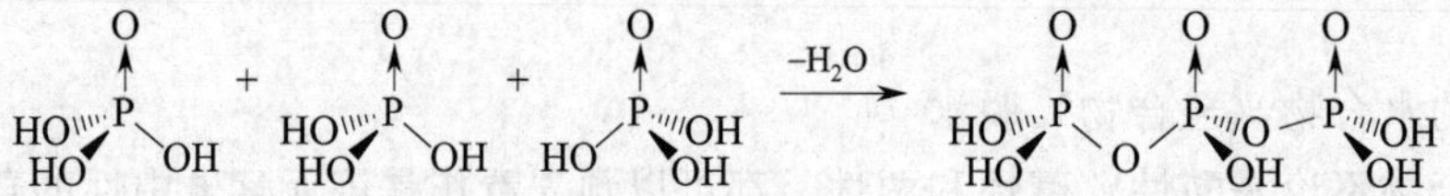

三聚磷酸

多数两性氧化物的水合物，如 ZnO、SnO_2、Sb_2O_3、Cr_2O_3 等的羟合物也可以看作发生了分子内与分子间的脱水，形成复杂缩合形式，彻底脱水后，变为某酸酐，如铬酸酐（CrO_3 铬酐）、锡酸酐（SnO_2 二氧化锡）、磷酸酐（P_4O_{10} 五氧化二磷）。

（3）羟合物 $R(OH)_x$ 电离理论

羟合物 $R(OH)_x$ 到底显酸性还是碱性，即该羟合物到底按碱式电离释放出氢氧根离子 OH^-，还是酸式电离释放出 H^+ 离子？

$$R^{x+} + OH^- \xleftarrow[\text{碱式解离}]{R^{x+}\text{低电荷,大半径,}\atop \text{则 I 处解离}} R \!-\!\!\left(O \!-\! H \right)_x \xrightarrow[\text{酸式解离}]{R^{x+}\text{高电荷,小半径,}\atop \text{则 II 处解离}} R \!-\!\!\left(O^- \right)_x + H^+$$

如果在Ⅰ处（R—O 键）断裂，化合物发生碱式解离；如果在Ⅱ处（O—H 键）断裂，就发生酸式解离。若简单地把 R、O、H 都看成离子，考虑正离子 R^{x+} 和 H^+ 分别与中间负离子 O^{2-} 之间的作用力。H^+ 离子半径很小，它与 O^{2-} 之间的吸引力本来较强。如果 R^{x+} 离子的电荷数越多，半径越小，则它与 O^{2-} 之间的结合力越大，它与 H^+ 之间的排斥力也越大（同为正电荷，排斥）。对不同的 $R(OH)_x$ 而言，R^{x+} 是主要的可变因素，所以应用此理论时，主要就看 R^{x+} 的吸 O^{2-}、斥 H^+ 能力的大小。以第 3 周期的元素为例，从离子半径数据可以看出，Na^+ 或 Mg^{2+} 由于离子电荷数较少且半径较大，R^{x+} 与 O^{2-} 之间的结合力不够强大，还不能和 H^+ 与 O^{2-} 之间的作用力相抗衡，结构上保持 H 与 O 的牢固结合，因而 NaOH 和 $Mg(OH)_2$ 这两种化合物都发生碱式解离。Al^{3+} 由于电荷数更多而半径更小，它与 O^{2-} 之间的作用力已超越 H^+ 与 O^{2-} 之间的作用力，因而 $Al(OH)_3$ 可按两种方式解离，是典型的两性氢氧化物。第 3 周期其余的四种羟合［$Si(OH)_4$、$P(OH)_5$、$S(OH)_6$、$Cl(OH)_7$］，由于 R^{x+} 的离子电荷数从 +4 到 +7 依次增多而半径依次减小，使 R^{x+} 的吸 O^{2-}、斥 H^+ 能力逐渐增大，因而酸性依次增强，$HClO_4$ 是此类系列结构中最强的无机酸。

$R(OH)_n$ 按碱式还是按酸式离解，还可以通过“离子势”计算来定量区分，“离子势”——阳离子的极化能力，由卡特雷奇（Cart-ledge，G. H）提出，离子势 ϕ 的表达式为：

$$\phi = \text{阳离子电荷数}/\text{阳离子半径} = Z/r(\text{nm})$$

当 $\phi^{1/2}>10$ 时，R 正离子电荷数高，半径小，R 与 O 结合力强，$R(OH)_n$ 显酸性。如 H_2SO_4［羟合物脱水前为 $S(OH)_6$］，S^{6+}，$Z=+6$，$r=0.030$nm，$\phi=200$，强酸性。

当 $7<\phi^{1/2}<10$ 时，R 正离子电荷数与半径之比适中，R 与 O 结合力中等，$R(OH)_n$ 显两性。如 $Al(OH)_3$，Al^{3+}，$Z=+3$，$r=0.051$nm，$\phi=59$，酸碱两性。

当 $\phi^{1/2}<7$ 时，R 正离子电荷数低，半径大，H 与 O 结合力强，$R(OH)_n$ 显碱性。如 NaOH，Na^+，$Z=1$，$r=0.097$nm，$\phi=10$，碱性。

针对同一元素形成不同价态的氧化物及其水合物，一般高价态的酸性比低价态的要强。Cl^{7+}、Cl^{5+}、Cl^{3+}、Cl^+ 的电荷数依次减少而半径依次增大，R^{x+} 吸 O^{2-}、斥 H^+ 的能力依次减弱，因此 $HClO_4$、$HClO_3$、$HClO_2$、HClO 的酸性依次减弱。

	HClO	$HClO_2$	$HClO_3$	$HClO_4$
Cl 氧化值	+1	+3	+5	+7
酸性强弱	弱酸	中强酸	强酸	极强酸

酸性增强 →

顺带介绍，这一含氧氯酸系列中，Cl 原子都是采取 sp^3 杂化（有的不等性杂化），相应空间结构为：

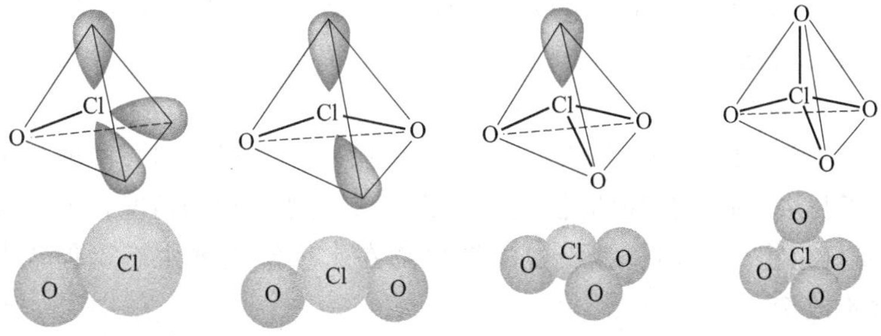

综上所述，R 的电荷数（氧化值）对氧化物的水合物的酸碱性确实起着重要作用。一般说来，R 为低价态（≤+3）金属元素（主要是 s 区和 d 区金属）时，其氢氧化物多呈碱性；

R为较高价态（＋3～＋7）非金属[18]，或金属性较弱的元素（主要是p区和d区元素）时，其氢氧化物多显酸性。R为中间价态（＋2～＋4）一般金属（p区、d区及ds区的元素）时，其氢氧化物常显酸碱两性，例如 Zn^{2+}、Sn^{2+}、Pb^{2+}、Al^{3+}、Cr^{3+}、Sb^{3+}、Ti^{4+}、Mn^{4+}、Pb^{4+}等的氢氧化物（羟合物）。

（4）氧化物及羟合物酸碱电离周期律

周期系各族元素最高价态的氧化物及其水合物，从左到右（同周期）酸性增强，碱性减弱；自上而下（同族）酸性减弱，碱性增强。这一规律在主族中表现明显，如表8-4所示。

表8-4 周期系主族元素最高价态的氧化物的水合物的酸碱性

酸性增强（从左到右 →）；碱性增强（自上而下 ↓）；酸性增强（自下而上 ↑）

ⅠA	ⅡA	ⅢA	ⅣA	ⅤA	ⅥA	ⅦA
LiOH（中强碱）	$Be(OH)_2$（两性）	H_3BO_3（弱酸）	H_2CO_3（弱酸）	HNO_3（强酸）		
NaOH（强碱）	$Mg(OH)_2$（中强碱）	$Al(OH)_3$（两性）	H_2SiO_3（弱酸）	H_3PO_4（中强酸）	H_2SO_4（强酸）	$HClO_4$（超强酸）
KOH（强碱）	$Ca(OH)_2$（中强碱）	$Ga(OH)_3$（两性）	$Ge(OH)_4$（两性）	H_3AsO_4（弱性）	H_2SeO_4（强性）	$HBrO_4$（强性）
RbOH（强碱）	$Sr(OH)_2$（中强碱）	$In(OH)_3$（两性）	$Sn(OH)_4$（两性）	$HSb(OH)_4$（弱性）	H_2TeO_4（弱性）	H_5IO_6（强性）
CsOH（强碱）	$Ba(OH)_2$（强碱）	$Tl(OH)_3$（弱碱）	$Pb(OH)_4$（两性）			

← 碱性增强

副族情况大致与主族有相同的变化趋势，但要缓慢些。以第4周期中第Ⅲ～Ⅶ副族元素最高价态的氧化物及其水合物为例，它们的酸碱性递变顺序如下：

← 碱性增强

族数	ⅢB	ⅣB	ⅤB	ⅥB	ⅦB
氧化物	Sc_2O_3	TiO_2	V_2O_5	CrO_3	Mn_2O_7
羟合物	$Sc(OH)_3$	$Ti(OH)_4$	HVO_3	H_2CrO_4 和 $H_2Cr_2O_7$	$HMnO_4$
名称	氢氧化钪	氢氧化钛	偏钒酸	铬酸 重铬酸	高锰酸
酸碱性	碱	两性	弱酸	中强酸	强酸

酸性增强 →

同一副族，例如，在第Ⅵ副族元素最高价态的氧化物的水合物中，H_2CrO_4（中强酸）的酸性比 H_2MoO_4（弱酸）和 H_2WO_4（弱酸）的要强。

同一族元素较低价态的氧化物及其水合物，自上而下一般也是酸性减弱，碱性增强。例如，HClO、HBrO、HIO的酸性逐渐减弱；又如在第Ⅴ主族元素＋3价态的氧化物中，N_2O_3 和 P_2O_3 呈酸性，As_2O_3 和 Sb_2O_3 呈两性，而 Bi_2O_3 则呈碱性；与这些氧化物相对应的水合物的酸碱性也是这样。

（5）氯化物与水的作用

由于很多氯化物与水的作用（过去称水解）会使溶液呈酸性，且按酸碱质子理论，反应的本质是金属正离子与水的质子传递的过程。氯化物按其与水作用的情况，主要可分成三类。

① 活泼金属氯化物　如钠、钾、钡的氯化物在水中解离并水合，但不与水发生反应，水溶液的pH并不改变。

---

[18] 次卤酸HClO、HBrO、HIO的“离子”R^{x+}为＋1价（氧化值为＋1），它们呈酸性是特例。

② 欠活泼金属的氯化物　大多数不太活泼金属（如镁、锌、铁等）的氯化物会不同程度地与水发生反应，尽管反应常常是分级进行和可逆的，却总会引起溶液酸性的增强。它们与水反应首先是形成 H_2O 与金属离子的 Lewis 酸碱加合物，配位状态的 H_2O 分子中 H 原子被活化，可部分电离产生 H^+，金属离子一般转变为碱式盐（如碱式氯化镁）与盐酸。例如：

$$MgCl_2 + H_2O \rightleftharpoons Mg(OH)Cl + HCl$$

以碱土金属氯化物为例，依 $BeCl_2$、$MgCl_2$、$CaCl_2$、$SrCl_2$、$BaCl_2$ 顺序，阳离子半径增大，与水的反应程度逐渐减弱，水解倾向下降。按水解反应：$M^{2+} + 2H_2O \longrightarrow [M(H_2O)(OH)]^+ + H^+$；反应平衡常数 K_a 的负对数值 pK_a 按从 Be 到 Ba 顺序逐渐增大（pK_a=5.6、11.4、12.7、13.2、13.4），实际 K_a 越来越小，水解反应程度越来越低。即从 Be 到 Ba 顺序，水解越发不易。

金属氯化物的阳离子电荷数越高，越容易发生水解。按 NaCl、$CaCl_2$、$LaCl_3$（氯化镧）、$ThCl_4$（氯化钍）顺序，阳离子电荷数越来越高，水解倾向越来越大。

较高价态金属的氯化物（如 $FeCl_3$、$AlCl_3$、$CrCl_3$）与水反应的过程比较复杂，但一般都会产生羟合金属离子，一种氢氧化物的前驱体。反应程度加深时，可形成羟合离子间脱水聚集体。例如水合 Fe^{3+} 离子水解：

$$[Fe(H_2O)_6]^{3+} + H_2O \rightleftharpoons [Fe(H_2O)_5(OH)]^{2+} + H^+$$

诸如 Fe^{3+} 这种高价态金属离子的水解可连续进行多步，形成含有多个羟基的水解产物；同时往往伴随着水解离子之间的羟基缩合脱水过程，形成悬浮二聚体、多聚体，直至形成水合氧化铁胶体。

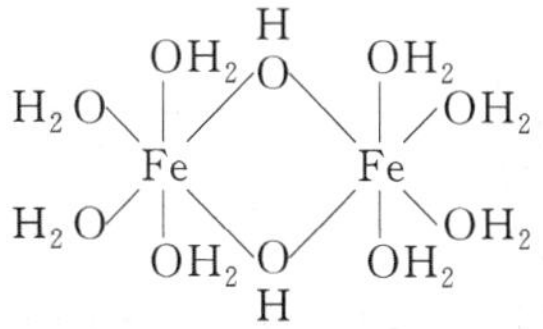

工程领域所称的聚合氯化铝、聚合氯化铁等材料并不是纯的氯化铝、氯化铁，而属于无机聚合物范畴，是铝离子（或铁离子）在 Cl^- 存在下发生有限水解形成的复杂聚合产物，其中铝原子上结合有如上的羟基桥键、羟基、氯原子等，有时还与其他弱碱性阴离子（磷酸氢根等）结合，在水中可分散为水合离子、胶体等多种形式，具有较多正电荷，是工程上常用水处理絮凝剂。

值得注意：p 区三种相邻元素形成的氯化物，即 $SnCl_2$、$SbCl_3$、$BiCl_3$ 与水反应后生成的碱式盐，在水中或酸性不强的溶液中溶解度很小，分别以碱式氯化亚锡 [Sn(OH)Cl]、氯氧化锑（SbOCl）、氯氧化铋（BiOCl）的形式沉淀析出（均为白色），SbOCl 可看作初级水解产物 $Sb(OH)_2Cl$ 的分子内脱水产物。

$$SnCl_2 + H_2O \rightleftharpoons Sn(OH)Cl(s) + HCl$$

$$SbCl_3 + H_2O \rightleftharpoons SbOCl(s) + 2HCl$$

$$BiCl_3 + H_2O \rightleftharpoons BiOCl(s) + 2HCl$$

它们的硫酸盐、硝酸盐也有相似的特性，可用做检验亚锡、三价锑或三价铋盐的定性反应。在配制这些盐类的溶液时，为了抑制其与水反应，一般都先将固体溶于相应的浓酸，再加适量水而成。为了防止用做还原剂的 Sn^{2+} 久置被空气氧化，可在 $SnCl_2$ 溶液中加入少量纯锡粒。

一般规律：升高温度可显著加速金属离子水解，并加深水解程度。

③ 非金属氯化物　多数非金属氯化物和某些高价态金属的氯化物与水发生完全反应。

例如，BCl_3、$SiCl_4$、PCl_5 等与水能迅速发生不可逆的完全反应，生成非金属含氧酸和盐酸：

$$BCl_3(l)+3H_2O \xlongequal{} H_3BO_3(aq)+3HCl(aq)$$

$$SiCl_4(l)+3H_2O \xlongequal{} H_2SiO_3(s)+4HCl(aq)$$

$$PCl_5(s)+4H_2O \xlongequal{} H_3PO_4(aq)+5HCl(aq)$$

这类氯化物在潮湿空气中成雾的现象就是由于强烈地与水作用而引起的。在军事上可用作烟雾剂。特别是海战时，空气中水蒸气较多，烟雾更浓。生产上可借此用沾有氨水的玻棒来检查含有 $SiCl_4$ 的系统是否漏气。

四氯化锗与水作用，生成胶状的二氧化锗的水合物和盐酸：

$$GeCl_4(l)+4H_2O \xlongequal{} GeO_2\cdot 2H_2O(s)+4HCl(aq)$$

$GeCl_4$ 与水反应首先生成羟合物 $Ge(OH)_4$，继而分子间、分子内脱水，形成水合氧化锗。反应所得的胶状水合物很快聚集为粗粒，在空气中脱水得到二氧化锗晶体。工业上从含锗的原料中，使锗形成 $GeCl_4$ 而挥发出来（$GeCl_4$ 易挥发的原因何在?)，将经精馏提纯的 $GeCl_4$ 与水作用得到 GeO_2，再用纯氢气还原，可以制得纯度较高的锗。最后用区域熔融法进一步提纯、结晶，可得半导体材料用的高纯单晶锗（纯度可达 10N，相当于一百亿个锗原子中只混进了 1 个杂质原子)。

(6) 硅酸盐与水的作用

SiO_2 中 Si 的氧化值为 +4，其对应的饱和水合物为 $Si(OH)_4$，或表达为 H_4SiO_4，极不稳定，迅速分子内自动脱水，变为所谓“偏硅酸”H_2SiO_3。但偏硅酸相应的盐通常称作硅酸盐。

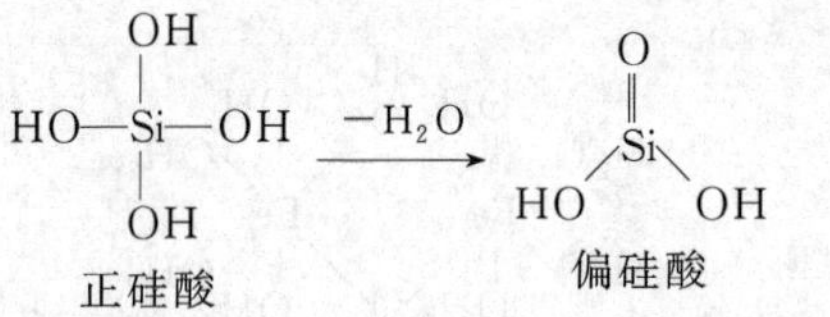

无论正硅酸还是偏硅酸，都会自动发生分子间、分子内脱水，转变为水合多聚硅酸凝胶：

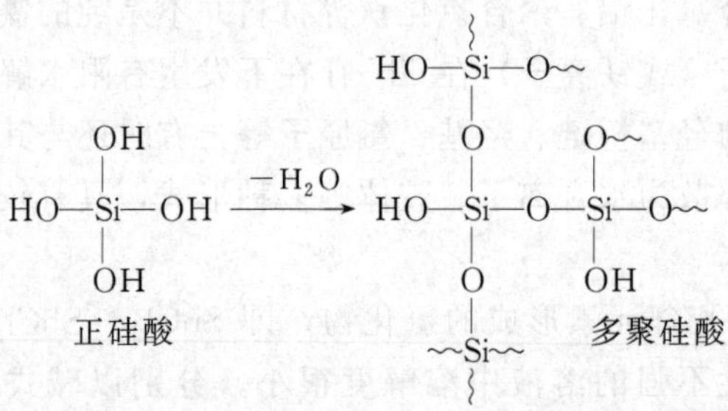

硅酸盐绝大多数难溶于水也不与水作用。硅酸钠 Na_2SiO_3、硅酸钾是常见的可溶性硅酸盐。硅酸钠或硅酸钾的熔体呈玻璃状，Na_2SiO_3（更多场合称作偏硅酸钠，区别于正硅酸 H_4SiO_4 所形成的盐）对应的酸为偏硅酸 H_2SiO_3，为较弱酸（$K_{a1}^{\ominus}=1.7\times10^{-10}$），因而其对应的二级共轭碱 SiO_3^{2-} 具有较强碱性，溶于水时将发生强烈水解作用，产生显著碱性：

$$SiO_3^{2-}+2H_2O \xlongequal{} H_2SiO_3+2OH^-$$

该反应的结果是，溶液体系析出白色的多聚硅酸（或称水合 SiO_2）沉淀或悬浮物。为抑制 SiO_3^{2-} 强烈水解，一般溶解在 NaOH 溶液中，获得黏稠硅酸钠溶液，俗称水玻璃、刨花碱。水玻璃有相当强的黏结能力，是工业上重要的无机黏结剂，粘接金属、无机材料等，不需加热干燥，粘接部位可耐高温。水玻璃胶黏剂暴露于空气中，吸收 CO_2 中和碱，拉动水解进行，水解形成的多聚硅酸与粘接面牢固作用，起到粘接作用。NH_4Cl 等弱酸的介入同样也可加速水玻璃固化粘接。水玻璃也是基于溶胶-凝胶法（sol-gel）制备硅溶胶纳米材料的重要原料，科研和工业生产上都有广泛应用。

铸造工艺中利用水玻璃与氯化铵反应生成硅酸凝胶将型砂粘接起来，便使型砂具有一定的强度，这就是水玻璃的粘接结果。水玻璃还用来粘合碎云母片，做成电热器的耐热云母板。用水玻璃和碳酸钙捏和成团，即成耐火油灰，可用来粘玻璃和瓷器，它硬化快，且呈白色。水玻璃和水泥混合，成为能迅速硬化的水泥，可用于砌炉子。水玻璃还应用于纸浆上胶、蛋类保护、木材和织物的防火处理及建筑地基的加固等。

强酸作用于硅酸钠溶液，水玻璃迅速水解，会从溶液中析出大量稠滞的水合多聚硅酸凝胶。例如：

$$Na_2SiO_3 + 2HCl \xlongequal{} H_2SiO_3 + 2NaCl$$

水合多聚硅酸是一种凝胶，受热能完全脱水，转变成 SiO_2。若将其中大部分水脱去，可得白色透明固体，叫做硅胶。由于硅胶有高度的多孔性，因而其内表面积很大，有很强的吸附性能，可用作吸附剂、干燥剂和催化剂载体。经 $CoCl_2$ 处理可得变色硅胶，是常用的干燥剂。当蓝色变成粉红色时，就需进行再生处理，方可恢复吸湿能力。

复习思考题

1. 周期表中各单质的熔点、沸点、硬度等性质的一般变化情况如何？怎样从单质的晶体结构和金属键的强弱来理解这一变化情况？

2. 列举下列单质各2～3种：(1) 耐高温金属；(2) 硬度很大的金属；(3) 良导电金属；(4) 不活泼的金属；(5) 在常温常压下为气态的非金属单质；(6) 低于100℃熔化的固态非金属单质。

3. 比较 s 区和 ds 区金属：(1) 原子的外层电子构型；(2) 物理性质；(3) 化学性质。

4. 耐腐蚀的金属集中在周期系的哪些区？为什么在第4周期副族元素中有些金属如铬也具有耐蚀性？

5. 在金属的热加工中，常用镁、钙、硅、锰或碳（以单质或合金形式）作为脱氧剂。试指出它们在873K时脱氧能力的强弱次序。你作出这一判断的依据是什么？

6. 联系电极电势说明非金属单质的特性之一是易得电子而呈现氧化性。

7. 写出 Cl_2、Br_2、I_2 在水中歧化反应的通式，并说明歧化反应的特点。

8. 同周期元素所形成的氯化物和氧化物的熔点、沸点、硬度等性质的一般变化情况如何？这些性质及变化情况与晶体类型有何关系？联系实例说明。

9. 过渡型的金属氯化物及氧化物的熔点、沸点及晶体类型各有何特点（与晶体基本类型相比较）？用离子极化理论解释之。

10. 介质的酸碱性对 $KMnO_4$ 的电极电势和还原产物有何影响？

11. 举例说明具有中间价态的 H_2O_2 和 $NaNO_2$ 的氧化还原性。

12. 试述氧化物及其水合物的酸碱性强弱递变的主要规律（同周期、同族以及同一元素不同价态）？按 ROH 离子键理论，酸性的强弱与 R^{x+} 的电荷及半径有何关系？列举强碱、强酸及两性氢氧化物各3～4种。

13. 有人认为："碱性氧化物是指金属元素的氧化物，两性氧化物是指两性元素的氧化物，酸性氧化物是指非金属元素的氧化物"。这种看法对吗？为什么？

14. 氯化物与水的作用情况大致可分为哪三种类型？试举实例说明。

15. 可溶性硅酸盐水溶液的酸碱性如何？试用化学方程式说明。

16. 有机化学是碳的化学。试从碳的三种同素异构体（结构特征和成键规律等）推测相应的三类有机化合物，并简述其各类的结构特征和成键规律。

提示：三类有机化合物分别为脂肪族（RX）、芳香族（ArX）、球烯族（FuX）化合物。可参阅：周公度。结构和物性（化学原理的应用）。北京：高等教育出版社，1993，145～146页。

习题

一、判断题（对的在括号内填"√"号，错的填"×"号）

1. 就主族元素单质的熔点来说，大致有这样的趋势：中部熔点较高，而左右两边的熔点较低。（　）

2. 在金属电位序中位置越前的金属越活泼，因而也一定越容易遭受腐蚀。（　）

3. 按照元素活性周期律，氧化性最强的单质元素是氟，还原性最强的非放射性单质元素是铯。（　）

4. 铝和氯气分别是较活泼的金属和活泼的非金属单质，因此两者能作用形成典型的离子键，固态为离子晶体。（　）

5. 活泼金属元素的氧化物都是离子晶体，熔点较高；非金属元素的氧化物都是分子晶体，熔点较低。（　）

6. 单质金属元素不可能形成分子晶体和原子晶体。（　）

7. 弹性硫单质是一种分子晶体。（　）

8. 同族元素的氧化物 CO_2 与 SiO_2 具有相似的物理性质和化学性质。（　）

9. 在配离子中，中心离子的配位数等于每个中心离子所拥有的配位体的数目。（　）

10. 共价化合物呈固态时，均为分子晶体，因此熔、沸点都低。（　）

11. 金属氧化物溶于水都显碱性，非金属氧化物溶于水都显酸性。（　）

12. 镀锌铁管与镀锡铁皮的防腐机理一样，都是利用表层金属活性高，阳极牺牲原理。（　）

13. 铜、银、金是优异导电材料，非金属不能作为导电材料。（　）

14. 单质金属材料中，铜、银、金具有优异的导热性。（　）

二、选择题（单选）

15. 在配制 $SnCl_2$ 溶液时，为了防止溶液产生 Sn(OH)Cl 白色沉淀，应采取的措施是（　）。

A. 加碱；　B. 加酸；　C. 多加水；　D. 加热

16. 下列物质中熔点最高的是（　）。

A. SiC；　B. $SnCl_4$；　C. $AlCl_3$；　D. KCl

17. 下列物质中酸性最弱的是（　　）。

A. H_3PO_4； B. $HClO_4$； C. H_3AsO_4； D. H_3AsO_3

18. 能与碳酸钠溶液作用生成沉淀，而此沉淀又能溶于氢氧化钠溶液的是（　　）。

A. $AgNO_3$； B. $CaCl_2$； C. $AlCl_3$； D. $Ba(NO_3)_2$

19. +3 价铬在过量强碱溶液中的存在形式为（　　）。

A. $Cr(OH)_3$； B. CrO_2^-； C. Cr^{3+}； D. CrO_4^{2-}

20. 下列物质中具有金属光泽的是（　　）。

A. TiO_2； B. $TiCl_4$； C. TiC； D. $Ti(NO_3)_4$

21. 易于形成配离子的金属元素是位于周期表中的（　　）。

A. p 区； B. d 区和 ds 区； C. s 区和 p 区； D. s 区

22. 在配离子 $[PtCl_3(C_2H_4)]^-$ 中，中心离子的氧化值是（　　）。

A. +3； B. +4； C. +2； D. +5

23. 用于合金钢中的合金元素可以是（　　）。

A. 钠和钾； B. 钼和钨； C. 锡和铅； D. 钙和钡

24. 骗子用铜锌合金制成的假金元宝欺骗百姓。你认为下列方法中不易区别其真伪的是（　　）。

A. 测定密度； B. 放入硝酸中； C. 放入盐酸中； D. 观察外观

25. 下列金属氧化物与水反应，不产生 H_2O_2 的是（　　）。

A. KO_2； B. Li_2O； C. BaO_2； D. Na_2O_2

26. 下列实验中，可以用来区分 NaBr（aq）与 NaI（aq）的是（　　）。

A. 通入 CO_2； B. 通入 Cl_2； C. 加入 $NaNO_3$(aq)； D. 加入 K(s)

27. 下列氢氧化物中，不具有酸碱两性的是（　　）。

A. $Pb(OH)_2$； B. $Sb(OH)_3$； C. $Be(OH)_2$； D. $Bi(OH)_3$

28. 将 $KMnO_4$、$K_2Cr_2O_7$、$FeCl_3$、NaClO 置于碱性溶液中，仍具有较强氧化能力的是（　　）。

A. $KMnO_4$； B. $K_2Cr_2O_7$； C. $FeCl_3$； D. NaClO

29. 非金属单质有很多可以由多原子组成分子再以分子晶体形式存在，下列不属于这种情形的是（　　）。

A. 硫黄； B. 红磷； C. 单晶硅； D. 足球烯

30. 马口铁具有较好的防腐性能，下列有关其防腐性机理的正确解释是（　　）。

A. 镀锡层表面很容易形成致密氧化锡包覆膜，抑制金属腐蚀；

B. 金属锡较铁活泼，作为原电池阳极可牺牲自己，保护阴极铁；

C. 镀锡层非常致密，可隔绝铁与空气的接触；

D. 金属锡与金属铁在界面形成合金，防腐性能增强

三、填空题

31. 熔点较低的金属元素分布在周期表的________区和__________区；用作低熔合金的元素主要有__________、________、__________和________等（填入相应元素符号）。

32. 电子焊接用的锡焊料大多是锡合金，而几乎不用纯锡，是因为常温白锡材料在温度低于____ 时，会发生相转变而脆化、粉化，失去焊接强度和良导电性。

33. 铝焊剂是焊接修复铁轨的传统材料，其主要成分是铝粉和____粉末在镁粉助燃下反应，大量放热，致钢铁焊接面熔化，反应产生________和____等主要产物。

34. 某些廉价活泼单质具有较强还原性，可用于还原某些金属氧化，生产相应金属单质，如____用于还原氧化铁生产铁，____用于还原二氧化钛，生产金属钛等。

35. 高熔点单质金属是研发设计耐高温金属材料的基础，在所有单质金属中，熔点最高的是金属__。

36. 碱金属（ⅠA 族）和碱土金属（ⅡA 族）比较容易形成金属过氧化物或超氧化物，大多性质活泼，不稳定，但其中的______比较稳定，可在水中缓慢释放过氧负离子，具有消杀作用，用于水产养殖。

37. 金属过氧化物可与____反应产生氧气，常用于氧气应急发生装置。

38. 熔融金属锡与氧气作用得到的是无色透明____，如以____的盐溶液与碳酸盐反应，再灼烧可得黑色 SnO。

39. 金属 Al、Zn、Sn 等具有酸碱两性，可以和酸、碱反应，它们和氢氧化钠溶液反应，均产生氢气，说明____是氧化剂；和氢氧化钠反应，金属分别转变为____、____、____负离子。

40. 氧元素具有较大电负性，在与所有金属和绝大多数非金属元素作用时，都表现为夺电子倾向而显负氧化值，但与____作用时，却表现为失电子行为而显正氧化值。

41. 氢元素电负性是非金属元素中较小的，在与非金属元素结合时，大多是显____氧化值。但与某些活泼金属作用时，可形成____或____形式的金属氢化物，具有强烈的____性质，氢元素氧化值为____，这些活泼金属主要包括____族和______族元素。4 个 H 与 1 个 Al 形成强还原剂是____，4 个 H 与 1 个 B 形成的强还原剂是____，其中 H 元素的氧化值都是____。

42. 氯、溴、碘单质均容易发生歧化反应，与氢氧化钠水溶液反应，都可首先生成____（写出离子化学式）。而在热力学上，这三个次卤酸根离子都可进一步发生歧化反应，生成 X^- 卤素离子和______离子，而在动力学上，该步歧化反应有较大差异，在任何温度时，____的歧化反应最快，而____在室温时反应速率适中（只有在低温时才能稳定）。在室温下____的歧化反应很慢（活化能很高），因此其溶液可以保持适当时期，这是它能作为液体漂白剂出售的原因。

43. 活泼金属的氯化物如 NaCl、KCl、$BaCl_2$ 属于离子晶体，熔点较高。而非金属元素的氯化物 PCl_3、CCl_4、$SiCl_4$ 等属于典型分子晶体，熔点较低。但对于高价态金属氯化物，如 $AlCl_3$、$FeCl_3$、$CrCl_3$、$ZnCl_2$ 等，其熔点不高不低，是因为这些物质中出现了严重的____，导致化学键介于____与____之间，既有____特征，也有部分____特征。

44. 金属氧化物大多具有显著离子键特征，部分氧化物具有较高硬度而用作耐磨料，典型如__________、____________等。

45. α-Al_2O_3 也称刚玉，被____离子掺杂的 α-Al_2O_3 呈现蓝色，称作蓝宝石（sapphire），是制造 LED 芯片的主流衬底材料；被______离子掺杂的 α-Al_2O_3 呈现红色，称作红宝石（ruby），是一种经典激光器的关键振荡材料。

46. 就离子几何构型来说，MnO_4^-、ClO_4^-、$Al(OH)_4^-$、CrO_4^{2-} 离子都是____构型，其中没有明显氧化能力的是__________。

47. 过氧化氢可视为较弱的酸，在与______反应时，可通过____平衡和____平衡移动，不断生成沉淀过氧化钙 CaO_2。

48. 双氧水具有较强氧化性，在环境工程上常用来氧化分解污水中的还原性有机污染物，降低水的 COD，以接近排放标准，之所以很多情况下选择双氧水做强氧化剂，主要因为它不会带来____污染。

49. 臭氧 O_3 具有明显的____气味，其氧化性____于 O_2，一般由 O_2 在____条件下产生，一般很难获得纯的臭氧，是因为______。

50. 依据正离子羟合物电离规律，R 羟合物 $R(OH)_n$ 中，如果 R 正离子电荷数____，且半径____，则 R 正离子与 O 负离子的结合力较强，羟合物 $R(OH)_n$ 应当发生酸式电离，显酸性。

51. Sn^{2+}、Sb^{3+}、Bi^{3+} 等离子水解分别生成______、______、______等产物，这些产物可看作离子羟合后的脱水产物。非金属氯化物 BCl_3、$SiCl_4$、PCl_5 水解则生成______、______、____等相应含氧酸。

52. 明矾、聚合三氯化铁、聚合硫酸铁都是常见净水剂，高价态金属离子 Al^{3+}、Fe^{3+} 控制水解，最终可形成带____电荷的金属氧化物胶体，在水中可与带____电荷的天然溶胶粒子作用，发生溶胶聚沉，达到净水目的。

53. 硅酸钠在水中容易发生水解，生成白色（实为无色）的____沉淀，为抑制其水解，通常加入____，使溶液成稠状____性。该溶液又称水玻璃，可作为无机胶黏剂使用，粘接金属、石材、沙粒、木材等，发生粘接作用时，需要硅酸钠接触______、____等弱酸性物质，拉动水解平衡向生成二氧化硅或硅胶或多聚氧化硅方向移动，以该水解产物作为最终粘接材料。

四、计算题

54. 25℃时氯气溶于水（溶解度为 $0.090mol \cdot dm^{-3}$）发生下列反应：

$$Cl_2(aq) + H_2O(l) \xlongequal{} H^+(aq) + Cl^-(aq) + HClO(aq)$$

其标准平衡常数 $K^{\ominus} = 4.2 \times 10^{-4}$。求在此温度下饱和氯水溶液中 H^+、Cl^- 离子的浓度各是多少？

55. 关于氯气的制备，(1) 根据电极电势比较 $KMnO_4$、$K_2Cr_2O_7$、MnO_2 分别与盐酸 ($1mol \cdot L^{-1}$) 反应生成 Cl_2 的趋势。(2) 若用 MnO_2 与盐酸反应，想要顺利发生 Cl_2，盐酸的最低浓度是多少？

56. 根据溴元素电势图计算 298K 下，Br_2 在碱性水溶液中歧化为 Br^- 和 BrO_3^- 的反应平衡常数。

$$BrO_3^- \xrightarrow{0.519} Br_2 \xrightarrow{1.065} Br^-$$

五、简答题

57. 写出钾与氧气作用分别生成氧化物、过氧化物以及超氧化物的三种反应的化学方程式以及这些生成物与水反应的化学方程式。

58. 完成并配平下列化学方程式（均指在水溶液中的反应）：

(1) $NaNO_2 + KI + H_2SO_4$（稀）$\longrightarrow$

(2) 溴水中加入 $AgNO_3$ 溶液，产生浅黄色沉淀；

(3) 铁片加入热浓 $ZnCl_2$ 溶液中，反应放出氢气；

(4) CO_2 通入泡花碱溶液中，产生胶状物质。

59. 指出下列物质中哪些是氧化物、过氧化物或超氧化物？

(1) Na_2O_2；(2) KO_2；(3) RbO_2；(4) SrO_2；(5) SnO_2；(6) CrO_3；(7) Mn_2O_7

60. 下列各氧化物的水合物中，哪些能与强酸溶液作用？哪些能与强碱溶液作用？写出反应的化学方程式。

(1) $Mg(OH)_2$；(2) AgOH；(3) $Sn(OH)_2$；(4) $SiO_2 \cdot H_2O$；(5) $Cr(OH)_3$

61. 下列反应都可以产生氢气：(1) 金属与水；(2) 金属与酸；(3) 金属与碱；(4) 非金属单质与水蒸气；(5) 非金属单质与碱。试各举一例，并写出相应的化学方程式。

62. 渗铝剂 $AlCl_3$ 和还原剂 $SnCl_2$ 的晶体均易潮解，主要是因为均易与水反应，试分别用化学方程式表示。要把 $SnCl_2$ 晶体配制成溶液如何配制才能得到澄清的溶液？

63. 比较下列各组化合物的酸性强弱，并指出你所依据的规律？

(1) $HClO_4$、H_2SO_3、H_2SO_4；(2) H_2CrO_4、H_2CrO_3、$Cr(OH)_2$

64. 在 $ZnSO_4$ 溶液中，加入适量 NH_4HCO_3 溶液后，有沉淀生成，同时放出气体，为什么？如果再加入过量 NaOH 溶液时，为什么沉淀又会消失（用化学反应式表示）？

65. CCl_4 不易发生水解，而 $SiCl_4$ 较易发生水解，其原因是什么？

66. 在淀粉碘化钾溶液中加入少量的 NaClO 时，得到蓝色溶液（A）；继续加入 NaClO，变成无色溶液（B）。然后酸化之，并加入少量固体 Na_2SO_3 于溶液 B 中，则蓝色又出现，当 Na_2SO_3 过量时，蓝色又褪去成无色溶液（C）；再加入 $NaIO_3$ 溶液，蓝色又出现。指出 A、B、C 各为何物？

67. 比较 O_3 和 O_2 的氧化性、沸点、分子极性、磁矩的相对大小。

68. H_2O_2 既可作为氧化剂，又可作为还原剂。少量 Mn^{2+} 离子可以催化 H_2O_2 分解，其机理是 Mn^{2+} 作为还原剂，导致 H_2O_2 分解，自身变为 MnO_2，而产生的 MnO_2 又可氧化 H_2O_2。试从电极电势说明上述解释是否合理，并写出离子反应方程式。

69. 单质磷的常见同素异形体中，哪种比较稳定？已知红磷不溶于水，也不与水反应，但长期暴露于空气中的红磷会发生吸潮现象，为什么？表面吸潮后的红磷如何干燥处理？

70. 硼酸 H_3BO_3 与亚磷酸 H_3PO_3 化学式相似，但二者化学性质差异较大，硼酸是一元弱酸，亚磷酸是二元弱酸；前者无显著氧化还原性，后者具有较强还原性。请解释讨论。

71. 试推测下列酸的强度：HClO、HBrO、HIO。

第9章 无机固体材料

90%的元素单质和大部分无机化合物在常温下均为固体，材料按结构分类，固体有晶体、非晶体与准晶体之分；按化学属性，又可分为金属晶体材料、无机非金属材料和高分子材料。

9.1 晶体结构理论

9.1.1 晶体结构的特征与晶格理论

（1）晶体结构的特征

晶体是由原子、离子或分子在空间按一定规律周期性地重复排列构成的固体。晶体的这种周期性排列的基本结构特征使它具有以下共同的性质。

① 晶体具有规则的多面体几何外形。

② 晶体呈现各向异性，许多物理性质，如光学性质、导电性、热膨胀系数和机械强度等在晶体的不同方向上测定时，是各不相同的。非晶体的各种物理性质不随测定的方向而改变。

③ 晶体具有固定的熔点。非晶体如玻璃受热渐渐软化成液态，有一段较宽的软化温度范围。

（2）晶格理论的基本概念

晶格是一种几何概念，先将晶体结构中实际的原子、离子、分子等存在空间周期性排列的微粒子抽象为没有尺寸的质点，将这些质点等距离成行看待，再将行等距离平行排列（行距与点距可以不相等）。将这些点联结起来，得到平面格子。将这二维体系扩展到三维空间，得到的是空间格子，即晶格。实际晶体的微粒（原子、离子和分子）就位于晶格的结点上。它们在晶格上可以划分成一个个平行六面体为基本单元。而晶胞则是包括晶格点上的微粒在内的平行六面体。它是晶体的最小重复单元，通过晶胞在空间平移并无隙地堆砌而成晶体。

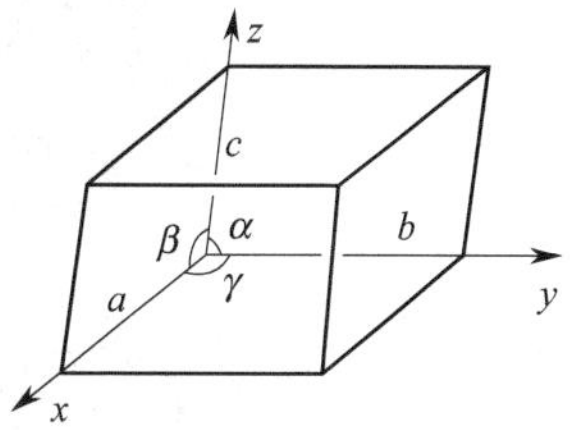

图 9-1 晶胞参数

晶胞包括两个要素：一是晶胞的大小和形状，由晶胞参数 a、b、c、α、β、γ 表示。a、b、c 是六面体的边长，α、β、γ 是 bc、ca、ab 所成的三个夹角（图 9-1）。二是晶胞的内容，由晶胞中粒子的种类、数目和它在晶胞中的相对位置来表示。

按照晶胞参数的差异将晶体分成七种晶系（表 9-1）。它们具有不同的对称性。由晶胞参数决定了晶胞形状、大小的同时，考虑在六面体的面上和体中有无面心或体心，即所谓按带心型式进行分类，可将七大晶系分为 14 种空间点阵排布型式。例如，立方晶系可分为简单立方、体心立方和面心立方三种型式。

表 9-1 七种晶系及 14 种空间点阵排布型式

晶系	边长	夹角	点阵排列型式	晶体实例
立方晶系	$a=b=c$	$\alpha=\beta=\gamma=90°$	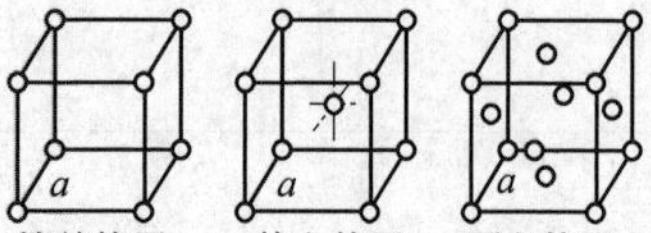 简单格子 体心格子 面心格子	NaCl,ZnS
四方晶系	$a=b\neq c$	$\alpha=\beta=\gamma=90°$		SnO_2,Sn
正交晶系	$a\neq b\neq c$	$\alpha=\beta=\gamma=90°$		$HgCl_2$,$BaCO_3$
单斜晶系	$a\neq b\neq c$	$\alpha=\gamma=90°,\beta\neq 90°$		$KClO_3$,$Na_2B_4O_7$
三斜晶系	$a\neq b\neq c$	$\alpha\neq\beta\neq\gamma\neq 90°$		$CuSO_4\cdot 5H_2O$
三方晶系	$a=b=c$	$\alpha=\beta=\gamma\neq 90°$		Al_2O_3,Bi
六方晶系	$a=b\neq c$	$\alpha=\beta=90°,\gamma=120°$		AgI,SiO_2(石英)

(3) 晶体结构密堆积理论

对于金属键、离子键和范德华力作用结合起来的晶体，其晶格点上的原子、离子、分子等微粒子由于没有方向性引力限制，总是趋于相互配位数高、能充分利用空间并产生尽可能高堆积密度的接近方式。只有按紧密堆积，节省空间，晶体体系才能降低能量保持最为稳定的状态。常见的密堆积方式包括体心立方 BCC（body-centered cubic）、面心立方 FCC（face-centered cubic）和六方密堆 HCP（hexagonal close packing），BCC 属于较紧密堆积，空间利用率（原子堆积因子 APF）68%，而后两者属于最紧密堆积，APF 达 74%。另有不太常见的密堆积方式——简单立方 SC，其 APF 仅 52%，属于较不紧密堆积，结构较为疏松，稳定性也较差，故而不太常见。各种密堆积方式如图 9-2 所示。

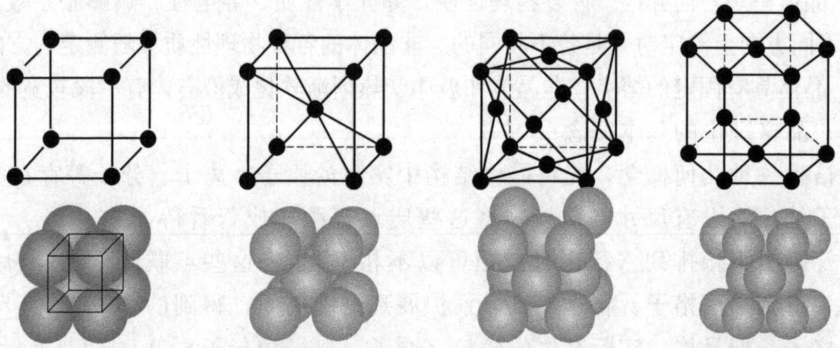

	(a) SC简单立方	(b) BCC体心立方	(c) FCC面心立方	(d) HCP六方密堆
原子堆积因子APF	52%	68%	74%	74%
配位数	6	8	12	12

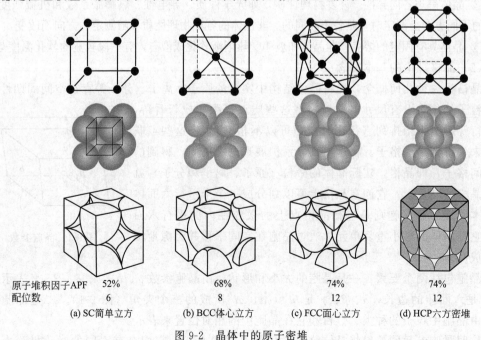

图 9-2 晶体中的原子密堆

原子晶体原则上不能按照密堆积理论处理，因原子之间是通过有方向性的共价键连接，限制了原子之间的紧密堆积，原子晶体空间利用率大多不高。对于存在严重离子极化的部分离子晶体，其正负离子间已出现明显的共价键特征，整体结构介于离子晶体和原子晶体之间时，离子堆积方式也将偏离紧密堆积。当然，离子极化的另一极端就是向分子晶体演变，此时情况复杂。因氢键而形成的分子晶体，也受到方向性氢键制约，不能采取紧密堆积。如冰的密度低于水。

9.1.2　单晶与多晶

单晶可以认为几乎没有晶格缺陷，整个晶体生长沿晶胞的棱和面进行，所形成的晶体颗粒本身就是一颗完整晶体，具有规则几何形状的外观（光学显微镜或电子显微镜可见）。由于内部没有晶界面，对入射光较少反射、散射，故而单晶颗粒很多都有几乎透明的光学效果。一个材料如果内部有许多晶粒，则为多晶材料，晶粒内分子、原子都是有规则地排列的，晶粒与晶粒之间存在晶界，每个晶粒的大小和形状不同，而且取向大多凌乱，没有固定的外形，对入射光存在晶界的频繁反射与散射，因而多晶一般不透明，也不表现各向异性。

例如：由于氧化铁的相间转化比较容易，但又不完全，所以大部分氧化铁都是多种晶形共存的，如四氧化三铁、α-Fe_2O_3、γ-Fe_2O_3 等。此为多晶氧化铁，单晶氧化铁则是纯净物，如只有 α-Fe_2O_3。

从显微学上来看，一个晶粒就是单晶，多个晶粒聚结粘合在一起就是多晶，晶粒与晶粒之间存在晶界，晶界是结晶极度不完整、甚至非晶但基本同质的物质区域（如图 9-3 所示），晶粒间的物质起到黏结剂作用。而且晶界层中微粒受到晶格束缚不完善，表现出更高的活性，更容易发生化学反应，即受到腐蚀性物质侵蚀时，首先是晶界物质发生反应，而后才轮到晶粒区域反应。无机非金属材料中各种陶瓷材料大多具有多晶结构，陶瓷材料在晶粒与晶粒之间可能同时存在很多孔道结构。没有晶粒就是非晶，单晶只有一套衍射斑点；多晶取向不同会表现几套斑点，通过多晶衍射的标定可以知道晶粒或者两相之间取向关系。

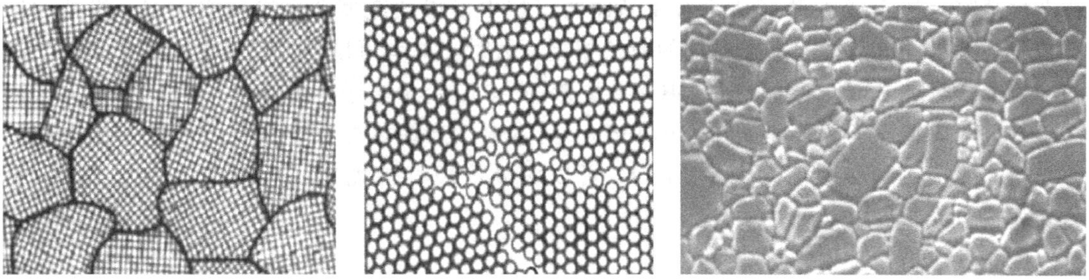

(a) 多晶体示意　　(b) 晶界　　(c) α-Al_2O_3陶瓷显微照片

图 9-3　多晶结构示意

9.1.3　晶体缺陷

晶体以其组成粒子排列规则有序为主要特征，但实际晶体并非完美无缺，而常有缺陷。

晶体中一切偏离理想的晶格结构都称为晶体的缺陷。少量缺陷对晶体性质会有较大影响，如机械强度、导电性、耐腐蚀性和化学反应性能等。按照缺陷的形成和结构分类有：本征缺陷（又称固有缺陷）——指不是由外来杂质原子形成，而是由于晶体结构本身偏离晶格结构造成的；杂质缺陷——指杂原子进入基质晶体中所形成的缺陷。此外，按照缺陷的几何形式，还可分为空位缺陷、间隙缺陷、线缺陷、体缺陷等。

（1）本征缺陷

本征缺陷是由于晶体中晶格结点上的微粒热涨落所致。所有固体都有产生本征缺陷的热力学倾向，因为缺陷使固体由有序结构变为无序结构，从而使熵值增加。实际固体的熵值都高于完整晶体，但是产生缺陷过程的 Gibbs 函数变取决于熵变也取决于焓变（$\Delta_r G_m = \Delta_r H_m - T\Delta S_m$）。缺陷的形成通常是吸热过程（$\Delta_r H_m > 0$），因为当温度高于 0K 时，晶格中的粒子在其平衡位置上的振动加剧，温度越高振幅也越大，如果有些粒子的动能大到足以克服粒子间的引力而脱离平衡位置，就可进入错位或晶格间隙中。因此，温度升高有利于缺陷形成。

存在本征缺陷的典型化合物是卤化物，如 AgCl、AgBr 和 AgI。在这些化合物中，卤素离子的位置按照紧密堆积的方式排列，较小的 Ag^+ 占据卤素离子堆积的空隙中，但有时少数挤到其他离子的夹缝中去而出现空位，形成晶体缺陷（图 9-4）。

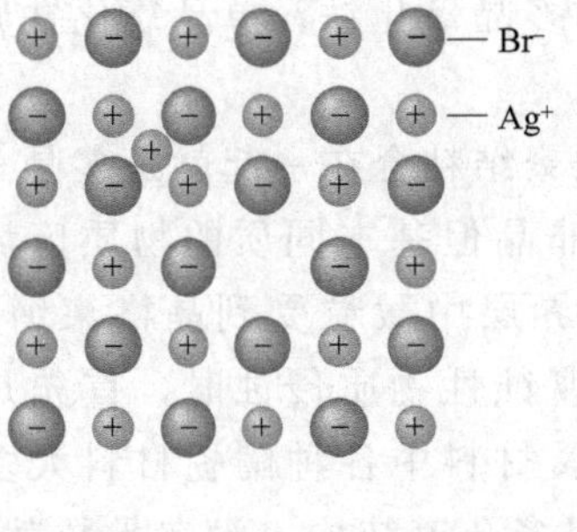

图 9-4　AgBr 晶体的缺陷（本征缺陷）

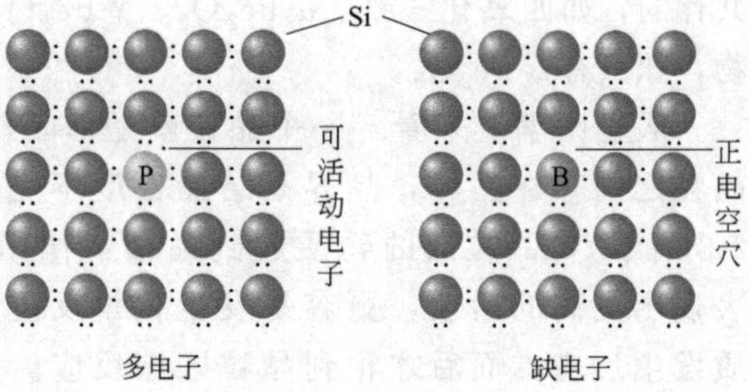

图 9-5　晶体硅的杂质缺陷

（2）杂质缺陷

杂质缺陷是由于杂质进入晶体后所形成的缺陷。当外加杂质粒子较小时，一般形成间隙式杂质缺陷，如 C 或 N 原子进入金属晶体的间隙中形成填充型合金等杂质缺陷。当外加杂质粒子的大小和电负性与组成晶体的粒子相差不大时，两者可以互相取代形成取代式杂质缺陷。例如，晶体 Si（4 个价电子）中掺入少量的 P（5 个价电子）或 B（3 个价电子），可以产生多电子或缺电子的缺陷晶体（图 9-5）。晶体中掺杂往往能极大改变其性质。如在非线性光学晶体 $LiNbO_3$ 中加入少量 MgO，可以明显提高其抗光折变性能；而如果加入少量 Fe，则成为光折变晶体。

（3）点缺陷

在晶体中，构成晶体的微粒在其平衡位置上作热振动，当温度升高时，有些微粒获得足够能量使振幅增大，可脱离原来的晶格位，在晶格中便出现空缺［见图 9-6(a) 中的 M 处］，称作**空位缺陷**，也叫**肖特基缺陷**（Schottky defect）。另一方面，从晶格中脱落的粒子又可进入晶格的空隙，形成间隙粒子，也可能是杂质粒子处于间隙位［见图 9-6(b)］，这类缺陷在实际晶体中较普遍存在。此外，晶体中某些晶格位能被杂质原子所取代，如图 9-6(c) 所示。上述空位、间隙、晶格杂质取代三种缺陷都属于点缺陷。

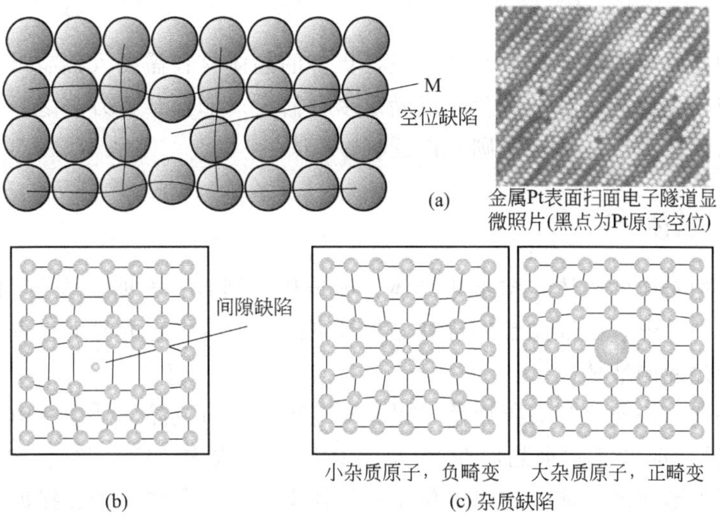

图 9-6　晶体中点缺陷示意图

如果在空位缺陷附近存在相应的间隙缺陷，即空位与间隙成对相邻出现时，称作弗兰克尔缺陷(Frenkel defect)。如图 9-7 所示。

(4) 线缺陷

在晶体中出现线状位置的短缺或错乱的现象叫做**线缺陷**，如图 9-8 所示。线缺陷又称**位错**。所谓位错是晶体的某一部分相对于另一部分发生了位移。如果将点缺陷和线缺陷推及平面和空间即构成面缺陷和体缺陷。面缺陷主要指晶体中缺少一层粒子而形成了“层错”现象；体缺陷则指完整的晶体结构中存在着空洞或包裹物。

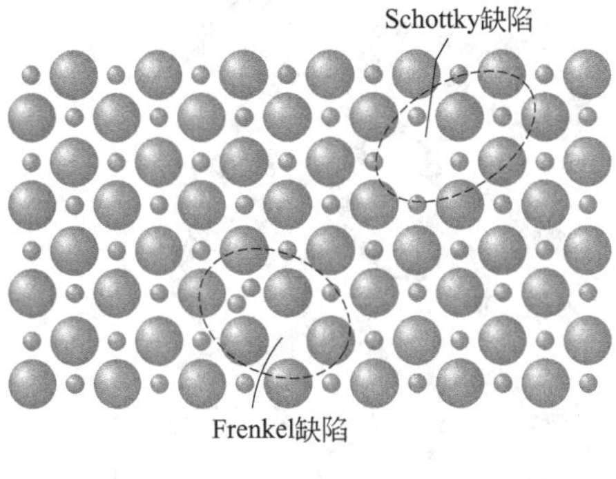

图 9-7　Schottky 缺陷与 Frenkel 缺陷

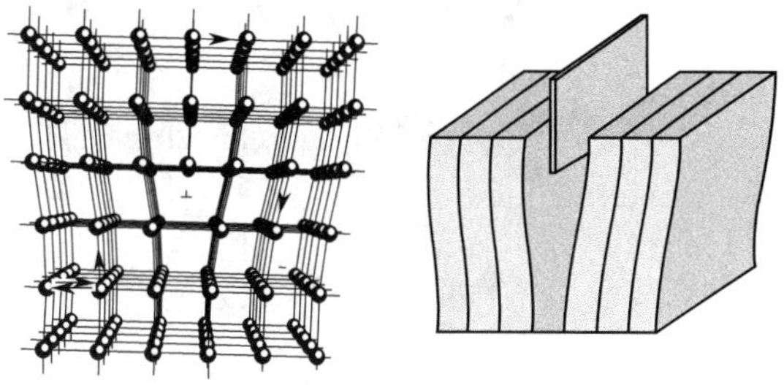

图 9-8　晶体中线缺陷示意

总之，在实际晶体中存在着各种缺陷。由于晶体的缺陷使正常晶体结构受到一定程度的破坏或搅乱，从而导致晶体的某些性质发生变化。例如，由于缺陷使晶体的机械强度降低，同时对晶体的韧性、脆性等性能也会产生显著的影响。但当大量的位错（线缺陷）存在时，由于位错之间的相互作用，阻碍位错运动，也会提高晶体的强度。此外，晶体的导电性与缺陷密切相关。例如，离子晶体在电场的作用下，离子会通过缺陷的空位而移动，从而提高了离子晶体的电导率；对于金属晶体来说，由于缺陷而使电阻率增大，导电性能降低；对于做半导体材料的固体而言，晶体的某些缺陷将会增加半导体的电导率。

实际上有的晶体材料需要克服晶体缺陷，更多的晶体材料需要人们有计划、有目的地制造晶体缺陷，使其性质产生各种变化，以满足多种需要。如掺杂百万分之一 AgCl 的 ZnS 可做蓝色荧光粉，掺杂半导体的应用则更广泛。

9.1.4 非晶体

与晶态结构相对应的固体结构是非晶体，如玻璃、沥青、石蜡、橡胶和大部分的塑料，非晶体没有规则的外形，内部微粒的排列是无规则的，没有特定的晶面。基于这点，人们把非晶体看作是“过冷的液体”。

玻璃是非晶体，快速冷却石英熔体可得到石英玻璃。石英晶体［图 9-9(a)］与石英玻璃［图 9-9(b)］不同，前者又称水晶，在 SiO_2 立体网状结构中，键角均为 109.5°，四个氧原子围绕一个硅原子形成四面体，硅原子位于四面体中央，每个硅原子连接四个氧原子，每个氧原子连接两个硅原子，所有四面体以顶角氧原子相连，并呈空间周期性排列。石英晶体按空间周期性排列方式不同，又分为 α-石英、方石英、磷石英等多种晶型。石英玻璃的化学组成与晶体石英一致，同样存在硅氧四面体，但其结构特征是近程有序，长程无序，所谓近程范围一般为 0.1nm 以下，长程范围一般在 20nm 以上。将石英玻璃经掺杂调整折光率后，可拉成直径为 0.005mm 的包层-纤芯（clad-core）复合结构细丝，制成石英玻璃光导纤维，广泛用于电话、电视、计算机网络等领域。另外宇宙飞船上的窗玻璃、激光器所用的激光玻璃、太阳能电池所用的非晶硅薄层材料都显示着非晶体作为新材料在高科技领域中广阔的应用前景。

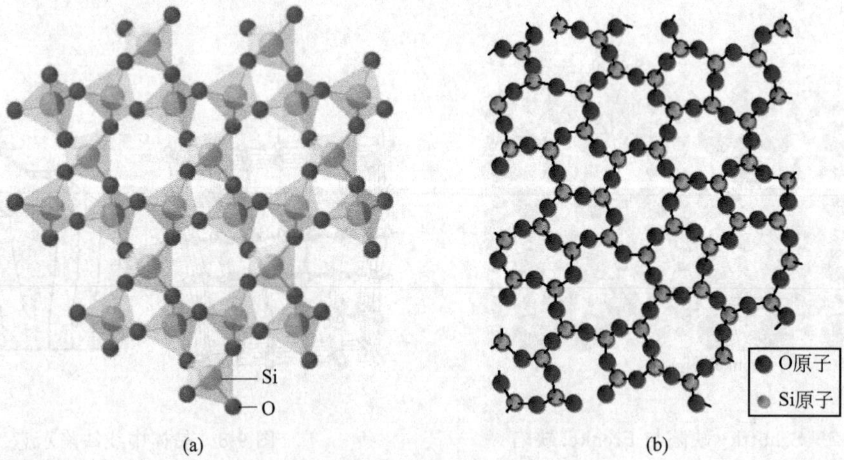

图 9-9　石英晶体（a）与石英玻璃（b）

普通玻璃是无定型结构，又称玻璃态，玻璃态是对一切非晶态物质所处状态的统称。常见的玻璃虽然可以看作 Si、Na、K、Al、Ca 等元素的氧化物无定型固体，但实际上，玻璃中存在大量 Si—O—Si 链式或网状残缺结构，这些残缺 Si—O 网链结构中氧原子富余之处带负电荷，可以吸引结合带正电荷的 Na^+ 等阳离子。如图 9-10(a) 所示。

普通玻璃在近熔融态时，如以风冷加速表面降温，表层玻璃冷却速度快于内层玻璃，玻

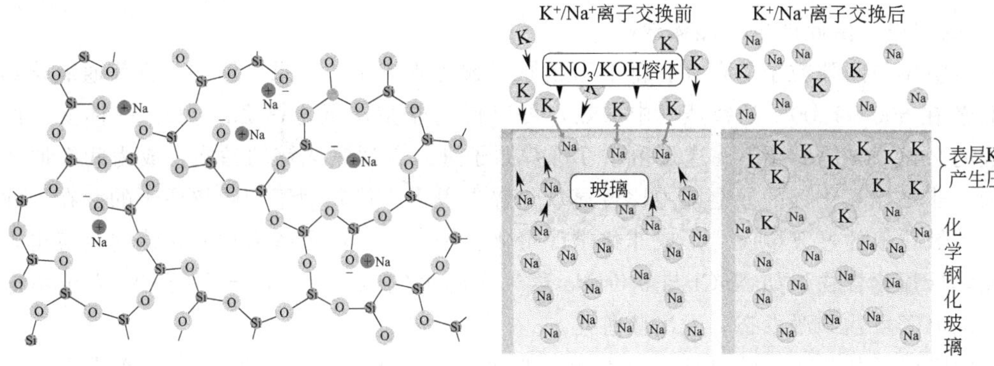

(a)　　　　　　　　　　(b)

图 9-10　钠玻璃结构示意图（a）与钠玻璃离子交换示意图（b）

璃表层收缩较快，将在玻璃板表层形成压应力，而后续冷却的内层玻璃则只能产生拉应力，玻璃由表至里的应力不平衡，使得玻璃表层原本就不可避免的微裂纹被挤压，抑制了微裂纹的扩展，从而保障了玻璃的高强，这就是钢化玻璃（tempered glass）。钢化玻璃的强度较普通玻璃提高 3～5 倍，耐温性也成倍提高，即使遭到毁坏破裂，也不会形成锋利长刀口，而是瞬间碎裂成不锋利的颗粒状，提高了安全性。钢化玻璃不可切割，只能用普通玻璃预制切割成型后，再来进行上述物理钢化加工，且表面多有凹凸不平的光学缺陷，不可作为光学玻璃使用。

采用离子交换技术，可以制取光学级的钢化玻璃。普通片状钠玻璃经切割加工后，置于熔融的含 KNO_3/KOH 的熔融盐中，熔体中的 K^+ 离子扩散至已热膨胀的玻璃表层内，而玻璃表层的 Na^+ 离子则扩散离开，进入熔体，发生离子交换，如图 9-10(b) 所示。表层富含 K^+ 离子的玻璃板取出冷却后，因 K^+ 离子半径显著大于 Na^+ 离子，将在玻璃表层内部占据更大体积，玻璃板表层结构不能收缩回到原有的状态，产生压应力。这就是化学法钢化玻璃工艺。用于离子交换的热熔体中的少量 KOH 对玻璃起到微腐蚀作用，可以和玻璃中的 Si—O 网链结构反应（$\equiv$Si—O—Si$\equiv$ + KOH $\longrightarrow$ $\equiv$Si—O^- K^+ + $\equiv$Si—OH），打断部分网链结构，开辟离子扩散通道，加速离子交换。该技术加工的钢化玻璃同样具有较高强度，且表面十分平整均匀，达到光学级，已大规模应用于智能手机触摸屏、液晶显示屏，已成为最主流的电子产品玻璃。因离子交换只能发生在玻璃的浅表层数百微米厚度范围内，故而这种钢化玻璃仅适用于厚度 3 mm 以下的玻璃板。对于厚度太大玻璃，离子交换形成压应力层太薄，起不到整体强化作用。

9.1.5　非化学计量化合物

非化学计量化合物亦称**非整比化合物**。近代晶体结构的研究结果表明，晶体化合物中有相当一部分是非化学计量化合物，而且总是伴有晶体缺陷的。非化学计量化合物是指它的组成中各元素原子的相对数目不能用整数比表示的化合物。非整比化合物的整个分子是电中性的，但是其中某些元素可能具有混合的化合价。例如在超导晶体钇钡铜氧 $YBa_2Cu_3O_{7-\delta}$ 中，部分 Cu 为+2 价，部分为+3 价，随着+2 价与+3 价 Cu 离子数比值的改变，δ 也就有不同的数值。方铁矿的理想化学式为 FeO，实际的组成范围为 $Fe_{0.89}O$～$Fe_{0.96}O$，这是由

于少量 Fe^{3+} 的存在，为了保持化合物电中性，3 个 Fe^{2+} 只需 2 个 Fe^{3+} 代替即可，因而有了一个 Fe^{2+} 的空位，由此产生了晶体缺陷。

晶格的空位与间隙粒子的存在，都能引起原子数目非整比的结果。例如，将普通氧化锌 ZnO 晶体放在 600～1200℃的锌蒸气中加热，可以得到非整比氧化锌 $Zn_{1+\delta}O$，晶体变为红色，生成的 $Zn_{1+\delta}O$ 是半导体。这是由于 0 价锌原子进入普通氧化锌的晶格，成为间隙原子而形成的。非整比氧化锌的导电能力比普通氧化锌强得多，可归因于间隙锌原子的存在。除了具有多种氧化值的过渡金属可形成非化学计量化合物之外，不具备多种氧化值的金属也能形成非化学计量化合物，如 NaCl 与 0 价 Na 蒸气作用生成 $NaCl_{1-x}$，产生的 Cl^- 空位由电子占据，此电子可达到激发态，发出蓝色光。

晶体中吸引了某些较小的原子，也能产生非化学计量化合物，如镧-镍合金作为吸氢材料形成 $LaNi_5H_x$，吸氢量不固定。

非化学计量化合物与相同组成元素的化学计量化合物在结构的主要特征上无大差异，但是在光学性质、导电性、磁性和催化性能上有明显差别。非整比化合物中元素的混合价态，可能是该类化合物具有催化性能的重要原因。非整比化合物中的晶体缺陷，可能对化合物的电学、磁学等物理性能有大的影响。因此，研究非整比化合物的组成、结构、价态及性能，对于探索新的无机功能材料是很有帮助的。熟练掌握晶体掺杂技术，生成各种各样的非整比化合物，可以获得各种性能各异的晶体材料。

9.2 离子晶体的结构

晶体按其化学属性，可以分为离子晶体、原子晶体、金属晶体和分子晶体。

由于离子的大小不同、电荷数不同以及正离子最外层电子构型不同等因素的影响，离子晶体中正、负离子在空间的排布情况是多种多样的，离子晶体构型不会单纯分为 BCC、FCC 等构型，而是更加具体分类。离子晶体构型中较为简单的是立方晶系 AB 型离子晶体，包括 NaCl 型、CsCl 型和 ZnS 型，另外还有 AB_2 型（萤石 GaF_2 型和 TiO_2 金红石型等）、ABX_3 型（$CaTiO_3$ 钙钛矿型）等。

9.2.1 三种典型的 AB 型离子晶体

NaCl 型、CsCl 型和 ZnS 型均属于 AB 型离子晶体，即只含有一种正离子和一种负离子且电荷数相同的晶体。但是，这三种离子晶体的结构特征是有区别的（图 9-11）。NaCl 晶体由 Cl^- 形成面心立方晶格，Na^+ 占据晶格中所有八面体空隙。每个离子都被 6 个异号离子以八面体方式包围，因而每种离子的配位数都是 6，配位比是 6∶6。从图 9-11 上看，NaCl 晶胞似乎有 13 个 Na^+ 和 14 个 Cl^-，其实 8 个顶点上的每个氯离子为 8 个晶胞所共享，属于这个晶胞的只有 8×1/8＝1，6 个面上的每个氯离子为两个晶胞所共享，属于此晶胞的只有 6×1/2＝3，12 个棱上每个钠离子为 4 个晶胞所共享，属于此晶胞的只有 12×1/4＝3，只有晶胞中心 1 个钠离子完全属于此晶胞。按此计算每个晶胞含有 4 个 Na^+ 和 4 个 Cl^-。

CsCl 型晶体结构可看作 Cl^- 作简单立方堆积，Cs^+ 填入立方体空隙中，CsCl 的正、负离子配位数均为 8，配位比是 8∶8。每个晶胞含有 1 个 Cs^+ 和 1 个 Cl^-。同属 CsCl 型的离子晶体还有 CsBr、CsI、NH_4Cl 等。

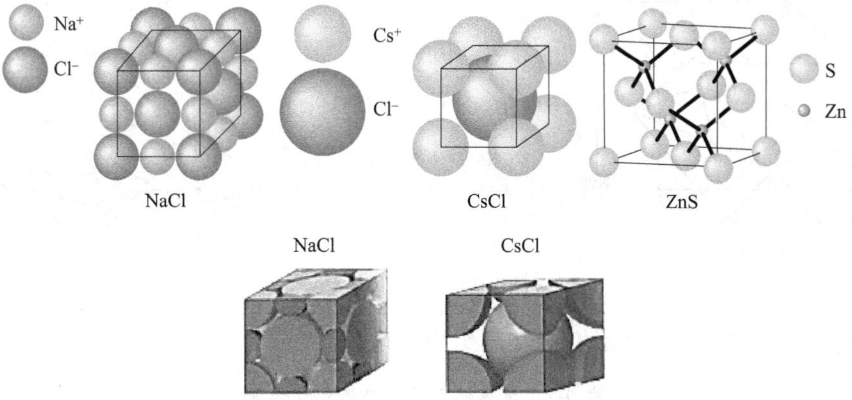

图 9-11 NaCl 型、CSCl 型和 ZnS 型晶体结构

ZnS 型晶体有两种结构类型，一种是闪锌矿（见图 9-11），另一种是纤锌矿型。前者的结构为 S^{2-} 成面心立方密堆积，其中半数的四面体空隙被 Zn^{2+} 占据，Zn^{2+} 和 S^{2-} 的配位数都是 4，配位比为 4∶4。根据前述同样的方法可以算出每个晶胞含有 4 个 S^{2-} 和 4 个 Zn^{2+}。

9.2.2 其他类型的离子晶体

离子晶体的类型很多，除了上述的 AB 型离子晶体外，还有 AB_2 型、ABX_3 型等。

萤石 CaF_2 晶体属于 AB_2 型，AB_2 型有时也称 CaF_2 晶型。其 Ca^{2+} 呈面心立方密堆积，F^- 占据着所有四面体空隙，每个 Ca^{2+} 的配位数为 8，而 F^- 的配位数为 4，配位比为 8∶4（见图 9-12）。

金红石（图 9-13）是 TiO_2 的一种矿物，其结构是常见的重要结构类型之一。该结构中，O^{2-} 近似地具有六方密堆积结构，Ti^{4+} 只占据半数的八面体空隙。由图可见，金红石结构由 TiO_6 八面体组成，O 原子为邻近的 Ti 原子所共享。每个 Ti 原子周围有 6 个 O 原子，而每个 O 原子周围有 3 个 Ti 原子，因此配位比为 6∶3。

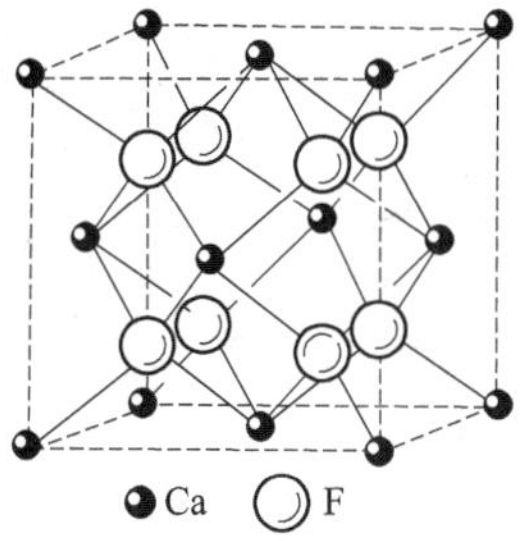

图 9-12 CaF_2 的晶体结构

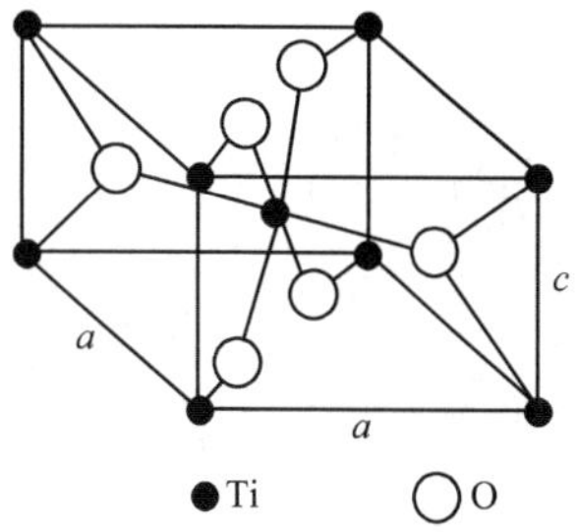

图 9-13 金红石结构

钙钛矿（$CaTiO_3$）结构是许多 ABX_3 型固体结构的代表（见图 9-14）。它是立方结构：每个 A 原子周围有 12 个 X 原子，而每个 B 原子周围有 6 个 X 原子。A 和 B 两种离子的电荷总数必须等于 6（A^{2+}，B^{4+} 或 A^{3+}，B^{3+}）。$CaTiO_3$ 可看作是 CaO 与 TiO_2 的混合氧化物。很多高温超导材料具有类似钙钛矿的结构，完全不含钙与钛的钙钛矿晶型材料也在新型太阳能电池领域获得极大研究关注，即钙钛矿太阳能电池。

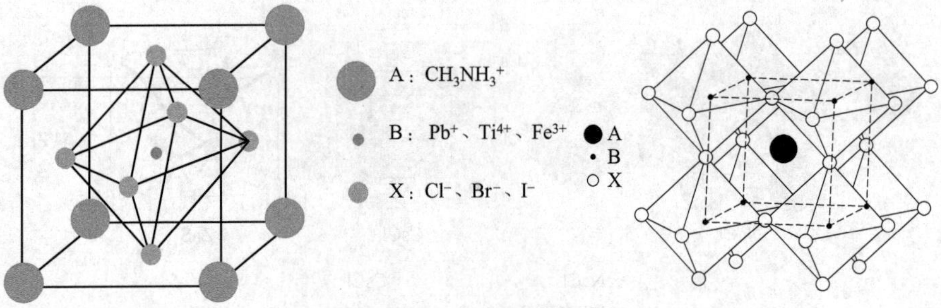

图 9-14　钙钛矿结构

上述几种结构代表着许多种化合物的结构（见表 9-2）。

表 9-2　具有特定晶体结构的化合物

晶体结构	化合物举例
NaCl 型(岩盐型)	NaCl, LiCl, KBr, RbI, AgCl, AgBr, MgO, CaO, FeO, NiO
CsCl 型	CsCl, CsBr, CsI, TlCl, CaS
闪锌矿型(ZnS)	ZnS, CuCl, CdS, HgS
纤锌矿型(ZnS)	ZnS, MnS, BeO, ZnO, AgI, SiC
萤石型	CaF_2, PbO_2, $BaCl_2$
金红石型	TiO_2, SnO_2, MnO_2, MgF_2
钙钛矿型	$CaTiO_3$, $BaTiO_3$, $SrTiO_3$

9.2.3　离子半径与配位数

离子晶体的配位比与正、负离子半径之比有关。所谓离子半径，可以这样来理解：设想离子呈球形，在离子晶体中，最近邻的正、负离子中心之间的距离是正、负离子半径之和。

离子半径的概念在预言物质性质、判断矿物中离子相互取代等方面十分有用。形成离子晶体时只有当正、负离子紧靠在一起，晶体才能稳定。离子能否完全紧靠与正、负离子半径之比 r_+/r_- 有关。取配位比为 6∶6 的晶体构型的某一层为例，见图 9-15。

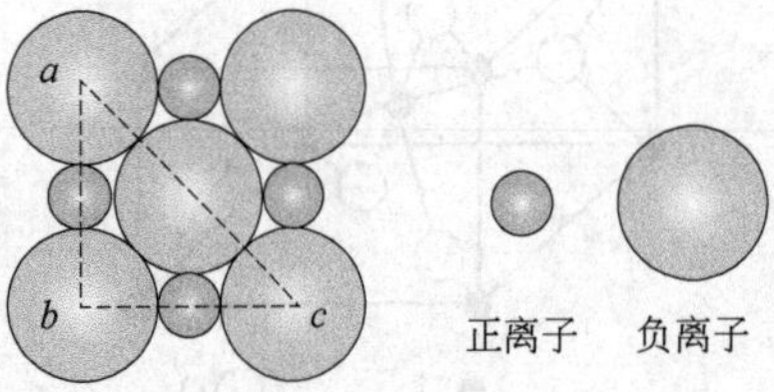

图 9-15　配位数为 6 的晶体中正、负离子半径之比

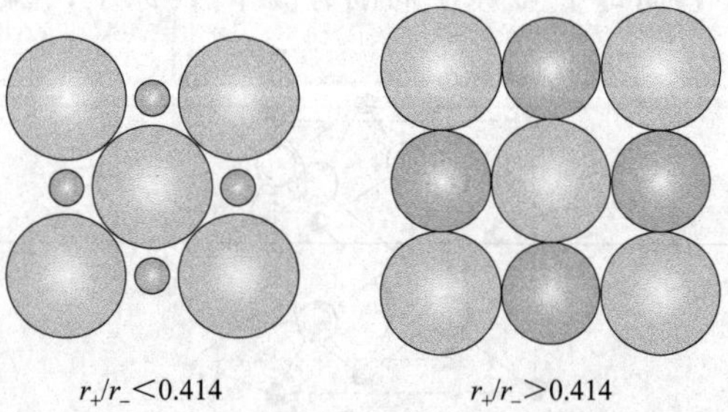

图 9-16　半径比与配位数的关系

令 $r_-=1$

则 $ac=4$，$ab=bc=2+2r_+$

因为△abc 为直角三角形，则

$$ac^2=ab^2+bc^2$$

$$4^2=2(2+2r_+)^2$$

可以解出 $r_+=0.414$。

即 $r_+/r_-=0.414$ 时，正、负离子直接接触，负离子也两两接触。如果 $r_+/r_-<0.414$ 或 $r_+/r_->0.414$，就会出现如下情况（见图 9-16）：在 $r_+/r_-<0.414$ 时，负离子互相接触（排斥），而正、负离子接触不良，这样的构型不稳定。若晶体转入较少的配位数，如转入 4∶4 配位，这样正、负离子才能接触得比较好。在 $r_+/r_->0.414$ 时，负离子接触不良，正、负离子却能紧靠在一起，这样的构型可以稳定。

但是当 $r_+/r_->0.732$ 时，正离子表面就有可能紧靠上更多的负离子，使配位数成为 8。根据这样的考虑，可以归纳出表 9-3 所示的关系。

表 9-3　离子半径比与配位数的关系

r_+/r_-	配位数	晶体构型
0.225～0.414	4	ZnS 型
0.414～0.732	6	NaCl 型
0.732～1.00	8	CsCl 型

在不同的温度和压力下，离子晶体可以形成不同晶型，如 CsCl 晶体在常温下是 CsCl 型，但在高温下可以转变为 NaCl 型。NH_4Cl 在 184.3℃以下为 CsCl 型，在 184.3℃以上为 NaCl 型。RbCl 和 RbBr 也存在同质异构现象，它们在通常情况下属于 NaCl 型，但在高压下可转变为 CsCl 型。因此，离子半径比规则只是帮助我们初步判断离子晶体的构型，计算结果有时会与实测结果出入，此时以实际测量结果为准。当半径比 r_+/r_- 接近上述临界值时，两种晶型都有可能出现。如前所举例子，离子晶体构型有时还与温度有关。以上半径比规则判断晶体构型仅适用于离子晶体，不可滥用于其他类型晶体。当离子极化显著时，半径比规则也很可能失效。

9.3 原子晶体

原子晶体的晶格结点是中性原子，原子与原子间以共价键结合，构成一个巨大分子。例如，金刚石是原子晶体的典型代表，每一个 C 原子以 sp^3 杂化轨道成键，每一个 C 原子与邻近的 4 个 C 原子形成共价键，无数个 C 原子构成三维空间网状结构（见图 9-17）。

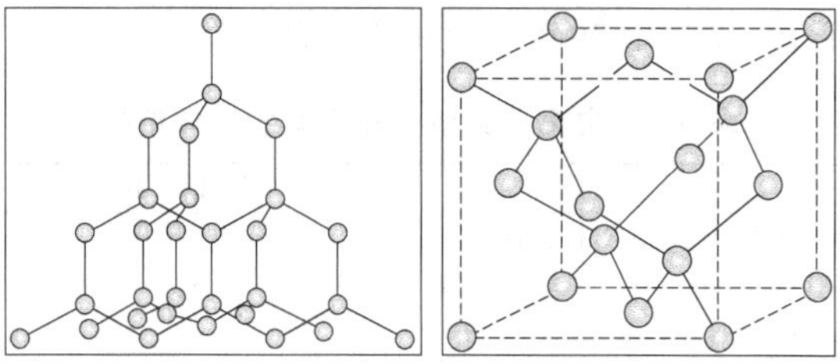

金刚石的晶体结构　　金刚石的晶胞

图 9-17　金刚石的晶胞与晶体结构

单质原子晶体主要就是金刚石、单晶硅、Ge、Sn 等，化合物原子晶体有很多，如立方相的 BN、SiC 等。

破坏原子晶体时必须破坏共价键，需要耗费很大能量，因此原子晶体硬度大，熔点高。例如：

金刚石　　硬度 10　　熔点约 3570℃

金刚砂　　硬度 9～10　　熔点约 2700℃

原子晶体一般不能导电。但硅、碳化硅等有半导体性质，在一定条件下它们能导电。

由于共价键的方向性和饱和性，使得原子晶体不再采取紧密堆积方式，只能是低配位数、低密度，其原子堆积因子 APF 仅 34%。金刚石的晶态结构又称金刚石型晶型，与 BCC、FCC 等属平行概念。

众多非金属元素的共价型碳化物、氮化物可能为原子晶体结构，共价型碳化物是指非金属硅或硼的碳化物，如碳化硅（SiC）、碳化硼（B_2C）、石英（SiO_2）、氮化硼（BN）等。但与绝大多数固态时属于分子晶体的共价化合物（如二氧化碳、甲烷等）不同，SiC、B_2C 熔点高（分别为 2827℃、2350℃）、硬度大（与金刚石相近），为原子晶体。有部分电负性较大的金属元素与 B、C、Si、N、P、As、O、S、Se 等非金属元素的化合物也具有原子晶体特征，这些晶体材料可能同时具有离子晶体与原子晶体特征，属过渡型晶体，如 Al_2O_3、AlN、InAs、GaN、WC、Fe_3Si 等。

还有一些高电荷数、半径小的金属离子氧化物、氮化物、硫化物等，因存在强烈离子极化，使原本应有的离子键大幅削弱，而表现出高比例的共价键，使材料结构具有一定原子晶体特征，即晶体结构介于离子晶体与原子晶体之间的某种过渡性晶体。例如 TiO_2 等。

9.4 金属晶体与金属材料

9.4.1 金属晶体结构

金属晶体是金属原子或离子彼此靠金属键结合而成的。金属键没有方向性，因此在每个金属原子周围总是有尽可能多地邻近金属离子紧密地堆积在一起，以使系统能量最低。金属晶体内原子都以具有较高的配位数为特征。元素周期表中约三分之二的金属原子是配位数为 12 的紧密堆积结构，少数金属晶体配位数是 8，只有极少数为 6。

所有金属晶体原子堆积都理解为球形原子尽可能紧密接触，无论哪种堆积方式，计算一个晶胞中所含有原子数需要把顶角、面上、棱上的原子做切割分离归属，因此，每种晶胞所含原子数经计算列于表 9-4。用空间排列和立体几何模型，还可算出几种晶胞中原子堆积所占空间比例，即原子堆积因子 APF 和每个原子周边的配位原子数。

表 9-4 常温下某些金属元素的晶体结构

金属原子堆积方式	元素	原子空间利用率/%	晶胞原子数
六方密堆积	Be,Mg,Ti,Co,Zn,Cd,Zr,Ru 等	74	2(晶胞为图中六棱柱的 1/3)
面心立方密堆积	Al,Pb,Cu,Ag,Au,Ni,Pd,Pt 等	74	6×(1/2)+8×(1/8)=4
体心立方堆积	碱金属,Ba,Cr,Mo,W,Fe 等	68	1+8×(1/8)=2
简单立方	Po,α-Mn	52	8×(1/8)=1

金属原子到底采取何种堆积方式，情况较复杂，除了与原子半径有关，还与价电子数、热历史等因素有关。不少金属具有多种结构，这与温度和压力有关。如铁在室温下是体心立方堆积（称为 α-Fe），在 906～1400℃时面心立方密堆积结构较稳定（称为 γ-Fe），但在 1400～1535℃（熔点），其体心立方堆积结构的 δ-Fe 变得稳定。而 β-Fe 是在高压下形成的。这就是金属的多晶现象。

$$\underset{\text{BCC}}{\alpha\text{-Fe}} \xrightarrow{910℃} \underset{\text{FCC}}{\gamma\text{-Fe}} \xrightarrow{1400℃} \underset{\text{BCC}}{\delta\text{-Fe}} \xrightarrow{1540℃} \text{液态}$$

要指出的是，并非所有单质金属都具有密堆积结构，如金属 Po(α-Po) 是在 0℃下具有简单立方结构，其堆积因子 APF 仅 52%，原子间具有较大空隙。原子堆积所形成的空间间隙可以填入一些半径较小的原子，如碳原子等。

研究金属晶体的结构类型，有利于我们了解它们的性质并在实践中应用。例如，Fe、Co、Ni 等金属是常用的催化剂，其催化作用除与它们的 d 轨道有关外，也和它们的晶体结构有关。对某些加氢反应而言，面心立方的 β-Ni 具有较高的催化活性，而六方堆积的 α-Ni 则没有这种活性。又如结构相近的两种金属容易互溶而形成合金。

9.4.2 合金的基本结构类型

纯金属远不能满足工程上提出的众多的性能要求，而且从经济上说，制取纯金属并不可取。易被腐蚀和难以满足高新技术更高温度的需要，是金属材料的不足之处，合金化改性是金属材料的重要发展方向。合金是由两种或两种以上的金属元素（或金属和非金属元素）组成的，它具有金属所应有的特征，如碳钢、青铜（锡铜合金）等。合金的性质主要决定于它的组成和内部结构。其内部结构与成分金属的性质、各成分用量之比和制备合金时的条件有密切关系。一般说来，除密度以外，合金的性质并不是它的各成分金属的总和。多数合金的熔点低于它的任何一种成分金属的熔点，即低共熔结果。合金的硬度一般比各成分金属的硬度都大，例知，在铜里加 1%的铍所生成的合金的硬度，比纯铜大 7 倍。合金的导电性和导热性比纯金属也低得多。

合金的结构比纯金属的要复杂得多。根据合金中组成元素之间相互作用的情况不同，一般可将合金分为三种结构类型：①相互溶解而形成金属固溶体；②相互起化学作用而形成金属化合物；③不同元素之间并不起化学作用，而只是不同元素之间形成分相区的机械混合。前两类都是均匀合金；而后一类合金不完全均匀，其机械性能如硬度等性质一般是各组分的平均性质，但其熔点降低。焊锡是机械混合物的一个例子，它是由锡和铅形成的合金。下面简单介绍前面两类合金。

（1）金属固溶体

一种溶质元素（金属或非金属）原子溶解到另一种溶剂金属元素（较大量的）的晶体中形成一种均匀的固态溶液，这类合金称为金属固溶体。金属固溶体在液态时为均匀的液相，转变为固态后，仍保持组织结构的均匀性，且能保持溶剂金属原来的晶格类型。金属固溶体可分为置换固溶体和间隙固溶体。

在置换固溶体中，溶质原子部分占据了溶剂原子的位置，如图 9-18 所示。当溶质元素与溶剂元素在原子半径、电负性以及晶格类型等因素都相近时，形成置换固溶体。例如钒、铬、锰、镍和钴等元素与铁都能形成置换固溶体。在间隙固溶体中，溶质原子占据了溶剂原子的间隙之中，氢、硼、碳和氮等一些原子半径特别小的元素与许多副族金属元素能形成间隙固溶体。

应当指出，当溶剂原子溶入溶质原子后，多少能使原来的晶格发生畸变，它们能阻碍外力对材料引起的形变，因而使固溶体的强度提高，同时其延展性和导电性将会下降。固溶体这种普遍存在的现象称为固溶强化。固溶强化原理对钢的性能和热处理具有重大意义。

（2）金属化合物

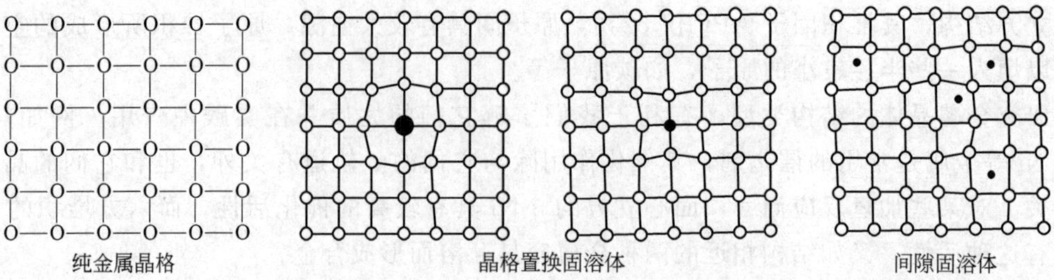

图 9-18 金属固溶体与纯金属的晶格对比

当合金中加入的溶质原子数量超过了溶剂金属的溶解度时，除能形成固溶体外，同时还会出现新的相，这第二相可以是另一种组分的固溶体，而更常见的是形成金属化合物。金属化合物种类很多，从组成元素来说可以由金属元素与金属元素构成，也可以由金属元素与非金属元素构成。

金属与金属之间形成的金属化合物多见于两种金属电负性、电子构型、半径差异较大的情况，亦称金属互化物或**金属间化合物**，相对于各自纯金属，金属间化合物的晶体结构发生了较大改变。它又分为组成固定的"正常价"化合物和组成可变的电子化合物。

"正常价"的化合物其化学键介于离子键和金属键之间。由于键的这种性质，所以"正常价"化合物的导电性和导热性比各组分金属低，而熔点和硬度却比各组分金属高，如 Mg_2Sn 和 Mg_2Pb，可按周期系"族价"，即 Mg 是二价元素，Sn、Pb 是四价元素来理解。

大多数金属间化合物是**电子化合物**（electron compounds）。它们主要以金属键相结合，可能伴随有部分离子键，甚至少量共价键成分。每一种金属间化合物中各种键型的比例还可能不同，不遵守化合价规则。其组成决定于两种金属的电子数和原子数之比，并可在一定范围内波动。金属间电子化合物的情形和理论比较复杂。

金属与部分电负性不高的非金属元素形成金属化合物，如 H、B、C、N、P、S、Si 等非金属元素与 d 区金属元素形成的化合物，分别称为金属氢化物 hydride、硼化物 boride、碳化物 carbide、氮化物 nitride、磷化物 phosphide、硫化物 sulfide、硅化物 silicide 等。甚至，部分非金属元素 B、C、N、Si 之间也能形成高熔点、高硬度的化合物，对金属与合金材料的性能也有较大影响。

碳能与大多数元素形成化合物。碳与电负性比碳小的元素形成的二元化合物，除碳氢化合物外，称为碳化物。碳化物可分为三种类型。与一般的化合物相似，碳化物有离子型和共价型。离子型碳化物通常是指活泼金属的碳化物，如碳化钙（CaC_2），熔点较高（2300℃），它的工业产品叫做电石。共价型碳化物是指非金属硅或硼的碳化物，如碳化硅（SiC）、碳化硼（B_2C）。但与绝大多数固态时属于分子晶体的共价化合物（如二氧化碳、甲烷等）不同，SiC、B_2C 熔点高（分别为 2827℃、2350℃）、硬度大（与金刚石相近），为原子晶体。碳化物还有一类金属型的，金属型碳化物是由碳与钛、锆、钒、铌、钽、钼、钨、锰、铁等 d 区金属作用而形成的，例如 WC、Fe_3C 等。这类碳化物的共同特点是具有金属光泽，能导电导热，熔点高，硬度大，但脆性也大。碳原子半径小（77 pm），能溶于这些 d 区金属中而形成固溶体；当碳含量超过溶解度极限时，在适宜条件下能形成间隙型金属化合物。d 区金属形成的碳化物大多具有较高熔点与硬度，是很多碳合金的重要成分，如表 9-5 所示。

表 9-5　一些 d 区元素碳化物、氮化物和硼化物的熔点和硬度

族	ⅣB	VB		ⅥB			ⅦB		ⅧB
碳化物	TiC	VC	V_2C	Cr_3C_2	Cr_7C_3	$Cr_{23}C_6$	Mn_7C_3	Mn_3C	Fe_3C
显微硬度/$10^{-2}N\cdot m^{-2}$	2.942	2.054	1.324	1.310	1.618				约 0.843
熔点/℃	3150	2810		1895	1730	1550	1520	1520	1650
碳化物	HfC	TaC	Ta_2C	WC	W_2C				
显微硬度/$10^{-2}N\cdot m^{-2}$	2.857	1.568	1.681	1.746	2.422				
熔点/℃	3890	3880	3400	2720	2730				

注：显微硬度与莫氏硬度的关系大致如下：

莫氏硬度	7	8	9	10
显微硬度/$10^{-2}N\cdot m^{-2}$	0.816	1.314	1.765	6.865

9.4.3　轻质合金

轻质合金是由镁、铝、钛、锂等轻金属所形成的合金，借助于轻质合金密度小的优势，在交通运输，航空航天等领域中得到广泛的应用。

（1）铝合金

金属铝的密度为 $2.70g\cdot cm^{-3}$，具有良好的导电、导热性能，但强度、硬度和耐磨性能较差。如果在铝中加入如镁、铜、锌、锰、硅等形成铝合金，就可提高硬度和耐磨性等，如常见的铝铜镁合金称为硬铝，铝锌镁铜合金称为超强硬铝（其强度远高于钢）。各种元素在金属铝中最大溶解度列于表 9-6。

表 9-6　各种元素在金属铝中的最大溶解度

元素	最大溶解度		元素	最大溶解度	
	质量百分比/%	原子数百分比/%		质量百分比/%	原子数百分比/%
Ca	0.4	0.09	Mn	1.82	0.90
Cu	5.65	2.40	Ni	0.04	0.02
Cr	0.77	0.40	Si	1.65	1.59
Ce	7.2	2.7	Ag	55.6	23.8
Fe	0.05	0.025	Zn	82.8	66.4
Li	4.2	16.3	Zr	0.28	0.08
Mg	17.4	18.5			

溶解度太小的元素在铝合金设计上基本没有应用价值，因难以产生性能上的改善。依据添加元素的不同，铝合金可获得不同结构、性能与应用。

Al-Cu 系铝合金，次要合金元素还包括 Mg、Mn、Cr、Zr 等，Cu、Mg 能提高合金的强度和硬度，但影响延伸率，Mn、Cr 等可细化晶粒，提高合金再结晶温度和可焊性。此系列铝合金板材有很好的冲压性、焊接性和耐蚀性。Al-Mn 系铝合金以薄板状态使用较多，Mn（含量 1.0%～1.5%）既能提高合金力学性能，又不使耐蚀性下降，具有很好的拉拔、延展成形性、可焊性和耐蚀性，适合制作饮料易拉罐的管身与罐底。Al-Si 系铝合金，Si 含量一般在 4%～10%（限于溶解度，合金中会析出以 Si 为主的合金相），具有优良的铸造性能，如流动性好、气密性好、收缩率小和热裂倾向小，经过变质和热处理后，具有良好的力学性能、物理性能、耐腐蚀性能和中等的机械加工性能，是铸造铝合金中品种最多、用途最广的一类合金，适合制造活塞、铝合金汽车轮毂、高温工作零件等。Al-Mg 系铝合金，Mg

含量一般不超过5.5%。Mg既能提高强度，又不会使延展性过分降低，每增加1%镁，抗拉强度大约升高34 MPa。添加少量Mn可使得含Mg相沉淀均匀，对耐蚀性有利。Mn还可以使Mg_5Al_8化合物均匀沉淀，改善抗蚀性和耐焊接性能，常用作饮料易拉罐罐盖。

(2) 钛合金

纯金属钛有两种晶型，即室温至882℃存在的α-Ti，HCP结构；熔点882～1678℃之间出现β-Ti，为BCC结构。其突出性能特点在于低温力学强度、较低线膨胀系数、高强度、高韧性和理想的生物相容性等。钛在室温下比较稳定，高温下活泼，易与卤素、氧、硫、碳、氮等进行强烈反应，钛在氮气中加热会发生燃烧，钛尘在空气中会发生爆炸，所以钛材加热和焊接宜用氩气作保护气体。钛在非强氧化性酸（浓硫酸、盐酸、正磷酸）、氢氟酸、氯气、热强碱、某些热浓有机酸及氧化铝溶液中不稳定，会发生强烈腐蚀。550℃以下钛与氧形成保护作用良好的致密氧化膜。但在800℃以上，氧化膜分解，氧原子以氧化膜为转换层进入金属晶格，此时氧化膜已失去保护作用，使钛很快氧化，高温耐蚀性不足。纯钛金属很难有高性能应用价值。

钛合金中应用最多的元素是铝。除工业纯钛外，各类钛合金中几乎都添加铝，铝主要起固溶强化作用，提高钛固溶体中原子间结合力。每添加1%Al，室温抗拉强度增加50MPa。铝在钛中的极限溶解度为7.5%；超过极限溶解度后，组织中出现有序相的金属间化合物Ti_3Al，对合金的塑性、韧性及应力腐蚀不利，故一般加铝量不超过7%。铝改善钛合金抗氧化性，铝比钛还轻，能减小合金密度，并显著提高再结晶温度，如添加5%Al可使再结晶温度从纯钛的600℃提高到800℃。

C、O、N原子半径小，可以在钛金属的晶格间隙中填充，形成间隙性固溶体，一般构成钛合金中的α-相。而Zr、Sn、Hf、Ge、Ce、La、Mg、Mo、V、Ta、Nb等原子通常与钛形成晶格原子置换固溶体而使强度提高。钼可显著提高合金对盐酸的耐蚀性，锡能提高合金的抗热性。钛合金具有密度小、强度高、无磁性、耐高温、抗腐蚀等优点，是制造飞机、火箭发动机、人造卫星外壳和宇宙飞船船舱等的重要结构材料。“钛”被誉为“空间金属”，还可作为高性能深海材料。由于钛合金的强度高又特别抗海水的腐蚀，可以承受深海的压力，钛合金是首选的深海潜航器制造材料。又因为钛是抗磁性的，所以潜艇不会被磁性水雷攻击。由于钛合金的耐腐蚀性能明显优于不锈钢，在开发海底石油的设备中可作为结构材料。

9.4.4 非晶态合金

(1) 非晶态合金的结构特点

非晶态合金是20世纪60年代出现的新材料。非晶态合金的结构与液态金属结构相似，原子排列没有长程的对称性和周期性，但在短程上可能有序，这已为X衍射实验所证实，非晶体在透射电镜下的衍射花样由较宽的晕和弥散环组成。在非晶态合金中，没有晶界、位错等晶态合金所特有的晶格缺陷。

(2) 非晶态合金的形成

熔融状态的合金缓慢冷却得到的是晶态合金，因为从熔融的液态到晶态需要时间使原子排列有序化。如果将熔融状态的合金以超高速急冷（通常冷却速度高达$1.0\times10^8\ K\cdot s^{-1}$）的方法使其凝固，不给原子有序化排列的时间，瞬间冻结后其内部原子仍然保持着液态时的那种基本无序的状态。这种合金称为非晶态合金，也称为金属玻璃。

非晶态合金可由金属与金属组合（如 Fe-Cr，La-Au），也可由金属与半金属组合（如 Fe-Ni-P，Fe-Ni-B）。组元间电负性与原子尺寸相差越大（10%～20%），越容易形成非晶态。因而过渡金属（或贵金属）与类金属（B、C、N、Si、P）、稀土金属与过渡族金属、后过渡族金属与前过渡族金属组成的合金易于形成非晶。

（3）非晶态合金的性能特点

在结晶材料中一般难以兼得的高强度、高硬度和高韧性可以在非晶态合金身上达到较好的统一。因为组成非晶态合金的两种原子间有很强的化学键，使得合金的强度很大。同时合金中原子犬牙交错不规则的排列使得它具有较好的韧性。非晶态合金制品可以由液体一次直接成型，省去了铸、锻、轧、拉等工序，而且边角余料可全部回收，在能源和材料上都很节省，能大大降低成本，故有较大规模应用的潜在前景。目前非晶态合金已用于制作玻璃钢、轮胎、传送带、高压管道、压力容器、火箭外壳等的增强纤维，还用来制造飞机上的构件、体育用品以及各种切削刀具等。

非晶态合金的耐腐蚀性能要比不锈钢好得多。不锈钢在含有氯离子的溶液中，易发生点腐蚀、晶间腐蚀，甚至应力腐蚀和氢脆。而非晶态的 Fe-Cr 合金可以弥补不锈钢的这些不足。含 Cr≥8% 的铁基非晶态合金在各种介质中都显示出其优越的抗蚀特性，如在 $1mol \cdot L^{-1}$ 的盐酸溶液中，在 30℃ 下浸泡 168h 后，$Fc_{70}Cr_{10}P_{13}C_7$ 和 $Fe_{65}Cr_{10}Ni_5P_{13}C_7$ 非晶态合金的腐蚀速度为零，而晶态的 304 号不锈钢腐蚀速率则为 10mm/年。非晶态合金特别耐腐蚀是因为它具有均匀的显微组织，不包含位错、晶界等缺陷，使腐蚀液无缝可钻；同时，非晶态合金自身具有高的活性，能够在表面上迅速形成均匀的钝化膜，即使一旦钝化膜局部破裂，也能立即自动修复。利用非晶态合金几乎完全不受腐蚀的优点，已用于制造耐腐蚀管道、电池的电极、海底电缆屏蔽层等。

力学性能方面，非晶态合金力学性能的特点是具有高的强度和硬度。例如非晶态铝合金的抗拉强度（1.14GPa），是超硬铝抗拉强度（0.52GPa）的两倍。非晶态合金 $Fe_{80}B_{20}$ 抗拉强度达 3.63GPa，而晶态超高强度钢的抗拉强度仅为 1.82～2.00GPa，可见非晶态合金的强度远非合金钢所及。非晶态合金强度高的原因是由于其结构中不存在位错，没有晶体那样的滑移面，因而不易发生滑移。

导电性能方面，与晶态合金相比，非晶态合金的电阻率显著增高（2～3 倍），例如非晶态的 $Cu_{60}Zr_{40}$ 合金的电阻率可达 $350\mu\Omega \cdot cm$，而晶态高电阻合金的电阻率仅为 $100\mu\Omega \cdot cm$ 左右。这是由于非晶态合金原子的无序排列而导致电子的附加散射所致。

非晶态合金表面上原子无序的排列有利于对物质的吸附，因此，具有良好的催化特性。例如以 $Fe_2ONi_{60}P_{20}$ 和 $Fe_2ONi_{60}B_{20}$ 这两种非晶态催化剂催化一氧化碳氢化反应，其活性比对应的晶态合金高 1～2 个数量级。非晶态合金催化剂还因其在电解液中能很快形成钝化膜，耐腐蚀性高，尤其适用于电解催化。

非晶态合金的应用领域还在不断地开拓，非晶态合金中没有晶粒，不存在磁晶各向异性，磁特性极软，故可用为磁芯材料、磁头材料等。

但是，由于许多非晶态合金在 500℃ 以下就会发生晶化，所以工作温度受到限制。且它是一种亚稳态的材料，即使在低于其晶化点的工作温度下，也存在着材料的稳定性问题。另外，液体金属快速骤冷制备非晶态合金时，只有表面才能达到足够的骤冷速率，在内部因来不及散热，无法获得非晶态，因此非晶态合金的厚度受到限制。这是非晶态合金的应用尚需进一步研究解决的问题。

9.4.5 其他合金

(1) 耐热合金

耐热合金主要是第Ⅴ～ⅦB族元素和ⅧB族高熔点元素形成的合金。应用最多的有铁基镍基和钴基合金。它们广泛地用来制造涡轮发动机、各种燃气轮机热端部件，涡轮工作叶片、涡轮盘、燃烧室等。

现代镍钴合金能耐1200℃，用于喷气发动机和燃气轮机的构件。镍铬铁非磁性耐热合金在1200℃时仍具有高强度、韧性好的特点，可用于航天飞机的部件和原子核反应堆的控制棒等。寻找耐高温，可长时间运行、耐腐蚀、高强度等要求的合金材料，仍是今后研究的方向。

(2) 低熔合金

常用的低熔金属及其合金元素有汞、锡、铅和铋等。由于汞在室温时呈液态，而且在0～200℃时的体积膨胀系数很均匀，又不浸润玻璃，因而常用做温度计、气压计中的液柱。汞也可做恒温设备中的电开关接触液。当恒温器加热时，汞膨胀并接通电路从而使加热器停止加热；当恒温器冷却时，汞便收缩，断开电路使加热器再继续工作。汞容易与许多种金属形成合金，汞的合金叫做汞齐。

铋的某些合金的熔点在100℃以下，例如，由质量分数50%铋、25%铅、13%锡和12%镉组成的所谓伍德（Wood合金，其熔点为71℃，应用于自动灭火设备、锅炉安全装置以及信号仪表等。用质量分数37%铅和63%锡组成的合金的熔点为183℃，用于制造焊锡。还有一种熔点仅为−12.3℃的液体合金，含质量分数77.2%钾和22.8%钠，目前用作原子能反应堆的冷却剂。

随着环保要求日益严厉，无铅低熔点合金已在包括电子工业在内的诸多工业领域得到推行，无铅低熔点合金大多依赖于铋、锡基础合金，再添加其他金属元素。低熔点合金组成配方与熔点示例见表9-7。

表9-7 低熔点合金组成配方与熔点[19]

合金	Bi/%	Pb/%	Sn/%	Cd/%	In/%	其他	合金熔点/熔程/℃
纯金属熔点/℃	271	327	232	321	156		
	44.7	22.6	8.3	5.3	19.1		47.0
	49.0	18.0	12.0	—	21.0		58.0
	32.5		16.5	—	51.0		61.0
	50.0	26.7	13.3	10.0	—		76.0～70.0
	33.7	—	—	—	66.3		72.0
	57.0	—	17.0	—	26.0		78.0
	51.6	40.2	—	8.2	—		90.0
组成	52.5	32	15.5	—	—		96.0
	67.0	—	—	—	33.0		109.0
	58.0	—	42.0	—	—		135.0
	40.0	—	60.0	—	—		170.0～135.0
	27.0	28.0	44.0	—	—	Sb 1.0	162～99
	—	—	67.0	32.25	—		174.0
	—	33.4	61.86	—	—		184.0①
	—	—	96.5	—	—	Ag 3.5	220.0
	97.0	—	3.0	—	—		264～135

① 表示合金熔点低于单组分金属熔点。

[19] 来自 Fortis Metals 公司产品资料。

9.5 分子晶体

分子晶体是指晶格位上分布的周期性排列晶格点为分子。非金属单质（如 S_8、P_4、O_2、Cl_2、I_2 等）和某些化合物（如 CO_2、NH_3、H_2O 和苯甲酸、尿素等）在降温凝聚时可通过分子间力聚集在一起，形成分子晶体。虽然分子内部存在着较强的共价键，但分子之间是较弱的范德华力或氢键。因此，分子晶体的硬度不大，熔点不高。

单纯依赖分子间范德华作用力形成的分子晶体熔点相对更低，甚至常压下根本就没有熔点，升温直接升华。由于分子间范德华作用力没有方向性和饱和性，所以球形或近似球形的分子也采用紧密的堆积方式，配位数可高达 12。如干冰分子晶体结构（如图 9-19 所示），晶胞结构属于 FCC。

由于水分子氢键的方向性与饱和性，H_2O 分子的 O 原子具有两对孤对电子，可以在两个空间方向上与邻近 H_2O 分子形成氢键。加上中心 H_2O 分子自身还有两个 H 原子可以成氢键。因此每个 H_2O 分子在空间上可以和邻近的 4 个 H_2O 分子形成氢键，出现类似四面体的构型（见图 9-20），在结晶时，H_2O 分子就是依靠这种空间定向的氢键作用结合成含有许多空隙的晶体结构，这些空隙里一般包裹着一些气体分子（O_2、N_2 等）。冰的密度小于水，并浮在水面上，漂浮或固定于江河湖面上的冰层起到一定隔热作用，阻碍内层水体继续结冰，才使得江河湖泊中的生物在冬季免遭冻死。

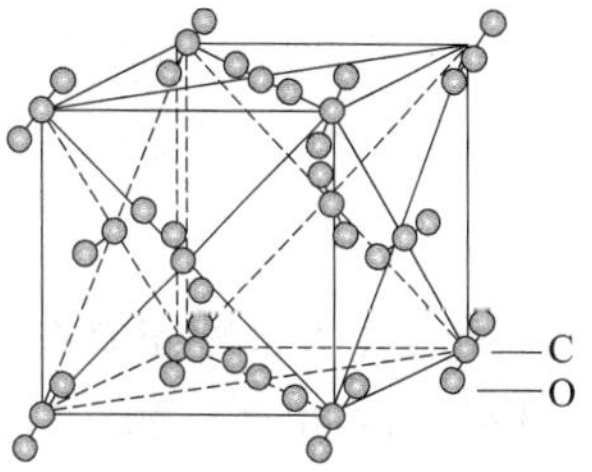

图 9-19　干冰分子晶体结构

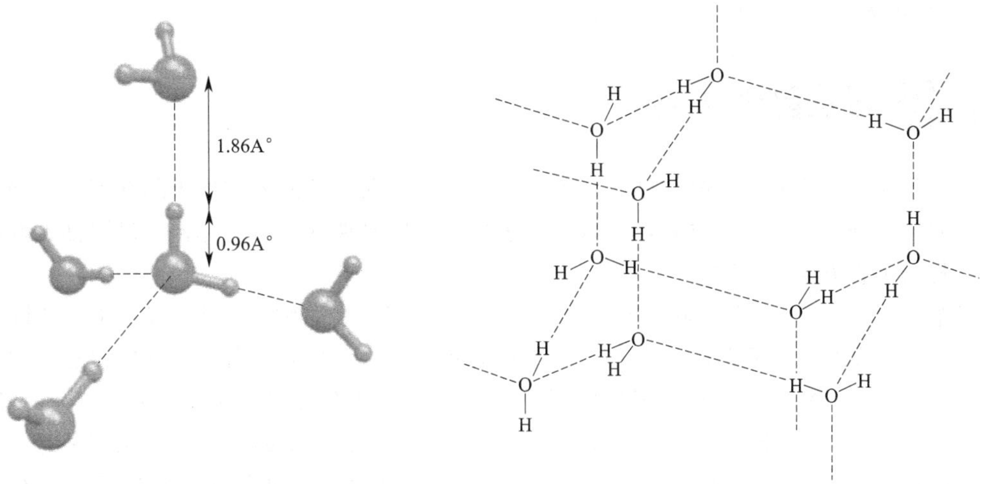

冰结晶中水分子氢键作用角度　　冰的晶体结构(类似金刚石晶格)

图 9-20　冰的晶体结构示意

由氢键结合而成的水分子笼将外来分子或离子包围起来形成笼形水合物，例如，组成为 $Cl_2(H_2O)_{7.25}$ 的笼形水合物（“冰笼”）的十四面体或十二面体就是由氢键维系在一起的（见图 9-21）。Cl_2 分子位于十四面体内。实际上，这种“冰笼”已在深层高压地底和深海的海底被大量发现，并且“冰笼”内大多包裹有天然气分子，也称作**天然气水合物**（natural gas hydrate/gas hydrate)，相当于天然气的微型压力罐，可作为新型能源，即可燃冰，具有极大开发价值。

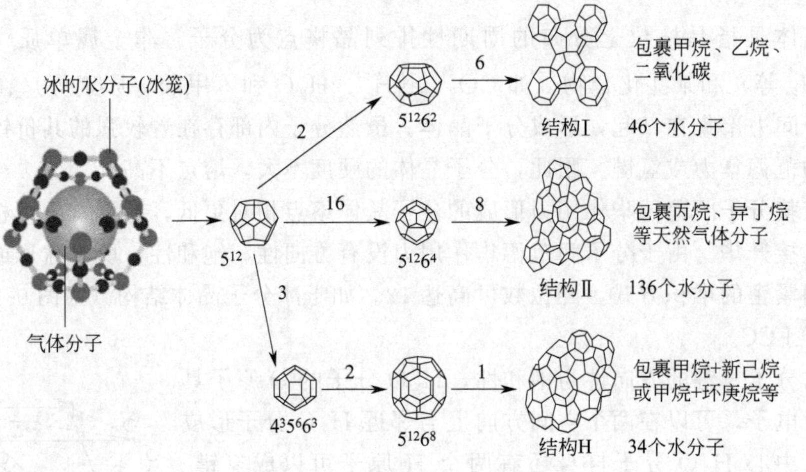

图 9-21 冰笼结构与可燃冰

天然气水合物需要在低温（0℃以下）高压（30 atm 以上）条件下才能形成，所得可燃冰里甲烷占 80%～99.9%，可直接点燃。可用 $m\mathrm{CH_4}\cdot n\mathrm{H_2O}$ 来表示，m 代表水合物中的气体分子数，n 为水合指数（也就是水分子数）。组成天然气的成分如 CH_4、C_2H_6、C_3H_8、C_4H_{10} 等同系物以及 CO_2、N_2、H_2S 等可形成单种或多种天然气水合物。形成天然气水合物的主要气体为甲烷，甲烷含量超过 99%的天然气水合物通常称为甲烷水合物（methane hydrate)。每单位晶胞内有两个十二面体（20 个端点，因此有 20 个水分子）和六个十四面体（24 个水分子）的冰笼结构。

9.6 层状晶体材料

层状晶体材料具有二维晶体结构，沿某平面方向呈现原子晶体或离子晶体特征，而沿垂直平面方向呈现另一种结合方式，材料总体表现出各向异性（anisotropy)，沿平面方向的理化性质与沿垂直方向的不同。

石墨（graphite）具有层状结构（见图 9-22），又称层状晶体。同一层的 C—C 键长为 142pm，层与层之间的距离是 335pm。在这样的晶体中，C 原子采用 sp^2 杂化轨道，彼此之间以 σ 键连接在一起。每个 C 原子周围形成 3 个 σ 键，键角 120°，每个 C 原子还有 1 个 2p 轨道，其中有 1 个 2p 电子。这些 2p 轨道都垂直于 sp^2 杂化轨道的平面，且互相平行。互相平行的 p 轨道满足形成π键的条件。同一层中有很多 C 原子，这些彼此相邻且平行的 C 原子单电子 2p 轨道肩并肩重叠，都参与形成了π键，这种包含着很多个原子的π键叫做大Π键。因此石墨中 C—C 键长比通常的 C—C 单键（154pm）略短，比 C═C 双键（134pm）略长。

大Π键中的电子并不定域于两个原子之间，而是非定域的（即离域)，可以在同一层中运动。正如金属键一样，大Π键中的电子使石墨具有金属光泽，沿平面方向具有良好的导电性和导热性，垂直方向导电性与导热性较差，显示各向异性。层与层之间的距离较远，它们是靠分子间范德华力结合起来的。这种引力较弱，所以层与层之间可以滑移，石墨在工业上用作润滑剂就是利用这特性。石墨的片层剥离下来后即为二维原子晶体石墨烯（graphene）。

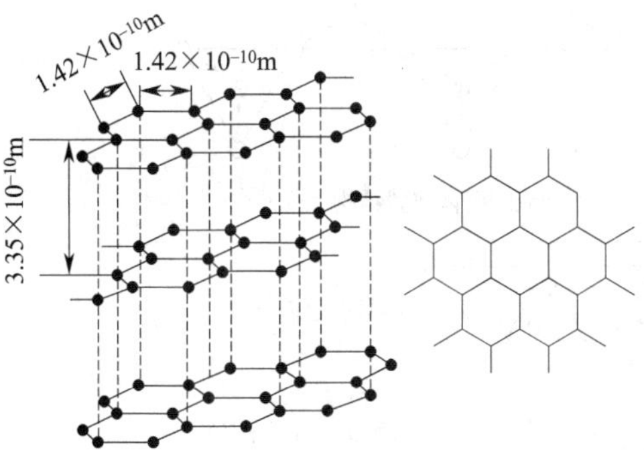

图 9-22　石墨的层状晶体结构

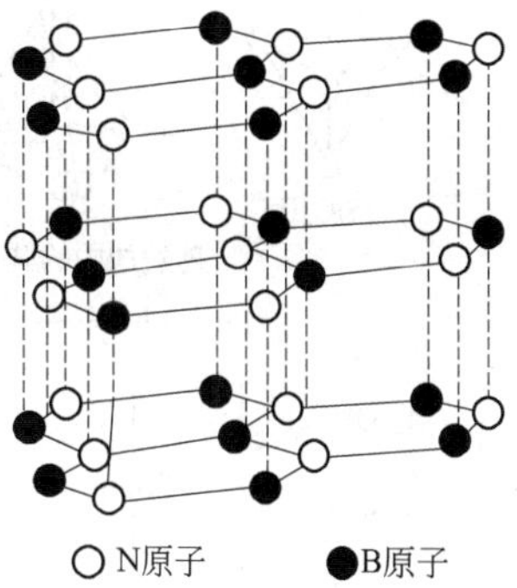

图 9-23　六方相 BN 层状晶体

总之，石墨晶体中既有 σ 共价键，又有类似于金属键那样的非定域大Π键和分子间力在起作用，它实际上是一种混合键型的晶体。还有许多化合物也是层状结构的晶体，如六方氮化硼 BN、蒙脱石等。氮化硼 BN 具有四种不同的变体：六方氮化硼（HBN）、菱方氮化硼（RBN）、立方氮化硼（CBN）和纤锌矿氮化硼（WBN），其中立方氮化硼 CBN 结构类似金刚石，B 原子与 N 原子均采取 sp^3 杂化。只有六方 BN 晶体是层状结构，结构如图 9-23 所示。B 原子与 N 原子均以 sp^2 杂化，B 原子 3 个 sp^2 杂化轨道各有一个电子，分别与 N 原子的三个单电子杂化轨道（sp^2 杂化）形成三个 σ 键，此结构平面延伸成六边形网状。B 原子中未参与杂化的 p 轨道垂直于网状平面，为空轨道；N 原子中未参与杂化的 p 轨道上有 2 个电子，所有 B 原子空 p 轨道与 N 原子的双电子 p 轨道平行，形成"肩并肩"重叠的共轭大Π键，且这种大Π键中电子是由 N 原子 p 轨道单方提供，属于配位大Π键。HBN 单层内属于二维原子晶体，每层 BN 的上面和下面紧密"覆盖"着大面积的蓬松Π电子云，很容易发生瞬间极化而产生色散力，因而 BN 的层与层之间依靠分子间范德华作用力而形成分子晶体结构。HBN 性能上与石墨有相似性，如片层滑移性和导电、导热各向异性，因而常被称作白石墨。

硅酸盐材料中普遍存在硅氧四面体 $[SiO_4]^{4-}$（见图 9-24），但并不存在独立的 $[SiO_4]^{4-}$ 离子，而是每个硅氧四面体顶角 O 原子作为桥，连接两个 Si 原子，即硅氧四面体以顶角 O 原子为共用原子连接成链状、层状甚至体型晶体。天然硅酸盐蒙脱石（亦称蒙脱土）是基于硅氧四面体与铝氧八面体（Al 和 O、OH 的 6 配位结构）的层状晶体结构，一般是硅氧四面体连接成单层平面，下方顶角 O 原子又连接到铝氧八面体层，再往下连接一层硅氧四面体，四面体层用 T 片表示，八面体层用 O 片表示，即硅酸盐复合片层为 T 片-O 片-T 片三层晶体结构，该复合片层厚度约 1nm，每个复合片层表面均有阴离子性质，带负电荷，复合片层之间共同吸附阳离子（Na^+、K^+、Mg^{2+}、Ca^{2+} 等）而形成纳米片层堆叠结构。复合片层内部是由 Si—O 共价键和 Al—O 离子键（因离子极化已含有部分共价键）构成复杂片状晶体（兼具离子晶体与原子晶体特征），片晶与片晶之间依靠静电吸引堆叠，片层间隙中的金属离子可以被交换，换成其它稳定阳离子，包括金属配离子、有机阳离子（季铵盐、季鏻盐）等。

纳米片层结构的蒙脱土具有离子交换功能，剥离开来的纳米片层具有丰富应用性能，如增黏剂、涂层阻隔剂等。

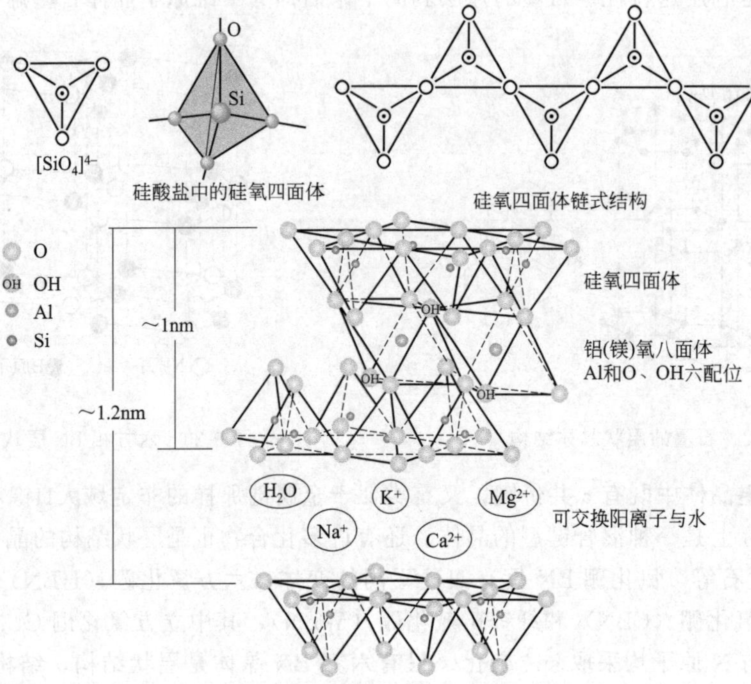

图 9-24 硅氧四面体与蒙脱土层状结构

9.7 能带理论与半导体材料

9.7.1 能带理论

能带理论是 20 世纪 30 年代形成的晶体量子理论。能带理论把金属晶体看成为一个大分子。这个分子由晶体中所有原子组合而成。现在以 Li 为例讨论金属晶体中的成键情况。1 个 Li 原子有 1s 和 $2s^2$ 个轨道，2 个 Li 原子有 2 个 1s，2 个 2s 轨道。按照分子轨道理论的概念，2 个原子相互作用时原子轨道要重叠，同时形成成键分子轨道和反键分子轨道，这样由原来的原子能量状态变成分子能量状态。晶体中包含原子数愈多，分子状态也就愈多。若有 n 个 Li 原子，其 $2n$ 个原子轨道则可形成 $2n$ 个分子轨道。分子轨道如此之多，分子轨道之间的能级差很小，实际上这些能级很难分清（见图 9-25），可以看作连成一片成为能带。能带可看作是延伸到整个晶体中的分子轨道。

Li 原子的电子构型是 $1s^2 2s^1$，每个原子有 3 个电子，价电子数是 1。n 个 Li 原子有 $3n$ 个电子，这些电子如何填充到能带中去，与在原子和分子中的情况相似，要符合能量最低原理和 Pauli 原理。由 s、p、d 和 f 原子轨道分别重叠产生的能带中，最多容纳的电子数目，s 带为 $2n$ 个，p 带为 $6n$ 个，d 带为 $10n$ 个和 f 带为 $14n$ 个等。由于每个 Li 原子只提供 1 个价电子，故其 2s 能带为半充满。由充满电子的原子轨道所形成的较低能量的能带叫做**满带**（也称**价带 valence band，简称 VB**），由未充满电子的原子轨道所形成的较高能量的能带，叫做**导带**（**conductive band，简称 CB**）。例如，金属 Li 中，s 能带是满带，而 2s 能带是导带。在这两种能带之间还隔开一段能量（见图 9-26）。电子不能进入 1s 能带和 2s 能带之间的能量空隙，所以这段能量空隙叫做**禁带**（**gap**）。金属的导电性就是靠导带中的电子来体现的。

根据能带结构中禁带宽度和能带中电子填充状况，可把物质分为导体、绝缘体和半导体（见图 9-27）。

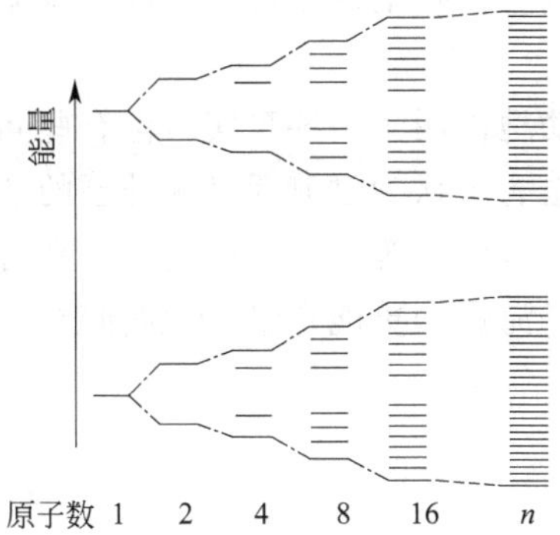

图 9-25 由原子紧密结合形成的能带结构

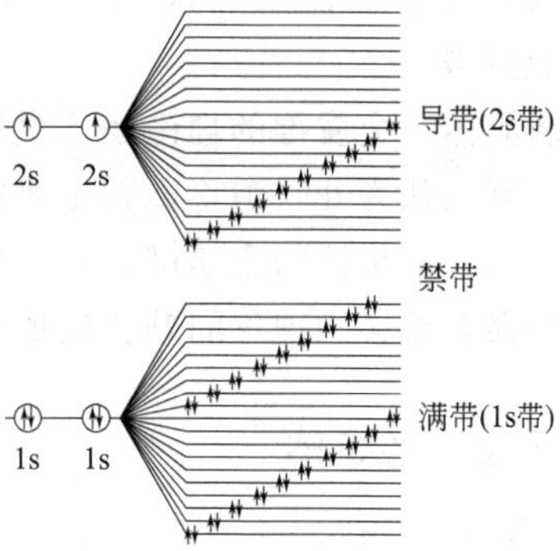

图 9-26 金属 Li 的能带

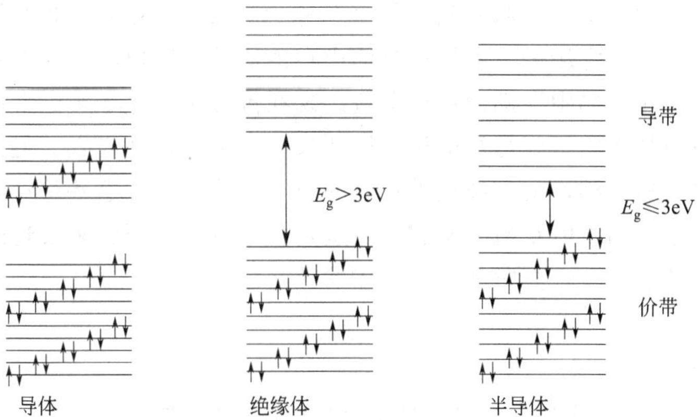

图 9-27 导体、绝缘体和半导体的能带

一般金属导体的导带是未充满的，绝缘体的禁带很宽，其能量间隔 E_g 超过 3eV，而半导体的禁带较狭窄，能量间隔在 0.1～3eV 之间。例如，金刚石为绝缘体，禁带宽度为约 6eV，硅和锗为半导体，禁带宽度分别为 1.1eV 和 0.6eV。金属的导电性源于其导带上电子的活跃性，在外电场作用下可定向迁移，而价带中的电子一般不会迁移，其载流子为电子。绝缘体不能导电，它的结构特征是只有满带和空带，且禁带宽度大，一般电场条件下，难以将满带电子激发入空带，即不能形成导带而导电。

半导体的能带特征也是只有满带和空带，但禁带宽度较窄，在外电场作用下，部分电子跃入空带，空带有了电子变成了导带，原来的满带缺少了电子，或者说产生了空穴，也能导电，一般称此为空穴（h^+）导电。在外加电场作用下，导带中的电子可从外加电场的负端向正端运动，而满带中的空穴则可接受靠近负端的电子，同时在该电子原来所在的地方留下新的空穴，相邻电子再向该新空穴移动又形成新的空穴，依此类推，其结果是空穴从外加电场的正端向负端移动，空穴移动方向与电子移动方向相反。半导体中的导电性是导带中的电子传递（电子导电）和满带中的空穴传递（空穴导电）所构成的混合导电性，其载流子为电子和空穴。

温度效应，一般金属在升高温度时由于原子振动加剧，在导带中的电子运动受到的阻碍增强，而满带中的电子又由于禁带太宽不能跃入导带，因而电阻增大，减弱了导电性能。在半导体中，随着温度升高，满带中有更多的电子被激发进入导带，导带中的电子数目与满带中形成的空穴数目相应增加，增强了导电性能，其结果足以抵消由于温度升高原子振动加剧所引起的阻碍。

金属晶体与金属键的理论还不成熟，能带理论成功地说明了一些事实，但有些问题还解释不了。有人认为 d 轨道不影响金属中原子的堆积，也有人认为过渡元素次外层的 d 电子参与形成了部分共价性的金属键，从而使某些金属（如 Cr 和 W 等）具有高硬度、高熔点等性质，这是很有意义的理论问题。能带理论比简单的电子海模型更能定量地说明问题。

9.7.2 半导体

(1) 半导体理论

与金属依靠自由电子导电不同，半导体中可以区分出两类载流子（电子和空穴）导电机理，如图 9-28 所示。由于半导体禁带较窄，不要太多的能量就能使至少有少数具有足够热能的电子从满带（又称为价带）激发到空带（又称为导带），而在价带中留下空穴。因为价带中的电子原来已满，是定域的，不能在晶体中自由运动，所以不起导电作用，而导带中的电子几乎可以自由地在晶体中运动而传导电流。现在价带中有电子被激发而留下空穴，在外电场作用下价带中的其他电子就可受电场作用而移动来填补这些空穴。但这些电子又留下新的空穴，因此空穴不断转移，就好像是带正电的粒子沿着与上述这些移动电子相反的方向转移。这就是说，半导体的导电是借电子和空穴这两类载流子的迁移来实现的。即受热激发到导带中的电子和价带中的空穴同时都给半导体的导电做出贡献。

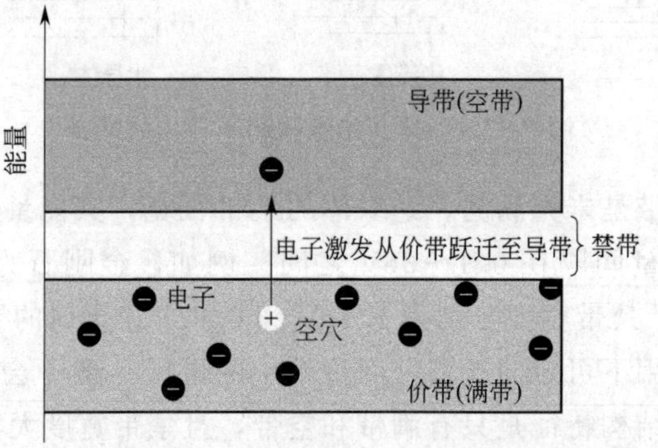

图 9-28 半导体中价带电子跃迁与电子、空穴两类载流子产生示意

(2) 半导体分类

按化学组成，半导体可分为单质半导体和化合物半导体，按半导体是否含有杂质又可分为本征半导体和杂质半导体。

① 本征半导体 完全不含杂质的纯净半导体称为本征半导体，其导电能力主要由材料的本征激发决定，主要常见代表有硅、锗这两种元素的单晶结构。例如，大规模集成电路用硅的纯度必须达到 9N，现在已制得纯度为 14N 的单晶硅，导带中的电子数完全受禁带的能隙大小和温度的支配。以单晶硅本征半导体为例（如图 9-29），理想的本征半导体不存在晶

格结构缺陷，能带结构简单。在绝对 0K 时，所有价电子处于共价键中配对。但温度升高到一定程度时，部分共价键中的电子变得活跃起来，再加上电场，则少数电子获得能量，可以脱离共价键变为自由电子，充当导电载流子（以 e 表示），同时在结构中留下空穴（亦称电洞 hollow），以 h^+ 表示，相当于一个正电荷。本征半导体中，空穴和电子都是载流子，总体数量较少，导电性较差。

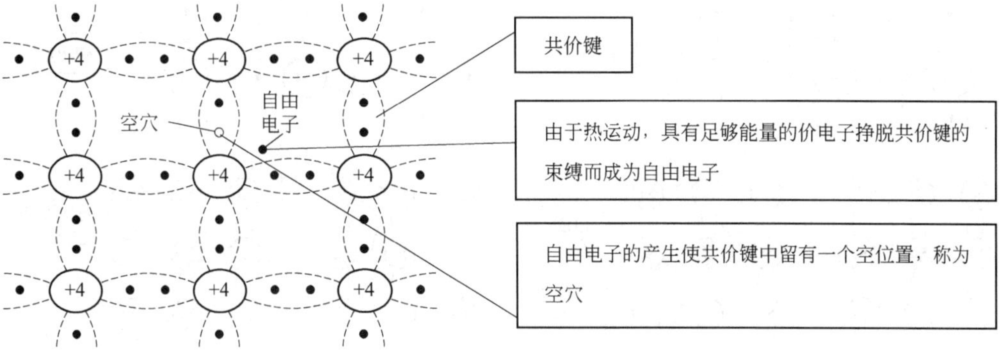

图 9-29　本征半导体结构示意

② 非本征半导体（即杂质半导体、掺杂型半导体）　电导率比不含杂质的本征半导体的要高得多。例如，25℃时纯硅的本征电导率约为 10^{-4}S·m^{-1}，然而通过适当的掺杂，其电导率可以增加几个数量级。其次，非本征半导体的电导率可以通过控制掺杂物的浓度准确地加以控制，这就有可能设计和生产具有需要电导率值的材料，形成半导体多样性，满足各种不同设计需求。因而，掺杂型半导体远比本征半导体应用广泛。掺杂半导体按掺杂设计不同，可分为 p-型半导体（空穴半导体）和 n-型半导体（电子半导体）。如图 9-30 所示。单晶硅中按置换固溶体形式掺杂 3 价的 B 硼元素（ⅢA 族），相较于晶格中的 Si 原子，少了一个价电子，0K 时，可看作 B 原子带一个负电荷，周围束缚住一个空穴 h^+。当温度升高时，该 h^+ 脱离束缚变为自由 h^+，成为多数载流子，在晶格中会留下一个剩余固定负电荷 B^-，此为 p-型半导体。单晶硅中按置换固溶体形式掺杂 5 价的磷元素（ⅤA 族），相较于晶格中的 Si 原子，多出来一个价电子，0K 时，该电子定域于磷原子周围，升温至一定高度时，该电子易挣脱束缚变为自由电子，成为多数载流子，在晶格中会留下一个剩余固定正电荷 P^+，此为 n-型半导体，其导电载流子是电子。

p-型半导体中，由于缺电子受主（Acceptor）掺杂，出现受主掺杂能级于禁带中，其能量略高于价带 E_v。升高温度时，原本价带中的电子获得能量，跃迁至受主能级，并在价带中留下空穴 h^+。n-型半导体中，由于多电子施主（Donor）掺杂，出现施主掺杂能级于禁带中，其能量略低于导带 E_c。升高温度时，原本施主能级上受到束缚的电子获得能量，跃迁至导带能级，并在施主能级中留下空穴 h^+。

除单质单晶（Si、Ge）掺杂半导体，还有很多新兴的化合物半导体，包括 GaAs、GaN、AlGaN（紫外光 LED 的芯片材料）、AlIn、GaN、AlN、InP、AlP、GaP、InN、GaAsP（红外 LED 芯片）等。半导体按其功能性质，还可分为光敏半导体（可设计成光敏电阻）、气敏半导体（对特定气体敏感响应，可设计成气敏传感器）、温敏半导体等。将 p-型半导体与 n-型半导体恰当结合，可形成各种二极管、三极管，其中 p-型半导体与 n-型半

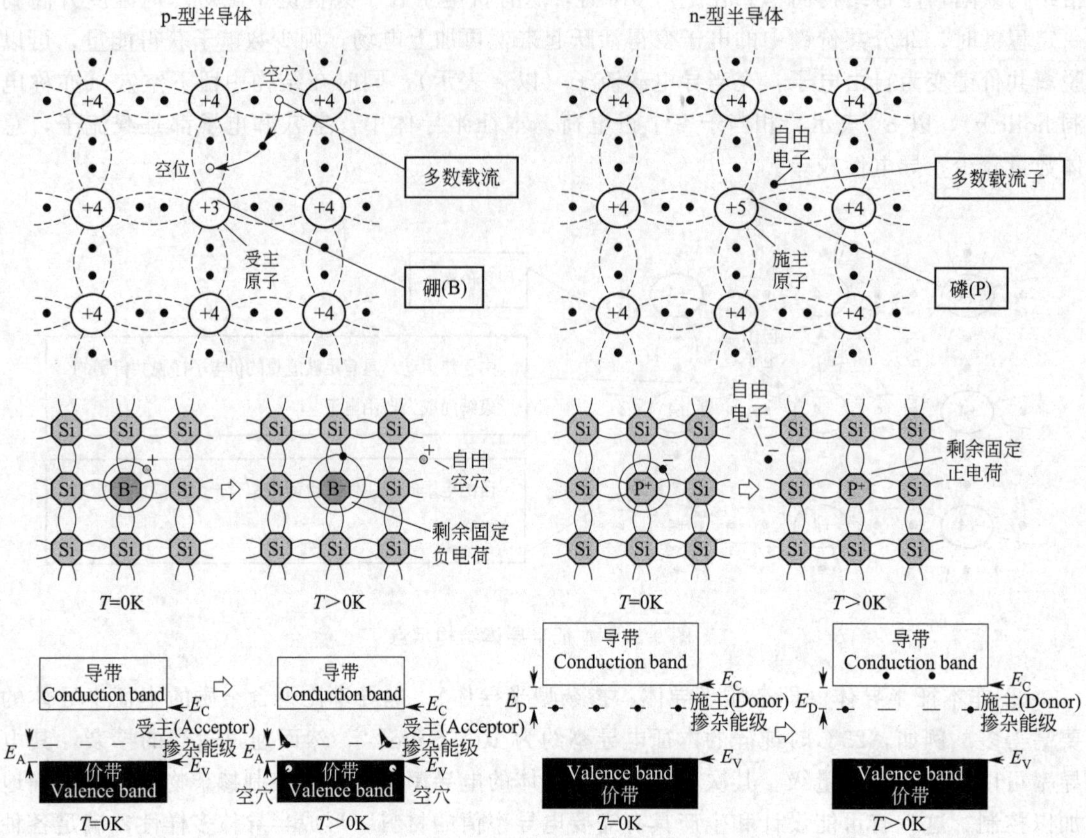

图 9-30 单晶硅基 p-型半导体与 n-型半导体掺杂情况

导体结合部分称作 PN 结。组合半导体可设计成十分丰富的功能器件，如发光二极管 LED（低压电能转换为光能）、光伏太阳能电池（光能转换为电能）、有机发光二极管 OLED、用于计算存储的微电子芯片 IC、用于 LCD 调控开关的薄膜晶体管 TFT 等。

（3）半导体的某些特性及应用

如果将一个 p-型半导体与一个 n-型半导体相接触，组成一个 p-n 结，这时由于两类半导体的空穴和电子数不等就会产生接触电势差，在 p-n 结上电流只能沿一个方向流过，所以 p-n 结是个整流器。可以说整个晶体管技术就是在 p-n 结的基础上发展起来的。把各种类型的半导体适当组合，可制成各种晶体管。随着超精细加工小型化技术的发展，制成各种集成电路，广泛用于电子计算机、通讯、雷达、宇航、制导、电视等技术。

利用半导体电导率随温度升高而迅速增大的特点，可制成各种热敏电阻（常用过渡金属氧化物制成），广泛用于测量温度，不但测量精度高，且温度计可以做得十分细小。利用光照能使半导体电导率大大增加的性质，可制造光敏电阻（常用非晶态硒或硫化物制成），用于自动控制、遥感静电复印等。由于半导体中载流子的密度随温度改变会发生显著变化，可借此制成半导体制冷装置，用于保藏电子元件、血液和疫苗等。利用单晶硅可将太阳光的辐射能量直接转变为电能，虽其效率和火力发电的差不多，但要贵数十倍。而近年来改用非晶态硅，因其对太阳光的吸收系数比单晶的要大 10 倍，若用单晶硅需要 0.2mm 厚才能有效地吸收太阳光，而改用非晶态硅则只需 0.001mm 厚就够了。非晶态硅的制备也比单晶硅的要方便、成本低。用非晶态硅制造的太阳能电池的价格约为单晶硅太阳能电池的 1/10，适合大规模推广应用。

9.8 纳米材料

什么是纳米材料？简单来说就是，在三维尺度上，只要有一维隔离结构达到 1～100nm 尺度的物质，即可看作纳米材料。三维都到达纳米尺度的属于纳米颗粒、纳米微球、纳米胶囊等；两维达到的纳米尺度的属于纳米纤维、纳米孔道等；一维达到纳米尺度的属于纳米薄膜、纳米涂层等。具体讲，纳米科技就是在 1～100nm 范围内研究原子、分子的结构特征，通过直接操作和安排原子、分子，将其组装成具有特定功能和结构的一门高新技术。它与以往的科学技术不同层次，纳米科技几乎涉及现代所有的科技领域，并引发了纳米材料科学、纳米物理学、纳米化学、纳米电子学、纳米生物学、纳米机械学等，开创了人类的纳米科技时代，并成为 21 世纪关键的高新科技之一。

9.8.1 纳米材料特性与纳米效应

对于纳米材料，由于尺寸极小，暴露于表面，处于受力不平衡状态的原子数比例大幅增，导致材料诸多表面性质和本体性质都发生巨变。对于纳米颗粒，由于粒子颗粒很小，表面积与体积的比例随之增大，常引起其独特的物理和化学性质的变化，具体体现在材料的力学性质、光学性质、热学性质、化学性质、电学性质和磁学性质等。纳米材料诸多理化性质的特殊性一般归纳为四方面的特殊效应：高活性表面效应、小尺寸效应、量子尺寸效应、宏观量子隧道效应。

（1）高活性表面效应

表面效应是指纳米粒子的表面原子数与总原子数之比随粒径的变小而急剧增大后所引起的理化性质剧烈变化[20]。主要表现：因表面原子所占比例大，材料的表面能与表面张力急剧增加，吸附能力增强，表面反应活性提高；表面活性中心数多，催化效率高。纳米粒子的表面原子所处的晶体场环境及结合能与内部原子有所不同，存在许多悬空键，具有不饱和性质，因而极易与其他原子相结合而趋于稳定，具有很高的化学活性。

对直径大于 100nm 的颗粒表面效应可忽略不计。当尺寸小于 10nm 时，其表面原子数急剧增长，甚至 1g 纳米粒子的表面积的总和可高达 $100m^2$，这时的表面效应将不容忽略.若用高倍率电子显微镜对金属纳米颗粒（直径为 2nm）进行电视摄像，实时观察，发现这些颗粒没有固定的形态，随着时间的变化会自动形成多种形状，如立方八面体、十面体、二十面体多孪晶等，它既不同于一般固体，又不同于液体，是一种准固体[21]。

与常规粉体材料相比，纳米粒子的表面能高，表面原子数多，这些表面原子近邻配位不全，活性高，因此，其熔化时所需增加的内能小得多，纳米粒子熔点急剧下降。银的正常熔点为 960.5℃，银纳米粒子在低于 100℃开始熔化；铅的正常熔点为 327.4℃，20nm 球形铅

---

[20] 例如，粒径为 10nm 时，比表面积为 $90m^2/g$；粒径为 5nm 时，比表面积为 $180m^2/g$；粒径下降到 2nm 时，比表面积猛增到 $450m^2/g$。这样高的比表面，使处于表面的原子数越来越多，同时表面能迅速增加，化学活泼性质增强。

[21] 师昌绪．材料大辞典．北京：化学工业出版社，1994；苏品书．超微粒子材料技术．武汉：武汉出版社，1989.

粒子熔点为39℃；铜的正常熔点为1053℃，粒径为40nm的铜粒子熔点为550℃。金的正常熔点为1064℃，但其熔点随粒径降低而变小。

因表面效应，纳米粉体的烧结成块温度显著低于大颗粒粉体。所谓烧结温度是在低于熔点的温度下使粉末烧结成接近常规材料的最低温度。纳米粒子尺寸小，表面能高，压制成块材后的界面具有高能量，在烧结中高的界面能成为原子运动的驱动力，有利于界面附近的原子扩散。因此，在较低温度下烧结就能达到结块致密化目的。常规 Al_2O_3 的烧结温度为1800～1900℃，在一定条件下，纳米 Al_2O_3 可在1150～1500℃烧结，致密度达99.7%。常规 Si_3N_4 的烧结温度高于2000℃，纳米 Si_3N_4 的烧结温度降低400～500℃。金属银的正常熔点为670℃，需要烧结大颗粒银的话，必须高于此温度。而纳米银在低于100℃即可烧结成连续结晶态，恢复高导电性，超细银粉制成的导电浆料便于低温烧结，此时元件的基片不必采用耐高温的陶瓷材料，甚至可用不耐温的柔性塑料作为基材，制作各种柔性电子产品。

纳米材料表面原子能量很高，极不稳定，很容易与其他原子结合。无机的纳米粒子暴露在空气中会吸附气体，并与气体进行反应。部分金属（如Cu、Al等）的纳米粒子在空气中会燃烧，甚至爆炸，可用纳米颗粒的粉体作为固体火箭的燃料、催化剂。例如，在火箭发射的固体燃料推进剂中添加1%质量比的超微铝或镍颗粒，每克燃料的燃烧热可增加1倍。

(2) 小尺寸效应（小体积效应）

随着颗粒尺寸的量变，在一定条件下会引起颗粒性质的质变。由于颗粒尺寸变小所引起的宏观物理性质的变化称为小尺寸效应。当超细颗粒的尺寸与光波波长、德布罗意波长以及超导态的相干长度或透射深度等物理特征尺寸相当或更小时，晶体周期性的边界条件将被破坏；非晶态纳米颗粒的颗粒表面层附近原子密度减小，导致声、光、电、磁、热、力学等特性呈现新的小尺寸效应。

(3) 其他效应

关于纳米材料的量子尺寸效应、宏观量子隧道效应涉及更深层次理论，在未来学习中将会得到理解。

9.8.2 纳米碳材

碳原子在特定条件下可以形成多种特定形式的纳米结构，包括纳米金刚石、C_{60}、碳纳米管、石墨烯等。

(1) 纳米金刚石

如前所述，金刚石是碳原子按 sp^3 杂化，相互形成C—C σ键而构成的一种四面体连续结构，其晶胞可视为两套面心立方嵌套。纳米级的金刚石（Ultrafine Diamond，简称UFD）不但具有金刚石所固有的综合优异性能，而且具有纳米材料的奇异特性。

纳米金刚石的经典合成方法是采用爆轰法，它利用负氧平衡炸药，在保护介质作用下，通过炸药爆轰时所产生的瞬时高温（2000～3000K）和高压（20～30GPa）作用致使炸药分子中不能完全被氧化的碳转变为原子状态的游离碳，释放的自由碳原子重新排列聚集晶化后形成纳米金刚石的技术，在这种条件下生成热力学稳定的含纳米金刚石的黑粉，经特殊工艺处理后得灰色的纳米金刚石粉，金刚石基本颗粒为5～10nm，多数纳米金刚石为球形，表面含有一定羧基—COOH、羟基—OH、羰基C═O等氧化结构。

纳米金刚石在形貌、硬度、粒度等方面的独特性能和特殊的光电、磁、热性能，在超精密抛光、超级润滑、磨合油、复合镀等领域得到了一定程度的应用。在电子、化工、军事、医疗等领域中，有广阔的应用前景。

（2）C_{60}

C_{60} 最初是在惰性气体环境中以激光激发石墨获得，是 60 个碳原子采取 sp^2 杂化成键形成的笼型分子，又名足球烯（见图 9-31），它具有 60 个顶点和 32 个面，其中 12 个为正五边形，20 个为正六边形，其相对分子质量约为 720，球形分子直径约为 0.67nm。C_{60} 分子的内外面局部有π电子云，是一种球面大Π键。

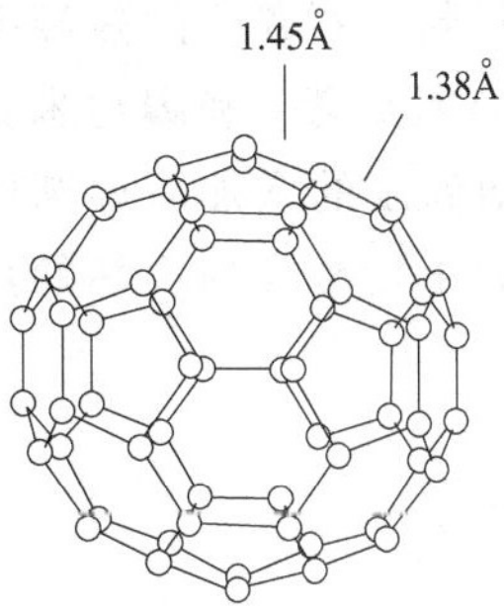

图 9-31　C_{60} 结构

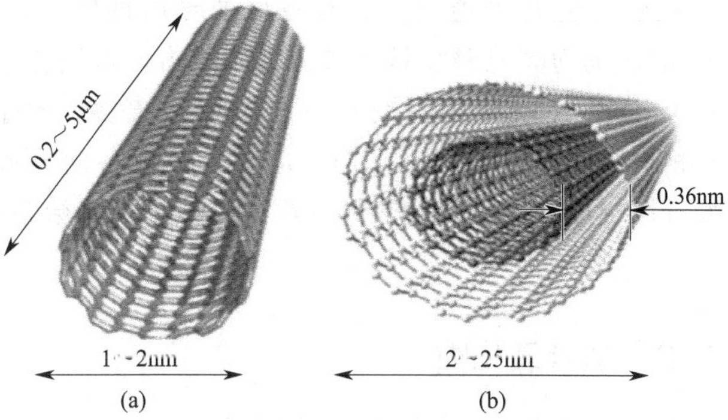

图 9-32　碳纳米管结构示意

C_{60} 的特殊结构形成了它的独特的理化性质，使它具有深黄、棕色到黑色的外观，密度小，易升华，不导电，比金刚石活泼等特性，以及具有高的电子亲和力（2.6～2.8eV）和低的还原势（－0.61eV）。在弱极性溶剂中溶解性良好，尤其在芳香溶剂中。与活泼金属可以反应生成 C_{60} 负离子的盐。具有特殊的光学、磁学和光电性能等性能，可应用在有机太阳能电池中。

（3）碳纳米管

碳纳米管（carbon nano tubes，以下简称 CNTs）是碳原子采取 sp^2 杂化按六边形成键延续而成的纳米尺度管状结构（如图 9-32 所示），分为单壁碳纳米管和多壁碳纳米管，前者直径约 1～2nm；后者直径变化较大，可在 2～25nm 范围变化。管长度一般可达微米级，典型长径比达 10^3 个数量级。新制备的 CNTs 大多具有单端封闭结构，

CNTs 性能十分突出，其机械强度高，抗拉强度达到 50～200GPa，是钢的 100 倍，密度却只有钢的 1/6，至少比常规石墨纤维高一个数量级，是最强的纤维，在强度与重量之比方面，这种纤维是最理想的。CNTs 沿轴向导热速率快，具有导热各向异性。CNTs 电性能依据结构不同，可在导体、半导体、绝缘体间变化。CNTs 具有一定化学惰性，耐酸、耐强碱，在空气中 700℃不氧化，经历充放电不发生化学作用。因此，数据保存在这样的一个存储器中可以拥有更长的保存时间。CNTs 比表面高（400～3000m^2/g），加上丰富而密集的π电子结构，容易发生电极化，非常适合作为超级电容器材料。CNTs 对微波段的电磁波具有高吸收性，可用于隐形材料、电磁屏蔽材料或暗室吸波材料。另外，CNTs 超大比表面和丰富易极化的电子结构，氢以很大密度填充到单壁纳米碳管的管体内部以及单壁纳米碳管束之间的孔隙，使具有极佳的储氢能力，据推测单壁纳米碳管的储氢量可达 10%（质量分数）。CNTs 管端碳原子存在悬键，可被强氧化剂氧化，形成羧基等氧化结构。

(4) 石墨烯

石墨烯包括单层石墨烯与少层石墨烯，是目前世界上最薄的材料，厚度仅有一个原子，每个碳原子以 sp^2 杂化连接成六元环，并二维延续形成六角形蜂窝状的二维晶体。石墨烯网状结构中如出现五边形，则导致石墨烯翘曲变形。部分碳原子被氧化后，则形成氧化石墨烯(GO)。

石墨烯具有很多突出性能。其强度可与金刚石媲美，比强度是钢材的 100 倍，实测抗拉强度和弹性模量分别为 125GPa 和 1.1GPa，同时具有良好的柔韧性，可弯曲。通过等效计算，如将石墨烯制作成常见包装袋形式，可以承载数吨质量物体。石墨烯对可见光和近红外光几乎透明，且有较好的导电性[22]，可以制作柔性透明导电材料。但石墨烯对 GHz 频段的射频电磁波具有较强吸波能力，可制作成电磁屏蔽材料。石墨烯的热导率高达 5300W/m·K，是室温下铜的热导率的 10 倍多，比金刚石的热导率要高，和碳纳米管的热导率相当；石墨烯片层沿平面方向导热具有各向异性；热导率随温度的增加而逐渐减少；随着石墨烯层数的增加，热导率逐渐降低，当层数达到 5～8 层以上，减少到石墨的热导率水平。

9.8.3 纳米氧化物

金属及类金属的氧化物纳米材料种类较多，代表性的包括 TiO_2、ZnO、Fe_2O_3、Fe_3O_4、Al_2O_3、SiO_2、SnO_2、In_2O_3、ZrO_2、As_2O_3 以及稀土纳米氧化物等。这些纳米氧化物材料在力学、电学、磁性、光电、催化、生物医学等方面表现出特殊性能，具有重要应用价值。

9.8.4 纳米材料的应用

纳米材料因尺度极小而导致产生许多特殊特性 (performance)，并衍生出很多应用，其多方面应用举例列表 9-8 所示。

表 9-8 纳米材料各方面的性能在实际中的应用

性能	用途
力学性能	超硬、高强、高韧、超塑性材料，特别是陶瓷增韧和高韧、高硬涂层
光学性能	光学纤维、光反射材料、吸波隐身材料、光过滤材料、光存储、光开关、光导电体发光材料、光学非线性元件、红外线传感器、光折变材料
磁性	磁流体、磁记录、永磁材料、磁存储器、磁光元件、磁探测器、磁制冷材料、吸波材料、细胞分离、智能药物
电学性能	导电浆料、电极、超导体、量子器件、压敏电阻、非线性电阻、静电屏蔽
催化性能	催化剂
热学性能	耐热材料、热变换材料、低温烧结材料
敏感特性	湿敏、温敏、气敏等传感器、热释电材料
其他	医学（细胞分离，细胞染色，医疗诊断，消毒杀菌，药物载体）、能源（电池材料，储氢材料）、环保（污水处理，废物料处理，空气消毒）、助燃剂、阻燃剂、抛光液、印刷油墨、润滑剂

[22] 单片石墨烯大分子内电导率极高，其电导率可达 10^6 S/m，是室温下导电率最佳的材料。但片层与片层之间仍然存在一定阻抗，导致石墨烯分散复合形成的材料电导率并不是最高的。

纳米材料的表面积大，表面活性高，可制造各种高性能催化剂，如纳米铂黑催化剂可使乙烯氢化反应的温度从600℃降至室温，而超细的Fe、Ni、γ-Fe_2O_3 混合物烧结体可代替贵金属作汽车尾气净化的催化剂。固体火箭燃料中，以质量小于1%的超微铝粉或镍粉做添加剂，其燃烧值可增加一倍以上。纳米材料对光的反射率很低（约1%），粒度越细，对光和电磁波吸收越多，据此，纳米金属材料可制作红外线检测元件、红外吸收材料和隐形飞机上的雷达吸波材料等。把有治疗或探测功能的某种材料制成小于100nm的超微粒子注入血管内（血液中的血球直径大于100nm），使之随血液流到体内各个部位，达到药物定位发药（药物导弹），对疾病进行更有效的治疗或作健康检查。TiO_2 纳米陶瓷具有极佳的增塑效果，而用热压法烧结 ZrO_2 纳米陶瓷，也有塑性变形，纳米陶瓷的研究将使打不破的陶瓷成为现实。

总之，纳米材料涉及化学、电学、磁学、光学、力学、生物学等学科，是综合性较强的材料范畴，也具有巨大的发展前景，未来学习将会更加深入。

复习思考题

1. 区分下列各对概念并加以解释：

（1）晶格与晶胞；（2）本征缺陷与杂质缺陷；（3）晶体与无定形体；（4）本征半导体与杂质半导体；（5）间隙固溶体与置换固溶体；（6）肖特基缺陷与弗伦克尔缺陷。

2. 在晶体密堆积结构中，每个粒子的配位数是多少？六方密堆积与面心立方密堆积的主要区别在哪里？

3. “六方密堆积与面心立方密堆积中都存在着四面体空隙”，“在NaCl晶体结构中，Cl^- 粒子堆积形成了八面体空隙，所以NaCl晶体不属于密堆积结构”这两句话是否正确？

4. 每个体心立方晶胞中含9个原子，此话对否？如何计算晶胞所含原子数？

5. 只有金属晶体采取密堆积，此话对否？

6. “由于离子键没有方向性和饱和性，所以离子在晶体中趋向于紧密堆积方式”，此话对否？NaCl型晶体离子配位数为6，立方ZnS型晶体离子配位数仅为4，这与上述的紧密堆积是否矛盾？

7. 当温度不同时，RbCl可能以NaCl型或CsCl型结构存在；（1）每种结构中正离子与负离子的配位数各是多少？（2）哪一种结构中Rb的半径较大？

8. 金属原子堆积方式与离子晶体堆积方式有无相似之处？对照模型，比较金属原子的三种基本堆积方式以及两种离子晶体（CsCl型、NaCl型）的特征，它们的原子配位数分别是多少？

9. 离子晶体晶格能理论公式推导的基础是什么？联系该理论公式，可推知晶格能与离子半径、离子电荷、配位数有什么关系？由此是否可寻求典型离子晶体熔点、沸点随离子半径、电荷变化的规律？举例说明。

10. 离子的极化力、变形性与离子电荷、半径、电子层结构有何关系？离子极化对晶体结构和性质有何影响？举例说明。

11. 试用离子极化的概念讨论，Cu^+ 与 Na^+ 虽然半径相近，但 CuCl 在水中溶解度比 NaCl 小得多的原因。

12. 化学键与分子间力的本质区别何在？

13. 氢键形成必须具备哪些基本条件？举例说明氢键存在对物性的影响。

14. 试说明石墨的结构是一种混合型的晶体结构。利用石墨作电极或作润滑剂与它的晶体中哪一部分结构有关？金刚石为什么没有这种性能？

15. 什么是材料的各向异性？举例说明。它和材料的结构有何关系？

16. 合金都是固溶体，这种说法正确吗？

17. 金属化合物就是金属元素与非金属元素形成的化合物，正确吗？

18. 作为建筑门窗用的铝合金有特定要求，试说明其合金元素组成特点、各添加元素的功能作用。

习题

一、判断题（对的在括号内填“√”号，错的填“×”号）

1. 纳米材料就是粒径在 1～100nm 之间的颗粒。 （ ）

2. 玻璃在进行钢化处理后，强度大大增加，但不可进行切割。 （ ）

3. 石英晶体中的分子为 SiO_2。 （ ）

4. 冰的密度比水低，可浮于水面，其密度较低的原因是冰中包含了大量气泡。（ ）

5. 在 FCC、BCC、HCP 晶胞中都可提取出四面体空隙和八面体空隙，该空隙可填充某些小半径原子。 （ ）

6. 简单立方、面心立方、体心立方、六方密堆都是紧密堆积。 （ ）

7. 多晶是由众多单晶颗粒堆砌而成。 （ ）

8. 晶格产生缺陷是熵增加过程，而该过程又是吸热过程，升温有利于该过程的自发性。 （ ）

9. 固溶体是一种间隙缺陷。 （ ）

10. 空位缺陷就是肖特基缺陷，间隙缺陷就是弗伦克尔缺陷。 （ ）

11. 没有缺陷的离子晶体，其导电性比有缺陷的要高些。 （ ）

12. 非整比化合物具有诸多突出性能，其产生的原因是结构中出现了同一元素的不同氧化值。 （ ）

13. 钙钛矿就是由钙、钛、氧元素形成的一种 ABX_3 型晶体。 （ ）

14. 金属元素大多易形成金属晶体，一种金属只存在一种晶型。 （ ）

15. 一种原子半径较小的金属掺杂到原子半径较大的金属晶体中，往往容易形成间隙性固溶体。 （ ）

16. 两种原子半径接近的金属容易形成置换型固溶体。 （ ）

17. 合金中除了形成固溶体，还可能出现金属化合物等多种相态结构。 （ ）

18. 非晶态合金是一种热力学稳定体系。 （ ）

19. 非晶态合金由于缺少了晶体特征，其耐腐蚀性、强度等性能都比一般结晶性合金要差。 （ ）

20. 金属导体的能带特征是价带中电子未填满，而导带中填满电子。（　）
21. 半导体的禁带宽度一般小于 6eV。（　）
22. 粒径低至 100nm 的金属颗粒，其熔点大幅低于块状金属熔点。（　）

二、选择题（单选）

23. 下列晶体中，熔点最高的是（　）。
A. 石英 SiO_2；　B. KI；　C. $FeCl_3$；　D. $FeCl_2$
24. 下列材料中导电性最好的是（　）。
A. 金刚石；　B. 石墨；　C. 单晶硅；　D. 硼掺杂单晶硅
25. 下列材料中硬度最高的是（　）。
A. 干冰；　B. 钠玻璃；　C. SiC；　D. MgO
26. 锡铅合金熔点较低，是传统常用的电子焊料，鉴于铅的毒性，禁铅令在电子工业领域得以推广，那么无铅的低熔点锡合金焊料一般离不开下列哪种金属？（　）。
A. Cu；　B. Bi；　C. Fe；　D. Au
27. 下列晶体中，微粒子不可能采取紧密堆积的是（　）。
A. 金属晶体；　B. 离子晶体；　C. 分子晶体；　D. 原子晶体
28. 单晶硅本征半导体中的载流子是（　）。
A. e^-；　B. h^+；　C. 离子；　D. e^- 和 h^+
29. 单晶硅材料中掺杂下列哪种元素可以得到 p-型半导体？（　）。
A. B；　B. P；　C. C；　D. S
30. 二氧化钛晶型中不包括（　）。
A. 金红石型；　B. 钙钛矿型；　C. 锐钛型；　D. 板钛矿型
31. CNT 的直径约 1～2nm，其长径比一般可达（　）数量级。
A. 10^5；　B. 10^2；　C. 10^3；　D. 10^8
32. 下列哪项不属于石墨烯特有性能（　）。
A. 极高的比强度；　B. 优异导热性；　C. 优异导电性；　D. 较高发光性能
33. 掺杂半导体中会出现掺杂能级，其中施主（Donor）掺杂能级一般位于（　）。
A. 禁带中靠近价带能级位置；　B. 禁带中靠近导带能级位置；
C. 禁带中间位置；　D. 禁带中任意位置
34. 下列材料中不具有层状晶体结构的是（　）。
A. 石墨；　B. CBN；　C. HBN；　D. 蒙脱石
35. 包夹了天然气分子的冰笼又称可燃冰，下列不是可燃冰形成必需的条件是（　）。
A. 高压；　B. 低温；
C. 水中溶有天然气分子；　D. 催化剂
36. 纳米颗粒材料具有极高的表面能，容易爆炸，这种高表面能来源于（　）。
A. 颗粒表面高比例的悬键；　B. 颗粒极高的表面张力；
C. 纳米颗粒内在的非结晶特征；　D. 纳米颗粒的准液态特征

三、填空题

37. ________和________是较常用的半导体元素。________和________是半导体的两种载流子。

38. 填充下表：

物质	晶体中质点间作用力	晶体类型	熔点/℃
KI			880
Cr			1907
BN(立方)			3300
BBr_3			46

39. 有缺陷的离子晶体往往具有相对较高导电性，其中的载流子是______。

40. 半导体中，CB是指______，VB是指______，band gap是指______。

41. 纳米碳材中，CNT是______的简称，GO是______的简称。

42. C、O、N原子半径小，可以在钛金属的晶格存在，形成______固溶体。

43. 金属掺入杂质，一般其导电性会______。

44. 建筑门窗用铝合金要求高强度和高耐腐蚀性，加入______和______可以中和Fe的有害作用，添加______和______可以提高铝合金的强度。

45. 硅酸盐材料中存在最小结构单元______四面体，其顶点______原子多为几个四面体共用。

四、简答题

46. 原子SC、BCC、FCC、HCP堆积中，每个晶胞包含多少个原子？

47. 金刚石和冰为什么不可以采取紧密堆积？

48. 如何区分单晶与多晶？试用显微镜和化学方法。

49. 晶格缺陷包括哪些类型？什么是肖特基缺陷？什么是弗伦克尔缺陷？完美结晶的金属Pt晶体和有点缺陷的金属Pt晶体，哪种催化活性高？

50. 如何理解物理钢化玻璃与化学钢化玻璃？玻璃钢化增强的原理是什么？将锂玻璃进行硝酸钠、硝酸钾熔体离子交换将得到怎样结果？玻璃化学钢化过程中会使用少量KOH于交换热熔体中，该强碱有何作用？

51. 非整比化合物产生的结构原因是什么？有何应用价值？

52. 离子晶体中的正负离子是否采取紧密堆积？立方晶系AB型离子晶体，包括NaCl型、CsCl型和ZnS型，每个晶胞中包含的正负离子数是多少？

53. 原子晶体是否属于紧密堆积？阐述原子晶体材料的总体物理性能特征。

54. 原子晶体只能出现于某些单质中或非金属元素化合物中。这种说法是否正确？

55. 金属晶体中原子的紧密堆积方式主要有哪些？为什么采取简单立方堆积的金属晶体较少见？

56. 金属固溶体主要包括哪几种类型？

57. 合金中金属化合物包括哪两种主要类型？各举一例说明其结构特点。

58. 合金中的金属化合物是离子晶体、金属晶体还是原子晶体？

59. 一种金属元素在另一种基体金属中存在溶解度限制，那么设计合金时，是否不可超过这个溶解度限制？为什么？

60. 纯钛金属与钛合金的性质差异是什么？

61. 低熔点合金有何应用价值？

62. 非晶态合金的形成条件是什么？非晶态合金有何性能特点？非晶态合金受热升温过程中将会出现怎样变化？

63. 分子晶体就是依赖范德华作用力形成的晶体，这种说法是否正确？试举出更多分子晶体实例。

64. 层状晶体的片层之间依靠什么作用力结合在一起？分别举例说明。

65. 如何理解能带？它与原子轨道、分子轨道之间存在什么样的关系？能带结构中最基本的几个概念是什么？

66. 什么是p-型半导体？什么是n-型半导体？它们的载流子分别是什么？

67. 从力、热、化学、电、光等几个方面简述纳米材料性能特点。

第10章 高分子化合物与高分子材料

人们历史上很早就开始使用天然的高分子材料，如棉、麻、丝、天然橡胶等，自20世纪20年代以来，人们发展了许多人工合成的高分子材料，无论是天然的高分子材料，还是人工合成的高分子材料，都在日常生活和工程技术中占有越来越重要的地位。

本章将以高分子化合物的基本概念为基础，对其结构及性能的关系进行讨论，并介绍一些重要的高分子材料以及某些复合材料。

10.1 高分子化合物概述

高分子化合物（macromolecules），简称高分子，又称**高聚物**或**聚合物**（polymer），是相对分子质量很大的一类化合物。通常低分子化合物的相对分子质量不会超过1000，而高分子化合物的相对分子质量一般在1万以上，同时，高分子化合物的分子所占体积也比较大，所以在结构和性质上都与低分子化合物有很大的差异。

10.1.1 基本概念

高分子是由许多特定的结构单元多次重复组成的。高分子链中结构和组成相同的特定结构单元，称为**重复单元**（repeating unit）或**链节**（chain element）。链节重复的次数 n 称为**聚合度**（degree of polymerization）。

能通过相互间的化学反应生成高分子化合物的小分子化合物称为**单体**（monomer）。由低分子化合物合成高分子化合物的反应称为**聚合反应**（polymerizaiton）。

例如，聚氯乙烯是由许多氯乙烯分子通过聚合反应结合而成的。这里小分子化合物氯乙烯为单体，$-CH_2-CHCl-$称为重复单元或链节，链节的数目 n 称为聚合度。聚氯乙烯的合成反应式如下：

$$n\,CH_2{=}\underset{\displaystyle Cl}{\underset{|}{CH}} \longrightarrow \left[CH_2-\underset{\displaystyle Cl}{\underset{|}{CH}} \right]_n$$

高分子化合物的相对分子质量等于其链节的相对分子质量与聚合度的乘积。但是在生产过程中，通常很难得到聚合度完全一样的高聚物，不同分子个体的 n 值并不完全相同，每个分子个体的相对分子质量也就不完全相同。由此可知，高分子化合物本质上是由许多链节相同而聚合度不同的化合物组成的混合物。高分子化合物的相对分子质量没有一个确定的值，而是有一个平均值，称为**"平均分子质量"**（average molecular weight），聚合度也是一个"平均聚合度"（average degree of polymerization）。根据统计方法不同，平均分子质量还可分为**数均分子量**（M_n）、**质均分子量**（M_w）和**黏均分子量**（M_η）。

数均分子量是高分子质量除以试样中所含的分子总数（物质的量）：

$$M_n=\frac{m}{\sum n_i}=\frac{\sum n_iM_i}{\sum n_i}=\frac{\sum m_i}{\sum(m_i/M_i)}=\sum x_iM_i$$

质均分子量，又称重均分子量，指的是按高分子试样中不同分子的质量平均得到的统计平均分子量。高分子量部分对质均分子量有较大的贡献。计算公式如下：

$$M_w=\frac{\sum m_iM_i}{\sum m_i}=\frac{\sum n_iM_i^2}{\sum n_iM_i}=\sum \mathrm{W}_i\mathrm{M}_i$$

黏均分子量指采用稀溶液黏度法测得的高分子试样的相对分子质量，计算公式如下：

$$M_\eta=\left(\frac{\sum m_iM_i{}^{\alpha}}{\sum m_i}\right)^{1/\alpha}=\left(\frac{\sum n_iM_i{}^{\alpha+1}}{\sum n_iM_i}\right)^{1/\alpha}$$

在上面公式中：n_i、m_i、M_i 分别是聚合度为 i 的分子数、质量和相对分子质量。α 是稀溶液特性黏数-分子量关系式（$[\eta]=KM^{\alpha}$）中的指数，一般为 0.5～0.9。

三种平均分子量的大小依次为：$M_w>M_\eta>M_n$。

高分子化合物中个体分子的相对分子质量大小不等的现象通常称为高分子的**多分散性**（polydispersity）。高分子的多分散性，除了可用"平均分子质量"表征外，还有一个**"相对分子质量分布指数"**（polymer dispersity index，以下简称 PDI）。PDI 越大，分子量分布越宽，PDI 越小，分子量分布越均匀。分子量分布曲线如图 10-1 所示。

10.1.2　高分子化合物的特点

归纳起来，与低分子量的化合物相比，高分子具有以下几个特点。

① 从相对分子质量和组成上看　高分子化合物组成简单，相对分子质量大，且具有"多分散性"，严格来讲，大部分高分子化合物是由不同分子量的高分子组成的"混合物"。

② 从分子的结构上看　高分子化合物的结构具有多层次性和复杂性（见 10.3 部分），既有线型结构，也有体型结构，既可以有结晶区，也可以有非结晶区。

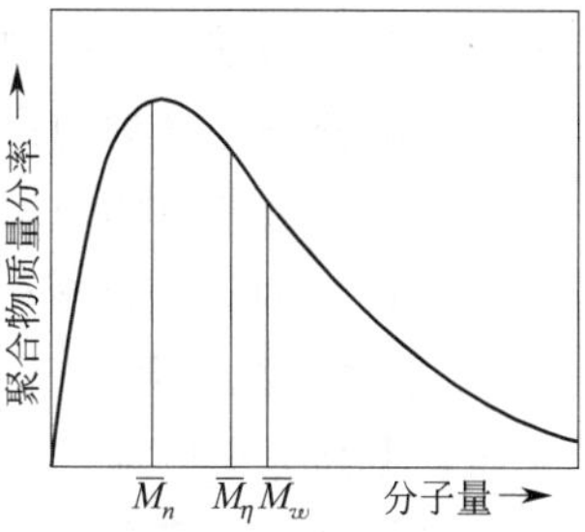

图 10-1　分子量分布曲线

③ 从物理性质上来看　高分子在常温常压下主要以固态或液态存在，几乎没有挥发性，不存在气态。高分子的溶解行为也与小分子化合物有很大不同，一般要经过溶胀，才能溶解，有时只能发生溶胀，不会溶解。

④ 从性能上看　高分子具有很大的相对分子质量，一般具有比较好的机械强度。又因为高分子链是由共价键结合形成的，所以又具有较好的绝缘性和耐腐蚀性。相比金属和无机

化合物，高分子具有很好的可塑性和高弹性。

10.1.3 高分子化合物的分类和命名

(1) 高分子化合物的分类

高分子化合物的种类众多，分类方法也很多，可以按来源、合成方法、用途、热行为和主链结构等来分类。

按来源，可分为天然高分子（如淀粉、天然橡胶等）、合成高分子（如聚乙烯、聚丙烯等）和改性高分子（如改性淀粉等）。

按用途，可分为合成树脂和塑料（如聚丙烯塑料）、合成橡胶（如顺丁橡胶等）和合成纤维（如尼龙 66 纤维等）。

按热行为，可分为**热塑性高分子**（thermoplastic polymer）和**热固性高分子**（thermosetting polymer）。热塑性高分子是指可以反复加热熔融，在软化或者流动的状态下成型的聚合物，一般具有线型或含少量支链的高分子链结构，如聚乙烯、聚丙烯和聚苯乙烯等。热固性高分子一般先形成预聚物，成型时，经加热使其中潜在的官能团继续反应成交联网状结构而固化。这种转变是不可逆的，只能成型一次，再加热时不能熔融塑化，也不溶于溶剂，一般是体型聚合物，如酚醛树脂、硫化橡胶等。

按主链结构，可分为**碳链高分子**（carbon chain polymer）、**杂链高分子**（hetero-chain polymer）和**元素有机高分子**（elementary organic polymer）。碳链高分子的大分子主链全部由碳原子组成，如聚乙烯、聚丙烯、聚氯乙烯、聚丁二烯等。杂链高分子的大分子主链除了碳原子外，还有氧、氮、硫等杂原子，如聚醚（—O—）、聚酯（—COO—）、聚酰胺（—CONH—）等高分子。元素有机高分子的大分子主链中没有碳原子，主要由硅、硼、铝和氧、氮、硫、磷等原子组成，而侧基多为有机基团，如甲基、乙基、乙烯基等。聚硅氧烷（有机硅橡胶）属于典型的元素有机高分子。

按物理结构，可分为**线型高分子、支链高分子**和**交联（体型）高分子**。其中线型高分子的分子链只有两个末端，支链高分子的分子链由多个末端，交联高分子的分子链间由共价键连接在一起，形成网状结构（见 10.3.1 部分）。

(2) 高分子化合物的命名

高分子一般按单体来源命名，也会有商品名。1972 年，国际纯粹化学与应用化学联合会（IUPAC）对线型高分子提出了以结构为基础的系统命名法。

1) 单体来源命名法

烯烃类高分子以烯类单体名前冠以“聚”字来命名，如聚乙烯、聚丙烯和聚氯乙烯等。以两种单体合成的聚合物，常摘取两个单体的简名，后缀“树脂”两字来命名，例如苯酚和甲醛合成的缩聚物称为酚醛树脂。这类产物形态类似天然树脂，因此又有“合成树脂”的统称。

合成橡胶一般从共聚单体中各取一字，后缀“橡胶”二字来命名，如丁苯橡胶（由丁二烯和苯二烯共聚合成）、乙丙橡胶（由乙烯和丙烯共聚合成）等。

杂链高分子还可以特征结构来命名，如聚酰胺、聚酯、聚碳酸酯等，各代表一类高分子。具体品种有专用名称，如己二酸和己二胺的缩聚物为聚己二酰己二胺，商品名为尼龙-66（聚酰胺-66），前一个数字代表二元胺的碳原子数，后一个数字代表二元酸的碳原子数；

尼龙-6 是己内酰胺的开环或氨基己酸的自缩聚生成的高分子。我国习惯以“纶”字作为合成纤维商品名的后缀，如聚对苯二甲酸二乙醇酯、聚丙烯腈、聚乙烯醇缩醛的纤维分别称为涤纶、腈纶、维尼纶，其他如丙纶、氯纶和锦纶分别代表聚丙烯、聚氯乙烯和聚酰胺的纤维。

2）系统命名法

IPUAC 对线型高分子提出了下列命名原则和程序：先确定重复单元的结构，再排好其中次级单元次序，给重复单元命名，最后冠以“聚”字。这种命名方法相对比较复杂，如聚氯乙烯的 IUPAC 命名为聚［1-氯代亚乙基］，聚己内酰胺命名为聚［亚氨基（1-氧代己基）］。方便起见，许多高分子都有缩写符号，如聚甲基丙烯酸甲酯的符号为 PMMA。

较常见的高分子化合物的主要信息列于表 10-1 和表 10-2。

表 10-1　碳链高分子化合物

编号	高分子	符号	重复单元（结构单元）	单体	玻璃化温度 T_g/℃	熔点 T_m/℃
1	聚乙烯	PE	$—CH_2—CH_2—$	$H_2C=CH_2$	−125	线型 135
2	聚丙烯	PP	$—CH_2—CH(CH_3)—$	$H_2C=CH(CH_3)$	−10	全同 176
3	聚氯乙烯	PVC	$—CH_2—CH(Cl)—$	$H_2C=CH(Cl)$	81	高于分解温度
4	聚苯乙烯	PS	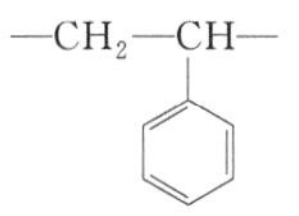	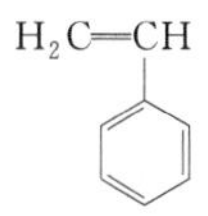	95	全同 240
5	聚四氟乙烯	PTFE	$—CF_2—CF_2—$	$F_2C=CF_2$		327
6	聚丙烯腈	PAN	$—CH—CH(C\equiv N)—$	$H_2C=CH(C\equiv N)$	97	317
7	聚甲基丙烯酸甲酯	PMMA	$—CH_2—C(CH_3)(C(=O)O—CH_3)—$	$H_2C=C(CH_3)C(=O)OCH_3$	105	
8	聚丁二烯	PB	$—CH_2CH=CHCH_2—$	$H_2C=CHCH=CH_2$	−108	2
9	聚异丁烯	PIB	$—CH_2—C(CH_3)_2—$	$H_2C=C(CH_3)_2$	−73	44
10	聚异戊二烯	PIP	$—CH_2—C(CH_3)=CH—CH_2—$	$H_2C=C(CH_3)CH=CH_2$	−73	

表 10-2 杂链高分子和元素有机高分子

类型	高分子	结构单元	单体	玻璃化温度 T_g/℃	熔点 T_m/℃
聚醚 —O—	聚甲醛	$-OCH_2-$	H_2CO 或三聚甲醛 $(HCHO)_3$	−82	175
	聚环氧乙烷	$-OCH_2CH_2-$	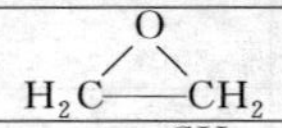	−67	66
	聚苯醚	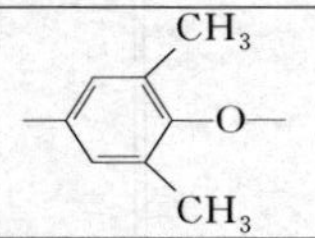	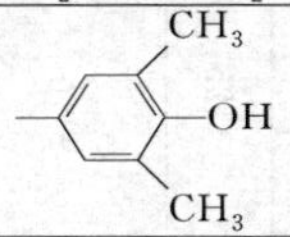	220	480
	环氧树脂	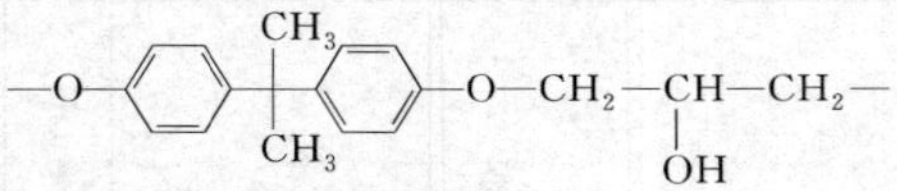	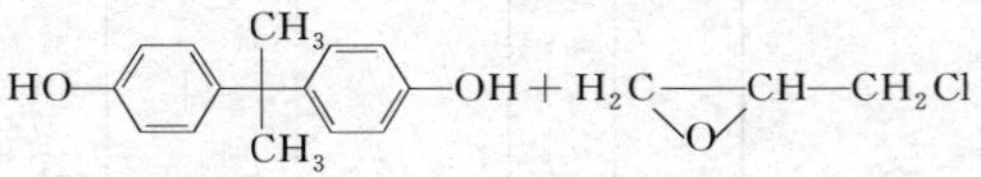		
	涤纶树脂	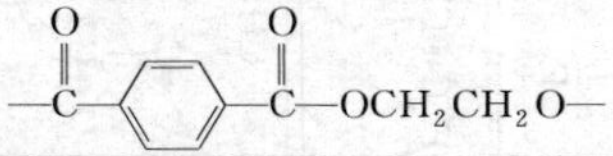	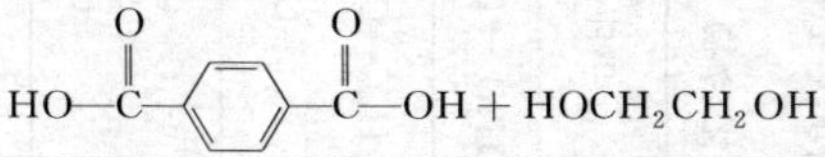	69	267
	聚碳酸酯	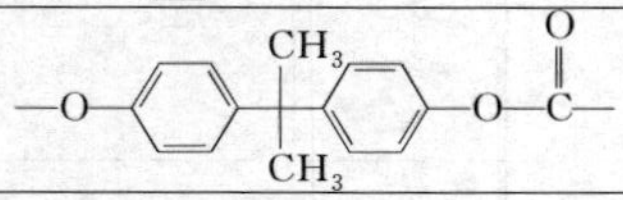	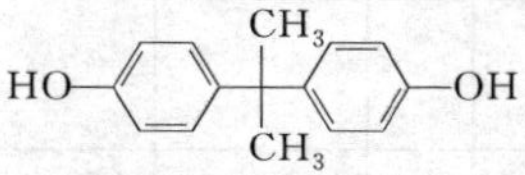 + $COCl_2$	149	265
	不饱和聚酯	$-OCH_2CH_2OCOCH=CHCO-$	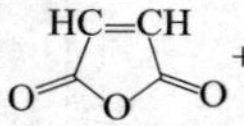 + $HOCH_2CH_2OH$		
聚酰胺	尼龙-66	$H_2N(CH_2)_6NH_2+HOOC(CH_2)_4COOH$	$H_2N(CH_2)_6NH_2+HOOC(CH_2)_4COOH$	50	
	尼龙-6	$-HN(CH_2)_6NHOC(CH_2)_4CO-$	$HN(CH_2)_5CO$	49	228
聚氨酯		$-O(CH_2)_2O-\overset{O}{\overset{\Vert}{C}}NH(CH_2)_6NH\overset{O}{\overset{\Vert}{C}}-$	$HO(CH_2)_2OH+OCN(CH_2)_6NCO$		
聚砜	双酚 A 聚砜	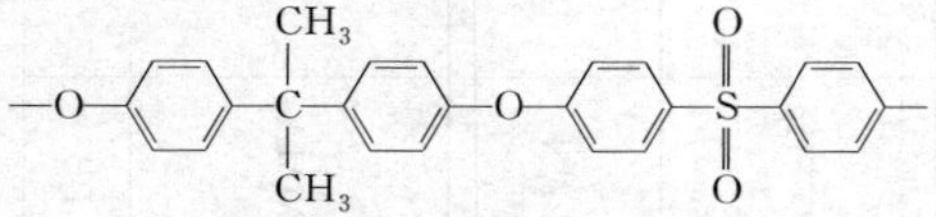	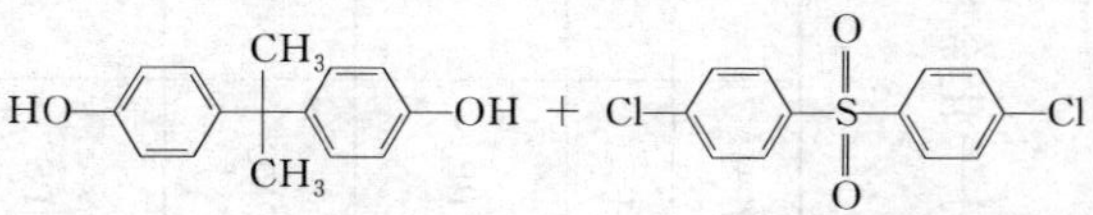	195	
酚醛	酚醛树脂	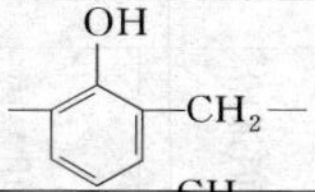	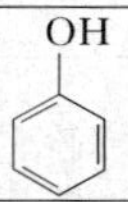 + HCHO		
聚硅氧烷	硅橡胶	$-O-Si(CH_3)_2-$	$Cl-Si(CH_3)_2-Cl$	−50	205

10.2 高分子化合物的制备

10.2.1 高分子聚合反应的分类

由低分子化合物合成高分子化合物的反应称为**聚合反应**（polymerization reaction），根据单体和高分子结构单元的组成和结构上的不同，可以将聚合反应分为**加成聚合反应**（简称加聚反应）和**缩合聚合反应**（简称缩聚反应）两大类。

（1）加聚反应（addition polymerization）

加聚反应是由含不饱和键的低分子化合物相互加成，或由环状化合物开环而形成高分子的反应。例如，由乙烯生成聚乙烯的反应就是加聚反应的一个例子，即：

$$n\text{CH}_2 = \text{CH}_2 \longrightarrow \text{—[CH}_2\text{—CH}_2\text{]}_n$$

又如环氧乙烷发生开环聚合生成聚氧化乙烯的反应，即：

$$n\text{CH}_2\text{—CH}_2 \longrightarrow \text{—[CH}_2\text{—CH}_2\text{—O]}_n$$
$$\underset{\text{O}}{\diagdown\diagup}$$

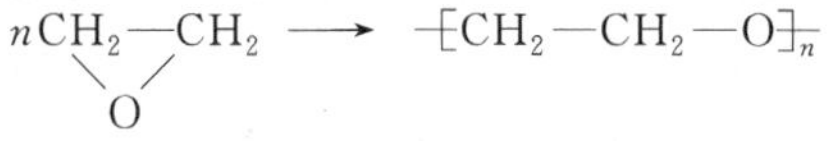

可以看出，加聚物的化学组成与单体相同，在加聚反应中没有其他副产物，高分子的相对分子质量是单体的相对分子质量的整数倍。

只有一种单体合成的高分子称为**均聚物**，由两种或两种以上的单体反应合成的高分子为**共聚物**。例如，工程塑料 ABS 就是由丙烯腈（acrylonitrile，以 A 表示）、丁二烯（butadiene，以 B 表示）、苯乙烯（styrene，以 S 表示）三种单体共聚而成的共聚物。即：

$$nx\ \text{CH}_2\text{=CH—CN} + ny\ \text{CH}_2\text{=CH—CH=CH}_2 + nz\ \text{CH}_2\text{=CH} \longrightarrow$$

$$\text{[(CH}_2\text{—CH)}_x\text{(CH}_2\text{—CH=CH}_2\text{—CH}_2\text{—CH}_2\text{)}_y\text{(CH}_2\text{—CH)}_z\text{]}_n$$
$$\overset{|}{\text{CN}}$$

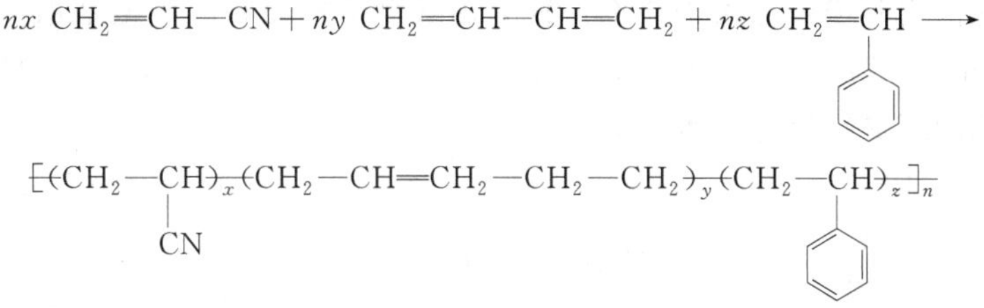

（2）缩聚反应（condensation polymerization）

缩聚反应是由一种或多种单体相互缩合生成高分子的反应，往往是通过官能团间的反应实现，主要产物为**缩聚物**，同时还有如水、卤化氢、氨、醇等低分子副产物产生。因为缩聚反应产生低分子量的副产物，缩聚物结构单元要比单体少若干个原子，所以缩聚物的相对分子质量不再是单体的相对分子质量的整数倍。

大部分缩聚物是杂链的聚合物，分子链中含有原来单体的官能团的结构特征，如含有酰胺键（—NHCO—）、酯键（—OCO—）、醚键等（—O—）。因此，缩聚物容易被水、碱、醇、酸等物质水解、醇解和酸解。尼龙、涤纶和环氧树脂等都是通过缩聚反应合成的。

二元酸与二元醇经酯化而得到聚酯的反应就是缩聚反应的一个例子，即：

$$n\text{HO—R—OH} + n\text{HOOC—R}'\text{—COOH} \longrightarrow \text{H—[OR—OCO—R}'\text{—CO]}_n\text{OH} + (2n-1)\text{H}_2\text{O}$$

很明显，参加缩聚反应的单体至少应该有两个能参加反应的官能团，才可能形成高分子。当使用包含三个能反应的官能团的单体时，如丙三醇与邻苯二甲酸酐作用，便能得到体型结构的高分子，称聚邻苯二甲酸甘油酯。反应式为：

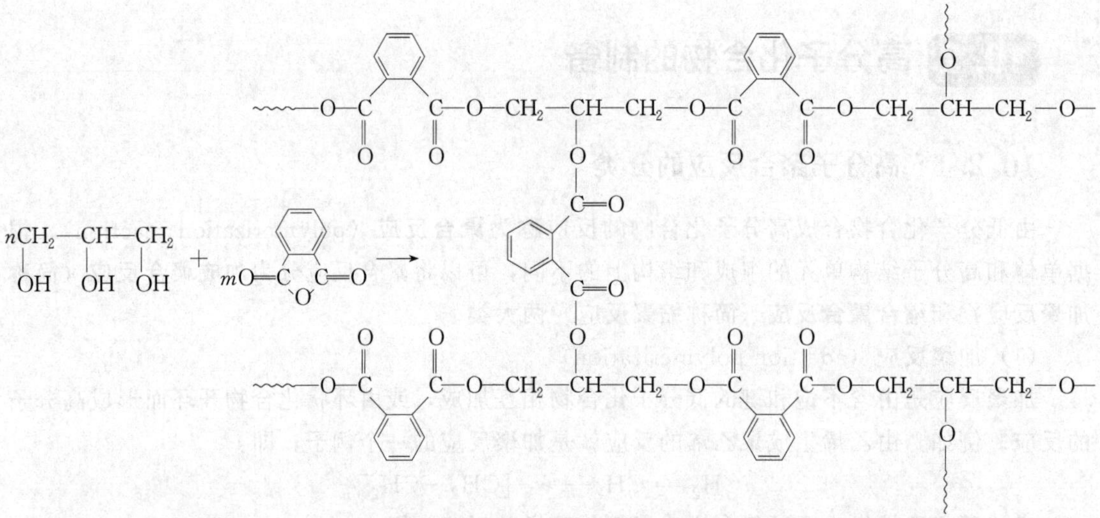

再如，由环氧氯丙烷和双酚 A 在碱的作用下生成环氧树脂反应也是缩聚反应：

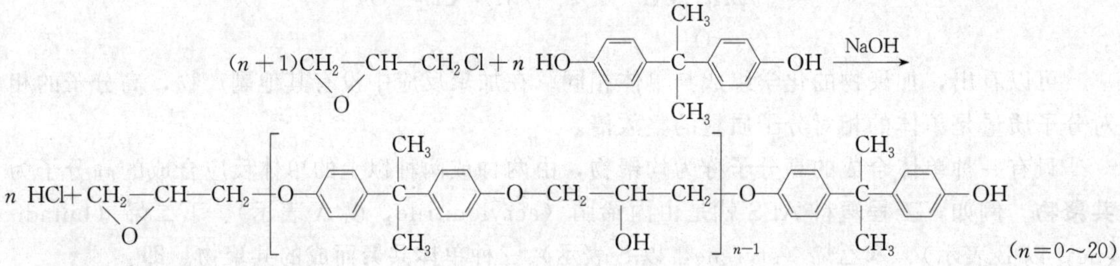

环氧树脂在使用时需要加入固化剂，使它由线型结构交联成体型结构。常用的固化剂为胺类化合物，如乙二胺、三乙烯三胺、间苯二胺等。乙二胺（$H_2N-CH_2-CH_2-NH_2$）与环氧树脂两端的环氧基反应可表示如下：

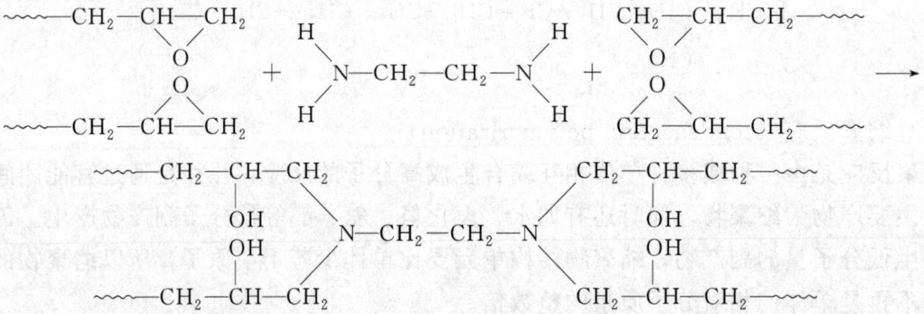

环氧树脂的网络结构中存在的脂肪族羟基（—OH）、醚键（—O—）、环氧基（$\underbrace{CH_2-CH}_{O}-$）。当环氧树脂与其他物质紧密接触时，这些极性基团容易与该物质的极性部分（如木材纤维素中的—OH）相吸引，增强相互作用力。因此环氧树脂的黏结能力很强，能连接金属、木材、玻璃、陶瓷、塑料、皮革、橡胶等各种材料，故得名“万能胶”。

10.2.2 几种重要的聚合反应

(1) 自由基聚合反应

自由基聚合反应属于链式聚合反应。以自由基链式聚合反应合成的高分子约占全部合成高分子的 60%。通用塑料、纤维和橡胶，如聚乙烯、聚氯乙烯、聚苯乙烯、聚甲基丙烯酸甲酯、聚丙烯腈、丁苯橡胶、丁腈橡胶等，都是通过自由基聚合得到的。

原子、离子或者分子中如果存在未成对的电子就称为自由基。自由基聚合一般先由引发剂均裂产生自由基，然后由自由基进攻单体的双键，使双键打开形成新的自由基，这一过程多次重复进行，单体分子逐一加成得到高相对分子质量的聚合物。链式聚合反应主要过程如下：

$$I(引发剂) \longrightarrow 2R\cdot$$
$$R\cdot + CH_2 = CH_2 \longrightarrow R-CH_2-CH_2\cdot$$
$$R-CH_2-CH_2\cdot + CH_2 = CH_2 \longrightarrow R-CH_2-CH_2-CH_2-CH_2\cdot$$
$$\cdots\cdots$$

自由基相互结合能让分子链停止增长，从而终止聚合反应。

（2）离子型聚合反应

离子型聚合反应也属于链式聚合反应，其活性中心是离子，根据中心离子所带电荷不同，可分为阳离子聚合反应和阴离子聚合反应。

离子型聚合反应对单体有高度的选择性，不同单体进行离子型聚合反应的活性不同。能进行阳离子聚合反应的单体有烯类化合物、醛类、环醚及环酰胺等。具有给电子取代基的烯类单体原则上都可进行阳离子聚合。给电子取代基使碳-碳双键电子云密度增加，有利于阳离子活性物种（缺电子的原子或基团）的进攻，另一方面使生成的碳正离子电荷分散而稳定。阴离子聚合只能是那些含强吸电子基团如硝基、腈基、酯基和苯基等的烯类单体，如丙烯腈 $CH_2 = CHCN$、甲基丙烯酸甲酯$CH_2 = C(CH_3)COOCH_3$、硝基乙烯$CH_2 = CHNO_2$ 等。

阴离子聚合反应的活性中心为带负电荷的物种，具有亲核性，吸电子取代基能使双键上电子云密度降低，使双键带有一定的正电性，即具有亲电性，因此有利于亲核性的阴离子进攻，吸电子取代基还将使形成的碳阴离子的负电荷分散而稳定。

（3）配位聚合反应

采用金属有机络合催化剂（如 Ziegler-Natta 催化剂）进行的聚合反应，称为**配位聚合反应**。配位聚合的反应机理：单体进行聚合时，首先在络合催化剂的空位上配位，形成单体与催化剂的络合物（通常称为 σ—π 络合物），然后单体再插入到催化剂的金属-碳键之间。络合与插入不断重复进行，从而生成高相对分子质量的聚合产物。

目前用量最大和用途最广泛的通用聚烯烃树脂，均是用配位聚合方法合成的。

（4）开环聚合反应

环状单体如环醚、环酯等通过开环反应形成线型高分子的反应，称为**开环聚合反应**。开环聚合通常由阳离子或阴离子引发聚合，故属于离子型聚合。如环氧乙烷开环聚合得到聚氧化乙烯：

$$n \ CH_2 \underset{O}{-} CH_2 \longrightarrow -[CH_2-CH_2-O]_n$$

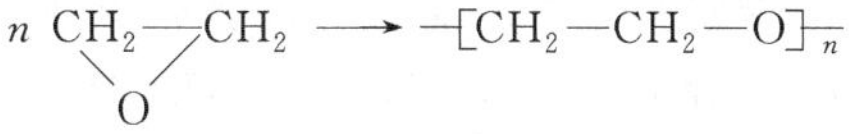

如丙交酯开环聚合得到聚乳酸：

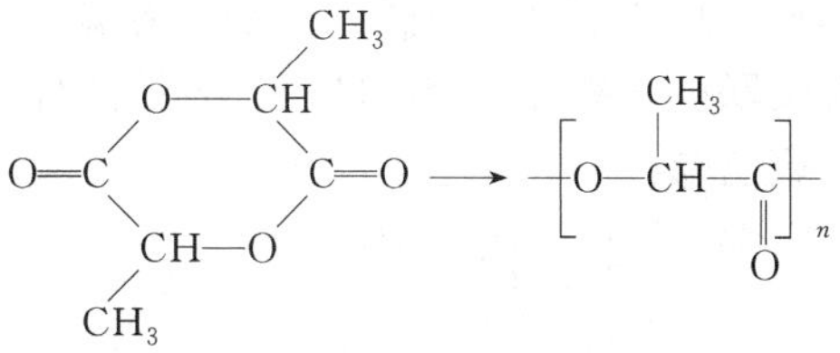

一般情况下，上述列举的聚合方法所合成的高分子，其相对分子质量分布的分散性比较

大。多分散性对于研究高分子的链构象、结晶行为和溶液行为等是不利的，高分子物理理论研究大多要求高分子的相对分子质量尽可能均匀。为了得到分子量分布比较窄的高分子，必须对聚合反应过程进行有效的控制。高分子科学家发展了可控聚合反应的方法，如可控自由基聚合、可控阴离子聚合和可控开环聚合等。

10.3 高分子化合物的结构与性能

高分子的结构主要包括**高分子链结构**、**聚集态结构**和**织态结构**。

链结构是指单个高分子链的结构与形态，包括近程结构和远程结构。近程结构属于化学结构，称为一级结构，包括高分子链的组成、构型、支化和交联等。远程结构包括高分子的大小和链构象，称为二级结构。

聚集态结构，称为三级结构，是指高分子本体内部分子链间的堆砌结构，可分为结晶态结构、非晶态（无定形态）结构、液晶态结构和取向态结构。

高分子的织态结构，也称高次结构，是更高级的结构，是高分子在应用过程中的实际结构。高分子的织态结构由其聚集态结构所决定，聚集态结构又由其链结构所决定。

高分子结构所包含的内容可以用图 10-2 来表述。

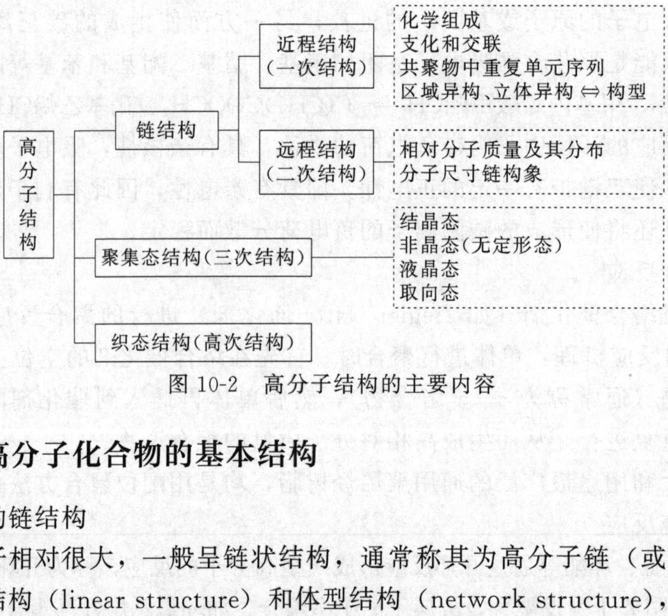

图 10-2 高分子结构的主要内容

10.3.1 高分子化合物的基本结构

（1）高分子的链结构

高分子的分子相对很大，一般呈链状结构，通常称其为高分子链（或大分子链）。高分子链一般有线型结构（linear structure）和体型结构（network structure），具有这些结构的高分子分别称为线型高分子和体型高分子。前者可以含有支链，后者又称为网状结构，如图 10-3 所示。线型结构高分子中有独立的大分子存在，且彼此间以分子间力和相互缠绕聚集在一起，加热可以熔融，且在适当溶剂中可以溶解。而体型结构高分子中没有独立的大分子存在，分子链间以化学键相连，加热不可以熔融，也不能溶解于溶剂中。体型高分子也没有相对分子质量的概念，只有交联度的概念，交联度用来表征高分子形成网状结构的程度。

线型结构的高分子，如聚乙烯：

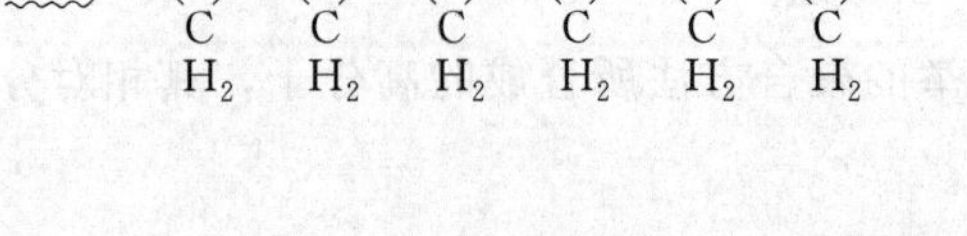

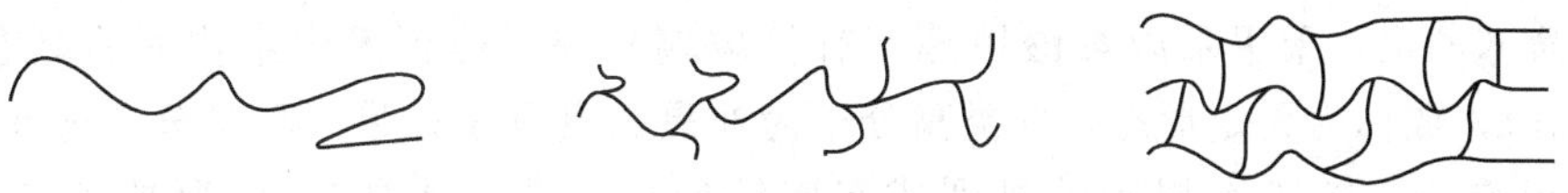

(a) 线型　　(b) 支链型　　(c) 体型

图 10-3　高分子链的几何形状

体型结构的高分子，如酚醛树脂：

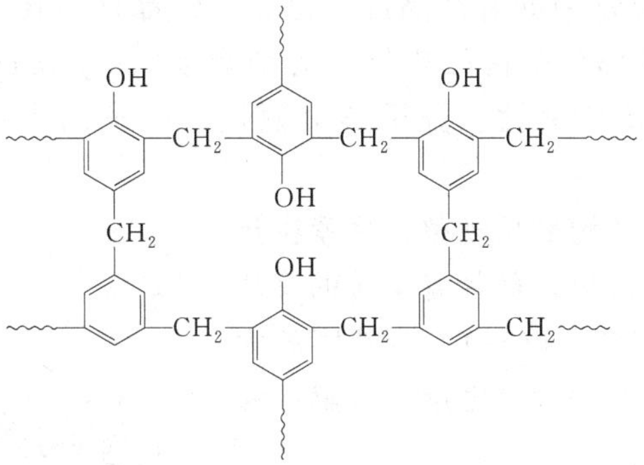

线型高分子中高分子链的长度和直径之比可达 1000∶1 以上，如聚异丁烯的长度和直径比可高于 50000∶1。长链大分子在自然条件下会任意卷曲，如同“无规线团”，这是因为高分子链具有一定的柔顺性。以碳链高分子为例，如图 10-4 所示。由于 C—C 单键是 σ 键，电子云的分布沿键轴方向呈圆柱状对称，因此碳原子可以绕 C—C 键自由旋转。在不破坏 σ 键的前提下，C—C 原子相对旋转，称为内旋转。

如果将 C_1 和 C_2 连接起来，C_2—C_3 可以绕 C_1—C_2 键旋转，而键角 α 保持不变，即 C_3 原子在圆锥底边任意位置上键角都保持这个值。C_3—C_4 键可以绕 C_2—C_3 键旋转，即 C_4 原子在 C_2—C_3 旋转形成的圆锥底边任意位置上，而保持键角 β 不变（$\alpha=\beta=109°28'$）。C_3—C_4 键相对于 C_1—C_2 键旋转的任意性变大，两个键相隔越远，空间位置的关系就越小。高分子链在分子内旋转的作用下，具有很大的柔曲性，高分子链两端的距离（分子末端距）也是不定的，每一瞬间都不相同，从而产生无数的**构象**（conformation，高分子的每一种空间排列方式便称为一种构象）。高分子链这种柔软的特性，称为**柔顺性**（flexibility），柔顺性是高分子链的重要物理特性，也是高分子与低分子物质性质不同的主要原因之一。

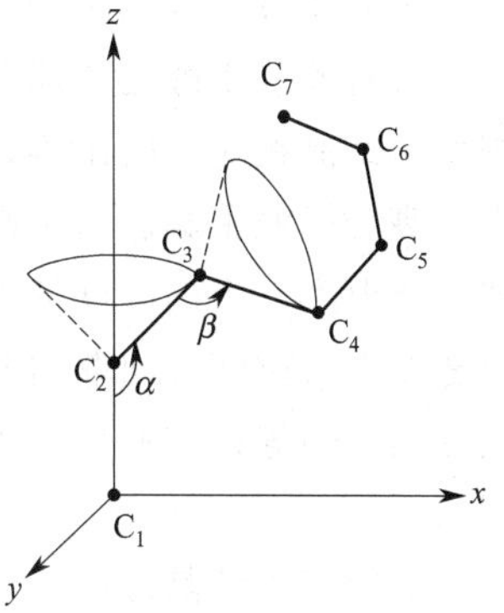

图 10-4　单键内旋转示意

（2）高分子的聚集态结构

高分子化合物的**聚集态结构**是指在分子间力下，大分子链相互聚集在一起所形成的结构。聚集态结构涉及固态结构多方面的行为和性能，如混合、相分离、结晶和其他相转变等行为。高分子聚集态可以粗分为晶态和非晶态（无定形态）两类。晶态结构指分子链段的排列是有规则的，形成的是有序结构。非晶态结构指分子链段的排列是杂乱的，没有规则的，形成的是无序结构。

熔融的高分子化合物，分子链卷曲而杂乱，如果温度降低，链段运动减缓，最后整个分子链被慢慢冻结凝固。可能出现两种情况：一种是高分子链以无序的卷曲紊乱的状态被固定下来，如聚苯乙烯、聚甲基丙烯酸甲酯（有机玻璃）等，得到无序结构的非晶态（amorphous state），或称为无定形态，此类高分子为**非晶态高分子**；另一种是分子链在高分子链间的相互影响下，链段有规则地排列成有序结构，形成“结晶”，成为晶态（crystalline state），如尼龙、聚乙烯等，此类高分子为**结晶态高分子**。结晶态高分子一般有一定的熔融温度，而非晶态高分子没有熔融温度，只有软化温度。

由于高分子链长且卷曲，很难全部进行规则排列，所以高分子中晶态结构和非晶态结构往往是共存的，聚合物中既有结晶区，也有非结晶区（图 10-5）。高分子的结晶度不可能达到 100%，结晶部分所占的比例称为结晶度（crystalline）。高分子的结晶能力与其微观结构有关，涉及规整性、分子链柔顺性、分子间力等，有时还会受到拉力、温度等条件的影响。

线型聚乙烯的大分子结构简单规整，易紧密排列成结晶，结晶度可高达 95%，而带有支链的聚乙烯的结晶度就低得多（55%～66%）。结晶度的大小是影响高分子材料的机械强度、密度、溶解性和耐热性等性能的重要因素。

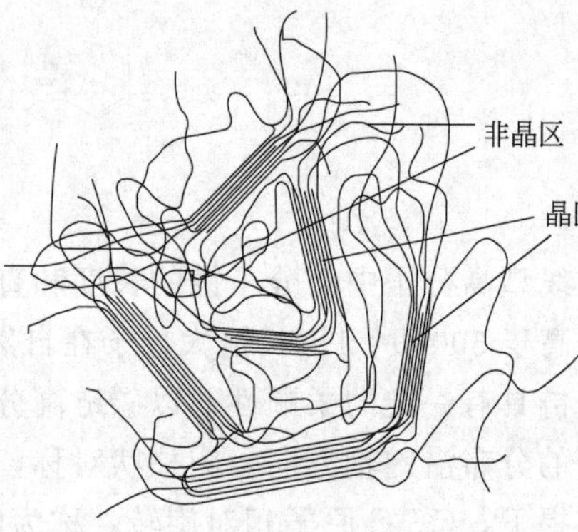

图 10-5 高分子化合物的两相结构示意

聚四氟乙烯（PTFE）结构与聚乙烯相似，结构对称而不呈现极性，氟原子半径小，使得大分子容易堆砌紧密，结晶度高。

聚酰胺-66（尼龙 66）分子结构虽然没有聚乙烯那么规整，但是酰胺键在分子间形成氢键，有利于分子有序排列形成结晶。

聚对苯二甲酸乙二醇酯（涤纶树脂，简称 PET）分子结构规整，无强极性，且苯环有刚性，结晶相对比较困难，需要在适当的条件下才能达到一定的结晶度。

高分子的聚集态除了晶态和非晶态外，还有**取向态结构**。高分子在其熔融温度以下，在玻璃化温度以上的温度加以拉伸，由于大分子链是长链，而且具有一定的柔顺性，大分子链或链段会沿拉伸方向取向有序排列，此过程称为取向（orientation）。例如聚甲基丙烯酸甲酯和聚丙烯等被拉伸后，可以用光学方法测得它们的分子链是沿着拉伸的方向进行取向排列的。

取向态和结晶态虽然都是高分子链段的有序排列，但是他们的有序程度是不同的。取向态是一维（单向拉伸）或者二维有序（双向拉伸），而结晶态是三维有序的。结晶和取向都会使高分子材料的机械性能得到提高。如双向拉伸聚丙烯薄膜（biaxially oriented polypropylene，简称 BOPP）即是聚丙烯吹膜加工过程中，经过双向拉伸处理得到的，其结晶度、拉伸强度、冲击强度、撕裂强度、耐油脂性和曲折寿命等均有显著提高。

10.3.2 高分子的分子热运动与玻璃化转变

高分子是长链分子，链结构复杂，其分子热运动具有多样性和复杂性。同一种高分子，由于其内部分子运动的情况不同，可以表现出不同的性质和性能。如日常用到的塑料容器，在常温下具有相当的刚性，而在高温下就会变软。在常温下柔软和富有弹性的橡胶，而在低温下就会变硬和变脆。这些均是由于不同温度下，高分子内部的分子链热运动状态不同导致的。

高分子的分子热运动，其运动单元具有多重性，可以是链节、链段、侧链和整个分子链。高分子的分子热运动与环境温度密切相关，在低温时通常只是链节和链段在局部的空间范围内进行运动，温度升高可以使链节、链段和整个分子链在较大的空间范围产生运动。如高分子在熔融状态下整个分子链可以产生相对移动，表现出流动性。橡胶在零下温度时只有局部链节能产生热运动，因此橡胶在低温下表现为硬和脆，而在常温下橡胶的链段和分子链能产生热运动，因此橡胶在常温下表现为有弹性。

对于晶态高分子，结晶区域的高分子链段做有规则的排列，限制了分子链的运动，分子间的作用力比较大，故具有比较高的耐热性和力学性能。当温度高于熔融温度时，结晶区域发生熔融，分子链段开始运动，并最终使整个高分子链可以发生相对移动，整个高分子呈现流动状态。

对于线型非晶态高分子，随着温度的变化，在恒外力的作用下，材料的形变和温度的关系（又称为热-机械曲线，thermo-mechanical curve）如图 10-6 所示。以温度为标尺，可以划分为三个物理状态：**玻璃态**、**高弹态**和**黏流态**。由高弹态向玻璃态转变的温度称为玻璃化温度，用 T_g 表示。由高弹态向黏流态转变的温度称为黏流态温度，用 T_f 表示。

对高分子的这三种物理状态分别讨论如下。

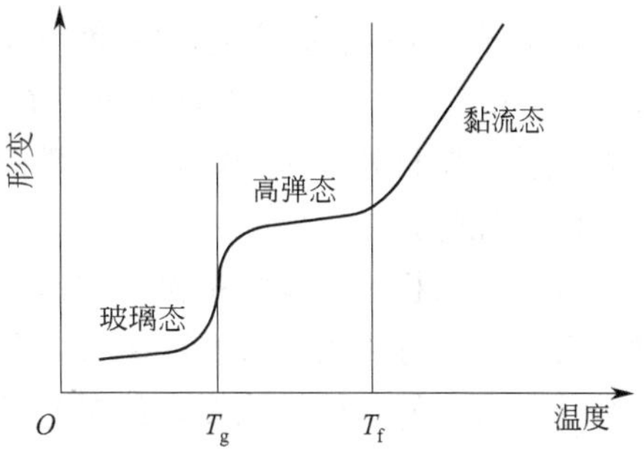

图 10-6　高分子化合物的形变与温度的关系

① 黏流态　当温度较高时（高于黏流化温度 T_f），由于分子动能较大，不仅能满足高分子链的“局部”（称为链段）独立活动所需的能量，而且还能克服高分子链整体移动时分子间力的束缚。因此，此时链段和整个大分子链均可运动，成为具有流动性的黏液，称为黏流态（viscous state）。处于黏流态的高分子，在很小外力作用下，分子间便可以相互滑动而变形，当外力消除后，不会回复原状。这是一种不可逆变形，称为**塑性形变**（plastic deformation）。此时高分子具有可塑性，可以用于塑制成型。所以，黏流态是高分子作为材料在加工成型时所处的工艺状态。

② 高弹态　温度逐渐下降至不太高时（在玻璃化温度 T_g 与黏流态温度 T_f 之间），因分子动能减小，大分子链整体的运动已不能发生，但链段的运动仍然可自由进行。此时状态称为高弹态（high elastic state）。当受外力作用时，可通过链段的运动使大分子链卷曲（或伸展），当外力去除后，又能恢复到原来的卷曲（或伸展）状态。宏观表现为柔软而富有弹性，这种可逆形变称为**高弹形变**（high elastic deformation）。

③ 玻璃态　当温度继续下降至玻璃化温度 T_g 以下时，分子的动能更小，以至于不仅整个大分子链不能运动，就是链段也不能自由运动。此时分子只能在一定位置上做微弱的振动。分子的形态和相对位置被固定下来，彼此距离最短，分子之间作用力较大，结合很紧密。此时状态称为玻璃态（glassy state），因外力而产生的微小形变称为**普弹形变**（general elastic deformation）。

某些线型非晶态高分子化合物的 T_g 和 T_f 见表 10-3。

表 10-3 某些线型非晶态高分子化合物的 T_g 和 T_f

高分子	T_g/℃	T_f/℃	高分子	T_g/℃	T_f/℃
聚氯乙烯	87	175	聚砜	189	300
聚苯乙烯	90	135	天然橡胶	−73	122
聚甲基丙烯酸甲酯	90	170	硅橡胶	−109	250
聚碳酸酯	148	225	尼龙-66	50	280

研究高分子的三种物理状态以及 T_g 和 T_f 的高低对选择和使用高分子材料具有重要意义。例如橡胶主要是用它的高弹性，在室温下应处于高弹态。为了提高橡胶的耐寒性和耐热性，要求作为橡胶的高分子的 T_g 低一些，而 T_f 则高一些，从而扩大橡胶的使用温度范围。T_f-T_g 的差值越大，橡胶的性能越优越。又如，塑料在室温下应是玻璃态，则希望它们的 T_g 适当的高一些，即扩大塑料的使用温度范围。但塑料的 T_f 不宜太高，因为塑料在加工成型时的温度必须高于 T_f。如果 T_f 太高，加工时不但消耗能量，而且加工型温度过高，会使塑料在成型时就受到老化破坏，从而缩短它们的使用寿命。

10.3.3 高分子的性能

(1) 基本物理性能

1) 质轻

高分子一般比金属轻，密度为 $1\sim2g\cdot cm^{-3}$。经过发泡的泡沫塑料的密度可低至 $0.01g\cdot cm^{-3}$。聚丙烯塑料密度也只有 $0.91g\cdot cm^{-3}$。在满足使用强度的条件下，用高分子材料代替金属材料，对于需减轻自重的场合具有非常重要的意义。

2) 强度高

高分子的机械强度如抗拉、抗压、抗弯、抗冲击等，主要取决于材料的聚集状态、聚合度、分子间力等因素。聚合度越大，分子间的作用力越大，甚至可超过化学键的键能。因此高分子具有良好的机械强度。如果分子链的极性强，或有氢键存在，强度会更高，有的已经超过钢铁和其他金属材料。例如芳纶 1414 纤维，其弹性模量是钢丝的 5 倍，具有耐磨、耐疲劳、耐冲击的特性。

3) 可塑性

线型高分子受热到一定温度（超过 T_f）后，会逐渐变软并最终成为黏性流体状态，因而具有良好的可塑性。由于这个软化过程不是瞬间完成的，需要经过一个较长的时间和温度间隔，为高分子的加工成型带来很大方便，加工能耗远远低于金属材料的机械加工，这也是高分子材料获得广泛应用的原因之一。

4) 电性能

由于高分子中的化学键绝大多数为共价键，不能产生离子，也没有自由电子，所以是良好的电绝缘体。但对交流电而言，极性高分子中由于极性基团或极性链节会随电场方向发生周期性的取向，形成“位移电流”而产生一定导电性。这就是说高分子的电绝缘性是与其极性有关的。

如果将高分子当作电绝缘材料，非极性的高分子可以用做高频的绝缘材料，如聚乙烯、聚四氟乙烯等，弱极性的高分子可以用作中频率的绝缘材料。但像酚醛塑料、聚乙烯醇等强极性高分子，则只能用作低频的绝缘材料。

两种不同电性的物体相互接触或摩擦时，会有电子的转移而使一物体带正电荷，另一物体带负电荷，这种现象为静电现象。高分子的静电现象非常普遍，如在干燥的气候脱下合成纤维的衣服时，常可听到放电而产生的轻微的“噼啪”声响，如果在暗处还可以看到放电的光辉。堆叠的塑料薄膜由于静电作用很难分开。高分子材料一旦产生静电，消除便很慢，如聚四氟乙烯、聚乙烯和聚苯乙烯等带的静电可持续几个月之久。高分子的静电现象可以用于静电印刷、油漆喷涂和静电分离等。但是静电往往是有害的，甚至会引起火灾、爆炸等。通过加入抗静电剂来消除静电，抗静电剂的作用原理是提高材料表面的导电性，避免表面电荷积累。抗静电剂常用的是一些表面活性剂，也可以是导电填料，如炭黑、金属粉等。

5）溶解性

高分子的溶解与低分子化合物的溶解有相同之处，也有很大的不同。一般情况下仍符合“相似相溶”的规则，即极性高分子易溶于极性溶剂中，非极性或弱极性的高分子易溶于非极性或弱极性溶剂中。例如极性的聚甲基丙烯酸甲酯可溶解于氯仿，弱极性的聚苯乙烯可溶解于苯和甲苯中。

通常高分子的溶解过程都比较慢，需要经过两个阶段：首先是溶剂分子向高分子中扩散，从表面渗透到内部，使高分子链之间的距离增大，体积增大，这种溶解前的体积膨胀称为**溶胀**（swelling）。随着溶胀的进行，高分子链间的距离不断增加，以致高分子链被大量的溶剂分子隔开而完全进入溶剂之中，完成第二阶段的溶解过程，形成均一溶液。

高分子的溶解受极性大小、结晶度、相对分子质量及环境温度等的影响。结晶态高分子由于分子链堆砌较紧密，分子链间的作用力较大，溶剂分子难以渗入其中，因此，其溶解常比非晶态（无定形态）的高分子要困难，一般需要将其加热至熔融温度附近，将结晶态转变为非晶态，溶剂分子才能渗入，使高分子逐渐溶解。对于体型高分子来说，因为分子链间有化学键相连，只能发生程度不同的溶胀而不能完全溶解。

（2）化学稳定性和老化性能

化学稳定性通常是指物质对水、酸、碱、氧化剂等化学因素的作用所表现出的稳定性。一般高分子主要由 C—C、C—H、C—O 等共价键连接而成，所含活泼基团较少，且分子链相互缠绕，因而一般化学稳定性较高。如有“塑料王”之称的聚四氟乙烯在王水中煮沸也不会变质，是优异的耐腐蚀材料。

此外由于高分子一般是电绝缘体，因而不会发生电化学腐蚀。

高分子虽然有比较好的化学稳定性，但不同的高分子的化学稳定性还是有差异的。一些含酰胺基、酯基、碳酸酯键和腈基等易水解基团的高分子在酸和碱的催化条件下会发生水解。尤其这些基团在主链上时，对材料的性能影响更大。

例如聚酰胺水解发生如下反应：

$$\left[\mathrm{NH{+}CH_2{+}_6NH{-}\overset{\overset{O}{\|}}{C}{+}CH_2{+}_4\overset{\overset{O}{\|}}{C}}\right]_n + H_2O \longrightarrow \sim\sim\mathrm{NH{+}CH_2{+}_6NH_2} + \mathrm{HO{-}\overset{\overset{O}{\|}}{C}{+}CH_2{+}_4\overset{\overset{O}{\|}}{C}}\sim\sim$$

高分子的缺点是不耐久，易老化。**老化**（ageing）是指在加工、储存和使用过程中，长期受环境因素的影响，高分子材料的物理、化学性质及力学性能发生不可逆的变坏现象。例如塑料制品变脆、橡胶龟裂，纤维、油漆发黏等。高分子的老化是一个复杂的物理、化学变化过程，其实质是发生了大分子的降解和交联反应。

降解（degradation）是指高分子在化学因素（如氧或其他化学试剂）或物理因素（如光、热、机械力、辐射等）作用下发生聚合度降低的过程。在引起高分子老化的诸因素中，以氧化剂、热、光最为重要。通常又以发生氧化而降解的情况为主，且往往是在光热等因素的影响和促进下发生的。降解可能是大分子链在任意位置断裂（**无规断裂**），也可能是链节从大分子链末端逐步脱除，即**解聚**（聚合的逆过程）。无论哪种情况，降解都会导致材料性能下降，如变软、发黏、丧失机械强度。例如天然橡胶易发生氧化而降解，使之发黏。

老化通常以降解反应为主，有时也伴随有交联。**交联**（crosslinking）反应是若干个线型高分子链通过链间化学键的建立而形成网状结构（体型结构）的反应。线型高分子经适度交联后，在耐溶剂、耐热性、化学稳定性以及机械强度等方面都有所提高。但是，如果制品在加工和使用过程中有不希望的交联出现，会使材料丧失弹性，变硬变脆。降解和交联在老化过程中往往同时出现，如老化的乳胶管，经常是表面变脆（交联引起），里面却发黏（降解引起）。而丁苯橡胶等合成橡胶老化则以交联为主。

高分子虽有老化现象发生，但其过程是比较缓慢的，在一定温度范围内仍可作耐热、耐腐蚀材料。为了延长高分子材料的使用寿命，需要抑制各种促进老化的因素。防止高分子老化和延长高分子材料使用寿命的方法一般有以下三种。

① 改性　通过改变高分子材料的化学组成或结构来提高其耐老化性能，包括改变单体结构、共聚、共混、交联、增强等改性方法。如在高分子的主链中引入较多的芳环、杂环结构，在支链中引入无机元素（如硅、磷、铝等），均可提高其热稳定性。

② 添加防老化剂　为了延缓光、氧、热对高分子的老化作用，通常可在高分子中加入各类光稳定剂、防止氧气或臭氧作用的抗氧化剂及热稳定剂（如硬脂酸盐）等。

③ 物理防护　通过在高分子材料表面附上一层防护层，阻缓甚至隔绝外界因素（主要是氧）对高分子的作用，从而延缓高分子材料的老化，如涂漆、镀金属、浸涂防老剂等。

10.4 高分子的改性与加工

10.4.1　高分子的改性

高分子改性的目的是通过各种方法改变已有材料的组成、结构，以改善高分子的性能，扩大品种和应用范围。高分子的改性可分为化学改性和物理化学改性两大类。

(1) 化学改性

化学改性是通过化学反应改变高分子本身的组成、结构，以达到改变高分子的化学与物理性能的方法。化学改性通常包括交联、共聚、接枝和官能团反应等。

交联反应（cross-linking reaction）是指通过在高分子链间形成化学键将线型高分子转化为体型高分子的反应。一般经过适当交联的高分子材料，在机械强度、耐溶剂和耐热等方面都有所提高。如橡胶的硫化就是通过硫化剂与橡胶的高分子链的不饱和键反应建立“硫桥”，发生适度交联，形成体型结构，从而使其在保持较高弹性的同时提高强度、韧性和耐溶剂性等性能。

共聚（copolymerizaiton）通过两种或两种以上不同单体合成共聚物，从而获得综合性能优异的高分子材料。如ABS树脂中，聚苯乙烯单元提供优良的电性能和易加工性能，聚丁二烯单元提供高弹性和冲击强度，聚丙烯腈单元增加耐热、耐油、耐腐蚀性和表面硬度，使之成为综合性能优良的工程塑料。

接枝（grafting reaction）是在高分子链上通过化学键引入支链的反应。通过接枝共聚，可以将两种性质不同的高分子接枝在一起。高抗冲聚苯乙烯（high impact polystyrene，简称 HIPS），就是在聚丁二烯的主链接枝上许多聚苯乙烯侧链。由于聚丁二烯橡胶具有很好的韧性，大大提高了聚苯乙烯的抗冲强度。

官能化反应（functionization）是指在高分子链上通过化学反应引入特定官能团，使其具有某一特定性能的方法。如离子交换树脂就是利用官能团的反应在高分子链上引入离子交换的基团而得到的。

（2）物理化学改性

高分子材料的物理化学改性是指通过在高分子中掺和各种助剂（又称添加剂），与其他材料复合而完成的改性方法。单一的聚合物往往难以满足使用性能和工艺上所有的要求，在高分子加工过程中，通常要加入填料、增塑剂、防老剂（抗氧剂、热稳定剂、紫外光稳定剂）等各种添加剂，以提高产品质量和使用效果。添加剂中有的用量相当可观，如填料（或称为填充剂）、增塑剂等，有的用量虽少但作用明显。

填料（filler）可以改善高分子材料的机械性能、耐热性能、电性能以及加工性能等，同时还可降低塑料的成本。常用的无机填料有碳酸钙、硅藻土（主要成分为 $SiO_2 \cdot H_2O$）、炭黑、二氧化硅（又称为白炭黑）、滑石粉（$3MgO \cdot 4SiO_2 \cdot H_2O$）、金属氧化物等。有机填料用得较少，常用的有木粉、化学纤维、棉布、纸屑等。一般填料的加入量占材料总质量的48%～70%左右。如常用炭黑作填料来增强橡胶。

增塑剂（plasticizer）是一些能增进高分子柔韧性和熔融流动性的物质。增塑剂的加入能增大高分子链间的距离，减弱分子链间作用力，从而降低 T_g 和 T_f，材料的脆性和加工性得到改善。通常选用一些高沸点（一般大于 300℃）的液体、低熔点的固体有机化合物（如邻苯二甲酸酯类、磷酸酯类、脂肪族二元酸类、环氧化合物等）或高分子作为增塑剂。例如，聚氯乙烯中加入质量分数为 30%～70%的增塑剂就成为软质聚氯乙烯材料。

共混改性（blending modification）是指将两种或两种以上的不同高分子复合的工艺过程。共混高分子往往具有纯组分所没有的综合性能。各组分间的相容性和共混后的微观结构是影响共混高分子性能的重要因素，可以通过添加相容剂来控制其微观结构，从而改善其性能。

10.4.2　高分子加工

高分子加工（polymer processing）是指将高分子从原材料变成制品的工艺过程。高分子加工与高分子合成和高分子物理一起构成高分子学科领域的三大重要分支。这里只简单介绍一下塑料的成型加工。

塑料的成型加工是指将各种形态的塑料，通过特定的方式和设备制成所需形状的制品或者坯件的过程。根据塑料的类型（热塑性塑料或热固性塑料）、起始形态及制品外形尺寸，可选择不同的成型加工方法。例如，热塑性塑料加热时会变软，甚至可以流动，冷却后塑料重新变硬，这种过程能够重复进行，所以热塑性塑料可以通过反复的加热冷却而成型。热固性塑料在受热或其他条件下固化成型，固化后分子链发生交联，固化过程是不可逆的。

高分子的加工与高分子原料的性能、成型设备与模具等因素密切相关。只有充分掌握加工各环节高分子原料的物理和化学性质的变化、原料配制原理、成型加工过程的工艺技术等知识，才能成功制备所需的塑料制品。

10.5 高分子的应用

10.5.1 常见高分子材料

合成高分子虽然有不少优异的性能，但大多数情况下并不能直接使用，必须在加工成型时加入多种添加剂，如增塑剂、稳定剂等，以进一步提高和改善某些性能。但材料的性能，仍主要取决于合成高分子。习惯上，我们把各种高分子材料分为塑料、橡胶和纤维三大类。有时，同一种高分子可以属于不同类别，如尼龙既可以是纤维，也可以是塑料，这取决于材料的加工方式和使用要求。

(1) 塑料

1) 塑料及其分类

塑料（plastic）是指具有塑性的高分子材料，它是以树脂为主要成分，通过添加各种助剂加工而成的。塑料的主要成分为树脂，**树脂**（resin）是指尚未加任何助剂或只添加极少量助剂的高分子化合物（也称聚合物或高聚物），有时也用于代表未固化的流动性热固性高分子材料。树脂约占塑料总质量的 40%～100%，塑料的基本性能主要决定于树脂的本性，但添加剂也起着重要作用。

① 塑料按加工的工艺性能可分为热塑性塑料和热固性塑料两类。

热塑性塑料（thermoplastic plastic）的高分子链属线型结构（或含支链）。这类塑料可溶、可熔。由于种类不同，其溶解性和黏流化温度各不相同。这类塑料加热后会软化，冷却后会变硬，并且可以多次反复进行。例如，聚乙烯、聚甲醛、氟塑料、ABS、尼龙（聚酰胺）、聚酯等。

热固性塑料（thermosetting plastic）的高分子链在固化成型前一般还是线型结构或支化的低聚物，但在固化成型过程中，固化剂将高分子链通过化学键连接在一起，转化为网状结构的高分子链，成为不溶、不熔的材料，冷却后就不能再通过加热使其软化，所以只能受热一次加工成型。例如，酚醛树脂、环氧树脂等。

② 塑料按使用状况可分为通用塑料和工程塑料两大类。

通用塑料（general-purpose plastic）主要指产量大、用途广、价格低，一般作为非结构材料使用的一类塑料。通常指聚乙烯（polyethylene，简称 PE）、聚丙烯（polypropylene，简称 PP）、聚氯乙烯（polyvinyl chloride，简称 PVC）、聚苯乙烯（polystyrene，简称 PS）、酚醛塑料和氨基塑料 6 个品种，产量占全部塑料的大多数。

工程塑料（engineering plastic）主要指机械性能较好，在某些场合可以代替金属，作为结构材料使用的一类塑料，例如，聚酰胺（尼龙）和聚碳酸酯、聚甲醛、聚砜、聚酯、聚苯醚、氟塑料和环氧树脂等。工程塑料最初是为某一特定用途而开发的，量小价高，随着科学技术的发展，对高分子材料性能的要求越来越高，工程塑料的应用领域不断拓展，产量也逐年增加，使工程塑料与通用塑料之间的界限已难以划分。

2) 工程塑料

① 聚甲醛（polyoxymethylene，简称 POM）。

聚甲醛可分为均聚和共聚两种，均聚甲醛以精制三聚甲醛为原料，三氟化硼乙醚配合物为催化剂，在石油醚中聚合，再除去高分子链两端不稳定部分。其分子结构式为：

$$H_3C-\underset{\underset{O}{\|}}{C}-O-\!\!\left[CH_2O\right]_n\!\!-\underset{\underset{O}{\|}}{C}-CH_3$$

目前工业生产中以共聚甲醛为主，它是以三聚甲醛与少量二氧五环为原料合成的，其分子结构式为：

$$-\!\left[O-CH_2-O-CH_2\right]_m\!-\!\left[O-CH_2-CH_2-O\right]_n\!-$$

聚甲醛是一种没有侧链、高密度、高结晶性的线型高分子，属热塑性塑料。它的力学性能、机械性能与铜、锌极其相似，耐磨性和自润滑性能都很优越，又有良好的耐油、耐过氧化物的性能，尺寸稳定性好，还有良好的电绝缘性。聚甲醛可以在－40～100℃ 温度范围内长期使用，但不耐酸，不耐强碱，不耐日光和紫外线的辐射，高温下不稳定，易分解出甲醛，加工成型也较困难。

聚甲醛的用途很广，可以代替各种金属和金属合金制造某些零件，如齿轮、凸轮、阀门、管道、泵叶轮等，尤其适用于某些不允许使用润滑油的轴承、齿轮。用它制作汽车上的轴承，使用寿命比金属要长一倍，制作变换继电器，经 50 万次启闭仍能完好无损。

② 聚碳酸酯（polycarbonate，简称 PC）。

聚碳酸酯是一种性能优异的热塑性工程塑料。工业上用精制的碳酸二苯酯和双酚 A，在高温（180～300℃）、高真空（137.3～6666Pa）、碱性催化剂存在下进行酯交换反应来制备，副产品为苯酚：

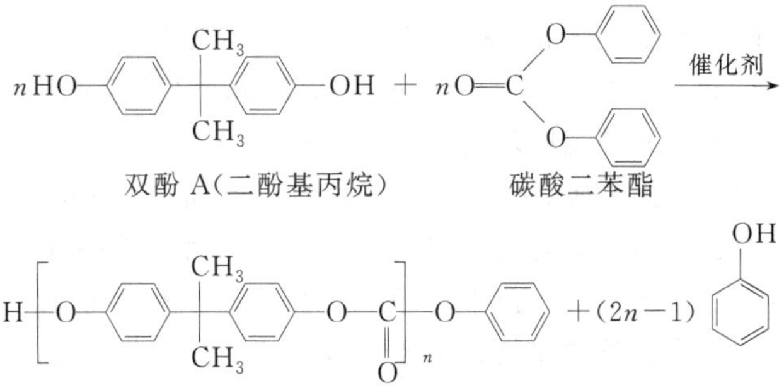

由于聚碳酸酯分子链中含有苯环，分子间的作用力较大，所以具有强度大、刚性好、耐冲击、防破碎等特点，可在－100～150℃的较宽范围使用，可在沸水中放 28d 而性能不变。聚碳酸酯还具有良好的电性能，无毒、无味、耐油、耐酸、吸水性低，但因为分子链中含有苯环和碳酸酯键，不耐芳香烃、酮类、酯类等有机溶剂和强碱的侵蚀。

聚碳酸酯不但可以代替某些金属（如黄铜），还可代替玻璃、木材和特种合金等，可作为电子仪器的外壳、零件、信号灯。由于其透光性好，也可用来制作挡风玻璃、座舱罩等。

③ 聚四氟乙烯（polytetrafluoroethylene，简称 PTFE，F-4）。

用四氟乙烯聚合可制取聚四氟乙烯，即：

$$nCF_2=CF_2 \longrightarrow -\!\left[CF_2-CF_2\right]_n\!-$$

聚四氟乙烯的性能优异、独特，可耐强酸、强碱、强氧化剂，即使高温下的王水对它也不起作用，因而有“塑料王”之称。它在－250～260℃ 的温度范围内都可以使用。它的绝缘性能好，具有优异的阻燃性和自润滑性。但是，合成聚四氟乙烯的成本较高，而且加工成型比较困难，在 260℃以上的高温会放出有毒气体氟化氢。

聚四氟乙烯的优异性能与其分子链结构有关，聚四氟乙烯是不含支链的很规整的线型分子，分子排列非常紧密，结晶度可达 90%以上。由于聚四氟乙烯具有对称结构，所以是一种非极性分子，又由于 C—F 键结合极其牢固（键能为 $490kJ\cdot mol^{-1}$），不易被破坏，且 C—C 主链被 F 原子所包围，使 C—C 键不易断裂，因此聚四氟乙烯具有非常优异的稳定性。

聚四氟乙烯在冷冻工业、化学工业、电器工业、航空工业和医学领域都得到了广泛的应用。例如，用作代替血管的材料，高压电器设备上的薄膜，食品工业中的传送带与模子，耐腐蚀性要求极高的管道与衬里等。

④ 聚醚醚酮（polyetheretherketone，简称 PEEK）。

PEEK 是指在主链中含有一个酮键（—CO—）、两个醚键（—O—）的重复单元所构成的高分子，一般采用对苯二酚和二卤代二苯甲酮经过缩合反应制备，分子结构式为：

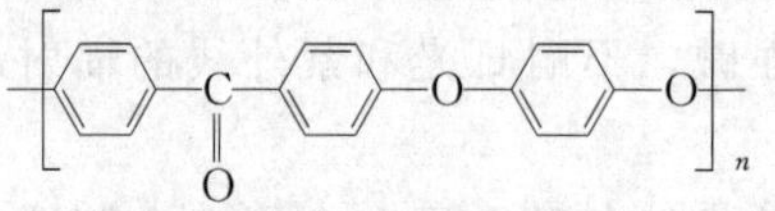

PEEK 具有耐高温、耐化学药品腐蚀等物理化学性能，是一类结晶高分子材料，可用作耐高温结构材料和电绝缘材料，在许多特殊领域可以替代金属、陶瓷等传统材料，长期使用温度可达 239℃。PEEK 的耐高温、自润滑、耐磨损和抗疲劳等特性，使之成为当今最热门的高性能工程塑料之一。它主要应用于航空航天、汽车工业、电子电器和医疗器械等领域，例如，制作各种高精度的飞机零部件、需高温蒸汽消毒的各种医疗器械。尤为重要的是，PEEK 无毒、质轻、耐腐蚀，是与人体骨骼最接近的材料，因此可代替金属制造人体骨骼。

（2）合成橡胶

橡胶（rubber）是一类在室温下具有显著高弹性能的高分子，它的特性是在外力作用下极易发生形变，形变率可达 100％以上。当外力消除后，又能很快恢复到原来的状态。通常，这种优异的性能可在较宽的温度范围（－50～150℃）内保持。

天然橡胶是橡胶树上流出的胶乳经凝固、干燥等工序加工而成的弹性体。天然橡胶是以聚异戊二烯为主要成分的不饱和状态的天然高分子。天然橡胶具有很好的弹性、机械强度、电绝缘性和较好的透气性。随着工程技术对橡胶制品的需求越来越大，天然橡胶供不应求，使合成橡胶发展很快。合成橡胶的原料，主要来自石油产品，如共轭二烯烃（丁二烯、异戊二烯等）、单烯烃（乙烯、丙烯、苯乙烯等）。它们经过聚合或共聚，可以制取与天然橡胶结构相似、性能也相似的各种线型高分子化合物。

① 顺丁橡胶（polybutadiene rubber，简称 BR）。

顺丁橡胶是由单体丁二烯经均聚反应制得的顺式结构的高分子。它具有良好的弹性、耐寒性、耐磨性、耐老化性与电绝缘性，有些性能还超过了天然橡胶。例如，耐磨性比一般天然橡胶高 30％ 左右，可耐－90℃ 的低温（天然橡胶为－70℃，丁苯橡胶为－52℃），但它的抗湿滑性、抗撕裂性和加工性较差些。顺丁橡胶作为通用橡胶可用作普通的橡胶轮胎、胶管、衬垫、运输带等，也可用作防震橡胶、塑料的改性剂等。顺丁橡胶的结构式为：

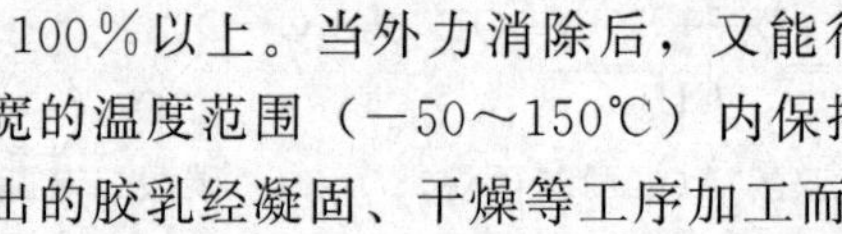

② 丁苯橡胶（styrene-butadiene rubber，简称 SBR）。

丁苯橡胶是由丁二烯和苯乙烯进行共聚制得的高分子，其结构式为：

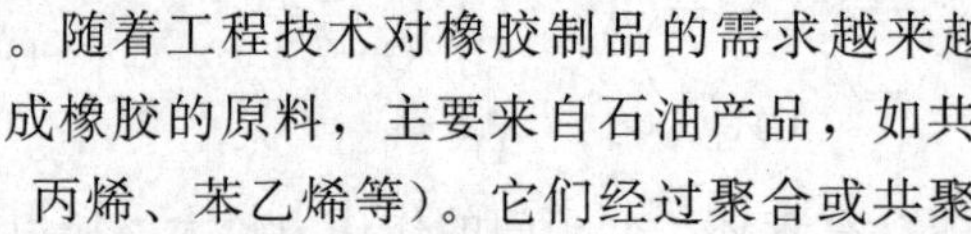

在实际生产中，原料配比不同，虽然所得产物通称为丁苯橡胶，但它们的可塑性、热稳定性及其他物理性都有差异。由于丁苯橡胶的性能较好，原料又便宜易得，因此它的产量很高。它作为通用橡胶，主要用来代替天然橡胶，制造各种轮胎、传送带、胶鞋和硬质橡胶等制品。

③ 硅橡胶（silicon rubber，简称 SR）。

硅橡胶的结构式如下：

$$HO-\underset{\underset{CH_3}{|}}{\overset{\overset{CH_3}{|}}{Si}}-O-\left[\underset{\underset{CH_3}{|}}{\overset{\overset{CH_3}{|}}{Si}}-O\right]_n-\underset{\underset{CH_3}{|}}{\overset{\overset{CH_3}{|}}{Si}}-OH$$

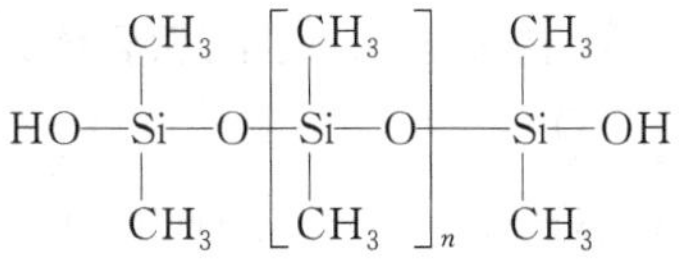

硅橡胶的特点是既耐低温又耐高温，能在 $-65\sim250℃$ 保持弹性，耐油，防水，不易老化，绝缘性能也很好。缺点是机械性能较差，耐酸碱性不如其他橡胶。硅橡胶可用作高温高压设备的衬垫、油管衬里、火箭导弹的零件和绝缘材料等。由于硅橡胶制品柔软、光滑、对人体无毒且有良好的加工性能，所以可用来制造各种医用制品，如各种口径的导管，静脉插管，脑积水引流装置等。

④ 聚氨酯弹性体（polyurethane，简称 PU）。

聚氨酯是聚氨基甲酸酯的简称，主链含—NHCOO—重复结构单元。是由二元或多元异氰酸酯与二元或多元羟基化合物反应而生成的高分子的总称。

聚氨酯橡胶（UR）具有硬度高、强度好、弹性高、耐磨性高、耐撕裂、耐老化、耐臭氧、耐辐射、耐化学药品性好等优点。聚氨酯弹性体可根据加工成型的要求进行加工，几乎能用高分子材料的任何一种常规工艺加工，如混炼模压、液体浇注、熔融注射、挤出、压延、吹塑、胶液涂覆、纺丝和机械加工等。

聚氨酯橡胶广泛用于汽车工业、机械工业、电器和仪表工业、皮革和制鞋工业、医疗和体育等领域。例如，用聚氨酯制成的合成革材料具有最接近天然皮革的性能，手感好，透气性高，柔软适度，广泛用于服装、皮鞋、家具、箱包及车辆座椅等。聚氨酯橡胶还可以应用在田径场塑胶跑道等运动场地，利用聚氨酯弹性体的生理相容性和抗血栓的优点，可用于绷带、心脏起搏器血泵、人造血管、人工肾及人造心脏等。

⑤ 氟橡胶（fluororubber，简称 FKM 或 FPM）。

氟橡胶是指主链和侧链含有氟原子的合成高分子弹性体，1934 年，法国化学家成功合成聚三氟氯乙烯，1938 年美国科学家在实施曼哈顿计划时发现聚四氟乙烯，人们逐渐认识到含氟高分子聚合物具有优异的耐高温性能和化学惰性。聚四氟乙烯已发展成为最大规模的氟聚合物产业。

但塑料自身的性能特点决定了其作为密封材料尚有较大的缺陷，迫切需要一种弹性体密封材料。在 20 世纪 50 年代中期，美国杜邦公司成功合成了含氟量足够高，有一定耐高温、耐介质性能的含氟弹性体，即 VITON 型氟橡胶，它具有优良的耐高温、耐寒、耐辐射、耐油、耐溶剂、耐腐蚀、耐药品、耐强氧化剂等特性和良好的物理机械性能，以及良好的电绝缘性，可用在一般橡胶无法承受的苛刻环境中。在军事工业上，氟橡胶主要用于航天航空，如运载火箭、卫星、战斗机以及新型坦克的密封件、油管和电气线路护套等方面，是国防尖端工业中无法替代的关键材料。

（3）合成纤维

在日常生活中，人们把细而柔韧的物质称为纤维。纤维分为天然纤维和人造纤维两大类。棉、麻、丝、毛等属天然纤维。合成纤维是指以合成高分子为原料，经拉丝工艺获得的纤维。在室温下纤维沿大分子主链方向有很大强度，受力后形变很小，并在较宽的范围内强度很大。合成纤维的品种很多，如涤纶、丙纶等，其中聚酯、聚酰胺、聚丙烯腈的产量占世界合成纤维总产量的90%以上。

① 尼龙（polyamide，简称PA）——聚酰胺纤维（锦纶）

尼龙是目前世界上产量最大、应用范围最广、性能优异的一种合成纤维。常用的有尼龙-6、尼龙-66、尼龙1010等。其中尼龙-66是下述缩聚反应的产物：

$$n\mathrm{NH_2}\text{—}(\mathrm{CH_2})_6\text{—}\mathrm{NH_2}+n\mathrm{HO}\text{—}\overset{\overset{\displaystyle O}{\|}}{\mathrm{C}}\text{—}(\mathrm{CH_2})_4\text{—}\overset{\overset{\displaystyle O}{\|}}{\mathrm{C}}\text{—}\mathrm{OH}\longrightarrow \text{—}\!\!\left[\mathrm{NH}\text{—}(\mathrm{CH_2})_6\text{—}\mathrm{NH}\text{—}\overset{\overset{\displaystyle O}{\|}}{\mathrm{C}}\text{—}(\mathrm{CH_2})_4\text{—}\overset{\overset{\displaystyle O}{\|}}{\mathrm{C}}\right]_n+(2n-1)\mathrm{H_2O}$$

聚酰胺分子链是极性的，而且链间还有氢键，所以分子间力很大，链中有C—N键，容易内旋转，因此柔顺性好。尼龙表现出“强而韧”的特性，是合成纤维中的“耐磨冠军”，弹性也很好。它的强度比棉花大两三倍，耐磨性比棉花高10倍，因此广泛用于制造袜子、绳索、轮胎帘子线、运输带等需要高强度和耐摩擦的物品。此外，由于锦纶不仅质轻强度高，而且不怕海水腐蚀，不发霉，不受蛀，因此可用来制造降落伞、宇宙飞船服、渔网等。它的最大弱点是耐热性差。

如果在聚酰胺分子链中引入苯环，则分子链的刚性提高，其纤维的强度也大大增加。这种聚酰胺称为芳纶（美国DuPont公司的牌号为Kevlar，凯夫拉）。芳纶中最具实用价值的品种有两个，一是间位芳纶（聚间苯二甲酰间苯二胺），二是对位芳纶（聚对苯二甲酰对苯二胺），在我国分别称为芳纶1313和芳纶1414。两者化学结构相似，但性能差异却很大，应用领域各不相同。

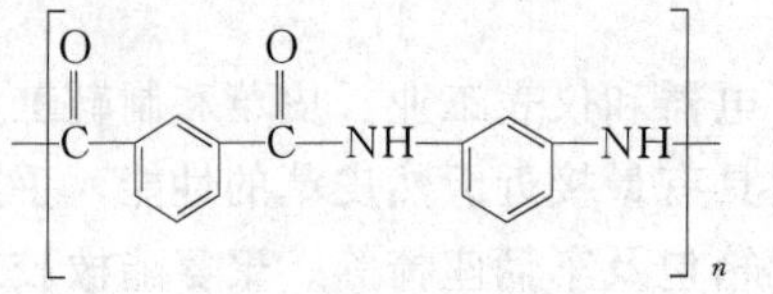

芳纶1313

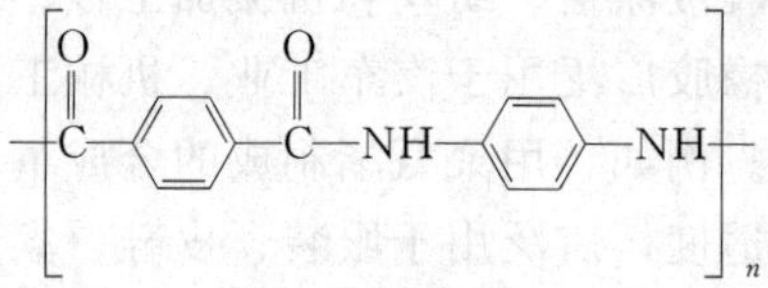

芳纶1414

芳纶1313以其出色的耐高温绝缘性，成为高品质功能性纤维的一种。芳纶1414外观呈金黄色，貌似闪亮的金属丝线，实际上是由刚性分子构成的液晶态结构。由于芳纶1414的分子链沿长度方向高度取向，且具有很强的链间结合力，从而赋予纤维空前的高强度、高模量和耐高温特性，具有极好的力学性能，这使它在高性能纤维中占据重要的核心地位。芳纶1414的连续使用温度范围极宽，在−196～204℃范围内可长期正常使用。在150℃下的收缩率为0，在560℃的高温下不分解、不熔化，耐热性更胜芳纶1313一筹，且具有良好的绝缘性和抗腐蚀性，生命周期很长，因而赢得“合成钢丝”的美誉。

芳纶1414首先被应用于国防军工等尖端领域。许多国家军警的防弹衣、防弹头盔、防刺防割服、排爆服、高强度降落伞、防弹车体、装甲板等均大量采用了芳纶1414。在防弹衣中，由于芳纶纤维强度高，韧性和编织性好，能将子弹冲击的能量吸收并分散转移到编织物的其他纤维中去，避免造成“钝伤”，因而防护效果显著。芳纶防弹衣、头盔的轻量化，有效地提高了军队的快速反应能力和防护能力。除了军事领域外，芳纶1414已作为一种高技术含量的纤维材料被广泛应用航空航天、机电、建筑、汽车、体育用品等国民经济各个方面。

② 涤纶（Polyester）——聚酯纤维（的确良）。

涤纶是指由对苯二甲酸与乙二醇缩聚生成的聚对苯二甲酸乙二醇酯纤维（PET）。由于含有酯基（—COO—）而称为聚酯纤维。它是极性分子，分子间力较大。由于分子主链中含有苯环，所以柔顺性较差。涤纶的结构式是：

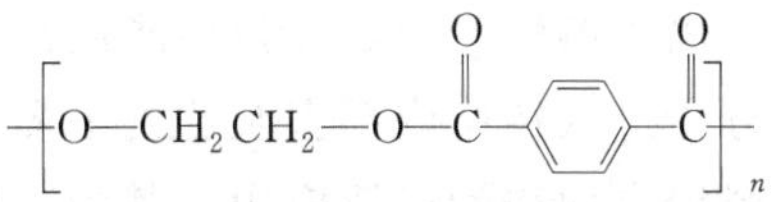

涤纶的最大优点是抗皱性好，“挺而不皱”，保形性特别好，外形美观。强度比棉花高 1 倍，且湿态时强度不变。由于纤维的截面是圆形的，所以光滑易洗、不吸水、不缩水。它的另一优点是耐热性好，可在 −70～170℃ 使用。其耐磨性仅次于尼龙居第二位。但由于含有酯基，耐浓碱性较差。涤纶除作衣料外，还可做渔网、救生圈、救生筏以及绝缘材料（如涤纶薄膜）等。

③ 腈纶（polyacrylonitrile，简称 PAN）——聚丙烯腈纤维

腈纶是聚丙烯腈纤维的商品名，是仅次于聚酯和聚酰胺的合成纤维产品。它质轻，强度大，保暖性好，有“人造羊毛”之称。它还具有耐热、耐光、不怕虫蛀的优点，但耐磨性较差。腈纶大量用于代替羊毛，制作毛线、毛毯等，也可作防酸布、滤布、帐篷等。腈纶的结构式是：

$$\left[CH_2 - \underset{\displaystyle CN}{\underset{|}{CH}} \right]_n$$

应该指出，合成纤维吸湿性很差，如腈纶仅为棉花的 18%，锦纶仅为棉花的 40%。若用它们制作服装，汗液无法被吸收。汗液的分泌会逐渐积聚，刺激皮肤，产生过敏反应，不少人穿了化纤衣服，皮肤瘙痒难忍，所以化纤不宜用作内衣材料。

10.5.2　功能高分子材料

某些高分子除机械性能外还具有一些特定的功能，如导电性、生物活性、光敏性、催化性等。这些在高分子主链或侧链上带有特定功能基团的一类新型高分子材料称为功能高分子（functional polymer）。

（1）吸附分离高分子

吸附分离高分子是指对某些特定离子或分子具有选择吸附作用的高分子。下面分别介绍一下离子交换树脂、高吸水性树脂和高分子功能膜。

离子交换树脂（ion exchange resin）是一种能与溶液中的离子发生交换反应的功能高分子。按交换基团的不同，可将离子交换树脂分为阳离子交换树脂和阴离子交换树脂两大类，其中又分强酸性和弱酸性阳离子交换树脂、强碱性和弱碱性阴离子交换树脂，它们都是交联型的，骨架以二乙烯基苯交联的聚苯乙烯居多。

离子交换法是水处理中制备高纯度去离子水的最重要方法。通常，水中含的钙、镁、钠等阳离子和硫酸根、碳酸根、硝酸根、氯离子等阴离子在经过这两种树脂交替处理后，发生 $H^+ + OH^- = H_2O$ 的反应，基本不含电解质产生的正、负离子，称为去离子水。离子交换树脂的用途很广，如制取净化水、糖的纯化处理、回收稀有金属和贵金属等，特别是在电厂锅炉用水和工业废水的处理中被大量采用。

高吸水性树脂（super absorbent resin）又称超级吸水剂，它能够在短时间内吸收自身质量几百倍甚至上千倍的水，且有非常高的保水能力，即使受到外加压力也不会脱水。高吸水树脂的高吸水性是由其特殊的结构特征决定的，一方面，高吸水性树脂具有轻度交联的三

维网络结构，主链大多由饱和的碳碳键组成，侧链通常带有羧基、羟基、磺酸基等亲水基团，能够与水分子形成氢键，对水有很高的亲和性。另一方面，高吸水性树脂多数属于聚电解质，遇水溶胀时，聚合物的反离子溶解于水，导致树脂内部水溶液的离子浓度高于外部而产生渗透压，从而使更多的水分子进入树脂内部直至达到平衡。高吸水性树脂在个人卫生用品、农用保水剂、建筑止水材料等方面得到广泛应用。其中，婴儿纸尿裤等个人卫生用品是高吸水性树脂使用量最大的领域，占总量的一半以上。在农业方面，利用高吸水性树脂的吸水可逆性，施用在土壤中的树脂将吸收的水分逐渐提供给植物，相当于在植物根系周围的微型水源。高吸水性树脂在荒漠和沙漠绿化方面将能够发挥极其重要的作用。

高分子功能膜一般指由高分子材料制成的、对混合物组分具有选择性透过的功能膜材料。这与主要用于保护和隔离的普通膜材料（如食品保鲜膜、农业塑料膜等）不同，主要用于膜分离过程。膜分离过程中（渗透蒸发膜分离过程除外）没有相变，不需要使液体沸腾，也不需要使气体液化，因而是一种低能耗、低成本的分离技术。同时，由于膜分离过程一般在常温下进行，对需要避免高温的体系，如果汁、药品等的分级、浓缩富集具有极大的优势。如聚砜具有良好的化学、热学稳定性，pH 的适用范围为 1～13，最高使用温度达到 120℃，既适合用于超滤膜、微滤膜和气体分离膜，也可以用作复合膜的底膜，提供更好的耐用性。

(2) 导电高分子

1977 年，美国化学家麦克·迪尔米德（A. G. Mac Diarmid）、物理学家黑格（A. J. Heeger）和日本化学家白川英树（H. Shirakawa）首次发现掺杂碘的聚乙炔具有金属导电性。导电高分子的出现打破了高分子仅能作为绝缘体的传统观念。他们三人因导电高分子的研究获 2000 年诺贝尔化学奖。

导电高分子（conductive polymer）是指具有共轭 π 键的高分子，经化学或电化学“掺杂”而由绝缘体转变为导体的一类高分子材料。按照材料的结构与组成，导电高分子可以分为两类，一类是结构型（也称本征型）导电高分子，另一类是复合型导电高分子。结构型导电高分子本身具有导电性能，由高分子结构提供导电的载流子（电子、离子或空穴），经化学或电化学掺杂后，电导率可大幅度提高。国内外研究较为深入的导电高分子有聚乙炔、聚噻吩、聚吡咯、聚苯撑、聚苯乙炔、聚苯胺等。

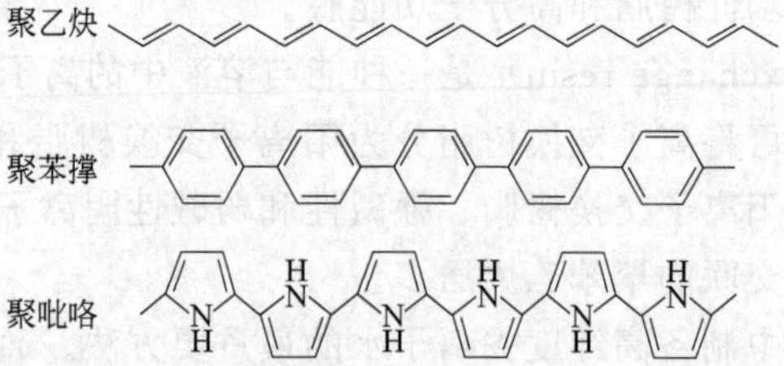

导电高分子同时具有导体的良好导电性和高分子的优异加工性能，因而作为特殊的有机导体，在能源、光电子器件、信息、传感器、分子导线和分子器件、大功率聚合物蓄电池、微波吸收材料、高能量密度电容器、电致变色材料等领域都有重要的应用。

(3) 医用高分子

医用高分子泛指具有治疗、修复、替代、恢复、增强人体组织或器官功能的高分子材料。由于原料来源广泛，具有可以通过分子设计改变结构、生物活性高、材料性能多样等优点。目前，高分子材料已经在人工器官中得到部分应用，例如，用硅橡胶、聚氨酯等制成的人工心脏，聚氯乙烯、硅橡胶、聚丙烯空心纤维、聚砜空心纤维制成的人工肺等。

医用高分子材料除了必须满足医疗过程中对其机械、物理和化学方面的标准，还必须满足生物医学方面的要求，包括血液相容性、组织相容性、生物相容性等。在某些场合还需要具有可生物降解性，使用期过后，材料可以被生物体分解和吸收。

水凝胶（hydrogel）是一类含有亲水基团的交联网状聚合物，在水中能够溶胀但不溶解。水凝胶是亲水性的，可以含有 80% 或更多的水分。它具有渗透性并可以进行溶质转运；具有黏弹性且表面光滑；还具有环境变化敏感性。因为能够满足多种功能的需要，水凝胶在脊髓再生、神经组织工程甚至器官生产等过程中发挥重要作用。

聚乳酸（polylactide，简称 PLA）具有优良的生物相容性和生物可降解性。它的最终降解产物是二氧化碳和水，中间产物乳酸也是体内正常糖代谢的产物，所以不会在重要器官聚集。PLA 对人体无毒、无刺激，已成为一种重要的可生物降解的医用高分子材料。

PLA 及其共聚物作为外科手术缝合线，在伤口愈合后能自动降解并吸收，术后无需拆除。与非吸收性缝合线相比，聚乳酸类缝合线刺激小，不易产生炎症反应，局部不出现硬结，受到医生们的青睐，目前已经广泛应用于各种手术。

10.5.3　高分子复合材料

（1）复合材料概述

单一的材料往往很难满足生产和科技部门的需求，因此发展了复合材料。**复合材料**（composite materials）是由两种或两种以上物理和化学性质不同的物质组合而成的一种固体材料。通过不同材料的复合，既可保留原材料各自的优点，又可获得单一材料无法比拟的优异综合性能。按基体材料不同，复合材料分为高分子基复合材料、金属基复合材料和陶瓷基复合材料。高分子复合材料是指以高分子为基体或增强材料的复合材料。

（2）高分子结构复合材料

结构复合材料主要由基体材料和增强材料两部分组成。**基体材料**一般有合成高分子、金属、陶瓷等，主要作用是把增强材料黏结成整体，传递载荷并使载荷均匀。常用的高分子基体材料有酚醛树脂、环氧树脂、不饱和聚酯及多种热塑性聚合物。这类树脂要求工艺性好，如室温下黏度低并在室温下可固化，固化后综合性能好，价格低廉。**增强材料**按形态可分为纤维增强材料和粒子增强材料两大类。纤维增强材料是复合材料的支柱，决定复合材料的各种力学性能。常用的有玻璃纤维和碳纤维（或石墨纤维），还有陶瓷纤维、晶须纤维等。粒子增强材料除一般作为填料以降低成本外，也可起到功能增强作用。例如，炭黑、陶土、粒状二氧化硅等，可使橡胶的强度显著提高。

高分子结构复合材料具有单一组分无法比拟的优异力学性能，具有比较高的比强度、比模量，耐疲劳性也比较好。高分子复合材料可以提供与钢铁等金属材料相近甚至更优异的力学性能，同时还大幅降低材料自重，在航空航天飞行器、船舶等领域得到广泛应用。在疲劳破坏方面，金属材料常常是没有明显征兆的突发性破坏，而高分子复合材料由于基体中有大量独立的纤维，当少数纤维发生断裂时，其失去的部分载荷又会通过基体的传递迅速分散到其他完好的纤维上去，复合材料在短期内不会因此而丧失承载能力。

纤维增强高分子复合材料是以各种纤维为增强材料的高分子复合材料。用玻璃纤维增强热固性树脂得到的复合材料一般称为玻璃钢（glass fiber reinforced plastic）。玻璃钢质轻，耐热、耐老化、耐腐蚀性好，电绝缘性优良，成型工艺简单，但刚度不及金属，长时间受力时有蠕变现象。玻璃钢常用于航空、车辆、农业机械等的结构零件及电机电器的绝缘零件。碳纤维增强复合材料是指以碳纤维为增强材料的高分子复合材料。碳纤维增强塑料质轻，耐热，热导率大，抗冲击性好，强度高。它的强度高于钛和高强度钢，在工程上应用越来越广泛。例如，用其制造的轴承、齿轮不仅质轻且无需润滑。

粒子增强高分子复合材料是以各种粒子填料为增强材料的高分子复合材料。例如，以热塑性（线型结构）树脂为基体，以碳酸钙、硫酸钙等钙质填料为增强材料的钙塑材料，又如以石棉粉为增强材料的耐磨塑料等。如果增强材料的粒径达到纳米尺度，则纳米粒子的粒径小、比表面积大，与高分子复合会产生很强的界面作用，可以得到性能优异的纳米复合材料。例如，纳米碳酸钙可同时提高高分子复合材料的拉伸性能、弯曲性能和抗冲击性能。

（3）高分子功能复合材料

高分子功能复合材料是指以高分子为基体，通过复合改性获得除力学性能以外的其他物理性能，如导电、磁性、压电、屏蔽等功能的复合材料。

高分子导电复合材料是由导电材料和高分子材料复合得到的具有导电功能的材料。常用导电填料有金属、金属氧化物、碳素等。通常这些填料以粉末状、粒状、长纤维状等形态分散在基体中，当达到一定含量和分散程度，形成导电通路而具有导电能力。导电复合材料因其导电性而广泛应用于电子电气等领域。例如，导电黏合剂可黏结引线、导电元件；导电涂料涂覆在塑料表面可有效防止由静电累积、吸附灰尘而导致的火花放电现象，从而应用于需要防爆的场合。

高分子磁性复合材料是指人们在塑料或橡胶中添加磁粉和其他助剂，经均匀混合后加工而制成的一类材料。高分子磁性复合材料具有密度小、耐冲击强度大、加工性能好、易成型、生产效率高等优点，广泛用于电子电气、仪表、通信及日常生活中的诸多领域。

导热高分子复合材料是指通过在高分子基体中添加导热填料制成的一类材料。高分子材料大多是热的不良导体，热导率非常小，一般为 $0.2\mathrm{W \cdot m^{-1} \cdot K^{-1}}$，通过加入导热填料可以大大提高其导热性能，同时保持易加工等特性。常用的导热填料有金属、金属氧化物、氮化物等。导热高分子复合材料在热交换器、特种电缆、电子封装、导热灌封等领域中都有广泛的应用，如化工热交换器、太阳能热水器、蓄电池冷却器等。

复习思考题

1. 按主链结构和用途的不同如何对高分子化合物进行分类？

2. 试举例说明缩聚反应和加聚反应的不同特征。

3. 加聚反应生成的是否都是碳链聚合物？举例说明。

4. 线型非晶态高分子有哪几种不同的物理形态？这与高分子的分子运动有什么联系？

5. 说明玻璃化转变温度 T_g 的含义和影响其高低的因素。

6. 高分子的力学性能与分子链的柔顺性、分子间的作用力的大小有何关系？温度如何影响高分子的力学性能？

7. 影响高分子电绝缘性能的主要因素有哪些？是否高分子所含的基团极性越大，其电绝缘性越差？

8. 分析线型高分子和体型高分子、晶态高分子和非晶态高分子溶解性的差异。

9. 高分子的化学稳定性与老化是否有关？老化的实质是什么？如何预防？

10. 高分子材料改性的目的是什么？举例说明何谓化学改性，何谓物理改性。

11. 各举 1～2 个实例，说明塑料、橡胶、纤维的特性及其应用。

12. 什么是功能高分子？举例说明。

13. 为什么说聚乙烯制成的食品塑料袋是安全无毒的？（提示：高分子材料的毒性主要来源于少量未聚合的单体和加工助剂等。）

14. 为什么有的塑料制品冬天会变硬，夏天又会变软？

习题

一、判断题（对的在括号内填“√”号，错的填“×”号）

1. 高聚物一般没有固定的熔点。（ ）

2. 聚丙烯腈的结构式为：

$$-\!\!\!\!\![CH_2-CH_2-\underset{\substack{|\\CN}}{CH}]_n\quad（ \quad）$$

3. 由加聚反应合成的均为碳链高分子，由缩聚反应获得的均为杂链聚合物。（ ）

4. 体型高聚物分子内由于内旋转可以产生无数的构象。（ ）

5. 在晶态高分子中，有时可以同时存在晶态和非晶态两种结构。（ ）

6. 二元醇和二元酸发生聚合反应后，有水生成，因此为加聚反应。（ ）

7. 线型晶态高分子有三种性质不同的物理状态。（ ）

8. 高分子强度高是因为聚合度大，分子间力超过化学键的键能。（ ）

9. 一种高分子只能制成一种材料。例如聚氯乙烯只能用作塑料，不能加工成纤维。（ ）

10. 高分子由于可以自然卷曲，因此都有一定的高弹性。（ ）

11. 具有强极性基团的高聚物，在极性溶剂中易溶胀。（ ）

二、选择题

12. 高分子化合物与低分子化合物的根本区别是（ ）。

A. 结构不同； B. 相对分子质量不同；

C. 性质不同； D. 存在条件不同

13. 体型结构的高分子有很好的力学性能，其原因是（ ）。

A. 分子间有化学键； B. 分子内有柔顺性；

C. 分子间有分子间力； D. 既有化学键又有分子间力

14. 长链大分子链在自然条件下成卷曲状，是因为（ ）。

A. 分子间有氢键； B. 相对分子质量太大；

C. 分子的内旋转； D. 有外力作用

15. 大分子链具有柔顺性时，碳原子采取（ ）。

A. sp 杂化； B. sp^2 杂化； C. sp^3 杂化； D. 不等性 sp^3 杂化

16. 在晶态高分子中，其内部结构为（　　）。

A. 只存在晶态；　　B. 晶态与非晶态共存；

C. 不存在非晶态；　　D. 取向态结构

17. 下列化学式中，可以作为单体的是（　　）。

A. $\mathrm{\lbrack CH_2—CH_2—O \rbrack_n}$；　　B. $\mathrm{CH_2OH—CHOH—CH_2OH}$；

C. $\mathrm{\lbrack CH_2—CH_2 \rbrack_n}$；　　D. $\mathrm{\lbrack CF_2—CF_2 \rbrack_n}$

18. 适宜作为塑料的高分子为（　　）。

A. T_g 较低、T_f 较高的非晶态高分子；

B. T_g 较高、T_f 也较高的非晶态高分子；

C. T_g 较低、T_f 也较低的非晶态高分子；

D. T_g 较高、T_f 较低的非晶态高分子

19. 高分子具有良好的电绝缘性，主要是因为（　　）。

A. 高分子的聚合度大；　　B. 高分子的分子间力大；

C. 高分子中化学键大多是共价键；　　D. 高分子的结晶度比较高

20. 通常符合高分子溶解性规律的说法正确的是（　　）。

A. 相对分子质量越大越容易溶解；

B. 体型结构的高分子比线型高分子有利于溶解；

C. 遵循相似相溶的规则；

D. 高分子与溶剂形成氢键有利于溶解

21. 塑料的特点是（　　）。

A. 可以反复加工成型；　　B. 室温下能保持形状不变；

C. 在外力作用下极易发生形变；　　D. 室温下大分子主链方向强度大

22. 下列高分子中柔顺性较差的是（　　）。

A. 聚酯纤维；　　B. 聚酰胺纤维；　　C. 聚乙烯；　　D. 聚四氟乙烯

23. 从下列 T_g、T_f 值判断，适宜作橡胶的是（　　）。

项目	A	B	C	D
T_g/℃	87	189	90	−73
T_f/℃	175	300	135	122

24. 下列高分子材料改性的方法中，属于化学改性的是（　　）。

A. 苯乙烯-二乙烯苯共聚物经磺化制备阳离子交换树脂；

B. 苯乙烯、丁二烯、丙烯腈加聚制备 ABS 树脂；

C. 丁苯橡胶与聚氯乙烯共混；

D. 聚氯乙烯中加入增塑剂

25. 不属于高分子材料老化现象的是（　　）。

A. 高分子材料经过一段时期使用后失效，经再生处理可重复使用；

B. 高分子材料性能下降，变软，失去原有力学强度等现象；

C. 线型高分子材料通过链间化学键形成网状大分子；

D. 以上三点都不对

三、填空题

26. 线型非晶态高聚物在恒定外力作用下，当温度在 T_g 以下时，处于____态；温度上

升至 $T_g \sim T_f$ 时，处于_____态；温度高于 T_f 时，处于____态。

27. 玻璃化温度 T_g 高于室温的高分子可以用作____，低于室温的高分子可以用作____。作为塑料要求 T_g 适当____（高/低），作为橡胶 T_g 越____越好。

28. 高分子主链或侧链上带有____的一类高分子材料，并具有某种特定的功能，称为____。

29. 高分子中素有"耐磨冠军"之称的是_____；素有"挺而不皱"特性的是_____；素有"人造羊毛"之称的是_____；素有"玻璃钢"之称的是_____。

30. 高分子材料的老化是一个复杂的物理、化学变化过程，其实质是发生了大分子的_____和_____反应。

四、问答题

31. 什么是功能高分子材料？简述离子交换树脂的作用。

32. 复合材料由哪两部分组成？各有什么作用？

33. 高聚物的机械强度与结构有什么关系？

34. 下列各种高分子的平均聚合度是多少？

(1) $\text{+NH+CH}_2\text{)}_5\text{CO+}_n$ 平均相对分子量 10 万

(2) $\text{+CH}_2\text{—CCl}_2\text{+}_n$ 平均相对分子量 10 万

(3) $\text{+O—CH}_2\text{—CH}_2\text{—O—CO—}\langle\bigcirc\rangle\text{—CO+}_n$ 平均相对分子量 10 万

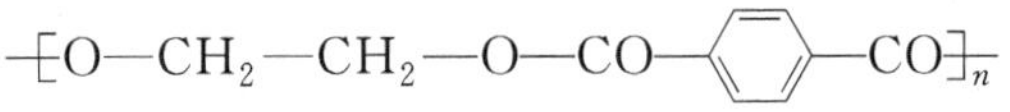

课后习题计算题参考答案

第 1 章

38. (1) $n=207\text{mol}$，$V_2=4.53\times10^3\text{L}$；(2) $p_2=71\text{kPa}$，$M(\text{He})=4.00\text{g}\cdot\text{mol}^{-1}$；(3) $T_2=252.3\text{K}$，$\rho(\text{He})=0.158\text{g}\cdot\text{L}^{-1}$。

39. (1) $n_1=n_2$；(2) $m_1>m_2$；(3) $\rho_1>\rho_2$；(4) $r_1<r_2$。

40. (1) $4.107\text{g}\cdot\text{L}^{-1}$；(2) 92，$N_2O_4$。

41. C_2H_6。

42. (1) $p(\text{CO})=249.42\text{Pa}$，$p(H_2)=498.84\text{Pa}$；(2) 748.26Pa。

43. $p(CO_2)=0.0316\text{kPa}$，$p(N_2)=0.0158\text{kPa}$，$p(\text{He})=0.253\text{kPa}$。

44. (1) $p(H_2)=97.7\text{kPa}$；(2) $n(H_2)=0.0147\text{mol}$；(3) $p(H_2)=92.7\text{kPa}$，$n(H_2)$不变。

45. (1) $V(NH_3)=3.0\text{L}$；(2) $V(O_2)=4.5\text{L}$；(3) $V(\text{HCN})=3.0\text{L}$，$V(H_2O)=9.0\text{L}$。

46. (1) $6NaN_3(s)+Fe_2O_3(s)=3Na_2O(s)+2Fe(s)+9N_2(g)$；(2) $m(NaN_3)=131\text{g}$。

47. (1) $p_1=1.55\times10^4\text{kPa}$；(2) $p_2=1.40\times10^4\text{kPa}$；(3) $d=10.7\%$。

48. 该磷分子的分子量为 126.7，即 P_4 白磷分子。

49. $p(PCl_5)=11.32\text{kPa}$，$p(PCl_3)=p(Cl_2)=44.84\text{kPa}$。

50. M 原子量 80，X 原子量 64。

51. $M=342.7\text{g}\cdot\text{mol}^{-1}$。

52. 蔗糖溶液沸点 373.23K；葡萄糖溶液沸点 373.30K。

53. (1) $w=0.0499$；(2) 753kPa。

54. 凝固点−2.17℃，沸点 100.61℃，渗透压 3.0MPa。

第 2 章

33. (1) 2.54×10^{-3}；(2) 2.98×10^5；(3) 4.02；(4) 53；(5) $7.9\times10^{-3}\text{mol}\cdot\text{L}^{-1}$。

34. $s=2.8$；RSD=1.9%。

35. 4.8%；0.39%；在同样过量 0.1 mL 情况下，所用溶液体积越大，相对误差越小。

36. (1) 12.0104；(2) 0.0012；(3) ±0.0012。

37. (1) 弃去；(2) 0.1022；(3) 0.1020±0.0002。

38. 保留；弃去。

39.（1）0.2018mol·L^{-1}；（2）0.0157 g；（3）3.44×10^{-5}；（4）pH=4.11；（5）1.0300g·L^{-1}。

40.（1）0.12；（2）146.4；（3）2.2×10^{-6}。

41. 0.5461。

42. 39.91%。

43.（1）2；（2）1；（3）0.30；（4）0.12；（5）0.0044。

44.（1）97%；（2）79%；（3）31%；（4）10%。

45. 10.1g·mL^{-1}。

第3章

39. 849 J·g^{-1}。

40. q_p=−16.7kJ·mol^{-1}。

41. $W_{体}$=−2.92kJ·mol^{-1}，ΔU=36.3kJ·mol^{-1}。

42.（1）−422.68kJ·mol^{-1}；（2）−420.14kJ·mol^{-1}；（3）2.479kJ·mol^{-1}。

43.（1）乙烯的摩尔燃烧热1411kJ·mol^{-1}，乙炔的摩尔燃烧热1300kJ·mol^{-1}，C_2H_4放出的热量多；（2）乙烯的每克燃烧热50.4 kJ·g^{-1}，乙炔的每克燃烧热50.0 kJ·g^{-1}，C_2H_4放出的热量多。

44. −8780.4kJ·mol^{-1}。

45. $\Delta_r U_m - \Delta_r H_m$ = −4.96kJ·mol^{-1}；反应前后的体积发生了变化，$\sum_B v(Bg)\neq 0$。

46. $\Delta_f G_m^{\ominus}(Fe_3O_4$，298.15K)=−1015.5kJ·$mol^{-1}$。

47. $\Delta_r G_m^{\ominus}$(298.15K)=0.4kJ·mol^{-1}，$\Delta_r G_m^{\ominus}$(298.15K)>0，反应不能自发进行。

48.（1）直接加热，$T>[\Delta_r H_m^{\ominus}(298.15\ K)/\Delta_r S_m^{\ominus}(298.15K)]$=2841K；（2）石墨加热还原，$T>[\Delta_r H_m^{\ominus}(298.15\ K)/\Delta_r S_m^{\ominus}(298.15K)]$=903.0K；（3）$H_2$还原，$T>[\Delta_r H_m^{\ominus}(298.15\ K)/\Delta_r S_m^{\ominus}(298.15K)]$=840.7K。用$H_2$(g)还原可使锡石分解温度最低。

49. $K^{\ominus}=2.36\times10^{9}$。

50. 973K时，$K_3^{\ominus}$=0.617；1073K时，$K_3^{\ominus}$=0.905；1173K时，$K_3^{\ominus}$=1.29；1273K时，$K_3^{\ominus}$=1.66。随温度升高，标准平衡常数增加，说明为吸热反应。

51. $K_2^{\ominus}=1.4\times10^{10}$。

52. $\Delta_r G_m^{\ominus}$(873K)=4.43kJ·mol^{-1}，$K^{\ominus}$(873K)=0.54<0；$\Delta_r G_m$(873K)=−3.0kJ·mol^{-1}<0，故此条件下反应正向自发进行。

53. $n(CO_2):n(H_2)$=9∶1。

54.（1）$\Delta_r G_m^{\ominus}$（298.15K)=22.5kJ·mol^{-1}；（2）$\Delta_r G_m$(298.15K)=−33.9kJ·mol^{-1}<0，反应正向自发进行。

55.（1）CO_2摩尔分数0.12；（2）总压6.0×10^{3}kPa。

56.（1）升温，标准平衡常数增大，说明为吸热反应；（2）$\Delta_r H_m^{\ominus}$=171.73kJ·mol^{-1}；（3）$\Delta_r G_m^{\ominus}$(1227K)=−95.4kJ·mol^{-1}；（4）$\Delta_r S_m^{\ominus}$=50.9J·mol^{-1}·K^{-1}。

57.（1）苯的正常沸点计算为 79.7℃；（2）298K 时苯的饱和蒸气压为 12.2kPa；（3）400K 时苯的饱和蒸气压为 387kPa；（4）反应商 $Q<K^{\ominus}$，蒸发可以正向自发进行。

58. $\Delta_r G_m^{\ominus}=70.68\text{kJ}\cdot\text{mol}^{-1}$，$K^{\ominus}=4.5\times10^{-3}$。常温下该反应的 $\Delta_r G_m^{\ominus}$ 正值更大，不会产生明显的 NO；但随温度升高（如内燃机的工作温度），$\Delta_r G_m^{\ominus}$ 减小，尽管仍然大于 0，但反应倾向增加，会有低浓度 NO 生成，累积会对环境造成危害。

第 4 章

45.（1）反应速率为 $3.1\times10^{-4}\text{mol}\cdot\text{dm}^{-3}\cdot\text{s}^{-1}$；（2）物质 B 的消耗速率为 $3.1\times10^{-4}\text{mol}\cdot\text{dm}^{-3}\cdot\text{s}^{-1}$；（3）物质 D 的生成速率为 $9.3\times10^{-4}\text{mol}\cdot\text{dm}^{-3}\cdot\text{s}^{-1}$。

46. 如为一级反应，需要 60min；如为二级反应，需要 90min。

47. 每一测量段的半衰期为前一段的两倍，符合二级反应特征。

48.（1）活化能 $160\text{kJ}\cdot\text{mol}^{-1}$；（2）$T=640\text{K}$。

49. 抑制平衡反应与酶催化动力学方程结合。

50.（1）0～1min 时段平均速率 $6.7\times10^{-3}\text{mol}\cdot\text{dm}^{-3}\cdot\text{min}^{-1}$，1～2min 时段平均速率 $6.5\times10^{-3}\text{mol}\cdot\text{dm}^{-3}\cdot\text{min}^{-1}$；（2）非零级反应，各段初始浓度不同。

51.（1）$c=1.43\times10^{-3}\text{mol}\cdot\text{dm}^{-3}$；（2）$t=53\text{min}$。

52. $r=kc^2(\text{NO})c(\text{Cl}_2)$。

53. $t_{1/2}=20.6\text{min}$。

54. 比较各组 c_0 与 $t_{1/2}$ 数学关系可知，该反应为零级反应，$k=2.02\times10^{-4}\text{mol}\cdot\text{dm}^{-3}\cdot\text{min}^{-1}$。

55. 结合反应动力学理论回答。

56.（1）活化能 $E_a=51.6\text{kJ}\cdot\text{mol}^{-1}$；（2）$0.062\ \text{h}^{-1}$。

57. 活化能 $404.1\text{kJ}\cdot\text{mol}^{-1}$。

58. 有效期 $t=35246$ h，约 4 年。

59. 1000 K 时的反应速率增加到 900K 时的 9.36 倍。

60. 有催化剂时反应速率和无催化剂时反应速率之比为 4.8×10^3。

第 5 章

55. $K_a=4.9\times10^{-10}$。

56.（1）$c(\text{OH}^-)=1.9\times10^{-3}\text{mol}\cdot\text{dm}^{-3}$，pH=11.3，$\alpha=0.95\%$；（2）$c(\text{OH}^-)=1.77\times10^{-5}\text{mol}\cdot\text{dm}^{-3}$，pH=9.3，$\alpha=0.009\%$；（3）通过计算说明，同离子效应可大大降低弱酸在溶液中的离解度，因而 $c(\text{OH}^-)$下降。

57. $K_a(\text{HA})=3.80\times10^{-6}$。

58.（1）$K^{\ominus}=11.8$；（2）$K^{\ominus}=1.8\times10^9$；（3）$K^{\ominus}=1.4\times10^5$。各物质处于标准态下时，各反应的反应商 $Q=1$，均小于 $K^{\ominus}$，各反应均能正向自发进行。

59.（1）解离常数 $K_a=1.0\times10^{-5}$；（2）解离度 $\alpha=1.0\%$；（3）pH=3.15，解离度 $\alpha=1.4\%$。

60. 需加入 $6.0\text{mol}\cdot\text{dm}^{-3}$ 的 HAc 为 $V=11.72(\text{mL})$，还需加入水为：250－125－11.72＝113.28（mL）。

61. 耗用氨水 2.0dm^3，盐酸 1.28dm^3，最多可配制 3.28dm^3 目标缓冲溶液。其中 $c(\text{NH}_3)=0.20\text{mol}\cdot\text{dm}^{-3}$，$c(\text{NH}_4^+)=0.11\text{mol}\cdot\text{dm}^{-3}$。

62.（1）$K^{\ominus}=2.57\times10^{6}$；（2）$K^{\ominus}=6.33\times10^{6}$。

63.$c(Hg^{2+})=4.9\times10^{-32}mol\cdot dm^{-3}$，$c(HgI_4^{2-})=0.010mol\cdot dm^{-3}$，$c(I^-)=0.74mol\cdot dm^{-3}$。

64.（1）反应逆向进行；（2）反应正向进行。

65.（1）$s=1.29\times10^{-3}mol\cdot dm^{-3}$；（2）$c(Pb^{2+})=1.29\times10^{-3}mol\cdot dm^{-3}$，$c(I^-)=2.58\times10^{-3}mol\cdot dm^{-3}$；（3）$c(Pb^{2+})=8.5\times10^{-5}mol\cdot dm^{-3}$；（4）PbI 的溶解度为 $4.6\times10^{-4}mol\cdot dm^{-3}$。

66. 不会生成 CaF_2 沉淀。

67. $pH\geqslant9.9$。

68. $7.5\times10^{-5}mol\cdot dm^{-3}$。

第 6 章

34.$E=\varphi_+-\varphi_-=0.0143V$。

35.（1）$E=1.22V$；（2）$E=0.0680V$；（3）$E=0.411V$。

36. 比值为 2.3×10^{-11}。

37. 溶液的最小 pH 为 1.36。

38. $\varphi^{\ominus}(Ni^{2+}/Ni)=-0.256V$。

39.（1）$E=0.236V$；（2）$\Delta_rG_m^{\ominus}=-45.5kJ\cdot mol^{-1}$；（4）$E=0.058V$。

40.（1）$E=0.071V$；（2）$E=0.019V$。

41.（1）阴极优先析出 Cu；（2）不考虑超电势，Zn 析出电势−0.822V，H_2 析出电势约为 0V，阴极上 H_2 析出时，溶液中 Cu^{2+} 剩余浓度约为 $3.22\times10^{-12}mol\cdot L^{-1}$。

42.$\varphi^{\ominus}(Cu^{2+}/Cu^+)=0.159V$，$\Delta_rG_m^{\ominus}=-15.3kJ\cdot mol^{-1}$；极易歧化，不稳定，形成沉淀时以及低浓度存在。

43.$K_{sp}(PbF_2)=2.704\times10^{-8}$。

44.$\varphi^{\ominus}(Ag_2CrO_4/Ag)=0.4460\ V$。

45.$K_{sp}(PbSO_4)=1.33\times10^{-8}$。

46.$\varphi^{\ominus}(HCN/H_2)=-0.275\ V$。

47.（1）电动势 $E=0.238\ V$；（2）电动势 $E=0.340\ V$。

48.pH=3 时，$\varphi(MnO_4^-/Mn^{2+})=1.226\ V$，既大于 $\varphi^{\ominus}(I_2/I^-)$，也大于 $\varphi^{\ominus}(Br_2/Br^-)$，所以既能够氧化 I^-，也能够氧化 Br^-。pH=6 时，$\varphi(MnO_4^-/Mn^{2+})=0.942\ V$，此时，$\varphi^{\ominus}(MnO_4^-/Mn^{2+})>\varphi^{\ominus}(I_2/I^-)$，但 $\varphi^{\ominus}(MnO_4^-/Mn^{2+})<\varphi^{\ominus}(Br_2/Br^-)$，因此 $KMnO_4$ 能氧化 I^-，却不能氧化 Br^-。

49.$K^{\ominus}=0.15$，由于 $E^{\ominus}<0$，反应正向不能自发进行；当 pH=7 时，其他浓度均为 $1mol\cdot L^{-1}$，$E=\varphi_+-\varphi_-=0.39\ V>0$，反应可正向自发进行。

50.（1）$E=\varphi_+-\varphi_-=0.010\ V>0$，反应可正向自发进行；（2）$K^{\ominus}=2.18$。

51.（1）$\varphi^{\ominus}(MnO_4^-/Mn^{2+})=1.51V$；（2）经分析对比相关标准电极电位，$MnO_2$ 不能发生歧化反应；（3）经分析对比相关标准电极电位，MnO_4^{2-} 和 Mn^{3+} 能发生歧化反应。

第 8 章

54. $c(H^+)=c(Cl^-)=0.034mol \cdot dm^{-3}$。

55.（1）查表得各电对标准电极电势，对比可知，$KMnO_4$ 可氧化 Cl^- 产生 Cl_2。$K_2Cr_2O_7$、MnO_2 不能将标态下盐酸中 Cl^- 氧化为 Cl_2；（2）MnO_2 与盐酸反应，想要顺利发生 Cl_2，盐酸的最低浓度 $c(H^+) \geq 5.42mol \cdot L^{-1}$。

56. $K^{\ominus}=1.87 \times 10^{46}$。

附　录

附录 1 单位制与常数

本书在量和单位方面，大部采用了我国法定计量单位。国际单位制是我国法定单位的基础，为了能正确使用国家标准 GB 3100—93《国际单位制及其应用》，现将有关问题简要说明如下。

1. 国际单位制（SI）的基本单位

量		单位	
名称	符号	名称	符号
长度	l	米	m
质量	m	千克(公斤)	kg
时间	t	秒	s
电流	I	安[培]	A
热力学温度	T	开[尔文]	K
物质的量	n	摩(尔)	mol
发光强度	I_v	坎[德拉]	cd

2. 常用的 SI 导出单位

量		单位		
名称	符号	名称	符号	用 SI 基本单位和 SI 导出单位表示
频率	ν	赫[兹]	Hz	s^{-1}
能量	E	焦[耳]	J	$kg \cdot m^2 \cdot s^{-2}$
力	F	牛[顿]	N	$kg \cdot m \cdot s^{-2} = J \cdot m^{-1}$
压力	p	帕[斯卡]	Pa	$kg \cdot m^{-1} \cdot s^{-2} = N \cdot m^{-2}$
功率	P	瓦[特]	W	$kg \cdot m^2 \cdot s^{-2} = J \cdot s^{-1}$
电荷量	Q	库[仑]	C	$A \cdot s$
电位,电势,电压,电动势	U	伏[特]	V	$kg \cdot m^2 \cdot s^{-3} \cdot A^{-1} = J \cdot A^{-1} \cdot s^{-1}$
电阻	R	欧[姆]	Ω	$kg \cdot m^2 \cdot s^3 \cdot A^{-2} = V \cdot A^{-1}$
电导	G	西[门子]	S	$kg^{-1} \cdot m^{-2} \cdot s^3 \cdot A^2 = \Omega^{-1}$
电容	C	法[拉]	F	$A^2 \cdot s^4 \cdot kg^{-1} \cdot m^{-2} = A \cdot s \cdot V^{-1}$
摄氏温度	t	摄氏度	℃	℃ = K

3. SI 词头

因数	词头名称		符号	因数	词头名称		符号
	英文	中文			英文	中文	
10^{24}	yotta	尧[它]	Y	10^{-1}	deci	分	d
10^{21}	zetta	泽[它]	Z	10^{-2}	centi	厘	c
10^{18}	exa	艾[克萨]	E	10^{-3}	milli	毫	m
10^{15}	peta	拍[它]	P	10^{-6}	micro	微	μ
10^{12}	tera	太[拉]	T	10^{-9}	nano	纳[诺]	n
10^{9}	giga	吉[咖]	G	10^{-12}	pico	皮[可]	p
10^{6}	mega	兆	M	10^{-15}	femto	飞[姆托]	f
10^{3}	kilo	千	k	10^{-18}	atto	阿[托]	a
10^{2}	hecto	百	h	10^{-21}	zepto	仄[普托]	z
10^{1}	deca	十	da	10^{-24}	yocto	幺[科托]	y

4. 某些可与国际单位制单位并用的我国法定计量单位

量的名称	单位名称	单位符号	与 SI 单位的关系
时间	分	min	1min＝60s
	[小]时	h	h＝60min＝3600s
	日(天)	d	1d＝24h＝86400s
体积	升	L	$1L=1dm^3$
质量	吨	t	$1t=10^3$ kg
	原子质量单位	u	$1u\approx1.660540\times10^{-27}$ kg
长度	海里	n mile	1 n mile＝1852m (仅用于航行)
能量	电子伏	eV	$1eV\approx1.602177\times10^{-19}$
面积	顷	hm^2	$1hm^2=10^4\ m^2$

5. 常用物理化学常量

名称	符号	数值和单位
真空中光速	c_0	$299792458\ m\cdot s^{-1}$
标准大气压	atm	101325Pa(精确值)
理想气体常量	R	$8.314510(70)J\cdot K^{-1}\cdot mol^{-1}$
Avogadro 常量	N_A	$6.0221367(36)\times10^{23}mol^{-1}$
Boltzmann 常量	k	$1.380658(12)\times10^{-23}\ J\cdot K^{-1}$
Faraday 常量	F	$96485.309(29)C\cdot mol^{-1}$
Planck 常量	h	$6.6260755(40)\times10^{-34}\ J\cdot s$
Rydberg 常量	R	$1.0973731534(13)\times10^{7}\ m^{-1}$
原子质量常量	$m_u=1\ u$	$1.6605402(10)\times10^{-27}$ kg
电子质量	m_e	$9.1093897(54)\times10^{-31}$ kg
基本电荷	e	$1.60217733(49)\times10^{-19}$ C
电子荷-质比	e/m_e	$1.758805(5)\times10^{-11}\ C\cdot kg^{-1}$
经典电子半径	r_e	$2.817938(7)\times10^{-15}$ m
Bohr 半径	a_0	$5.29177249(24)\times10^{-11}$ m

注：数据来源：[美] J.A. 迪安.《兰氏化学手册》.第二版.北京：科学出版社，2003，2.3～2.4。

6. 几种单位的换算

(1) 1J＝0.2390cal，1cal＝4.184 J

(2) $1J=9.869cm^3\cdot atm$，$1cm^3\cdot atm=0.1013J$

(3) $1J=6.242\times10^{18}eV$，$1eV=1.602\times10^{-19}J$

(4) 1D (德拜)$=3.334\times10^{-30}$ C·m (库仑米), 1C·m$=2.999\times10^{29}$ D
(5) 1Å (埃)$=10^{-10}$ m$=0.1$nm$=100$pm
(6) 1cm^{-1} (波数)$=1.986\times10^{-23}$ J$=11.96$ Jmol^{-1}

附录 2 部分物质的标准热力学数据

下表中的标准热力学数据是以温度 25.0℃ (298.15K) 处于标准状态的 1 摩尔纯物质为基准的。

物质状态表示符号为：g—气态，l—液态，cr—晶体，am—非晶固体，aq—水合态 (标准状态 $c = 1\text{mol}\cdot\text{dm}^{-3}$)。

$\Delta_f H_m^{\ominus}$——物质的标准摩尔生成焓 (298.15K)，单位为 kJ·mol^{-1}；

$\Delta_f G_m^{\ominus}$——物质的标准摩尔生成 Gibbs 函数 (298.15K)，单位为 kJ·mol^{-1}；

$S_m^{\ominus}$——物质的标准摩尔熵 (298.15K)，单位为 J·mol^{-1}·K^{-1}。

分子式 (Molecular formula)	状态 (State)	$\Delta_f H_m^{\ominus}$ /kJ·mol^{-1}	$\Delta_f G_m^{\ominus}$ /kJ·mol^{-1}	$S_m^{\ominus}$ /J·mol^{-1}·K^{-1}
Ag	cr	0.0	—	42.6
Ag^+	aq	105.579	77.107	72.68
AgBr	cr	−100.4	−96.9	107.1
$AgBrO_3$	cr	−10.5	71.3	151.9
AgCl	cr	−127.0	−109.8	96.3
Ag_2CO_3	cr	−505.8	−436.8	167.4
Ag_2CrO_4	cr	−731.7	−641.8	217.6
AgF	cr	−204.6	—	—
AgI	cr	−61.8	−66.2	115.5
$AgNO_3$	cr	−124.4	−33.4	140.9
$[Ag(NH_3)_2]^+$	aq	−111.29	−17.12	245.2
Ag_2O	cr	−31.1	−11.2	121.3
Al	cr	0	0	28.3
Al^{3+}	aq	−531	−485	−321.7
$AlCl_3$	cr	−704.2	−628.8	110.7
Al_2Cl_6	g	−1290.8	−1220.4	490
AlF_3	cr	−1510.4	−1431.1	66.5
AlI_3	cr	−313.8	−300.8	159.0
AlN	cr	−318.0	−287.0	20.17
Al_2O_3(α 刚玉，金刚砂)	cr	−1675.7	−1582.3	50.9
$Al(OH)_3$	am	−1276	—	—
$[Al(OH)_4]^-$	aq	−1502.5	−1305.3	102.9
$Al_2(SO_4)_3$	cr	−3440.84	−3099.94	239.3
Ar	g	0	0	154.8
As (α，灰，gray)	cr	0	0	35.1
As_2O_5	cr	−924.9	−782.3	105.4
As_2S_3	cr	−169.0	−168.6	163.6
Au	cr	0	0	47.40
AuCl	cr	−34.7	—	—
$AuCl_3$	cr	−117.6	—	—
$AuCl_4^-$	aq	−322.2	−235.14	266.9
B	cr	0	0	5.9

续表

分子式 (Molecular formula)	状态 (State)	$\Delta_f H_m^\ominus$ /kJ·mol^{-1}	$\Delta_f G_m^\ominus$ /kJ·mol^{-1}	$S_m^\ominus$ /J·mol^{-1}·K^{-1}
BBr_3	l	−239.7	−238.5	229.7
	g	−205.6	−232.5	324.2
B_4C_3	cr	−71.0	−71.0	27.11
BCl_3	l	−427.2	−387.4	206.3
	g	−403.76	−388.72	290.10
BF_3	g	−1136.0	−1119.4	254.4
$[BF_4]^-$	aq	−1574.9	−1486.9	180.0
BN	cr	−254.4	−228.4	14.81
B_2O_3	cr	−1273.5	−1194.3	54.0
H_3BO_3	cr	−1094.33	−968.92	88.83
	aq	−1072.32	−968.75	162.3
$[B(OH)_4]^-$	aq	−1344.03	−1153.17	102.5
Ba	cr	0	0	62.8
Ba^{2+}	aq	−537.64	−560.77	9.6
$BaCl_2$	cr	−858.6	−810.4	123.7
$BaCO_3$	cr	−1216.3	−1137.6	112.1
$BaCrO_4$	cr	−1446.0	−1345.22	158.6
BaH_2	cr	−178.7	—	—
BaO	cr	−553.5	−525.1	70.4
$BaSO_4$	cr	−1473.2	−1362.2	132.2
Be	cr	0	0	9.5
Be^{2+}	aq	−382.8	−379.73	−129.7
$BeBr_2$	cr	−353.5	—	—
$BeCl_2$	cr	−490.4	−445.6	82.7
$BeCO_3$	cr	−1025.0	—	—
BeF_2	cr	−1026.8	−979.4	53.4
BeI_2	cr	−192.5	—	—
BeO	cr	−609.4	−580.1	13.8
$Be(OH)_2$	cr	−902.5	−815.0	51.9
Bi	cr	0	0	56.7
$BiCl_3$	cr	−379.1	−315.0	177.0
Bi_2O_3	cr	−573.9	−493.7	151.5
BiOCl	cr	−366.9	−322.1	120.5
Br^-	aq	−121.55	−103.96	82.4
Br_2	l	0	0	152.23
	g	30.907	3.110	245.463
BrO^-	aq	−94.1	−33.4	42.0
BrO_3^-	aq	−67.07	18.60	161.71
BrO_4^-	aq	13.0	118.1	199.6
HBr	g	−36.40	−53.45	198.695
HBrO	aq	−113.0	−82.4	142.0
C(石墨)	cr	0	0	5.740
C(金刚石)	cr	1.895	2.900	2.377
CO	g	−110.5	−137.2	197.7
CO_2	g	−393.5	−394.4	213.8
	aq	−413.80	−385.98	117.6
CO_3^{2-}	aq	−677.14	−527.81	−56.9
HCO_3^-	aq	−691.99	−586.77	91.2
CCl_4	l	−128.2	−62.6	216.2

续表

分子式 (Molecular formula)	状态 (State)	$\Delta_f H_m^{\ominus}$ /kJ·mol^{-1}	$\Delta_f G_m^{\ominus}$ /kJ·mol^{-1}	$S_m^{\ominus}$ /J·mol^{-1}·K^{-1}
CH_4	g	−74.81	−50.72	186.264
C_2H_2	g	226.73	209.20	200.94
C_2H_4	g	52.26	68.15	219.56
C_2H_6	g	−84.68	−32.82	229.60
CH_3OH(甲醇)	l	−238.66	−166.27	126.8
	g	−200.66	−161.96	239.81
CH_3CH_2OH(乙醇)	g	−235.10	−168.49	282.70
	l	−277.0	−174.8	160.7
CH_3OCH_3(二甲醚)	g	−184.05	−112.59	266.38
CH_3CHO(乙醛)	g	−166.19	−128.86	250.3
$HCOO^-$(甲酸根)	aq	−425.55	−351.0	92.0
HCOOH(甲酸)	aq	−425.43	−372.3	163.0
CH_3COO^-(乙酸根)	aq	−486.01	−369.31	86.6
CH_3COOH(乙酸)	aq	−485.76	−396.46	178.7
$C_2O_4^{2-}$(草酸根)	aq	−825.1	−673.9	45.6
$HC_2O_4^-$(草酸氢根)	aq	−818.4	−698.34	149.4
C_6H_6(苯)	l	49.1	124.5	173.4
	g	82.9	129.7	269.2
CN^-	aq	150.6	172.4	94.1
HCN	aq	107.1	119.7	124.7
SCN^-	aq	76.44	92.71	144.3
Ca	cr	0	0	41.42
Ca^{2+}	aq	−542.83	−553.58	−53.1
$CaCl_2$	cr	−795.4	−748.8	108.4
CaC_2	cr	−59.8	−64.9	69.96
$CaC_2O_4\cdot H_2O$	cr	−1674.76	−1513.87	156.5
$CaCO_3$ (方解石,calcite)	cr	−1207.6	−1129.1	91.7
$CaCO_3$ (霰石,aragonite)	cr	−1207.8	−1128.2	88.0
CaF_2	cr	−1228.0	−1175.6	68.5
CaH_2	cr	−181.5	−142.5	41.4
CaO	cr	−635.09	−604.03	39.75
$Ca(OH)_2$	cr	−986.09	−898.49	83.39
$Ca_3(PO_4)_2$,β 低温型	cr	−4120.8	−3884.7	236.0
$Ca_3(PO_4)_2$,α 低温型	cr2	−4109.9	−3875.5	240.91
$Ca_{10}(PO_4)_6(OH)_2$ 羟基磷灰石	cr	−13477	−12677	780.7
$CaSO_4$	cr	−1434.5	−1322.0	106.5
$CaSO_4\cdot 2H_2O$ 透明	cr	−2022.63	−1797.28	194.1
$CaSO_4\cdot 0.5H_2O$,α 粗晶	cr	−1576.74	−1436.74	130.5
Cd γ	cr	0	0	51.76
$CdCl_2$	cr	−391.5	−343.9	115.3
$CdCO_3$	cr	−750.6	−669.4	92.5
$[Cd(NH_3)_4]^{2+}$	aq	−450.2	−226.1	336.4
CdO	cr	−258.2	−228.4	54.8
$Cd(OH)_2$	cr	−560.7	−473.6	96.0
CdS	cr	−161.9	−156.5	64.9
Ce	cr	0	0	72.0

续表

分子式 (Molecular formula)	状态 (State)	$\Delta_f H_m^\ominus$ /kJ·mol⁻¹	$\Delta_f G_m^\ominus$ /kJ·mol⁻¹	$S_m^\ominus$ /J·mol⁻¹·K⁻¹
Ce^{3+}	aq	−696.2	−672.0	−205
Ce^{4+}	aq	−537.2	−503.8	−301
$CeCl_3$	cr	−1053.5	−977.8	151.0
CeO_2	cr	−1088.7	−1024.6	62.3
Cl_2	g	0	0	223.066
Cl^-	aq	−167.159	−131.228	56.5
ClO^-	aq	−107.1	−36.8	42
ClO_2^-	aq	−66.5	17.2	101.3
ClO_3^-	aq	−103.97	−7.95	162.3
ClO_4^-	aq	−129.33	−8.52	182.0
HCl	g	−92.307	−95.299	186.908
HClO	aq	−120.9	−79.9	142.0
Co	cr α,六方晶	0	0	30.04
Co^{2+}	aq	−58.2	−54.4	−113
Co^{3+}	aq	92	134	−305
$HCoO_2^-$	aq	—	−407.5	—
$CoCl_2$	cr	−312.5	−269.8	109.2
$Co(NO_3)_2$	cr	−420.5	—	—
$[Co(NH_3)_6]^{2+}$	aq	−584.9	−157.0	146
CoO	cr	−237.9	−214.2	53.0
$Co(OH)_2$桃红沉淀	cr	−539.7	−454.3	79.0
$Co(OH)_3$	cr	−716.7	—	—
Cr	cr	0.0	—	23.8
Cr^{3+}	aq	−1999.1	—	—
$CrCl_3$	cr	−556.5	−486.1	123.0
Cr_2O_3	cr	−1139.7	−1058.1	81.2
CrO_3	cr	−589.5	—	—
CrO_4^{2-}	aq	−881.15	−727.75	50.21
$Cr_2O_7^{2-}$	aq	−1490.3	−1301.1	261.9
$HCrO_4^-$	aq	−878.2	−764.7	184.1
$(NH_4)_2Cr_2O_7$	cr	−1806.7	—	—
Cs	cr	0	0	85.23
Cs^+	aq	−258.28	−292.02	133.05
CsBr	cr	−405.8	−391.4	113.1
CsCl	cr	−443.0	−414.5	101.2
Cs_2CO_3	cr	−1139.7	−1054.3	204.5
CsF	cr	−553.5	−525.5	92.8
CsH	cr	−54.18	—	—
CsI	cr	−346.6	−340.6	123.1
Cs_2O_2	cr	−286.2	—	—
CsOH	cr	−417.2	—	—
Cs_2O	cr	−345.8	−308.1	146.9
Cu	cr	0	0	33.2
Cu^+	aq	71.67	49.98	40.6
Cu^{2+}	aq	64.77	65.49	−99.6
CuBr	cr	−104.6	−100.8	96.1
CuCl	cr	−137.2	−119.9	86.2
$CuCl_2$	cr	−220.1	−175.7	108.1
CuI	cr	−67.8	−69.5	96.7

续表

分子式 (Molecular formula)	状态 (State)	$\Delta_f H_m^\ominus$ /kJ·mol^{-1}	$\Delta_f G_m^\ominus$ /kJ·mol^{-1}	$S_m^\ominus$ /J·mol^{-1}·K^{-1}
$[Cu(NH_3)_4]^{2+}$	aq	−348.5	−111.07	273.6
CuO	cr	−157.3	−129.7	42.6
Cu_2O	cr	−168.6	−146.0	93.1
$Cu(OH)_2$	cr	−449.8	—	—
$CuCO_3 \cdot Cu(OH)_2$ 孔雀石	cr	−1051.4	−893.6	186.2
CuS	cr	−53.1	−53.6	66.5
Cu_2S	cr	−79.5	−86.2	120.9
$CuSO_4$	cr	−771.36	−661.8	109.2
$CuSO_4 \cdot 5H_2O$	cr	−2279.65	−1879.745	300.4
F_2	g	0	0	202.78
F^-	aq	−332.63	−278.79	−13.8
HF	g	−271.1	−273.1	173.779
	aq	−320.08	−296.82	88.7
HF_2^-	aq	−649.94	−578.08	92.5
Fe	cr	0	0	27.28
	g	416.3	370.7	180.5
Fe^{2+}	aq	−89.1	−78.90	137.7
Fe^{3+}	aq	−48.5	−4.7	−315.9
$FeCl_2$	cr	−341.8	−302.3	118.0
$FeCl_3$	cr	−399.5	−334.0	142.3
$[Fe(CN)_6]^{3-}$	aq	561.9	729.4	270.3
$[Fe(CN)_6]^{4-}$	aq	455.6	695.08	95.0
$FeCO_3$ 菱铁矿	cr	−740.6	−666.7	92.9
$FeC_2O_4 \cdot 2H_2O$	cr	−1482.4	—	—
$FeCr_2O_4$	cr	−1444.7	−1343.8	146.0
FeO	cr	−272.0	—	—
$Fe(OH)_2$ 沉淀	cr	−569.0	−486.5	88
Fe_2O_3 赤铁矿	cr	−824.2	−742.2	87.4
$Fe(OH)_3$ 沉淀	cr	−823.0	−696.5	106.7
Fe_3O_4	cr	−1118.4	−1015.4	146.4
FeS	cr	−100.0	−100.4	60.3
$FeSO_4$	cr	−928.4	−820.8	107.5
Ga	cr	0	0	40.9
	l	5.6	—	—
$GaCl_3$	cr	−524.7	−454.8	142.0
Ga_2O_3	cr	−1089.1	−998.3	85.0
$Ga(OH)_3$	cr	−964.4	−831.3	100.0
Ge	cr	0	0	31.1
$GeCl_4$	g	−495.8	−457.3	347.7
	l	−531.8	−462.7	245.6
H^+	aq	0	0	0
H^-	g	138.99	—	—
H_2	g	0	0	130.7
OH^-	aq	−229.994	−157.244	−10.75
H_2O	l	−285.8	−237.1	70.0
	g	−241.8	−228.6	188.8
H_2O_2	l	−187.8	−120.4	109.6
	g	−136.3	−105.6	232.7

续表

分子式 (Molecular formula)	状态 (State)	$\Delta_f H_m^\ominus$ /kJ·mol^{-1}	$\Delta_f G_m^\ominus$ /kJ·mol^{-1}	$S_m^\ominus$ /J·mol^{-1}·K^{-1}
He	g	0	0	126.2
Hg	l	0	0	75.9
Hg^{2+}	aq	171.1	164.40	−32.2
$Hg_2{}^{2+}$	aq	172.4	153.52	84.5
$HgCl_2$	cr	−224.3	−178.6	146.0
$[HgCl_4]^{2-}$	aq	−554.0	−446.8	293
Hg_2Cl_2	cr	−265.4	−210.7	191.6
HgI_2	cr(红)	−105.4	−101.7	180.0
$[HgI_4]^{2-}$	aq	−235.1	−211.7	360
Hg_2I_2	cr	−121.3	−111.0	233.5
$[Hg(NH_3)_4]^{2+}$	aq	−282.8	−51.7	335.0
HgO	cr	−90.8	−58.5	70.3
HgS 红	cr	−58.2	−50.6	82.4
HgS 黄	cr	−53.6	−47.7	88.3
I^-	aq	−55.19	−51.57	111.3
I_2	cr	0	0	116.135
	g	62.438	19.327	260.69
I_3^-	aq	−51.5	−51.4	239.3
HI	g	26.48	1.70	206.594
IO^-	aq	−107.5	−38.5	−5.4
IO_3^-	aq	−221.3	−128.0	118.4
IO_4^-	aq	−151.5	−58.5	222
HIO	aq	−138.1	−99.1	95.4
HIO_3	aq	−211.3	−132.6	166.9
H_5IO_6	aq	−759.4	—	—
In	cr	0	0	57.8
In^{3+}	aq	105	−98.0	−151.0
K	cr	0.0	—	64.7
K^+	aq	−252.38	−283.27	102.5
KBr	cr	−393.8	−380.7	95.9
$KBrO_3$	cr	−360.2	−271.2	149.2
$KBrO_4$	cr	−287.9	−174.4	170.1
KCl	cr	−436.5	−408.5	82.6
$KClO_3$	cr	−397.7	−296.3	143.1
$KClO_4$	cr	−432.8	−303.1	151.0
KCN	cr	−113.0	−101.9	128.5
K_2CO_3	cr	−1151.0	−1063.5	155.5
K_2CrO_4	cr	−1403.7	−1295.7	200.12
$K_2Cr_2O_7$	cr	−2061.5	−1881.8	291.2
KF	cr	−567.3	−537.8	66.6
KH	cr	−57.7	—	—
KI	cr	−327.9	−324.9	106.3
KIO_3	cr	−501.4	−418.4	151.5
KIO_4	cr	−467.2	−361.4	175.7
$KMnO_4$	cr	−837.2	−737.6	171.7
KNO_2	cr	−369.8	−306.6	152.1
KNO_3	cr	−494.6	−394.9	133.1
KOH	cr	−424.8	−379.1	78.9
KO_2	cr	−284.9	−239.4	116.7

续表

分子式 (Molecular formula)	状态 (State)	$\Delta_f H_m^{\ominus}$ /kJ·mol^{-1}	$\Delta_f G_m^{\ominus}$ /kJ·mol^{-1}	$S_m^{\ominus}$ /J·mol^{-1}·K^{-1}
K_2O_2	cr	−494.1	−425.1	102.1
KH_2PO_4	cr	−1568.3	−1415.9	134.9
$KHSO_4$	cr	−1160.6	−1031.3	138.1
K_2SO_4	cr	−1437.8	−1321.4	175.6
KSCN	cr	−200.2	−178.3	124.3
K_2SiF_6	cr	−2956.0	−2798.6	226.0
Kr	g	0	0	164.1
Li	cr	0	0	29.1
Li^+	aq	−278.49	−293.31	13.4
$LiAlH_4$	cr	−116.3	−44.7	78.7
$LiBH_4$	cr	−190.8	−125.0	75.9
LiBr	cr	−351.2	−342.0	74.3
LiCl	cr	−408.6	−384.4	59.3
$LiClO_4$	cr	−381.0	—	—
Li_2CO_3	cr	−1215.9	−1132.1	90.4
LiF	cr	−616.0	−587.7	35.7
LiH	cr	−90.5	−68.3	20.0
LiI	cr	−270.4	−270.3	86.8
LiOH	cr	−484.9	−439.0	42.8
Li_2O	cr	−597.9	−561.2	37.6
Li_2SO_4	cr	−1436.5	−1321.7	115.1
Mg	cr	0	0	32.7
Mg^{2+}	aq	−466.85	−454.8	−138.1
$MgCl_2$	cr	−641.3	−591.8	89.6
$MgCO_3$	cr	−1095.8	−1012.1	65.7
MgF_2	cr	−1124.2	−1071.1	57.2
MgH_2	cr	−75.3	−35.9	31.1
MgI_2	cr	−364.0	−358.2	129.7
$Mg(NO_3)_2$	cr	−790.7	−589.4	164.0
MgO	cr	−601.6	−569.3	27.0
$Mg(OH)_2$	cr	−924.5	−833.5	63.2
$MgSO_4$	cr	−1284.9	−1170.6	91.6
$MgSO_4 \cdot 7H_2O$	cr	−3388.71	−2871.5	372
Mn,α	cr	0	0	32.0
Mn^{2+}	aq	−220.75	−228.1	−73.6
MnO_2	cr	−520.0	−465.1	53.1
	am	−502.5	—	—
MnO_4^-	aq	−541.4	−447.2	191.2
MnO_4^{2-}	aq	−653	−500.7	59
$Mn(OH)_2$ 沉淀	am	−695.4	−615.0	99.2
N_2	g	0	0	191.6
NH_3	g	−46.11	−16.45	192.45
	aq	−80.29	−26.50	111.3
NH_4^+	aq	−132.51	−79.31	113.4
N_2H_4	l	50.6	149.3	121.2
	g	95.4	159.4	238.5
	aq	34.31	128.1	138.0
NH_4Cl	cr	−314.4	−202.9	94.6
NH_4ClO_4	cr	−295.3	−88.8	186.2

续表

分子式 (Molecular formula)	状态 (State)	$\Delta_f H_m^{\ominus}$ /kJ·mol^{-1}	$\Delta_f G_m^{\ominus}$ /kJ·mol^{-1}	$S_m^{\ominus}$ /J·mol^{-1}·K^{-1}
NH_4F	cr	−464.0	−348.7	72.0
NH_4NO_3	cr	−365.6	−183.9	151.1
$(NH_4)_2SO_4$	cr	−1180.9	−901.7	220.1
N_2O_3	g	83.7	139.5	312.3
N_2O_4	l	−19.5	97.5	209.2
	g	9.2	97.9	304.3
N_2O_5	cr	−43.1	113.9	178.2
	g	11.3	115.1	355.7
HNO_2	g	−79.5	−46.0	254.1
HNO_3	l	−174.1	−80.7	155.6
Na	cr	0	0	51.3
Na^+	aq	−240.12	−261.905	59.0
$NaAlF_4$	g	−1869.0	−1827.5	345.7
$NaBH_4$	cr	−188.6	−123.9	101.3
NaBr	cr	−361.1	−349.0	86.8
NaCl	cr	−411.2	−384.1	72.1
$NaClO_3$	cr	−365.8	−262.3	123.4
$NaClO_4$	cr	−383.3	−254.9	142.3
NaCN	cr	−87.5	−76.4	115.6
Na_2CO_3	cr	−1130.7	−1044.4	135.0
NaF	cr	−576.6	−546.3	51.1
NaH	cr	−56.3	−33.5	40.0
$NaHSO_4$	cr	−1125.5	−992.8	113.0
NaI	cr	−287.8	−286.1	98.5
$NaNO_2$	cr	−358.7	−284.6	103.8
$NaNO_3$	cr	−467.9	−367.0	116.5
NaOH	cr	−425.6	−379.5	64.5
$Na_2B_4O_7$	cr	−3291.1	−3096.0	189.5
Na_2O	cr	−414.2	−375.5	75.1
Na_2O_2	cr	−510.9	−447.7	95.0
Na_2S	cr	−364.8	−349.8	83.7
Na_2SO_3	cr	−1100.8	−1012.5	145.9
Na_2SO_4	cr	−1387.1	−1270.2	149.6
Na_2SiF_6	cr	−2909.6	−2754.2	207.1
Na_2SiO_3	cr	−1554.9	−1462.8	113.9
Ne	g	0	0	146.3
Ni	cr	0	0	29.9
Ni^{2+}	aq	−54.0	−45.6	−128.9
$NiCl_2$	cr	−305.3	−259.0	97.7
$NiCl_2 \cdot 6H_2O$	cr	−2103.17	−1713.19	344.3
$[Ni(CN)_4]^{2-}$	aq	367.8	472.1	218
$[Ni(NH_3)_6]^{2+}$	aq	−630.1	−255.7	394.6

续表

分子式 (Molecular formula)	状态 (State)	$\Delta_f H_m^\ominus$ /kJ·mol^{-1}	$\Delta_f G_m^\ominus$ /kJ·mol^{-1}	$S_m^\ominus$ /J·mol^{-1}·K^{-1}
$Ni(OH)_2$	cr	−529.7	−447.2	88.0
NiS	cr	−82.0	−79.5	53.0
$NiSO_4$	cr	−872.9	−759.7	92.0
O_2	g	0	0	205.2
O_3	g	142.7	163.2	238.9
P(白,white)	cr	0	0	41.1
P(红,red)	cr	−17.6	−12.1	22.8
P(黑,black)	cr	−39.3	—	—
PCl_3	l	−319.7	−272.3	217.1
	g	−287.0	−267.8	311.8
PCl_5	cr	−443.5	—	—
	g	−374.9	−305.0	364.6
H_3PO_4	cr	−1279.0	−1119.1	110.5
	aq	−1284.4	−1142.54	158.2
P_4O_6	cr	−1640.1	—	—
P_4O_{10} 六方晶	cr	−2984.0	2697.7	228.86
$H_4P_2O_7$	aq	−2268.6	−2032.0	268
Pb	cr	0	0	64.8
Pb^{2+}	aq	−1.7	−24.43	10.5
$PbCl_2$	cr	−359.4	−314.1	136.0
PbI_2	cr	−175.5	−173.6	174.9
PbO	cr(黄)	−217.32	−187.89	68.70
	cr2(红)	−218.9	−188.93	66.5
PbO_2	cr	−277.4	−217.33	68.6
Pb_3O_4	cr	−718.4	−601.2	211.3
PbS	cr	−100.4	−98.7	91.2
$PbSO_4$	cr	−920.0	−813.0	148.5
Rb	cr	0	0	76.8
S(正交晶体,Ortho)	cr	0	0	32.1
S(单斜晶体,Mono)	g	277.2	236.7	167.8
S_8	g	102.3	49.63	430.98
S	g	278.805	238.250	167.821
H_2S	g	−20.6	−33.4	205.8
	aq	−39.7	−27.83	121.0
SF_6	g	−1209	−1105.3	291.82
H_2SO_4	l	−814.0	−690.0	156.9
SO_2	g	−296.8	−300.1	248.2
SO_3	cr	−454.5	−374.2	70.7
	l	−441.0	−373.8	113.8
	g	−395.72	−371.06	256.76
Sb	cr	0	0	45.7
$SbCl_3$	cr	−382.2	−323.7	184.1
Se(六方晶,黑)	cr	0	0	42.4
H_2Se	aq	19.2	22.2	163.6
H_2SeO_3	aq	−507.48	−426.14	207.9
Si	cr	0	0	18.8
SiC(立方晶,Cub)	cr	−65.3	−62.8	16.6
SiC(六方晶,Hex)	cr	−62.8	−60.2	16.5

续表

分子式 (Molecular formula)	状态 (State)	$\Delta_f H_m^\ominus$ /kJ·mol^{-1}	$\Delta_f G_m^\ominus$ /kJ·mol^{-1}	$S_m^\ominus$ /J·mol^{-1}·K^{-1}
$SiBr_4$	l	−457.3	−443.9	277.8
$SiCl_4$	l	−687.0	−619.8	239.7
	g	−657.0	−617.0	330.7
SiF_4	g	−1614.94	−1572.65	282.49
SiH_4	g	34.3	56.9	204.62
$Si_3N_4(\alpha)$	cr	−743.5	−642.6	101.3
H_2SiO_3	cr	−1188.7	−1092.4	134.0
H_4SiO_4	cr	−1481.1	−1332.9	192.0
$SiO_2(\alpha)$	cr	−910.7	−856.3	41.5
SiO_2	am	−903.49	−850.70	46.9
Sn(白,white)	cr	0	0	51.2
Sn(灰,gray)	cr	−2.1	0.1	44.1
Sn^{2+}	aq	−8.8	−27.2	−17
Sn^{4+}	aq	30.5	2.5	−117
$SnCl_2$	cr	−325.1	—	—
$SnCl_4$	l	−511.3	−440.1	258.6
	g	−471.5	−432.2	365.8
$Sn(OH)_2$	cr	−561.1	−491.6	155.0
SnO	cr	−285.8	−256.9	56.5
SnO_2	cr	−580.7	−519.6	52.3
SnS	cr	−100.0	−98.3	77.0
Sr	cr	0	0	52.3
$SrCl_2$	cr	−828.9	−781.1	114.9
SrO	cr	−592.0	−561.9	54.4
$SrSO_4$	cr	−1453.1	−1340.9	117.0
Ti	cr	0	0	30.7
$TiCl_3$	cr	−720.9	−653.5	139.7
$TiCl_4$	l	−804.2	−737.2	252.34
	g	−763.2	−726.7	354.9
TiO_2	cr 锐钛矿	−939.7	−884.5	49.92
	cr2 板钛矿	−941.8	—	—
	cr3 金红石	−944.7	889.5	50.33
	am	−879		
W	cr	0	0	32.6
WO_3	cr	−842.87	−764.03	75.90
Xe	g	0	0	169.7
Zn	cr	0	0	41.6
Zn^{2+}	aq	−153.89	−147.06	−112.1
$ZnCl_2$	cr	−415.1	−369.4	111.5
$ZnCO_3$	cr	−812.8	−731.5	82.4
ZnO	cr	−348.28	−318.30	43.64
$Zn(OH)_2$	cr	−641.9	−553.5	81.2
$ZnSO_4$	cr	−982.8	−871.5	110.5
Zr	cr	0	0	39.0
$ZrCl_4$	cr	−980.5	−889.9	181.6
ZrO_2	cr	−1100.6	−1042.8	50.4
$Zr(SO_4)_2$	cr	−2217.1	—	—

注：本表数据取自 Wagman D. D et al，NBS化学热力学性质表．刘天和，赵梦月译，中国标准出版社，1998年6月。

附录3 常见弱酸、弱碱水溶液电离平衡常数(298.15K)

酸分子式	$K_{a1}^{\ominus}$	$K_{a2}^{\ominus}$	$K_{a3}^{\ominus}$	$K_{a4}^{\ominus}$
H_3AsO_4	5.7×10^{-3}	1.7×10^{-7}	2.5×10^{-12}	
H_3AsO_3	5.9×10^{-10}			
H_3BO_3	5.8×10^{-10}			
HBrO	2.6×10^{-9}			
HCN	5.8×10^{-10}			
H_2CO_3	4.2×10^{-7}	4.7×10^{-11}		
HClO	2.8×10^{-8}			
HF	6.9×10^{-4}			
HIO	2.4×10^{-11}			
HNO_2	6.0×10^{-4}			
H_2O_2	2.3×10^{-12}			
H_3PO_4	6.7×10^{-3}	6.2×10^{-8}	4.5×10^{-13}	
$H_4P_2O_7$	2.9×10^{-2}	5.3×10^{-3}	2.2×10^{-7}	4.8×10^{-10}
H_2S	8.9×10^{-8}	7.1×10^{-10}		
H_2Se	1.5×10^{-4}	1.1×10^{-15}		
H_2SO_3	1.7×10^{-2}	6.0×10^{-8}		
H_2SO_4		1.0×10^{-2}		
H_4SiO_4	2.5×10^{-10}	1.6×10^{-12}		
NH_4^+	5.7×10^{-10}			
Al^{3+}水解	1.0×10^{-5}			
Co^{3+}水解	1.8×10^{-2}			
Cr^{3+}水解	1.1×10^{-4}			
Ti^{3+}水解	2.8×10^{-3}			
Zn^{2+}水解	1.1×10^{-9}			
乙酸 CH_3COOH	1.8×10^{-5}			
甲酸 HCOOH	1.8×10^{-4}			
柠檬酸 $HOC(CH_2COOH)_3$	7.5×10^{-4}	1.73×10^{-5}	4.02×10^{-7}	
草酸 HOOCCOOH	5.4×10^{-2}	5.4×10^{-5}		
EDTA	1.0×10^{-2}	2.1×10^{-3}	6.9×10^{-7}	5.9×10^{-11}
碱分子式	$K_b^{\ominus}$			
氨 NH_3	1.8×10^{-5}			
联氨 N_2H_4	9.8×10^{-7}			
羟胺 NH_2OH	9.1×10^{-9}			
甲胺 CH_3NH_2	4.2×10^{-4}			
$(CH_2)_6N_4$ 六亚甲基四胺	1.4×10^{-9}			
吡啶 C_5H_5N	1.5×10^{-9}			

注:数据来源 Lide D. R. CRC Handbook of Chemistry and Physics 78th. 1997～1998。

附录 4 常见难溶化合物溶度积（298.15K）

化合物	K_{sp}	化合物	K_{sp}	化合物	K_{sp}
AgBr	5.35×10^{-13}	$Ba_3(PO_4)_2$	3.4×10^{-23}	Hg_2Cl_2	1.43×10^{-18}
Ag_2CO_3	8.46×10^{-12}	BaF_2	1.05×10^{-2}	HgS	1.0×10^{-47}
AgCl	1.77×10^{-10}	$CaCO_3$	2.8×10^{-9}	$Mg(OH)_2$	5.61×10^{-12}
Ag_2CrO_4	1.12×10^{-12}	CaF_2	5.3×10^{-9}	MnS(非晶)	2.5×10^{-10}
AgCN	5.97×10^{-17}	$CaSO_4$	4.93×10^{-5}	MnS(晶体)	2.5×10^{-13}
AgI	8.52×10^{-17}	$Ca_3(PO_4)_2$	2.07×10^{-29}	α-NiS	3.2×10^{-19}
Ag_3PO_4	8.89×10^{-17}	$Ca(OH)_2$	5.5×10^{-6}	β-NiS	1.0×10^{-24}
Ag_2SO_4	1.20×10^{-5}	CdS	8.0×10^{-27}	γ-NiS	2.0×10^{-26}
Ag_2S	6.30×10^{-50}	$Cu(OH)_2$	2.2×10^{-20}	$PbCl_2$	1.70×10^{-5}
AgSCN	1.03×10^{-12}	CuS	6.3×10^{-36}	PbS	8.0×10^{-28}
$Al(OH)_3$	1.30×10^{-33}	Cu_2S	2.5×10^{-48}	$PbSO_4$	2.53×10^{-8}
$BaCO_3$	2.58×10^{-9}	$Fe(OH)_3$	2.79×10^{-39}	SnS	1.0×10^{-25}
$BaCrO_4$	1.17×10^{-10}	$Fe(OH)_2$	4.87×10^{-17}	$Zn(OH)_2$	3×10^{-17}
BaF_2	1.84×10^{-7}	FeS	6.3×10^{-18}	α-ZnS	1.6×10^{-24}
$BaSO_4$	1.08×10^{-10}	Hg_2Br_2	6.40×10^{-23}	β-ZnS	2.5×10^{-22}

注：引自［美］J. A. 迪安．兰氏化学手册．第二版．北京：科学出版社，2003，8.6～8.18。

附录 5 常见配离子的累积稳定常数（298.15K）

离子	K_{f1}	K_{f2}	K_{f3}	K_{f4}	K_{f5}	K_{f6}
NH_3						
Ag^+	1.74×10^{3}	1.12×10^{7}				
Co^{2+}	1.29×10^{2}	5.50×10^{3}	6.17×10^{4}	3.55×10^{5}	5.37×10^{5}	1.29×10^{5}
Co^{3+}	5.01×10^{6}	1.00×10^{14}	1.26×10^{20}	5.01×10^{25}	6.31×10^{30}	1.58×10^{35}
Cu^{2+}	2.04×10^{4}	9.55×10^{7}	1.05×10^{11}	2.09×10^{13}	7.24×10^{12}	
Zn^{2+}	2.34×10^{2}	6.46×10^{4}	2.04×10^{7}	2.88×10^{9}		
Cl^-						
Cu^+		3.16×10^{5}	5.01×10^{5}			
Fe^{3+}	30.2	1.35×10^{2}	97.7	1.02		
Hg^{2+}	5.50×10^{6}	1.66×10^{13}	1.17×10^{14}	1.17×10^{15}		
CN^-						
Ag^+		1.26×10^{21}	5.01×10^{21}	3.98×10^{20}		
Au^+		2.00×10^{38}				
Fe^{2+}						1.00×10^{35}
Fe^{3+}						1.00×10^{42}
F^-						
Al^{3+}	1.26×10^{6}	1.41×10^{11}	1.00×10^{15}	5.62×10^{17}	2.34×10^{19}	6.92×10^{19}
OH^-						
Al^{3+}	1.86×10^{9}			1.07×10^{33}		
Cr^{3+}	1.26×10^{10}	6.31×10^{17}		7.94×10^{29}		
Zn^{2+}	2.51×10^{4}	2.00×10^{11}	1.38×10^{14}	4.57×10^{17}		
I^-						
Hg^{2+}	7.41×10^{12}	6.61×10^{23}	3.98×10^{27}	6.76×10^{29}		
SCN^-						
Fe^{3+}	8.91×10^{2}	2.29×10^{3}				
$S_2O_3^{2-}$						
Ag^+	6.61×10^{8}	2.88×10^{13}				
乙二胺[ethylenediamine $C_2H_4(NH_2)_2$]						
Co^{2+}	8.13×10^{5}	4.37×10^{10}	8.71×10^{13}			
Co^{3+}	5.01×10^{18}	7.94×10^{34}	4.90×10^{48}			
草酸根[oxalate $C_2O_4^{2-}$]						
Fe^{3+}	2.51×10^{9}	1.58×10^{16}	1.58×10^{20}			

注：引自［美］J. A. 迪安．兰氏化学手册．第二版．北京：科学出版社，2003 8.80～8.98。

附录 6 溶液中的标准电极电势（298.15 K）

1. 在酸性溶液中（298K）[$a(H^+)=1$]

电对	方程式	$\varphi^{\ominus}$/V
Li(Ⅰ)-(0)	$Li^+ + e^- = Li$	−3.0401
K(Ⅰ)-(0)	$K^+ + e^- = K$	−2.931
Ba(Ⅱ)-(0)	$Ba^{2+} + 2e^- = Ba$	−2.912
Ca(Ⅱ)-(0)	$Ca^{2+} + 2e^- = Ca$	−2.868
Na(Ⅰ)-(0)	$Na^+ + e^- = Na$	−2.71
Mg(Ⅱ)-(0)	$Mg^{2+} + 2e^- = Mg$	−2.372
H(0)-(−Ⅰ)	$H_2(g) + 2e^- = 2H^-$	−2.23
Al(Ⅲ)-(0)	$AlF_6^{3-} + 3e^- = Al + 6F^-$	−2.069
Al(Ⅲ)-(0)	$Al^{3+} + 3e^- = Al$	−1.662
Si(Ⅳ)-(0)	$[SiF_6]^{2-} + 4e^- = Si + 6F^-$	−1.24
Mn(Ⅱ)-(0)	$Mn^{2+} + 2e^- = Mn$	−1.185
Cr(Ⅱ)-(0)	$Cr^{2+} + 2e^- = Cr$	−0.913
B(Ⅲ)-(0)	$H_3BO_3 + 3H^+ + 3e^- = B + 3H_2O$	−0.8698
Zn(Ⅱ)-(0)	$Zn^{2+} + 2e^- = Zn$	−0.7618
Cr(Ⅲ)-(0)	$Cr^{3+} + 3e^- = Cr$	−0.744
P(Ⅰ)-(0)	$H_3PO_2 + H^+ + e^- = P + 2H_2O$	−0.508
P(Ⅲ)-(Ⅰ)	$H_3PO_3 + 2H^+ + 2e^- = H_3PO_2 + H_2O$	−0.499
①C(Ⅳ)-(Ⅲ)	$2CO_2 + 2H^+ + 2e^- = H_2C_2O_4$	−0.49
Fe(Ⅱ)-(0)	$Fe^{2+} + 2e^- = Fe$	−0.447
Pb(Ⅱ)-(0)	$PbI_2 + 2e^- = Pb + 2I^-$	−0.365
Pb(Ⅱ)-(0)	$PbSO_4 + 2e^- = Pb + SO_4^{2-}$	−0.3588
P(Ⅴ)-(Ⅲ)	$H_3PO_4 + 2H^+ + 2e^- = H_3PO_3 + H_2O$	−0.276
Pb(Ⅱ)-(0)	$PbCl_2 + 2e^- = Pb + 2Cl^-$	−0.2675
Ni (Ⅱ)-(0)	$Ni^{2+} + 2e^- = Ni$	−0.257
Ag(Ⅰ)-(0)	$AgI + e^- = Ag + I^-$	−0.15224
Sn(Ⅱ)-(0)	$Sn^{2+} + 2e^- = Sn$	−0.1375
Pb(Ⅱ)-(0)	$Pb^{2+} + 2e^- = Pb$	−0.1262
①C(Ⅳ)-(Ⅱ)	$CO_2(g) + 2H^+ + 2e^- = CO + H_2O$	−0.12
Hg(Ⅰ)-(0)	$Hg_2I_2 + 2e^- = 2Hg + 2I^-$	−0.0405
Fe(Ⅲ)-(0)	$Fe^{3+} + 3e^- = Fe$	−0.037
H(Ⅰ)-(0)	$2H^+ + 2e^- = H_2$	0
Ag(Ⅰ)-(0)	$AgBr + e^- = Ag + Br^-$	0.07133
S(Ⅴ/2)-(Ⅱ)	$S_4O_6^{2-} + 2e^- = 2S_2O_3^{2-}$	0.08
S(0)-(−Ⅱ)	$S + 2H^+ + 2e^- = H_2S(aq)$	0.142
Sn(Ⅳ)-(Ⅱ)	$Sn^{4+} + 2e^- = Sn^{2+}$	0.151
Sb(Ⅲ)-(0)	$Sb_2O_3 + 6H^+ + 6e^- = 2Sb + 3H_2O$	0.152
Cu(Ⅱ)-(Ⅰ)	$Cu^{2+} + e^- = Cu^+$	0.153
Bi(Ⅲ)-(0)	$BiOCl + 2H^+ + 3e^- = Bi + Cl^- + H_2O$	0.1583
S(Ⅵ)-(Ⅳ)	$SO_4^{2-} + 4H^+ + 2e^- = H_2SO_3 + H_2O$	0.172

续表

电对	方程式	$\varphi^{\ominus}$/V
Ag(Ⅰ)-(0)	$AgCl + e^- \longrightarrow Ag + Cl^-$	0.22233
Hg(Ⅰ)-(0)	$Hg_2Cl_2 + 2e^- \longrightarrow 2Hg + 2Cl^-$(饱和 KCl)	0.26808
Cu(Ⅱ)-(0)	$Cu^{2+} + 2e^- \longrightarrow Cu$	0.3419
Ag(Ⅰ)-(0)	$Ag_2CrO_4 + 2e^- \longrightarrow 2Ag + CrO_4^{2-}$	0.447
S(Ⅳ)-(0)	$H_2SO_3 + 4H^+ + 4e^- \longrightarrow S + 3H_2O$	0.449
Cu(Ⅰ)-(0)	$Cu^+ + e^- \longrightarrow Cu$	0.521
I(0)-(-Ⅰ)	$I_2 + 2e^- \longrightarrow 2I^-$	0.5355
I(0)-(-Ⅰ)	$I_3^- + 2e^- \longrightarrow 3I^-$	0.536
②Hg(Ⅱ)-(Ⅰ)	$2HgCl_2 + 2e^- \longrightarrow Hg_2Cl_2 + 2Cl^-$	0.63
Pt(Ⅳ)-(Ⅱ)	$[PtCl_6]^{2-} + 2e^- \longrightarrow [PtCl_4]^{2-} + 2Cl^-$	0.68
O(0)-(-Ⅱ)	$O_2 + 2H^+ + 2e^- \longrightarrow H_2O_2$	0.695
Pt(Ⅱ)-(0)	$[PtCl_4]^{2-} + 2e^- \longrightarrow Pt + 4Cl^-$	0.755
Fe(Ⅲ)-(Ⅱ)	$Fe^{3+} + e^- \longrightarrow Fe^{2+}$	0.771
Hg(Ⅰ)-(0)	$Hg_2^{2+} + 2e^- \longrightarrow 2Hg$	0.7973
Ag(Ⅰ)-(0)	$Ag^+ + e^- \longrightarrow Ag$	0.7996
Hg(Ⅱ)-(0)	$Hg^{2+} + 2e^- \longrightarrow Hg$	0.851
Si(Ⅳ)-(0)	(quartz)$SiO_2 + 4H^+ + 4e^- \longrightarrow Si + 2H_2O$	0.857
Cu(Ⅱ)-(Ⅰ)	$Cu^{2+} + I^- + e^- \longrightarrow CuI$	0.86
Hg(Ⅱ)-(Ⅰ)	$2Hg^{2+} + 2e^- \longrightarrow Hg_2^{2+}$	0.92
N(Ⅴ)-(Ⅲ)	$NO_3^- + 3H^+ + 2e^- \longrightarrow HNO_2 + H_2O$	0.934
Pd(Ⅱ)-(0)	$Pd^{2+} + 2e^- \longrightarrow Pd$	0.951
N(Ⅴ)-(Ⅱ)	$NO_3^- + 4H^+ + 3e^- \longrightarrow NO + 2H_2O$	0.957
N(Ⅲ)-(Ⅱ)	$HNO_2 + H^+ + e^- \longrightarrow NO + H_2O$	0.983
I(Ⅰ)-(-Ⅰ)	$HIO + H^+ + 2e^- \longrightarrow I^- + H_2O$	0.987
Au(Ⅲ)-(0)	$[AuCl_4]^- + 3e^- \longrightarrow Au + 4Cl^-$	1.002
I(Ⅴ)-(-Ⅰ)	$IO_3^- + 6H^+ + 6e^- \longrightarrow I^- + 3H_2O$	1.085
Br(0)-(-Ⅰ)	$Br_2(aq) + 2e^- \longrightarrow 2Br^-$	1.0873
Pt(Ⅱ)-(0)	$Pt^{2+} + 2e^- \longrightarrow Pt$	1.18
Cl(Ⅶ)-(Ⅴ)	$ClO_4^- + 2H^+ + 2e^- \longrightarrow ClO_3^- + H_2O$	1.189
I(Ⅴ)-(0)	$2IO_3^- + 12H^+ + 10e^- \longrightarrow I_2 + 6H_2O$	1.195
Mn(Ⅳ)-(Ⅱ)	$MnO_2 + 4H^+ + 2e^- \longrightarrow Mn^{2+} + 2H_2O$	1.224
O(0)-(-Ⅱ)	$O_2 + 4H^+ + 4e^- \longrightarrow 2H_2O$	1.229
N(Ⅲ)-(Ⅰ)	$2HNO_2 + 4H^+ + 4e^- \longrightarrow N_2O + 3H_2O$	1.297
②Cr(Ⅵ)-(Ⅲ)	$Cr_2O_7^{2-} + 14H^+ + 6e^- \longrightarrow 2Cr^{3+} + 7H_2O$	1.33
Br(Ⅰ)-(-Ⅰ)	$HBrO + H^+ + 2e^- \longrightarrow Br^- + H_2O$	1.331
Cr(Ⅵ)-(Ⅲ)	$HCrO_4^- + 7H^+ + 3e^- \longrightarrow Cr^{3+} + 4H_2O$	1.35
Cl(0)-(-Ⅰ)	$Cl_2(g) + 2e^- \longrightarrow 2Cl^-$	1.35827
Cl(Ⅶ)-(-Ⅰ)	$ClO_4^- + 8H^+ + 8e^- \longrightarrow Cl^- + 4H_2O$	1.389
Cl(Ⅶ)-(0)	$ClO_4^- + 8H^+ + 7e^- \longrightarrow 1/2Cl_2 + 4H_2O$	1.39
Au(Ⅲ)-(Ⅰ)	$Au^{3+} + 2e^- \longrightarrow Au^+$	1.401
Br(Ⅴ)-(-Ⅰ)	$BrO_3^- + 6H^+ + 6e^- \longrightarrow Br^- + 3H_2O$	1.423
I(Ⅰ)-(0)	$2HIO + 2H^+ + 2e^- \longrightarrow I_2 + 2H_2O$	1.439
Cl(Ⅴ)-(-Ⅰ)	$ClO_3^- + 6H^+ + 6e^- \longrightarrow Cl^- + 3H_2O$	1.451
Pb(Ⅳ)-(Ⅱ)	$PbO_2 + 4H^+ + 2e^- \longrightarrow Pb^{2+} + 2H_2O$	1.455
Cl(Ⅴ)-(0)	$ClO_3^- + 6H^+ + 5e^- \longrightarrow 1/2Cl_2 + 3H_2O$	1.47
Cl(Ⅰ)-(-Ⅰ)	$HClO + H^+ + 2e^- \longrightarrow Cl^- + H_2O$	1.482
Br(Ⅴ)-(0)	$BrO_3^- + 6H^+ + 5e^- \longrightarrow 1/2Br_2 + 3H_2O$	1.482
Au(Ⅲ)-(0)	$Au^{3+} + 3e^- \longrightarrow Au$	1.498
Mn(Ⅶ)-(Ⅱ)	$MnO_4^- + 8H^+ + 5e^- \longrightarrow Mn^{2+} + 4H_2O$	1.507
Mn(Ⅲ)-(Ⅱ)	$Mn^{3+} + e^- \longrightarrow Mn^{2+}$	1.5415

续表

电对	方程式	$\varphi^{\ominus}$/V
Br(Ⅰ)-(0)	$HBrO+H^++e^- = 1/2Br_2(aq)+H_2O$	1.574
I(Ⅶ)-(Ⅴ)	$H_5IO_6+H^++2e^- = IO_3^-+3H_2O$	1.601
Cl(Ⅰ)-(0)	$HClO+H^++e^- = 1/2Cl_2+H_2O$	1.611
Ni(Ⅳ)-(Ⅱ)	$NiO_2+4H^++2e^- = Ni^{2+}+2H_2O$	1.678
Mn(Ⅶ)-(Ⅳ)	$MnO_4^-+4H^++3e^- = MnO_2+2H_2O$	1.679
Pb(Ⅳ)-(Ⅱ)	$PbO_2+SO_4^{2-}+4H^++2e^- = PbSO_4+2H_2O$	1.6913
Au(Ⅰ)-(0)	$Au^++e^- = Au$	1.692
O(-Ⅰ)-(-Ⅱ)	$H_2O_2+2H^++2e^- = 2H_2O$	1.776
Co(Ⅲ)-(Ⅱ)	$Co^{3+}+e^- = Co^{2+}$ $(2mol\cdot L^{-1}\ H_2SO_4)$	1.83
S(Ⅶ)-(Ⅵ)	$S_2O_8^{2-}+2e^- = 2SO_4^{2-}$	2.01
O(0)-(-Ⅱ)	$O_3+2H^++2e^- = O_2+H_2O$	2.076
Fe(Ⅵ)-(Ⅲ)	$FeO_4^{2-}+8H^++3e^- = Fe^{3+}+4H_2O$	2.2
O(0)-(-Ⅱ)	$O(g)+2H^++2e^- = H_2O$	2.421
F(0)-(-Ⅰ)	$F_2+2e^- = 2F^-$	2.866
	$F_2+2H^++2e^- = 2HF$	3.053

① 摘自：J. A. Dean Ed. Lange's Handbook of Chemistry. 13th edition，1985。

② 摘自其他参考书。

注：摘自 David R. Lide. CRC Handbook of Chemistry and Physics，8—25—8—30. 78th. edition. 1997—1998。

2. 在碱性溶液中（298K）[$a(OH^-)=1$]

电对	方程式	$\varphi^{\ominus}$/V
Ca(Ⅱ)-(0)	$Ca(OH)_2+2e^- = Ca+2OH^-$	-3.02
Ba(Ⅱ)-(0)	$Ba(OH)_2+2e^- = Ba+2OH^-$	-2.99
Mg(Ⅱ)-(0)	$Mg(OH)_2+2e^- = Mg+2OH^-$	-2.69
Al(Ⅲ)-(0)	$H_2AlO_3^-+H_2O+3e^- = Al+OH^-$	-2.33
P(Ⅰ)-(0)	$H_2PO_2^-+e^- = P+2OH^-$	-1.82
B(Ⅲ)-(0)	$H_2BO_3^-+H_2O+3e^- = B+4OH^-$	-1.79
P(Ⅲ)-(0)	$HPO_3^{2-}+2H_2O+3e^- = P+5OH^-$	-1.71
Si(Ⅳ)-(0)	$SiO_3^{2-}+3H_2O+4e^- = Si+6OH^-$	-1.697
P(Ⅲ)-(Ⅰ)	$HPO_3^{2-}+2H_2O+2e^- = H_2PO_2^-+3OH^-$	-1.65
Mn(Ⅱ)-(0)	$Mn(OH)_2+2e^- = Mn+2OH^-$	-1.56
Cr(Ⅲ)-(0)	$Cr(OH)_3+3e^- = Cr+3OH^-$	-1.48
①Zn(Ⅱ)-(0)	$[Zn(CN)_4]^{2-}+2e^- = Zn+4CN^-$	-1.26
Zn(Ⅱ)-(0)	$Zn(OH)_2+2e^- = Zn+2OH^-$	-1.249
Zn(Ⅱ)-(0)	$ZnO_2^{2-}+2H_2O+2e^- = Zn+4OH^-$	-1.215
Cr(Ⅲ)-(0)	$CrO_2^-+2H_2O+3e^- = Cr+4OH^-$	-1.2
P(Ⅴ)-(Ⅲ)	$PO_4^{3-}+2H_2O+2e^- = HPO_3^{2-}+3OH^-$	-1.05
①Zn(Ⅱ)-(0)	$[Zn(NH_3)_4]^{2+}+2e^- = Zn+4NH_3$	-1.04
S(Ⅵ)-(Ⅳ)	$SO_4^{2-}+H_2O+2e^- = SO_3^{2-}+2OH^-$	-0.93
Sn(Ⅱ)-(0)	$HSnO_2^-+H_2O+2e^- = Sn+3OH^-$	-0.909
H(Ⅰ)-(0)	$2H_2O+2e^- = H_2+2OH^-$	-0.8277
Ni(Ⅱ)-(0)	$Ni(OH)_2+2e^- = Ni+2OH^-$	-0.72
As(Ⅴ)-(Ⅲ)	$AsO_4^{3-}+2H_2O+2e^- = AsO_2^-+4OH^-$	-0.71
Ag(Ⅰ)-(0)	$Ag_2S+2e^- = 2Ag+S^{2-}$	-0.691
As(Ⅲ)-(0)	$AsO_2^-+2H_2O+3e^- = As+4OH^-$	-0.68
Sb(Ⅲ)-(0)	$SbO_2^-+2H_2O+3e^- = Sb+4OH^-$	-0.66
①S(Ⅳ)-(Ⅱ)	$2SO_3^{2-}+3H_2O+4e^- = S_2O_3^{2-}+6OH^-$	-0.58
Fe(Ⅲ)-(Ⅱ)	$Fe(OH)_3+e^- = Fe(OH)_2+OH^-$	-0.56

续表

电对	方程式	$\varphi^{\ominus}$/V
S(0)－(－Ⅱ)	$S+2e^- = S^{2-}$	－0.47627
Bi(Ⅲ)－(0)	$Bi_2O_3+3H_2O+6e^- = 2Bi+6OH^-$	－0.46
Cu(Ⅰ)－(0)	$Cu_2O+H_2O+2e^- = 2Cu+2OH^-$	－0.36
①Ag(Ⅰ)－(0)	$[Ag(CN)_2]^-+e^- = Ag+2CN^-$	－0.31
Cu(Ⅱ)－(0)	$Cu(OH)_2+2e^- = Cu+2OH^-$	－0.222
Cr(Ⅵ)－(Ⅲ)	$CrO_4^{2-}+4H_2O+3e^- = Cr(OH)_3+5OH^-$	－0.13
①Cu(Ⅰ)－(0)	$[Cu(NH_3)_2]^++e^- = Cu+2NH_3$	－0.12
O(0)－(－Ⅰ)	$O_2+H_2O+2e^- = HO_2^-+OH^-$	－0.076
Ag(Ⅰ)－(0)	$AgCN+e^- = Ag+CN^-$	－0.017
N(Ⅴ)－(Ⅲ)	$NO_3^-+H_2O+2e^- = NO_2^-+2OH^-$	0.01
Pd(Ⅱ)－(0)	$Pd(OH)_2+2e^- = Pd+2OH^-$	0.07
S(Ⅱ,Ⅴ)－(Ⅱ)	$S_4O_6^{2-}+2e^- = 2S_2O_3^{2-}$	0.08
Co(Ⅲ)－(Ⅱ)	$Co(OH)_3+e^- = Co(OH)_2+OH^-$	0.17
Pb(Ⅳ)－(Ⅱ)	$PbO_2+H_2O+2e^- = PbO+2OH^-$	0.247
I(Ⅴ)－(－Ⅰ)	$IO_3^-+3H_2O+6e^- = I^-+6OH^-$	0.26
Cl(Ⅴ)－(Ⅲ)	$ClO_3^-+H_2O+2e^- = ClO_2^-+2OH^-$	0.33
Ag(Ⅰ)－(0)	$Ag_2O+H_2O+2e^- = 2Ag+2OH^-$	0.342
Fe(Ⅲ)－(Ⅱ)	$[Fe(CN)_6]^{3-}+e^- = [Fe(CN)_6]^{4-}$	0.358
Cl(Ⅶ)－(Ⅴ)	$ClO_4^-+H_2O+2e^- = ClO_3^-+2OH^-$	0.36
①Ag(Ⅰ)－(0)	$[Ag(NH_3)_2]^++e^- = Ag+2NH_3$	0.373
O(0)－(－Ⅱ)	$O_2+2H_2O+4e^- = 4OH^-$	0.401
I(Ⅰ)－(－Ⅰ)	$IO^-+H_2O+2e^- = I^-+2OH^-$	0.485
Mn(Ⅶ)－(Ⅵ)	$MnO_4^-+e^- = MnO_4^{2-}$	0.558
Mn(Ⅶ)－(Ⅳ)	$MnO_4^-+2H_2O+3e^- = MnO_2+4OH^-$	0.595
Mn(Ⅵ)－(Ⅳ)	$MnO_4^{2-}+2H_2O+2e^- = MnO_2+4OH^-$	0.6
Br(Ⅴ)－(－Ⅰ)	$BrO_3^-+3H_2O+6e^- = Br^-+6OH^-$	0.61
Cl(Ⅴ)－(－Ⅰ)	$ClO_3^-+3H_2O+6e^- = Cl^-+6OH^-$	0.62
I(Ⅶ)－(Ⅴ)	$H_3IO_6^{2-}+2e^- = IO_3^-+3OH^-$	0.7
Br(Ⅰ)－(－Ⅰ)	$BrO^-+H_2O+2e^- = Br^-+2OH^-$	0.761
Cl(Ⅰ)－(－Ⅰ)	$ClO^-+H_2O+2e^- = Cl^-+2OH^-$	0.841
O(0)－(－Ⅱ)	$O_3+H_2O+2e^- = O_2+2OH^-$	1.24

① 摘自：J. A. Dean Ed. Lange's Handbook of Chemistry. 13th. edition. 1985。

注：摘自 David R. Lide. CRC Handbook of Chemistry and Physics，8—25—8—30. 78th. edition. 1997—1998。

参考文献

[1] 傅鹰．大学普通化学．北京:人民教育出版社，1979-1982.

[2] 周为群，朱琴玉．普通化学．苏州:苏州大学出版社，2014．

[3] 浙江大学普通化学教研组．普通化学．第5版．北京:高等教育出版社，2002．

[4] 高松．普通化学．北京:北京大学出版社，2013．

[5] 大连理工大学无机化学教研室．无机化学．第5版，北京:高等教育出版社，2006.

[6] 华彤文，王颖霞，卞江，等．普通化学原理．第4版．北京:北京大学出版社，2013．

[7] 许晓文，杨万龙，李一峻,等．定量化学分析．第3版．天津:南开大学出版社，2016．

[8] 胡育筑．分析化学简明教程．北京:科学出版社，2004．

[9] 王新东．王萌，新能源材料与器件．北京:化学工业出版社，2019.

[10] 黄素逸．能源科学导论．北京:中国电力出版社，1999.

[11] 樊美公．光化学基本原理与光子学材料科学．北京:科学出版社，2001.

[12] 宋天佑,程鹏，王杏乔．无机化学．北京:高等教育出版社，2004.

[13] 周公度．结构和物性．第2版．北京:高等教育出版社，2000.

[14] 申泮文．近代化学导论．北京:高等教育出版社，2002.

[15] 上海空间电源研究所．化学电源技术．北京:科学出版社，2015.

[16] 毛卫民，朱景川，郦剑,等．金属材料结构与性能．北京:清华大学出版社，2008.

[17] 卢燕平．金属表面防蚀处理．北京:冶金工业出版社，1995.

[18] 卢安贤．新型功能玻璃材料．长沙:中南大学出版社，2005.

[19] 苏小云，臧祥生．工科无机化学．第3版．上海:华东理工大学出版社，2004.

[20] 闫洪．金属表面处理新技术．北京:冶金工业出版社，1996.

[21] 胡明娟．钢铁化学热处理原理．修订版．上海:上海交通大学出版社，1996.

[22] 张立德，牟季美．纳米材料和纳米结构．北京:科学出版社，2011.

[23] 曾兆华，杨建文．材料化学．第2版．北京:化学工业出版社，2015.

[24] 张克立．固体无机化学．武汉:武汉大学出版社，2005.

[25] 洪广言．无机固体化学．北京:科学出版社，2002.

[26] 邓云祥，刘振兴，冯开才．高分子化学、物理和应用基础．北京:高等教育出版社，1997.

[27] 潘祖仁．高分子化学．第2版．北京:化学工业出版社，1997.